裂变产物元素过程化学

林灿生　著

中国原子能出版社

图书在版编目(CIP)数据

裂变产物元素过程化学 / 林灿生著. —北京:中国原子能出版社,2012.11

ISBN 978-7-5022-5771-2

Ⅰ.①裂… Ⅱ.①林… Ⅲ.①裂变产物-化学元素-化学反应工程 Ⅳ.①O611.7

中国版本图书馆 CIP 数据核字(2012)第 275817 号

内容简介

全书共含十一章,第一章绪论,介绍基本概念和放射性衰变动力学;第二至第八章依次阐述钌、锝、锆、铌、钼、铯和锶以及稀土元素的过程化学;第九章介绍挥发性裂变产物元素的行为;第十章研讨高产额裂变产物元素化学行为的相互影响;第十一章研究 Purex 流程萃取界面物形成的机理。附录中推荐了几种常用放射性示踪剂的提取方法。

本书可供从事放射化学、核燃料循环与材料专业以及环境科学的科技人员、教师和研究生参考。

裂变产物元素过程化学

出版发行 中国原子能出版社(北京市海淀区阜成路 43 号 100048)
责任编辑 王裕新
技术编辑 冯莲凤
责任印制 潘玉玲
印　　刷 保定市中画美凯印刷有限公司
经　　销 全国新华书店
开　　本 787 mm×1092 mm 1/16
印　　张 26.25 **字　数** 500 千字
版　　次 2012 年 11 月第 1 版 2012 年 11 月第 1 次印刷
书　　号 ISBN 978-7-5022-5771-2 **定　价** **95.00 元**

网址:http://www.aep.com.cn **E-mail:atomep123@126.com**
发行电话:010-68452845

裂变產物元素化学
是放射化学研究发展
的一个重要领域。

楊承宗，
識于北京，
2009年10月。

前　言

在核燃料后处理工艺过程化学中，关于铀和钚的化学已有深入、系统的论著，镎等次量锕系元素也已出版了相关的专著。关于裂变产物元素的过程化学，在国内仍然处于文献报道零星资料的状态。作者出于责任感，试图弥补这个空缺，在总结本实验室 20 多年积累的研究成果之基础上，参考国内外有关文献资料，经过分析、比较、归纳和提炼，写成本书。

在撰写过程中，既尊重生产堆核燃料后处理的历史，更注重动力堆高燃耗乏核燃料后处理的新特点。在强辐射场(尤其是 α 和 β 辐射)作用下，突出高产额裂变产物元素的行为及其相互影响，体现在元素浓度已达到影响化学行为，如：锆和钼在溶解液不稳定性之次级沉淀中的行为；锝对四价铀还原反萃取钚的特殊影响；锆在萃取界面物中的行为及界面物形成机理；钌在元件溶解过程的行为和在有机相中的保留等等。在阐述裂变产物元素的行为时，尽可能融入相关的化学原理，力求现象和本质相一致，并且提出若干有待进一步研究的问题。

著名放射化学家、新中国放射化学奠基人杨承宗教授九十九岁高龄欣然为本书题词，作者谨致衷心感谢！书中第一章图 1-2 至图 1-5 由常志远博士协助绘制，亦表谢意。

鉴于作者学识水平所限，错误在所难免，请读者批评指正。

目　录

第一章 绪 论

1.1 裂变产物

重原子核发生裂变反应生成的裂变碎片(fission fragments)及其衰变的产物称为裂变产物(fission products)。裂变产物的质量数主要在70～166之间有200多种核素。此外还有少数三裂变产物一般分布在质量数10以内。

重原子核的裂变反应表观地可分为自发裂变和诱发裂变。自发裂变是原子核在没有外来因素影响下自行发生的核裂变,属于核素放射性衰变的一种类型。而诱发裂变是重原子核受外来粒子轰击,发生的核裂变反应。用于诱发裂变的粒子可以是中子、质子、氘、氦核等等,其中以中子诱发核裂变最重要,现时实用的核反应堆都是控制中子诱发裂变,也是常言的核裂变,释放出来的裂变能可作为核电站的能源,同时伴生的裂变产物需要处理。

1.1.1 裂变产物的裂变产额和质量分布

核裂变是个复杂的过程,它的发生属于随机事件。核裂变反应过程生成某一种裂变产物核素或某一个裂变碎片质量链的概率,称为该裂变产物的裂变产额(fission yield),具体以每100次核裂变事件中生成该裂变产物的核子数来表示。由于重原子核裂变反应主要是二裂变,其中三裂变或三次以上的裂变概率很小,可忽略,现以二裂变计,每100次核裂变可生成200个裂变碎片左右。在核参数表中的裂变产额数据,通常指在这200个中所占的数目,但它不等同于概率数值。也有用"份额"表达,似乎更明确。

裂变产额还可细分为初始裂变产额(或独立裂变产额)和累积裂变产额。前者是指在瞬发中子发射以后,发生β衰变之前生成的该核素份额。后者是在规定时间内初始的和由β衰变产生的核素合计份额。如不限定时间,累积裂变产额指的是渐近值。如:$^{99}Tc \xrightarrow{\beta^-} {}^{99}Ru$(稳定)和$^{137}Cs \xrightarrow{\beta^-} {}^{137}Ba$(稳定),因为$^{99}Tc$和$^{137}Cs$的半衰期长,$^{99}Ru$和$^{137}Ba$在相当长的时间内其核子数都达不到质量链产额的值,只能随时间的延长渐近于质量链产额。某一质量数的所有裂变产物核素的独立产额之和，称为该质量链的裂变产额。在裂变产物元素化学研究中多用质量链裂变产额。

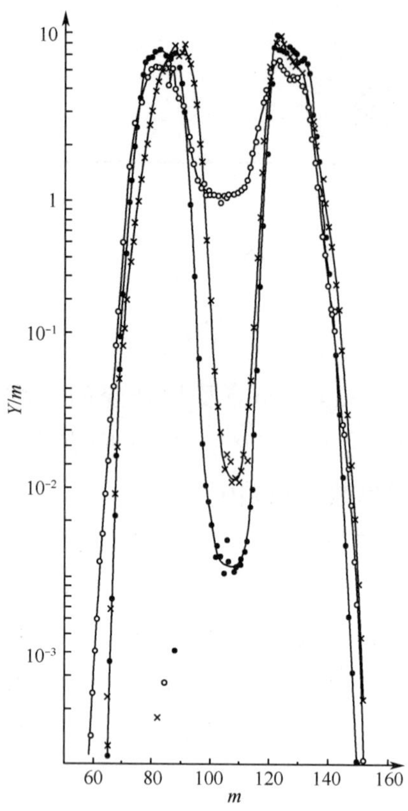

图 1-1　^{235}U 和^{239}Pu 中子诱发裂变的裂变产物质量分布图

· ——热中子，^{235}U

○——14 MeV 中子，^{235}U

×——14 MeV 中子，^{239}Pu

核裂变时生成质量数为 m 的裂变产物质量链的产额 $Y(m)$ 与 m 间的关系称为裂变产物质量分布(mass distribution of fission products)。在低激发能条件下，原子序数 $Z>83$ 的裂变核，通常以非对称质量分裂为最可几。裂变核质量分裂的这种非对称性，决定了裂变产物质量分布曲线 $Y(m)$-m 为双驼峰曲线，例如：^{235}U 和^{239}Pu的中子诱发裂变的产物质量分布曲线都是双驼峰(见图1-1)。

裂变产物质量分布特征与裂变体系的激发能和裂变核的质量数有关。锕系原子核的裂变产物质量分布具有以下特征：对称裂变的概率低，非对称与对称裂变产额之比(峰谷比)可达 2 个数量级；激发能升高，对称裂变概率随之增加，峰谷比降低；裂变核的质量变化时，重产物群的平均质量数(重峰峰位)稳定不变，而轻产物群的平均质量数(轻峰峰位)则随裂变核质量数增加而增大；对于偶-偶裂变核(^{235}U＋n，^{239}Pu＋n)而言，受核结构效应的影响，$Y(m)$-m 曲线不光滑，曲线上存在精细结构。利用这些特征，可以通过裂变产物来研究和辨认裂变核及裂变激发能等。

1.1.2　裂变产物的衰变动力学

核裂变生成一定质量数的初始裂变产物核素，大多数是丰中子的，很不稳定，要通过 β$^-$ 衰变增高原子序数(Z)达到稳定。相同质量数的初始裂变产物核素直至稳定核素的一系列放射性衰变，称为裂变产物衰变链(亦即质量链)。例如：

先驱核 $\longrightarrow {}^{92}Kr \xrightarrow{\beta^-} {}^{92}Rb \xrightarrow{\beta^-} {}^{92}Sr \xrightarrow{\beta^-} {}^{92}Y \xrightarrow{\beta^-} {}^{92}Zr$（稳定）

先驱核 $\longrightarrow {}^{137}I$

$^{137}I \xrightarrow[(0.06)]{缓发中子} {}^{136}Xe$（稳定）$+ n$

$^{137}I \xrightarrow[(0.94)]{\beta^-} {}^{137}Xe \xrightarrow{\beta^-} {}^{137}Cs$

$^{137}Cs \xrightarrow[(0.95)]{\beta^-} {}^{137m}Ba \longrightarrow {}^{137}Ba$（稳定）

$^{137}Cs \xrightarrow[(0.05)]{\beta^-} {}^{137}Ba$（稳定）

混合的裂变产物含几十条质量链，其衰变动力学需用多元多次方程式才能描述，求解较困难，一般分解成具体的质量链进行研究。对稳定核素之前的几次衰变进行动力学研究，更具有实用价值。

1. 一元一次衰变

放射性核素衰变是随机过程，对于一定的放射性核素，在一定的时间间隔内核素衰变的分数将是一致的。这和物理化学中典型的一级反应相似，可用下列方程描述：

$$-\frac{\frac{\mathrm{d}N}{N}}{\mathrm{d}t}=\lambda \tag{1-1}$$

或

$$-\frac{\mathrm{d}N}{\mathrm{d}t}=\lambda N \tag{1-2}$$

这里，N 是时间 t 时存在的单一裂变产物核素的原子核数；λ 是衰变常数，它的物理意义是单位时间内核素放射性衰变的概率。式(1-2)左边表示衰变速率，它与 N 成正比。

将式(1-2)改写为：

$$-\frac{\mathrm{d}N}{N}=\lambda \mathrm{d}t$$

$$\int_{N_o}^{N}\frac{\mathrm{d}N}{N}=\lambda\int_{o}^{t}\mathrm{d}t \tag{1-3}$$

N_o是参考时间取作零时(开始时)的核子数目。

由式(1-3)积分得：

$$\ln\frac{N}{N_o}=-\lambda t \tag{1-4}$$

$$N=N_o\mathrm{e}^{-\lambda t} \tag{1-5}$$

式(1-5)可改写为：

$$\log N=\log N_o-\frac{\lambda t}{2.303} \tag{1-6}$$

核素的衰变速率($-\frac{\mathrm{d}N}{\mathrm{d}t}$)或放射性活度(用 A 表示)与测量仪器的计数率(R)之间的关系为：

$$R=kA \text{ 或 } A=\frac{R}{k}$$

这里，k 是测量仪器的探测效率。根据式(1-2)。

$$-\frac{dN}{dt}=A=\lambda N$$

式(1-5)和式(1-6)可以写成：

$$A=A_o e^{-\lambda t} \tag{1-7}$$

$$\log A=\log A_o-\frac{\lambda t}{2.303} \tag{1-8}$$

A_o 为 $t=0$ 时的放射性活度。

用 T(或 $T_{1/2}$)表示半衰期，经过一个半衰期 $t=T$，用仪器测量计数率为：

$$\frac{R}{R_o}=\frac{A}{A_o}=\frac{1}{2}=e^{-\lambda T} \tag{1-9}$$

由式(1-9)得到：

$$\lambda T=0.693 \text{ 或 } T=\frac{0.693}{\lambda} \tag{1-10}$$

式(1-10)是半衰期和衰变常数的关系式。有时想知道需要多少个半衰期的时间，放射性核素才衰变完(或“死光”)，式(1-9)可写成：

$$\frac{R}{R_o}=\frac{A}{A_o}=e^{-\lambda t}=e^{-\frac{0.693t}{T}}=\left(\frac{1}{2}\right)^{\frac{t}{T}} \tag{1-11}$$

从理论上讲，真正“死光”，$A=0$ 要求 $t\to\infty$。但是用下式

$$A=A_o\left(\frac{1}{2}\right)^{\frac{t}{T}} \tag{1-12}$$

可估算经过多少个半衰期基本“死光”。一般设定 $t=10T$ 时，可以看出

$$A=A_o\left(\frac{1}{2}\right)^{10}=\frac{A_o}{1024}$$

亦即经过 10 个半衰期的放射性活度约为初始的千分之一，可认为已经“死光”。实际上应考虑 A_o的大小和对 A 的极限要求，再用半衰期来判断就很方便。

为了表示放射性核素的相对稳定性，引入平均寿命(τ)这个参量。对于观察者而言，放射性核素的各个原子核可以有着 $t=0$ 和 $t\to\infty$之间的寿命，可用统计的方法求得寿命的平均值。在 t 时，dt 时间间隔内衰变掉的某种放射性核素的原子核数为

$$dN=\lambda N_o e^{-\lambda t}dt \tag{1-13}$$

dN 乘 t 的积分为 $\int_{N_o}^{o} t\cdot dN$

表示原子核数从 N_o衰变到零所活过的总时间，即所有 N_o个原子核寿命的总和。

当用 N_o 相除时，得到每个原子核的平均寿命：

$$\tau = \frac{1}{N_o}\int_{N_o}^{o} t\,\mathrm{d}N \tag{1-14}$$

将式(1-13)代入：

$$\begin{aligned}\tau &= \frac{1}{N_o}\int_{o}^{\infty} t\lambda N_o \mathrm{e}^{-\lambda t}\,\mathrm{d}t = \int_{o}^{\infty}\left[(\lambda t\mathrm{e}^{-\lambda t} - \mathrm{e}^{-\lambda t}) + \mathrm{e}^{-\lambda t}\right]\mathrm{d}t \\ &= \left[-t\mathrm{e}^{-\lambda t} - \frac{1}{\lambda}\mathrm{e}^{-\lambda t}\right]_{o}^{\infty} = \frac{1}{\lambda}\end{aligned} \tag{1-15}$$

平均寿命与半衰期的关系为：

$$\tau = \frac{T}{0.693} = 1.443T \tag{1-16}$$

平均寿命可用于计算放射性核素的初始原子核数及其总衰变能。

裂变产物中一元一次衰变的例子：

$$\underset{60m}{^{158}\mathrm{Eu}} \xrightarrow{\beta^-} {}^{158}\mathrm{Gd}(\text{稳定})$$

显然稳定子体形成速率等于母体衰变消失的速率：

$$\frac{\mathrm{d}N_{\mathrm{Gd}}}{\mathrm{d}t} = \lambda_{\mathrm{Eu}} N_{\mathrm{Eu}} = \lambda_{\mathrm{Eu}}\,(N_{\mathrm{Eu}})_o \mathrm{e}^{-\lambda_{\mathrm{Eu}} t} \tag{1-17}$$

$t=0$ 时，$N_{\mathrm{Gd}}=0$，由式(1-17)可解得 t 时刻子体的原子核数：

$$N_{\mathrm{Gd}} = (N_{\mathrm{Eu}})_o(1 - \mathrm{e}^{-\lambda_{\mathrm{Eu}} t}) \tag{1-18}$$

在 t 时刻 $^{158}\mathrm{Gd}$ 和 $^{158}\mathrm{Eu}$ 的原子核数比值为：

$$\frac{N_{\mathrm{Gd}}}{N_{\mathrm{Eu}}} = \frac{(N_{\mathrm{Eu}})_o(1 - \mathrm{e}^{-\lambda_{\mathrm{Eu}} t})}{(N_{\mathrm{Eu}})_o \mathrm{e}^{-\lambda_{\mathrm{Eu}} t}} = \mathrm{e}^{\lambda_{\mathrm{Eu}} t} - 1 \tag{1-19}$$

2. 一元二次衰变

核燃料卸出反应堆经冷却一定时间后，裂变产物中短半衰期的核素均衰变完，对具体的衰变链，在稳定核素之前的几个放射性核素的半衰期相对长些(有的很长)，显得比较重要，尤其是一元二次衰变。

一元二次衰变可表示为：

$$\underset{(T_1)}{\mathrm{A}} \xrightarrow[\lambda_1]{\beta^-} \underset{(T_2)}{\mathrm{B}} \xrightarrow[\lambda_2]{\beta^-} \mathrm{C}(\text{稳定})$$

A、B、C 为同一质量链的裂变产物，T_1 为核素 A(母体)的半衰期，T_2 为核素 B(子体)的半衰期。根据 T_1 和 T_2 的长短可分为三种类型：$T_1 > T_2$；$T_1 \approx T_2$；$T_1 < T_2$。其中 $T_1 > T_2$ 又可分为(1) $T_1 < 1000T_2$，出现衰变暂时平衡；(2) $T_1 > 1000T_2$，出现

衰变长期平衡。

一元二次衰变平衡的建立可通过以下公式推导来说明。放射性核素 B 以 A 衰变相同的速率从 A 中产生，而它自己又以 $\lambda_2 N_2$ 的速率衰变，在任何时刻 B 的原子核数目变化的净速率为：

$$\frac{dN_2}{dt} = \lambda_1 N_1 - \lambda_2 N_2 \tag{1-20}$$

$$\frac{dN_2}{dt} + \lambda_2 N_2 = \lambda_1 (N_1)_o e^{-\lambda_1 t} \tag{1-21}$$

方程式(1-21)可求解得：

$$N_2 = \frac{\lambda_1}{\lambda_2 - \lambda_1}(N_1)_0(e^{-\lambda_1 t} - e^{-\lambda_2 t}) + (N_2)_0 e^{-\lambda_2 t} \tag{1-22}$$

衰变动力学实验是将母子体核素分离后测量放射性活度，所以刚分离时刻 $t=0$ 时，新长出来的 $N_2=0$，式(1-22)改写成：

$$N_2 = \frac{\lambda_1}{\lambda_2 - \lambda_1}(N_1)_0(e^{-\lambda_1 t} - e^{-\lambda_2 t}) = \frac{\lambda_1}{\lambda_2 - \lambda_1}(N_1)_0 e^{-\lambda_1 t}(1 - e^{-(\lambda_2 - \lambda_1)t}) \tag{1-23}$$

用放射性活度 A 表示：

$$A_2 = \frac{\lambda_2}{\lambda_2 - \lambda_1}(A_1)_0(e^{-\lambda_1 t} - e^{-\lambda_2 t}) \tag{1-24}$$

根据式(1-23)和式(1-24)讨论放射性衰变平衡。

(1)暂时平衡

在 $T_1 > T_2$($T_1 < 1000T_2$)的体系中，随着时间的延长，$e^{-\lambda_2 t}$ 比 $e^{-\lambda_1 t}$ 下降迅速，以至于到一定时间后对于 $e^{-\lambda_1 t}$ 而言，$e^{-\lambda_2 t}$ 下降到可忽略不计，这时式(1-24)可写成：

$$A_2 = \frac{\lambda_2}{\lambda_2 - \lambda_1}(A_1)_0(e^{-\lambda_1 t})$$

$$\frac{A_2}{A_1} = \frac{\lambda_2}{\lambda_2 - \lambda_1} = \frac{T_1}{T_1 - T_2} \tag{1-25}$$

这时母子体核素的放射性活度比值为一常数，达到衰变平衡，此后体系中母子体放射性以母体半衰期衰变，即所谓放射性活度稳定态。

由方程式(1-24)可看出 $A_2(t)$ 是一个连续函数，当 $t=0$ 时，$A_2(t)=0$，当 $t \to \infty$ 时，$A_2(t)=0$，故 $A_2(t)$ 连续函数必然会出现一个极大值，该极大值出现在放射性活度稳定态的时间到达之前。用式(1-24)对 t 的微商等于零可求得子体核素放射性活度最大值的时间：

$$t_{2\max} = \frac{2.303}{\lambda_2 - \lambda_1}\log\frac{\lambda_2}{\lambda_1} = \frac{3.323T_1 \cdot T_2}{T_1 - T_2}\log\frac{T_1}{T_2} \quad (1\text{-}26)$$

这时母体和子体的衰变速率相等，即 $A_1 = A_2$。因此在 $t_{2\max}$时刻有：

$$\frac{A_2}{A_1} = \frac{\lambda_2}{\lambda_2 - \lambda_1}[1 - e^{(\lambda_1 - \lambda_2)t_{2\max}}] = 1 \quad (1\text{-}27)$$

因为 $(\lambda_1 - \lambda_2) < 0$，当 $t < t_{2\max}$时，$A_2/A_1 < 1$，$A_2 < A_1$；当 $t > t_{2\max}$时，$A_2/A_1 > 1$，$A_2 > A_1$。所以子体放射性达到最大值后子体的放射性活度超过母体。

裂变产物衰变链中可建立暂时衰变平衡的典型例子有：

$$\underset{64.032\text{d}}{^{95}\text{Zr}} \xrightarrow{\beta^-} \underset{34.991\text{d}}{^{95}\text{Nb}} \xrightarrow{\beta^-} {^{95}\text{Mo}}(\text{稳定})$$

$$\underset{12.752\text{d}}{^{140}\text{Ba}} \xrightarrow{\beta^-} \underset{1.678\text{d}}{^{140}\text{La}} \xrightarrow{\beta^-} {^{140}\text{Ce}}(\text{稳定})$$

^{95}Zr-^{95}Nb 和^{140}Ba-^{140}La 的衰变暂时平衡示于图 1-2。(1)的曲线 a 表示纯的^{95}Zr 开始衰变后，新生成的^{95}Nb 和^{95}Zr 总放射性活度的变化；b 线是^{95}Zr 的衰变直线，其斜率相对应的半衰期 64.032d；曲线 c 表示^{95}Zr-^{95}Nb 分离后，新的^{95}Nb 生长过程；d 线是^{95}Nb 的衰变直线，其斜率对应半衰期为 34.991d。c 线和 b 线的交点处，^{95}Nb 生长达极大值，此后^{95}Nb 的放射性活度超过^{95}Zr，达到衰变暂时平衡后，^{95}Nb 的放射性以^{95}Zr 的半衰期(64.032d)衰变。图 1-2 中的(2)是^{140}Ba-^{140}La 衰变随时间的变化，和^{95}Zr-^{95}Nb 的衰变过程类似。

(2)长期平衡

在 $T_1 > T_2$体系中，如果 $T_1 \gg T_2$，以致子体成长到达放射性活度稳定态的时间里母体的衰变量可以忽略，这种衰变平衡被认为长期平衡。衰变长期平衡体系不取决于母体半衰期的绝对值，而取决于母、子体半衰期的比值。对于能建立衰变长期平衡的体系，要求 $T_1 > 1000T_2$，这样经过 7 到 10 个子体半衰期之后，母体的衰变项 $e^{-\lambda_1 t}$ 仍然非常接近一，式(1-24)改写如下：

$$\lambda_2 - \lambda_1 \approx \lambda_2,\ \frac{\lambda_2}{\lambda_2 - \lambda_1} \approx 1$$

$$A_2 = (A_1)_0(e^{-\lambda_1 t} - e^{-\lambda_2 t}) = (A_1)_0(1 - e^{-(\lambda_2 - \lambda_1)t})$$

$$A_2 = (A_1)_0(1 - e^{-\lambda_2 t}) \quad (1\text{-}28)$$

由式(1-28)可知 A_2没有极大值，达到平衡时 $A_2 = (A_1)_0$，总的放射性活度为：

$$A = A_1 + A_2 = (A_1)_0 + (A_1)_0(1 - e^{-\lambda_2 t})$$

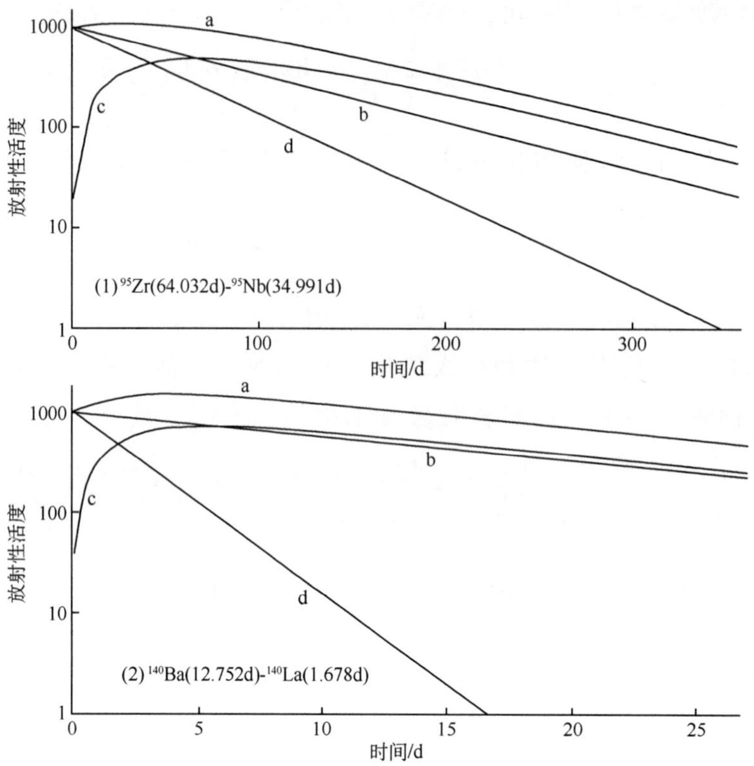

图 1-2　裂变产物放射性衰变暂时平衡图

(1)^{95}Zr-^{95}Nb 衰变；(2)^{140}Ba-^{140}La 衰变

$$A = (A_1)_0(2 - e^{-\lambda_2 t}) \tag{1-29}$$

达到平衡以后继续衰变，则有：

$$A_2 = A_1 = (A_1)_0 e^{-\lambda_1 t} \tag{1-30}$$

$$A = A_1 + A_2 = 2(A_1)_0 e^{-\lambda_1 t} \tag{1-31}$$

对于母体核素半衰期长的放射性衰变链，关系式(1-30)很重要，一旦建立平衡，就有如下关系：$\lambda_1 N_1 = \lambda_2 N_2 = \lambda_3 N_3 = \cdots = \lambda_i N_i$。

实际上衰变长期平衡是衰变暂时平衡的极限情况，两者间没有严格的界限，T_1为 T_2的 1000 倍以上也是粗略的划分，这时可认为 $\lambda_2 - \lambda_1 \approx \lambda_2$。

裂变产物衰变链中可建立衰变长期平衡的例子有：

$$\underset{28.79\text{a}}{^{90}\text{Sr}} \xrightarrow{\beta^-} \underset{64.00\text{h}}{^{90}\text{Y}} \xrightarrow{\beta^-} {^{90}\text{Zr}}(\text{稳定})$$

$$\underset{373.59\text{d}}{^{106}\text{Ru}} \xrightarrow{\beta^-} \underset{29.80\text{s}}{^{106}\text{Rh}} \xrightarrow{\beta^-} {^{106}\text{Pd}}(\text{稳定})$$

^{90}Sr-^{90}Y 和^{106}Ru-^{106}Rh 的衰变长期平衡示于图 1-3。图(1)中的曲线 a 表示

^{90}Sr-^{90}Y分离后从纯^{90}Sr开始衰变，新生长出来的^{90}Y和^{90}Sr总放射性活度的变化；直线b表示^{90}Sr的衰变，其斜率相应于半衰期28.79a；曲线c表示分离后^{90}Y从零开始生长，一直增长到放射性活度与母体^{90}Sr相等时就不再增长，而保持与^{90}Sr的放射性活度相等，这是长期平衡与暂时平衡的差别之处；d线是^{90}Y的衰变直线，其斜率对应半衰期64h。图1-3的(2)图是^{106}Ru-^{106}Rh的衰变长期平衡图，母体^{106}Ru的半衰仅373.59d，并不算长，但是子体^{106}Rh的半衰期短，母子体核素半衰期相差很大，成为裂变产物核素放射性衰变长期平衡的典型例子。

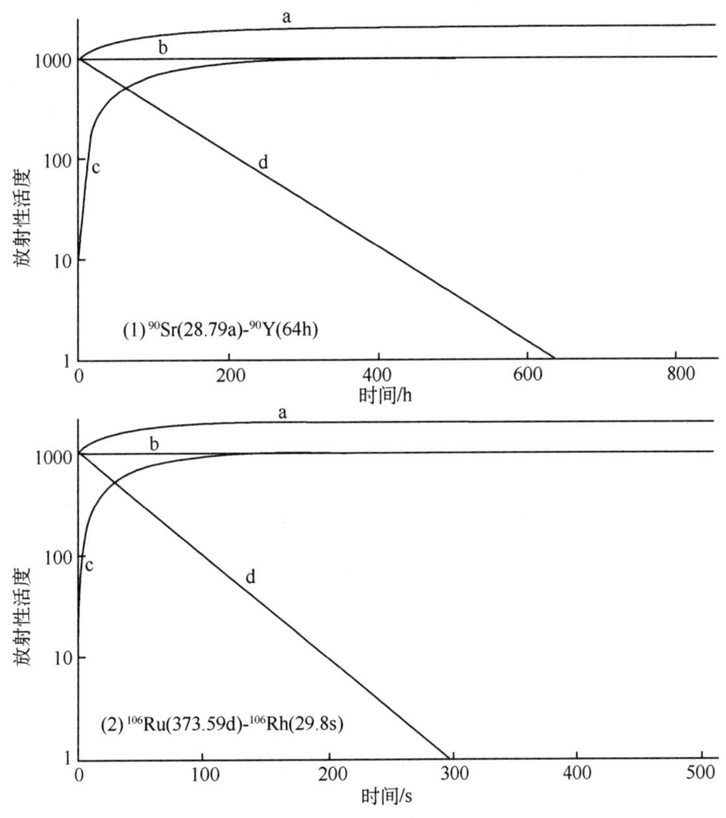

图1-3 裂变产物放射性衰变长期平衡图

(1)^{90}Sr-^{90}Y衰变；(2)^{106}Ru-^{106}Rh衰变

(3)无平衡

在母体核素半衰期比子体核素半衰期短($T_1 < T_2$)的体系中，母子体核素刚分离，$t=0$，$N_2=0$，在t时刻，由式(1-23)可得到：

$$N_2 = \frac{\lambda_1}{\lambda_1 - \lambda_2}(N_1)_0 e^{-\lambda_2 t}(1 - e^{-(\lambda_1 - \lambda_2)t}) \tag{1-32}$$

因为$\lambda_1 > \lambda_2$，当$e^{-(\lambda_1-\lambda_2)t} \ll 1$时，上式变为：

$$N_2 = \frac{\lambda_1}{\lambda_1 - \lambda_2}(N_1)_0 e^{-\lambda_2 t} \tag{1-33}$$

这时仅有子体核素的衰变被观察到，此时子体核素的原子核数 N_2 正比于分离时存在的母体核素的原子核数 $(N_1)_0$。体系中没有放射性衰变平衡可达到。在裂变产物衰变链中这种类型很多，例如：

$$^{131}\mathrm{Te}\xrightarrow{\beta^-}{}^{131}\mathrm{I}\xrightarrow{\beta^-}{}^{131}\mathrm{Xe}(\text{稳定})$$
25.0min　8.02d

$$^{141}\mathrm{La}\xrightarrow{\beta^-}{}^{141}\mathrm{Ce}\xrightarrow{\beta^-}{}^{141}\mathrm{Pr}(\text{稳定})$$
3.92h　32.50d

^{131}Te-^{131}I 和 ^{141}La-^{141}Ce 的放射性衰变关系如图 1-4 所示。

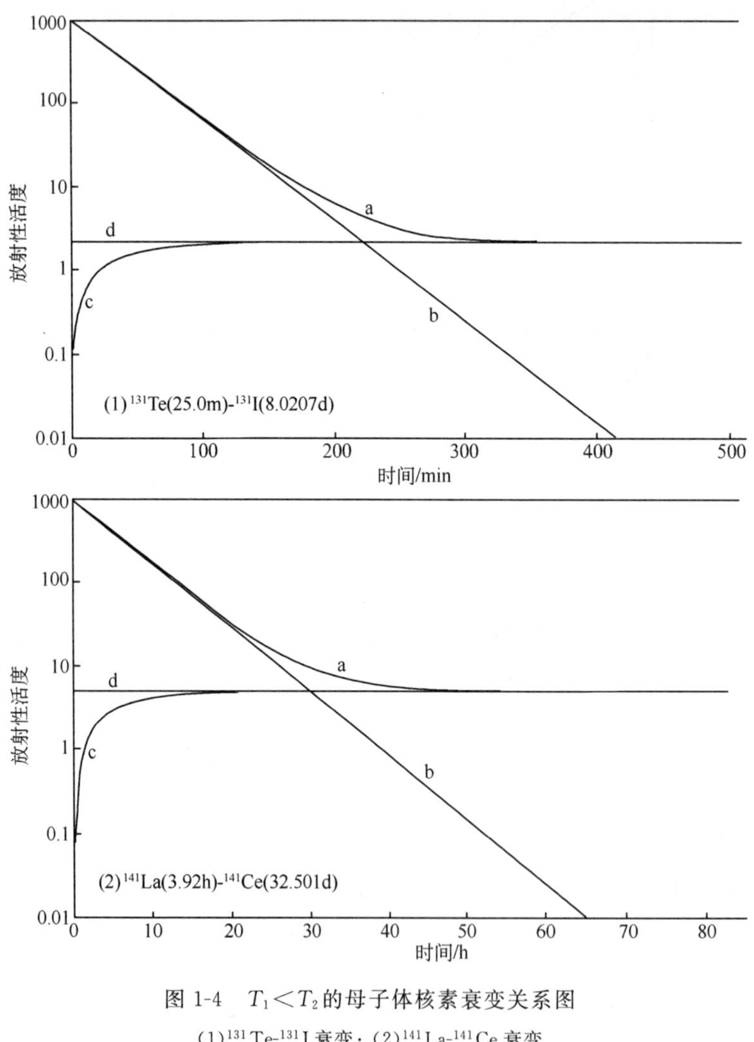

图 1-4　$T_1 < T_2$ 的母子体核素衰变关系图

(1) ^{131}Te-^{131}I 衰变；(2) ^{141}La-^{141}Ce 衰变

分离后纯母体核素开始衰变后的母子体核素总放射性活度(a 线)：

$$A = A_1 + A_2 = (A_1)_0 e^{-\lambda_1 t} + \frac{\lambda_2}{\lambda_2 - \lambda_1}(A_1)_0 (e^{-\lambda_1 t} - e^{-\lambda_2 t})$$

母体核素^{131}Te 或^{141}La 单独衰变的放射性活度变化(b 线)：

$$A_1 = (A_1)_0 e^{-\lambda_1} t$$

子体核素(^{131}I 或^{141}Ce)衰变及外延直线(d 线)：

$$A_2 = \frac{\lambda_2}{\lambda_1 - \lambda_2}(A_1)_0 e^{-\lambda_2 t}$$

分离后新生长的子体核素(^{131}I 或^{141}Ce)之放射性活度(c 线)：

$$A_2 = \frac{\lambda_2}{\lambda_2 - \lambda_1}(A_1)_0 (e^{-\lambda_1 t} - e^{-\lambda_2 t})$$

(4)母子体核素半衰期相近的现象

母子体核素半衰期相等的现象很难找到，如果有 $\lambda_1 = \lambda_2$，则式(1-23)和式(1-24)就成了不定式。基于理论上的兴趣，可从方程式(1-21)开始，用 λ_2 代替 λ_1，$t = 0$ 时$(N_2) = 0$ 的条件下积分，得到

$$N_2 = (A)_0 t e^{-\lambda_2 t} = A_1 t \tag{1-34}$$

$$A_2 = \lambda_2 N_2 = \lambda_2 A_1 t = 0.693 A_1 \frac{t}{T_2} \tag{1-35}$$

达到子体核素放射性活度极大值的时间为

$$(t_2)_{max} = \frac{1}{\lambda_2} = 1.443 T_2 (\text{相当于平均寿命的时间})$$

这种现象既不同于暂时平衡也不同于无平衡，而是介于两者之间。

实践中有 $T_1 \approx T_2$ 的情况，裂变产物衰变链中就有，例如：

$$\underset{14.61\text{min}}{^{101}\text{Mo}} \xrightarrow{\beta^-} \underset{14.22\text{min}}{^{101}\text{Tc}} \xrightarrow{\beta^-} {^{101}\text{Ru}}(\text{稳定})$$

$$\underset{2.69\text{min}}{^{119}\text{Cd}} \xrightarrow{\beta^-} \underset{2.40\text{min}}{^{119}\text{In}} \xrightarrow{\beta^-} {^{119}\text{Sn}}(\text{稳定})$$

裂变产物核素^{101}Mo-^{101}Tc 和^{119}Cd-^{119}In 的放射性衰变关系示于图 1-5。图中曲线 a 为纯母体核开始衰变后加新生成子体核的总放射性活度变化；b 线为母体核衰变直线；c 线为分离后新子体的生长；d 线为子体核的衰变直线。如果 $T_1 = T_2$，则 b 线和 d 线重合，但 a 线和 c 线仍然像图 1-5 所示的趋势不变。

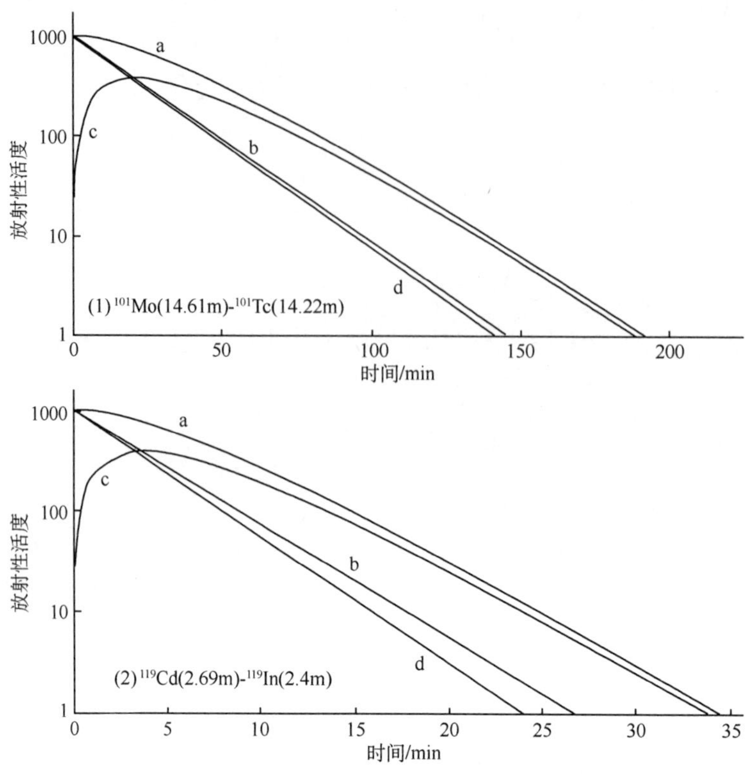

图 1-5　$T_1 \approx T_2$ 的母子体核素衰变关系图

(1) ^{101}Mo-^{101}Tc 衰变；(2) ^{119}Cd-^{119}In 衰变

1.1.3　裂变产物的衰变类型和衰变纲图

裂变碎片绝大多数是丰中子的，约有 100 种裂变产物核素能放出缓发中子，这些缓发中子在核反应堆控制中起着极其重要的作用。由于是丰中子的核素，大多数裂变产物都以 β^- 衰变到稳定核素，上节有关衰变动力学介绍的都是 β^- 衰变。裂变产物中也存在少数核素是缺中子的，它们以 β^+ 或壳层电子俘获(ε)衰变，结果以降低原子序数而达到稳定核素，例如：

$$\underset{\text{(稳定)}}{^{89}Y} \xleftarrow[\beta^+(0.228)]{\varepsilon(0.772)} \underset{78.41h}{^{89}Zr} \xleftarrow[\beta^+(0.75)]{\varepsilon(0.25)} \underset{2.03h}{^{89}Nb}$$

$$\underset{\text{(稳定)}}{^{145}Nd} \xleftarrow{\varepsilon} \underset{17.7a}{^{145}Pm} \xleftarrow{\varepsilon} \underset{340d}{^{145}Sm}$$

在以上这些衰变类型中伴随着原子核从不同能级激发态去激到基态，发射一系列的 γ 射线。所以裂变产物衰变过程包含丰富的 γ 射线，造成严重的辐射影响。

为了形象地了解衰变过程，常用核衰变纲图来描述，它给出核素衰变过程的衰变能级、放出的那些射线、以及彼此之间的相互关系。

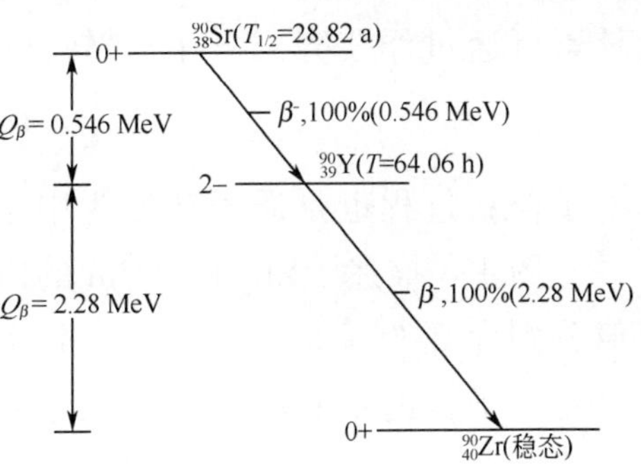

图 1-6 ^{90}Sr-^{90}Y 的 β^- 衰变纲图

图 1-6 描述^{90}Sr-^{90}Y 的 β^- 衰变过程。^{90}Sr 直接 β^- 衰变到^{90}Y 基态，能级差 0.546MeV，所以^{90}Sr 衰变发 β^- 粒子的能量为 0.546MeV。^{90}Y 也是直接 β^- 衰变到^{90}Zr（稳定）的基态，能级差 2.28MeV，所以^{90}Y 衰变发射 β^- 粒子的能量为 2.28MeV。因为^{90}Sr 和^{90}Y 都是直接 β^- 衰变到基态，不存在原子核激发态去激衰变，没有 γ 射线，所以^{90}Sr 和^{90}Y 都是纯 β^- 衰变。不过^{90}Y 的 β^- 粒子能量比^{90}Sr 的高得多。

图 1-7 说明母核^{87}Br 衰变过程中发射缓发中子。在^{87}Br 的 β^- 衰变中，30% 直接衰变到^{87}Kr的基态，70%到激发态。在激发态中有 2%处在能量高于子体核^{87}Kr 中最后一个中子结合能的能级，这个能级的激发态^{87}Kr 将放出一个中子，然后转变成稳定^{86}Kr。由于^{87}Kr 高激发态的半衰期极短，人们观察到的是以母核^{87}Br 衰变半衰期发射的中子。^{87}Kr 激发态中的另外 68%将发射 γ 射线去激后进入基态。^{87}Br β^- 衰变的子体核^{87}Kr 继续 β^- 衰变到^{87}Rb 的不同能级激发态，而后发射一系列的 γ 射线到基态。

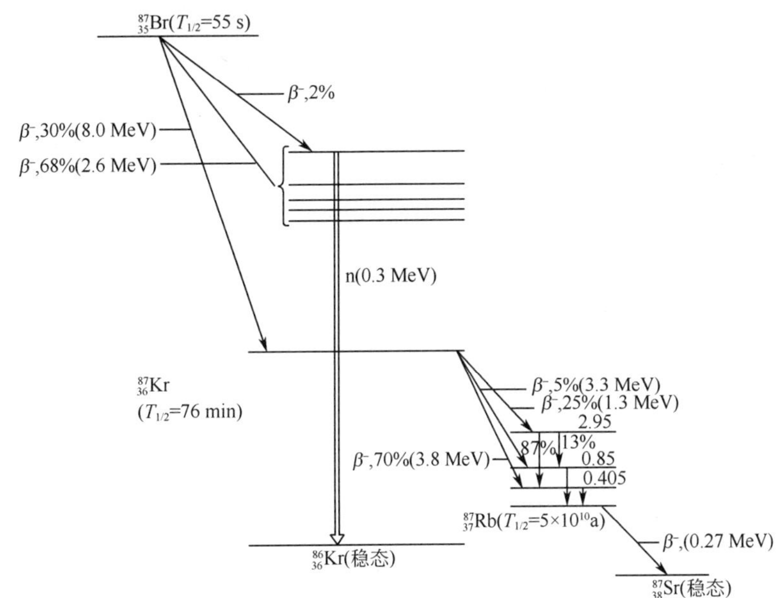

图 1-7 ^{87}Br 作为发射缓发中子母核的衰变纲图

β^+ 衰变时质子转变成中子，同时放出正电子和中微子：

$$P^+ \longrightarrow n + e^+ + \nu$$

这种衰变要求初始态和终态之间的能量差（Q 值）大于 1.02MeV（即两个电子的静质量）才能发生。如果 Q 值小于 1.02MeV，就不能发生 β^+ 衰变，这时缺中子的核素可通过俘获壳层电子(ε)转变为子核。其反应为：

$$P^{+} + e^{-} \rightarrow n + \nu$$

电子俘获过程也是质子转变为中子，同时放出中微子。

图 1-8 描述^{145}Sm 和^{145}Pm 的电子俘获(ε)衰变过程。^{145}Sm 和^{145}Pm 衰变的 Q 值分别为 0.65 MeV 和 0.14 MeV，远小于 1.02 MeV，所以不会发射 β^{+}，而是 ε 衰变。子核的不同激发态给出 γ 级联关系。

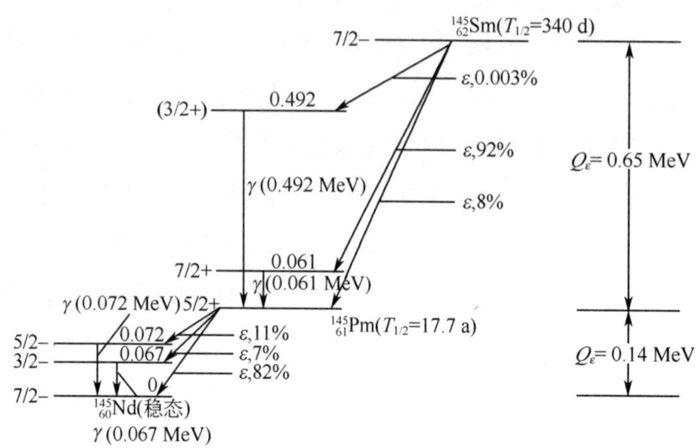

图 1-8 ^{145}Sm 和^{145}Pm 的电子俘获(ε)衰变纲图

1.1.4 裂变产物与核燃料燃耗

在反应堆运行中核燃料的易裂变核素(如^{235}U、^{239}Pu、^{241}Pu 等)裂变消耗的过程称为燃耗(Burnup)，也指这种消耗的程度(燃耗深度)。用于量度燃耗的单位有许多种，常用两种：

(a)原子百分数燃耗

$$B(原子\ \%) = 100 \times \frac{\sum N_i}{\sum N_{iO}} = 100 \times \frac{\sum N_{iO} - \sum N_{it}}{\sum N_{iO}} \tag{1-36}$$

$\sum N_i$ ——易裂变核素的总裂变数，$\sum N_{iO}$ ——初始装料时重金属(铀、钚)总原子数，$\sum N_{it}$ ——燃烧时间 t 后剩余的重金属总原子数。

(b)比能燃耗

$$B(MWd/t) = \frac{\sum E_i(MWd)}{\sum m_i(t)} \tag{1-37}$$

$\sum E_i$ ——核燃料裂变释放的总能量(MWd)，$\sum m_i$ ——初始装料的核燃料中重金属(铀、钚)的质量,若是氧化物应减去氧的质量,单位用吨(t)或公斤(kg)。

原子百分数燃耗与比能燃耗的关系为:

$$B(\mathrm{MWd/t}) = \mathrm{B}(\text{原子 }\%) \times 1.1169 \times 10^4 \times \frac{E_f}{M} \approx \mathrm{B}(\text{原子 }\%) \times 10^4 \tag{1-38}$$

E_f——单次裂变能(MeV), ^{235}U 的 $E_f = 202$ MeV,^{239}Pu 的 $E_f = 212$ MeV;
M——重金属核燃料(铀、钚)的平均原子量。

式(1-38)给出近似关系 1%燃耗≈10^4 MWd/t,若实际测得原子百分数燃耗为 2.75%,则相当于 27500 MWd/t。工程上用比能燃耗很方便,通过热功测量即可得到,而试验研究中常用原子百分数燃耗。

原子百分数燃耗经常通过裂变产物进行准确测定,其关系为:

$$\mathrm{B}(\text{原子 }\%) = \frac{A/Y}{H + A/Y} \tag{1-39}$$

式(1-39)中:A——测得的裂变产物监测体的原子数,Y——裂变产物监测体的裂变产额,H——测得的剩余燃料总重原子数,相当于式(1-36)中的 $\sum N_{it}$, A/Y 为总裂变数,亦即消耗掉的易裂变核之原子数,相当于式(1-36)中的($\sum N_{io} - \sum N_{it}$)。

为了准确测定燃耗,必须选择合适的裂变产物作燃耗监测体,一般要求:裂变产额较大而且准确,中子俘获截面小,半衰期相对长或是稳定核素,不挥发或迁移,先躯核的半衰期较短、中子俘获截面也小。常用^{137}Cs 和^{148}Nd 作燃耗监测体。

由于裂变产物的产额因不同的裂变核素而有差别,不同能量的中子诱发裂变,产额也不一样。利用这些规律,选择相关的裂变产物核素作监测体,可以辨认重核裂变的类型和各裂变核素的单独贡献(分燃耗)及其与总燃耗的关系,其中裂变产物同位素关联技术颇受重视:利用自然界本底很低的裂变产物贵金属同位素比可判识^{235}U 和^{239}Pu 的分燃耗;用^{134}Cs/^{137}Cs 的关联可直接测定燃耗,无须破坏分析,但需要校正的因素较多,引入的误差较大。

1.2　裂变产物元素

裂变产物中各原子序数相对应的元素称为裂变产物元素(fission product elements),亦即重原子核发生裂变反应生成的元素。同一裂变产物元素可含有若干个不同的裂变产物核素,如:裂变产物元素铯有^{133}Cs、^{135}Cs 和^{137}Cs 等;裂变产物元素锶有^{87}Sr、^{88}Sr、^{89}Sr、^{90}Sr和^{91}Sr等核素。在化学工艺过程，各裂变产物核素的行为以元素性质归属。

1.2.1 裂变产物元素在周期表中的分布

在周期表中可以测到的主要裂变产物元素有原子序数从28(Ni)到66(Dy)，此外还有三裂变产物元素，一般在第一和第二周期中。这些裂变产物元素分布在周期表中从0族到Ⅷ族都有。

0族：氦、氪和氙，惰性气体。氦由三裂变时瞬发α粒子形成；氪和氙主要来自二裂变，其中^{85}Kr的半衰期为10.76 a，在化学工艺中若全释放到环境中，对生态有一定影响，需加适当的控制。

Ⅰ族：氚和铯。氚来自三裂变，虽然产额很低，但其半衰期为12.33 a，在乏核燃料后处理时，氚的放射性活度不容忽视，应重视其对环境的影响。^{137}Cs的产额高，半衰期30 a，是冷却时间较长的乏核燃料中γ射线辐照的主要来源。^{134}Cs的独立产额很低，对于燃耗较深的乏核燃料，由于$^{133}Cs(n,\gamma)^{134}Cs$中子活化反应生成可观量的$^{134}Cs$，半衰期2.064 a，其放射性活度在相当长的时间内都可与^{137}Cs相比拟。

Ⅱ族：锶和钡，^{89}Sr(50.53d)、^{90}Sr(28.79a)和^{140}Ba(12.75d)。乏核燃料冷却一定时间后，认为^{140}Ba已“死光”，只有锶。^{90}Sr的子体^{90}Y的β^-粒子能量高，是长期β^-射线辐照的主要来源。

Ⅲ族：稀土元素，包括^{90}Y、^{91}Y(58.5d)、^{140}La、^{141}Ce(32.5d)、^{144}Ce(284.89d)-^{144}Pr(17.28m)、^{143}Pr(13.57d)、^{147}Nd(10.98d)-^{147}Pm(2.623a)、^{151}Sm(90a)、^{154}Eu(8.59a)和^{155}Eu(4.76a)等放射性核素，以及中子俘获截面很大的^{149}Sm、^{151}Eu、^{155}Gd、^{157}Gd和^{164}Dy等稳定核素。

Ⅳ族：主要是锆，其中^{95}Zr(64.032d)是γ射线辐照的主要来源。除了^{95}Zr外，裂变产物元素锆还有多个稳定同位素，使元素锆的含量比较高。

Ⅴ族：主要是铌，^{95}Nb(34.991d)是^{95}Zr的衰变子体，其γ射线能量高(765KeV)，分支比大(99%)。对于冷却时间较短的核燃料(如生产堆和快堆)的后处理，^{95}Zr-^{95}Zb成为主要γ射线的贡献者。

Ⅵ族：主要是钼，由于裂变产物元素钼的放射性同位素半衰期都比较短，经冷却后的乏核燃料中裂变产物元素钼的同位素都是稳定的。这些核素的产额都比较高，所以在乏核燃料溶解液中钼的浓度也相对较高。

Ⅶ族：有ⅦA的碘和ⅦB的锝，其中^{129}I(1.57×10^7 a)和^{99}Tc(2.11×10^5 a)是典型的裂变产物长寿命核素。

Ⅷ族：钌和铑，主要是^{103}Ru(39.26d)和^{106}Ru(373.57d)-^{106}Rh(29.8s)放射性

核素受到重视。

1.2.2 主要裂变产物元素的含量

同一种易裂变核，燃耗不同则裂变产物元素的生成量不同；不同的易裂变核裂变时，生成裂变产物的产额不同；原子核裂变过程，随诱发中子能量的变化，裂变产物的产额也随之变化；随着燃耗的加深，初始易裂变核在减少，新生成的易裂变核随之增加，裂变产物的生成比例也不同。因此核燃料组成、装料形式、反应堆类型和燃料燃耗等不同，裂变产物元素的含量也各异。表 1-1 列出几种典型的反应堆乏燃料中，主要裂变产物元素的含量。表 1-1 中未列锝的数据，一般约为钼的四分之一。

表 1-1 几种反应堆乏核燃料中主要裂变产物元素的含量[7]

反应堆类型		石墨气冷堆	轻水堆	快 堆
核燃料初始形态与组成		金属铀与钼或铝合金，镁外壳	$^{235}U<5\%$的氧化铀针型棒，锆合金壳	U、PuMOX 针型棒，不锈钢外壳
平均燃耗(MWd/t)		4000	33000	80000
裂变产物的含量(g/t)	氪(Kr)	60	370	750
	锶(Sr)	180	880	1200
	钇(Y)	77	470	580
	锆(Zr)	515	3650	6540
	铌(Nb)	8	13	70
	钼(Mo)	400	3450	8750
	钌(Ru)	200	2250	7240
	铑(Rh)	50	390	2100
	钯(Pd)	30	1300	4340
	碲(Te)	60	560	1320
	碘(I)	30	270	1120
	氙(Xe)	600	5400	
	铯(Cs)	300	2700	9380
	钡(Ba)	140	1400	3150
	镧(La)	140	1250	2770
	铈(Ce)	400	2850	6200
	镨(Pr)	140	1200	2700
	钕(Nd)	470	3900	8300
	钷(Pm)	55	110	817
裂变产物总含量		4160	35000	85000

1.3 裂变产物元素与核燃料后处理工艺学

1.3.1 核燃料后处理工艺学简介

20世纪中期，核燃料主要用于军事目的，制造核武器。可用作核裂变能源的天然元素有铀和钍。天然钍只有^{232}Th和极少量^{228}Th，不是易裂变核素，不能直接用。天然铀中有0.71% ^{235}U是易裂变核素，在核反应堆内可裂变放出中子，天然铀中占99%以上的^{238}U俘获中子后衰变成^{239}Pu是易裂变核素，可用于制造核武器，这就需要从核反应堆辐照的核燃料中提取^{239}Pu和回收剩余的铀。为解决这个问题而开展化学和工艺研究，形成了核燃料后处理工艺学。所谓“后处理”是相对于“前处理”而言，从矿石中提取微量天然铀作核燃料，属于“前处理”工艺；从核反应堆辐照过的燃料元件中回收核燃料，属于“后处理”工艺。研究开发了几种后处理工艺流程，最成熟的是Purex流程，首先用于处理生产堆辐照的核燃料。生产堆之目的是生产可制造核武器的武器级钚，对武器级钚要求^{240}Pu的丰度低(约6%)，^{239}Pu的丰度为94%左右，反应堆内核燃料的燃耗很浅(一般不超过1000 MWd/t)，所以超铀元素含量很低，核燃料中的放射性辐射主要来自裂变产物。由于生产进度要求核燃料出堆后冷却时间较短(100天左右)，裂变产物中的放射性辐射以^{95}Zr-^{95}Nb、^{103}Ru、^{106}Ru-^{106}Rh、^{141}Ce和^{144}Ce-^{144}Pr为主，是工艺过程的重要影响因素。

Purex流程以磷酸三丁酯(TBP)为萃取剂，从硝酸介质中萃取四价和六价锕系元素的选择性特别高，对裂变产物的去污系数也高。图1-9是两循环的Purex流程示意图，核反应堆辐照过的核燃料经硝酸溶解，调节合适的酸浓度后作为料液(1AF)进入1A萃取器被萃取溶剂(1AX)萃取，用洗涤酸溶液(1AS)洗有机相，得到萃取了铀和钚的有机相(1AP)进入1B萃取器；用还原反萃取剂(1BX)反萃取钚，使钚呈三价进入水相(1BP)；铀仍在有机相(1BU)进入1C萃取器，用很稀的硝酸溶液(1CX)反萃取铀，使铀进入水相(1CU)。其中1AW为高放废液，贮存、处理；1CW为用过的有机相，经洗涤处理，返回使用或部分更新。1CU经预处理使难去污的元素处于不可萃取状态，进入2D萃取器后，铀被萃取到有机相(2DU)送去2E萃取器反萃取铀，得到2EU经脱硝作为回收铀的产品。1BP的钚为三价不被TBP萃取(分配比很低)，经调节价态，钚呈四价作为料液(2AF)进入2A萃取器被萃取到有机相中成为2AP。将2AP送入2B萃取器，也用还原反萃取使钚从有机相进入水相(2BP)。2BP经沉淀、灼烧，成为提取的钚产品(PuO_2)。早期的军用产品生产中，铀线和钚线往往采用第三循环进一步净化，确

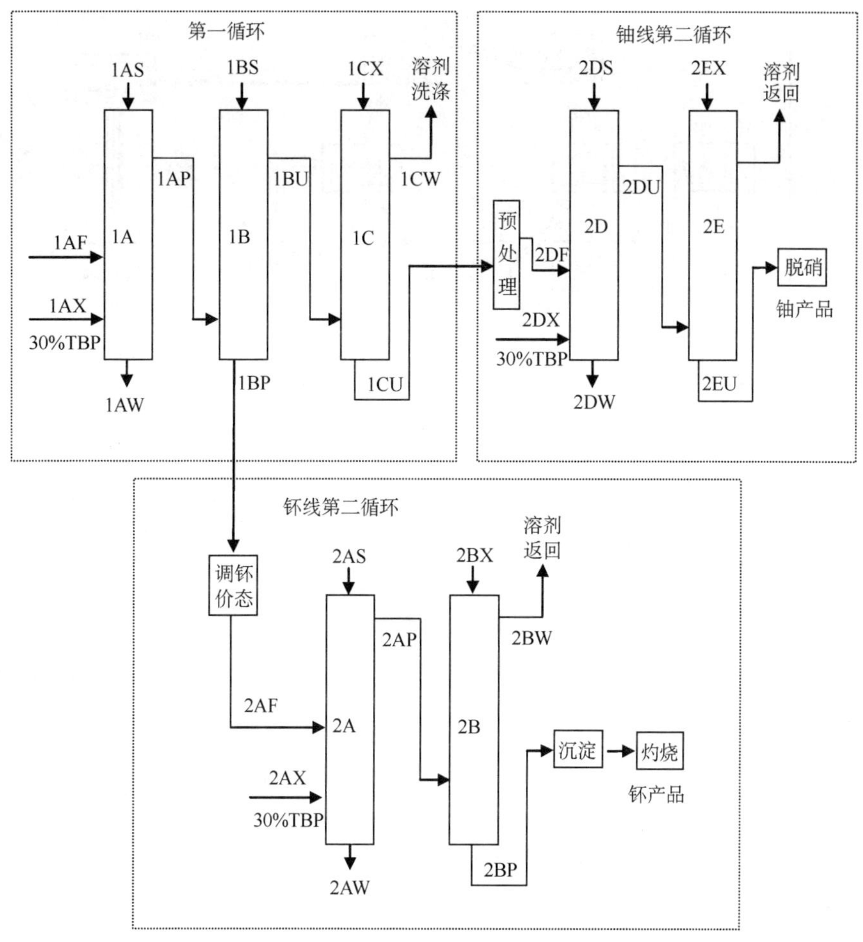

图 1-9 Purex 流程示意图

保铀和钚的纯度足够高。

关于动力堆,随着核电技术的发展和规模的扩大,已形成了核燃料循环,如图 1-10 所示,包括核电站燃料的供给和乏核燃料处理处置在内的全部过程。从矿山开始,采矿、提取铀、生产 UF_6、铀同位素分离加浓 ^{235}U、制造燃料元件、放入反应堆内使用、乏核燃料卸出反应堆、中间贮存冷却、后处理回收铀和钚、重新制造燃料元件进堆内使用,这条路线组成核燃料闭路循环。在核燃料后处理过程分离出的裂变产物和次量锕系元素的放射性废物处理和处置,也应属于闭路循环。这条技术路线已有多个国家的实践证明是可行的。另一条路线是不经过后处理,乏核燃料中间贮存后再经过长期中间贮存,而后直接处置,即所谓"开路"循环。这条路线尚无成熟的经验,而且对核燃料利用不充分。

在核燃料闭路循环中,后处理是至关重要的一环。对于动力堆乏核燃料,燃耗深,裂变产物元素和超铀元素含量比生产堆核燃料高得多。在冷却过程,裂变产物放射性衰减比超铀元素快,经过 5 年冷却,^{95}Zr-^{95}Nb、^{103}Ru 和 ^{141}Ce 等已衰变

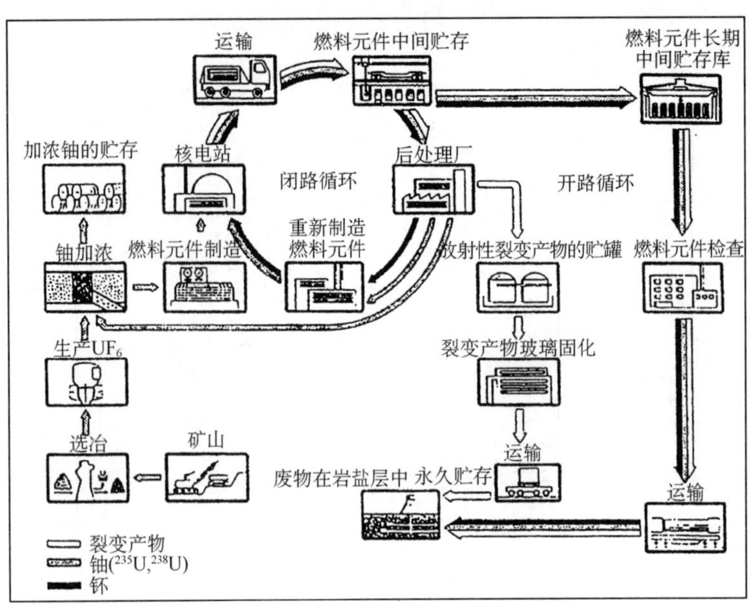

图 1-10　核电站的燃料循环示意图

完，^{144}Ce-^{144}Pr 约剩下原来的 1%，^{106}Ru-^{106}Rh 也衰变到 4%以下，而超铀元素中比活度较高的核素：^{238}Pu、^{241}Am 和^{244}Cm 等的放射性减少不多，再延长冷却时间对这些核素以及^{90}Sr 和^{137}Cs 的放射性衰减也不会有明显的效果，所以用 Purex 流程处理动力堆乏核燃料的具体工艺条件与生产堆核燃料的后处理有所不同。

关于天然钍作为核裂变能源，需要借助^{235}U 和^{239}Pu(含^{241}Pu)，这些易裂变核素在反应堆内发生核裂变反应放出中子，^{232}Th(天然钍)俘获中子后衰变成^{233}U 也是易裂变核素。从反应堆辐照的钍燃料中提取^{233}U 和回收钍，也需要核燃料后处理技术。常用 Thorex 流程处理钍燃料，Thorex 流程类似于 Purex 流程，在硝酸介质中用 TBP 为萃取剂，所不同的是钍-铀分离用不同浓度的硝酸溶液反萃取。钍不像钚那样容易被还原成三价，只能利用钍在硝酸溶液中 TBP 萃取的分配系数比铀低些，采用一定浓度的稀硝酸溶液既可反萃取钍，又可使铀保留在有机相，从而达到分离，然后用更稀的硝酸溶液反萃取铀。

1.3.2　裂变产物元素过程化学

生产堆核燃料后处理，由于燃耗浅，冷却时间短，裂变产物元素锆、铌、钌和铈的放射性活度影响是主要的。锆、铌和钌在工艺过程的行为复杂，被称为“最讨厌”的裂变产物元素，为此对锆、铌和钌的行为和状态进行了研究。

动力堆乏核燃料的燃耗深，热中子诱发裂变的动力堆，一般燃耗为 33000～50000 MWd/t，快中子诱发裂变的增殖堆，一般为 80000～100000 MWd/t。核电技术的不断进步，将向燃耗更深的趋势发展。由于放射性辐射场对核燃料元件性质的影响和易裂变核素(消耗和生成的)总量的减少,以及中子毒物的积累,燃耗要受到限制。达到一定燃耗的乏核燃料就得卸出反应堆,冷却和处理,以去除放射性杂质和中子毒物,回收核燃料(易裂变核素和可转换核素)重新使用。冷却后的乏核燃料中,裂变产物元素放射性活度的主要贡献者已从锆、铌、钌和铈转为^{90}Sr-^{90}Y和^{137}Cs,对它们的去污比较容易。但是裂变产物元素中稳定核素的数量增大,有些裂变产物元素包含几个稳定的裂变产物核素,而且裂变产额都比较高,以至于达到元素浓度足以影响其他元素的化学行为,因此出现了高产额裂变产物元素化学行为的相互影响。例如:裂变产物元素锆和钼在溶解液中会形成次级沉淀,造成溶解液不稳定,甚至钚也被共沉淀而损失;元素锝的浓度增高,对四价铀还原反萃取钚有影响;裂变产物元素之间的共萃取现象等等。这些在生产堆核燃料后处理过程未遇到。而且次量锕系元素放射性活度剧增,大多数是α衰变,衰变能大,加剧硝酸和溶剂辐解,也严重影响裂变产物元素的行为。所以动力堆乏核燃料的后处理比生产堆核燃料后处理更复杂些,需要进一步开展研究。

裂变产物元素过程化学是针对核燃料后处理工艺的复杂体系、研究裂变产物元素的行为、状态、以及相关化学原理的工艺过程化学。以后各章将阐述几种主要裂变产物元素的工艺过程化学。

参考文献

[1] 钱三强,何泽慧等,“铀裂变的新模式——三分裂和四分裂”,周光召主编,钱皋韵副主编,《钱三强论文选集》[M],p172(1993),北京:科学出版社.

[2] 杨承宗,吕维纯等主编,《放射化学》第二章,中国科学技术大学08系教材,(1963).

[3] 克勒尔,C.,著,朱永赌,焦荣洲等译,《放射化学基础》[M],p37 (1993),北京:原子能出版社.

[4] 李学良,“裂变产物质量分布”,《国防科技名词大典》核能[M], p297 (2002),北京:航空工业出版社,兵器工业出版社,原子能出版社.

[5] 常志远,林灿生,赵永刚,“裂变产物Ru和Pd的同位素组成与燃耗关系的研究”[P],中国原子能科学研究院博士学位论文,(2009).

[6] Holder, J. V., Radiochim. Acta[J], 25 (3/4), 171 (1978).

[7] Gue, J. P., CEA-R-4805 (1977).

[8] 林灿生,“高产额裂变产物元素化学行为的研究”,朱清时主编,李虎侯副主编,《杨承宗教授九十华诞纪念文集》[M], p202(2000),合肥:中国科学技术大学出版社.

第二章　钌的过程化学

2.1　概　述[1,2]

裂变产物元素钌在水法后处理工艺过程的行为复杂，尤其是在有机溶剂中的保留，限制了溶剂回收使用的循环次数，被称为“最讨厌的”裂变产物元素之一。针对钌的研究工作开展得比较深入，有关的文献报道也很多，但是有些观点或结论不完全相同。本章主要对钌在 Purex 流程中的行为及其相关的化学进行论述。

2.1.1　裂变产物元素钌的主要同位素

钌元素有多种同位素，有自然界存在的和核裂变产生的，以及通过加速器合成的。钌在自然界中存在 7 种同位素（^{96}Ru、^{98}Ru、^{99}Ru、^{100}Ru、^{101}Ru、^{102}Ru 和 ^{104}Ru），都是稳定同位素，裂变产物中也存在 3 种稳定的钌同位素（^{101}Ru、^{102}Ru 和^{104}Ru），钌的其他同位素都是具有放射性的，表 2-1 裂出钌的几种主要同位素。

表 2-1　钌的主要同位素

同位素	半衰期	衰变类型 及分支比(%)	主要 β 粒子能量 (keV)及强度(%)	主要 γ 射线能量 (keV)及强度(%)	来源及丰度(%)
^{96}Ru	稳定				天然(5.54)
^{97}Ru	2.791d	ε(100)		215.7(85.6) 324.5(10.8)	$^{96}Ru(n,\gamma)$
^{98}Ru	稳定				天然(1.87)
^{99}Ru	稳定				天然(12.76)
^{100}Ru	稳定				天然(12.60)
^{101}Ru	稳定				天然(17.06) 裂变产物
^{102}Ru	稳定				天然(31.55) 裂变产物

续表

同位素	半衰期	衰变类型 及分支比(%)	主要β粒子能量 (keV)及强度(%)	主要γ射线能量 (keV)及强度(%)	来源及丰度(%)
^{103}Ru	39.26d	β^-(100)	114(0.091) 116(6.61) 229(92.2) 471(0.243) 766(0.87)	497.08(91.0) 557.04(0.868) 610.33(5.76)	裂变产物
^{104}Ru	稳定				天然(18.62) 裂变产物
^{105}Ru	4.44 h	β^-(100)	539(1.63) 571(3.52) 947(3.98) 1110(18.8) 1130(16.9) 1192(47.8) 1447(2.1) 1786(2.6)	129.78(5.68) 262.83(6.57) 316.44(11.1) 469.37(17.5) 676.36(15.7) 724.3(47.3)	^{104}Ru(n,γ)
^{106}Ru	373.59 d	β^-(100)	39.4(100.00)	无γ射线	裂变产物
^{107}Ru	3.75 m	β^-(100)	1117(0.88) 1674(4.0) 1708(7.1) 1938(11.3) 2297(1.8) 2786(1.0) 2980(68)	194.05(9.9) 374.28(3.0) 462.61(3.7) 847.93(5.3)	裂变产物 ^{110}Pd(n,α)
^{108}Ru	4.55 m	β^-(100)	1196(46) 1361(32)	73.65(1.15) 91.33(2.4) 150.46(7.8) 164.95(28)	裂变产物
^{109}Ru	34.5 S	β^-(100)	1969(2.6) 2066(11) 2188(2.6) 2196(11) 2231(23) 2648(10) 3107(3.8) 3133(6.3)	206.29(22) 225.98(20) 358.79(14) 426.84(10) 1929.05(14)	裂变产物
^{106}Rh*	29.8 S	β^-(100)	1539(0.46) 1979(1.77) 2407(10.0) 2413(0.64) 3029(8.1) 3541(78.6)	511.86(20.4) 621.93(9.93) 1050.41(1.56)	^{106}Ru 衰变

* ^{106}Ru 表观射线的真实来源。

裂变产物钌的重要同位素是^{101}Ru、^{102}Ru、^{103}Ru、^{104}Ru和^{106}Ru，其衰变链如下：

$$^{101}Rb \xrightarrow{\beta^-} {}^{101}Sr \xrightarrow{\beta^-} {}^{101}Y \xrightarrow{\beta^-} {}^{101}Zr \xrightarrow{\beta^-} {}^{101}Nb \xrightarrow{\beta^-} {}^{101}Mo \xrightarrow{\beta^-} {}^{101}Tc \xrightarrow{\beta^-} {}^{101}Ru$$

0.18s　0.42s　2.18s　2.40s　7.30s　14.6min　14.20min　稳定

$$^{102}Sr \xrightarrow{\beta^-} {}^{102}Y \xrightarrow{\beta^-} {}^{102}Zr \xrightarrow{\beta^-} {}^{102}Nb \xrightarrow{\beta^-} {}^{102}Mo \xrightarrow{\beta^-} {}^{101}Tc \xrightarrow{\beta^-} {}^{102}Ru$$

90ms　355ms　2.9s　1.3s　11.3min　5.35s　稳定

$$^{103}Rb \xrightarrow{\beta^-} {}^{103}Sr \xrightarrow{\beta^-} {}^{1031}Y \xrightarrow{\beta^-} {}^{103}Zr \xrightarrow{\beta^-} {}^{103}Nb \xrightarrow{\beta^-} {}^{103}Mo \xrightarrow{\beta^-} {}^{103}Tc \xrightarrow{\beta^-} {}^{103}Ru \xrightarrow{\beta^-} {}^{103}Rh$$

1.5s　1.12min　54s　39.26s　稳定

$$^{104}Sr \xrightarrow{\beta^-} {}^{104}Y \xrightarrow{\beta^-} {}^{104}Zr \xrightarrow{\beta^-} {}^{104}Nb \xrightarrow{\beta^-} {}^{104}Mo \xrightarrow{\beta^-} {}^{104}Tc \xrightarrow{\beta^-} {}^{104}Ru$$

1.2s　4.8s　1.00min　18.3min　稳定

$$^{106}Y \xrightarrow{\beta^-} {}^{106}Zr \xrightarrow{\beta^-} {}^{106}Nb \xrightarrow{\beta^-} {}^{106}Mo \xrightarrow{\beta^-} {}^{106}Tc \xrightarrow{\beta^-} {}^{106}Ru \xrightarrow{\beta^-} {}^{106}Rh \xrightarrow{\beta^-} {}^{106}Pd$$

1.02s　8.4s　36s　373.59d　29.8s　稳定

从以上衰变链看出，裂变产物核的质量为101、102、103、104和106的各核素中，在Ru之前都是短寿命的，半衰期最长者是18.3 m（^{104}Tc）。可见这些质量链的核素很快就分别衰变为^{101}Ru、^{102}Ru、^{103}Ru、^{104}Ru和^{106}Ru。

2.1.2 裂变产物钌重要同位素的裂变产额

不同的易裂变核在不同的条件下裂变反应时生成的裂变产物钌的同位素之产额也不同，表2-2列出了钌的几种重要同位素的产额数据。

表2-2 裂变产物钌同位素的产额数据

易裂变核	裂变产物核素的产额				
	^{101}Ru	^{102}Ru	^{103}Ru	^{104}Ru	^{106}Ru
^{235}U(T)	5.0774	4.2272	3.0404	1.8343	0.39964
^{235}U(F)	5.3481	4.5321	3.2547	2.2690	0.55552
^{239}Pu(T)	5.9532	6.0289	6.9508	5.9722	4.3085
^{239}Pu(F)	6.6386	6.6388	6.8511	6.5006	4.3763
^{241}Pu(T)	5.9717	6.3537	6.1334	6.8364	6.1822
^{233}U(T)	3.2346	2.4529	1.5749	1.0284	0.25870

2.1.3 裂变产物钌与核燃料燃耗的关系

裂变产物钌的同位素中有3个核素是稳定的，测定其含量时，不必作衰变校正，尤其是复杂的辐照史会给核素的衰变校正造成可观的误差。不过钌难以完全溶解，其绝对量难以准确测定，不是好的燃耗监测体，若测定同位素比，测可回避这个问题。由表2-2看出，同一种钌的同位素，对于不同的易裂变核，产额不一样，有的相差很大。^{101}Ru 的产额，^{235}U 热中子诱发裂变时为 5.0774，^{239}Pu 裂变时为 5.9532，两者相近；而 ^{104}Ru 产额就不同，^{235}U 裂变时是 1.8343，^{239}Pu 则为 5.9722，相差 3 倍多。由于 ^{235}U 和 ^{239}Pu 裂变生成的 ^{101}Ru 与 ^{104}Ru 的比例差别很大，随着燃耗的变化，^{101}Ru 与 ^{104}Ru 的比值也相应在变化。在核动力堆内大多是 U-Pu 混合燃料，尽管有的开始仅是 UO_2，但在堆内很快就有新生成 ^{239}Pu 参加裂变。测定裂变产物钌的某些同位素比（如 $^{101}Ru/^{104}Ru$），作燃耗的判据和估算 ^{235}U 与 ^{239}Pu 的分燃耗是可能的（参见表 2-46）。

2.2　钌的化学性质

钌（Ruthenium）是 Klaus 于 1844 年在乌拉尔铂矿的废品中发现的，它是以当时俄罗斯的一个管辖区 Ruthenia 来取名的。钌属于元素周期表中第Ⅷ族铂系金属，在地壳中的丰度约为 $10^{-8}\%$，与铑相似，比钯、锇、铱和铂都少。金属钌为银白色或灰色，20℃时密度 12.41 $g \cdot cm^{-3}$，熔点 2310℃，沸点 3900℃，不溶于普通强酸，甚至也不溶于王水。钌的高价氧化物 RuO_4 具有爆炸性，尤其在有机溶液中操作时需注意安全。由于 RuO_4 的挥发性和可溶性，当浓度高时应重视对人体健康的影响。

2.2.1　基本化学性质[3-16]

1. 价电子结构与化学价

钌的价电子层结构为 $4d^7 5S^1$，其价态分布范围宽，从 0 到 +8 价，Ru^+ 和 Ru^{2+} 的价电子层结构分别为 $4d^7$ 和 $4d^6$。酸性介质中主要以 +2、+3 和 +4 价存在；在碱性介质中为 +5、+6、+7 价，以阴离子状态存在。无论以阳离子或阴离子存在的钌，在 HNO_3 和 $HClO_4$ 混合溶液中加热到 $HClO_4$ 冒烟，钌会以 RuO_4 的形式被蒸馏出来。若在 H_2SO_4 溶液中加热至 H_2SO_4 冒烟，钌也会被蒸馏出来。

2. 氧化还原反应

钌的氧化还原电位值在不同文献间有出入，文献[3]引用如下电位值：

$Ru\downarrow - 2e \rightleftharpoons Ru^{2+}$　　0.45 V

$Ru^{2+} + 5Cl^- - e \rightleftharpoons (RuCl_5)^{2-}$　　0.3 V

$Ru(\text{III}) - e \rightleftharpoons Ru(\text{IV})$　　0.87 V

$RuO_2 + 4OH^- - 2e \rightleftharpoons (RuO_4)^{2-} + 2H_2O$　　0.35 V

$(RuO_4)^{2-} - e \rightleftharpoons (RuO_4)^-$　　0.59 V*

$(RuO_4)^- - e \rightleftharpoons RuO_4$ 1 V*

$Ru(IV) - 4e \rightleftharpoons Ru(VIII)$ （1 mol·L^{-1} $HClO_4$ 中） 1.4 V**

* 与文献[6]的数据相近；

** 引自文献[7]的数据。

研究钌的阳极氧化表明：当钌的溶液相对浓（10^{-2} mol·L^{-1}）时，从Ru（Ⅲ）氧化到Ru(VⅢ)，每种价态的出现及其动力学取决于阳极电位，低于1V的阳极电位，没有任何反应发生，阳极电位高于1 V，在1.07 V和1.5 V之间逐渐而轻微地改变，溶液颜色指示出Ru（Ⅲ）向Ru（Ⅳ）、Ru（Ⅵ）转化，到1.5 V时，沉淀开始形成，并且原本绿黄色的溶液退色。这时一部分钌以RuO_2沉淀，另一部分以RuO_4将挥发。当钌的浓度很稀（10^{-10} mol·L^{-1}）时情况就不同，存在一定的临界电位（相对于Pt电极为0.74 V），达到临界电位以上时，有阳极沉积物形成，然后这沉积物逐渐消失，转换为RuO_4挥发。

在酸性溶液中，钌会被强氧化剂（如：高锰酸盐、重铬酸盐、高碘酸盐、溴酸盐、铋酸盐、O_3和Ce^{4+}等）氧化为四氧化钌，RuO_4在40℃左右开始挥发，到120℃几乎完全挥发。在用盐酸或氢氧化钠溶液吸收RuO_4气体时，会还原成RuO_2沉淀和其他低价状态。六价和七价钌在酸性介质中不稳定，为了调节钌为RuO_4^{2-}和RuO_4^-，应在碱性介质中进行，氢氧化钠溶液中用次氯酸钠可将低价态的钌氧化为高钌酸盐，将溶液酸化，则RuO_4^-会转化为RuO_4挥发出来。

在制备不同状态的钌溶液或分析测定钌时，常将钌氧化为RuO_4蒸馏出来，用碱或盐酸溶液吸收RuO_4。碱溶液会还原RuO_4，如氢氧化钾溶液先还原四氧化钌为高钌酸根，进而还原为钌酸根：

$$4RuO_4 + 4KOH = 4KRuO_4 + O_2 + H_2O \tag{2-1}$$

$$4KRuO_4 + 4KOH = 4K_2RuO_4 + O_2 + H_2O \tag{2-2}$$

盐酸对RuO_4的还原比较复杂，在盐酸介质中钌的价态可以有Ru（Ⅵ）、Ru（Ⅳ）和Ru（Ⅲ），随盐酸浓度不同，其还原性有差别，则钌的价态亦不同。首先还原四氧化钌为六价，以$[RuO_2Cl_4]^{2-}$配合阴离子存在较稳定；在高于3 mol·L^{-1} HCl中，$[RuO_2Cl_4]^{2-}$会被继续还原为四价钌的氯化配合物$[RuCl_6]^{2-}$；当盐酸浓度>6 mol·L^{-1}后，会进一步被还原为三价钌的配合物$[RuCl_6]^{3-}$。

在高氯酸溶液中，于氮气氛下Ru（Ⅲ）被氧化为Ru（Ⅳ），同时形成氯离子。反应速率随氢离子浓度增高而加快，可写成如下反应式：

$$8Ru^{3+} + 8H^+ + ClO_4^- \rightarrow 8Ru^{4+} + Cl^- + 4H_2O \tag{2-3}$$

一般的还原剂可将高价态的钌还原到低价态。在酸性介质中，过氧化氢可还原四氧化钌到四价钌，相反，H_2O_2 却会氧化 Ru(Ⅱ)为 Ru(Ⅲ)，但氧化到 Ru(Ⅳ)不容易。图 2-1 表示钌的几种不同价态之间相互转化。钌的氧化和还原过程都比较慢，需要加热提高温度，使反应速度加快。

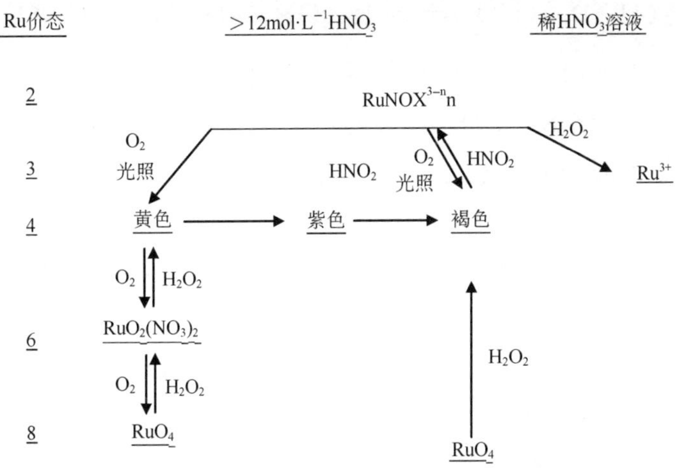

图 2-1　钌的几种不同价态间相互转化的示意图

钌的价态转化过程也有歧化现象：

$$4Ru^{3+} + 4H^{+} + NO_3^{-} \rightleftharpoons RuNO^{3+} + 3Ru^{4+} + 2H_2O \qquad (2\text{-}4)$$

反应式(2-4)中，$2Ru^{3+}$ 被 NO_3^- 氧化为 $2Ru^{4+}$，另外 $2Ru^{3+}$ 歧化为 Ru^{2+} 和 Ru^{4+}。反应(2-4)已经过实验证明，Ru(Ⅲ)在稀硝酸中隔绝空气和室温下，用分光光度法测量，发现 RuNO(Ⅲ)的硝酸根配合物和 Ru(Ⅳ)的形成比例不对称。1×10^{-3} mol·L^{-1}Ru 在 0.6 mol·L^{-1} HNO_3 中，放置 2 天，吸收光谱的改变已达完全，于 300 nm 和 480 nm 处分别测定 $RuNO^{3+}$ 和 Ru(Ⅳ)的量，得到的结果为 RuNO：Ru(Ⅳ)＝1：3。

在钌的氯化配合物中，发现存在快速反应：

$$RuO_2^{2+} + 2Ru^{3+} \rightarrow 3Ru^{4+} \qquad (2\text{-}5)$$

3. 钌水解聚合和胶体行为

钌的水解聚合和形成胶体，主要发生在四价及更低的价态。Ru^{4+} 电荷数大，半径小(0.067 nm)，有很强的水解趋势，在强酸中也会水解，类似五价的铌(参阅第五章 5.4 节)和四价的锆。

硝酸根对四价钌的配合很弱，Ru(Ⅳ)硝酸盐溶液中的水解行为，被解释为水羟离子(aquohydroxo ions)间质子转移的原因，即：

$$[Ru(OH)(H_2O)_5]^{3+} \rightarrow [Ru(OH)_2(H_2O)_4]^{2+} + H^{+} \qquad (2\text{-}6)$$

在硝酸溶液中 Ru(Ⅳ)的单核水解过程是最重要的，可发生如下一系列水解过程：

$$[Ru(OH)(H_2O)_5](NO_3)_3 \rightleftharpoons [Ru(OH)_2(H_2O)_4](NO_3)_2 + HNO_3 \quad (2\text{-}7)$$

$$[Ru(OH)_2(H_2O)_4](NO_3)_2 \rightleftharpoons [Ru(OH)_3(H_2O)_3](NO_3) + HNO_3 \quad (2\text{-}8)$$

$$[Ru(OH)_3(H_2O)_3](NO_3) \rightleftharpoons [Ru(OH)_4(H_2O)_2] + HNO_3 \quad (2\text{-}9)$$

式(2-9)中$[Ru(OH)_4(H_2O)_2]$也可描述为水合二氧化钌($RuO_2 \cdot 4H_2O$)。对于初级产物，以$[NO_3]$∶$[Ru]$的比例和表观阳离子电荷来鉴别，主要是式(2-7)的左边化合物中含有部分右边化合物。随着蒸发除去硝酸或加入碱，则水解级更高的产物增加，直到$[Ru(OH)_4(H_2O)_2]$，过程是不可逆。

以上实验用的Ru(Ⅳ)是用含有H_2O_2的2～5 mol·L^{-1} HNO_3溶液于冰浴冷却下收集RuO_4气体，得到红色的Ru(Ⅳ)硝酸溶液，钌浓度为0.01～0.05 mol·L^{-1}，可用于水解实验。若将这种溶液在10^{-3} mm Hg真空和室温下蒸发，失去硝酸，最终生成深红色玻璃状固体。将其掺水，则在一定时间内成浑浊溶液，而后逐渐地以二氧化钌存在。反应式(2-7)～式(2-9)的变化系列中，从逻辑上看其前辈成员应该是$[Ru(H_2O)_6](NO_3)_4$，但是没有找到确认的证据。若用浓硝酸连续蒸发所制备的红色Ru(Ⅳ)溶液，则得到深紫色的产物，似乎是亚硝酰钌的配合物，而不是$[Ru(H_2O)_6](NO_3)_4$。同样在高氯酸中，尽管酸浓度高达6 mol·L^{-1}，还是明显地存在Ru^{4+}的水解产物。在高浓度的盐酸溶液中蒸发，有$Ru(OH)Cl_3$生成。

金属离子水解后会聚合，钌在溶液中水解后，常以氧桥或羟基桥连接成多核聚合物。

Ru(Ⅳ)水解后以氧桥连接聚合：

$$[Ru\text{-}OH]^{3+} + [HO\text{-}Ru]^{3+} \rightarrow [Ru\text{-}O\text{-}Ru]^{6+} + H_2O \quad (2\text{-}10)$$

Ru(Ⅳ)的二聚体$[Ru\text{-}O\text{-}Ru]^{6+}$具有动力学和热力学的稳定性，会形成多核聚核物，双核聚合体$[Ru\text{-}O\text{-}Ru]^{6+}$也会水解生成$RuO^{2+}$。水解产物聚合的另一种形式是以羟基桥连接：

$$\left[(HO)_2Ru\text{-}OH\right]^{+} + \left[HO\text{-}Ru(OH)_2\right]^{+} \longrightarrow \left[(HO)_2Ru(\mu\text{-}OH)_2Ru(OH)_2\right]^{2+} \quad (2\text{-}11)$$

文献[16]叙述了高氯酸介质中Ru(Ⅳ)的状态，用电化学方法和离子交换法经实验指出，存在带4正电荷的四聚体，可用$Ru_4(OH)_{12}^{4+}$来描述，并认为该四聚体是以羟基桥连接的。

在盐酸溶液中，六价钌$[RuO_2Cl_4]^{2-}$被还原到四价而聚合产生双核络离子$[Ru_2O_2Cl_8]^{4-}$，在0.5～3.0 mol·L^{-1} HCl中部分转化为$[Cl_5RuORuCl_5]^{4-}$。

钌在溶液中会形成胶体，溶液的 pH 值和钌的浓度是形成胶体的主要影响因素。在一定 pH 的溶液中，钌浓度为 10^{-4} mol · L^{-1} 时，观察到胶体形成，而 10^{-7} mol · L^{-1} Ru 不形成胶体。另一方面，钌很容易从高价态被还原成金属镀到固体细颗粒表面上，这种性质和水解生成的 RuO_2 附着于其他物质之分散固体表面，都会形成放射性“假胶体”。

2.2.2 钌的主要化合物[3,5,13-23]

钌的典型氧化物有 RuO_4、$Ru_2O_5 \cdot 2H_2O$ 和 $RuO_2 \cdot 4H_2O$。此外是以酸根形式存在的 RuO_4^- 和 RuO_4^{2-}。

钌的氢氧化物在分析实验中特别重要，除了 $Ru(OH)_2$ 外，其他都是黑棕色无定形物质，有 $Ru(OH)_3$ 和 $Ru(OH)_4$ 等。

钌的硫酸盐在元素分析化学中也很重要，Ru(Ⅵ)的绿色硫酸盐包含 $[RuO_2(SO_4)_2]^{2-}$ 离子，它可在稀硫酸溶液中用还原剂 $NaNO_2$、Na_2SO_3、$FeSO_4$、N_2H_4 和 NH_2OH 等还原 RuO_4 得到。若用硫酸酐在紫外光辐照下与 RuO_4 反应得到 $RuO_2S_2O_7$，在 0℃溶解到稀 H_2SO_4 中也生成 $[RuO_2(SO_4)_2]^{2-}$。

卤族元素都能与钌形成化合物，包括：$RuCl_2$，$RuBr_2$，RuI_2，$RuCl_3$，RuF_3，$RuBr_3$，RuI_3，RuF_4，RuF_5 和 RuF_6 等。其中三氯化钌是钌最重要的化合物，它可直接化合制备。$RuCl_3$ 有不溶于水和可溶于水两种，用盐酸溶液还原 RuO_4 生成的 $RuCl_3$ 是可溶于水的。

氮能与钌形成一系列的化合物，包括 N_2、NH_3、氰化物和氮氧化合物都可与钌反应。水合肼与 $RuCl_3$ 反应生成 $[Ru(NH_3)_5N_2]^{2+}$，其中作为配体的氮还会为 Ru“搭桥”使之聚合成“Ru-N-Ru”的形式，并且生成配合物，如 $[Ru_2NCl_8(H_2O)_2]^{3-}$、$[Ru_2N(NH_3)_8X_2]^{3+}$ 和 $[Ru_2N(NH_3)_6(H_2O)X_3]^{2+}$，二聚体中 2 个 Ru 分别为二价和三价。向蓝色的 $RuCl_2$ 溶液中加入 KCN，制成 $Ru(CN)_2$ 是灰绿色粉末。将钌酸钾与氰化钾反应，或在 $RuCl_3$ 溶液中加入过量的 KCN，加热煮沸至颜色消褪，都会制得 $K_4[Ru(CN)_6]$。

钌具有独特的配位化学性质，能与氮、卤素、水以及有机配体形成很多配合物。在 3～4 mol · L^{-1} HCl 溶液中钌以配合物 $RuCl_6^{2-}$ 状态存在。氨的配合物 $[Ru(NH_3)_6]^{3+}$ 和 $[Ru(NH_3)_6]^{2+}$ 很容易制备，典型的“钌红”就是钌的氯化物与氨反应获得的红色溶液，产物的分子式为 $Ru_3O_2(NH_3)_{14}Cl_6$，式中 3 个 Ru 原子的价态不相等。在鲜红色正 6 价离子的溶液中尽管存在中等还原剂的情况下，也会被缓慢地氧化到黄色的正 7 价离子状态。“钌红”的结构式可写成：

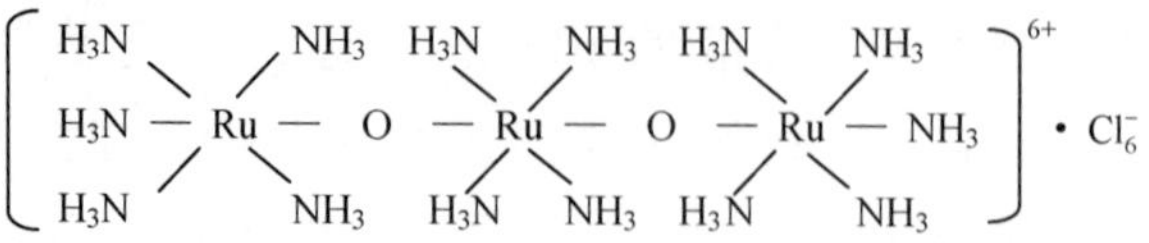

$$\left[\begin{array}{ccccccccc} H_3N & & NH_3 & H_3N & & NH_3 & H_3N & & NH_3 \\ H_3N - & Ru & - & O & - Ru - & O & - & Ru & - NH_3 \\ H_3N & & NH_3 & H_3N & & NH_3 & H_3N & & NH_3 \end{array}\right]^{6+} \cdot Cl_6^-$$

文献[18]报道了四价钌在含氮或氮硫杂环树脂上的吸附行为，这些树脂是：3-氨甲基吡啶树脂（3-AMPR）、2-氨甲基吡啶树脂（2-AMPR）、吡唑树脂（PAZR）、N-甲基-2-硫咪唑树脂（MTIR）和 2-硫-苯骈咪唑树脂（2-TBIMR）在聚乙烯苄基骨架上连接相应功能基。研究了吸附速率、吸附容量、吸附比以及洗脱行为，表明配位原子为氮或氮硫杂环功能基的树脂对 Ru(Ⅳ)的吸附、洗脱效果良好。红外光谱分析结果指出，吸附机理是功能基在酸性介质中首先质子化而后才对 $RuCl_6^{2-}$ 配合物阴离子吸附。表 2-3 给出了吸附容量、吸附比和吸附速率常数的实验数据。表中 FG 为功能基数目，实验温度 25℃。酸浓度系最佳值，其中 PAZR 最佳吸附酸为 2 mol · L^{-1} HCl。相对而言，吡啶树脂优于吡唑树脂。

表 2-3 含氮或氮硫杂环树脂对 Ru(Ⅳ)的吸附数据

树　脂	3-AMPR	2-AMPR	PAZR	MTIR	2-TBIMR
吸附容量（m mol Ru(Ⅳ)/g 树脂）	1.64	1.53	1.58	1.26	0.60
吸附比（FG/ Ru(Ⅳ)）	1.93	2.22	3.08	3.24	5.80
吸附速率常数 K（25℃ $\times 10^4 \cdot s^{-1}$）	2.60	2.50	1.53	1.80	1.13

以氮为配位原子的有机配体（如联吡啶、三吡啶三嗪等）与 Ru^{2+} 和 Ru^{3+} 会形成很稳定的配合物[20-23]。联吡啶与 Ru^{2+} 形成 3∶1 的配合物 $[(bipy)_3Ru]^{2+}$，其结构式为：

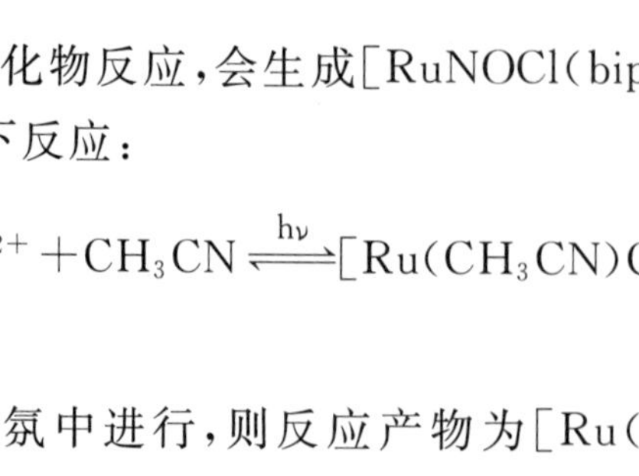

联吡啶与亚硝酰钌的氯化物反应，会生成 $[RuNOCl(bipy)_2]^{2+}$，研究这个配合物的光解作用时，存在如下反应：

$$[RuNOCl(gipy)_2]^{2+} + CH_3CN \xrightleftharpoons{h\nu} [Ru(CH_3CN)Cl(bipy)_2]^{2+} + NO \tag{2-12}$$

反应式(2-12)若在氩气氛中进行，则反应产物为 $[Ru(CH_3CN)(bipy)_2Cl]^+$ 和 $[Ru(CH_3CN)(gipy)_2Cl]^{2+}$ 的混合物，因为这种情况下，NO 在溶液中会发生氧化还原反应：

$$[Ru(CH_3CN)(bipy)_2Cl]^{2+} + NO \rightarrow [Ru(CH_3CN)(bipy)_2Cl]^{+} + NO^{+} \quad (2\text{-}13)$$

假如体系中存在分子氧或在真空中进行，NO 逸出不发生(2-13)反应，则 $[Ru(CH_3CN)(bipy)_2Cl]^{2+}$ 是唯一的产物。

联吡啶和亚硝酰钌的配合物与芳香胺反应可制备钌的芳香重氮配合物：

$$\left[(bipy)_2Ru\begin{matrix}NO\\Cl\end{matrix}\right]^{2+} + \rho\text{-}NH_2C_6H_4CH_3 \rightarrow \left[(bipy)_2Ru\begin{matrix}NNC_6H_4CH_3\\Cl\end{matrix}\right]^{2+} + H_2O \quad (2\text{-}14)$$

Ru(Ⅲ)与三吡啶三嗪(TPTZ)在水-甘油溶液中 pH 3～4 时，生成红紫色配合物很稳定，用于分光光度法测定钌，$\lambda_{max}=505$ nm。配合物中 Ru(Ⅲ)∶TPTZ=1∶2，结构式可写成：

Ru(Ⅱ)会形成大量的配合物，几乎都是 6 配位，如$[Ru(NH_3)_6]^{2+}$、$[Ru(NH_3)_5N_2]^{2+}$、$[Ru(CH_3CN)(bipy)_2Cl]^{+}$等。也有配位数为 5 的，但很少，例如$[Ru(CO_2)Cl_3]^{-}$和 $RuCl_2L_3$(式中 L 为膦类或胂类配体)。Ru(Ⅱ)的配合物都是反磁性的，这也是二价钌的特性之一，因为 Ru(Ⅱ)的外层电子结构是 $4d^6$，没有成单的 d 电子，而且是低自旋的。多数过渡金属及其化合物一般都有未满的 d 电子层，由成单 d 电子的自旋运动，使其具有顺磁性，故与二价钌不同。

钌的配合物中最受重视和研究得最多的是以亚硝酰钌($RuNO^{3+}$)为中心核的系列配合物，也是 Purex 流程中对裂变产物元素钌的研究重点所在。

2.2.3 亚硝酰钌[5、12、16、20、21、24-37]

1. $RuNO^{3+}$ 的化学键特性

亚硝酰钌($RuNO^{3+}$)三原子结构中，钌与氮直接结合(Ru-N)已得到确实的证据。三原子 Ru-N-O 不呈一条线，而是以 175°左右角弯曲，并且随着其他 5 个配位体不同而略有差别，表 2-4 列出几种亚硝酰钌配合物的键长和 Ru-N-O 弯角的数据。

表 2-4　6 配位 RuNO 配合物的结构参数[20]

配合物	Ru-N-O 弯角(°)	r(Ru-N) (nm)	r(N-O) (nm)	r(Ru-反 X) (nm)	r(Ru-顺 X) (nm)
反-$[RuNO(NH_3)_4OH]Cl_2$	173.8	0.1735	0.1159	0.1961	0.199～0.210
$[RuNO(NH_3)_5]Cl_3 \cdot H_2O$	172.8	0.1770	0.1172	0.2017	0.2097
$(NH_4)_2[RuNOCl_5]$	176.7	0.1738	0.1131	0.2357	0.2376
$K_2[RuNOCl_5]$	176.8	0.1747	0.1112	0.2359	0.2372
反-$Na_2[RuNO(NO_2)_4OH]$	179.98	0.1748	0.1127	0.1950	0.199～0.210
$[RuNO(CH_3(C_6H_5)_2P)_2Cl_3]$	176.4	0.1744	0.1132	0.2357	0.2398
$[RuNO((C_6H_5)_3P)_2]Cl_3$	180.0	0.1737	0.1142	0.2353	0.2394
$[RuNO((C_2H_5)_2SO)Br_3]_2$	178	0.171	0.116	0.2050	0.2142
$[RuNO(NH_3)_2(NO_2)_2OH]$	177	0.176	0.112	0.195	0.199～0.210

注:X 为不同配体。

关于钌在亚硝酰钌的不同配合物中之价态问题,于 20 世纪 50 年代曾有过意见分歧[5,12,24,25]。一种观点是:化合物 $RuNOBr_2$ 和 $RuNOI_2$ 中的 Ru 是一价的,$RuNOBr_3$、$RuNOI_3$ 和 $RuNO(NO_3)_3$ 是由二价钌形成的,因为其中的 NO 带有一个正电荷。另一种观点是:$RuNO(NO_3)_3 \cdot 4H_2O$ 中的 Ru 是三价的,在 $RuNO(NO_3)_2 \cdot 3H_2O$ 和 $RuNO(NO_3)_2 \cdot 2H_2O$ 中的钌处于二价,因为 NO 基团是中性的。还有一种观点认为由于 NO 的加入,钌获得或丢失一个电子,故使它的价态改变一个单位。当时这些观点都属于假设,没有被确切证明。随着配位场理论的发展,MNO 类型亚硝酰金属配合物研究不断深入,尤其是一些重要的实验数据,使 $RuNO^{3+}$ 中钌的价态问题取得共识[5、16、20、21、26、27、28]。$RuNO^{3+}$ 中的钌是二价的,Ru^{2+} 是很强的 π-给予体,而其中的 NO 是带一个正电荷的亚硝酰正离子,它是良好的 π-接受体 NO^+,有空的 π^*-轨道。在 $RuNO^{3+}$ 的轨道能级图中(见图 2-2),dxz(Ru)+π^*(NO)、dyz(Ru)+π^*(NO)和 dxy(Ru)轨道都是充满的;而 d_{z^2}(Ru)-n(NO)、dyz(Ru)-π^*(NO)、dxz(Ru)-π^*(NO)和 $d_{x^2-y^2}$(Ru)等轨道是空的。因此 Ru^{2+} 已充满的 dxz 和 dyz 轨道上的 d 电子移向 NO^+,与其空 π^*-轨道相重叠。这实际上是成键电子从已充满的金属 d 轨道贡献给配位体 NO^+ 的空 π^*-轨道而形成的金属对配位体的反馈 π 键(π^* 键),它大大地加强了 Ru-N 之间的结合,所以也显著地削弱了 N-O 之间的连接,可从红外光谱和键长数据得到证实(见表 2-5)。红外光谱吸收峰的位移看出,RuNO中 N-O 的键能比 NO^+ 削弱了。N—O 键长在 NO^+ 中为 0.106 nm,在 $RuNO^{3+}$ 中为 0.113 nm,后者相当在 NO 气体中的键长(0.114 nm);$RuNO^{3+}$ 中 Ru-N 键长为 0.17～0.20 nm,是相当短的,这些都证明$(Ru\text{-}NO)^{3+}$ 中形成 π^* 键。仅依赖于贡献 σ-电子的配位体(如胺类)形成的配合物不如具有 π^* 键的配合物稳定，在配合物 $[Ru(NH_3)_6]^{2+}$ 中，Ru-N 的键长为 0.214 nm，故不如 $RuNO^{3+}$ 稳定。另外，$RuNO^{3+}$ 为中心核的配合物都是反磁性的，也支持 $RuNO^{3+}$ 中钌是二价。Ru^{3+} 是很弱的 π-给予体，则不与 NO 或 N_2 等基团配合。

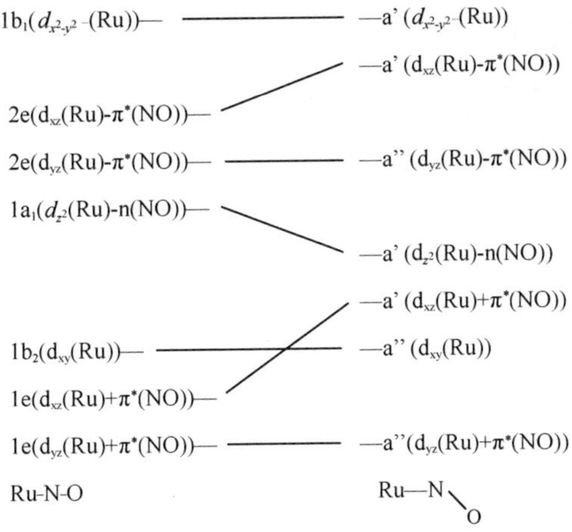

图 2-2 RuNO 三原子直线形和弯曲形 $d_\pi(Ru)\rightarrow\pi^*(NO)$ 的轨道能级图

表 2-5 N-O 的红外吸收峰和键长[5]

	NO	NO^+	$Na_2[RuNO(NO_2)_4OH]\cdot 2H_2O$
NO(cm^{-1})	1878	2200	1907
N-O(nm)	0.114	0.106	0.113

2. $RuNO^{3+}$ 的形成

根据 $RuNO^{3+}$ 的成键特点，Ru^{2+} 和 NO^+ 可直接反应生成 $RuNO^{3+}$：

$$Ru^{2+} + NO^+ \rightarrow RuNO^{3+} \qquad (2\text{-}15)$$

反应物 Ru^{2+} 在核燃料溶解液中存在，亚硝酰正离子 NO^+ 是 HNO_3 的辐解产物之一，也可由 HNO_2 于酸性溶液中生成[4]，反应式为：

$$H^+ + HNO_2 \rightleftharpoons NO^+ + H_2O \qquad (2\text{-}16)$$

在 20℃时反应式(2-16)的平衡常数 $k=2\times10^{-7}$。在核燃料溶解过程伴随着生成 HNO_2 的一系列反应，包括高酸溶解和低酸溶解[29]。

UO_2 芯块在低酸中的溶解反应：

$$3UO_2+8HNO_3 \rightarrow 3UO_2(NO_3)_2+2NO+4H_2O \qquad (2\text{-}17)$$

在>8 mol·L^{-1} HNO_3 中的溶解反应：

$$UO_2+4HNO_3 \rightarrow UO_2(NO_3)_2+NO_2+2H_2O \qquad (2\text{-}18)$$

$$2NO+H_2O \rightarrow HNO_3+HNO_2 \qquad (2\text{-}19)$$

在总溶解过程平均反应为：

$$UO_2 + 3HNO_3 \rightarrow UO_2(NO_3)_2 + 0.5\ NO_2 + 0.5NO + 1.5H_2O \quad (2\text{-}20)$$

在溶解过程中由于α、β、γ射线的强辐射，HNO_3的辐解产物也包括HNO_2。可见溶解过程HNO_2是连续不断地生成，尽管NO^+生成反应常数不大，由于连续生成，对反应式(2-15)的进行是很有利的。但是NO^+单独存在的寿命较短，研究反应式(2-15)的具体参数有困难。

氮氧化物(NO_x)是形成$RuNO^{3+}$的必要条件，图2-3展示出由不同来源的钌用于制备亚硝酰钌化合物的技术路线。

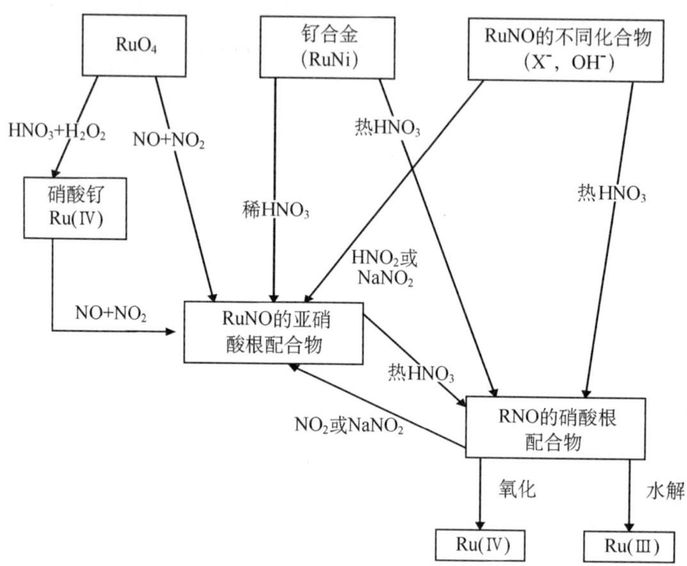

图2-3 由不同技术路线形成RuNO的硝酸根和亚硝酸根配合物

3. 亚硝酰钌的配合物

鉴于MNO为中心核的金属亚硝酰配合物的重要性(如用作催化剂)，对其研究工作也广泛和深入地开展，例如：Fe(Ⅱ)、Co(Ⅲ)和Pt(Ⅳ)等的亚硝酰化合物均进行过充分的研究，这类配合物中金属离子大多数是六配位形成八面体结构。事实上，钌形成的亚硝酰配合物比其他金属多，达百种以上，以$RuNO^{3+}$为中心核的配合物之八面体结构示于图2-4，Ru-NO结合牢固，其他2至6配位由不同的配位体占据，形成不同的配合物。

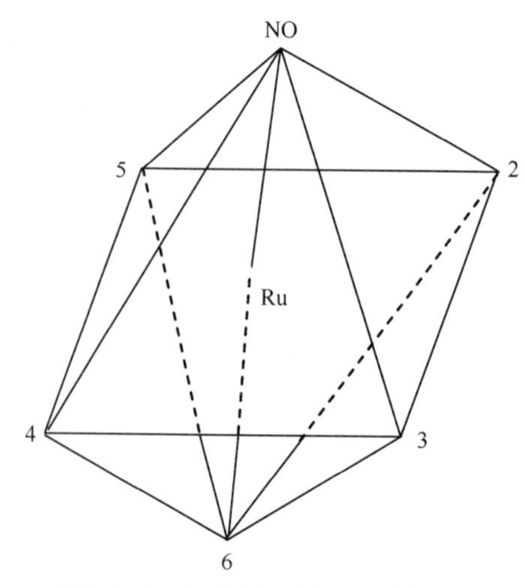

图2-4 $RuNO^{3+}$的八面体结构

(1)硝酸根配合物

亚硝酰钌的硝酸根络合物的通式可以写成：

$$[RuNO(NO_3)_x(H_2O)_{5-x}]^{3-x} \quad 1 \leqslant x \leqslant 5$$

从理论上χ最大可以等于5，因为除NO外还有5个配位，在硝酸和硝酸盐溶液中，若不考虑亚硝酸根存在，则配位体只有NO_3^-和H_2O两者竞争。χ的值随NO_3^-浓度的增加而增大。χ值不同的$[RuNO(NO_3)_x]^{3-x}$配合物之间达到平衡很慢，在0.1～15 mol · L^{-1} HNO_3中，室温下需24小时以上才能平衡。

亚硝酰钌的硝酸根配合物的制备，由图2-3示出有多种方法，Fletcher等[30]以镍钌合金为原料，硝酸溶解，溶剂萃取分离，制备出不同x值的亚硝酰钌硝酸根配合物。具体制备流程如图2-5所示。

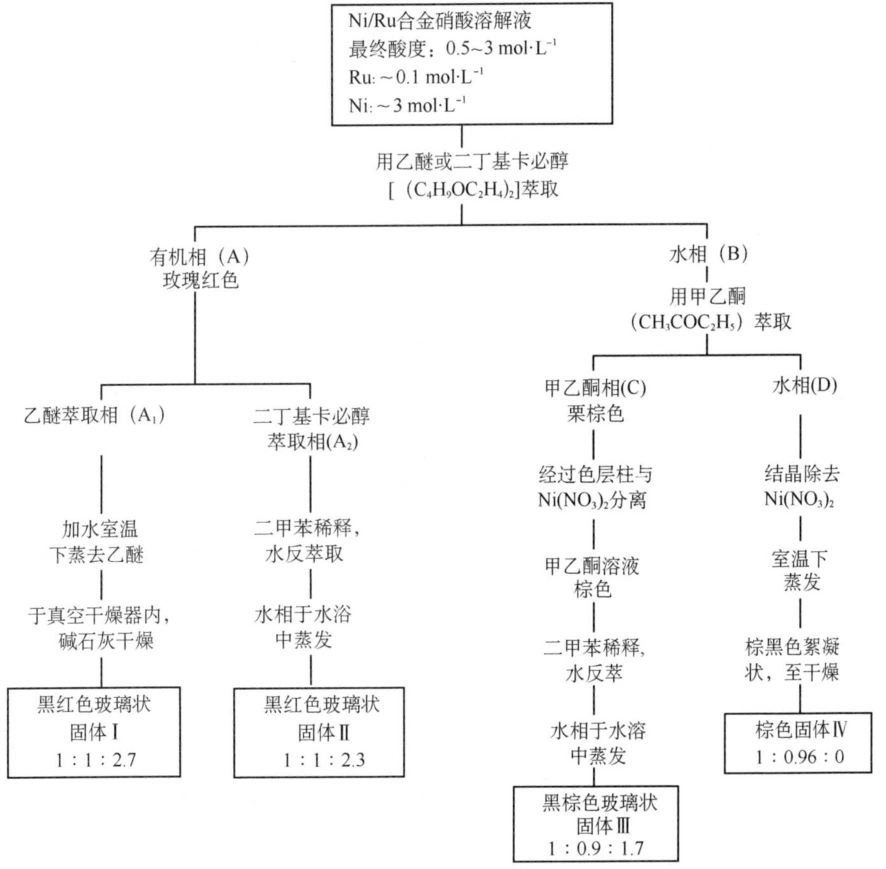

图2-5 从Ni/Ru合金制备亚硝酰钌的硝酸根配合物

Ni/Ru合金在7 mol · L^{-1} HNO_3中沸腾回流几小时被溶解，按最终酸度为0.5、1或3 mol · L^{-1}来计算加入硝酸的总量。萃取剂中，乙醚和二丁基卡必醇可萃取钌，但不萃取硝酸镍；而甲乙酮可定量萃取钌，也部分地萃取硝酸镍，萃取有机相C通过一个纤维素色层柱，硝酸镍被强烈地吸附在色层柱的顶部，钌的配合物跟随酮通过。图 2-5 中的比例数值表示最终酸度为 3 mol · L^{-1}，得到产品Ⅰ、Ⅱ、Ⅲ和Ⅳ中[Ru]∶[NO]∶[NO_3]。四种产品中[Ru]∶[NO]=1∶1，说明都生成了[RuNO]核，但是[Ru]∶[NO_3^-]的数值不同，表示这些配合物中硝酸根含量不同。产品Ⅰ中[Ru]∶[NO_3^-]=2.7，可认为是三硝酸根的配合物 2 分子和二硝酸根的 1 分子之混合物；同理，产品Ⅱ是三硝酸根的配合物 1 分子和二硝酸根的 2 分子之混合物；产品Ⅲ是 2 分子二硝酸根和 1 分子单硝酸根的混合物；产品Ⅳ不含硝酸根。如溶解终了的酸度在 3 mol · L^{-1}以下，则产品Ⅰ和Ⅱ的份额减少，而产品Ⅲ的份额增加。当终了酸度是 1 mol · L^{-1}时，生成的(Ⅰ)和(Ⅱ)就相对很少。

(2)亚硝酸根配合物

亚硝酰钌的亚硝酸根配合物可用下式表示：

$$[RuNO(NO_2)_y(H_2O)_{5-y}]^{3-y} \qquad 1 \leqslant y \leqslant 5$$

NO_2^- 与 $RuNO^{3+}$ 的配合能力比 NO_3^- 更强，当溶液中存在一定浓度的 NO_2^- 时，会发生如下反应平衡：

$$[RuNO(NO_3)_x(H_2O)_{5-x}]^{3-x} + yNO_2^- \rightleftharpoons [RuNO(NO_2)_y(NO_3)_{x-y}(H_2O)_{5-x-y}]^{3-x} + yNO_3^- \ (x>y) \qquad (2\text{-}21)$$

$$[RuNO(NO_3)_x(H_2O)_{5-x}]^{3-x} + y'NO_2^- \rightleftharpoons [RuNO(NO_2)_{y'}(H_2O)_{5-y'}]^{3-y'} + xNO_3^- \ (x<y') \qquad (2\text{-}22)$$

NO_2^- 与 $RuNO^{3+}$形成配合物反应平衡很快，几分钟即可实现。

亚硝酰钌的亚硝酸根配合物的制备方法很多，可以先制成 $RuNO^{3+}$ 的硝酸根配合物溶液，而后通入 NO 或直接加入亚硝酸盐，这样制备的亚硝酸根配合物往往纯度不够高。为获得定组分的配合物，制备程序中需加纯化步骤。Fletcher[30]用三氯化钌制备 $Na_2[RuNO(NO_2)_4OH] \cdot 2H_2O$，首先在盐酸溶液中用亚硝酸碱金属盐与三氯化钌反应生成亚硝酰钌氯化物，然后在 pH 约为 7 和 80℃下，亚硝酸根继续反应进入配合物。主要反应如下：

$$2RuCl_3 + 6HCl + 6NaNO_2 \rightarrow 2RuNOCl_3 + 6NaCl + 3NO_2 + NO + 3H_2O \qquad (2\text{-}23)$$

$$RuNOCl_3 + 5NaNO_2 + H_2O \rightarrow Na_2[RuNO(NO_2)_4OH] + 3NaCl + HNO_2 \qquad (2\text{-}24)$$

用 5 g $RuCl_3$溶于 20 mL 的 1 mol · L^{-1} HCl 中，加热沸腾，按化学计量小心地加入定量的亚硝酸钠，超过 1 小时，形成亚硝酰钌氯化物。中和溶液，并冷却到 80℃，继续加入亚硝酸钠，使第二步反应充分地完成，经过 3 小时以上，鲜亮的橙色溶液表明过量的亚硝酸根不再继续反应。于室温下缓慢蒸发，四亚硝酸根配合物以橙色晶体从溶液中沉淀。用水溶解沉淀，重结晶，分析组分得到结果为：Ru 24.4%，N 16.5%，H_2O 于 110℃干燥失重 8.8%。按$Na_2RuN_5O_{10}H \cdot 2H_2O$ 分子式的计算值为：Ru 24.5%，N 16.9%，H_2O 8.7%。若以金属钌为原料，主要步骤如下[34]：称取 124.0 mg 钌粉，加入 8.0 mL NaClO 和 30 mL 2 mol · L^{-1} NaOH 溶液，加热回流溶解。加入浓硫酸蒸发至冒白烟立即停止加热，小心用水稀释后，加入固体 $NaBiO_3$（或 $NaBrO_3$），在微沸下蒸出 RuO_4，用浓盐酸吸收，得到棕色溶液（$RuCl_3$）。将溶液蒸至近干，加王水重复蒸干，用水溶解后加入一定量固体亚硝酸钠，再小心蒸干，用丙酮抽提出其中的橙黄色固体，室温下蒸去丙酮，用水重结晶，得到橙黄色的固体 $Na_2[RuNO(NO_2)_4OH] \cdot 2H_2O$。

（3）卤化配合物

卤族元素负一价离子会与 $RuNO^{3+}$ 形成$[RuNOX_n(H_2O)_{5-n}]^{3-n}$类配合物，$X=Cl^-$，$Br^-$ 和 I^-，最典型的是氯化亚硝酰钌配合物$[RuNOCl_5]^{2-}$和中性化合物 $RuNOCl_3$。将 10 g 市售的氯化钌溶于 100 mL 水中，通入 NO-NO_2混合气体，煮沸，过滤除去 RuO_2，溶液蒸发至近干，溶于 50 mL 水中，离心法彻底除去痕量 RuO_2，得到玫瑰红色 $RuNOCl_3$溶液，用此溶液可制备如上述通式中卤离子数 n 值不同的氯化亚硝酰配合物。

（4）亚硝酰钌的氢氧化合物

具有代表性的亚硝酰钌羟基化合物是 $RuNO(OH)_3$，它可由 $RuNOCl_3$制备。向 $RuNOCl_3$溶液中加入 NaOH 以维待 pH>11，煮沸，即形成亚硝酰钌的氢氧化物，但是这样制备的产物是以胶体溶液存在。最好是在 pH=6.4 于不与 Ru 配合的酸（2 mol · L^{-1} $HClO_4$）中制备，将黑棕色沉淀重新溶解，再沉淀，用丙酮—水洗涤至洗出液中不含痕量氯离子，沉淀于室温下空气流干燥至恒重，测得含量为：Ru 49.8%，N 7.05%。按 $RuNO(OH)_3 \cdot H_2O$ 计算，Ru 50.6%，N 7.0%[30]。亚硝酰钌的不同化合物在中性水中会缓慢地转化形成 $RuNO(OH)_3$。

（5）亚硝酰钌的巯基化合物

亚硝酰钌的氯化物、硝酸根和亚硝酸根配合物水溶液与硫化氢会形成黑棕色沉淀，在这沉淀中[N]：[Ru]的比例都是 1，援引这个条件可以给出溶液中所有钌的定量沉淀，利用这个反应不仅能鉴定（RuNO）基团的存在，而且可以用于测定钌和存在于亚硝酰钌中的硝酸根。

约 0.1g 亚硝酰钌配合物溶于水中，以硫酸酸化到 pH 约为 2，用硫化氢饱和之，则[N]：[Ru]=1 的沉淀即形成。为了使钌达到定量沉淀，使溶液调为碱性，再与 H_2S 饱和，煮沸，再酸化，沉淀经丙酮洗涤、干燥，测定结果为：Ru 43.4%，N 6.0%，S 34.1%。按 $RuNO(SH)_{2.5}(OH)_{0.5}(H_2O)_{0.67}$ 计算，Ru 43.3%，N 5.9%，S 34.1%。

（6）其他配合物和混合配合物

亚硝酰钌还有很多其他配合物，如：$[RuNO(NH_3)_5]^{3+}$，$[RuNO(CN)_5]^{2-}$，$[RuNO(NCS)_5]^{2-}$，联吡啶配合物$[RuNO(bipy)_2X]^{n+}$、$[RuNO(C_2O_4)(H_2O)_3]^+$

和 $[RuNO(SO_4)(H_2O)_3]^+$ 等等。

亚硝酰钌的配合物中往往含有混合配体，在 $[RuNO(bipy)_2X]^{n+}$ 中，$X=Cl^-$、N_3^- 或 NO_2^- 时，$n=2$；$X=CH_3CN$、NH_3 或吡啶时，$n=3$。在 $[RuNO(NO_2)_x(NO_3)_y(OH)_z(H_2O)_{5-x-y-z}]^{3-(x+y+z)}$ 通式中，$0<x+y+z\leqslant 5$，不同的配体与 $RuNO^{3+}$ 形成配合的能力强弱亦不同，按以下顺序增强：ClO_4^-，$F^-<NO_3^-<Cl^-<NO_2^-$。和这个序列相比，OH^-，SO_4^{2-} 和 $C_2O_4^{2-}$ 与 Cl^- 的位置相近，在有羟基、硫酸根和草酸根存在下，可从三硝酸根亚硝酰钌配合物形成相应的单硝酸根配合物。例如：

$$RuNO(NO_3)_3+C_2O_4^{2-} = RuNO(C_2O_4)(NO_3)+2NO_3^- \qquad (2\text{-}25)$$

比较 F^- 和 NO_3^- 作为配体与 $RuNO^{3+}$ 的配合能力，$NO_3^->F^-$；而与Ru(Ⅳ)的配合，则 F^- 强得多，NO_3^- 不会直接与 Ru(Ⅳ)形成配合物，但可形成离子缔合的盐，如 $[Ru(OH)_3(H_2O)_3]\cdot(NO_3)$。$Cl^-$ 也可与 $RuNO^{3+}$ 形成相应的化合物 $[RuNO(NH_3)_4(OH)]\cdot Cl_2$。

4. 亚硝酰钌的多核配合物

亚硝酰钌会形成多核的配合物，其双核体中常以氧桥联结 2 个钌原子。在用四氧化钌与氮氧化物反应生成亚硝酰钌的硝酸根配合物时，发现了双核体。约 1 g RuO_4 溶解到无水的 CCl_4(50 mL)中，通入干燥的氮氧化物气体，直至沉淀完全。将这橙—棕色无定形沉淀过滤于烧结玻璃砂园盘上，小心操作，勿使实验室的潮湿空气通过沉淀。在 80℃ 干燥，置于真空干燥器中，最终使 CCl_4 完全去除后进行测定。组分分析结果：Ru 38.6%，N 15.7%，符合分子式 $Ru_2N_6O_{15}$(Ru 38.6%，N 15.9%)，即 $[(NO_3)_2ONRu\text{-}O\text{-}RuNO(NO_3)_2]$。认为合成过程的反应为[9]：

$$RuO_4\ (\text{Ru(Ⅷ)}) \xrightarrow{2NO} Ru(NO_3)_2\ (\text{Ru(Ⅱ)}) \xrightarrow{NO} RuNO(NO_3)_2\ (\text{Ru(Ⅱ)}) \xrightarrow{NO} \frac{1}{2}[(NO_3)_2ONRu\text{-}O\text{-}RuNO(NO_3)_2]\ (\text{Ru(Ⅱ)}) + \frac{1}{2}N_2O$$

双核亚硝酰钌配合物中也有以羟基搭桥的,例如:

$$H_2O(NO_3)(OH)NORu\begin{matrix}\nearrow OH \searrow \\ \nwarrow OH \swarrow\end{matrix}RuNO(OH)_2H_2O$$

文献[20]报道以二苯膦和氯为配体的四核亚硝酰钌配合物,测得的结构式为:

```
                 Ph2
                  P
ON—Ru ———————————— Ru—NO
                  P
                 Ph2

   Cl   Cl        Cl   Cl

                 Ph2
                  P
ON—Ru ———————————— Ru—NO
                  P
                 Ph2
```

其中 2 个 Ru—Ru 的键长是 0.2865 nm,Ru-N-O 弯曲角为 160°。

5. 亚硝酰钌的配合物的红外光谱

亚硝酰钌配合物对红外光有特征吸收,在红外光谱上有相关的特征峰,是研究亚硝酰钌配合物的有用工具。图 2-6 是[$RuNO(NO_3)_3$]和[$RuNOCl_3$]的红外光谱。图 2-7 是[$Na_2RuNO(NO_2)_4OH \cdot 2H_2O$]和[$RuNO(OH)_3$]的红外光谱。两个图中 4 种化合物在 1900 cm^{-1} 附近均有强吸收,表征 RuNO 上 N-O。在 1390 cm^{-1} 表征 NO_3^-。[$RuNOCl_3$]的吸收谱相对简单。

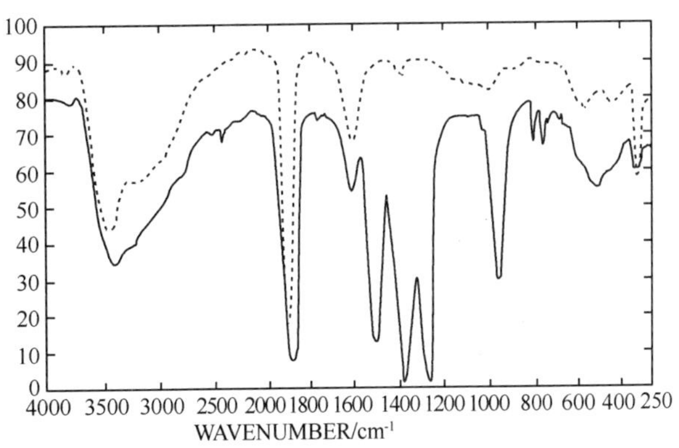

图 2-6　亚硝酰钌硝酸根和氯化物的红外光谱

——[$RuNO(NO_3)_3$]　　……[$RuNOCl_3$]

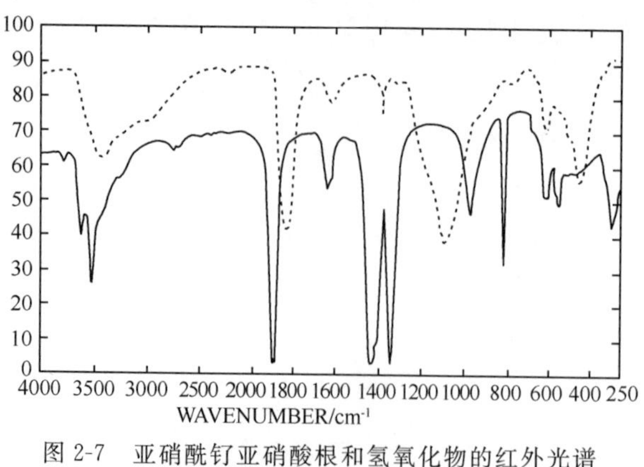

图 2-7　亚硝酰钌亚硝酸根和氢氧化物的红外光谱

——[$Na_2RuNO(NO_2)_4OH \cdot 2H_2O$]　---- [$RuNO(OH)_3$]

图 2-8 是在分离配合物后用 4 mol · L^{-1} HNO_3 淋洗的残留物，经分析表明，是 Ru^{3+} 和 Ru^{4+} 价态的钌。谱图上主要出现 1390 cm^{-1} 处强吸收，是硝酸盐的表征，而 RuNO(1900 cm^{-1})的特征峰基本消失。由于硝酸浓度较高，溶液中的 Ru^{3+} 会发生歧化反应，生成 $RuNO^{3+}$ 和 Ru^{4+}(反应式(2-4))，在放置过程，1900 cm^{-1}处可能观察到 RuNO 的信息。

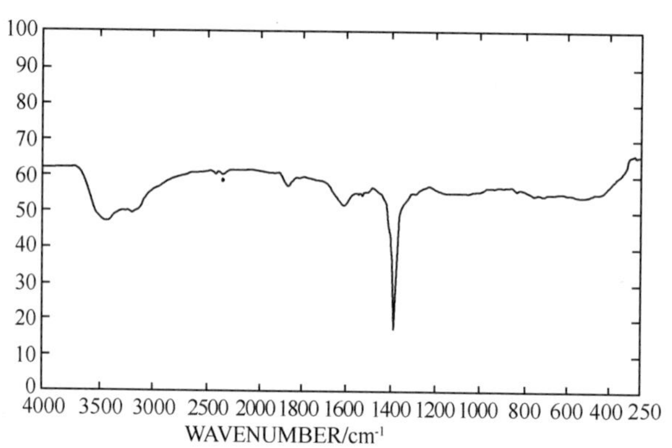

图 2-8　4 mol · L^{-1} HNO_3 中 Ru^{3+} 和 Ru^{4+} 的红外光谱

2.2.4　钌化合物颜色[3,12,13,30]

钌与其他过渡金属一样，由于原子外层的 *d* 电子结构，在可见光的激发下发生 *d*—*d* 跃迁，其化合物多有颜色。表 2-6 中列出部分有代表性的钌化合物及其颜色。

表 2-6　部分钌的化合物及其颜色

名称*	分子式	颜色
四氧化钌	RuO_4	金黄色
高钌酸钾	$KRuO_4$	绿色
钌酸钾	K_2RuO_4	橙红色

续表

名称*	分子式	颜色
二氯化钌	$RuCl_2$	蓝色
三氯化钌	$RuCl_3$	棕色
(钌氨络离子)*	$[Ru(NH_3)_6]^{3+}$	红色(碱溶液)*、蓝色(酸化)*
(氢氧化钌)*	$Ru(OH)_3$、$Ru(OH)_4$	黑棕色无定形粉末
(二价钌氧化物)*	$Ru(CN)_2$	灰绿色粉末
(硫酸钌酰配合物)*	$[RuO_2(SO_4)_2]^{2-}$	绿色
(Ru(Ⅳ)羟配硝酸盐)*	$[Ru(IV)(OH)_x(H_2O_{6-x}]^{4-x} \cdot (NO_3^-)_{4-x}$	红色溶液(固体深红色玻璃状)
"钌红"	$[Ru_3O_2(NH_3)_{14}]^{6+} \cdot Cl_6^-$ $[Ru_3O_2(NH_3)14]^{7+}Cl_7^-$	鲜红色 黄色
Ru(Ⅲ)三吡啶三嗪酸合物	$Ru(TPTZ)^{3+}_{2}$	红紫色
三氯亚硝酰钌	$RuNOCl_3$	玫瑰红色溶液
(亚硝酰钌亚硝酸根配合物)*	$[RuNO(NO_2)_x]^{3-x}$	橙黄色溶液
	$RuNO(NO_2)_2(OH)(H_2O)_2$	黄色溶液
	$RuNO(NO_2)(NO_3)_2(H_2O)_2$	橙色结晶固体
亚硝酰钌氢氧化物	$RuNO(OH)_3$	棕黑色固体
亚硝酰钌巯化物	$RuNO(SH)_{2.5}(OH)_{0.5}(H_2O)_{0.67}$	棕黑色固体
三硝酸根亚硝酰钌	$[RuNO(NO_3)_3(H_2O)_2] \cdot 2H_2O$	玫瑰红色易潮解固体
二硝酸根亚硝酰钌	$[RuNO(NO_3)_2OH(H_2O)_2]$	微红棕色易潮解固体
单硝酸根亚硝酰钌	$[RuNO(NO_3)(OH)_2(H_2O)_2]$ $(RuNO)_2(NO_3)(OH)_5$	棕色吸潮固体 棕色固体
四亚硝酸根亚硝酰钠	$Na_2[RnNO(NO_2)_4OH] \cdot 2H_2O$	橙色晶盐
(硝酸根双核亚硝酰钌)*	$Ru_2N_6O_{15}$	橙棕色易潮解固体
草酸硝酸根亚硝酰钌	$RuNO(NO_3)(C_2O_4)(H_2O)$	粉红色晶体
硫酸根硝酰根亚硝酰钌	$[RuNO(NO_3)(SO_4)(H_2O)_2]$	橙色易潮解固体
四氯羟亚硝酰钌酸氢—Hydrogen tetrachlorohydroxonitrosylruthenate	$H_2[RuNOCl_4OH] \cdot 2H_2O$	红紫色易潮解固体
氟化亚硝酰钌	$RuNOF_{2.6}(OH)_{0.4}$	黑棕色粉末

* 括号内指非命名。

2.3　硝酸溶液中钌的状态

硝酸溶液中基于亚硝酰钌化学键的特殊性决定了 $RuNO^{3+}$ 格外稳定，以 $RuNO^{3+}$ 为中心核，NO_3^-、NO_2^-、OH^- 和 H_2O 为配体，形成多种不同的配合物。已对这类不同配合物的分离、鉴定以及相互转化平衡，开展了较全面的研究。

2.3.1 硝酸中钌的基本状态[6,8,9,10,12,27,28,30,38-47]

在硝酸溶液中钌主要价态是 Ru^{2+}、Ru^{3+} 和 Ru^{4+}。Ru^{2+} 以 $RuNO^{3+}$ 形态存在最稳定，所以是硝酸溶液中钌的主要状态。Ru^{3+} 在酸性介质中因歧化反应会生成 Ru^{2+} 和 Ru^{4+}。Ru^{4+} 在硝酸溶液中很容易二聚，呈 $[Ru\text{-}O\text{-}Ru]^{6+}$ 形式。在核燃料溶解液中，Ru^{4+} 很少，约 1%，主要是以 $RuNO^{3+}$ 的配合物形式存在。

硝酸溶液中亚硝酰钌的各种配合物可以表达为通式：

$$[RuNO(NO_2)_x(NO_3)_y(OH)_z(H_2O)_{5-x-y-z}]^{3-x-y-z}$$

当硝酸浓度和 NO_3^- 浓度比较高时，x 和 z 为 0，成为亚硝酰钌的硝酸根配合物；当一定硝酸浓度时，由于 NO_2^- 竞争配位，$x>0$，会存在硝酸根与亚硝酸根的混合配合物；酸度较低时，会水解，$z>0$，则生成含硝酸根、亚硝酸根和羟基的混合配合物；当酸度较低时加入亚硝酸盐，NO_2^- 取代 NO_3^-，使 $y=0$，形成亚硝酰钌的亚硝酸根配合物。在溶液中由于条件变化，x、y 和 z 也随之变化，形成相应的配合物，其化学行为也不同，其中对亚硝酰钌的硝酸根配合物已进行了比较深入的研究。

在研究亚硝酰钌的硝酸根配合物时，根据化学表达式 $[RuNO(NO_3)_x(H_2O)_{5-x}]^{3-x}$ 中 x 值不同，分为 A、B、C、D、E 等代号的几种形态。不同作者的描述也不完全一致。较早期 Fletcher 等[38]根据 6 个配位数八面体结构(图 2-4)，按亚硝酰基(—NO)对位 6 上有无硝酸根分成两类，分别对两类再细分，提出可能的亚硝酰钌硝酸根配合物，列于表 2-7 中，认为存在五硝酸根配合物，并且计算出其百分含量。后来 Van Ooyen 等[40]的研究结果指出：A 为亚硝酰钌的一硝酸根配合物；B 和 C 都是二硝酸根配合物；D 为三硝酸根；E 为四硝酸根配合物。几乎同时期，Scargill 等[43]的研究表明，硝酸溶液中亚硝酰钌的硝酸根配合物存在 6 种形态：A_0，A_1，B，C，D_3 和 D_4(见表 2-8)，其中 A_0 和 A_1 过去当作 A，D_3 和 D_4 过去作为 D(或 D、E)处理。在硝酸溶液中 H_2O 和 NO_3^- 分别占据对位 6，两者间会快速相互交换。这是由于 π-键的影响，亚硝酰基会产生强反位效应，使对位上取代反应速度上升。对给定的硝酸根浓度，对位 6 被 NO_3^- 占据的可能性随着 A_0，A_1，B，C，D_3 和 D_4 的顺序而减小，形成五硝酸根配合物($[RuNO(NO_3)_5]^{2-}$)的可能性很小，试图真空蒸发 KNO_3 和 $K[Ru(NO(NO_3)_4(H_2O)]$ 的酸溶液，从而制备 $K_2[Ru(NO_3)_5]$，但是未成功。需要更高的硝酸浓度或硝酸根浓度，有可能形成亚硝酰钌五硝酸根配合物。以后的研究多按表 2-8 的形态代号表述。

表 2-7　可能的 RuNO 硝酸根配合物

对位 6 上的基团	RuNO 配合物中的硝酸根	硝酸根的位置	化学式	色层法测到的相应形态代号
有硝酸根	一硝酸根	6	$[RuNO(NO_3)(H_2O)_4]^{2+}$	A
	二硝酸根	2—6	$[RuNO(NO_3)_2(H_2O)_3]^{+}$	B
	三硝酸根 三硝酸根	2—3—6 2—4—6	$[RuNO(NO_3)_3(H_2O)_2]$	C
	四硝酸根	2—3—4—6	$[RuNO(NO_3)_4(H_2O)]^{-}$	D
	五硝酸根	2—3—4—5—6	$[RuNO(NO_3)_5]^{2-}$	D
无硝酸根	一硝酸根	2	$[RuNO(NO_3)(OH)(H_2O)_3]^{+}$	A
	二硝酸根 二硝酸根	2—3 2—4	$[RuNO(NO_3)_2(OH)(H_2O)_2]$	B
	三硝酸根	2—3—4	$[RuNO(NO_3)_3(OH)(H_2O)]^{-}$	C
	四硝酸根	2—3—4—5	$[RuNO(NO_3)_4(OH)]^{2-}$	D

表 2-8　硝酸溶液中已鉴定的 RuNO 硝酸根配合物

硝酸根数	硝酸根配合位置（对位 6 由 H_2O 占据）	电荷数	形态代号
0		3+	A_0
1	2	2+	A_1
2	2—3(顺式) 2—4(反式)	1+	B C
3	2—3—4	0	D_3
4	2—3—4—5	−1	D_4

亚硝酰钌硝酸根配合物$[RuNO(NO_3)_x(H_2O)_{5-x}]^{3-x}$中配体 NO_3^- 的数目 x 与溶液中硝酸根的浓度直接相关。表 2-9 中的数据说明硝酸根浓度($C_{NO_3^-}$)保持 5.5 mol · L^{-1}时，溶液的酸浓度不同，而总硝酸根浓度相同的情况下，亚硝酰钌处于 D_3形态的摩尔百分数基本一样。

表 2-9　酸度和硝酸根浓度与 $RuNO^{3+}$ 形态 D 的关系[10,38]

硝酸浓度 (mol · L^{-1})	加入硝酸盐	溶液中硝酸根总浓度(mol · L)	D_3摩尔百分数 (%)
1		1	3.5
1	$UO_2(NO_3)_2$	2.7	8
1	$UO_2(NO_3)_2$	3.5	13

续表

硝酸浓度 (mol • L^{-1})	加入硝酸盐	溶液中硝酸根总浓度(mol • L)	D_3摩尔百分数 (%)
2.7		2.7	6.5
3		3	7
3	$NaNO_3$	5.5	20,20*
3	$Mg(NO_3)_2$	5.5	27,27*
3	$UO_2(NO_3)_3$	5.5	27,27*
3	$UO_2(NO_3)_3$	4.7	22
4.7		4.7	18.5
5.5		5.5	24.5,26*

* 引自文献[38]的数据。

文献[9]报道了 3 mol • L^{-1} HNO_3中 20℃下亚硝酰钌硝酸根配合物的形成常数(表2-10)。

表 2-10　亚硝酰钌硝酸根配合物的形成常数(20℃, 3 mol • L^{-1} HNO_3)

反　　应	形成常数 β_i
$[RuNO(H_2O)_5]^{3+}$ (Co) $+ NO_3^-$ ($C_{NO_3^-}$) $\xrightleftharpoons{\beta_1}$ $[RuNO(NO_3)(H_2O)_4]^{2+}$ (C_1) $+ H_2O$	$\beta_1 = \dfrac{C_1}{C_0 \cdot C_{NO_3^-}} \approx 0.5$
$[RuNO(NO)_3(H_2O)_4]^{2+} + NO_3^-$ $\xrightleftharpoons{\beta_2}$ $[RuNO(NO_3)_2(H_2O)_3]^{+}$ (C_2) $+ H_2O$	$\beta_2 = \dfrac{C_2}{C_1 \cdot C_{NO_3^-}} \approx 0.1$
$[RuNO(NO_3)_2(H_2O)_3]^{+} + NO_3^-$ $\xrightleftharpoons{\beta_3}$ $[RuNO(NO_3)_3(H_2O)_2]$ (C_3) $+ H_2O$	$\beta_3 = \dfrac{C_3}{C_2 \cdot C_{NO_3^-}} \approx 0.2$

硝酸中亚硝酰钌的亚硝酸根配合物类似于硝酸根配合物,有以下不同形态:

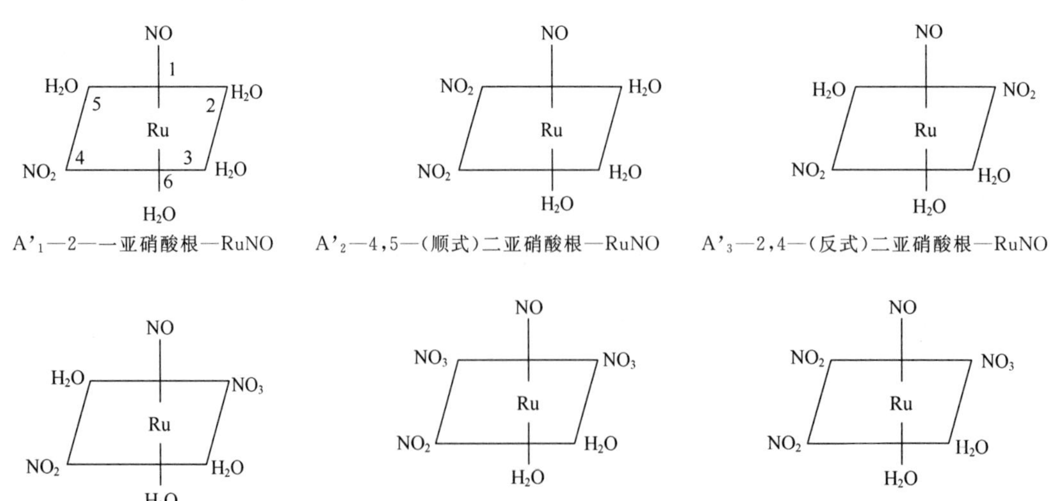

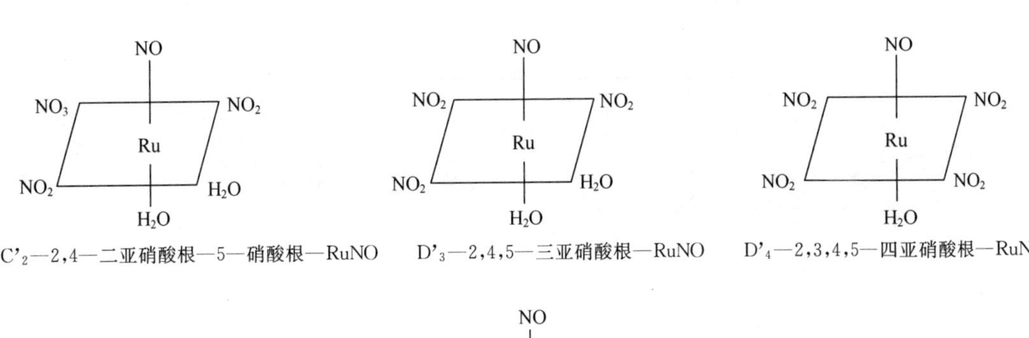

C'$_2$—2,4—二亚硝酸根—5—硝酸根—RuNO　D'$_3$—2,4,5—三亚硝酸根—RuNO　D'$_4$—2,3,4,5—四亚硝酸根—RuNO

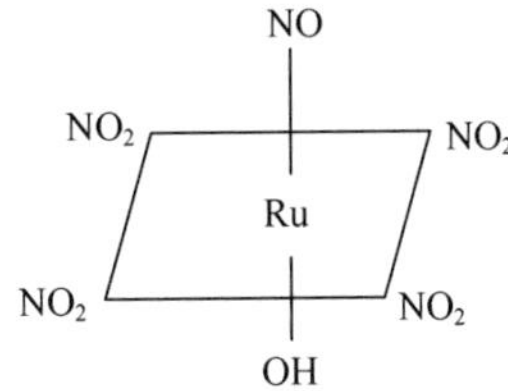

E'—2,3,4,5—四亚硝酸根—6—羟基—RuNO

亚硝酰钌的配位过程中，对位 6 的配位水最不易被取代。在亚硝酰钌四亚硝酸根羟基配合物(E')，显然是对位 6 上的水被羟基取代了。这可能是制备 E'的过程中，有碱中和、水溶解等步骤发生水解的结果。由于形成 RuNO 配合物的配位体之配合能力，NO_2^- 比 OH^- 强，在一定条件下(如弱酸性介质中)可能制成亚硝酰钌的五亚硝酸根配合物。

2.3.2　硝酸中不同形态亚硝酰钌配合物的分离和鉴定[19,27,38,40,43,47-50]

为了研究硝酸溶液中不同形态的亚硝酰钌配合物，通常将不同形态的配合物相互分离，而后鉴定。一般采用溶剂萃取、离子交换、萃取色层、纸色层和电泳等多种方法分离溶液体系中的钌配合物。分离出来的钌配合物之鉴定，主要是组分分析，其中钌的分析常用分光光度法和放射性射线测定。红外吸收光谱也用于考察配位体。

硝酸溶液中 RuNO 的硝酸根和亚硝酸根配合物以及四价钌的聚合体三者，在 330～580 nm范围内的吸收光谱有差别(见图 2-9)[38]，可用于鉴别不同状态的钌。其中实线代表 RuNO 硝酸根配合物的吸收光谱，0.18～6 mol · L^{-1} HNO_3 范围内，吸收光谱的曲线开头一样，但随着硝酸浓度增加，消光系数也增大。9 mol · L^{-1} HNO_3时，吸收谱的曲线略有变化，在 440 nm 附近出现吸收峰。

Fletch[38]提出 RuNO 的几种可能的硝酸根配合物(表 2-7)后，用纸色层、溶剂萃取、离子交换和分光光度等方法分离、鉴定了 0.1～14.5 mol · L^{-1} HNO_3中不同形态的钌 A、B、C 和 D。纸色层法用甲基异丙酮(MIPK)和二丁基溶纤素(DBC)为展开剂；溶剂萃取以 TBP-煤油为有机相，水相按可萃取形态和不可萃取形态划分，由**系列相比作图法**获得(参见 2.4.1.4 节)，为了避免萃取过程不同

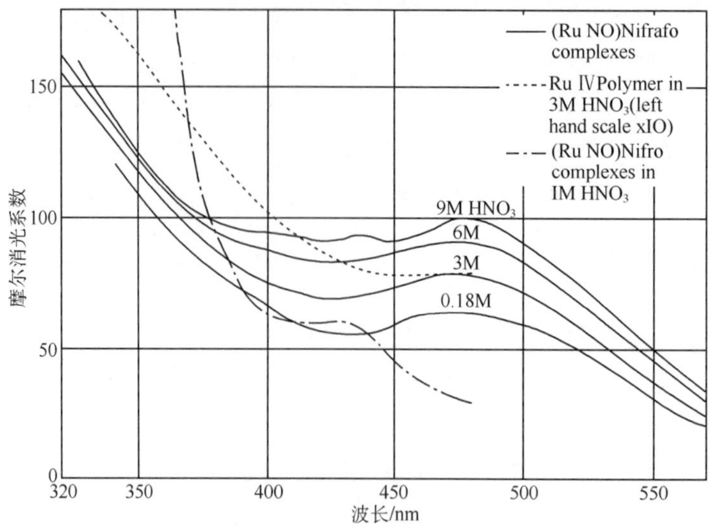

图 2-9 硝酸溶液中钌的吸收光谱(～20℃)

形态相互转化,在 0℃萃取 30 秒就分相;用阳离子交换树脂和阴离子交换树脂鉴定带电荷与不带电荷的形态。实验研究结果列于表 2-11,从表中看出,纸色层和溶剂萃取法得到 D 组数据符合很好,两种方法的 C 组数据符合不够好,这是因为划分组的严格界线存在一定的随意性。

表 2-11 20℃平衡时 RuNO 各形态的摩尔百分比

硝酸浓度 ($mol \cdot L^{-1}$)	展开剂 DBC 分离 D 组(%)	展开剂 MIPK 分离(%)				溶剂萃取分离(%)	
		A 组	B 组	C 组	D 组	C 组	D 组
0.11		96	4				
1.0		65	19	13	2.5		
2.0	3.5						
3.0*	8**	34	33	24	9	15	7
4.5*	19.5	27	28	26	19	20	18
7.5		9	22	23	46	19	42
7.7～8.0*	47	8	20	23	49		
9.6	54					20	55.5
12.0～12.6*	70	4.5	10	16	69.5		
14.5	70	4	6	14	76	13	81

* DBC 和 MIPK 为展开剂几次实验结果的平均值;
** 在 100℃时为 16%。

Wallace[47]用 TBP 萃取和离子交换法研究 3 $mol \cdot L^{-1}$ HNO_3 中 $RuNO^{3+}$ 的硝酸根配合物。$RuNO^{3+}$ 在 3 $mol \cdot L^{-1}$ HNO_3 中陈化平衡后,30% TBP 萃取可萃取形态的 Ru,经过纯水洗去有机相的硝酸,用 0.2 $mol \cdot L^{-1}$ NaOH 反萃取,测得 NO_3^-/Ru=2.98,3.03,即 NO_3^- ∶ Ru=3 ∶ 1。另外的实验是测总氮与钌的比,结果为 N ∶ Ru=4.03,支持了 $RuNO(NO_3)_3(H_2O)_2$ 是可萃取的,分配比为 2。同样

的钌溶液在阳离子柱上吸附的有 3 种形态，其组分中硝酸根与 Ru 的比分别为 1.89±0.05，1.02±0.04 和 O。不被吸附的随溶液流出，玫瑰红色，用 30% TBP 萃取，带颜色者定量地进入有机相。阴离子交换实验未得到明确的结果，吸附在阴离子柱上配合物的解吸行为可用下式表示：

$$\text{Resin}\cdot\text{RuNO}(\text{NO}_3)_x^{q-} \rightarrow \text{Resin}\cdot q\text{NO}_3^- + \text{RuNO}^{3+} + (x-q)\text{NO}_3^- \quad (2\text{-}26)$$

假设阴离子为$[RuNO(NO_3)_5]^{2-}$和$[RuNO(NO_3)_4(H_2O)]^-$，则$(x-q)=3$；如果被吸附的阴离子是$[RuNO(NO_3)_4(OH)]^{2-}$和$[RuNO(NO_3)_3(OH)(H_2O)]^-$，则$(x-q)=2$。实验中获得是 2.59 和 2.71，没有其他佐证，不知在实验条件下是否有羟基参加配合，尚无法判据阴离子的形态。

Van Ooyen[40]用 TBP-硅藻土萃取色层柱进行了 $RuNO^{3+}$ 硝酸根配合物的分离研究。实验用的钌溶液按 Fletcher[30] 的方法制备，经分光光度法测定，没有 Ru(Ⅳ)和 RuNO 的亚硝酸根配合物，避光保存。研究了 35 种亚硝酰钌硝酸根配合物的溶液，硝酸浓度为 0.2～13 mol·L^{-1}，钌浓度 0.02～0.3 mol·L^{-1}。其中部分结果如图 2-10 所示。与图 2-10 相关的实验条件列于表 2-12。用 0.4～0.5 mol·L^{-1} HNO_3淋洗 TBP 不可萃取的 A 组，紧接着是可萃取性强些的 B 组被淋洗(图 2-10 中的 I)；留在柱上的钌配合物可被 3.5 mol·L^{-1} HNO_3溶液淋洗下 C 组，5.0 mol·L^{-1} HNO_3 淋洗出 D 组，最后用 10 mol·L^{-1} HNO_3 淋洗 E 组(图 2-10中Ⅲ)；TBP 可萃取的配合物 C+D+E 可被 $HClO_4$或浓于 7 mol·L^{-1} HNO_3淋洗(图 2-10 中Ⅱ)，可被 6 mol·L^{-1} 醋酸或 0.4 mol·L^{-1}草酸淋洗出一部分，用含有 0.1 mol·L^{-1} $NaNO_2$的 0.5 mol·L^{-1} HNO_3溶液可缓慢地洗脱。值得注意的是，用 0.5 mol·L^{-1} HNO_3 + 5.5 mol·L^{-1} NO_3^-、6 mol·L^{-1} HCl、6 mol·L^{-1} H_2SO_4以及 6 mol·L^{-1} H_3PO_4作淋洗液，都不能将高可萃取性的亚硝酰钌硝酸根配合物从柱上除去。表 2-13 列出了 0.5～10.0 mol·L^{-1} HNO_3中不同形态钌配合物平衡的摩尔百分数，其中 A 组可能含少量 $RuNO^{3+}$(无 NO_3^-)，B 组可认为是由 1 摩尔硝酸根配合物和 2 摩尔二硝酸根配合物之混合物。

表 2-12 图 2-10 相关的实验条件

图标号	柱尺寸(mm)	温度(℃)	流量(滴数·min^{-1})	样品体积(μL)	Ru 浓度 mol·L^{-1}	陈化配合物的 HNO_3 浓度(mol·L^{-1})
Ⅰ	3.8×132	21	5	25	0.025	3.68
Ⅱ	4.0×120	4	5	50	0.07	3.50
Ⅲ	3.7×70	22	6	25	0.03	9.58

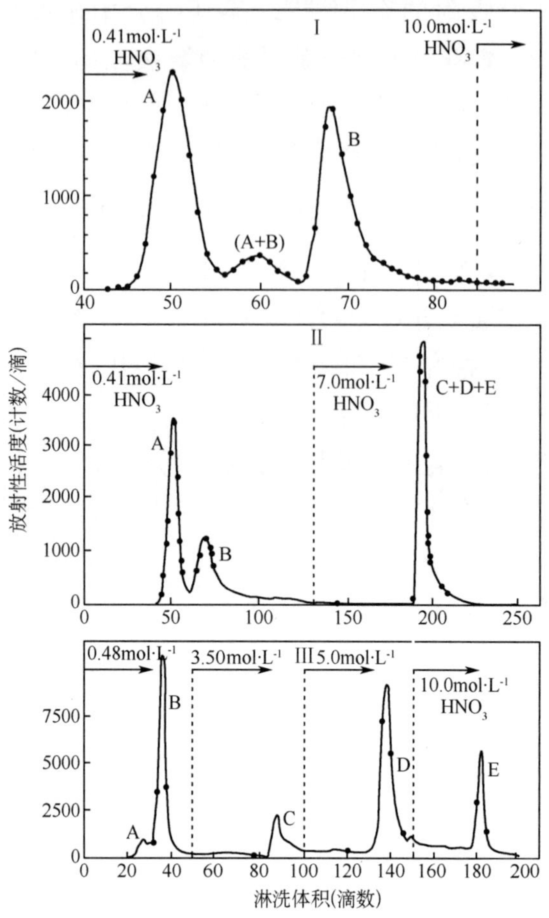

图 2-10　用 TBP—硅藻土柱分离亚硝酰钌配合物

表 2-13　亚硝酰钌硝酸根配合物平衡的摩尔百分数(22℃)

配合物陈化的 HNO_3 浓度($mol \cdot L^{-1}$)	A 一 NO_3^- (%)	B 二 NO_3^- (%)	C 二 NO_3^- (%)	D(D_3) 三 NO_3^- (%)	E(D_4) 四 NO_3^- (%)
0.5	83	9	6	1.5	0.5
1.0	69	16	11	3	1
2.0	48	26	16	8	2
3.0	34	31	18.5	14	2.5
4.0	24	32	19.5	20	4.5
5.0	17	30	19	26	8
6.0	12	28	18.5	30	11.5
7.0	9	24.5	17.5	34.5	14.5
8.0	6	22	17	38	17
9.0	4.5	18	17	41.5	19
10.0	4	13.5	16.5	45	21
摩尔比 NO_3^- /Ru	0.89±0.06	1.68±0.05	2.04±0.06	2.92±0.06	4.00±0.08

Scargill[43]用阳离子交换、纸色层和叔胺（TNA 和 TLA）萃取等方法研究了六种亚硝酰钌硝酸根配合物。阳离子交换法分离了 A_0、A_1、B、C 和 D，树脂床 4×150 mm，实验在 0℃进行。陈化平衡后的亚硝酰钌配合物溶液加到树脂上后，用相应浓度的 $HClO_4$ 溶液淋洗，如图 2-11 所示。淋洗流出液收集每份 0.25 mL 于不锈钢盘中测 γ 射线强度定量。

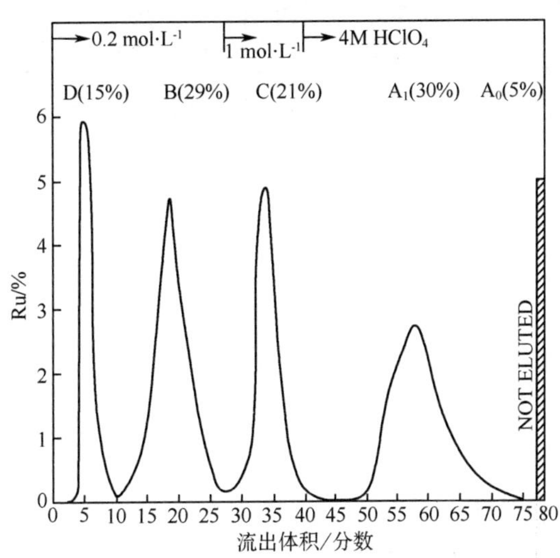

图 2-11 阳离子交换分离亚硝酰钌硝酸根配合物（3 mol · L^{-1} HNO_3 中陈化，0℃分离）

图 2-11 中 D 组（D_3+D_4）是阴离子状态，在阳离子树脂上不吸附，同时通过柱子流出。用纸色层和叔胺萃取研究 D_3 和 D_4。纸色层仍然用 MIPK 和 DBC 作展开剂；溶剂萃取中为了减少发生在有机相和水相的反应，测量钌在有机相的摩尔份额（x）和萃取分配系数 D_{Ru} 时，在 0℃时搅拌 20 秒，离心分相。胺有机相在使用之前于 0℃用相应浓度的 HNO_3 平衡过。阳离子交换法测定的 D 组份额 x_D 是由 D_3 和 D_4 组成，用 x_3 和 x_4 表示其份额，则有：

$$x_D = x_3 + x_4 \tag{2-27}$$

当萃取相比等 1 时，叔胺萃取有机相中的钌占各形态配合物混合之总钌的份额 $x_{Ru,org}$ 可表示为下式：

$$x_{Ru,org} = x_3 \cdot \frac{P_3}{1+P_3} + x_4 \cdot \frac{P_4}{1+P_4} \tag{2-28}$$

式中，P_3 和 P_4 分别为单纯的 D_3 和 D_4 的萃取分配系数，可单独测定，为已知值，从式（2-27）和式（2-28）中可得到 x_3 和 x_4。用阳离子交换、叔胺萃取和纸色层研究了 1～12 mol · L^{-1} HNO_3 中 $RuNO^{3+}$ 的六种形态 A_0、A_1、B、C、D_3 和 D_4，结果如图 2-12 所示。

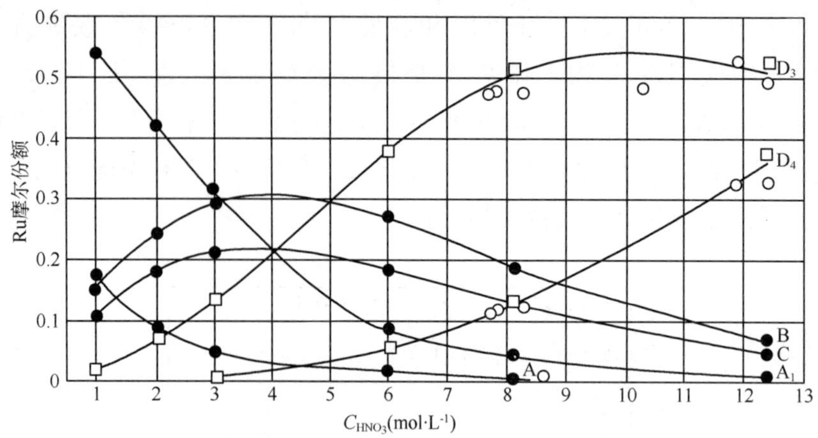

图 2-12　不同浓度硝酸溶液中陈化平衡的 $RuNO^{3+}$ 配合物份额(温度 20℃)

●—阳离子交换法;□—叔胺萃取法;○—纸色层法

亚硝酰钌二硝酸根配合物分为顺式(B)和反式(C),是基于 B 和 C 的形成速率之差别是由单硝酸根配合物中反位硝酸根效应的作用所控制的。形成的两种异构体 B 和 C 中,B(顺式)更稳定,两者生成量的比值在一定条件范围内趋于一定值。在 20℃时 B∶C 约为 1.4,表 2-13 中,实验温度 22℃,在 0.5～6.0 $mol\cdot L^{-1}$ HNO_3范围内,B∶C＝1.6±0.1。在可萃取性方面,B 和 C 也存在差别,顺式亚硝酰钌二硝酸根配合物的偶极矩更大,所以 B 的可萃取性比 C 小,因此在色层柱淋洗过程 B 比 C 先出来。

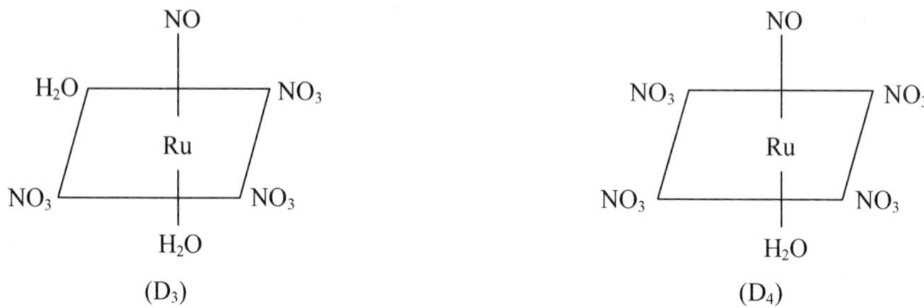

观察 D_3和 D_4的红外光谱数据(表 2-14),主要差别在水的吸收峰,D_4的水吸收峰比 D_3更弱。NO_3^- 的吸收峰中 D_4的 ν_4明显紫移,其他差别较小。亚硝酰钌的不同配合物 NO^+拉伸振动的频率存在差别,表 2-15 的数据中,从上向下,NO^+的吸收峰逐渐紫移。

表 2-14　亚硝酰钌三硝酸根和四硝酸根配合物的红外光谱数据(cm^{-1})

配合物	NO^+	$-ONO_2$					H_2O	
	ν_{st}	ν_4	ν_1	ν_2	ν_6	ν_3	ν_{st}	ν_{bend}
D_3	1945_s	1508_s	$1265_{s,b}$	$968_{s,b}$	783_w	765_w	$3140_{s,b}$	$\{1620_{vw}$, 1670_w
D_4	1945_s	1518_s	$1265_{s,b}$	$965_{s,b}$	783_w	763_w	$3134_{m,b}$	1673_w

注:s—强,w—弱,vw—很弱,b—宽谱带,m—中等,st—拉伸振动。

表 2-15　亚硝酰钌配合物红外光谱中 NO^+ 拉伸振动峰[48]

配合物	NO^+ ν_{st}(cm^{-1})
$RuNO(OH)_3 \cdot H_2O$	1838
$[RuNO(NO_2)_2OH(H_2O)_2]$	1873
$Na_2[RuNO(NO_2)_4(OH)] \cdot 2H_2O$	1905
$RuNOCl_3$	1916
$K_2[RuNOCl_5]$	1919
RuNO—Ru : NO_3^- =1 : 3	1934

黄浩新等[48]用离子交换法和萃取色层法研究了亚硝酰钌硝酸根配合物的分离。其中离子交换法用阳离子交换树脂和阴离子交换树脂柱，萃取色层法用 TBP 萃淋树脂和 7402 季铵盐萃淋树脂柱。Ru : NO_3的分析测定，采用比色法和硝酸根选择电极测定。实验结果列于表 2-16，其中 B 和 C 没有分开，给出二者混合物的份额。

表 2-16　不同硝酸浓度中亚硝酰钌硝酸根配合物的摩尔百分数(14～26℃)

硝酸浓度(mol · L^{-1})	A_0(%)	A_1(%)	B+C(%)	D_3(%)	D_4(%)
0.5	21.3	60.2	16.5	1.8	0.2
1.0	8.5	60.9	26.8	3.3	0.5
2.0	6.5	49.2	35.5	7.8	1.0
3.0	5.9	34.9	43.7	13.4	2.1
4.0	3.7	23.2	49.4	20.5	3.2
5.0	3.4	16.3	46.8	28.5	5.0
6.0	3.0	13.0	40.5	36.6	6.9
7.0	2.8	9.4	36.0	42.6	9.2
8.0	1.2	6.9	31.8	48.7	11.4

胡震山[27]用阳离子交换法对硝酸溶液中的钌状态进行鉴定。树脂柱尺寸为 6×100 mm，流出液 0.3 mL · min^{-1}。实验温度在 0～4℃进行，使实验过程不同形态间相互转化可忽略。实验的钌溶液用冷水(0～4℃)稀释至 0.05 mol · L^{-1} HNO_3介质上柱(事先用冷水淋洗过)，收集 D_3+D_4组分(亚硝酰钌的中性和阴性离子配合物)；接着以 20 mL 0.6 mol · L^{-1} H_2SO_4溶液淋洗，收集 B+C 组分(亚硝酸钌的一价阳离子、即二硝酸根配合物)；再用 20 mL 1.6 mol · L^{-1} H_2SO_4淋洗，收集 A_1组分(亚硝酰钌的二价阳离子、即一硝酸根配合物)；最后用 20 mL 4.0 mol · L^{-1} H_2SO_4淋洗，收集 A_0组分($RuNO^{3+}$、无硝酸根)。表 2-17 列出这几种组分的含量。

表 2-17　硝酸溶液中钌的状态和相对含量

钌陈化的硝酸浓度 $(mol \cdot L^{-1})$	$A_0(RuNO^{3+})$ (%)	A_1(一硝酸根) (%)	B+C(二硝酸根) (%)	D_3+D_4 (%)
0.1	36.8	50.8	10.7	1.6
3	2	34	52	13
6	1.7,1.4	16.3,14.0	47.2,51.1	34.7,33.5

文献[50]报道了 TOA 萃取色层法从 4 $mol \cdot L^{-1}$ HNO_3中分离亚硝酰钌的硝酸根配合物含量为 A-26%,B-32%,C-25%和 D-17%。文献[19]介绍高压电泳法研究溶液中钌的状态,工作电压 2×10^3 V,电流 10 mA,研究了 $Na_2RuNO(NO_2)_4OH \cdot 2H_2O$,$RuNOCl_3 \cdot (H_2O)_2$,$RuCl_3 \cdot xH_2O$,$RuNO(NO_3)_x \cdot (H_2O)_{5-x}$和 $RuNO(OH)_3 \cdot (H_2O)_2$五种钌化合物在水溶液中的状态,以$^{106}Ru$为示踪剂,通过测放射性强度来观察电泳行为(见图 2-13)。

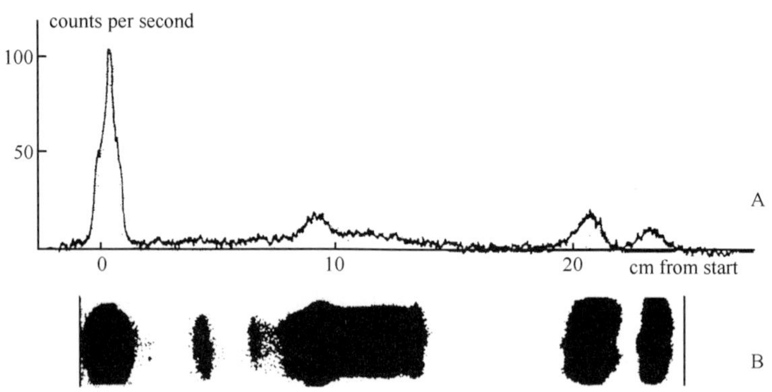

图 2-13　亚硝酰钌硝酸根配合物在新鲜水中的高压电泳行为

A—放射性强度扫描图;B—X 射线感光片曝光图

综上所述,亚硝酰钌硝酸根配合物之分离与鉴定的主要研究结果,如表2-11、表 2-13、表 2-15、表 2-16 和图 2-12 给出的数据中,有的相互符合得很好,有的虽有差异,但其规律性还是一致的,从总体上看,是可以相信的。

2.3.3　硝酸溶液中亚硝酰钌配合物间的相互转化[5,10,30,37,42,43,45,51]

硝酸溶液中,亚硝酰钌硝酸根配合物不同形态间会互相转化,不同亚硝酸根的配合物也会互相转化,硝酸根与亚硝酸根之间都有互相转化。

1. 亚硝酰钌硝酸根配合物的转化

在不同硝酸浓度和硝酸根浓度的溶液中,单核亚硝酰钌硝酸根配合物会出现 NO_3^- 与 H_2O 之间的交换,当酸度变低时发生不同程度的水解,将出现 NO_3^- 与 OH^-之间的交换,同时在水解过程发生 H_2O 换成 OH^-。可能的转化方式和途径，可借助图 2-14 来描述。

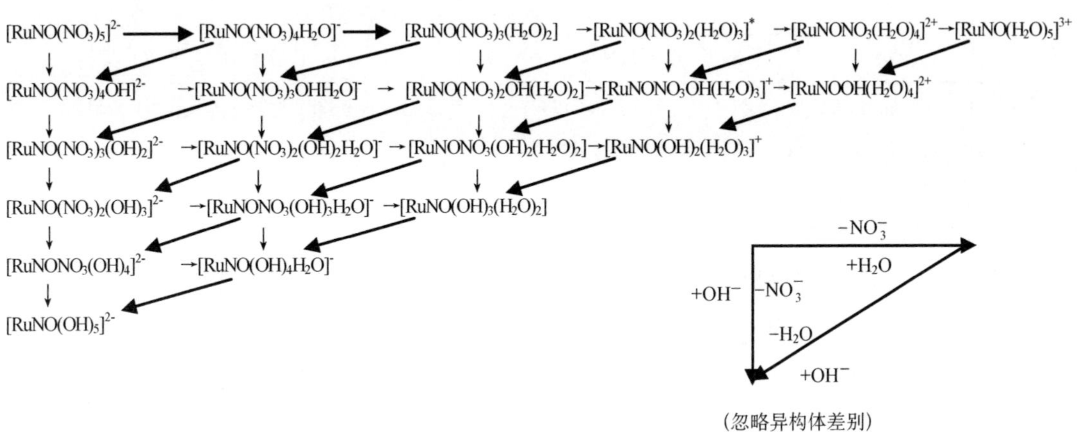

图 2-14　单核亚硝酰钌硝酸根配合物的转化(忽略异构体差别)

图 2-14 中从左向右，H_2O 与 NO_3^- 交换；从上向下，OH^- 与 NO_3^- 交换；从右上角向左下，OH^- 与 H_2O 交换。在上述转化过程中，H_2O 取代 NO_3^- 反应较慢，而水解反而快，例如：

$$[RuNO(NO_3)_3(H_2O)_2]\xrightarrow{\text{慢}}[RuNO(NO_3)_2(H_2O)_3]^+ + NO_3^-$$
$$\downarrow \text{快}$$
$$[RuNO(NO_3)_2OH(H_2O)_2] + H^+ \quad (2\text{-}29)$$

图 2-14 描述的是单向转化，对于几种主要的亚硝酰钌硝酸根配合物互相转化的正反两方向的反应速率是不同的。图 2-15 表示 A_1、B、C、D_3 和 D_4 的互相转化反应及相应的速率常数。酸度和温度对这些速率常数影响的实验数据列于表 2-18，表 2-19，表 2-20。

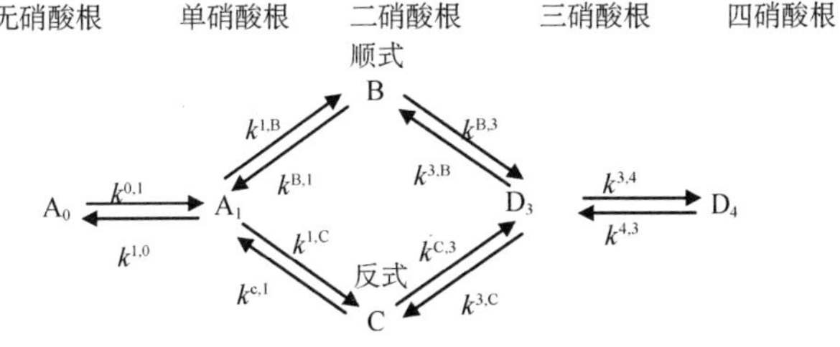

图 2-15　亚硝酰钌硝酸根配合物相互转化示意图

表 2-18　25℃ 时亚硝酰钌硝酸根配合物的转化速度[5,43]

反　应	速　率　常　数　(min^{-1})			
	6.1 $mol \cdot L^{-1}$ HNO_3		8.1 $mol \cdot L^{-1}$ HNO_3	
$A_1 \rightleftharpoons B$	$k_{1,B}=0.00165$	$k_{B,1}=0.00070$	$k_{1,B}=0.0030$	$k_{B,1}=0.00072$
$A_1 \rightleftharpoons C$	$k_{1,C}=0.0081$	$k_{C,1}=0.0043$	$k_{1,C}=0.0135$	$k_{C,1}=0.0045$

续表

反 应	速 率 常 数 (min^{-1})			
	6.1 mol·L^{-1} HNO_3		8.1 mol·L^{-1} HNO_3	
B ⇌ D_3	$k_{B,3}$=0.0179	$k_{3,B}$=0.0111	$k_{B,3}$=0.0325	$k_{3,B}$=0.0117
C ⇌ D_3	$k_{C,3}$=0.0740	$k_{3,C}$=0.0365	$k_{C,3}$=0.144	$k_{3,C}$=0.0374
D_3 ⇌ D_4	$k_{3,4}$=0.0170	$k_{4,3}$=0.102	$k_{3,4}$=0.068	$k_{4,3}$=0.270

从表 2-18 看出，亚硝酰钌硝酸根配合物相互转化过程中，由低硝酸根向高硝酸根转化时，速率常数随硝酸浓度的增加而增大；而从高硝酸根配合物向低硝酸根转化时，则硝酸浓度影响不大。例如：B→D_3的转化反应，6.1 mol·L^{-1} HNO_3时速率常数 $k_{B,3}$=0.0179 min^{-1}，8.1 mol·L^{-1} HNO_3时 $k_{B,3}$=0.0325 min^{-1}；B←D_3的转化反应，在这两种硝酸浓度时，速率常数 $k_{3,B}$分别为 0.0111 和 0.0117。

表 2-19 温度对率常数的影响[5,42] (0.95 mol·L^{-1} HNO_3)

温度(℃)	速率常数(min^{-1})			
	$k^*_{3,2}$	$k^*_{2,3}$	$k_{1,0}$	$k_{0,1}$
10	0.0065	0.00096		
20	0.025	0.0024	0.0041	0.0025
30	0.068	0.0058	0.012	0.0085

* 二硝酸根配合物异构体 B 和 C 混合。

表 2-20 三硝酸根亚硝酰钌配合物的生成与硝酸根反应之表观速率常数[10]

C_{HNO_3} (mol·L^{-1})	C_{Ru} (mol·L^{-1})	温度 (℃)	表观速率常(min^{-1})		形成半反应时间(min)	去硝酸根半反应时间(min)
			$k^1_{2,3}$	$k^1_{3,2}$		
0.75	5×10^{-3}	0	0.0035	0.0185	198	38
0.75	5.7×10^{-5}～3.7×10^{-2}	25	0.009	0.048	77	14
0.75	5.7×10^{-4}	35	0.011	0.060	63	12
2.0	5.7×10^{-4}	25	0.012	0.045	58	15
4.0	5.7×10^{-4}	25	0.026	0.034	27	20
7.5	10^{-4}～10^{-2}	25	≈0.04	≈0.02	≈17	≈35

2. 亚硝酰钌亚硝酸根配合物的转化

在水溶液中 NO_2^- 与 $RuNO^{3+}$的配合能力很强，酸度不高时 NO_2^- 较稳定，这时若 NO_2^- 浓度足够高，会形成$[RuNO(NO_2)_5]^{2-}$配合物；酸度较低则生成$[RuNO(NO_2)_4OH]^{2-}$；随着 NO_2^- 浓度的降低，配合物中配体 NO_2^- 的数目也减少。在硝酸溶液中，$RuNO^{3+}$配合物的配体 NO_3^- 和 NO_2^- 也会互相取代。由于 NO_2^- 与 $RuNO^{3+}$的配合能力比 NO_3^- 强，由亚硝酰钌亚硝酸根配合物转化为硝酸根配合物需要强烈的条件，$Na_2[RuNO(NO_2)_4OH]\cdot 2H_2O$ 在 8 mol · L^{-1} HNO_3 中煮沸可转化为 $RuNO(NO_3)_3$。如果在稀硝酸中加热，则 $Na_2[RuNO(NO_2)_4OH]\cdot 2H_2O$ 分解，生成低亚硝酸根配合物。

亚硝酰钌亚硝酸根配合物中增加配体 NO_3^-（硝酸根化）和减少配体 NO_3^-（去硝酸根化）的反应速度是不一样的。列举几个典型的反应，相关的速度常数列于表 2-21，可见硝酸根化反应慢，而去硝酸根化较快。典型反应如下：

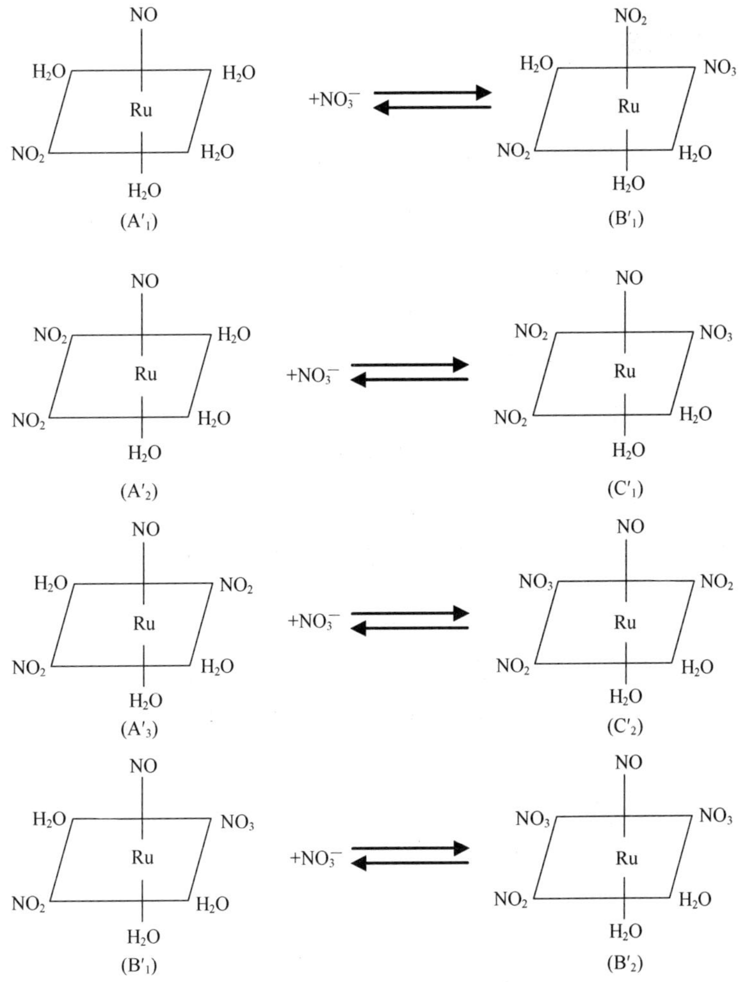

表 2-21　亚硝酰钌配合物硝酸根化与硝酸根化的速率常数*

反　应	速率常数（$mol^{-1}\cdot min^{-1}$）	
	硝酸根化	去硝酸根化
$A'_1 \rightleftharpoons B'_1$	1.83×10^{-3}	7.83×10^{-3}
$A'_2 \rightleftharpoons C'_1$	7.17×10^{-4}	3.50×10^{-3}
$A'_3 \rightleftharpoons C'_2$	1.07×10^{-2}	4.50×10^{-2}
$B'_1 \rightleftharpoons B'_2$	1.67×10^{-3}	2.83×10^{-2}

* 数据引自文献[10]，原文未注明实验条件。

2.4 钌的溶剂萃取

钌的溶剂萃取，包括中性配合萃取、离子缔合萃取、酸性和螯合萃取、以及简单分子萃取都研究过。其中结合 Purex 流程，TBP 从硝酸介质中萃取钌的研究最深入。

2.4.1 中性萃取剂萃取钌

萃取钌的中性萃取剂有 TBP、DABP(二戊基丁基磷酸酯)、MiBk(甲基异丁基酮)Mipk(甲基异丙基酮)和吡啶等等。其中吡啶萃取钌类似于铼和锝[52-54]，在碱性介质(5 mol · L^{-1} NaOH)中氧化这些元素为高酸根，吡啶可以从中定量萃取高铼酸钠、高锝酸钠和高钌酸钠。萃取分配比分别是：$D_{Re}=24$，$D_{Tc}=39$，$D_{Ru}=5.7$。吡啶萃取常用作这些元素的分析测定方法。本节主要阐述 TBP 从 HNO_3介质中萃取钌的行为和机理。

2.4.1.1 TBP 萃取钌的影响因素[5,8,10,24,28,30,42,44,47,48,52-58]

硝酸溶液中钌的状态比较复杂，影响 TBP 萃取钌的因素较多，硝酸浓度、萃取平衡时间、温度、硝酸根浓度、萃取剂浓度、钌硝酸溶液的制备方法和放置历史等等，都影响着 TBP 从硝酸溶液中萃取钌的分配比(D_{Ru})。

1. *硝酸浓度的影响*

硝酸浓度对 TBP 萃取钌的影响很敏感，这方面的研究报道较多，结果不完全一致，图2-16、图 2-17 和图 2-18 反映了基本状况。图 2-16 的实验料液是用^{106}Ru

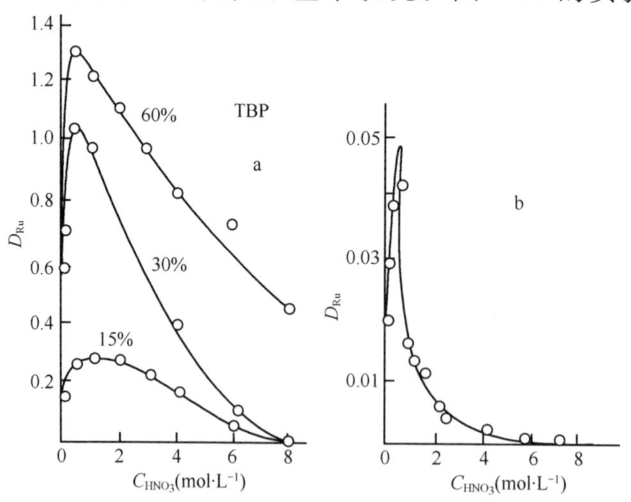

图 2-16 TBP 萃取常量和示踪量钌与硝酸浓度的关系

a：萃取无载体^{106}Ru(10^{-9} mol · L^{-1})；b：20% TBP 萃取常量钌(1.65×10^{-3} mol · L^{-1})

（含^{103}Ru小于5%）标记的亚硝酰钌硝酸根配合物，其制备方法，将钌氧化至RuO_4吸收于冷HNO_3中，或用RuNO氢氧化物于HNO_3中回流。其中，a是无载体^{106}Ru于4.1 mol·L^{-1} HNO_3中老化10天以上，然后配制到相应的硝酸浓度用TBP-煤油萃取；b是^{106}Ru标记的1.65×10^{-3} mol·L^{-1} Ru于3 mol·L^{-1} HNO_3中老化10天，然后配制成相应的硝酸浓度，用TBP-煤油萃取；萃取时间15～20 min，温度(25±1)℃。图2-17是将RuNO硝酸根配合物于8.0 mol·L^{-1} HNO_3中陈化不同时间，然后配制成相应的硝酸浓度，Ru浓度10^{-4}～10^{-5} mol·L^{-1}，放置一定天数或立即进行萃取实验；萃取时间10 min，萃取剂为30% TBP-煤

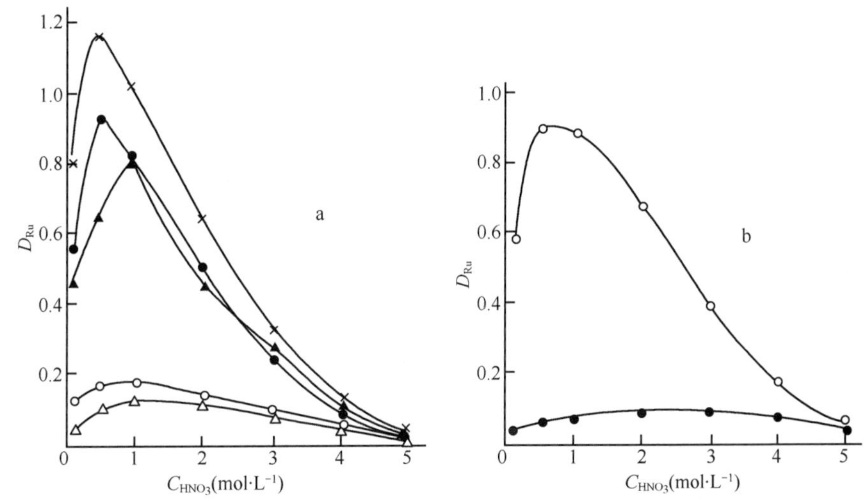

图2-17　硝酸浓度对30% TBP萃取钌之D_{Ru}的影响

a：×—原料液陈化105天，稀释后立即萃取(20℃)；•—原料液陈化105天，稀释后立即萃取(30℃)；○—原料液陈化105天，稀释后放置3天萃取(30℃)；▲—原料液陈化7天，稀释后立即萃取(30℃)；△—原料液陈化7天，稀释后放置3天萃取(30℃)；b：○—原料液陈化105天，稀释后立即萃取(20℃)；•—原料液陈化105天，稀释后放置3天萃取(20℃)

油。图2-18是以亚硝酰钌三硝酸根配合物为原料，由亚硝酰钌氢氧化物①($RuNO(OH)_3\cdot2H_2O$)于8 mol·L^{-1} HNO_3中回流1小时制得。原料液配制成约2.5×10^{-3}mol·L^{-1} Ru和相应的硝酸浓度，加入有关试剂，萃取实验前于黑暗中保存24小时，使各种配合物在新的酸度中趋于平衡，有利于实验结果相对稳定。图2-16显示出示踪量和常量浓度的钌萃取分配比差别很大，这除了自

① 实验原料RuNO氢氧化物的制备方法：$NaNO_2$固体加入到6 mol·L^{-1} H_2SO_4中，产生的NO—NO_2混合气体通入10 g $RuCl_3\cdot3H_2O$的100 mL水溶液中，维持约5小时，得到梅红色溶液，煮沸，过滤除去不溶物，加入10 mL浓盐酸，蒸发至近干，用50 mL水溶解，得$RuNOCl_3$溶液。向$RuNOCl_3$溶液加入足够的NaOH，维持pH>12，煮沸几分钟，用2 mol·L^{-1} $HClO_4$调节pH=6.4，得棕色胶状RuNO氢氧化物沉淀。胶状沉淀放置消化72小时后离心，去水相，用丙酮水(9∶1)混合液反复洗沉淀，用0.1 mol·L^{-1} $AgNO_3$溶液检验洗出液至无AgCl沉淀为止。用0.1 mol·L^{-1} NaOH溶液50 mL重新溶解$RuNO(OH)_3$沉淀，煮沸，冷却，过滤，再将清液调节pH=6.4，沉淀放置3天，离心，再用丙酮水洗沉淀，直到银试验观察不到Cl^-。沉淀产品在空气中干燥24小时，然后于有P_2O_5的真空中80℃下再干燥24小时，得到产品的产率为89%。元素分析：按分子式$RuNO(OH)_3\cdot2H_2O$计算值为Ru—46.3%，N—6.4%，Cl—0.0%，Na—0.0%；产品测定值为Ru—46.3%，N—6.1%，Cl—0.3%，Na—0.1%。

由萃取剂浓度变化和可萃取状态钌改变外，可能还有其他原因。

TBP 从硝酸中萃取 RuNO 亚硝酸根配合物，也明显地受硝酸浓度影响。图 2-19 的实验原始料液是 3.0 mol · L^{-1} HNO_3中的 RuNO 亚硝酸根配合物，陈化不同时间后配制成相应浓度的硝酸溶液进行萃取实验。

硝酸浓度对 TBP 萃取钌的影响，在多数情况下，硝酸浓度小于 1 mol · L^{-1} 时，随着硝酸浓度(C_{HNO_3})的增加，钌的分配比(D_{Ru})也增大，直至 D_{Ru}出现一个极大值后，C_{HNO_3} 继续增加，则 D_{Ru} 迅速下降，对应于 D_{Ru} 极大值的硝酸浓度约为 0.5 mol · L^{-1}。实验条件不同，D_{Ru}的极大值不一样，D_{Ru}极大值对应的 C_{HNO_3} 也不完全重复。图 2-18 用 RuNO 三硝酸根为原料液，D_{Ru}极大值对应的 C_{HNO_3} 约为 1 mol · L^{-1}；图 2-19 的实验原料液是 RuNO 亚硝酸根配合物，D_{Ru}极大值出现在 1 mol · L^{-1} HNO_3附近。图 2-17 表明实验的钌原料液之历史对萃取行为影响很大，原料液配制成相应 C_{HNO_3} 后，经过放置或立即萃取，D_{Ru}的变化完全不一样。

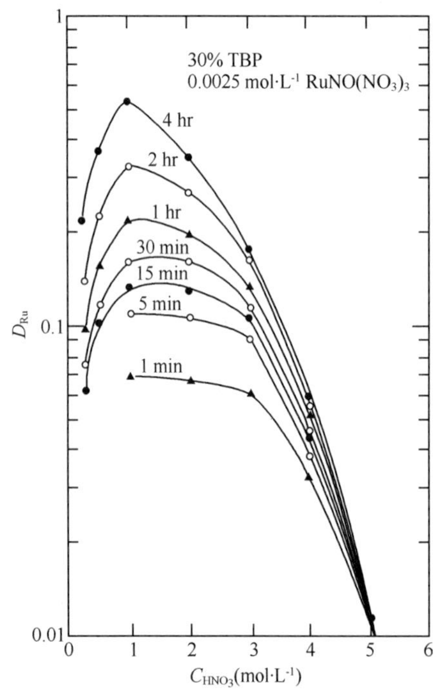

图 2-18　硝酸浓度和萃取时间对 D_{Ru}的影响
(有机相稀释剂用正—十二烷)

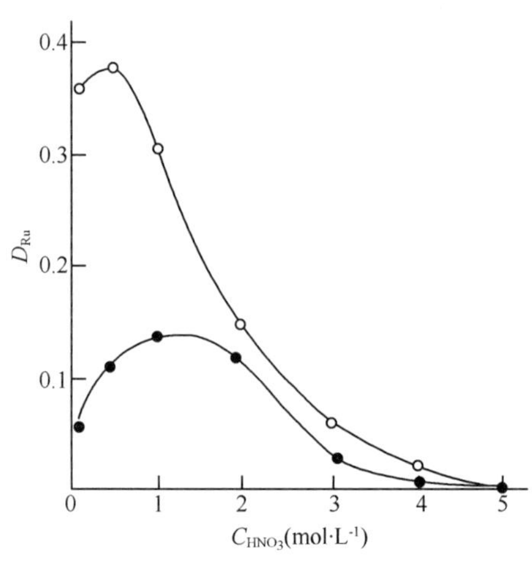

图 2-19　30%TBP 萃取 RuNO 亚硝酸根配合物的 D_{Ru}与硝酸浓度的关系

○—原料液陈化 7 天，配制成相应硝酸浓度立即萃取(20℃)；

●—原料液陈化 3 天，配制成相应硝酸浓度再放置 3 天萃取(20℃)

硝酸浓度影响钌的 TBP 萃取规律表明，在硝酸浓度较低时，随着 C_{HNO_3} 的增高，可萃取形态钌的份额增加，D_{Ru}也增大；当硝酸浓度继续增高，则由于 TBP 萃取 HNO_3，有机相中TBP · HNO_3的浓度增高，自由 TBP 浓度下降，所以 D_{Ru}随之减小。

2. 萃取时间对 D_{Ru}的影响

TBP 萃取铀和钚的速度很快，几十秒就达到平衡，可是萃取钌的速度很慢，在数小时内很难判断是否达到平衡。图 2-20 表示 30% TBP-煤油从 1.0 mol・L^{-1} HNO_3中萃取 RuNO 硝酸根配合物，D_{Ru}随萃取时间的延长而不断增高，显然在 60 min 内，D_{Ru}都在变化。另外，由图 2-18 中可见，萃取时间从 1 min 延到4 h，D_{Ru}仍在变化之中。表 2-22 的实验数据为 30% TBP-煤油从 3 mol・L^{-1} HNO_3中于 20℃下萃取钌，初始钌浓度为 10^{-3} mol・L^{-1}。萃取搅拌时间最短 30 s，最长 11 h，D_{Ru}单调增高，到 3 h 和 11 h，D_{Ru}相等，似乎 3 h 的搅拌时间可达到萃取平衡，可惜 3 h 和 11 h 之间没有佐证数据，D_{Ru}=0.167 的置信度尚存质疑，而且图2-18中看出 4 h 的搅拌时间也未达到萃取平衡，有数据表明，搅拌 6 h 的 D_{Ru}确实高于 4 h 的 D_{Ru}。

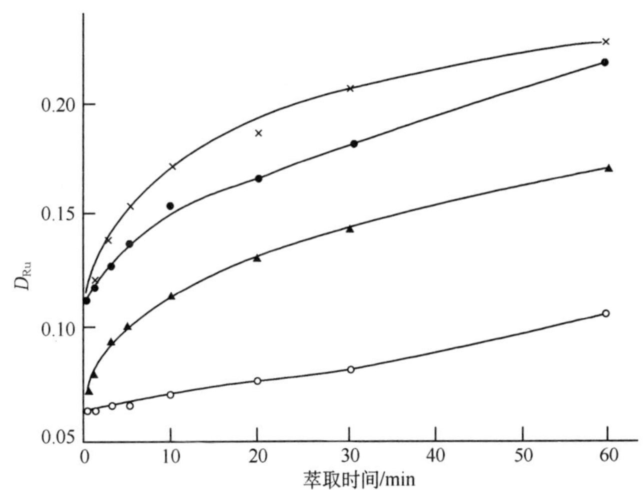

图 2-20　钌的萃取分配比与萃取时间的关系

×—原料液陈化 105 天，20℃下萃取；●—原料液陈化 105 天，30℃下萃取；▲—原料液陈化 7 天，稀释后放置 3 天，30℃萃取；○—原料液陈化 105 天，稀释后放置 3 天，20℃萃取

表 2-22　钌的萃取分配比 D_{Ru}与萃取时间的关系

搅拌时间	30 s	10 min	30 min	1 h	3 h	11 h
D_{Ru}	0.074	0.093	0.119	0.146	0.167	0.167

钌的萃取平衡慢，主要有两方面的原因，一方面，在萃取期间，水相中不可萃取状态的钌会转化为可萃取状态，但这转化速度很慢；另一方面，已经萃入有机相中的钌会转化为不易反萃的形态，也使分配比增高。

3. 温度对 TBP 萃取钌的影响

温度对 TBP 萃取钌的影响与多数金属的溶剂萃取规律类似，温度升高使分配比下降。因为钌和多数金属一样，在 TBP 萃取过程是放热的，即萃取能 $\Delta E<0$，萃取过程可自动进行。所以在热力学上，温度低有利于钌的萃取。图 2-21 的实验原料液为 8.0 mol · L^{-1} HNO_3中陈化 105 天的 RuNO 硝酸根配合物，配制成 0.5、1.0 和 2.0 mol · L^{-1} HNO_3溶液，放置 3 天后用 30% TBP-煤油萃取。随着温度增高，D_{Ru}下降，整体上观察，D_{Ru}都较低，而且不同硝酸浓度对 D_{Ru}的影响，对应 D_{Ru}极大的硝酸浓度在 1 mol · L^{-1}附近。图 2-22 是 30% TBP-煤油萃取示踪量钌，3℃时的 D_{Ru}相当于 70℃时的 4 倍左右，而且在各温度下 D_{Ru}最大值对应的 C_{HNO_3} 约 0.5 mol · L^{-1}。

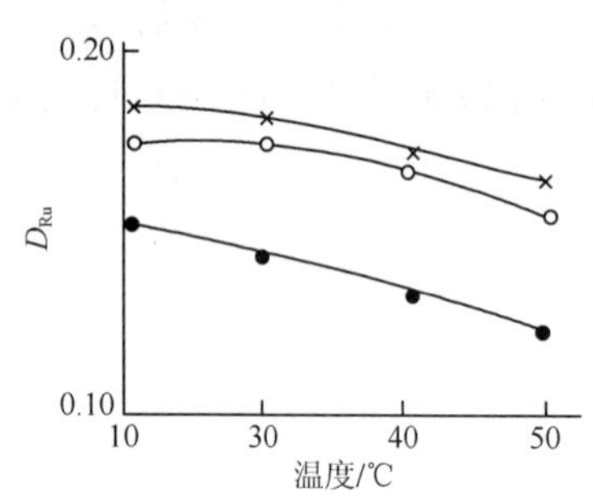

图 2-21 温度对 30% TBP 萃取钌的影响

×—1.0 mol · L^{-1} HNO_3；

○—0.5 mol · L^{-1} HNO_3；

●—2.0 mol · L^{-1} HNO_3

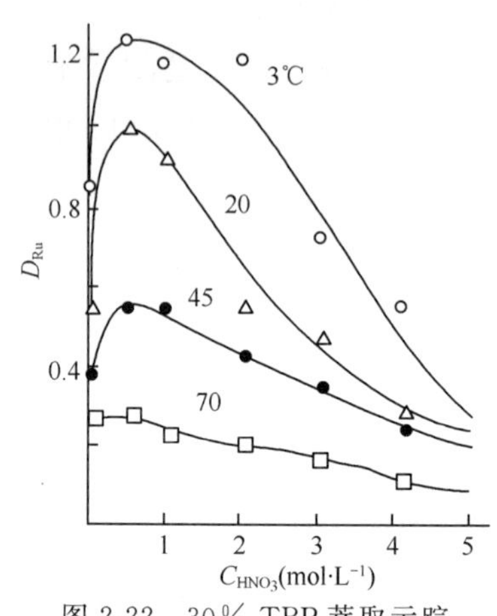

图 2-22 30% TBP 萃取示踪量钌的 D_{Ru}与温度的关系

4. 硝酸根浓度对钌萃取的影响

硝酸根浓度增高使 RuNO 高硝酸根配合物份额增加，有利于 TBP 萃取，在一定的硝酸浓度时，D_{Ru}随硝酸根浓度的增高而增加。图 2-23 中 a 是用 30% TBP-煤油从 0.5 mol · L^{-1} HNO_3中萃取示踪量钌，加入 $NaNO_3$调节硝酸根浓度，当硝酸根浓度小于 1 mol · L^{-1}时，D_{Ru}随硝酸根浓度增高而增大；硝酸根浓度大于 1 mol · L^{-1}时，D_{Ru}几乎不随硝酸根浓度变化。图 2-23 中 b 是萃取 1.65×10^{-3} mol · L^{-1}钌，用 $NaNO_3$调节硝酸根浓度时，D_{Ru}随 $C_{NO_3^-}$ 变化规律类似于 a，不过曲线的拐点出现在硝酸根浓度更高（约 2 mol · L^{-1}）的位置。a 和 b 之间 D_{Ru}值相差很大，和图 2-16 的情况类似。图 2-23b 表明，$Al(NO_3)_3$浓度对 D_{Ru}的影响较特殊，$C_{NO_3^-}$ 由低向高增加，D_{Ru}值先降而后升，不同于 $NaNO_3$的影响，并且表现出 0.5 mol · L^{-1} HNO_3＋$NaNO_3$体系中的 D_{Ru}反而比 0.5 mol · L^{-1} HNO_3＋$Al(NO_3)_3$体系的 D_{Ru}高，正常的盐析效应铝盐比钠盐强。出现这些现象的原因有待进一步研究。图2-24 实验的钌溶液制备方法与图 2-18 相同，用 30% TBP-正十二烷从不同浓度 $NaNO_3$和 1 mol · L^{-1} HNO_3的混合溶液中萃取钌。萃取分配比既受硝酸根影响，也与萃取时间有关。萃取时间在 15 min～ 1 h 之

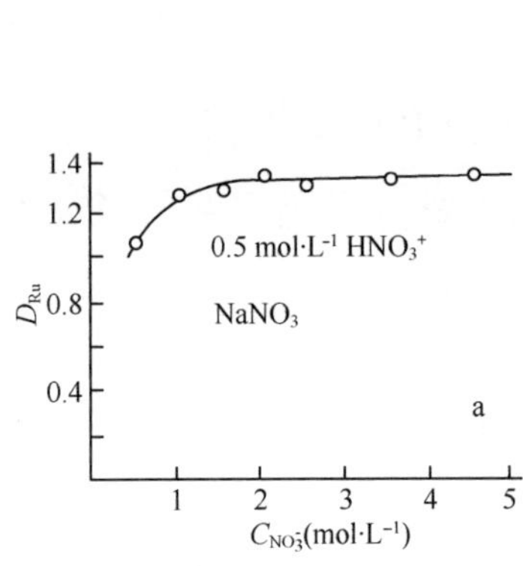

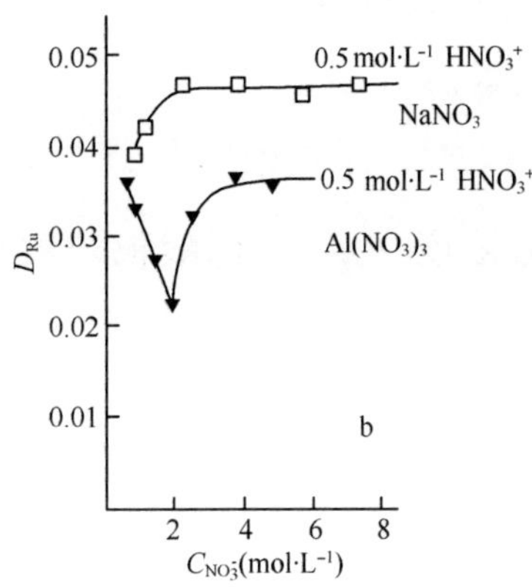

图 2-23　硝酸根浓度对 TBP 萃取钌的影响

萃取时间：20 min；温度：(25±1)℃

a：萃取示踪量钌；b：萃取 1.65×10^{-3} mol · L^{-1}钌

间，硝酸钠在 4.5 mol · L^{-1} 以下时，D_{Ru}与 C_{NaNO_3} 呈直线关系上升。萃取时间在 2 h 以上时，D_{Ru} 与 C_{NaNO_3} 不是直线上升，而类似于图 2-23 的曲线关系，但是曲线拐点出现处的硝酸根浓度更高(约 5.5 mol · L^{-1})。

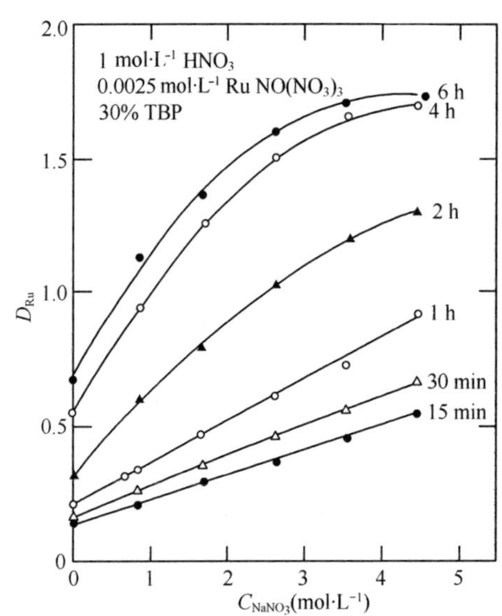

图 2-24　硝酸钠浓度对 TBP 萃取钌的影响

实验温度：(22±1)℃

图 2-23 和图 2-24 出现差别的原因之一是实验体系中离子强度不一致。若使离子强度恒定，实验中仅硝酸根浓度变化，则 D_{Ru}与 $C_{NO_3^-}$ 的关系如图 2-25 所示。在 $C_{NO_3^-}$ <4 mol · L^{-1} 时，D_{Ru}与 $C_{NO_3^-}$ 的关系类似于图 2-23 和图2-24 的长萃取时间的情况。出现这种规律的主要原因是 TBP 萃钌和硝酸两者的竞争。TBP 会萃取硝酸，一定浓度的硝酸溶液，由于分子电离平衡，硝酸根浓度改变，则分子状态的硝酸浓度也随之改变，即：

$$HNO_3 \xrightleftharpoons{Ka} H^+ + NO_3^-$$

$$Ka = \frac{[H^+][NO_3^-]}{[HNO_3]},$$

$$[HNO_3] = \frac{[H^+][NO_3^-]}{Ka} \tag{2-30}$$

$$HNO_3 + TBP = TBP \cdot HNO_3 \tag{2-31}$$

TBP 从硝酸溶液中萃取钌，D_{Ru}与自由 TBP 浓度$[TBP]_{free}$直接相关，由于钌的浓度很低，对于没有其他可萃取金属的情况，TBP 萃取 HNO_3是影响自由 TBP 浓度的主要因素。

$$[TBP]_{free}=[TBP]_{原始}-[TBP \cdot HNO_3] \tag{2-32}$$

溶液中硝酸浓度一定，当硝酸根浓度增高时，可萃取状态的钌增多，有利于钌萃取；而另一方面也使分子状态的硝酸增加，TBP 萃取 HNO_3 增加，$[TBP]_{free}$下降，不利于钌萃取。在低浓度范围内增加 $C_{NO_3^-}$ 对 HNO_3分子浓度影响不明显，但对很低浓度钌的影响是足够敏感的，因而 D_{Ru}上升。图 2-23 中 a 和 b 曲线拐点差别虽不是严格的定量关系，却反映了钌浓度不同的趋势，示踪量钌的拐点出现在 $C_{NO_3^-}$ 较低处；拐点位置与体系原始硝酸浓度也有关系，体系中 $C_{NO_3^-}$ 增加使可萃取的分子状态硝酸也增加，其上限是原始浓度。图 2-24 中原始硝酸浓度1 mol · L^{-1}，比图 2-23 高，故图 2-24 的曲线拐点也在相对高的 $C_{NO_3^-}$ 处。当 $C_{NO_3^-}$ 达到一定浓度后继续增加，可萃取状态的钌仍然随之增加，但是 TBP 萃取的硝酸分子明显增加，使$[TBP]_{fre}$下降，不利钌的萃取，两者竞争相互抵消，D_{Ru} 趋于平稳。若这时体系中离子强度维持恒定，仅增加 $C_{NO_3^-}$，因 HNO_3浓度已达上限不再增加，则 D_{Ru}随 NO_3^- 浓度的加大而迅速增加，如图 2-25 中 $C_{NO_3^-} \geqslant 4$ mol · L^{-1}后 D_{Ru}与 $C_{NO_3^-}$ 的关系。

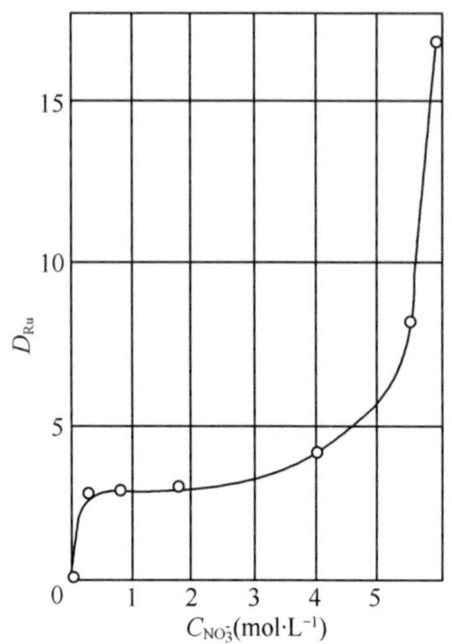

图 2-25　恒定离子强度时 D_{Ru}与 $C_{NO_3^-}$ 的关系

钌浓度：示踪量

自由 TBP 浓度对萃取钌的影响较复杂，如果自由 TBP 浓度恒定，只改变硝酸根浓度，则钌的萃取随 $C_{NO_3^-}$ 的增高而连续增加。图 2-26 是有机相中$[TBP]_{free}$ = 1 mol · L^{-1} 时相应的钌萃取分配比(D_{Ru}^{O})与硝酸钠浓度及萃取时间的关系。

5. 亚硝酸根和其他阴离子对 TBP 萃取钌的影响

亚硝酸根对 TBP 萃取钌的影响可从两方面考虑，NO_2^- 的存在有利于生成 $RuNO^{3+}$，继而形成可萃取的形态使 D_{Ru}增大，另一方面是随着 NO_2^- 浓度的增高，形成 RuNO 亚硝酸根配合物，不易被萃取，使 D_{Ru}急剧下降。图 2-27 给出了钌在 TBP 和 HNO_3溶液之间的分配比与水相中亚硝酸根浓度的关系。

其他阴离子，如 HSO_3^-，Cl^-，F^- 和 $C_2O_4^{2-}$ 可能会遇到，其中HSO_3^- 在 Thorex 流程回收钍的料液中约有 0.02 mol · L^{-1}，以 $NaHSO_3$加入，为改善对裂变产物的去污。但是 HSO_3^-，Cl^-和 F^-对钌萃取的影响很小，在 X^- ∶ Ru=0.4 ∶ 1 到 40 ∶ 1 的浓度范围内变化，钌的分配比几乎不变。表 2-23 列出 30% TBP-正十二烷从 2 mol · L^{-1} HNO_3中萃取钌的数据，加入的阴离子 X^-的浓度均为 0.05

mol · L^{-1}，分配比归一化到$[TBP]_{free}=1$ mol · L^{-1}的D_{Ru}^{O}。有草酸根存在时则有影响，随草酸浓度增高，钌分配比下降。表 2-24 的实验条件也是 30% TBP-正十二烷从 2 mol · L^{-1} HNO_3中萃取钌，$H_2C_2O_4$ 浓度从 0.001 mol · L^{-1}增加到 0.5 mol · L^{-1}，D_{Ru}^{O}减少数十倍。

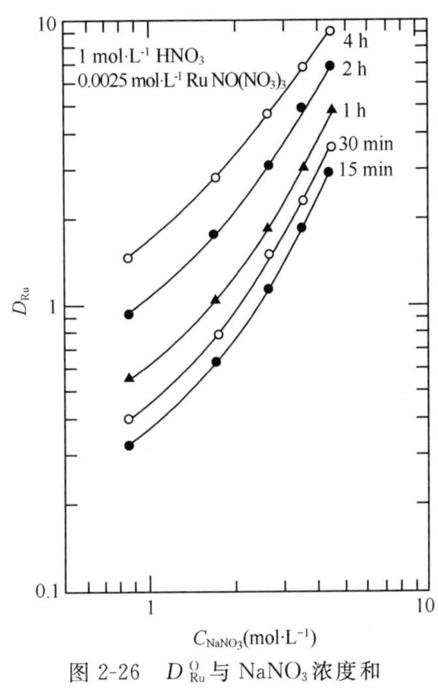

图 2-26 D_{Ru}^{O}与 $NaNO_3$浓度和萃取时间的关系

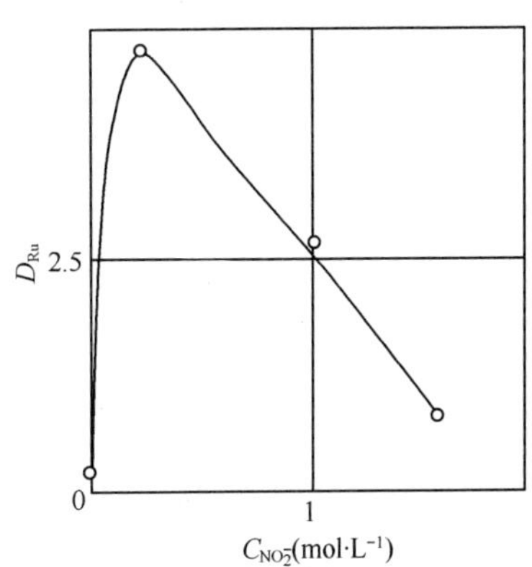

图 2-27 水相亚硝酸根浓度对钌萃取分配比的影响

表 2-23 不同阴离子对 D_{Ru}^{O}的影响

萃取搅拌时间	D_{Ru}^{O}			
	HSO_3^-	Cl^-	F^-	$X^-=0$
15 min	0.34	0.34	0.27	0.29
30 min	0.40	0.40	0.34	0.36
1 h	0.54	0.47	0.43	0.45
2 h	0.63	0.65	0.58	0.60
3 h	0.90	0.92	0.83	0.78

表 2-24 草酸对 D_{Ru}^{O}的影响

萃取搅拌时间	D_{Ru}^{O}					
	$[H_2C_2O_4]$					
	0.001	0.005	0.01	0.05	0.1	0.5
15 min	0.31	0.29	0.27	0.14	0.12	0.01
30 min	0.40	0.41	0.39	0.19	0.13	0.01
1 h	0.61	0.54	0.48	0.28	0.21	0.03
2 h	0.74	0.71	0.63	0.37	0.26	0.02
3 h	0.95	0.88	0.81	0.49	0.31	0.02

6. TBP 浓度对 D_{Ru} 的影响

TBP 从硝酸中萃取钌，在一定的 TBP 浓度范围内，分配比随 TBP 浓度增加而增大。由于钌溶液的制备方法和“历史”不同，RuNO 配合物的不同形态和份额均不一样，相互之间转换速度很慢，萃取达到平衡的时间长，不同作者的研究实验条件难统一，结果也存在差异。图 2-28 是 TBP 从 0.5 mol·L^{-1} HNO_3 中萃取钌，实验用的钌溶液的制备方法与图 2-23 相似。图 2-29 是 TBP 从 1 mol·L^{-1} HNO_3 中萃取钌，实验料液制备方法与图 2-20 相似。

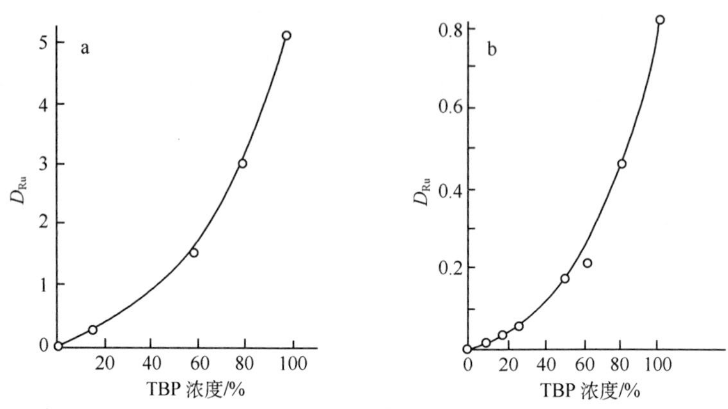

图 2-28　TBP-0.5 mol·L^{-1} HNO_3 体系中萃取剂浓度对 D_{Ru} 的影响

a：TBP 萃取示踪量钌；b：TBP 萃取常量（1.65×10^{-3} mol·L^{-1}）钌

7. 钌浓度对 D_{Ru} 的影响

在考察钌浓度对 TBP 萃取钌的影响时，观察到两种不同的现象，一种现象如图 2-30 所示，D_{Ru1} 和 D_{Ru2} 的萃取条件不同，其值也不同，但 Ru 在 $10^{-1}\sim10^{-6}$ mol·L^{-1} 的范围内，D_{Ru1} 和 D_{Ru2} 都不随钌浓度变化。这说明钌是以单核形态存在而被萃

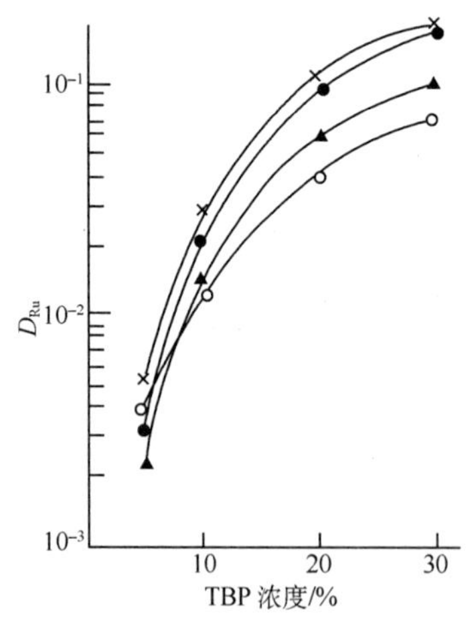

图 2-29　TBP-1.0 mol·L^{-1} HNO_3 体系中萃取剂浓度对 D_{Ru} 的影响

（不同曲线的钌料液“历史”与图 2-20 相似）

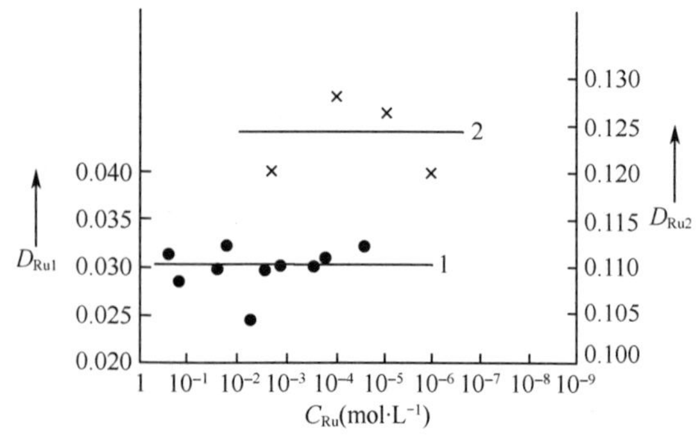

图 2-30　D_{Ru} 与钌浓度的关系

1—20% TBP 从 0.4 mol·L^{-1} HNO_3 中萃取 10 min；

2—30% TBP 从 3 mol·L^{-1} HNO_3 中萃取 30 s(0℃)

取的，这与多数金属的萃取行为相符合。另一种现象如表 2-25 所列，TBP 从 0.5 mol·L^{-1} HNO_3萃取示踪量(1.5×10^{-8} mol·L^{-1})和常量(1.65×10^{-3} mol·L^{-1})钌，其分配比差别相当大。萃取示踪量钌之分配比 $D_{Ru示踪}$ 相当萃取常量之 $D_{Ru常量}$ 的 7～10 倍。这个现象不能单从萃取的元素之摩尔活度系数变化来解释，因为在这样低的浓度下，$RuNO^{3+}$ 的离子强度很小。这种现象可能是萃取剂或稀释剂中含有杂质造成的结果。

表 2-25　TBP-0.5 mol·L^{-1} HNO_3 间 $D_{Ru示踪}$ 与 $D_{Ru常量}$ 的比值

TBP 浓度 (mol·L^{-1})	$D_{Ru示踪}$ (1.5×10^{-8} mol·L^{-1})	$D_{Ru常量}$ (1.65×10^{-3} mol·L^{-1})	$D_{Ru示踪}/D_{Ru常量}$
0.546	0.2	0.02	10
0.728	0.3	0.03	10
1.09	0.55	0.06	9.2
2.18	0.8	0.24	3.3

2.4.1.2　亚硝酰钌硝酸根和亚硝酸根配合物的萃取分配比[5,8,10]

在 TBP-HNO_3体系中，钌的萃取行为除了基本遵循上述规律之外，还可以从图 2-31 和表 2-26 的分配比数据中总结出若干特点。

(1)亚硝酰钌的硝酸根配合物比亚硝酸根配合物容易被 TBP 萃取。

(2)其他条件相同，RuNO 硝酸根配合物中，硝酸根数目增加，分配比增大，D_{Ru}大小顺序为：

$$RuNO(NO_3)<RuNO(NO_3)_2<RuNO(NO_3)_3<RuNO(NO_3)_4$$

(3)配合物异构体的萃取行为不同，顺位式的分配比小，反位式的分配比大。用 TBP 萃取色层柱分离 RuNO 硝酸根配合物时，B 组分(2,3—二硝酸根亚硝酰钌)分配比小，先被淋洗出来，C 组分(2,4—二硝酸根亚硝酰钌)分配比大，后被淋洗出来。亚硝酸根配合物也是这样，表 2-26 中，相同条件下，顺式二亚硝酸根配合物的分配比为 0.0155，而反式二亚硝酸根配合物的分配比是 0.0477。

(4)RuNO 三硝酸根配合物的萃取分配比与硝酸浓度关系中，D_{Ru}极大值出现在 0.25 mol·L^{-1} HNO_3处，表 2-26 和图 2-31 都一致。

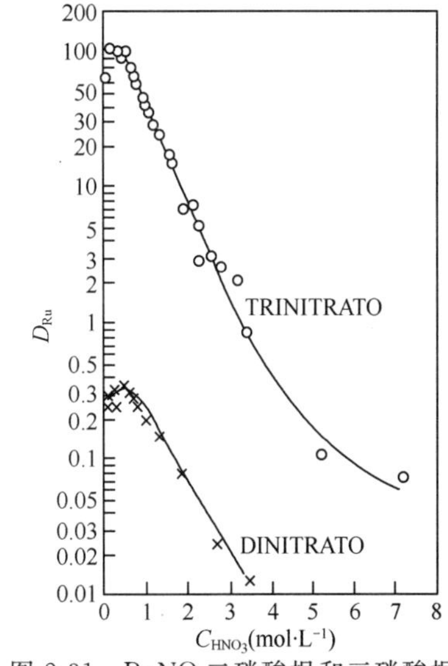

图 2-31　RuNO 二硝酸根和三硝酸根配合物的 D_{Ru}与硝酸浓度的关系
萃取溶剂：30% TBP-paraffinic 煤油；温度：20℃

表 2-26 RuNO 硝酸根和亚硝酸根配合物的萃取数据[5,10,45]

RuNO 呈现的配合物	温度(℃)	C_{HNO_3}(mol·L^{-1})	C_{TBP}(V%)	稀释剂	C_{Ru}(mol·L^{-1})	D_{Ru}
一硝酸根	20	0.1	20	煤油	10^{-3}	(0.1)[a]
	20	1.0	20		10^{-3}	(0.03)
二硝酸根配合物	0	0.25	30	煤油	10^{-3}	(15.6)
	0	0.5	30		10^{-3}	(14.6)
	0	1.0	30		10^{-3}	12.5,(12.5)
	0	2.0	30		10^{-3}	(3.0)
	0	3.0	30		10^{-3}	0.5,(0.5)
	0	4.0	30		10^{-3}	(0.08)
	20	1	21	煤油[b]	$<10^{-7}$	0.18
	20	1	30		$<10^{-7}$	0.22
	20	1	31.2		$<10^{-7}$	0.39
	20	1	40.9		$<10^{-7}$	0.54
	20	1	50.0		$<10^{-7}$	0.63
三硝酸根配合物	0	0.25	30	煤油	10^{-3}	(380)
	0	0.5	30		10^{-3}	(330)
	0	1.0	10		$\approx10^{-4}$	11.0
	0	1.0	30		10^{-3}	(200)
	0	2.0	30		10^{-3}	(42)
	0	3.0	15		$\approx10^{-4}$	0.9
	0	3.0	20		$\approx10^{-4}$	1.5,(2.1)
	0	3.0	30		10^{-3}	3.5,2.6,(5.0)
	0	4.0	30		$\approx10^{-4}$	0.95,(1.2)
	0	6.0	30			(0.06)
	20	1	10.0	煤油[b]	$<10^{-7}$	2.4
	20	1	21.0		$<10^{-7}$	19.5
	20	1	30.0		$<10^{-7}$	39.0
	20	1	31.2		$<10^{-7}$	45.1
	20	1	40.9		$<10^{-7}$	88.0
	20	1	50.0		$<10^{-7}$	150.0
	—	1	20	煤油	5×10^{-2}	0.15
	—	2	20		5×10^{-2}	0.09
	20	3	30		10^{-3}	(3.2)
	25	3	20		—	0.3
	37	3	30	煤油[c]	—	0.42[d]
	65	3	30		—	0.1[d]
四硝酸根配合物	0	3.05	30	煤油	$\approx10^{-4}$	8.2,12
	0	2.9	30			10
	0	2.95	10			2.1
	25	3.00	20			0.9

续表

RuNO 呈现的配合物	温度(℃)	C_{HNO_3} ($mol \cdot L^{-1}$)	C_{TBP} (V%)	稀释剂	C_{Ru} ($mol \cdot L^{-1}$)	D_{Ru}
三和四硝酸根配合物	0	4	30	煤油	8.5×10^{-3}	1.2
	0	3	30		2.5×10^{-4}	4.2
	0	3	20		2.5×10^{-4}	1.8
	0	3	15		2.5×10^{-4}	1.1
	0	1	10		8.5×10^{-3}	15.0
顺式二亚硝酸根配合物	20	1.0	30	正十二烷	5×10^{-5}	0.0155
反式二亚硝酸根配合物	20	1.0	30	正十二烷	5×10^{-5}	0.0477

注:a:括号内的数字引自文献[10];
b:主要是 paraffinic 煤油;
c:直链 paraffinic 煤油;
d:体系中存在 1.5 $mol \cdot L^{-1}$ $UO_2(NO_3)_2$

(5)若体系中存在硝酸铀酰时,三硝酸根亚硝酰钌的分配比明显降低。

一般而言,RuNO 三硝酸根和四硝酸根配合物最容易被 TBP 萃取,一硝酸根和二硝酸根配合物不易被萃取。亚硝酸根配合物也不易被 TBP 萃取,二亚硝酸根配合物(通常含一个羟基配体)比更高亚硝酸根数的配合物较容易萃取些,但分配比仍然较低。硝酸根和亚硝酸根混合的 RuNO 配合物可萃取性比亚硝酸根配合物高。

2.4.1.3　TBP 萃取钌过程的可逆性[10,30,32,48,58]

对同一份钌的硝酸溶液,用 TBP 间隔一定的时间进行数次重复萃取,则分配比逐次降低(表 2-27)。相同体系中不同次萃取的分配比不同,说明体系中钌的形态不是单一的,不同形态钌的可萃取性不同,易萃取的形态先进入有机相,水相中不易萃取的形态份额增加,使 D_{Ru}降低。同样,自有机相反萃到水相,测定有机相余下的和进入水相的钌浓度计算分配比,则 D_{Ru}逐次增长,前后连续反萃取的 D_{Ru}值分别为 0.175 和 0.270。可见 TBP 从 HNO_3中萃取总钌的过程是不可逆的。

表 2-27　同一溶液中逐次重复萃取钌的分配比变化

实验批次	逐次萃取的 D_{Ru}				
	1	2	3	4	5
A	0.64	0.27	0.23	0.20	0.13
B	0.58	0.27	0.20	0.66*	

* 第 3 次萃取后的水相经过浓 HNO_3再处理后调到第 1 次萃取的酸度。

不同次连续萃取钌的分配比差别与水相硝酸浓度也有关系(图 2-32),当硝酸浓度比较低时,第一次萃取的 D_{Ru} 比重复萃取的高,随着 HNO_3 浓度增加,两者的差别缩小,达一定的硝酸浓度后,两者差别消失。

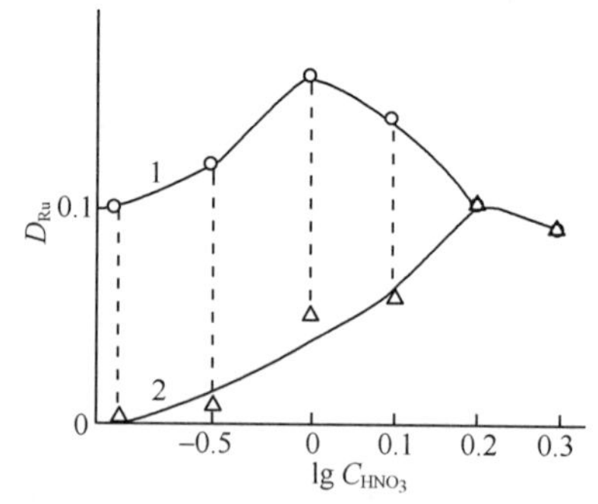

图 2-32　TBP 不同次萃取钌的 D_{Ru} 差别与硝酸浓度的关系

1—初次萃取;2—重复萃取

TBP 从 HNO_3 溶液中萃取 RuNO 亚硝酸根配合物的过程是可逆的,萃取过程和反萃取过程得到的分配比相等。表 2-28 是 30% TBP-煤油从硝酸溶液中萃取[$RuNO(NO_2)_2(OH)(H_2O)_2$]和反萃的 D_{Ru} 与硝酸和硝酸根浓度的关系。表中数据看出,相同条件下,萃取和反萃取的 D_{Ru} 值相等;$NaNO_3$ 浓度从 2.5 增到5.0 mol·L^{-1}(总硝酸根浓度变化范围 0.1～5.5 mol·L^{-1})在实验期间未改变[$RuNO(NO_2)_2(OH)(H_2O)_2$]配合物,若有 NO_3^- 进入配合物内参加配位,则应使 D_{Ru} 增大,但是实验结果表明,向硝酸溶液中加入 $NaNO_3$ 使 D_{Ru} 减小,这是由于自由 TBP 浓度降低所致。因为 NO_3^- 加入使分子状态 HNO_3 增加(式(2-30)和式(2-31)),导致有机相中 TBP·HNO_3 浓度增高。

表 2-28　TBP 萃取[$RuNO(NO_2)_2(OH)(H_2O)_2$]及反萃取的 D_{Ru}

萃取剂:30%TBP-煤油;　　$C_{Ru}=5\times10^{-3}$ mol·L^{-1};

萃取时间:30 s;　　温度:20℃

水相条件		D_{Ru}	
C_{HNO_3}(mol·L^{-1})	C_{NaNO_3}(mol·L^{-1})	萃取	反萃取
	5.0	2.20	
0.1		2.04	
1.0		1.70	1.66
1.0	4.5	1.20	
3.0		0.506	0.514
3.0	2.5	0.215	0.214

2.4.1.4　硝酸溶液中钌的可萃取和不可萃取形态[30,32,59,60]

在溶剂萃取中,被萃物在水相中的形态和萃合物中的形态单一时,其萃取和反萃取一般是可逆的。如果被萃物在水相中存在可萃取形态和不可萃取形态,或虽然没有不可萃取形态,但存在一种以上可萃取性不同的形态,都会表现出萃取和反萃取不可逆。在实践中对于不可逆萃取过程,被萃物在水相中不可萃取形态和在有机相中极难反萃取(有机相保留)形态需要进行定量,利用**系列相比**

作图法解决这个问题比较简便和可靠。

系列相比作图法的依据是萃取平衡分配定律，当某一溶质在基本不相混溶的两相（通常为有机相和水相）之间分配时，在一定温度下达到平衡后，该溶质在两相中的分子量仍然相等，则其在两相中的浓度之比值为一常数。用公式表示：

$$\Lambda = \frac{C_{(o)}}{C_{(a)}} \tag{2-33}$$

Λ 为分配常数，$C_{(o)}$ 和 $C_{(a)}$ 分别为溶质在有机相和水相中的浓度。对于简单分子萃取体系，属于这种类型，其 Λ 值可通过实验直接测定。如果被萃物仅以一种可萃取的形态存在，也可按这种类型处理。大多数情况是被萃物质有多种形态，有萃取性能不同的几种可萃取形态，其分配常数各不同；还存在不可萃取的形态。这种情况下，Λ 值不能直接由实验测定，但可直接测定萃取分配系数 D（亦称分配比），即在一定温度下达到平衡时，该物质在有机相总浓度与水相总浓度的比值：

$$D = \frac{C_{总(o)}}{C_{总(a)}} = \frac{\sum\limits_{i=1} C_{i(o)}}{\sum\limits_{i=1} C_{i(a)} + C'_{(a)}} \tag{2-34}$$

式中：$\sum\limits_{i=1} C_{i(o)}$ 是有机相中各种可萃取形态浓度之和；

$\sum\limits_{i=1} C_{i(a)}$ 是水相中各种可萃取形态浓度之和；

$C'_{(a)}$ 为水相中不可萃取形态之浓度。

将水相中高可萃取形态加合成为可萃取态，分配比很低的归入不可萃取形态，令 Λ' 为可萃取形态的分配比，表示为：

$$\Lambda' = \frac{C_{(o)}}{C_{(a)}} = \frac{C_{总(o)}}{(C_{总(a)} - C'_{(a)})} \tag{2-35}$$

$$C_{总(o)} = \Lambda'(C_{总(o)} - C'_{(a)}) \tag{2-36}$$

$C_{(o)}$ 为可萃取形态在有机相的浓度，$C_{(o)} = C_{总(o)}$，$C_{(a)}$ 为水相可萃取形态的浓度，等于水相总浓度减去不可萃取形态的浓度。假设在萃取期间各形态之间不发生转化（钌的不同形态间转化较慢），并且保持水相体积不变，仅变化有机相体积来改变相比（n_i），则在同一次萃取中 Λ' 和 $C'_{(a)}$ 也不变。但是 $C_{总(o)}$ 和 $C_{总(a)}$ 变化呈线性关系，通过一系列相比的 $C_{总(o)}$ 对 $C_{总(a)}$ 作图，得直线的斜率是 Λ'，在 $C_{总(a)}$ 坐标上的截距是 $C'_{(a)}$（如图 2-33），相比 $n_i = V_{(o)i}/V_{(a)}$。相比小，有机相体积小，则浓度高；反之相比大，有机相浓度低，但是萃取到有机相的总量增多，所以水相总浓度也降低。

保留在有机相中不可反萃取形态的浓度，也可通过改变反萃取相比，用**系列相比作图法**求得。与不可萃取形态浓度求法的不同点是：保持有机相体积不变，仅改变水相(反萃取剂或洗涤剂)体积得到一系列相比。当相比大时,水相体积小,反萃取到水相的总量也少,故有机相保持高浓度;当相比小,水相体积增大,反萃取到水相的总量增多,有机相浓度下降。令 $\Lambda'_{(o)}$ 为可反萃取形态的分配比,可写成关系式:

$$\Lambda'_{(o)} = \frac{C_{(a)}}{C_{(o)}} = \frac{C_{总(a)}}{C_{总(o)} - C'_{(o)}} \tag{2-37}$$

$$C_{总(a)} = \Lambda'_{(o)}(C_{总(o)} - C'_{(o)}) \tag{2-38}$$

式中:$C_{(a)}$ 和 $C_{(o)}$ 是可反萃取形态在水相和有机相的浓度,$C_{总(a)}$ 是反萃取到水相中的总浓度,$C'_{(o)}$ 是有机相中不可反萃取形态的浓度。通过系列相比作图,如图 2-34所示,直线与有机相浓度坐标相交,截距 $C'_{(o)}$ 为不可反萃取形态浓度,即有机相保留量,直线斜率为 $\Lambda'_{(o)}$。关于研究有机相保留的实验,用这个方法比较直观。

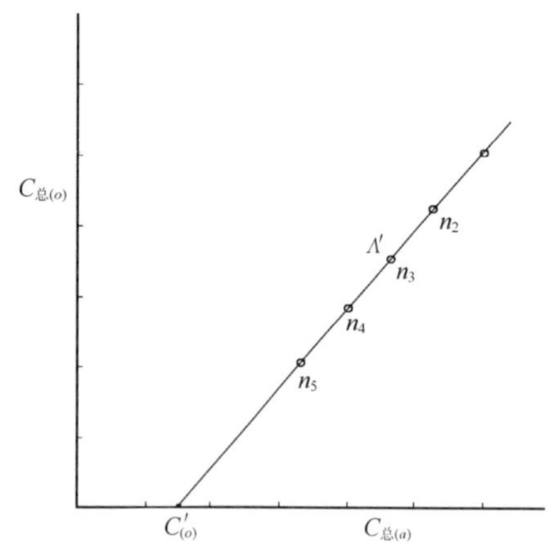

图 2-33　系列相比作图法测定水相不可萃取组分浓度

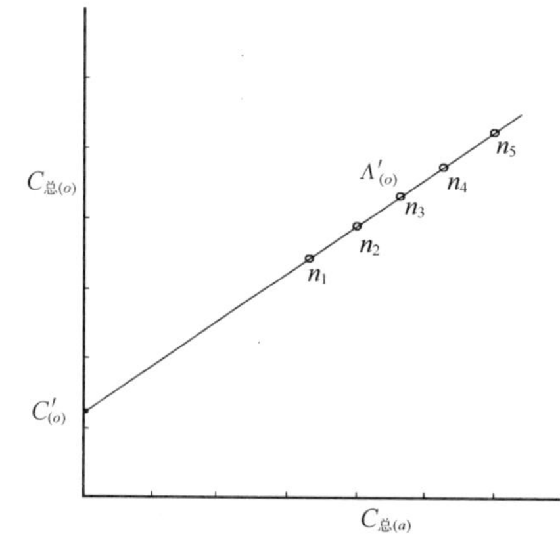

图 2-34　系列相比作图法测定有机相不可反萃取组分浓度

文献[30]报道萃取法研究亚硝酰钌硝酸根配合物时,将硝酸根数在 3 以上的配合物归入可萃取形态,硝酸根数在 2 以下者归入不可萃取形态,因为亚硝酰钌三硝酸根配合物比二硝酸根配合物的分配比高 20 倍以上。实验原料液是用 ^{106}Ru 标记的 0.1 mol · L^{-1} Ru 在7.5 mol · L^{-1} HNO_3中陈化后,稀释到 0.01 mol · L^{-1} Ru-3.6 mol · L^{-1} HNO_3,用不同体积的 20% TBP(相比 0.6~5.3)于 20℃萃取 60 s。萃取之前 20% TBP 经过 HNO_3 预平衡。Ru 浓度以 ^{106}Ru 的相对计数(counts/min/mL)表示,以有机相 Ru 浓度为纵坐标,水相 Ru 浓度为横坐标作图,如图 2-35 所示。由直线斜率算得可萃取形态钌的分配比为 0.37;由直线与横坐标的截距 2.2×10^4(cts/min/mL)和已知钌总浓度 4.5×10^4(cts/min/mL)求得不可萃取钌的份额为 0.49。由于 Martin, F. S. 首先用这个方法研究亚硝酰钌的萃取行为,所以有人称之为 Martin 法。

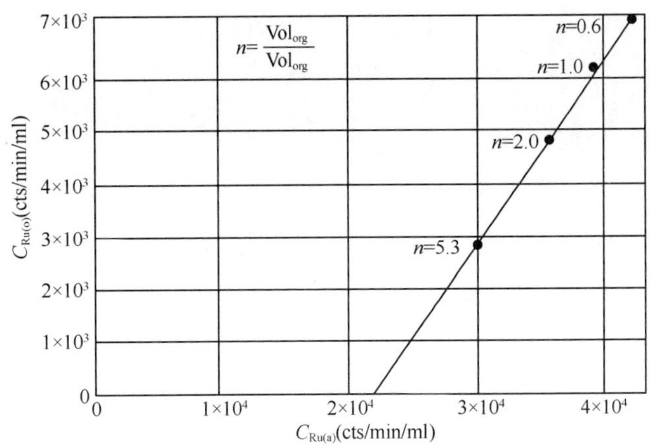

图 2-35　3.6 mol・L^{-1} HNO_3 中亚硝酰钌硝酸根配合物的萃取行为

文献[32]报道亚硝酰钌亚硝酸根配合物的萃取行为，取 3 mol・L^{-1} HNO_3 介质 ^{103}Ru标记的亚硝酰钌亚硝酸根配合物溶液 2 mL 于萃取管中，共 5 个，分别加入 30% TBP-正十二烷(经 3 mol・L^{-1} HNO_3 预平衡过)1、2、4、6、8 mL，冰浴冷却，萃取 60 s，离心分相，将有机相和水相各取 1.0 mL 测量。以有机相 Ru 浓度对水相 Ru 浓度作图(见图 2-36)，由直线斜率得亚硝酰钌亚硝酸根配合物可萃取形态的萃取分配比为 0.29；由横坐标截距求得不可萃取形态的 RuNO 亚硝酸根配合物份额为 0.61。

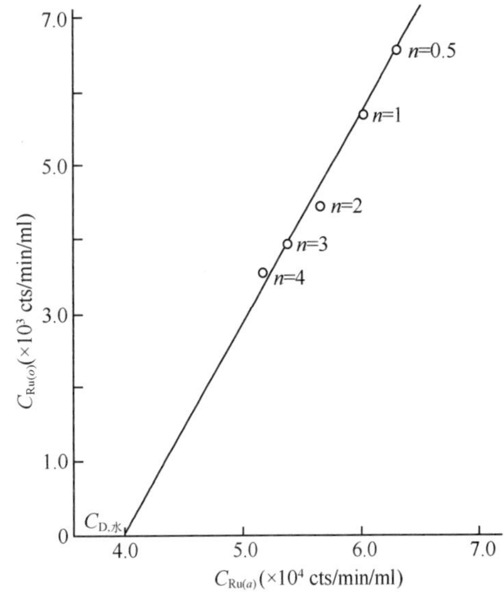

图 2-36　3 mol・L^{-1} HNO_3 中亚硝酰钌亚酸根配合物的萃取行为

一般而言四价钌(Ru^{4+})和 RuNO 亚硝酸根配合物很少被萃取，归入不可萃取形态中。RuNO 硝酸根和亚酸根混合配合物为中性(即 NO_3^- ＋NO_2^- 总数为 3)时，是可萃取的，文献[59]认为 4,5-二亚硝酸根-3-硝酸根亚硝酰钌的可萃取性比 3,5-二亚硝酸根-4-硝酸根亚硝酰钌更强。

Joon 认为[60]存在 F 类型配合物属于 RuNO 的二聚物，是 TBP 高可萃取的形态，其一般组成为$[RuNO(NO_3)_3(H_2O)]_2$、$[RuNO(NO_2)(NO_3)_2(H_2O)]_2(OH)^-$和$[RuNO(NO_2)(NO_3)_2(OH)]_2^{2-}$。F 类配合物由 E 组($D_4$)或 D 组($D_3$)生成，如下式：

$$\underset{(E)}{2[RuNO(NO_3)_4(H_2O)]^-} \overset{K}{\rightleftharpoons} \underset{(F)}{[RuNO(NO_3)_3(H_2O)]_2} + 2NO_3^- \quad (2\text{-}39)$$

$$2E \overset{K}{\rightleftharpoons} F + 2NO_3^-$$

$$K = \frac{F\,(NO_3^-)^2}{E^2}$$

$$\log \frac{E^2}{F} = -\log K + 2\log(NO_3^-) \tag{2-40}$$

式中：(NO_3^-)为水相硝酸根活度，在纯 HNO_3或 HNO_3+LiNO_3溶液中试验，E 组分含量可测得，以 TBP 萃取色层柱上最难洗脱的组分作为 F 的含量，实验证明式(2-40)成立，线性关系良好(见图 2-37)，所以 F 类配合物的存在得到验证。几种二聚体的结构式可写成如下形式：

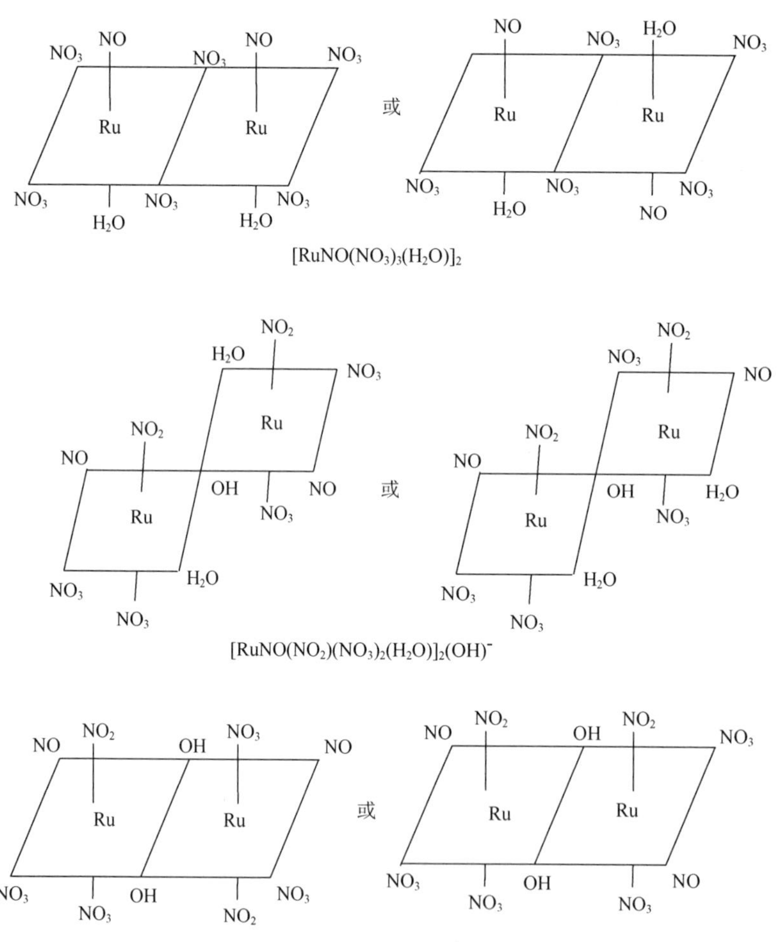

$[RuNO(NO_3)_3(H_2O)]_2$

$[RuNO(NO_2)(NO_3)_2(H_2O)]_2(OH)^-$

$[RuNO(NO_2)(NO_3)_2(OH)]_2^{2-}$

亚硝酰钌的这几种二聚配合物分别以 NO_3^- 或 OH^-搭桥聚合，其含量很少，约占总钌的 3%以下，所以在钌浓度对 D_{Ru}的影响(图 2-30)中没有突出显示。以氧桥结合的 Ru—O—Ru 二聚形态不被 TBP 萃取。

2.4.1.5 TBP从HNO_3中萃取钌的机理讨论[5,8,10,24,28,42,44,46,55,57,61-63]

TBP-HNO_3体系中钌的萃取和反萃取往往是不可逆的过程，这给萃取机理研究带来复杂性，有的仍然不清楚。

1. 溶剂化

多数观点认为亚硝酰钌的硝酸根配合物被TBP溶剂化进入有机相，对溶剂化的TBP分子数有不同看法，一种观点是溶剂化数为2，以可萃取形态三硝酸根亚硝酰钌的萃取为例，分配比D_{Ru}与自由TBP浓度$C_{TBP_{free}}$的平方成正比，如图2-38所示，直线的斜率为2.2。文献[57]提供的斜率为2.14和2.05($r^2=0.99$)。

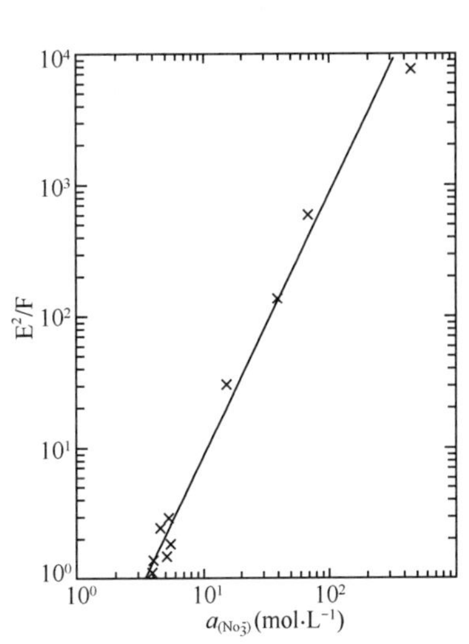

图2-37 钌高可萃取形态F与水相硝酸根活度的关系

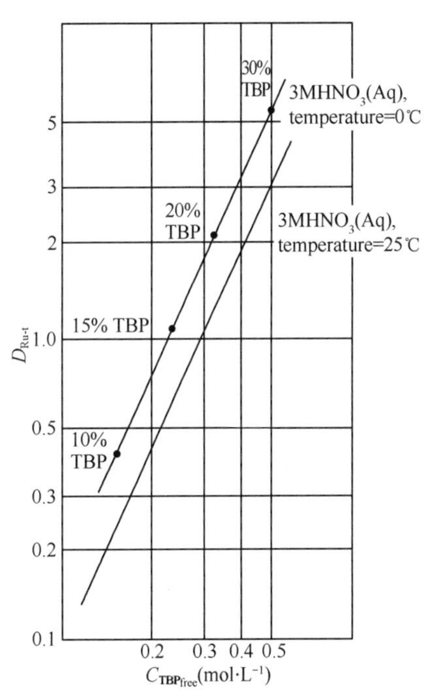

图2-38 三硝酸根亚硝酰钌分配比($D_{Ru,t}$)与自由TBP浓度的关系

$C_{Ru}=3.53\times10^{-3}$ mol · L^{-1}

Fletcher等[45,62]认为亚硝酰钌三硝酸根配合物(D_3)可被四个TBP分子溶剂化，而酸性四硝酸根配合物(D_4)可被五个TBP分子包围而成萃合物。两者的分配比与自由TBP浓度的关系如图2-39所示。D_3的分配比与自由TBP浓度的3～4次方成正比；D_4的分配比与自由TBP浓度的4～5次方成正比。用实验分子式为$[RuNO(NO_3)_3(H_2O)_2]\cdot 2H_2O$的过量固体与60℃的100% TBP中溶解，使TBP全部反应，离心分出生成的黏稠液体，经分析，P/Ru为5∶1和6.5∶1，含Ru 6.0%和4.8%。分析中发现有些TBP以TBP · H_2O存在，使P/Ru比值偏高。图2-38和图2-39中自由TBP浓度是根据水相硝酸浓度用TBP总浓度(%)的实验值推算出来的，体系中没有铀，钌浓度很低，消耗的TBP浓度很小，主

要是 TBP 萃取 HNO_3 引起自由 TBP 浓度的变化。

$$TBP_{(o)} + HNO_{3_{(a)}} \xrightleftharpoons{K} TBP \cdot HNO_{3_{(o)}} \tag{2-41}$$

$$K = \frac{(TBP \cdot HNO_3)_{(o)}}{(TBP)_{(o)}(HNO_3)_{(a)}} = \frac{D_{HNO_3}}{(TBP)_{(o)}} \tag{2-42}$$

$$(\text{freeTBP})_{(o)} = (TBP)_{总_{(o)}} - (TBP \cdot HNO_3)_{(o)} = (TBP)_{总_{(o)}} - D_{HNO_3}(HNO_3)_{(a)} \tag{2-43}$$

式中 D_{HNO_3} 为相应 TBP 浓度时 HNO_3 的分配比，当 TBP 总浓度一定时，自由 TBP 的浓度是水相硝酸浓度的函数。图 2-40 表示在 20% TBP-HNO_3 体系中，D_3 和 D_4 的分配比以及自由 TBP 浓度与水相硝酸浓度的关系。

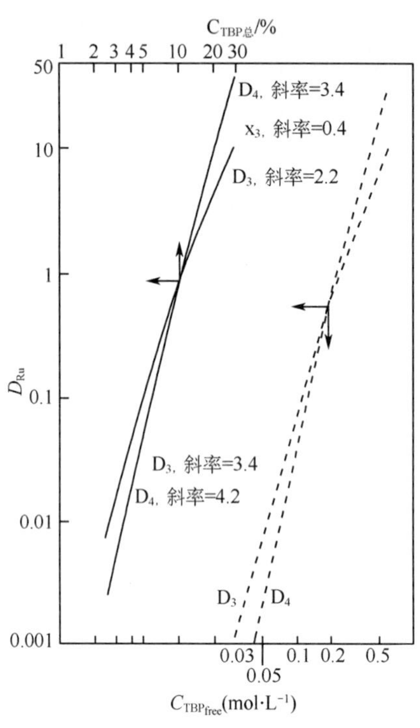

图 2-39　D_3 和 D_4 的分配比与自由 TBP 浓度的关系

$C_{HNO_{3(a)}} = 1.85\ mol \cdot L^{-1}$

温度：25℃

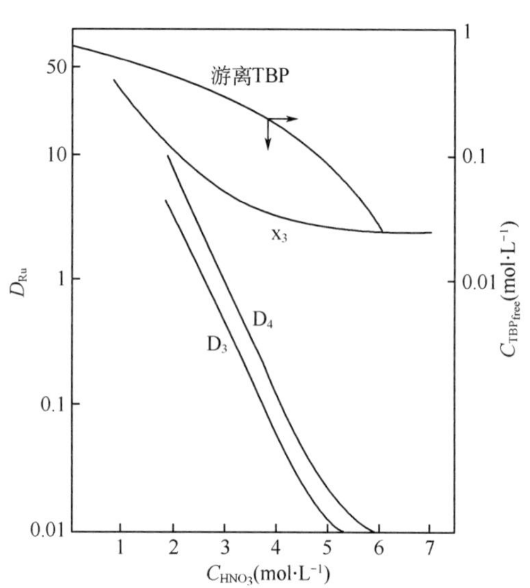

图 2-40　D_3 和 D_4 的分配比及自由 TBP 浓度与水相硝酸浓度的关系

$C_{TBP总} = 20\%$

温度：25℃

根据氢键理论，D_3 和 D_4 分子内之配位水分子上的氢可与 TBP 分子中磷氧双键上的氧之间形成氢键（$\gt P = O \cdots H - O - H \cdots O = P \lt$）实现溶剂化。萃取反应可写成：

$$[RuNO(NO_3)_3(H_2O)_2]_{(a)} + 4TBP_{(o)} \rightleftharpoons [RuNO(NO_3)_3\{(TBP\cdot H)_2O\}_2]_{(o)}$$
$$(D_{3_{(a)}}) \qquad\qquad (D_{3_{(o)}}) \tag{2-44}$$

$$[RuNO(NO_3)_4(H_2O)]^-_{(a)} + H_3O^+ + 5TBP_{(o)} \rightleftharpoons [(TBP\cdot H)_3O]^+ \cdot [RuNO(NO_3)_4(TBP\cdot H)_2O)]^-_{(o)}$$
$$(D_{4_{(a)}}) \qquad\qquad (D_{4_{(o)}}) \tag{2-45}$$

其相应的结构式为：

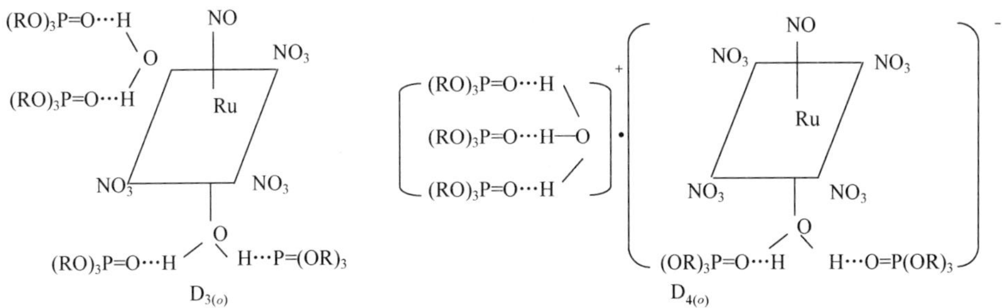

结构式中 $R=C_4H_9$，D_4的萃取过程含鎓盐形成。

2. TBP 与 Ru 形成配键

亚硝酰钌硝酸根配合物通过配位水分子与 TBP 形成氢键的溶剂化萃合物不够稳定，进入有机相后会缓慢转换成 TBP-Ru 配键的萃合物较稳定。已经知道有配合物$[RuNO(NO_3)_3(TBP)_2]$生成，其红外光谱与 $D_{3(o)}$ 萃合物有明显的差别是出现 P=O→Ru 配位键（1183 cm^{-1}）。表 2-29 列出两种萃合物红外光谱主要数据的比较。

表 2-29 TBP 与 Ru 的配键和溶剂化的红外光谱数据比较

$D_{3(o)}$	$RuNO(NO_3)_3(TBP)_2$	备 注
≈3400	—	来自 H_2O 的 ν_{OH}
1935 m	1930 m	NO
1640 w	—	H_2O
1530 s	1525 s	$\nu_{4NO_3^-}$ 单齿
1265 s	1263 s	$\nu_{2NO_3^-}$ 单齿
1241 m,sh	—	P=O→H_2O
—	1183 v. s	P=O→Ru
956 m	952 m	$\nu_{2NO_3^-}$

表 2-29 中的数据表明 P=O···HOH 氢键转换为 P=O→Ru 配键，生成的$RuNO(NO_3)_3(TBP)_2$没有 H_2O 峰，证明 TBP 取代了配位水分子，反应可写成：

$$[RuNO(NO_3)_3\{(TBP\cdot H)_2O\}_2]_{(o)} \rightarrow [RuNO(NO_3)_3(TBP)_2]_{(o)} + 2H_2O + 2TBP_{(o)} \tag{2-46}$$

式(2-46)反映了 TBP-HNO_3体系中 Ru 被 TBP 溶剂化进入有机相后的形态转换，这个过程包括键的变化和配体替换，是个很慢的过程，所以 TBP 从硝酸中萃取钌的平衡时间需要很长。当最终形成的萃合物为$[RuNO(NO_3)_3(TBP)_2]_{(o)}$时，分配比应与自由 TBP 浓度的 2 次方成正比。

3. x-化合物

在研究 TBP 萃取 RuNO 配合物时，发现少量高可萃取性的稳定化合物，很难从有机相中除去，最初把这归结于未知的 RuNO 五硝酸根配合物。稍后观察到 TBP 与 Ru 直接配位就把这类配合物称为 x-化合物，它是在萃取过程中形成的。Joon[60]通过 TBP 萃取色层柱的两相接触，进一步证实了 x-化合物，其含量比 F 类配合物(二聚)少。Fletcher[62]按硝酸根数目把 x-化合物分为 x_3、x_2、x_1和x_0等几种(表 2-30)。

表 2-30　*x*-化合物类型

类型符号	每个 Ru 的硝酸根数目	电荷数	结构形式
x_3	3	0	顺位
x_2	2	+1	顺位和反位
x_1	1	+2	顺位和反位
x_0	0	+3	一种

根据一些实验积累起来的有关 x_3配合物资料指出，可能有三个硝酸根和一个 TBP 位于亚硝酰基的顺位，这似乎不同于一般的 TBP→Ru 配合物。x_3是在含 D_3和 D_4的 TBP 有机相形成的，在用 3 mol·L^{-1} HNO_3平衡过的 20% TBP 中，25℃时的半形成时间约为 10 min。从 D_3和 D_4形成 x_3的反应可能是：

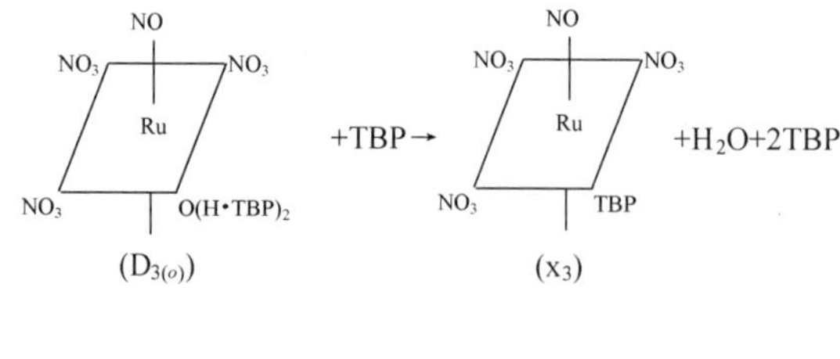

$[(H\cdot TBP)_3O]^+\cdot$ (NO, NO_3, NO_3, Ru, NO_3, NO_3)$^-$ (D$_{4(o)}$) +TBP→ (NO, NO_3, NO_3, Ru, NO_3, TBP) (x_3) +TBP·HNO_3+2TBP+HO_2

在反应中 H_2O→Ru 或 NO_3—Ru 键转换为 TBP→Ru 键。从式中看出，当自由

TBP 浓度降低时，$D_{3(o)}$ 和 $D_{4(o)}$ 形成 x_3 的份额反而增加。在 20% TBP-HNO_3 体系中，25℃时表观平衡下，x_3 的形成量列于表 2-31。从图 2-39 和图 2-40 看出，自由 TBP 浓度和硝酸浓度对 x_3 都不敏感，但是温度对 x_3 有影响，因为：温度升高使 x_3 的分配比降低；加热使 x_3 转化为 D_3 和 D_4 的速度加快，都有利于提高去污系数。

表 2-31　x_3 的形成

$C_{TBP_{free}}$		$\dfrac{(x_3)}{(D_3)+(D_4)}$	$\dfrac{(x_3)(C_{TBP_{free}})}{(D_3)+(D_4)}\times 100$
%	mol · L^{-1}		
5.7	0.195	0.28	5.5
9.5	0.336	0.13	4.4
12.5	0.435	0.10	4.4

x_3 中的硝酸根可能被置换成 H_2O 配体，逐次形成含有一个 TBP→Ru 键的配合物 x_2、x_1 和 x_0，它们的萃取分配比应当显著地低于 x_3，因而可进入水相。若在水相中发生硝酸根置换 H_2O 配体，则 x_2 和 x_1 都可能形成 x_3 又进入有机相。所以 x_2 和 x_1 这样的配合物存在，可以用来解释钌在第二循环去污系数低的原因。另一方面，x_3 也可能脱去丁基而产生硝酸丁酯和一个 DBP 的配合物，即 $RuNO(NO_3)_2(DBP)$，它比 TBP 配合物更稳定。

Maya[44] 进一步研究了 x_3 化合物，发现 x_3 的形成量与 TBP 的活度和温度有关。认为保留在有机相中不可反萃取钌的形态是 x_3，假设它的形成机理如下反应：

$$RuNO(NO_3)_3(H_2O)_2+2TBP_{(o)} \rightleftharpoons RuNO(NO_3)_3(TBP)_{2_{(o)}}+2H_2O \tag{2-47}$$

$$2H_2O+2TBP_{(o)} \rightleftharpoons 2TBP\cdot H_2O_{(o)} \tag{2-48}$$

$$RuNO(NO_3)_3(H_2O)_2+4TBP_{(o)} \rightleftharpoons RuNO(NO_3)_3(TBP)_{2_{(o)}}+2TBP\cdot H_2O_{(o)} \tag{2-49}$$

为了给这个假设的模型寻找证据，设计了一系列实验，测定 TBP、H_2O 和酸浓度对 x_3 形成百分比的影响。以 Q 表示保留的钌与可反萃取形态钌的比值，结果列于表 2-32。从中看出，TBP 浓度高，TBP 活度也高，x_3 形成量也大，Q 增加；TBP 浓度相同，硝酸浓度增高，TBP 活度下降，则 x_3 形成量减少，Q 也减少；当硝酸浓度大于 3 mol · L^{-1} 时，反应式(2-47)和式(2-48)形成 TBP · HNO_3 和 TBP · $2HNO_3$，随 HNO_3 浓度增高，$C_{TBP_{free}}$ 下降更快，但是大于 3 mol · L^{-1} HNO_3 时，D_3 和 D_4 的份额增加，使 x_3 形成量也增加，综合结果，x_3 形成量变化缓慢，Q 值变化也减缓。Q 值取决于以下平衡式：

表 2-32　在 TBP-正十二烷中钌的保留

TBP 浓度	水相 H^+ 浓度 $(mol \cdot L^{-1})$	有机相 H^+ 浓度 $(mol \cdot L^{-1})$	有机相 H_2O 浓度 $(mol \cdot L^{-1})$	H_2O 活度 a	$C^*_{TBP_{free}}$ $(mol \cdot L^{-1})$	TBP 活度 a	Q^{**}	保留的钌 x_3(%)
20% (0.73 mol · L^{-1})	1.0	0.126	0.268	0.97	0.604	0.18	1.84	64.8
	2.0	0.236	0.24	0.93	0.494	0.147	0.33	24.8
	3.0	0.42	0.215	0.88	0.31	0.092	0.06	5.7
	4.5	0.584	0.14		0.146	0.043	0.27	21.4
	5.0	0.604	0.12		0.126	0.038	0.40	28.6
30% (1.09 mol · L^{-1})	0.5	0.081	0.49	0.985	1.009	0.233	5.58	84.8
	1.0	0.21	0.52	0.97	0.88	0.204	3.85	79.4
	2.0	0.45	0.51	0.93	0.64	0.148	0.9	47.5
	3.0	0.62	0.396	0.88	0.47	0.109	0.25	20.0
	4.5	0.86	0.27		0.23	0.054	0.285	22.2
	5.5	0.95	0.2		0.14	0.033	0.37	27.0
	6.0	1.0	0.183		0.09	0.022	0.43	30.0
60% (2.19 mol · L^{-1})	3.0	1.25	1.01	0.88	0.94	0.129	1.19	54.4
100% (3.65 mol · L^{-1})	3.0	1.93	2.48	0.88	1.72	0.164	5.29	84.1

* $C_{TBP_{free}} = C_{TBP总} - C_{HNO_{3(o)}}$；

** Q=保留的钌/可反萃取的钌。

$$\mathrm{Rus} + \mathrm{nx} \overset{K}{\rightleftharpoons} \mathrm{Rur} + \mathrm{my} \tag{2-50}$$

Rus 和 Rur 表示可反萃取的和保留的钌，x 和 y 代表未知反应物和产物，则有

$$Q = \frac{\mathrm{Rur}}{\mathrm{Rus}},\ K = \frac{Q\,(a_y)^m}{(a_x)^n} = e^{-\frac{\Delta G}{RT}} \tag{2-51}$$

$$\log Q = n\log a_x + \log \frac{k}{(a_y)^m} \tag{2-52}$$

a 表示活度，在式 2-49 中，未知反应物 x 为 TBP，y 的活度维持不变，以 log Q 对 log a_{TBP} 作图，经最小二乘法处理，对 20% 和 30% TBP，线性相关因子为 0.95，n=4.7，接近于 4，说明上述假设成立。但是对于 60% 和 100% TBP，则线性较差，相关因子为 0.8。

由式 2-51 得：

$$Q = \frac{(a_x)^n}{(a_y)^m} \cdot e^{-\frac{(\Delta H + \Delta ST)}{RT}}$$

$$\ln Q = -\frac{\Delta H}{RT} + \left(\ln \frac{(a_x)^n}{(a_y)^m} - \frac{\Delta S}{R}\right) \tag{2-53}$$

在 30% TBP-3 mol · L^{-1} HNO_3 体系中，温度对 x_3 平衡浓度影响的实验数据列于表 2-33。以 ln Q 对 T^{-1} 作图，得到的线性方程相关因子为 0.95。从中估算 Rur

形成的热力学函数为：$\Delta H=-35.2\ kJ\cdot mol^{-1}$，$\Delta S=-130J\cdot mol^{-1}\cdot K^{-1}$。可见在有机相保留的钌形态 x_3 的形成反应是自动过程，提高温度不利于 x_3 形成。

表 2-33　温度对 x_3 平衡浓度的影响

温度(℃)	50	40	35	25	15	5
Q	0.053	0.111	0.150	0.25	0.285	0.53

2.4.1.6　三相的形成[45]

实验表明，亚硝酰钌四硝酸根配合物在有机相中的浓度浓缩到大于 0.05 $mol\cdot L^{-1}$ 时，就形成 2 个有机相。D_3 也会形成第二有机相，但是 D_3 和 D_4 在 TBP-稀释剂体系中形成第二有机相的趋势有差别。一般而言，在 TBP 相中浓缩四硝酸根配合物形成三相的过程比三硝酸根配合物更容易。

2.4.2　酸性萃取剂萃取钌[8,10,56,57,64,65]

硝酸介质中酸性萃取剂萃取钌的研究工作报道较少，由于硝酸溶液中钌的形态复杂，存在阳离子、阴离子和中性配合物等，理论上阳离子形态可以被酸性萃取剂萃取。本节简单介绍 TBP 的降解产物二丁基磷酸(HDBP)和一丁基磷酸(H_2MBP)萃取钌，以及螯合萃取剂亚硝基萘酚萃取钌。

1. TBP 降解产物萃取钌

TBP 降解产物在硝酸介质中萃取钌的行为，有两种不同的实验结果。文献[8]和[10]的结果是：HDBP 和 H_2MBP 基本上不萃取 RuNO 硝酸根或 RuNO 亚硝酸根配合物，即使是 Ru^{4+}(主要以[Ru—O—Ru]$^{6+}$存在)的硝酸盐，也很少被萃取，在 2% HDBP-1 $mol\cdot L^{-1}$ HNO_3 体系，D_{Ru} 约 10^{-3}(见表 2-34)。文献[56]的结果也表明，酸性磷酸酯对 30% TBP-煤油萃取亚硝酰钌配合物无影响(见表 2-35)。

表 2-34　2% HDBP-煤油萃取 Ru^{4+}

原料液：3.3 $mol\cdot L^{-1}$ HNO_3，相比 1∶1，温度 20℃

水相介质	C_{Ru}($mol\cdot L^{-1}$)	萃取时(min)	D_{Ru}
原料液稀释到 1 $mol\cdot L^{-1}$ HNO_3，再陈化 2 h 萃取	10^{-3}	2	4×10^{-4}
		20	1.4×10^{-3}
原料液稀释到 1 $mol\cdot L^{-1}$ HNO_3 直接萃取	10^{-3}	20	4×10^{-3}
		60	4×10^{-3}
原料液稀释到 0.1 $mol\cdot L^{-1}$ 直接萃取	10^{-4}	2	6.9×10^{-2}
		20	6.9×10^{-2}

表 2-35　TBP-酸性磷酸酯-煤油萃取钌

原料液：3 mol·L^{-1} HNO_3陈化 5 个月，稀释到 1.0 mol·L^{-1} HNO_3放置 3 天萃取，温度 20℃，取萃取时间 10 min

有机相	D_{Ru}
30% TBP	0.211
30% TBP-0.02 mol·L^{-1} HDBP	0.211
30% TBP-0.2 mol·L^{-1} HDBP	0.206
30% TBP-0.02 mol·L^{-1} HDBP－4.2×10^{-4} mol·L^{-1} H_2MBP	0.214
30% TBP-0.02 mol·L^{-1} HDBP－0.012 mol·L^{-1} HDEHP	0.205
30% TBP-0.2 mol·L^{-1} HDBP－1.3×10^{-3} mol·L^{-1} $C_{15}H_{31}$ OP(=O)$(OH)_2$	0.205

另一种结果是 HDBP 会与 RuNO 形成配合物，并且使 TBP 萃取钌的分配比增加。文献[64]报道了 HDBP 和 H_2MBP 与三硝酸根亚硝酰钌的反应产物。

将每克三硝酸根亚硝酰钌与含 4 克 HDBP 的溶液在室温中一起搅拌，开始时不溶解，随着搅拌连续进行，形成棕色溶液。在 70℃加热 30 min，在 120℃缓慢地加热 1h，蒸发去水和硝酸，得反应混合物，用乙醚溶解后，以 0.2 mol·L^{-1} NaOH 反复洗涤，直到洗出液不再有颜色。有机相经 0.5 mol·L^{-1} HNO_3和水洗后，在室温下蒸干，得到棕色黏稠液体残留物。NaOH 水溶液洗乙醚的水相产物中有一部分不溶于水，以油状析出，分相后，再用 0.2 mol·L^{-1} NaOH 洗油状物，以除去过量的 HDBP，然后用 0.5 mol·L^{-1} HNO_3和乙醚搅拌，使其进入乙醚中，经水洗涤后，蒸发干，得黑棕色树脂状残留物。将 NaOH 洗涤的溶液酸化到 pH＝2，用乙醚萃取，水反复洗涤乙醚有机相以除去过量的 HDBP，直到乙醚相 pH＝5，室温下蒸发干，得到黏稠状棕色液体残留物。从初始乙醚相和 NaOH 水相中回收的产物用正已烷萃取几次，可溶于已烷中的产物，蒸发后得到油状物；已烷萃取后的残留物是沥青状沉淀，完全不溶于乙烷。以上得到的各部分产物，经元素分析和熔点法测定分子量，结果如表 2-36 所示。

表 2-36　硝酸根亚硝酰与 HDBP 配合物的溶解性和分子式

溶解性	实验测定分子式	相对分子质量
NaOH 不可溶—正已烷可溶部分	$RuNO(DBP)_{3.18}(NO_3)_{0.87}$	465
NaOH 不可溶—正已烷不可溶部分	$RuNO(DBP)_{1.76}(NO_3)_{0.92}(OH)_{0.44}$	3500
NaOH 可溶—正已烷可溶部分	$RuNO(DBP)_{2.63}(NO_3)_{0.96}$	
NaOH 可溶—正已烷不可溶部分	$RuNO(DBP)_{1.49}(NO_3)_{0.77}(OH)_{0.64}$	
沥青状沉淀部分	$RuNO(DBP)_2(OH)$	

红外光谱数据表明，化合物中有 RuNO、DBP 特征峰以及 P＝O→Ru 的“指纹”；没有 P—O—H 峰，即 HDBP 离解后与 RuNO 结合。表 2-36 所列 5 种产物都能溶解于乙醚中，但是正已烷只能溶解其中的 2 种：$RuNO(DBP)_{3.18}(NO_3)_{0.87}$ 和 $RuNO(DBP)_{2.63}(NO_3)_{0.96}$，含 OH 的产物已烷都不溶，可见煤油(或正十二烷)也可能溶解这 2 种产物。5 种产物中，DBP/Ru 的比值，有的≥2，有的<2，而且分子量大，说明产物中有单体的，也有聚合的。对于聚合体产物的分子式可写成 $(RuNO)_n(DBP)_{2(n-1)}x_{n+2}(H_2O)_2$，其中 x 是 OH^- 或 NO_3^-，n 是聚合数。红外光谱指出有 P＝O→Ru 配位，所以 DBP 在产物中是双齿配位，聚合物产物的结构可能如图 2-41 所示，其中(a)的可能性比(b)更大。

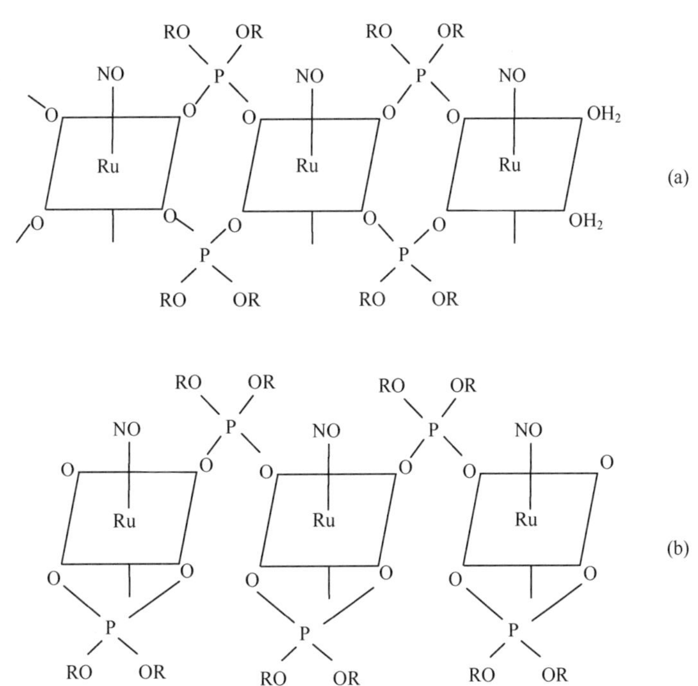

图 2-41 RuNO-DBP 配合聚合物结构示意图

三硝酸根亚硝酰钌与 H_2MBP 反应，分析产物的分子式为：$RuNO(MBP)_{2.18}(NO_3)_{0.54}$。二亚硝酸根亚硝酰钌与 HDBP 反应，分析产物的分子式为：$RuNO(DBP)_{0.84}(NO_2)(OH)_{0.74}$。

文献[57]报道 30% TBP 中存在 HDBP 使钌的分配比增加(图 2-42)。存在 0.002 mol·L^{-1} HDBP 的 D_{Ru} 比单一萃取剂 TBP 时高，HDBP 浓度加到 0.200 mol·L^{-1}时，D_{Ru}明显增加。随着萃取时间的延长，D_{Ru}随之增高。表 2-35 的数据是在10 min的萃取时间内获得的，故未能观察到图 2-42 的现象。

由上述可知 HDBP-正已烷会萃取亚硝酰钌硝酸根配合物，HDBP 离解后与

Ru 结合,萃取过程会离解出 H^+,萃合物中含有 NO_3^-,而 HDBP 是双齿配位。根据这些实验结果,可以写出有代表性的萃取反应式:

$$RuNO(NO_3)_x^{3-x}(H_2O)_y + 2HDBP_{(o)} \rightleftharpoons$$

$$RuNO(DBP)_2(NO_3)_{(o)} + 2H^+ + (x-1)NO_3^- + yH_2O \quad (2\text{-}54)$$

式(2-54)表明提高 HNO_3浓度不利于萃取,降低 HNO_3浓度有利萃取,但硝酸浓度太低时发生水解,生成含 OH^- 的产物,也不利于萃取。正已烷为稀释剂与正十二烷相似,可判断在 HNO_3—HDBP—正十二烷(或煤油)体系中有类似的结果。

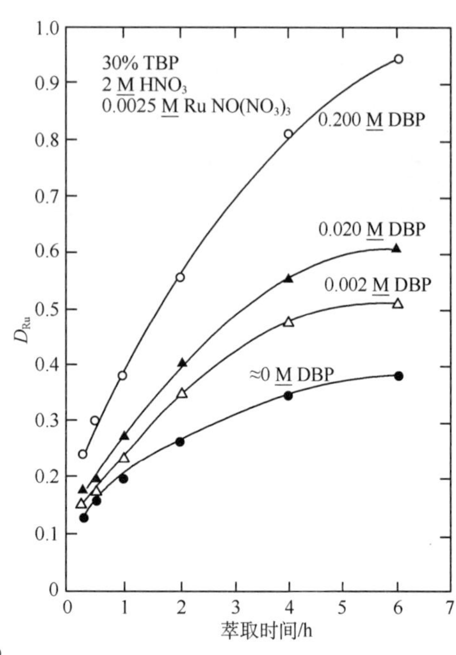

图 2-42 HDBP 浓度和萃取时间对 D_{Ru}的影响

2. RuNO 的螯合萃取

螯合剂亚硝基萘酚会与 $RuNO^{3+}$ 反应形成螯合物,其中形成的中性部分可进入有机相被萃取。亚硝基萘酚有两种异构体,1-亚硝基-2-萘酚和 2-亚硝基-1-萘酚,其结构式如下:

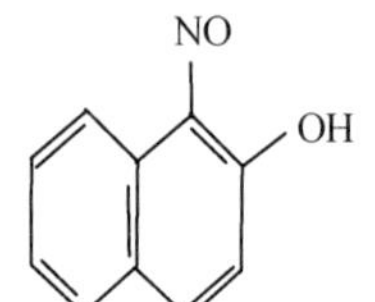

1-亚硝基-2 萘酚($HR_{1,2}$)

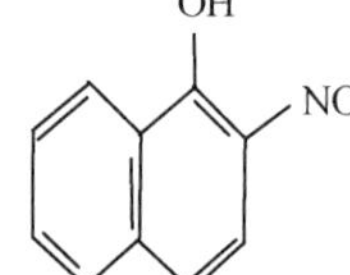

2-亚硝基-1-萘酚($HR_{2,1}$)

文献[65]报道了 0.1 mol·L^{-1} HNO_3-亚硝基萘酚-已烷体系中 $RuNO^{3+}$的萃取,测得该体系中萃取剂在两相的分配比 $\lambda_{1,2}=316$,$\lambda_{2,1}=200$;钌在两相的分配比 $D_{Ru1,2}=D_{Ru2,1}=126$,萃合物分子式为 $RuNOR_2NO_3$。由此可写出萃取反应式:

$$RuNO(NO_3)_x^{3-x} + 2HR_{(o)} \xrightleftharpoons{K} RuNOR_2(NO_3)_{(o)} + (x-1)NO_3^- + 2H^+ \quad (2\text{-}55)$$

$$K = \frac{[RuNOR_2(NO_3)_0][NO_3^-]^{x-1}[H^+]^2}{[RuNO(NO_3)_x^{3-x}][HR]_{(o)}^2} = \frac{D_{Ru}[NO_3^-]^{x-1}[H^+]^2}{[HR]^2} \quad (2\text{-}56)$$

在此基础上,用溶剂萃取法测定了部分螯合物的形成常数($\beta_{i,j}$)和反应平衡常数($K_{i,j}$),列于表 2-37。

表 2-37　RuNO 与亚硝基萘酚螯合物的形成常数和反应平衡常数

反应式	形成常数和反应平衡常数值		
	常数函数	$HR_{1,2}$	$HR_{2,1}$
$RuNO^{3+}+R^- \xrightleftharpoons{\beta_1} RuNOR^{2+}$	$\log\beta_1$	9.9	9.7
$RuNOR^{2+}+R^- \xrightleftharpoons{\beta_2} RuNOR_2^+$	$\log\beta_2$	9.2	9.0
$RuNO^{3+}+2R^- \xrightleftharpoons{\beta'_2} RuNOR_2^+$	$\log\beta'_2$	19.1	18.7
$RuNONO_3^{2+}+R^- \xrightleftharpoons{\beta_{1,1}} RuNORNO_3^+$	$\log\beta_{1,1}$	10.7	10.5
$RuNORNO_3^++R^- \xrightleftharpoons{\beta_{2,1}} RuNOR_2NO_3$	$\log\beta_{2,1}$	9.2	8.9
$RuNONO_3^{2+}+2R^- \xrightleftharpoons{\beta'_{2,1}} RuNOR_2NO_3$	$\log\beta'_{2,1}$	19.9	19.4
$RuNO^{3+}+HR \xrightleftharpoons{K_1} RuNOR^{2+}+H^+$	$\log K_1$	2.3	2.5
$RuNONO_3^{2+}+HR \xrightleftharpoons{K_{1,1}} RuNORNO_3+H^+$	$\log K_{1,1}$	3.0	3.2
$RuNOR^{2+}+HR \xrightleftharpoons{K_2} RuNOR_2^++H^+$	$\log K_2$	1.6	1.8
$RuNORNO_3^++HR \xrightleftharpoons{K_{2,1}} RuNOR_2NO_3+H^+$	$\log K_{2,1}$	1.6	1.8

在稀硝酸溶液中 RuNO 与亚硝基萘酚形成 1∶3 的螯合物也是可能的，尽管 Ru—NO 键非常稳定，但是提高温度还是出现了 1∶2 螯合物向 1∶3 转化。由于第 3 个螯合剂分子取代 $RuNO^{3+}$ 中的配体 NO^+ 需要更大的能量，在室温下形成 1∶3 的螯合物，几乎是不可能的。萃取分光光度法研究三价钌在稀酸溶液中与亚硝基萘酚相互作用时，发现有 1∶1、1∶2 和 1∶3 三种螯合物。在 $RuNO^{3+}$ 的配体 NO^+ 被第三个螯合剂分子取代的过程中，可能发生 NO^+ 氧化 Ru^{2+} 为 Ru^{3+} 的反应，生成的 1∶3 螯合物中的钌呈三价。因其配位数仍然是 6，正好实现电中性及配位数饱和，有利于 RuR_3 萃取。

2.4.3　叔胺和季铵萃取钌[17,33,34,66-69]

RuNO 的配合阴离子会被胺类萃取剂萃取，四价钌在盐酸介质中形成 $RuCl_6^{2-}$ 阴离子也能很好地被胺类溶剂萃取。本节简要地介绍胺类溶剂萃取亚硝酰钌。

1. 叔胺萃取 RuNO

前文已提到用叔胺溶剂萃取法鉴定溶液中钌的形态获得成功。文献[67]报道了硝酸介质中三月桂胺(TLA)萃取钌。分配比与 TLA 浓度的关系如图 2-43 所示，直线的斜率为 0.81～0.84。为了把 TLA 的浓度表示为活度，活度系数的近似值由下式求得：

$$\log D_{Ru}-\log D_{Ru}^0=\log f_I=K_I I \tag{2-57}$$

式中：f_I 为近似活度系数，I 为水溶液离子强度，K_I 为该离子强度时的盐析常数，D_{Ru}^0 是 I=O 时分配比的外推值。根据实验数据计算的结果表明，TLA 的浓度对 f_I 影响不大，但是 f_I 强烈地受约于 HNO_3 浓度(见表 2-38)。以 $\log D_{Ru}—\log(f_I C_{TLA})$ 作图(图 2-44)，得到直线斜率等于 1.06。因为原料液在 8.1 mol·L^{-1} HNO_3 中平衡，萃取反应式可以写成：

$$R_3N + HNO_3^- \rightleftharpoons R_3NH^+ \cdot NO_3^- \tag{2-58}$$

$$RuNO(NO_3)_4^- + R_3NH^+ \cdot NO_3^- \rightleftharpoons R_3NH^+ \cdot RuNO(NO_3)_4^- + NO_3^- \tag{2-59}$$

式中：R=月桂基(正十二烷基)。

表 2-38　HNO_3 浓度对 f_I 的影响

C_{HNO_3} (mol·L^{-1})	0.1	0.5	1.0	2.0	4.0	7.0
f_I	0.897	0.674	0.523	0.320	0.143	0.051

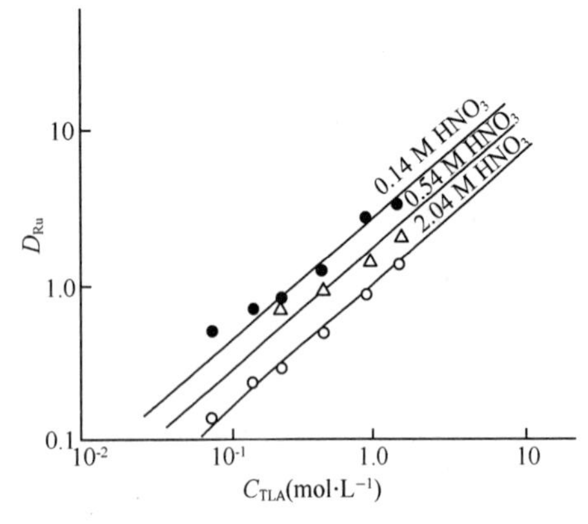

图 2-43　TLA 浓度对 D_{Ru} 的影响

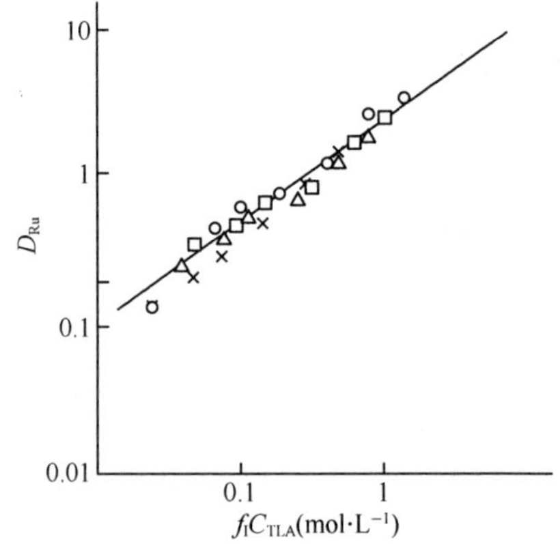

图 2-44　D_{Ru} 与 TLA 活度的关系

体系中的硝酸浓度和中性硝酸盐浓度对 TLA 萃取钌的影响，如图 2-45 所示。可见 $UO_2(NO_3)_2$ 和 HNO_3 都会被 TLA 萃取，使自由萃取剂浓度下降，D_{Ru} 随之减小。

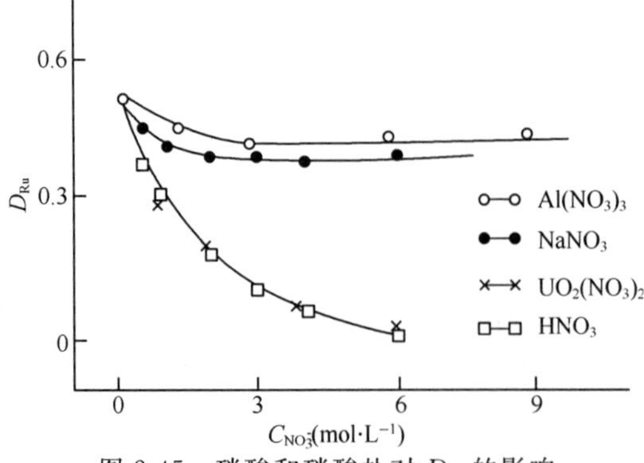

图 2-45　硝酸和硝酸盐对 D_{Ru} 的影响

2. 季铵萃取 RuNO

较早时 Синицын[68]研究了季铵盐萃取亚硝酰钌的卤化配合物，使用的季铵盐是正十六烷基二甲基苄基氯化铵（$[(n-C_{16}H_{33})(CH_3)_2(CH_2C_6H_5)N]^+ \cdot Cl^-$）和正辛基二甲基苄基氯化铵（$[(n-C_8H_{17})(CH_3)_2(CH_2C_6H_5)N]^+ \cdot Cl^-$），以氯仿为稀释剂。提出的萃取反应式为

$$2R_4N^+ \cdot Cl^- + RuNOX_{5(o)}^{2-} \rightleftharpoons (R_4N^+)_2 \cdot [(RuNOX_5)^{2-}]_{(o)} + 2X^- \quad (2\text{-}60)$$

式中：$X^- = Cl^-, Br^-, I^-$。在硝酸介质中 Ru 的萃取率随硝酸浓度的增加而下降，见表 2-39。

表 2-39　季铵盐萃取 $RuNOX_6^{2-}$ 受硝酸浓度的影响

萃取剂：0.02 mol · L⁻¹正十六烷基二甲基苄基氯化铵—氯仿

水　相：0.01 mol · L⁻¹$[RuNOCl_5]^{2-}$—HNO_3

C_{HNO_3}（mol · L^{-1}）	0.1	0.25	0.5	1.0	2.0	3.0	5.0
Ru 萃取率（%）	73.5	64.2	50.0	35.4	16.9	7.8	1.33

在 0.1～5.0 mol · L^{-1} HNO_3 水溶液中，Ru 的萃取率由 73.5%降至 1.33%。由于 Cl^- 与 RuNO 的配合能力比 NO_3^- 强，在硝酸浓度低时，钌主要以 $RuNOCl_6^{2-}$（原料液）形态存在。随着 HNO_3 浓度增高，则 NO_3^- 竞争配位，使萃取率降低。在实验范围内，钌的萃取率都不高。以后文献[33]为了从 Purex 流程 1AW 中提取足够量（10^8 Bq）的^{106}Ru 供实验用（以其子体^{106}Rh 的 511 keV γ 射线对设备作能量标定），根据 NO_2^- 与 $RuNO^{3+}$ 的配合能力强，在较低的酸浓度时容易形成配合阴离子，可被季铵盐萃取（因为低酸中伯、仲、叔胺的萃取能力差），于低浓硝酸中用 $NaNO_2$ 调节钌为 RuNO 亚硝酸根配合阴离子，以甲基三烷基氯化铵（7402）—苯溶液为萃取剂，实现了直接从硝酸中定量萃取钌。7402 季铵萃取钌的同时也不同程度地萃取裂变产物元素锆和铌，^{95}Zr 和^{95}Nb 对^{106}Ru 的应用有污染，于是向体系中加入草酸和过氧化氢分别掩蔽锆和铌。萃取过程选择酸度 pH=1.5，用乙酸钠为缓冲剂，水相实际上包含 $NaNO_2$、NaAc、$H_2C_2O_4$、H_2O_2 等多种阴离子的复杂溶液。其中除 NO_2^- 有利于萃取外，其余三种阴离子对 7402 季铵盐萃取钌都不利（见表 2-40）。

表 2-40　$H_2C_2O_4$、H_2O_2、NaAc 对 7402 季铵盐萃取 Ru 的影响

有机相：4% 7402—苯

水　相：$NaNO_2$（20 mg · mL^{-1}）、$H_2C_2O_4$、H_2O_2、NaAc

pH=1.5，28～30℃，手摇 10 min

NaAc（mol · L^{-1}）	$H_2C_2O_4$（mol · L^{-1}）	H_2O_2（mol · L^{-1}）	^{106}Ru 萃取率（%）
0	0	0	99.0，98.5，99.0

续表

NaAc(mol·L^{-1})	$H_2C_2O_4$(mol·L^{-1})	H_2O_2(mol·L^{-1})	^{106}Ru 萃取率(%)
0	0.1	0.18	89.8，88.4
0	0.2	0.18	81.1，81.5
0.1	0.1	0.35	77.1
0.1	0.1	0.53	70.2
0.5	0.1	0.18	84.6，85.3

实验测定了这个体系中钌的分配比与萃取剂浓度的关系，其对数函数基本上成直线关系，斜率约为1，说明萃合物中亚硝酰钌配合物是负一价阴离子。由于原料液是硝酸介质，调节到pH=1.5，不会生成氢氧化物，体系中的阴离子与RuNO的配合能力都比NO_2^-弱，可认为萃合物为$[CH_3R_3N]^+ \cdot [RuNO(NO_2)_4(H_2O)]^-$，萃取反应可写成：

$$[RuNO(NO_3)_x(H_2O)_{5-x}]^{3-x}+4NO_2^- \rightleftharpoons$$
$$[RuNO(NO_2)_4(H_2O)]^- + xNO_3^- + (4-x)H_2O \qquad (2\text{-}61)$$
$$[RuNO(NO_2)_4(H_2O)]^- + (CH_3R_3N^+ \cdot NO_3^-)_{(o)} \rightleftharpoons$$
$$[CH_3R_3N]^+ \cdot [Ru(NO_2)_4(H_2O)]^-_{(o)} + NO_3^- \qquad (2\text{-}62)$$

式中$CH_3R_3N^+$为7402季铵盐，平均分子量433，R为9～10个碳原子的直链烷基。将7402季铵盐附着于憎水硅藻土上制成萃取色层柱，用萃取色层法成功地从1AW中提取了^{106}Ru，每次可获得量不少于10^8 Bq。后来文献[69]通过氧化钌至RuO_4，盐酸吸收，加王水蒸干，水溶解，加$NaNO_2$，制得$Na_2[RuNO(NO_2)_4OH]\cdot 2H_2O$，于pH=4.5的水相溶液中测定7402季铵盐萃取钌的分配比与萃取剂浓度的关系，直线斜率为2(见图2-46)。推测萃取反应式为：

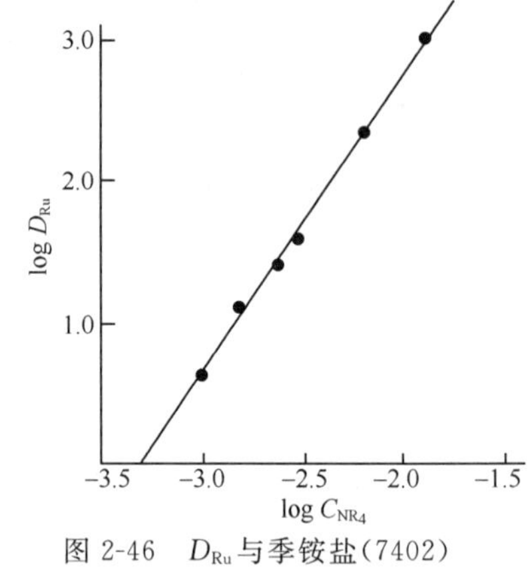

图2-46　D_{Ru}与季铵盐(7402)浓度的关系

$$[RuNO(NO_2)_4OH]^{2-} + 2(CH_3R_3N^+ \cdot NO_3^-)_{(o)} \rightleftharpoons$$
$$2(CH_3R_3N)^+ \cdot [RuNO(NO_2)_4OH]^{2-}_{(o)} + 2NO_3^- \qquad (2\text{-}63)$$

2.4.4　钌的简单分子萃取

氧化钌到八价成为RuO_4可直接溶解到惰性有机溶剂中，没有发生螯合、离子缔合及配位作用，完全是RuO_4分子在惰性有机溶剂中的物理溶解过程。在酸性介质中氧化(如H_2SO_4—$NaBiO_3$或$NaBrO_3$)，蒸馏出RuO_4吸收于冷的CCl_4中；在碱性介质中氧化钌为高钌酸根，经酸化后转为RuO_4，用CCl_4或加氢煤油萃取，RuO_4溶解到有机相中，常用的氧化剂是 KIO_4。简单分子萃取常用于分析测定钌。

2.5 Purex 流程中钌的行为

核燃料后处理工艺首端溶解过程钌的挥发性和可溶性、TBP 萃取过程钌的行为以及钌在有机相中保留，是 Purex 流程钌的行为中最受关注的。

2.5.1 核燃料溶解过程钌的行为[31,70-80]

1. 钌的挥发性

钌的挥发性主要为 RuO_4所表现，其蒸气压与温度的关系示于图 2-47，RuO_4挥发的温度范围很宽，25.4℃就有明显的挥发，直到 120℃左右完全挥发。在硝酸溶液中由于钌的价态转化，也会形成一定量的 RuO_4而挥发出来，图 2-48 表示硝酸溶液中钌的形态转化与挥发路线。氧化过程从 $RuNO^{3+}$开始，RuNO 亚硝酸根配合物很难被氧化到 Ru^{4+}；而硝酸根配合物较容易被氧化为 Ru^{4+}，但是速度很慢，当生成 Ru^{4+}时，就会快速形成二聚体，继续被氧化到 Ru^{6+}也是快速过程，直到 Ru^{8+}形成 RuO_4。这过程可在溶解器中乏燃料溶解时发生，溶解液中 Ru^{4+}的含量约为 1%，其中部分形成的 RuO_4挥发出来后，遇还原性物质或凝聚在金属表面都生成 RuO_2，常在器壁或管道内沉积。如果溶液中不加入 NO 或 NO_2（没有溶解金属或 UO_2而生成 NOx）则挥发量增加。在热的硝酸中会形成 RuO_4的硝酸浓度与温度的关系满足以下经验公式：

$$T(℃)=-5.53\cdot C_{HNO_3}+114.5 \tag{2-64}$$

式(2-64)示于图 2-49，表示硝酸溶解中形成 RuO_4相应的温度和硝酸浓度。

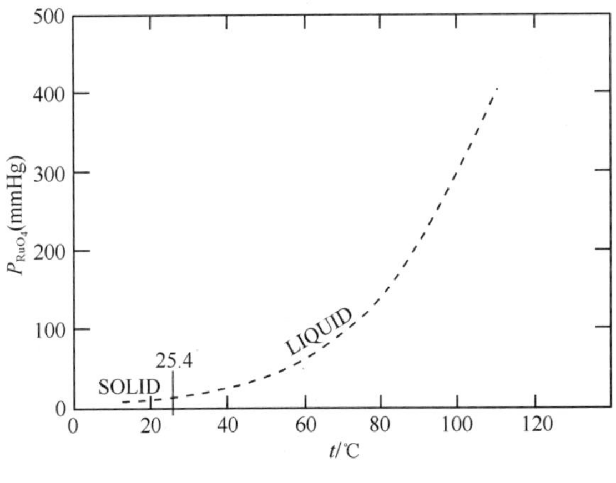

图 2-47 RuO_4蒸气压曲线

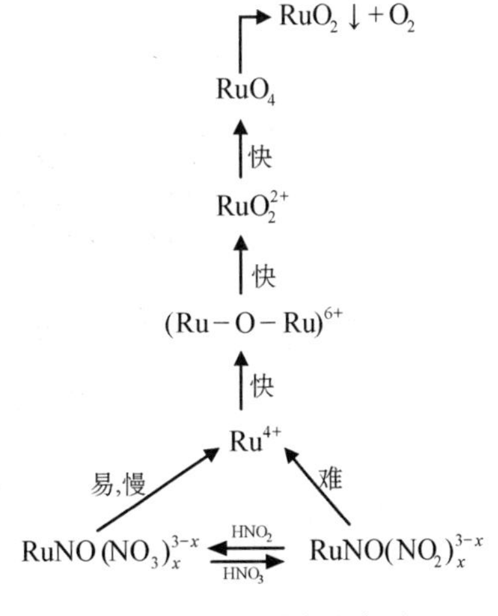

图 2-48 硝酸中钌的挥发

硝酸溶液中钌的挥发行为存在一个诱导期，当加热溶液沸腾时不是立即有钌挥发出来，而是煮沸一定时间后才开始挥发，一旦挥发开始，钌的挥发量与溶液沸腾时间呈一定的函数关系。为了定量描述，引入钌的挥发比值 α，表示为：

$$\alpha = \frac{A_t}{A_0}$$

A_t 为沸腾 t 时间后挥发的钌（RuO_4 吸收冷阱中的总量），A_0 为原始钌的总量，挥发速率方程可写成：

$$\frac{d\alpha}{dt} = k(1-\alpha) \tag{2-65}$$

k 为速率常数，对式(2-65)积分得：

$$-\ln(1-\alpha) = kt \tag{2-66}$$

将 $-\ln(1-\alpha)$ 对 t 作图可得到速率常数 k，如图 2-50 所示。图中看出，诱导期与硝酸浓度有关，随着硝酸浓度降低，诱导期变长；达到诱导期之后，钌的挥发量随沸腾时间延长而增加。表 2-41 列出了固定 10 mol · L^{-1} NO_3^- 浓度时钌挥发诱导期和速率常数与 HNO_3 浓度的关系。当硝酸浓度≥4 mol · L^{-1}时，挥发速率常数在实验误差范围内是恒定的。硝酸浓度＜4 mol · L^{-1}时，k 值下降。用 $HNO_3+H_2SO_4$ 混合溶液控制酸度为 10 mol · L^{-1}不变，而改变硝酸根浓度，测得的诱导期和 k 值列于表 2-42。硝酸根在 1～4 mol · L^{-1}范围内变化，虽然诱导期比较分散，但是 k 值在实验误差范围内也是恒定的。在纯 H_2SO_4 达 5 mol · L^{-1}时，k 很小，Ru 几乎不挥发，而硝酸根浓度仅 1 mol · L^{-1}也会引起钌从酸性溶液中挥发。溶液中钌的浓度也会影响其挥发行为。若加热蒸发溶液至 H_2SO_4

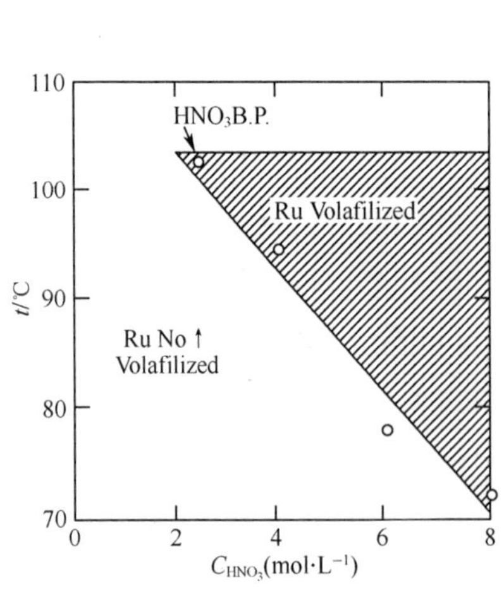

图 2-49　硝酸溶解器中钌的挥发性

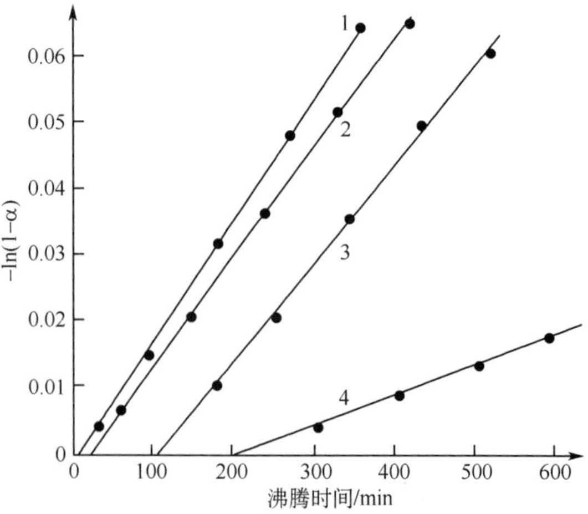

图 2-50　HNO_3-$NaNO_3$ 溶液中钌的挥发行为

1— 10 mol · L^{-1} HNO_3

2— 7 mol · L^{-1} HNO_3 + 3 mol · L^{-1} $NaNO_3$

3— 4 mol · L^{-1} HNO_3 + 6 mol · L^{-1} $NaNO_3$

4— 3 mol · L^{-1} HNO_3 + 7 mol · L^{-1} $NaNO_3$

冒烟，钌迅速挥发。图 2-51 表示在 13.1 mol·L^{-1} HNO_3溶液中钌的挥发受其浓度的影响，钌浓度低时，其挥发速率高，反之亦然。

表 2-41　钌挥发的诱导期和速率常数

浓度(mol·L^{-1})		诱导期	速率常数
HNO_3	$NaNO_3$	(min)	$k(min^{-1})$
10	0	6	1.8×10^{-4}
9	1	3	1.5×10^{-4}
8	2	9	1.5×10^{-4}
7	3	20	1.6×10^{-4}
6	4	83	1.4×10^{-4}
5	5	76	1.4×10^{-4}
4	6	110	1.5×10^{-4}
3	7	200	4.4×10^{-5}
2	8	150	5.2×10^{-5}
1	9	—	$<3.4\times10^{-7}$
0	10	—	$<3.4\times10^{-7}$

表 2-42　硝酸和硫酸混合液中钌挥发诱导期和速率常数

浓度(mol·L^{-1})		诱导期	挥发速率常数
HNO_3	H_2SO_4	(min)	$k(min^{-1})$
4	3.0	140	5.1×10^{-5}
3	3.5	68	6.0×10^{-5}
2	4.0	110	5.5×10^{-5}
1	4.5	170	4.8×10^{-5}
0	5.0	—	$<3.0\times10^{-7}$

在乏燃料的溶解和高放废液的处理过程，都观察到了钌从硝酸溶液中不同程度挥发出来的现象。高放废液蒸干的硝酸盐固体加热到 300℃时开始形成

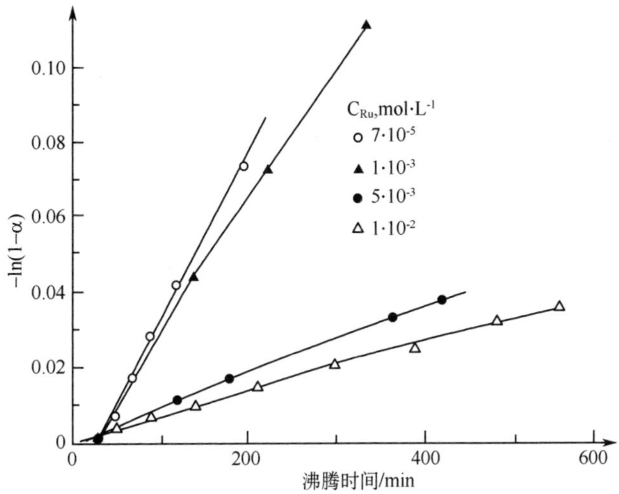

图 2-51　钌浓度对其挥发行为的影响

RuO_4挥发，到 500℃时 100%的钌都挥发出来，这是因为硝酸盐分解过程的产物氧化 Ru 为 RuO_4。而在乏燃料溶解液中钌的挥发量很少，因为在溶解过程不断地产生 NO 和 HNO_2抑制了 RuO_4的形成。文献[74]在研究乏燃料溶解速度及其机理时，描述 UO_2溶解过程的反应，突显了产物 NO 和 HNO_2。开始时的反应为：

$$3HNO_3+UO_2 \rightarrow UO_2(NO_3)_2+HNO_2+H_2O \tag{2-67}$$

亚硝酸与硝酸协同溶解 UO_2：

$$2HNO_2+2HNO_3+UO_2 \rightarrow UO_2(NO_3)_2+2NO+2H_2O \quad (2\text{-}68)$$

生成的铀酰催化加速 UO_2 的溶解：

$$3HNO_3+UO_2(NO_3)_2+UO_2 \rightarrow 2UO_2(NO_3)_2+HNO_2+H_2O \quad (2\text{-}69)$$

溶解过程的总反应为：

$$8HNO_3+3UO_2 \rightarrow 3UO_2(NO_3)_2+2NO+4H_2O \quad (2\text{-}70)$$

反应式(2-70)和低浓度(<8 $mol \cdot L^{-1}$)硝酸溶解 UO_2 的反应式(2-17)相一致，都描述了还原性产物 NO。另一方面，在乏燃料溶解过程的辐射场中，HNO_3 的辐解产物 HNO_2 和 NO_x 也抑制了裂变产物元素的高价态形成。文献[75]报道，在 γ—射线辐照下实验研究了 Ru 和 Ce 等在硝酸溶液中的氧化—还原行为，溶液中高价形态被还原到低价形态的速度快，而低价形态被氧化到高价形态慢。在达到平衡时，氧化—还原对(如 Ce(IV)/Ce(III))倾向于低价态边。高价形态的初始还原速率与被辐照 HNO_3 溶液中 HNO_2 的形成速率很好地相一致，当高价形态被还原达到氧化—还原平衡浓度后，亚硝酸浓度增加。这说明体系中倾向于低价态边，是由于 HNO_3 的主要辐解产物 HNO_2 和 NO_x 的作用，而不是 H_2O 的辐解产物(OH、HO_2 和 H_2O_2)。

上述可知，在 Purex 流程首端溶解中，裂变产物元素钌形成 RuO_4 挥发的量很有限。廖元宗等[76]在模拟动力堆元件溶解的研究结果表明，从溶解器中挥发出来的 Ru<0.096%。

2. 钌在不溶残渣中的含量

乏核燃料经过硝酸溶解后，存在不溶残渣。张琴芬等[77]用燃耗约 10000 MW d/t 的核燃料进行溶解实验，在 4.7～5.7 $mol \cdot L^{-1}$ HNO_3 中沸腾 8 h，95～100℃保温 5 h，不溶残渣约为燃料的 0.1%～0.2%。其成分中除了 U 和 Pu 外，含有 Zr、Nd、Ru、Pd、Sb、Mo、Sn 和 Pb 等。文献[78]报道了不溶残渣与核燃料燃耗的关系，溶解条件是 100℃，初始硝酸浓度 4 $mol \cdot L^{-1}$，溶解终点时为 3 $mol \cdot L^{-1}$，从释放尾气中 ^{85}Kr 的记录判断溶解终点，经过 2 h 溶解完成。当溶解条件相同，燃耗在 30000 MWd/t 以内，不溶残渣随燃耗加深而增加；更高的燃耗时，则残渣量增加率更大。对残渣分析结果列于表 2-43，钌的含量最高，不可溶性的顺序是 Ru>Rh>Mo>Pd>Tc。图 2-52 表示，燃耗为 34100 MWd/t 的乏核燃料，几种裂变产物元素生成的总量(用 Origen 2 计算值)和溶解后留在残渣中的百分率。Ru—58.2%，Rh—39.9%，Mo—15.5%，Pd—13.9%，Tc—2.9%。其中 Ru 的数据与后来文献[80]报道的结果相一致，用 UO_2 和 MOX 两种燃料，燃耗分别为 63000 MWd/t 和 43000 MWd/t，在 4 $mol \cdot L^{-1}$ HNO_3(A) 和 7 $mol \cdot L^{-1}$ HNO_3(B)中分别溶解 120 min 和 50 min，用 ICP—MS 分析溶解残渣中元素含量，结果列于表 2-44 和表 2-45。两种不同乏核燃料在两种不同溶解条件下的不溶残渣中，钌不溶的量占其在乏核燃料中总含量的 51%～62%。图 2-52 和表 2-45 都说明溶解过程钌留在残渣中的量占其总量的一半以上。

表 2-43 不溶残渣中的元素含量

样品号		Ⅰ	Ⅱ	Ⅲ	Ⅳ	Ⅴ	Ⅵ
燃耗(MWd/t)	组合件平均值	8400	17600	17600	31400	31400	36100
	溶解液测定值	6900	15300	21200	29400	33600	38700
不溶残渣元素含量(%)	Mo	12	20	22	18.7	19.4	19.7
	Tc	6	5	3	2.6	0.5	3.1
	Ru	40	49	52	43.7	57.4	53.9
	Rh	—	13	11	8.2	8.9	7.3
	Pd	—	6	8	5.7	5.9	7.5
	Cr	6	0.4	—	1.1	—	1.2
	Fe	19	3	3	3.8	0.9	4.3
	Ni	—	0.6	—	0.8	—	0.7
	Zr	18	2	2	16.0	6.2	2.1
	Pu	1	0.2	0.05	0.06	0.04	0.05
	合计	100	100	100	100	100	100

表 2-44 不溶残渣组分中各元素的含量(质量分数)

元素	UO_2		MOX	
	(A)	(B)	(A)	(B)
Zr	9.3	1.2	1.0	0.68
Mo	35	26	21	20
Tc	6.4	8.6	8.3	8.2
Ru	27	36	37	36
Rh	3.3	4.6	7.8	7.9
Pd	10	15	19	20
Ag	0.27	0.31	0.39	0.49
Cd	0.43	0.62	0.75	0.79
Te	0.23	0.14	0.14	0.12
U	2.3	2.8	1.7	1.7
Pu	1.3	0.08	0.17	0.13
Am	<0.01	0.01	0.02	0.02

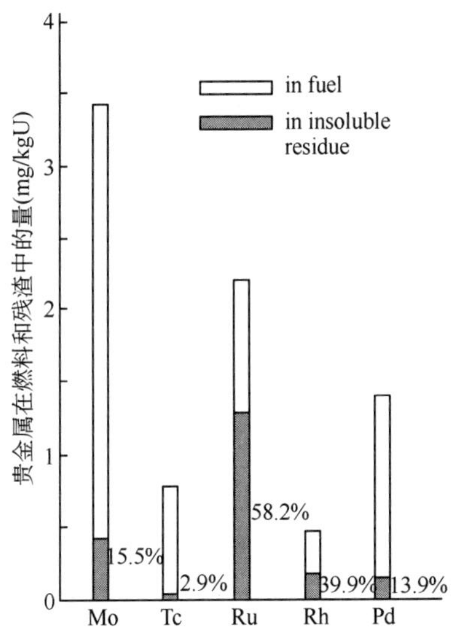

图 2-52 几种裂变产物元素在乏核燃料中的生成总量和留在不溶残渣中的百分率

表 2-45 不溶残渣中各元素的量占乏核燃料中总量的百分数(%)

元素	UO_2		MOX	
	(A)	(B)	(A)	(B)
Zr	12	0.8	1.4	0.88
Mo	60	25	29	28
Tc	41	37	44	44
Ru	58	51	61	62
Rh	53	48	59	59
Pd	35	32	37	36
Ag	76	49	63	82
Cd	14	14	14	14
Te	10	4	5	5
U	0.03	0.02	0.015	0.013
Pu	1.23	0.05	0.04	0.03
Am	0.04	0.12	0.08	0.09

3. 裂变产物元素钌同位素丰度与乏核燃料燃耗的相关性

铀基乏核燃料溶解后,不溶残渣中钌同位素丰度与燃耗关系的数据列于表 2-46中,随着燃耗加深,$^{101}Ru/^{104}Ru$ 比值下降。

表 2-46 裂变产物钌同位素丰度与燃耗的关系

核燃料:UO_2;冷却:5Y;C:Origen2 计算值;M:不溶残渣中测试值

燃耗(测试值)(MWd/t)		6900	15300	21200	29400	33600	38700
^{100}Ru	C	0.937	2.082	2.870	3.942	4.496	5.076
	M	2.08	2.53	3.09	4.17	4.57	5.26
	C/M	0.468	0.823	0.928	0.945	0.984	0.965
^{101}Ru	C	41.73	39.50	38.14	36.52	35.71	35.11
	M	41.47	38.93	37.82	36.06	35.44	34.18
	C/M	1.006	1.015	1.008	1.013	1.008	1.027
^{102}Ru	C	36.77	36.18	35.82	35.47	35.29	35.19
	M	36.70	36.43	36.09	35.81	35.70	35.53
	C/M	1.002	0.993	0.993	0.991	0.989	0.990
^{104}Ru	C	20.31	22.03	22.93	23.86	24.28	24.42
	M	19.75	21.87	22.73	23.76	24.11	24.67
	C/M	1.028	1.007	1.009	1.004	1.007	0.990
^{106}Ru	C	0.212	0.212	0.241	0.211	0.222	0.208
	M	≈0.1	0.24	0.27	0.196	0.186	0.359
	C/M	—	0.88	0.89	1.08	1.19	0.58
$^{101}Ru/^{104}Ru$(M/M)		2.100	1.780	1.664	1.518	1.470	1.386

2.5.2　Purex 流程 1A 萃取器中钌的行为[46,81]

早期在使用 20%和 30% TBP 的溶剂萃取系统中研究结果表明，1A 萃取器中钌的去污系数(DF_{Ru})在 500～8000 之间。文献[46]报道了在温茨凯尔中间工厂研究的 20% TBP 萃取流程，1A 萃取槽获得的 DF_{Ru}值在 300 至 5000 之间，主要是进料级获得的，洗涤给出的 DF_{Ru}值仅 5～50 范围内。钌在 1A 萃取器内的分布如图 2-53 所示，共 18 级，第 11 级进料，在萃取段钌的分配比最低发生在进料级(D_{Ru}为 0.001 到 0.003)，在靠前的萃取级(号数较大的级)中，D_{Ru}显著地增加，在第 4 萃取级(第 14 级)达最大($D_{Ru}=0.025$)。这几级中由于铀浓度降低，自由 TBP 浓度高，萃取钌增加。随后各级铀量更低，甚至不含铀，而且酸度也在降低，由第 14 级的 4 mol·L^{-1}递降到第 18 级约 2.4 mol·L^{-1}，应当有利于钌的萃取，但是 D_{Ru}却随着萃余水相出口的方向逐渐降低。这说明 1AF 料液中低可萃取和不可萃取形态的钌集中在萃余水相，向可萃取形态转换很慢。在测量进料级钌的分配比时，也观察到 D_{Ru}随有机相铀饱和度的增加而降低，随自由 TBP 浓度的增加而增加。不过在这里以及洗涤段各级钌分配比与自由 TBP 浓度的相互关系都不是简单指数函数关系，这与第二铀循环不同，在那里 D_{Ru}正比于自由 TBP 浓度的 2 次方。这个现象反映出萃取到 TBP 相中的钌存在一种以上的可萃取形态。

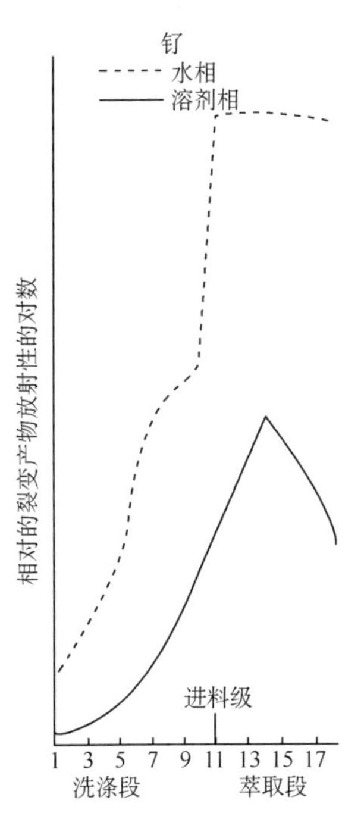

图 2-53　1A 萃取器中钌的分布

将 TBP 萃取有机相样品进行反相色层分离(如图 2-54)，结果表明，至少有三种形态以上的钌存在，不易洗涤的形态占 52%。

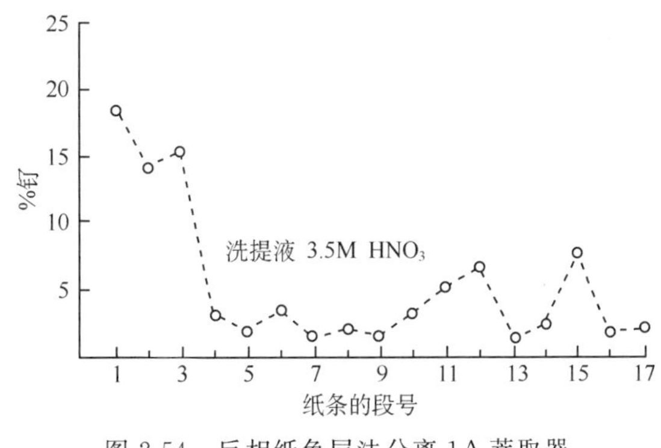

图 2-54　反相纸色层法分离 1A 萃取器有机相中钌的不同形态(0℃)

取进料级有机相做洗涤平衡实验，对各单个的间断洗涤级及其放射性活度作图，得到有机相和水相^{106}Ru 放射性分布的曲线(如图 2-55)，存在三组不同的钌形式:第Ⅰ组,在前几个洗涤级容易从有机相中除去;第Ⅱ组,不太容易除去,在中间几个洗涤级被除去;第Ⅲ组,难以从有机相除去,在较后的几个洗涤级中仍然保留在有机相,两条曲线以相差更大的距离岔开,可见有机相中高可萃取性形态的钌不是以恒定的分配比被洗去。

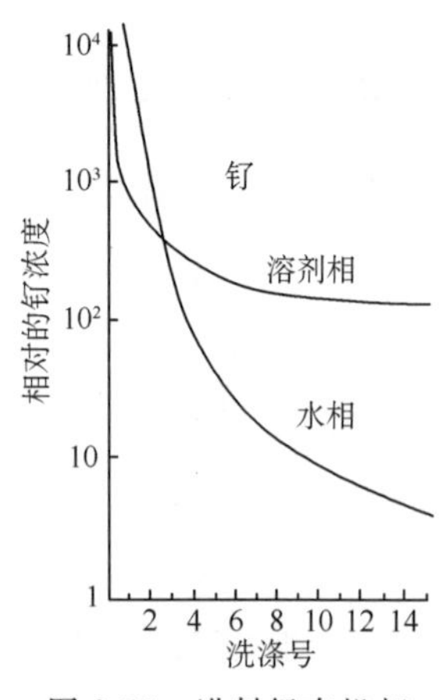

图 2-55　进料级有机相样品的间断洗涤

用新鲜的 TBP 有机相(含有处于平衡浓度的铀和硝酸)从最后几个洗涤级的水相中再萃取钌,得到的分配比(D_{Ru}=0.01~0.5)证明没有高可萃取性形态的钌。这说明在洗涤实验的平衡时间内,高可萃取性形态的钌(D_{Ru}=20~40)缓慢地转换为低可萃取形态。用放射性衰变动力学解析衰变链中各代核素的方法对图 2-55 中有机相曲线进行解析,得图 2-56 的 A、B 和 C。根据从有机相中洗涤除去的易难程度分为三组:

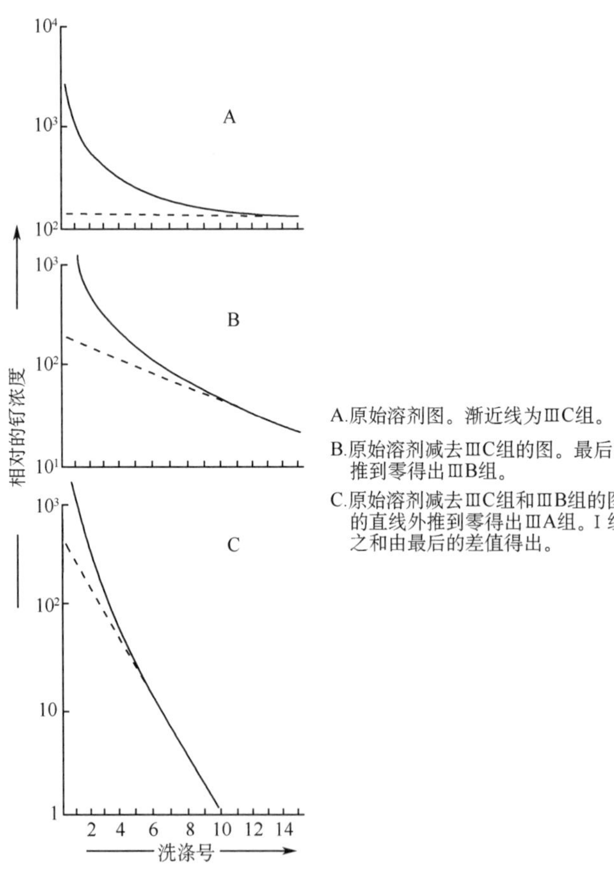

图 2-56　进料级有机相样品中钌形态的解析

Ⅰ组：容易洗涤除去，D_{Ru}在 0.01～0.05 范围；

Ⅱ组：不容易洗涤除去，D_{Ru}在 0.05～0.3 范围；

Ⅲ组，利用两相分配作用不能洗去，表现分配比在 0.3～>10 范围。

其中Ⅲ组由解析得到转换速度不同的三部分：

ⅢA：具有较高的转换速率（$t_{\frac{1}{2}}$ 约 10 min）

ⅢB：具有中等的转换速率（$t_{\frac{1}{2}}$ 约 50 min）

ⅢC：转换速率很低（$t_{\frac{1}{2}}$ 约 200 min）

对进料级有机相和出口有机相（1AP）样品进行洗涤实验，得各组的数据列于表 2-47。

表 2-47　1A 槽进料级和出口级有机相中钌的形态数据

样　品	钌的形态	在样品中的比例(%)	相当于进料钌的比例(%)	表观分配比 D_{Ru}
进料级有机相	Ⅰ+Ⅱ	87	87	0.03
	Ⅲ A	10	10	0.7
	Ⅲ B	2	2	5
	Ⅲ C	1	1	>10
1AP 样品	Ⅰ+Ⅱ	29	0.6	0.05
	Ⅲ A	7	0.15	1
	Ⅲ B	27	0.6	6
	Ⅲ C	37	0.8	>10

由表中数据看出，1AP 中仍然存在Ⅰ+Ⅱ组形态的钌，应是由Ⅲ组转换而来的，因为经过多级洗涤，进料级有机相中原有的Ⅰ+Ⅱ形态的钌是容易被除去的，ⅢC 形态的钌在进料级有机相和 1AP 样品中的量相近，说明很难被洗去。另外，在延长混合时间的实验中也表明，分配系数大的组（ⅢC）转换很慢。这些都说明一定有一种相当稳定的高可萃取形态存在。

美国萨凡那河的施利亚 C. S. 等[81]研究了短停留时间萃取时裂变产物元素在流程中的行为。1A 是使用 16 级离心萃取器，第 8 级进料，有机相在每一萃取级的停留时间为4～6 s，离心场加速度为 350 g（重力加速度）。除了温度外，均按常规的 Purex 流程第一循环条件进行实验，图 2-57 表示钌在 1A 萃取器内的分布。用二（2—戊基）—2—丁基膦酸酯代替 TBP（称为 DABP Purex 流程）进行实验，得到钌在 1A 萃取器内的分布如图 2-58 所示，其中低酸洗涤，指 1AS（0.5 mol · L^{-1} HNO_3）从第 1 级加入；高酸洗涤，是增加 1AS'（15.7 mol · L^{-1} HNO_3）从第 6 级加入。图中看出，高酸洗涤效果显著。

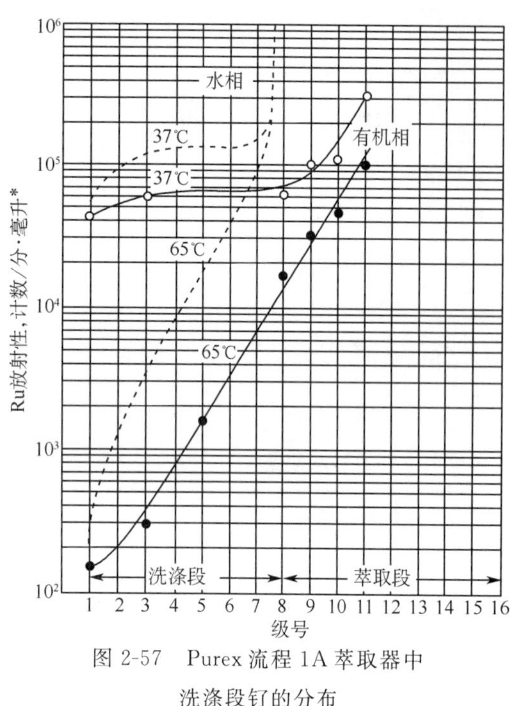

图 2-57　Purex 流程 1A 萃取器中洗涤段钌的分布

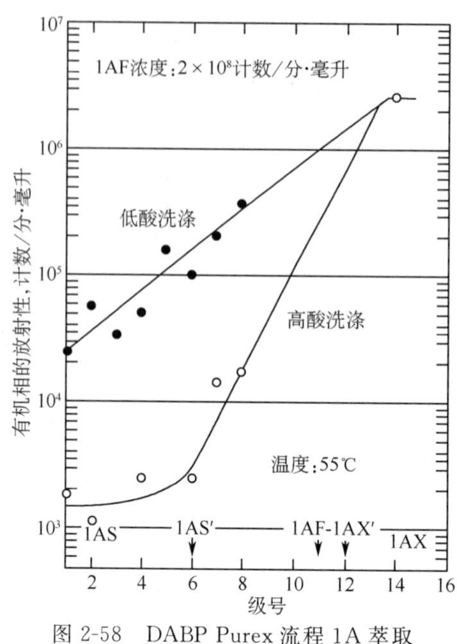

图 2-58　DABP Purex 流程 1A 萃取器洗涤段钌的分布

2.5.3　钌在 2A 槽中的分布[81]

进入第二循环的钌主要是亚硝酰钌的三硝酸根配合物，在室温下硝酸浓度不高时，TBP 萃取的分配比一般都比较高(表 2-26)。第二循环钚的净化浓缩流程条件是：共 16 级，第 8 级进料，2AF-3.8 $mol \cdot L^{-1}$ HNO_3，2Ax-30% TBP，2AS-0.6 $mol \cdot L^{-1}$ HNO_3 第 1 级加入。为了提高对钌的去污，改为第10 级进料，增加高酸洗涤 2AS'-5.7 $mol \cdot L^{-1}$ HNO_3 第 6 级加入，运行温度 65℃。图 2-59 表示实验结果 2A 槽各级钌的萃取分配比和硝酸浓度的分布。第 6 级以后钌的分配比明显下降，说明从 2AF 中萃取到 TBP 有机相中的钌有相当一部分可以被 5.7 $mol \cdot L^{-1}$ HNO_3 洗去，留在有机相中的钌再用 0.6 $mol \cdot L^{-1}$ HNO_3 洗涤，除去就比较困难。

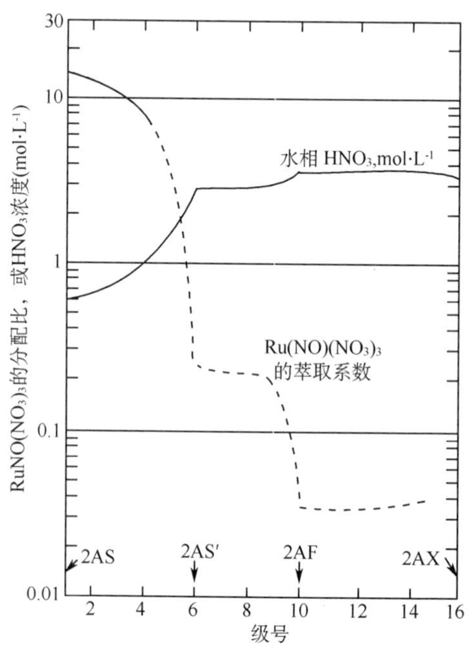

图 2-59　2A 槽中各级钌的分配比和硝酸浓度的分布

2.5.4 钌在有机相中的保留[10,44,46,60,62,64,81-85]

在有机相中的保留是钌的典型行为，实验研究结果表明，Purex 流程中讨厌的钌配合物可归纳为几种（见表 2-48），它们被萃取到 TBP 有机相后，有的很难被反萃取或洗涤除去，有的本来容易洗除，但会缓慢转换成难洗除的类型，造成钌在 TBP 有机相中的保留比锆更严重，在第一循环溶剂洗涤返回（1CW→1CWR）操作过程，对锆的去污系数约为 10，而对钌的去污系数 $DF_{Ru}<2$。

表 2-48　Purex 流程中讨厌的几种钌配合物

类别	与 NO 顺位相连的配体	钌的配合物		
		化　学　式	电荷	符号
1	NO_3，H_2O	Ru（上：NO；平面：NO_3，NO_3，NO_3，H_2O）	0	D_3
	NO_3	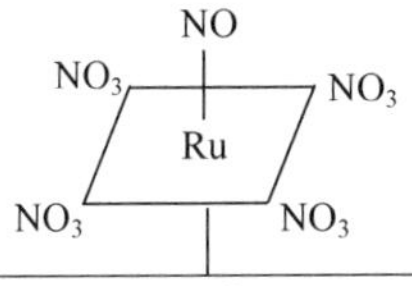 Ru（上：NO；平面：NO_3，NO_3，NO_3，NO_3）	−1	D_4
2	NO_3，TBP	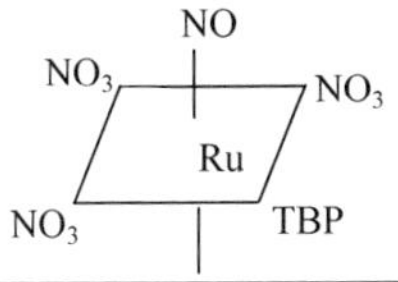 Ru（上：NO；平面：NO_3，NO_3，NO_3，TBP）	0	x_3
3	DBP，MBP			
4	“Do-bads”			

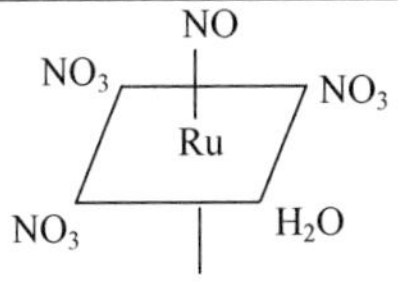

1. 钌的洗涤行为

硝酸溶液中可萃取形态的钌萃取到 TBP 有机相后，比较难于被酸洗涤除去，但是用酸—碱联合洗涤的效果有很大的改善。30％TBP-煤油辐照后陈化不同天数用来萃取钌，萃取钌的有机相放置不同天数进行洗涤钌的实验。酸洗是用 2 mol · L^{-1} HNO_3；酸—碱洗，先用2 mol · L^{-1} HNO_3洗，然后用 0.05 mol · L^{-1} HNO_3洗，最后用 0.5 mol · L^{-1} Na_2CO_3洗，洗涤时间均为 10 min，结果列于表 2-49。辐照后陈化天数长（152 天）的溶剂，用来萃取钌后放置时间越长，酸洗后钌保留越多，从没有放置的保留 71.0％增加到放置 11 天时保留 93.0％；辐照后陈化 10～105 天的溶剂萃取 Ru 后随着放置天数的增加，钌保留量先增加，而后减少；对于辐照后陈化天数不同的溶剂萃取钌后不放置，立即进行酸洗，钌的保留差别不大，若放置一定天数后再酸洗，则随着辐照后陈化天数的延长钌保留增加。用酸—碱洗涤结果表明，萃取 Ru 后的溶剂放置天数增加，Ru 保留显著增多，萃取后立即酸—碱洗，溶剂保留 7.4％的 Ru，放置 11 天后的保留则达到 52.1%，约增 7 倍，可见钌的保留形态在有机相中逐渐形成。

表 2-49　不同条件下钌洗涤后在有机相的保留　　30℃，10 min

洗涤方式	TBP 受辐照剂量(GY)	辐照后陈化天数	萃取有机相放置不同天数钌的保留(百分数/%)								
			0	1	2	3	4	5	7	8	11
酸洗	1.5×10^6	10	72.4	81.6	80.7		81.7		82.4		76.6
		105	74.2	84.3	86.3	88.2		91.6		88.1	84.1
		152	71.0	86.2	88.2		89.2		92.0		93.0
	0		67.3	73.7	77.4		71.8		68.3		60.6
酸—碱洗	1.5×10^6	152	7.4	17.5	23.6		32.9		42.3		52.1
	0		0.2	0.1	0.2		0.1		0.2		0.1

2. 影响钌保留的因素

影响钌保留的因素很多，主要的有：辐照剂量、稀释剂、预平衡硝酸以及辐照时钌是否在场。

TBP 经 Na_2CO_3 溶液洗涤后再辐照，剂量为 7.4×10^5 Gy，100% TBP 和 20% TBP(含稀释)以及有钌与没有钌等情况下辐照后，有机相对钌的保留数据列于表 2-50，可见稀释剂与 TBP 一起辐照，钌的保留比纯 TBP 辐照要高得多。钌参加辐照的结果明显地增加了保留量。硝酸预平衡对钌保留有影响，经过硝酸预平衡后辐照比未预平衡的保留量大。预平衡硝酸浓度分别为 1，2，3 mol · L^{-1}，辐照 5×10^6 Gy 后陈化 120 天再用于萃取钌，对有机相洗涤，测定钌的保留，每次洗涤时间 10 min，结果列于表 2-51，从中看出随着预平衡硝酸浓度的增加，钌在有机相的保留量也增加。辐照剂量对钌保留影响是显然的，表 2-52 是用酸—碱洗涤的结果，随着辐照剂量加大，钌保留增加。

表 2-50　稀释剂和钌受辐照对保留的影响　　60℃

萃取溶剂	洗涤次数	有机相中钌的保留(百分数/%)					
		辐照后加钌萃取，洗涤时间(min)			辐照时有钌，洗涤时间(min)		
		2	5	80	2	5	80
100% TBP	1	15	9	4	17	15	5.8
	2		3	1.5		3.5	2
	3			1			1
20% TBP	1	32	30	28	87	84	81
	2		27	23		80	73
	3			23			69

表 2-51　平衡硝酸对钌保留的影响　30℃,10 min

洗涤方式	预平衡硝酸浓度(mol·L^{-1})	萃取有机相放置不同天数后对钌保留(百分数/%)					
		0	1	2	4	7	11
酸洗	1	77.9	89.7	92.5	92.5		92.4
	2	77.3	93.7	96.0	97.8		98.6
	3	76.9	96.3	97.3	99.2		99.7
酸—碱洗	1	9.0	29.2	33.7	36.5	37.9	41.2
	2	16.7	48.4	54.2	61.1	65.5	72.2
	3	23.9	60.8	67.4	75.0	79.5	86.6

表 2-52　溶剂受辐照剂量对钌保留的影响

TBP 浓度	30%	20%	30%	30%
辐照剂量(Gy)	0	7.4×10^5	1.6×10^6	5×10^6
钌在有机相保留(百分数/%)	0.1	28	52.1	72.2

有机相对钌保留与稀释剂和硝酸有关,表明保留钌的物质应是由稀释剂和HNO_3的辐解产物形成的。钌参加辐照过程使保留量增加,说明有辐解中间产物或自由基与钌反应,形成了可保留的形态。在 Purex 流程中,实际上属于这种情况,即钌在萃取、洗涤的工艺过程伴随着辐射场。

3. 钌保留形态的类型

针对表 2-48 几种讨厌的钌配合物,在洗涤行为中识别出三类配合物。第一类,与亚硝酰钌硝酸根配合物有关,可以迅速地洗涤除去,即“可洗涤的”;第二类,与 DBP 和 MBP 的亚硝酰钌配合物有关,对时间为几小时的洗涤是敏感的,称为“易反应的”;第三类,与稀释剂辐解产物的亚硝酰钌或其他形态钌的配合物有关系的,钌在其中被束缚得很紧,以致长时间洗涤也不能明显地除去,称为“束缚的”。这三类钌的配合物及其碱洗行为列于表 2-53。“Do-bads”,指在加热或辐照下 TBP-烷烃碳氢化合物与硝酸水溶液接触时,烷烃碳氢化合物产生的热解或辐解产物,其表征、属性尚未确切知晓。

表 2-53　高可萃取钌配合物及碱洗去除

类　型	有关的钌配合物	碱洗涤操作,60℃
可洗涤的	RuNO 硝酸根配合物:D_3,D_4,x	洗涤 2 min 即可除去
易反应的	RuNO 与 DBP 和 MBP 的配合物	洗涤 2 min 仍保留下来,但用每次时间为 1～2 h 的两次或三次相继的洗涤可以除去
束缚的	RuNO 与“Do-bads”的配合物	经过每次时间为 1～2 h 的三次相继洗涤后,大部分仍保留了下来

文献[10]报道了 Ru—DBP、MBP 配合物和不确定配合物的保留数据(见表2-54),与表2-53 的描述基本一致。表 2-54 中配合物 A 是钌与 DBP 和 MBP 有关的配合物,配合物 B 是不确定的,稀释剂用加氢聚四丙烯。表中看出:纯 TBP 辐照后,以 A 类配合物保留为主;有稀释剂一起辐照后,以 B 类保留为主,即 B 类主要是稀释剂辐解产物(相当于"Do-bads")与钌的配合物;有钌参加辐照过程,造成的保留严重得多。

表 2-54 碱洗后两类钌配合物的保留

辐照的 TBP	60℃碱洗后 Ru 的保留(百分数/%)	
	配合物 A	配合物 B
100% TBP	13～15	2
20% TBP 辐照后加 Ru	8	24
20% TBP 辐照时有 Ru	12	75

4. 高保留钌的形态探讨

钌的高可萃取形态 D_3、D_4、x 化合物和 F 类化合物被 TBP 萃取时表现出高分配比,用酸洗涤较难除去,但是可用碱洗涤除去大部分。而经过碱洗涤后仍然留在有机溶剂相的,如表 2-53 中"束缚的"和表 2-54 中的配合物 B,这类高保留的钌配合物,往往要经过蒸馏溶剂才能分离去。WAK 厂的溶剂回收过程对钌的去污主要在过滤和蒸馏步骤(见表 2-55)[84]。过滤步骤去污系数为 18,似乎含高聚物。蒸馏步骤可彻底地去除保留的钌。

表 2-55 回收溶剂对钌的去污

核素	旧溶剂中放射性 $(Bq \cdot L^{-1})$	碱洗后 $(Bq \cdot L^{-1})$	过滤后(<1 μ)		蒸馏后		
			放射性 $(Bq \cdot L^{-1})$	DF	馏出液		残液 $(Bq \cdot L^{-1})$
					$(Bq \cdot L^{-1})$	DF	
^{106}Ru	1.86×10^8	1.8×10^8	1×10^7	18	$<1.2\times10^2$	$>10^6$	5.9×10^9

高保留的钌形态是"Do-bads"类辐解产物与钌形成的配合物,已得到许多实验事实支持,具体是什么化合物,研究工作者们为之进行了长期的探索,仍未完全揭晓。开始有人认为是稀释剂与 HNO_3 的一级辐解产物硝基烷,但很快被否定了,因为硝基烷不保留金属离子。英国的 Huggard 提出硝基烷转化成次级产物羟肟酸,对溶剂的萃取性能有严重影响。Lane 也认为硝基烷经一系列反应后转化为羟肟酸是最有害的物质,原上海原子核研究所四室还测出了羟肟酸的 G 值,似乎造成保留的原因是羟肟酸。Healy 提出异议,他在研究辐照后 TBP 溶液中羟肟酸对金属保留时,观察到羟肟酸浓度在 $10^{-4}\sim10^{-3}$ mol · L^{-1}才有强烈的

保留作用，这样浓度的羟肟酸是很容易被发现的。但是在辐照过的溶剂中，包括后处理厂 Purex 流程循环溶剂，甚至那些具有很高的金属保留的辐解溶剂中，都没有发现羟肟酸存在的确切证据。从辐射化学和基础有机化学分析判断，溶剂与硝酸水溶液体系在辐照过程生成羟肟酸是可能的，不过体系中存在的亚硝酸会破坏羟肟酸。Purex 流程 1A 萃取器中，水相常有 10^{-3} mol·L^{-1} HNO_2，有机相就更高，它能使 10^{-3} mol·L^{-1}羟肟酸迅速破坏到 5×10^{-6}mol·L^{-1}以下(这是分析方法对羟肟酸的检测限)。同时他也认为，有实验证明，最初形成的锆化合物对羟肟酸有保护作用。黄浩新等人在 30% TBP-1.0×10^{-3} mol·L^{-1}十二碳异羟肟酸—煤油—1.0 mol·L^{-1} HNO_3体系中考察 $NaNO_2$浓度对钌保留的影响(表 2-56)，观察到一定浓度的 $NaNO_2$确实可以消除含羟肟酸有机相对钌的保留。然而铀存在可使 $NaNO_2$ 的作用消失。波兰的 Nowark 提出在 TBP-稀释剂-HNO_3-H_2O 体系受辐照时，硝酸浓度小于 1 mol·L^{-1}时，有羟肟酸存在，当硝酸浓度高于 1 mol·L^{-1}时，由于羟肟酸发生水解而未发现。这与 Healy 的观点类似，亦即体系中羟肟酸会形成，但容易被分解。至于锆和铀的“保护”作用，仅观察到现象，而且对于洗涤后返回使用的溶剂(1CWR)，可观量的铀和锆均被 Na_2CO_3 溶液洗入水相，为什么还有显著量的钌留在 1CWR 中，可回答这个问题的依据还不足。

表 2-56 NaNO 和铀对钌保留的影响

有机相：30% TBP-1.0×10^{-3} mol·L^{-1}十二碳羟肟酸-煤油

水相：1.0 mol·L^{-1} HNO_3　　洗涤方式：酸—碱

水相 $NaNO_2$ (mol·L^{-1})	水相 U (g·L^{-1})	萃取后有机相放置不同天数后 Ru 保留(百分数/%)			
		0	1	2	4
0	0	0.8	20.0	33.8	
2.0	0	0.8	2.5	2.4	
5.0	0	0.6	1.2	1.0	
10	0	0.4	0.8	0.6	
20	0	0.3	0.4	0.3	
20	30	1.3	38.3	51.4	57.4
20	60	1.3	39.6	52.8	59.2
20	90	1.7	44.5	52.4	59.0

综上所述，对于高保留钌形态的认识，有几点是明确的。

(1)使钌形成高保留形态的那类化合物是在 TBP-烷烃碳氢化物—HNO_3—H_2O 体系在辐照过程生成的，在辐照停止后仍有继续增长的趋势。

(2)钌在辐射场中和被萃取到有机相后，都在不断地与这类化合物逐渐反应生成高保留形态。

(3)这类化合物及其和钌生成的高保留形态，都不易被酸—碱从有机相中洗去，因而在工艺流程中溶剂循环过程不断积累。

(4)高保留钌的形态是在复杂的体系和复杂的过程形成的，用推理、设想和简单的化合物类型都不能完满解释工艺过程的现象，需要开展系统、深入的实验研究工作。

2.6 改善钌的去污[10,16,27,33,42,86-91]

Purex 流程对钌的去污已经设定了很有效的工艺参数，由于 $RuNO^{3+}$ 的化学键特殊性，在工艺过程的行为是多变的，因此对钌的去污还需要改善。有关钌的去污已研究过很多方法，本节对典型的几种方法进行归纳，至于哪种最有效，应视工艺流程的具体条件而定。

2.6.1 降低自由 TBP 浓度

TBP 从 HNO_3 中萃取钌的过程分为两个阶段，第一阶段是溶剂化，TBP 与亚硝酰钌硝酸根配合物中配位水上的氢原子形成氢键，实现溶剂化后进入有机相，萃合物中 TBP 分子数为 3～5 不等，亦即钌的萃取分配比 D_{Ru} 与自由 TBP 浓度的 3～5 次方成正比；第二阶段，进入有机相钌溶剂化合物会转化为 TBP 与 Ru 直接配位的萃合物，其中 TBP 分子数变为 2，这一步转化包括取代配体，比较缓慢。可见自由 TBP 浓度对 D_{Ru} 的影响主要表现在第一阶段，随着自由 TBP 浓度降低，D_{Ru} 则以相应浓度的 3～5 次方关系减少。

TBP 萃取有机相铀饱和度增大，则自由 TBP 浓度减小，导致 D_{Ru} 下降，所以钌的去污系数(DF_{Ru})增大，这是不言而喻的。硝酸浓度增高使 DF_{Ru} 也增加(所谓“高酸洗钌”)，应从两方面考虑。一方面，硝酸溶液中可萃取的钌形态主要是 D_3 和 D_4，硝酸浓度增高，使 D_3 和 D_4 的含量增加，使 D_{Ru} 上升(DF_{Ru} 下降)；另一方面，当硝酸浓度大于 1 $mol \cdot L^{-1}$ 后，TBP 萃取 HNO_3 明显，使自由 TBP 浓度下降，D_{Ru} 也下降(DF_{Ru} 上升)。两方面的综合结果，硝酸浓度增加使自由 TBP 浓度下降的影响更敏感。前文已涉及硝酸根浓度的影响，体系中 NO_3^- 是助萃配合剂，增加浓度本应有利萃取，但由于硝酸根浓度增高使 HNO_3 分子增加，有利于 TBP 萃取 HNO_3，使自由 TBP 浓度下降，也引起 D_{Ru} 下降。所以自由 TBP 浓度变化对 DF_{Ru} 很敏感。萨凡那河的稀 TBP 流程(2.5% TBP)用于处理高浓缩铀[86]，第一循环的 $DF_{Ru} > 1 \times 10^5$，其主要原因应是自由 TBP 浓度很低。

2.6.2 控制温度和接触时间

对于萃取反应可自动进行的体系，萃取能 $\Delta E < 0$，温度提高则分配比下降，

TBP 萃取钌属这类型。图 2-21 和图 2-22 表示萃取总钌的 D_{Ru}与温度的关系。对于可萃取钌形态 D_3、D_4和 x_3的分配比 P_{D_3}、P_{D_4} 和 P_{x_3} 与温度的关系示于图 2-60。其中 P_D是可应用于 D_3和 D_4混合物的结果[42]，以便于比较。上文图 2-57表示 1A 槽中钌的分布，在那种操作条件下，若一般的温度（35～40℃），去污不佳，DF_{Ru}＝600；但温度在 55～65℃时，钌去污极好，$DF_{Ru}>10^4$。

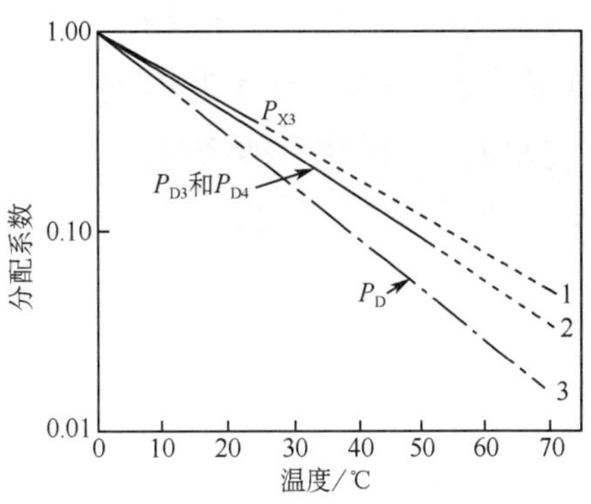

图 2-60　温度对可萃取钌分配比的影响

1—20% TBP，1～6 mol·L^{-1} HNO_3

2—20% TBP，2.2 mol·L^{-1} HNO_3

3—30% TBP，1 mol·L^{-1} HNO_3

钌的萃取速度慢，萃取平衡时间很长，采用短接触时间萃取，有利于提高钌的去污系数。

2.6.3　将 RuNO 的硝酸根配合物转换为亚硝酸根配合物

TBP 萃取 RuNO 亚硝酸根配合物的分配比小，而 NO_2^- 与 $RuNO^{3+}$ 的配合能力比 NO_3^- 强，可以用 NO_2^- 取代亚硝酰钌硝酸根配合物中 NO_3^-，成为亚硝酸根配合物，可以提高钌的去污系数。

配合物转换的处理方法有多种，用 NO_x 鼓泡的方法对降低 DF_{Ru}不是很有效，用硫酸与亚硝酸钠作用产生的气体比较有效，可使 D_{Ru}下降 50%。直接往钌的硝酸溶液中加 $NaNO_2$更有效，反应速度也快，室温下几分钟就转换完全。但是酸度和温度高时效果相对差些，而且 Na^+加入增加固体废物。

2.6.4　RuNO 核分解

溶解液中的钌是以 $RuNO^{3+}$ 核心为主体的系列配合物，其中硝酸根配合物是 TBP 可萃取的，若使 RuNO 核分解后，转为不可萃取形态，可提高 DF_{Ru}。

1. 肼处理

加肼分解 RuNO 核，常用于第二循环铀净化料液（2DF）的预处理。2DF 来自浓度很低的硝酸反萃取铀溶液（1CU），其中钌的形态与溶解液或实验用的模拟溶液中的钌形态很不一样。在萃取器内经过多级酸洗后还留在有机相中的钌，主要是 x_3 和“Do-bads”类配合物，在很稀的酸溶液反萃取铀的过程，“Do-bads”类配合物仍保留在有机相，而 x_3 配合物中 3 个硝酸根配体会被 H_2O 取代而变成 x_2、x_1或 x_0 进入水相。由于 RuNO 中 π^* 键的反位效应，—NO 对位在水相往往是 H_2O 配位，在有机相则常为 TBP，x_2、x_1和 x_0进入水相后对位上的 TBP 也被 H_2O 取代。当 HNO_3浓度增高，NO_3^- 取代 H_2O 配体，在 TBP 萃取过程又

会恢复为 x_3 进入有机相。这时—NO 对位又可能为 TBP，萃合物中 Ru∶P＝1∶2，这是第二循环观察到的。正因为钌的这些形态差别，用溶解液或模拟溶液实验时，钌的去污系数是相当高的，而用真实的 1CU 溶液实验，DF_{Ru} 要低很多。经过肼预处理后可改善对钌的去污。由于 NO^+ 与 Ru^{2+} 结合稳定，很难被分解，用肼预处理时，在酸性介质中肼以 $N_2H_5^+$ 形式存在，酸度越高 $N_2H_5^+$ 离子越稳定，不利于与 $RuNO^{3+}$ 反应，所以要在低浓酸溶液中加热处理。当肼浓度约 0.05 mol·L^{-1}，硝酸浓度为 0.5 mol·L^{-1}，90℃加热 1h 以上，钌分配比降至原来的 2/7；若硝酸浓度降到 0.1 mol·L^{-1}，则 D_{Ru} 可降至原来的 1/25。

2. 过氧化氢处理

过氧化氢在高酸度时可还原高价钌到四价，低酸度时可氧化低价钌为三价（见图 2-1）。利用这特性，可用过氧化氢处理，使亚硝酰钌成为 TBP 不可萃取的形态，表 2-57 列出了过氧化氢处理亚硝酰钌的基本数据。在 3 mol·L^{-1} HNO_3 中于 45℃和 65℃加热 120 min，D_{Ru} 基本不变；3 mol·L^{-1} HNO_3 介质中另加 2.5 mol·L^{-1} $NaNO_3$，则 D_{Ru} 有下降，相当于 40％的可萃取形态转为不可萃取形态，应是三价钌，仅 3％是 Ru^{4+}；6 mol·L^{-1} HNO_3 介质中处理，约有 60％可萃取钌转化为不可萃取形态，但是有 30％的 Ru^{4+} 形成；在 8 mol·L^{-1} HNO_3 中 65℃加热 30 min，D_{Ru} 下降 12 倍，有 3％ Ru^{4+} 形成，继续加热到 180 min，则 D_{Ru} 又增大，并且有 35％形成 Ru^{4+}。刚形成的单核 Ru^{4+} 有一定的可萃取性，很快形成二聚体“Ru—O—Ru”，TBP 不萃取。

表 2-57 用过氧化氢处理亚硝酰钌[10]

试剂浓度(mol·L^{-1})			温度(℃)	时间(min)	Ru 形态份额(％)			D_{Ru}
HNO_3	$RuNO^{3+}$	H_2O_2			不可萃取	可萃取	Ru^{4+}	
3	3×10^{-3}	0.06	45	0	30	14	0.3	0.066
				120	29	12	0.3	0.062
3	3×10^{-3}	0.06	65	0	29	13	0.3	0.066
				120	29	11	1	0.057
3*	10^{-2}	0.8	65	0	未测	未测	0.3	0.148
				30	未测	未测	0.3	0.104
				60	未测	未测	3	0.089
6	10^{-3}	0.3	65	0	13	34	3	0.275
				40	52	15	未测	未测
				100	61	10	未测	未测
				200	45	14	30	0.118
8	10^{-3}	0.8	65	0	3	未测	3	0.316
				30	90	未测	3	0.025
				80	未测	未测	35	0.117

* 另加 2.5 mol·L^{-1} $NaNO_3$。

总体而言过氧化氢处理对改善 Ru 去污不是很有效。H_2O_2 与 $RuNO^{3+}$ 反应生成不可萃取的 Ru^{3+}，而 Ru^{3+} 会按反应式(2-4)歧化生成 $RuNO^{3+}$，和 Ru^{4+}。更为重要的是 $RuNO^{3+}$ 存在下加热时，H_2O_2 分解很快。

3. 光分解

亚硝酰钌的光解反应为：

$$RuNO^{3+} \xrightarrow{h\nu} Ru^{3+} + NO \tag{2-71}$$

RuNO 配合物的紫外一可见吸收光谱中，吸收峰出现在 254 nm、330 nm 和 460 nm 处，254 nm 处吸收峰最强。在 254 nm 的紫外光照射下，硝酸介质中亚硝酰钌配合物的光分解反应属表观准一级反应。体系中硝酸根浓度对光分解反应速率常数有明显影响。在 $C_{NO_3^-} < 2.0\ mol \cdot L^{-1}$ 时，反应速率常数随 NO_3^- 浓度增加而增大，在 $C_{NO_3^-} > 2.0\ mol \cdot L^{-1}$ 时，随 NO_3^- 浓度增加而减小。实验温度对反应速率常数也有影响，存在相互矛盾的两个方面，一方面，RuNO 吸收光被激活，需要能量，进入激发态后再分解，提高温度，有利于光分解反应进行；另一方面，温度高，分子平均动能大，使激发态分子相互碰撞，失活频繁，不利于光解反应。在 10～40℃范围内，温度升高反应速率常数略有减小。

2.6.5　抑萃配合物

参入掩蔽配合剂与 $RuNO^{3+}$ 形成配合物留在水相，从而抑制萃取钌，提高对钌的去污系数。研究过的这类配合剂很多种，真正有效的很少，文献[10]报道了草酸、柠檬酸、巴比妥酸等 11 种配合剂，效果不显。文献[27]实验了 15 种试剂，把掩蔽剂和氧化—还原剂结合起来效果较好(如表 2-58)。η 值是未加处理试剂之前的钌分配比与加入处理剂后分配比的比值。实验条件是：1.0 $mol \cdot L^{-1}$ HNO_3 中加入处理试剂(除巴比妥为 0.043 $mol \cdot L^{-1}$ 外，其余为 0.1 $mol \cdot L^{-1}$)，95℃加热 3 h。表中看出，巴比妥单独处理的效果较好，它与硝酸肼及过氧化氢联合更好，但与强氧化剂硝酸铈(Ⅳ)联合的效果不好。配合剂二乙酰乙肟单独处理，$\eta = 4.2$，和肼联合的结果很好。强配合剂氟化钠和硝酸肼联合的效果并不好，这固然是由于 F^- 与 $RuNO^{3+}$ 的配合能力比较差，但是比硝酸肼单独使用的结果还差很多。巴比妥与 $RuNO^{3+}$ 的配合作用强，除了形成 1∶1 和 2∶1 配合物外，还形成难萃取的中性配合物。以上现象需要从 $RuNO^{3+}$ 的特性进行分析，还要考虑处理后产物的行为。

表 2-58 几种试剂对 RuNO 的预处理效果

试 剂	η值	试 剂	η值
巴比妥	11.1	硝酸肼加巴比妥	14.0
二乙酰乙肟	4.2	硝酸肼加二乙酰乙肟	17.3
乙二胺	1.1	硝酸肼加氟化钠	2.7
乙酰丙酮	2.3	巴比妥加硝酸铈(Ⅳ)	1.1
		巴比妥加过氧化氢	28.5

文献[89]用三碳异羟肟酸预处理,使 30% TBP-煤油萃取 RuNO 硝酸根配合物的分配比约降低 10 倍。认为是异羟肟酸配合作用的效果。在 30℃预处理基本上没有效果,需在 70～85℃处理。由于异羟肟酸具有羟胺衍生物类似的还原性,在 80℃左右加热预处理过程是还原作用为主还是配合作用为主,有待进一步研究。

2.6.6 萃取循环前去除钌

Purex 流程溶剂萃取循环之前乏核燃料的硝酸溶解过程,钌的一半以上留在溶解残渣中可过滤除去,以 RuO_4进入尾气的可忽略,其余部分都在溶解液中,主要以 $RuNO^{3+}$核的各种形态存在。欲从溶解液中除去这部分钌,首先想到的是氧化成 RuO_4与溶解液分离。

1. 臭氧和催化氧化

臭氧在催化剂(高锰酸盐、Ag^+等)存在下可将钌氧化到 RuO_4,在 95℃下,通臭氧 12 h,有 99%的钌被臭氧等气体带出溶液。过程中有 MnO_2沉淀,对于生产堆元件后处理,该沉淀可载带^{95}Zr-^{95}Nb,同时提高去污系数,但是增加固体废物。

2. 硝酸高铈氧化

在硝酸溶解液中加入硝酸高铈($Ce(NO_3)_4$)和正—链烷烃油(n-Paraffin:C_{10} 16.0%,C_{11} 50.8%,C_{12} 32.0%, C_{13} 0.1%, C_{14} 0.1%, C_{15} 0.0%)一起加热和搅拌,反应生成的 RuO_4被萃取到正—链烷烃油中,分相后有机相吸入凝聚柱内,RuO_4还原成 RuO_2沉淀,过滤除去 RuO_2,惰性溶剂返回继续使用。

3. 电化学法氧化

电化学法氧化是在硝酸高铈氧化法基础上发展起来的除钌方法,以铈为催化剂,恒电流(1.0 A)电解氧化,支持电压 2.3～3.5 V。料液“钌一黄”是:100 $\mu g \cdot mL^{-1}$ Ru -3 $mol \cdot L^{-1}$ HNO_3。电解氧化和 n-Paraffin 萃取同在一个容器内,氧化生成的 RuO_4被 n-Paraffin 萃取后的分离方法同 2。除钌速率如图2-61所示。

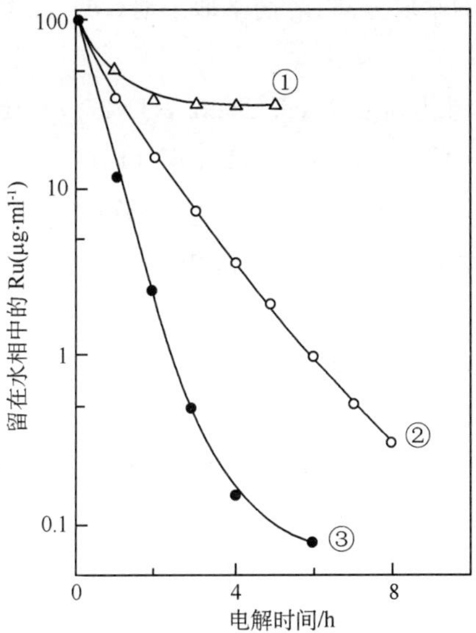

图 2-61 电解氧化除钌速率

1— Ru+2 mol·L^{-1} Ce 0 mL，1 A，20℃；

2— Ru+2 mol·L^{-1} Ce 0.2 mL，1 A，20℃；

3— Ru+2 mol·L^{-1} Ce 0.2 mL，1 A，60℃

参考文献

[1] 卢玉楷.《简明放射性同位素应用手册》(M)，232-236，上海：上海科学谱及出版社，2004.

[2] Ihara，H.，et al.，Nuclear decay data and fission yield data of fission product nuclides (R)，JAERI-M-9715 (1986).

[3] Eichholz，G. G.，Prog Nucl Energy(J)，2，29(1978).

[4]《无机化学》下册(M) P662，1035，武汉大学，吉林大学等校编，北京：高等教育出版社，第3版(2001).

[5] Siczek，A. A.，Steindler，M. J.，Atomic Energy Review(J)，16(4)，575 (1978).

[6] 姜圣阶，任凤仪. 核燃料后处理工学(M)，北京：原子能出版社，1995.

[7] 尼塞，S. 等著，赵国方译，《辐照核燃料的萃取加工》(M)，北京：原子能出版社，1975.

[8] Brown，P. G. M.，et al.，Proc. 2nd Intern. Conf. Peaceful Ueses of Atomic Energy，(C)，V. 17，118(1958) New York.

[9] Fletcher，J. M.，J. Inorg. Nucl. Chem.，(J)，8，277 (1958).

[10] Diana，J. J.，CEA-R-4813 (R)，(1977).

[11] Anderson，J. S.，et al.，J. Inorg. Nucl. Chem. (J)，1，371 (1955).

[12] Fletcher，J. M.，et al.，Proc 1st Intern. Conf. Peaceful Ueses of Atomic Energy，(C)，V. 7，141 (1956)，New York.

[13] 魏启慧."钌的放化分析"，裂变产物分析(M)，郭景儒等主编，北京：原子能出版社，1985.

[14] 陈景．金银及铂族元素的萃取分离,溶剂萃取手册(M),汪家鼎等主编,北京:化学工业出版社,2001.
[15] Felctcher, J. M., et al., J. Inorg. Nucl. Chem.,(J) 27(7), 1517 (1965).
[16] Maya, L., J. Inorg. Nucl. Chem.,(J), 41(1), 67 (1979).
[17] 刘士岩,宗保宁,江林根．贵金属(J), 8(2), 1 (1987).
[18] 陈义镛,徐秀丽,等．贵金属(J), 16(2), 19(1995).
[19] Vos, J., et al., Anal. Chim. Acta (J), 67(2), 480 (1973).
[20] Bottomley, F., Coordina. Chem. Reviews (J), 26(1), 7 (1978).
[21] Bowden, W. L., et al., J. Amer. Chem. Soc (J), 99(13), 4340 (1977).
[22] Janmohamed, M. J., et al., Anal. Chem. (J), 44(14), 2263 (1972).
[23] Sasaki, Y., Anal. Chim. Acta (J), 98, 335 (1978).
[24] Zvyagintsev, O. E., et al., Pro. 2nd Intern. Conf. Peaceful Ueses of Atomic Energy, V. 17, 130 (1958).
[25] Zvyagintsev, O. E., Proc. 1st Intern. Conf. Peaceful Ueses of Atomic Energy, V. 7, 169 (1956).
[26] Enemark, J. H., et al., Coordination Chemistry Reviews,(J), 13(4), 339 (1974).
[27] 胡震山．原子能科学技术,15(5), 605 (1981).
[28] 林灿生．核科学与工程,10(4),350(1990).
[29]《动力堆乏燃料后处理综合调研报告》(内部资料),核情报所 (1991).
[30] Fletcher, J. M., et al., J. Inorg. Nucl. Chem.,(J). 1, 378 (1955).
[31] 林灿生．水法后处理中裂变产物元素过程化学述评,(C),全国核化学化工学术交流年会论文集 B10,2002 年,乌鲁木齐.
[32] 魏启慧,侯淑彬．原子能科学技术(J),12(2),152 (1978).
[33] 林灿生,施玉全．原子能科学技术(J),12(1),31 (1978).
[34] 江林根,刘士岩,范礼．核化学与放射化学(J),10(3),188 (1988).
[35] 郭景儒．原子能科学技术(J),(7),557 (1963).
[36] Sato, T., J. Radioanal., Nucl. Chem. Letters(J), 104(3), 151 (1986).
[37] Sato. T., Radiochim. Acta(J), 46, 213 (1989).
[38] Fletcher, J. M., et al., J. Inorg. Nucl. Chem. (J), 12(1/2), 154 (1959).
[39] Sato. T., et al., Radiochim. Acta(J), 48 (1/2), 101 (1989).
[40] VanOoyen, J., et al., Pro. 3rd Intern. Conf. Peaceful Ueses of Atomic Energy, (C), V. 10, 402 (1965).
[41] Holder, J. V., Radiochim. Acta(J), 25 (3/4), 171 (1978).
[42] Rudstam, G., Acta Chem. Scand. (J), 13(8), 1481 (1959).
[43] Scargill, D., et al., J. Inorg. Nucl. Chem. (J), 27(1), 161 (1965).
[44] Maya, L., J. Inorg. Nucl. Chem. (J), 43 (2), 385 (1981).
[45] Fletcher, J. M., et al., J. Inorg. Nucl. Chem. (J), 27(8), 1841 (1965).

[46] 邓肯,A. 等,"TBP 流程第一个接触器中裂变产物的行为",袁良本译,《国际溶剂萃取会议论文选集》,(C),第 111 页,北京:原子能出版社,1976.
[47] Wallace, R. M., J. Inorg. Nucl. Chem. (J), 20 (3/4), 283 (1961).
[48] Brown, P. G. M., J. Inorg. Nucl. Chem. (J), 13 (1/2), 73 (1960).
[49] 黄浩新,刘兰珍. 核化学与放射化学(J),5(4),273 (1983).
[50] Вдовенко, В. М., et al., Радиохимия,(J), 6(5), 724 (1964).
[51] Blasius, E., et al., Radiochim. Acta. (J), 29, 159 (1981).
[52] Goishi, W., et al., J. Am. Chem. Soc., (J), 74, 6109 (1952).
[53] Gerlit, J. B., Proc. 1st Intern. Conf. Peaceful Ueses of Atomic Energy, (C), V. 7, 145 (1956), New York.
[54] Toshiyasu, T., Bull., Chem. Soc. Japan, (J). 36(6), 663 (1963).
[55] El-Guebeily, M. A., et al., 3rd Proc. Intern. Conf. Peaceful Ueses of Atomic Energy, (C), V. 10, 452 (1965) New York.
[56] 黄浩新,刘兰珍. 原子能科学技术(J),21(3),334 (1987).
[57] Pruett, D. J., Radiochim. Acta, (J), 27(2), 115 (1980).
[58] 勃列日涅娃,等. 原子能,(J), (11), 955 (1963).
[59] Joon, K., KR-119 (R), (1967).
[60] Joon, K., KR-143 (R), (1971).
[61] Takigishi, M., J. Nucl. Energy Parts A/B, (J), 18 (2), 67 (1964).
[62] 弗莱彻. J. M.,"影响 TBP 流程钌去污变异的因素",袁良本译,《国际溶剂萃取会议论文选集》(C),第 135 页,北京:原子能出版社 (1976).
[63] 坪谷容夫. et al., NP-18656 (R) (1970).
[64] Wallace, R. M., Nucl. Sci. Eng., (J), 19 (3), 296 (1964).
[65] Konečný, C., Z. Phys. Chem., (J). 240: 225 (1969).
[66] Большаков, K. A., et al., Ж. Неорг. Хим., (J), 16(7), 1968 (1971).
[67] Hallaba, E., et al., Microchem. Jour. (J), 14, 126 (1969).
[68] Синицын, H. M., et al., Доклады Aka. Hayk. CCCP. (J), 176 (6), 1320 (1967).
[69] 魏启慧,黄美新. 核化学与放射化学(J),6(4),201 (1984).
[70] Hölgtye. Z., et al., J. Radioanal. Chem., (J), 42, 133 (1978).
[71] Mckibben, J. M., et al., Radiochim. Acta, (J), 36 (1/2), 3 (1984).
[72] Sato, T., J. Radioanal. Nucl. Chem., Art., (J), 139 (1), 25 (1990).
[73] Sato, T., J. Radioanal. Nucl. Chem., Art., (J), 129 (1), 77 (1989).
[74] Koga, J., et al., Fuel Dissolution Rate and Its Mechenism, (C) RECOD' 91, V. II, 687 (1991).
[75] Sasahira. A., et al., Gamma Ray Irradiation Behavior of Fission Products in Nitric Acid Solution, (C), RECOD' 91, V. II, 658 (1991).
[76] 廖元宗,程明川,等. 原子能科学技术,(J),32(增刊),26 (1998).

[77] 张琴芬,廖元宗,等."辐照后动力堆元件的切害溶解、过滤试验研究",原成[84]-001,(K),(1982).

[78] Adachi, T. ,et al. , J. Nucl. Materials. (J), 174, 60 (1990).

[79] Adachi,T. ,et al. , Dissolution Behavior and Characteristics of Fission Product Insoluble Residues of PWR Spent Nuclear Fuel, (C), RECOD' 91, V. II, 675 (1991).

[80] Tsukada , T. , et al. , Dissolution Studies on High Burnup UO_2 Fuel and MOX LWR Fuel, (C), RECOD'98, V. 1, 274 (1998).

[81] 施利亚,C. S. ,詹宁斯,A. S. ,"使用短停留时间的接触器时锕系元素和裂变产物在磷酸三(正)丁酯和二(2—戊基)—2—丁基膦酸酯溶剂萃取流程中的行为",袁良本译.《国际溶剂萃取会议论文选集》,(C),第188页,北京:原子能出版社 (1976).

[82] 肯尼迪,J. , 佩克特,J. W. A. , 弗莱彻,J. M. ,"高辐射水平对作业用溶剂中钌保留的影响",袁良本译《国际溶剂萃取会议论文选集》,(C),第238页,北京:原子能出版社 (1976).

[83] 黄浩新,朱国辉,等."在 Purex 流程中 RuNO 络合物的某些化学行为",(R),CNIC-00252,(1988).

[84] 任凤仪,周镇兴.《国外核燃料后处理》(M),265页,北京:原子能出版社 (2006).

[85] 徐光宪,王文清,等.《萃取化学原理》,(M),第252页,上海:上海科学技术出版社 (1984).

[86] 奥思,D. A. ,"3%和30% TBP 流程的运行情况",袁良本译,《国际溶剂萃取会议论文选集》,(C),第155页,北京:原子能出版社 (1976).

[87] 寇栓虎,郑志坚,郑成法. 核化学与放射化学,(J),19(2),1 (1997).

[88] Boswell, G. G. J. and Soentono, S. , J. Inorg. Nucl. z Chem. , (J), 43 (7), 1625 (1981).

[89] 黄浩新,朱国辉,侯淑彬. 原子能科学技术,(J), 26(6), 46 (1992).

[90] Motojima, K. , J. Nucl. Sci. Technol. , (J), 26 (3), 358 (1989).

[91] Motojima, K. , J. Nucl. Sci. Technol. , (J), 27 (3), 262 (1990).

第三章　锝的过程化学

3.1 概　述

3.1.1 第一个人造元素

元素周期表中第 43 号元素的位置，在很长一段时间内是空白的，1937 年，美国加利福尼亚州立大学的意大利籍教授、物理学家 Perrier，C 和美国的 Segre. E. G 在回旋加速器上用能量约 5MeV 的氘核轰击钼靶，实现如下核反应：

$$^{98}Mo + d \rightarrow ^{99}Tc + n \tag{3-1}$$

首次得到了极少量（约 10^{-10} g）的 43 号元素，并研究了这个元素的某些化学性质，这就是第一个人工制造的化学元素[1]。1949 年 9 月正式将 43 号元素命名为锝（technetium）。

现在可从反应堆核燃料的裂变产物元素中提取大量的锝，在初始装料的 ^{235}U 丰度为 3.2% 的低浓铀、燃耗为 4.0×10^4 MWd/t 的普通核动力反应堆乏燃料中，每吨铀相应含 ^{99}Tc 约 900 g。回收铀和钚后的混合裂变产物中可回收锝，也可以在乏燃料后处理工艺流程中锝走向相对集中的部位提取。

3.1.2 自然界中的锝

在 1937 年人工制锝 43 号元素之前，从自然界寻找 43 号元素的尝试都没有成功。只有在研究了用人工制取的锝之性质后，尤其是制备了常量的锝，详细研究了锝的发射光谱等，才给进一步在自然界中寻找这个元素创造了有利条件[2]。1951 年，Moore，C 发表了关于在太阳中存在锝的可能性的文章[3]，轰动了一时。Moore 根据实验室中测得元素锝发射光谱的主要特征波长有 3195.21，3237.02 和 3298.85（Å），而在太阳光中存在 3195.230，3237.037 和 3298.868（Å）波长的光，其中除了 3237.037（Å）为元素 Co 和 Tc 的发射光谱相重叠的谱线外，其余两波长均为元素 Tc 独有的特征谱线，由此判断太阳上可能存在元素锝。另外一些研究者也证实在星球上存在锝[4,5]，但是实验室里测得的锝同位素中半衰期长的

也只有 10^5 年(^{99}Tc)和 10^6 年(^{98}Tc),与地球存在的历史(约 5×10^9 年)相比,锝早已不存在。为解释星球上存在锝,认为到目前为止还有锝不断生成,关于太阳上的锝,存在钼转变成锝的可能性,以此证明星球往往是生产化学元素的“工厂”,这对深入研究化学元素的起源理论很有意义。

继 Morre 关于太阳中可能存在锝的报道之后,又开始在地球上寻找原生锝。1955 年,Alperovitch, E 和 Miller, J 报道了 ^{98}Tc 存在于各种矿物中[6]。

1956 年 Boyd. G 等人[7]用光谱法、活化法和质谱法于各种矿物中仔细地探索锝,用沉淀法和离子交换法分离锝。测定了 ^{98}Tc 的半寿期为 1.5×10^6 年(新近的数据是 4.2×10^6 年[8]),否定了在地壳中存在原生锝的可能性。因此假设,如果在地壳中存在锝,则次生的锝是由于 Mo、Nb 和 Ru 受强宇宙射线激化和铀自发裂变的结果。Parker,和 Kuroda,[9]支持这个观点,他们将 3420 g $UO_2(NO_3)_2\cdot 6H_2O$ 溶于 10 升稀硝酸,存放 18 天后,加入 50 mg 钼酸盐,用 α—安息香肟沉淀,从溶液中分离出钼,测定 ^{99}Mo 的放射性。实验结果,每克 ^{238}U 中含有 $(8.4\pm0.12)\times10^{-14}$ 居里 ^{99}Mo,是与 ^{238}U 自发裂变平衡的。用测定的 ^{99}Mo 与 ^{238}U 的放射性活度比值,计算得到 ^{238}U 的自发裂变半寿期为 $(8.4\pm0.8)\times10^{15}$ 年。1961 年,Krnna, B 和 Kuroda, P 第一次分离出可观量的天然锝[10]。他们处理了约 5.3 kg 从刚果取来的沥青铀矿(约 50%U),制备了三个试样,^{99}Tc 的总量约 1×10^{-9}g。其中 2 个样品的实验观测数据列于表 3-1。

表 3-1 从沥青铀矿中分离的 ^{99}Tc 之放射性

样　品	沥青铀矿分离后持时间(分)	^{99}Tc 的放射性(计数/分)
1	68	3.44±0.21
2 kg 沥青铀矿	87	3.41±0.21
	102	3.48±0.21
	180	3.44±0.16
	307	3.52±0.12
	1142	3.59±0.07
	1482	3.37±0.07
	1685	3.35±0.06
	1740	3.35±0.06
	2645	3.39±0.05
	2881	3.35±0.05
	4087	3.34±0.05
	4150	3.34±0.05
	4412	3.38±0.05
2	30	2.29±0.35

续表

样　品	沥青铀矿分离后持时间(分)	^{99}Tc 的放射性(计数/分)
1.3 kg 沥青铀矿	196	2.04±0.13
	937	2.17±0.06
	1432	2.12±0.05
	2526	2.13±0.04
	2877	2.12±0.04
	3813	2.11±0.03
	4156	2.12±0.03
	6918	2.13±0.02
	7233	2.10±0.02
	8133	2.08±0.01
	9569	2.12±0.01
	5700	2.14±0.03

由表 3-1 给出实验测得 1 号样品中^{99}Tc 的放射性强度为 3.4 计数/分，2 号样品中^{99}Tc 的放射性强度为 2.1 计数/分。如果沥青铀矿中的^{99}Tc 是由^{238}U 自发裂变生成，并且时间很长，已达到平衡，可按下式进行计算：

$$Y_{99} \cdot {}^{238}N \cdot \lambda_{238f} = {}^{99}N \cdot \lambda_{99} \tag{3-2}$$

式中：^{238}N——样品中含^{238}U 的原子数；

λ_{238f}——^{238}U 的自发裂变常数；

Y_{99}——^{238}U 自发裂变的^{99}Tc 产额；

^{99}N——样品中含^{99}Tc 的原子数；

λ_{99}——^{99}Tc 的衰变常数。

计算结果得到的^{99}Tc 放射性强度为：1 号样品 3.9 计数/分，2 号样品 2.5 计数/分。与实验结果基本一致。认为沥青铀矿中存在^{99}Tc，其来源主要是^{238}U 自发裂变生成。

3.1.3　锝的主要同位素

锝的所有同位素都是放射性的。表 3-2 摘录了几种重要的锝同位素[8]，其半衰期从数秒到几百万年。

表 3-2　锝的主要同位素

同位素	半衰期	衰变方式 及分支比(%)	β粒子能量(keV) 及强度(%)	主要γ射线能量 (keV)及强度(%)	生产方式
^{92}Tc	4.23 min	ε(12)		85.0(12.1)rel	^{92}Mo(p,n)
		$β^+$(88)	1931(1.51)	148.0(71)rel	
			4088(86)	243.7(13.3)rel	
				329.3(80)rel	
				773.0(100)rel	
				1509.6(101)rel	
^{93m}Tc	43.5 min	ε(21.2)		943.7(2.9)	^{92}Mo(d,n)
		$β^+$(2.2)	1079.0(0.19)	1046.8(1.21)	
			1627.5(1.2)	1492.2(1.91)	
			2571.2(0.8)	2644.6(14.2)	
				3220.3(1.04)	
		IT(76.6)		391.83(57.9)	
				114.1(0.07)	
^{93}Tc	2.75 h	ε(89.08)		114.1(0.07)	^{92}Mo(d,n)
		$β^+$(10.92)	658.6(1.59)	1362.94(66.2)	
			701.7(0.7)	1477.14(8.7)	
			815.9(8.63)	1520.28(24.4)	
^{94m}Tc	52.0 min	ε(29.7)		871.05(94.2)	^{94}Mo(p,n)
		$β^+$(70.2)	916(0.92)	1522.1(4.5)	
			1242(0.32)	1868.68(5.7)	
			1445(0.99)	2740.1(3.5)	
			2438(67.6)		
^{94}Tc	293 min	ε(89.5)		702.67(99.6)	^{94}Mo(p,n)
		$β^+$(10.5)	361(0.013)	849.74(95.7)	
			811(10.5)	871.05(99.9)	
^{95m}Tc	61 d	ε(95.68)		204.116(63.2)	^{94}Mo(d,n)
		$β^+$(0.44)	708(0.242)	528.077(30.0)	
				786.198(8.66)	
				820.624(4.71)	
				835.149(26.6)	
^{95}Tc	20.0 h	ε(100)		765.789(93.8)	^{94}Mo(d,n)
				947.67(1.951)	
				1073.71(3.47)	

续表

同位素	半衰期	衰变方式 及分支比(%)	β粒子能量(keV) 及强度(%)	主要γ射线能量 (keV)及强度(%)	生产方式
^{96}Tc	51.5 min	ε(2) IT(98)		480.7(0.31) 719.55(0.3) 778.22(1.9) 849.85(0.28) 1200.15(1.1) 34.2(0.02489)	^{95}Mo(d,n)
^{96}Tc	4.28d	ε(100)		314.27(2.43) 316.5(1.4) 778.22(99.76) 812.54(82) 849.86(98) 1091.3(1.1) 1126.85(15.2)	^{95}Mo(d,n)
^{97m}Tc	91.4 d	ε(3.94) IT((96.06)	 96.5(0.314)		^{96}Mo(d,n)
^{97}Tc	4.21×10^{6} a (2.6×10^{6} a)*	ε(100)			^{97}Mo(d,2n)
^{98}Tc	4.2×10^{6} a	β^-(100)	398(100.0)	652.41(100.0)rel 745.35(102)rel	^{98}Mo(p,n)
^{99m}Tc	6.008 h	β^-(0.004) IT(100)		89.6(0.001) 140.511(88.5) 142.63(0.0187)	裂变产物 ^{99}Mo(β^-)
^{99}Tc	2.111×10^{5} a	β^-(100)	204.0(0.0016) 293.5(99.9984)	89.5(0.00065)	裂变产物 ^{99}Mo(β^-) ^{98}Mo(n,γ)
^{100}Tc	15.8 s	β^-(100)	815.1(0.074) 1150.6(0.47) 2071.9(5.7) 2662.7(0.6) 3202.3(93.0)	539.59(7.0) 590.83(5.7) 822.5(0.068) 1362.1(0.06) 1512.2(0.44)	裂变产物 ^{99}Tc(n,γ)
^{101}Tc	14.22 min	β^+(0.44)	675(0.85) 684(0.28) 770(1.91) 893(0.19) 1068(6.44) 1302(0.14) 1306(90.3)	127.22(2.63) 184.12(1.6) 306.83(89) 545.05(5.96)	裂变产物 ^{101}Mo(β^-)

* 取自文献[2]和[11]的数据　　rel——相对强度

3.1.4 裂变产物核素^{99}Tc的产额

几种可裂变核裂变时生成^{99}Tc的产额列于表3-3。表中数据摘自文献[12]。热中子诱发^{235}U和^{239}Pu裂变时，^{99}Tc的产额分别为6.1135和6.1740，只相差1%。对于堆芯温度不太高的热中子反应堆，用^{99}Tc为监测体测定核燃料的燃耗是很合适的。

表3-3　^{99}Tc的产额数据

可裂变核		^{233}U	^{235}U	^{238}U	^{239}Pu	^{241}Pu	^{232}Th
产额	热中子	4.8936	6.1135		6.1740	6.3140	
	快中子		5.7738	6.2541	5.9977		2.9249

3.1.5 锝的主要用途[2,13]

锝具有抗腐蚀特性，高锝酸铵是很好的腐蚀抑制剂，在浓度很低(约5×10^{-5} $mol\cdot L^{-1}$)时，对不断充气的水于250℃下长时间可防止钢腐蚀。另外由于锝的中子俘获截面较小(20b)，故可用于以水做冷却剂和慢化剂的核反应堆中。已经证明NH_4TcO_4抑制腐蚀作用和锝的放射性无关，也不同于CrO_4^{2-}、WO_4^{2-}及PO_4^{3-}等弱酸根离子的作用，而且所用的浓度很低，远小于为形成单分子层薄膜所需的锝量。关于锝防腐蚀的机理还不清楚，有待研究。

锝可以用作超导体，单质锝做超导体的临界温度为8.8和11.2 K，认为这不同结果是由于锝内有氧的原因。锝和钼的合金的超导性能更好，含锝原子60%的钼合金，测定临界温度为(13.4±0.3)K。

^{99}Tc可制作纯β^-放射性标准源。与^{147}Pm相比，^{99}Tc的优点是，99.99%的^{99}Tc的制备较容易，^{147}Pm与其他稀土元素分离较麻烦；^{99}Tc半衰期，在使用期间可以不作衰变校正，而^{147}Pm半衰期为2.623年，必须校正；^{99}Tc可在金属底衬上电沉积和还原成金属薄膜，牢固，自吸收小，可保证长期稳定使用。

^{99m}Tc已广泛用于核医学中，它是^{99}Mo的子体核素。^{99}Mo可以从裂变产物中分离提纯，也可以^{98}Mo(n,γ)^{99}Mo核反应得到。将^{99}Mo制成^{99}Mo—^{99m}Tc发生器，通过“挤奶”获得^{99m}Tc，使用方便，价格低廉，^{99m}Tc有理想的核性质：半衰期6.08 h，140.5 keV的γ射线(88.5%)，使其成为核医学应用中的首选放射性核素。

3.2　锝的化学性质[2,11,14-19]

3.2.1　元素锝

元素锝是银灰色的金属；是周期表中第ⅦB族锰副族的元素。锰副族元素的价电子层结构为$(n-1)d^5ns^2$，其中Tc则为$4d^65s^1$。这些元素的价电子层中7个电子都可以参加成键，最高价态为+7，最低价存在-1价。从Mn→Tc→Re，高氧化态趋于稳定，Re_2O_7和Tc_2O_7性质相似，比Mn_2O_7稳定得多。它们溶于水后形成$HMnO_4$、$HTcO_4$和$HReO_4$，其氧化性和酸性，按$HMnO_4$→$HTcO_4$→$HReO_4$递降。低氧化态的稳定性恰好相反，锰以Mn^{2+}为最稳定，Tc^{2+}和Re^{2+}仅在少数配位化合物中稳定，并不存在简单的离子。该锰副族元素的若干物理参数列于表3-4。

表3-4　锰、锝和铼的若干物理参数比较[2]

物理参数	原子半径 (nm)	密度 (g/cm³)	熔点 (℃)	临界温度 (K)	热中子俘获截面 (b)
Mn	0.1306	7.20	1244		10.7
Tc	0.1358	11.487	2200	11.2 8.8	20
Re	0.1373	21.02	3170	2.42	48.7

金属锝在潮湿的空气中慢慢失去光泽，在干燥空气中银灰色不变。它能溶于氧化性酸中，如硝酸、王水和浓硫酸，不溶于盐酸。锝溶于硝酸后生成高锝酸，其反应为：

$$3Tc+7HNO_3=3HTcO_4+7NO\uparrow+2H_2O$$

金属锝也能溶解于溴水、碱性或中性的过氧化氢水溶液中。金属表面的状态和存在的杂质对锝在H_2O_2中的溶解速度有影响。类似条件下，金属铼也容易溶解在过氧化氢水溶液中。

在氧气中，锝可燃烧，并生成高价氧化物Tc_2O_7。在高温时，锝与氯或氟会发生反应生成卤化物。在700～1100℃范围内，锝与碳作用生成碳化物TcC。

七价状态的锝是最稳定的氧化态，另一个稳定的氧化态是四价，其余的价态仅存在于不同形式的配位化合物中。低于四价的化合物易被氧化到四价和七价，而五价或六价锝的化合物呈现出歧化反应：

$$3Tc^{5+}\rightarrow 2Tc^{4+}+Tc^{7+} \tag{3-3}$$

$$3Tc^{6+}\rightarrow Tc^{4+}+2Tc^{7+} \tag{3-4}$$

在Fe^{3+}存在下，用抗坏血酸可将七价锝控制还原到Tc^{5+}。

3.2.2 锝的氧化物

已经证明存在两种锝的氧化物：挥发性的 Tc_2O_7 和挥发性较小的 TcO_2。于500℃时在过量的氧气中燃烧锝，Tc_2O_7 是唯一的产物，可通过升华使之纯化。在室温下 Tc_2O_7 是亮黄色晶体，易溶于水，在空气中这晶体极易潮解，最后变成红色糊状液体。Tc_2O_7 的熔点为 119.5℃，沸点为 310.5℃，处于液态的温度范围较宽（Re_2O_7 的熔点、沸点分别为 300 和 360℃）。固态 Tc_2O_7 可以导电，而液态 Tc_2O_7 则不能，这种行为也与 Re_2O_7 不同。当 Tc_2O_7 溶于水时生成无色溶液，在浓硝酸上慢慢地蒸发，起初变成黄色，然后变成暗黄色，暗红色，最后析出暗红色的含水结晶。这种结晶具有化学组成为 Tc_2O_7、H_2O 的水合物，亦即无水的高锝酸 $HTcO_4$。

锝的另一个稳定的氧化物是 TcO_2，金属锝与氧直接作用不生成 TcO_2，但很容易通过间接的方法得到。电解 2 mol · L^{-1} NH_4OH 溶液中的高锝酸盐，可制得 TcO_2，它是绿黑色的沉积物。也可以用金属锌或盐酸还原高锝酸的水溶液、热解高锝酸铵、以及水解 K_2TcCl_6 等制取 TcO_2。二氧化锝的水合物组成为 $TcO_2 \cdot 2H_2O$，在真空中加热到 300℃时完全脱水，在 900～1100℃时发生升华。无水二氧化锝呈黑色，常温下于空气中是稳定的，但很容易被氧化到 Tc_2O_7。水合物 $TcO_2 \cdot 2H_2O$ 溶于浓的氢氧化钾或氢氧化钠溶液中，形成 $Tc(OH)_6^{2-}$ 离子。含有碱式锝(Ⅳ)酸盐溶液是橙黄色的，很容易被过氧化氢、溴水和四价铈离子氧化而形成高锝酸盐。

3.2.3 锝的卤化物和卤氧化物

锝的卤化物和卤氧化物列于表 3-5。

表 3-5 锝的几种卤化物和卤氧化物

锝的价态	氟	氯	溴
Tc^{7+}	TcO_3F	TcO_3Cl	
Tc^{6+}	TcF_6	$TcCl_6$	
	$TcOF_4$		
Tc^{5+}	TcF_5	$TcOCl_3$	$TcOBr_3$
Tc^{4+}		$TcCl_4$	

在密封的镍制容器中，于 400℃使金属锝与过量的氟作用 2 小时，生成挥发性的产物，分子式为 TcF_6。六氟化锝是金黄色物质，在密封的镍或干燥的硬质玻璃容器内保存是稳定的。它在 33.4℃时熔化为黄色的液体，55.3℃时沸腾，蒸汽为无色的单分子气体。在碱性溶液中，六氟化锝在溶解过程水解产生黑色二氧化锝沉淀和高锝酸盐。当金属锝直接氟化时，可生成副产品五氟化锝，黄色，其结晶为斜方体，熔点 50℃，在玻璃容器中于 60℃即开始分解。

气态氯与锝的反应，在200℃时开始，在400℃时反应进行很快，生成两种挥发性的产物。其中一种暗绿色固体物质，很容易熔化成绿色液体，化学分析表明是 $TcCl_6$。六氯化锝在碱性溶液中溶解时，发生水解生成 TcO_2 和 TcO_4^-，其比值为1∶2。绿色的 $TcCl_6$ 非常不稳定，它甚至在室温下也分解为 $TcCl_4$。金属锝与气态氯在400℃时反应的另一种产物是四价锝的氯化物，即同时生成 $TcCl_4$ 和 $TcCl_6$。四氯化锝是细小红色结晶，在氯气流中它会升华。在高压釜中于400℃时锝的七氧化物与四氯化碳作用也可制取四氯化锝。文献[15]从质谱获得的数据中提出有 TcO_3F 形成，并认为是在质谱计内 NH_4TcO_4 与 UF_4 反应的产物。

四氯化锝与氧反应生成七价锝的氯氧化物。溶于浓盐酸中则生成配位化合物 $TcCl_6^{2-}$。在150℃时向二氧化锝通氟生成锝的氟氧化物，凝聚在用干冰冷却的捕集器里。纯净的 TcO_3F 为黄色结晶，在18.3℃时熔化成具有同样颜色的液体，沸点约为100℃。锝的氟氧化物在镍或蒙乃尔合金制的容器中于室温下是稳定的，在水中水解生成 $HTcO_4$ 和 HF。

二氧化锝在350℃时与溴蒸气作用生成咖啡色产物，是五价锝的溴氧化物，分子式为 $TcOBr_3$。这个化合物在溴气流中于400℃时升华，在水溶液中水解，并发生岐化反应：

$$3Tc^{5+} \rightarrow 2Tc^{4+} + Tc^{7+} \tag{3-5}$$

此式对于五价的锝和铼的化合物是特征性的反应。

3.2.4 锝的配位化合物

在核动力堆乏燃料后处理工艺过程锝的化学行为较复杂，^{99m}Tc 在核医学上也有重要的应用价值，所以锝的配位化合物研究受到人们关注。锝从(+7)到(−1)九种氧化态的典型配位化合物及其构型和配位数列于表3-6中。不同价态锝形成配位化合物的配位数从4到9已经证实。

表3-6　不同氧化态锝配位化合物的配位构型和配位数

氧化态	化合物	配位构型	配位数
$+7(d^0)$	$[TcH_9]^{2-}$	三棱柱	9
$+6(d^1)$	$[TcO_4]^{2-}$	四面体	4
$+5(d^2)$	$[Tc(diars)_2Cl_4]^+$	十二面体	8
$+4(d^3)$	$[TcCl_6]^{2-}$	八面体	6
$+3(d^4)$	$[TcCl_3(CO)(PMe_2ph)_3$	封端的八面体	7
$+2(d^5)$	$[TcCl_2(C_6H_5P(OC_2H_5)_2)_4]$	八面体	6
$+1(d^6)$	$[Tc(CNC(CH_3)_3)_6]^+$	八面体	6
0	$Tc_2(CO)_{10}$	八面体	6
−1	$[Tc(CO)_5]^-$	—	5

注：(diars)—联肼($R_2As \cdot AsR_2$)(PMe_2ph)—二甲基苯膦。

七价锝的配位化合物中受到重视的是氢化配位阴离子$[TcH_9]^{2-}$，在乙二胺一乙醇价质中用金属钾还原NH_4TcO_4获得$K_2[TcH_9]$，其结构如图 3-1，Tc 原子在 H 原子组成之三棱柱的中心，最高配位数为 9。七价锝的另一个典型配位化合物是四苯胂高锝酸盐，$(C_6H_5)_4AsTcO_4$，可作为固定的称重形式，它是用氯苯胂沉淀高锝酸盐得到。

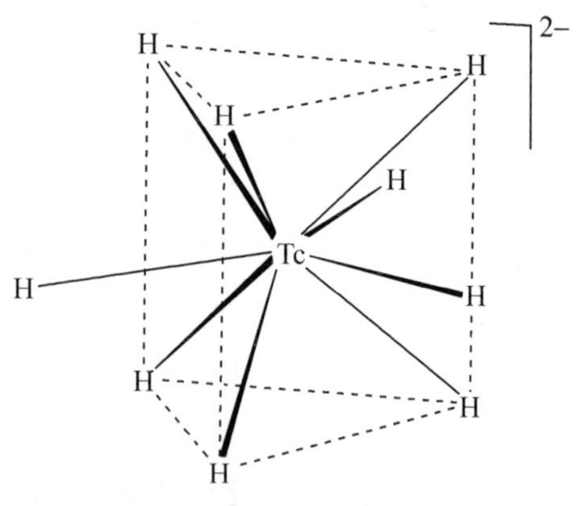

图 3-1　九氢－Tc(Ⅶ)$[TcH_9]^{2-}$

六价锝的配位化合物虽研究不多，但已经制得几种。用控制电位的电极还原溶解在乙腈中的高锝酸四甲铵，获得锝酸根$[TcO_4]^{2-}$。这个反应仅在严格排除氧和水的条件下才能成功，紫色的锝酸四甲铵$[(CH_3)_4N]_2[TcO_4]$沉积于电极上。在浓盐酸中，高锝酸根与NaN_3反应制得$[TcNCl_4]^-$，其中 Tc≡N 的键长 0.1581 nm。$[TcO_4]^{2-}$是高活性的，而$[TcNCl_4]^-$可以在空气中保持稳定。两者的结构式示于图 3-2。

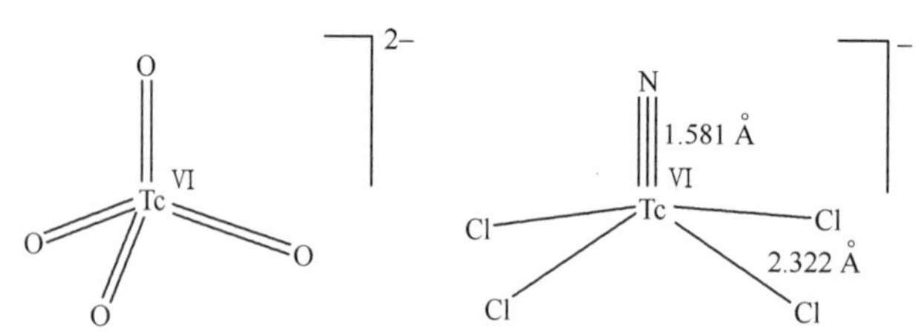

图 3-2　高活性的$[TcO_4]^{2-}$与空气中稳定的$[TcNCl_4]^-$

五价锝的配位化合物主要是卤族配位化合物，还有许多是含$[TcN]^{2+}$、$[TcO_2]^+$或$[TcO]^{3+}$等核心的配位化合物。当碱金属卤化物与六氟化锝的五氟化碘溶液作用时，生成五价锝的卤族配位化合物。例如，$NaTcF_6$和$KTcF_6$，都是黄色结晶的化合物，与钌的相应盐具有相同的晶型，但与铼不同(见表 3-7)。五价锝的第一个具有代表性的配位化合物是咖啡色的$[Tc^{5+}D_2Cl_4]^+\cdot Cl^-$，式中的 D 是邻苯双甲基胂，即

D= （苯环：邻位两个 $As(CH_3)_2$，其余四个位置为 CH）

五价锝和硫氰酸根离子生成红色配位化合物，在 510 nm 波长处可进行分光光度测定。硫氰酸根离子还原 Tc(Ⅶ)到 Tc(Ⅴ)需要较长的时间，为了加快显色，用

抗坏血酸将 Tc(Ⅶ)还原到 Tc(Ⅴ),并添加三价铁阻止锝进一步还原到Tc(Ⅳ)。用基体—$TcCl_3(Me_2phP)_3$ 与叠氮酸钠(NaN_3)反应,生成中性配位化合物[$TcNCl_2(Me_2phP)_3$],其中的 Tc≡N 键长约为 0.1624 nm,比[$TcCl_4$]$^-$ 中的长。[TcO_2]$^+$ 和 [TcO]$^{3+}$ 为核心的典型配位化合物有 K_3[$TcO_2(CN)_4$]和[$(n-C_4H_9)_4N$][$TcOCl_4$]等。

表 3-7 Tc、Re 和 Ru 配位化合氟化盐的结晶结构

化合物	结晶结构	晶格常数
$NaReF_6$	立方晶系	a_0=0.818 nm
$NaTcF_6$	斜方晶系	a_0=0.577 nm α=55.8°
$NaRuF_6$	斜方晶系	a_0=0.580 nm α=54.5°
K ReF_6	正方晶系	a_0=1.001 nm
K TcF_6	斜方晶系	a_0=0.497 nm α=97.0°
K RuF_6	斜方晶系	a_0=0.496 nm α=97.5°

四价锝的配位化合物比较多,当用浓盐酸还原高锝酸钾时可制得金黄色的 K_2TcCl_6。该化合物很容易水解生成二氧化物的水合物 $TcO_2 \cdot xH_2O$,因此仅在浓盐酸溶液中是稳定的。将六氯锝酸钾和氢溴酸缓慢蒸发可制得六溴锝酸钾(K_2TcBr_6),这个化合物是暗红色或黑色结晶。当 K_2TcCl_6 或 K_2TcBr_6 与 KHF_2共溶时,可生成玫瑰红色的六氟锝酸钾 K_2TcF_6,它在水溶液中稳定,而在热的浓碱液中分解。在氰化钾溶液中高锝酸钾的极谱还原过程只出现一个波,这个波相应于三个电子的还原,从而证实了生成四价锝的稳定氰化配位化合物。当在碱性氰化钾溶液中溶解二氧化锝水合物或 K_2TcCl_6时,得到黄色配位离子,它以深咖啡色的铊盐形式被分离出来,其组成为 Tl_3[$TcO(OH)(CN)_4$]或 Tl_3[$Tc(OH)_3(CN)_4$]。配位化合物很容易被酸破坏,存在氧化剂时则被氧化到 TcO_4^-。四价状态锝的膦类和乙酰丙酮衍生物类配位化合物,以及[$Tc(NCS)_6$]^2 的制备都相当简单。还制备了二聚体配位化合物,在水溶液中[TcF_6]$^{2-}$ 与草酸盐反应,合成了二聚锝的草酸配位化合物[$(C_2O_4)_2Tc(\mu-O)_2Tc(C_2O_4)_2$]$^{4-}$,这个化合物内含$(\mu-O)_2$单元中 Tc—Tc 间相互作用较强,其间距为 0.2361 nm,每个锝原子与 2 个草酸根配体相配位,形成八面体,如图 3-3 所示。

三价锝配位化合物有 6 配位和 7 配位数的,如[$Tc(NCS)_6$]$^{3-}$ 和[$Tc(CN)_7$]$^{4-}$。三价锝配位化合物中也有二聚体,[Tc_2Cl_8]$^{2-}$ 和[Tc_2Cl_8]$^{3-}$,后者 Tc 为混合价,等于 2.5。分子中 Tc—Tc 键长为 0.212 nm,见图 3-4。

二价锝的配位化合物较少,已有的例子[$TcX_2(diars)_2$]和[$TcX_2(diphos)_2$]。X 指卤素,diphos 代表苯膦类,其中之一是中性配位化合物[$TcCl_2(C_6H_5P(OC_2H_5)_2)_4$],

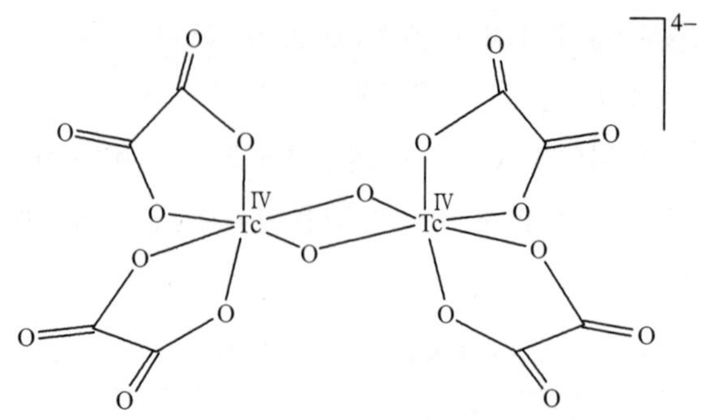

图 3-3　二聚 Tc(Ⅳ)草酸配位化合物

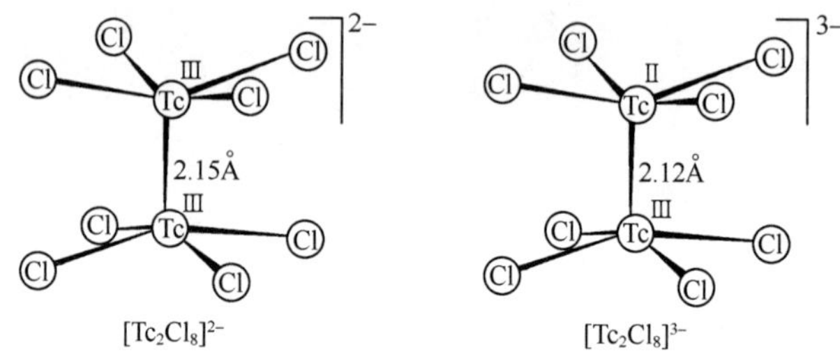

图 3-4　八氯二锝配位化合物

这种配位化合物是在 $C_6H_5P(OC_2H_5)_2$ 存在下，用 $NaBH_4$ 还原$[TcCl_6]^{2-}$而合成的，其分子结构如图 3-5，是 6 配位化合物。

二、三和五价锝的联胂卤化配位化合物之间可以相互转化：

$$[Tc^{3+}D_2Cl_2]^+ \cdot Cl^- \underset{TiCl_3}{\overset{Cl_2}{\rightleftharpoons}} [Tc^{5+}D_2Cl_4]^+ \cdot Cl$$

（橙黄色）　　　　　　　（咖啡色）

式中：D=diars。

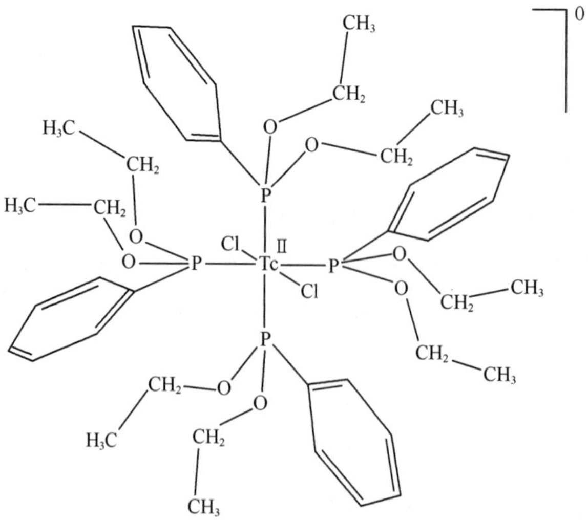

图 3-5　Tc(Ⅱ)：$[TcCl_2(C_6H_5P(OC_2H_5)_2)_4]$

用 $TiCl_3$ 作标准溶液的电位滴定法证实锝处于五价状态，五价锝的配位化合物消耗两个当量的 $TiCl_3$ 后被还原为三价锝的配位化合物。从 K_2TcCl_6 中制取二价和三价锝的联肼卤化配位化合物及其转化，按如下反应式进行：

$$K_2TcCl_6 \xrightarrow{\text{在 HCl 的酒精水溶液中与过量的联肼沸腾}} (Tc^{3+}D_2Cl_2)^+ \cdot Cl^- \longrightarrow$$

$$\xrightarrow{\text{在酒精中与 LiBr 沸腾}} (Tc^{3+}D_2Br_2)^+ \cdot B_r^- \xrightarrow{\text{在酒精中与 LiI 沸腾}} \longrightarrow$$

$$(Tc^{3+}D_2I_2)^+ \cdot Cl^- \cdot I \underset{\text{用碘氧化}}{\overset{\text{用 }SO_2\text{ 处理或酒精共沸}}{\rightleftharpoons}} (Tc^{2+}D_2I_2)$$

一价锝的配位化合物需要很强的还原气氛才可形成。在过量的 KCN 或 $K_3[Tc(OH)_3(CN)_4]$ 存在下，用钾汞齐还原 $KTcO_4$ 生成含有一价锝的配位化合物，其溶液为橄榄绿色。铊离子使其生成红色沉淀，组成为 $Tl_5[Tc(CN)_6]$。Tc^+ 的固态化合物在干燥的空气中是稳定的，但在溶液中很容易氧化。

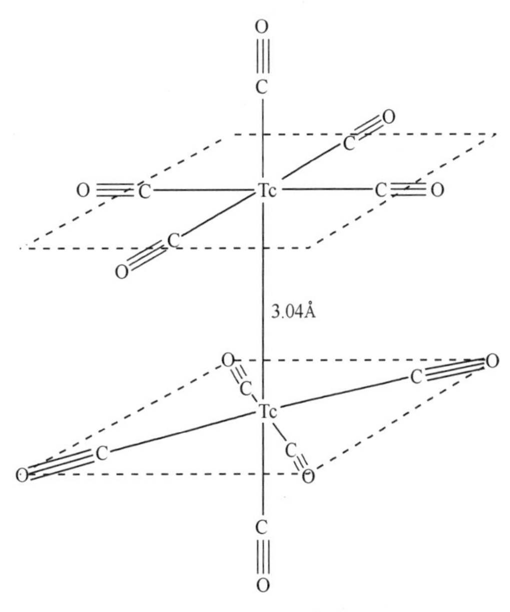

图 3-6 二锝—十羰基配位化合物

零价锝的配位化合物以二聚锝的十羰基化合物存在，在 400 大气压和 220～275℃时，用一氧化碳与 Tc_2O_7 或 TcO_2 互相作用，得到羰基锝。测定其分子量，证明为二聚物，分子式为 $Tc_2(CO)_{10}$，每个金属锝原子与 5 个羰基以八面体配位，如图 3-6 所示。Tc—Tc 键长 0.304 nm，比 $[Tc_2Cl_8]^{2-}$ 和 $[Tc_2Cl_8]^{3-}$ 中的 Tc—Tc 键显得更长。$Tc_2(CO)_{10}$ 在四氯化碳介质中缓慢与卤素反应，生成五羰基化合物和四羰基化合物，其反应为：

$$Tc_2(CO)_{10} + X_2 \rightarrow 2Tc(CO)_5X \rightarrow [Tc(CO)_4X]_2 + 2CO \tag{3-6}$$

其中 X=Cl，Br，I。卤化羰基锝与硝酸作用时，被氧化成 TcO_4^- 离子。

负一价状态锝的配位化合物的研究很少，已知的例子之一是五羰基配位化合阴离子 $[Tc(CO)_5]^-$。

3.2.5 高锝酸及其盐

高锝酸由七氧化二锝溶解于水得到，即 $HTcO_4$。在浓 H_2SO_4 中缓慢蒸发溶液时，高锝酸以含水的暗红色晶体析出，这个结晶的组成符合分子式 $HTcO_4$。高锝酸属相当强的一元酸，可以采用酸量滴定法中所应用的指示剂滴定高锝酸。

高锝酸盐主要有：NH_4TcO_4、$KTcO_4$、$NaTcO_4$、$RbTcO_4$、$CsTcO_4$、$LiTcO_4$、

$AgTcO_4$、$TlTcO_4$等等。高锝酸四苯胂实际上不溶于水，可以在定量分析锝时作为称重形式。

纯净的高锝酸铵是不吸水的结晶体，在100℃加热几小时没有发现分解的迹象。在真空中550℃时NH_4TcO_4即分解生成TcO_2，但非常纯净的NH_4TcO_4并没有明显的分解，而是升华。

比较过渡金属锰副族元素Mn、Tc和Re，Tc^{7+}离子半径为0.056 nm，与Re^{7+}(0.056 nm)相同，但比Mn^{7+}的离子半径(0.046 nm)要长；Tc^{7+}的电离势计算值为95eV，这个值介于Mn^{7+}(122eV)和Re^{7+}(79eV)之间；TcO_4^-离子结构四面的Tc—O键长为0.175 nm，而ReO_4^-的Re—O健长为0.197 nm。所以TcO_4^-的稳定性介于MnO_4^-与ReO_4^-之间。另外，从酸性水溶液中TcO_2/TcO_4^-电对氧化势(图3-7)也可以得证实。所以锰、锝和铼三元素的化学性质有许多共同点，但是锝和铼之间更为相似。

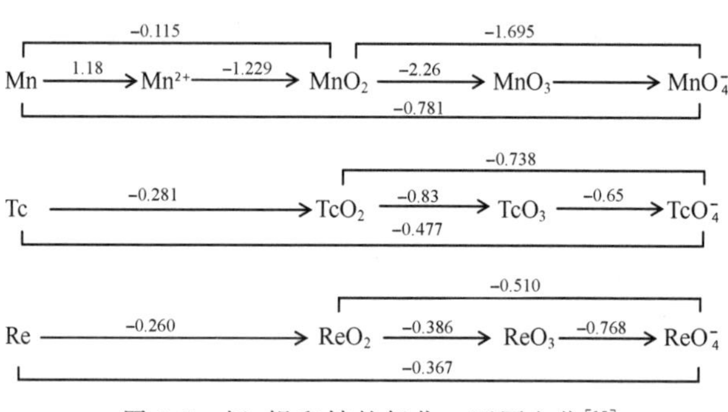

图3-7　锰、锝和铼的氧化—还原电位[15]

3.2.6　溶液中四价锝的水解及溶解度

在水溶液中锝比较稳定的价态是七价和四价，七价锝主要以TCO_4^-形式存在，很稳定，而四价锝则有多种状态，其水解行为和溶解度应受到重视，但有关Tc(Ⅳ)的水解化学和溶解度的文献较少。Gorskit Koch[17]用电迁移方法研究了Tc(Ⅳ)的水解反应平衡，溶液的离子强度$\mu=0.1\ mol\cdot L^{-1}$，在pH 1到2.5范围内实验，离子电迁移图上出现两个峰(见图3-8)。其中，pH 1～1.3之间为第一个峰，相应于双电荷离子的迁移；pH 1.3～2.2之间为第二个峰，相当于单电荷离子的迁移；pH高于2.3后迁移为0。提出Tc(Ⅳ)的水解反应平衡为：

$$TcO^{2+}+H_2O=TcO(OH)^{+}+H^{+} \quad (3\text{-}7)$$

$$TcO(OH)^{+}+H_2O=TcO(OH)_2+H^{+} \quad (3\text{-}8)$$

$$\downarrow$$

$$TcO_2\cdot H_2O$$

并且得到一级水解常数 $K_{h1}=(4.3\pm0.4)\times10^{-2}$，二级水解常数 $K_{h2}=(3.7\pm0.4)\times10^{-3}$。

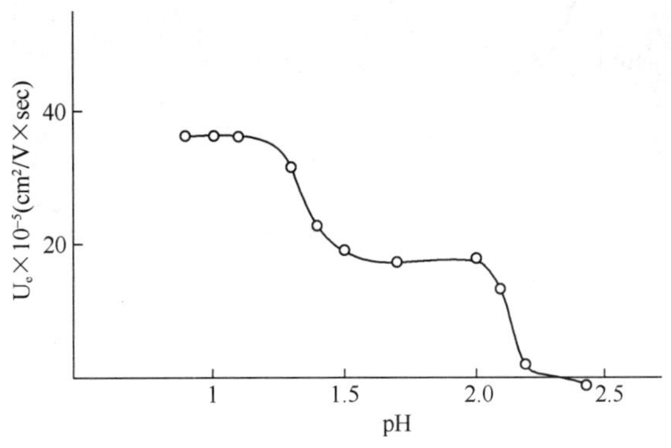

图 3-8 Tc(Ⅳ)电迁移与 pH 的关系

文献[18]报道了用无载体的^{99m}Tc 实验，浓度很低，在 pH<2 的情况下有 $Tc(OH)_2^{2+}$。为了测定 TcO_2溶解度，则用肼还原高锝酸盐制备 TcO_2nH_2O 沉淀，反应为：

$$3N_2H_5^+ + 4TcO_4^- + H^+ = 4TcO_2 + 3N_2 + 8H_2O \tag{3-9}$$

二氧化锝以水合物 $TcO_2\cdot nH_2O$ 形式沉淀，经过 4 天和 7 天干燥后，平均值 $n=1.63\pm0.28$，固体 $TcO_2\cdot nH_2O$ 的溶解过程包括以下反应：

$$TcO_2\cdot nH_2O(s) + (1-n)H_2O = TcO^{2+} + 2(OH)^- \tag{3-10}$$

$$TcO^2 + H_2O = TcO(OH)^+ + H^+ \tag{3-11}$$

$K_{h1}=4.3\times10^{-2}$

$$TcO(OH)^+ + H_2O = TcO(OH)_2(ag) + H^+ \tag{3-12}$$

$K_{h2}=3.7\times10^{-3}$

水相的中性 $Tc(OH)_2$会聚合：

$$2TcO(OH)_2(ag) = [TcO(OH)_2]_2(ag) \tag{3-13}$$

二聚常数 $K_{dim}=3.14\times10^{-6}$

溶解度测定结果示于图 3-9。pH<3 时，$TcO_2\cdot nH_2O$ 的溶解度随 pH 增高而减小，pH 在 3～8 之间溶解度不变，约为 7×10^{-9} mol·L^{-1}。当 pH>8 后，溶解度增加。可能生成$Tc(OH)_5^-$，使在碱性溶液中的溶解度增加。在平均 pH=8.6 的 0.01 mol·L^{-1} NaCl 溶液中，$TcO_2\cdot nH_2O$ 的溶解度是 3.08×10^{-9} mol·L^{-1}。

文献[19]研究了 Tc(Ⅳ)在二次蒸馏水和模拟地下水中的溶解度。用 $SnCl_2$ 还原 TcO_4^- 为 Tc(Ⅳ)，再以四苯胂氯一氯仿萃取残余的 TcO_4^-，得纯的 Tc(Ⅳ)，进行溶解度研究实验。pH 对溶解度的影响规律与文献[18]基本一致。pH 为 4～9 之间，Tc(Ⅳ)的溶解度约为 4×10^{-9} mol·L^{-1}。

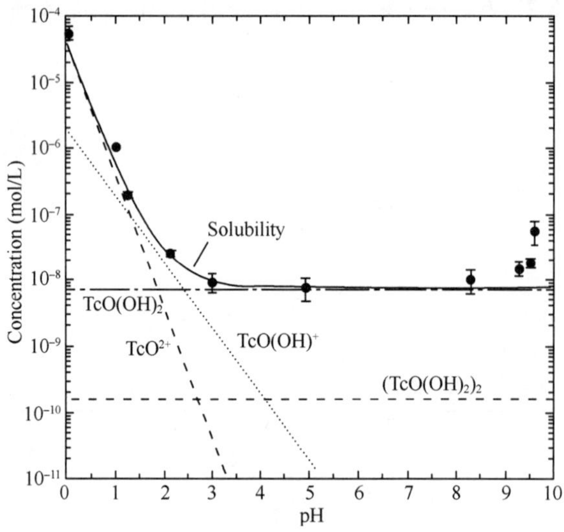

图 3-9 $TcO_2 \cdot nH_2O$ 溶解度与 pH 值的关系

3.3 锝的溶剂萃取

锝在工艺过程的行为、分析测定、放射性废物处置以及核药物研制等方面都涉及溶剂萃取,已有很多文献报道[20-32]。本节主要叙述锝的中性配位化合物萃取和离子缔合萃取。

3.3.1 TBP 萃取锝

中性萃取剂中磷类、膦类、酮类、吡啶等都可萃取锝,其中 TBP 萃取锝研究得最多。

1. 纯硝酸溶液中 TBP 萃取锝

在硝酸溶液中锝以高锝酸的形式被 TBP 萃取,用 100% TBP 萃取几种无机酸的分配比 D_A 与酸浓度[HX]的关系如图 3-10 所示。$HTcO_4$ 的分配比最高,HCl 的分配比最低,符合萃取过程空腔作用能大小规律。

用 30% TBP—正十二烷从硝酸溶液中萃取锝,分配比 D_{Tc} 随水相硝酸浓度变化而不同(图 3-11),硝酸浓度 $C_{HNO_3}=0.6\ mol \cdot L^{-1}$ 附近,出现 D_{Tc} 极大值。这个现象,多数作者的研究结果都基本一致,这一萃取行为是与 $HTcO_4$ 在水溶液中的离解常数相对应的。

$$HTcO_4 \overset{K_a}{=\!=\!=} TcO_4^- + H^+ \tag{3-14}$$

$$K_a=\frac{[TcO_4^-][H^+]}{[HTcO_4]}$$

$$[HTcO_4]=\frac{[TcO_4^-][H^+]}{K_a} \tag{3-15}$$

水溶液中高锝酸的浓度[$HTcO_4$]取决于离解常数 K_a 和酸度[H^+]。文献[22]报道了 25.4℃时[$HTcO_4$]的 $K_a=(5\pm2)\times10^{-1}$；后来文献[23]提供的[$HTcO_4$]离解常数是 0.63，两者总体上相近，采用 0.63 更合适。当酸度小于 0.6 mol·L^{-1}时，溶液中[$HTcO_4$]<[TcO_4^-]，随着[H^+]增加使[$HTcO_4$]增加，因而 D_{Tc} 也升高。当[H^+]>0.6 mol·L^{-1}后，[$HTcO_4$]>[TcO_4^-]，但由于硝酸浓度增加，萃取竞争明显，所以 D_{Tc}随[HNO_3]增加而下降。

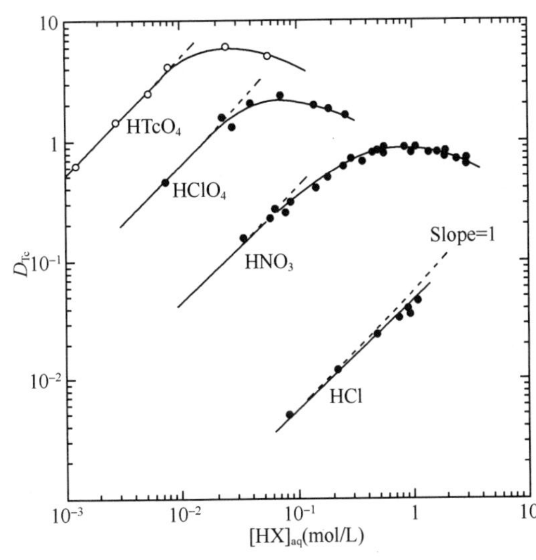

图 3-10　100% TBP 萃取几种无机酸与相应酸浓度的关系

D_A—$HTcO_4$、$HClO_4$、HNO_3、HCl 的分配比；
HX—$HTcO_4$、$HClO_4$、HCO_3和 HCl

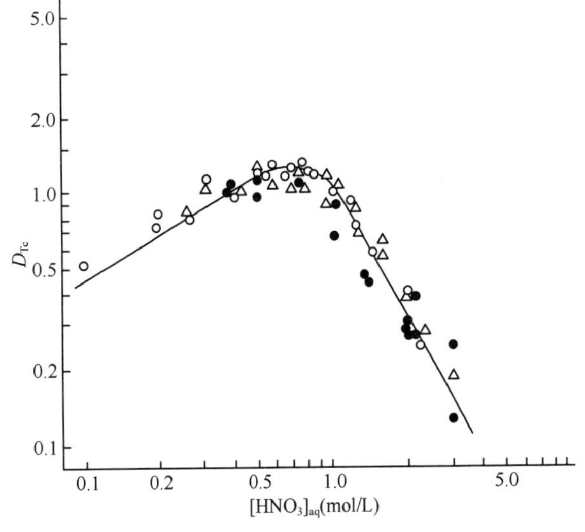

图 3-11　在纯硝酸溶液中 TBP 萃取锝与水相硝酸浓度的关系

●—NH_4TcO_4，γ 能谱法测定；○—NH_4TcO_4，液闪法测定；
△—$HTcO_4$，液闪法测定；有机相：30% TBP—正十二烷

实验中用的[$HTcO_4$]是将 NH_4TcO_4 溶液通过阳离子交换树脂 Dowex 50×8(H^+)转型而得。交换反应为：

$$Dowex(H^+)+NH_4^++TcO_4^-\rightarrow Dowex(NH_4^+)+HTcO_4 \tag{3-16}$$

在纯 HNO_3 水溶液中，锝浓度较低的情况下，其浓度变化对 TBP 萃取的分配比没有影响，文献[24]的实验结果为：锝浓度从 3.03×10^{-4} mol·L^{-1}增至 1.3×10^{-3} mol·L^{-1}，D_{Tc}基本不变，这说明萃合物中的 Tc 是单核配位化合物。

萃取剂 TBP 浓度对分配比影响很大，萃取反应通式可写成：

$$TcO_4^-+H^++n\mathrm{TBP}_{(0)}\xrightleftharpoons{K_{TC}}HTcO_4\cdot n\mathrm{TBP}_{(0)} \tag{3-17}$$

$$K_{Tc}=\frac{[HTcO_4\cdot n\mathrm{TBP}]_{(0)}}{[TcO_4^-][H^+][\mathrm{TBP}]_{(0)}^n} \tag{3-18}$$

$$D_{Tc}=\frac{[HTcO_4 \cdot nTBP]_{(0)}}{[TcO_4^-]}=K_{Tc}[H^+][TBP]_{(0)}^n \tag{3-19}$$

$$\log D_{Tc} = \log K_{Tc} + \log[H^+] + n\log[TBP] \tag{3-20}$$

式中脚注(0)表示有机相，研究实验中，固定酸度和温度，改变 TBP 浓度，测量 D_{Tc}，以 $\log D_{Tc}$ 对 log[TBP]作图，可求出斜率 n 的值。不同文献报道的 n 值不完全一样，较多的情况是 $n=3$。文献[21]的研究结果，水相硝酸浓度为 0 时，$n=4$（图 3-12）；而$[HNO_3]=1\ mol \cdot L^{-1}$时，$n=3$（图 3-13）。图 3-13 中的 D_{Tc} 是由 Tc 从水相萃取到有机相和从有机相反萃取到水相两种方法测得，重合得很好。可见该体系中锝的萃取过程是可逆的。

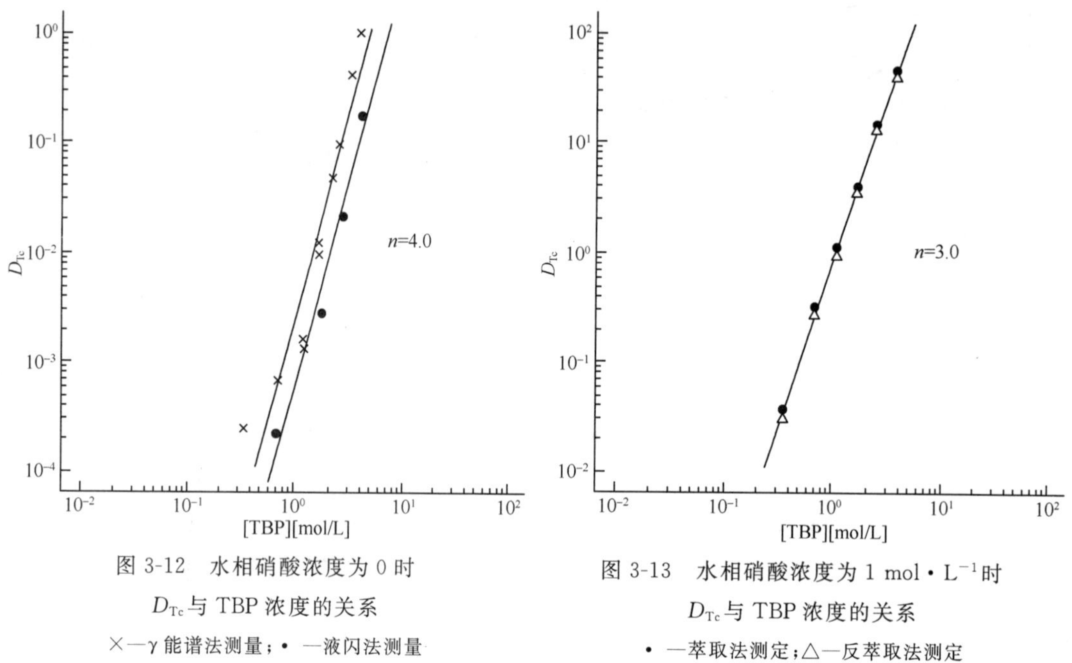

图 3-12　水相硝酸浓度为 0 时 D_{Tc}与 TBP 浓度的关系
×—γ 能谱法测量；• —液闪法测量

图 3-13　水相硝酸浓度为 1 mol·L^{-1}时 D_{Tc}与 TBP 浓度的关系
• —萃取法测定；△—反萃取法测定

萃合物 $HTcO_4 \cdot nTBP$ 中 n 值与硝酸浓度有关，随硝酸浓度增加使 n 值降低，伴随如下反应：

$TcO_4^- + H^+ + 4TBP_{(0)} = HTcO_4 \cdot 4TBP_{(0)}$

$HTcO_4 \cdot 4TBP_{(0)} + H^+ + NO_3^- = HTcO_4 \cdot 3TBP_{(0)} + HNO_3 \cdot TBP_{(0)}$

$HTcO_4 \cdot 3TBP_{(0)} + H^+ + NO_3^- = HTcO_4 \cdot 2TBP_{(0)} + HNO_3 \cdot TBP_{(0)}$

$HTcO_4 \cdot 2TBP_{(0)} + H^+ + NO_3^- = HTcO_4 \cdot TBP_{(0)} + HNO_3 \cdot TBP_{(0)}$

$HTcO_4 \cdot TBP_{(0)} + H^+ + NO_3^- = TcO_4^- + H^+ + HNO_3 \cdot TBP_{(0)}$

由此可见，在纯硝酸-TBP 萃取体系中，用一定浓度的硝酸从 TBP 有机相中洗涤除去锝，是可行的。

TBP 萃取 $HTcO_4$ 属中性配位化合萃取，由 TBP 分子磷氧双键上氧原子的孤对电子与 $HTcO_4$ 分子唯一羟基上的氢以氢键缔合形成萃合物，即：

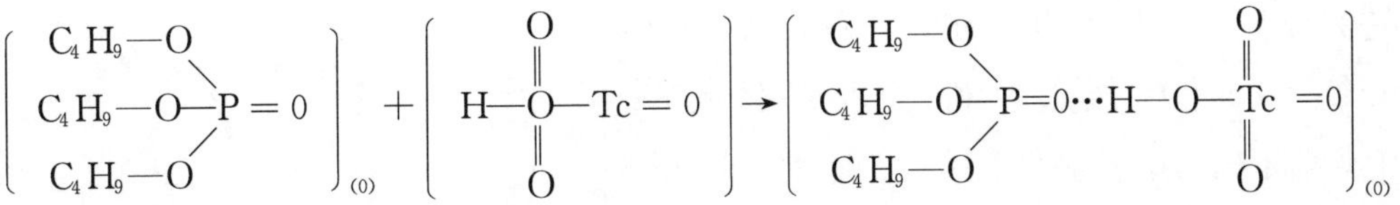

$$\left[\begin{array}{l} C_4H_9-O \\ C_4H_9-O-P=O \\ C_4H_9-O \end{array}\right]_{(0)} + \left[H-O-\overset{\overset{\Large O}{\|}}{\underset{\underset{\Large O}{\|}}{Tc}}=O \right] \rightarrow \left[\begin{array}{l} C_4H_9-O \\ C_4H_9-O-P=O\cdots H-O-\overset{\overset{\Large O}{\|}}{\underset{\underset{\Large O}{\|}}{Tc}}=O \\ C_4H_9-O \end{array}\right]_{(0)} \tag{3-21}$$

萃合物分子中 $HTcO_4$ 和 TBP 的分子应是 1 ∶ 1，亦即 $n=1$。但是研究实验测得的 n 值有高达 4 的，这应是由于水分子参加，形成二次溶剂化。$HTcO_4$ 分子中除了一个羟基外，还有 3 个氧原子可分别与 3 个水分子中的 3 个氢原子形成氢键；这 3 个水分子的另外 3 个氢原子可分别与 3 个 TBP 分子的 P＝O：进行氢键缔合，构成 $n=4$ 的萃合物分子，可用下式表示：

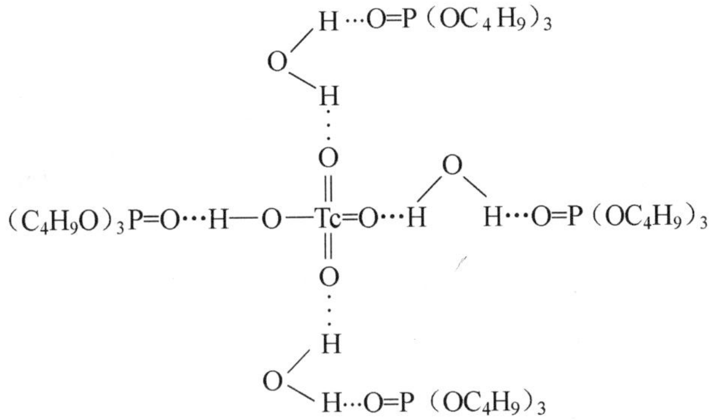

$$\begin{array}{l}
\qquad\qquad\qquad\qquad\quad H\cdots O=P(OC_4H_9)_3 \\
\qquad\qquad\qquad\qquad O\diagup \\
\qquad\qquad\qquad\qquad\quad \diagdown H \\
\qquad\qquad\qquad\qquad\qquad \vdots \\
\qquad\qquad\qquad\qquad\qquad O \qquad\quad O \\
\qquad\qquad\qquad\qquad\qquad \| \qquad \diagup\ \ \diagdown \\
(C_4H_9O)_3P=O\cdots H-O-Tc=O\cdots H \qquad H\cdots O=P(OC_4H_9)_3 \\
\qquad\qquad\qquad\qquad\qquad \| \\
\qquad\qquad\qquad\qquad\qquad O \\
\qquad\qquad\qquad\qquad\qquad \vdots \\
\qquad\qquad\qquad\qquad\quad \diagup H \\
\qquad\qquad\qquad\qquad O \\
\qquad\qquad\qquad\qquad\quad \diagdown H\cdots O=P(OC_4H_9)_3
\end{array}$$

萃取反应式为：

$$HTcO_4+(n-1)H_2O+nTBP_{(0)}=HTcO_4(H_2O)_{n-1}(TBP)_{n(0)} \tag{3-22}$$

由于萃合物中含水分子多，亲水性强，虽然溶剂比数高，但萃取分配比并不高。在水溶液酸度很低的条件下，有利于水分子参加“搭桥”，而且 TBP 浓度较高时，会出现 $n=4$；酸度高，不利于水分子参予的二次溶剂化，将出现 $n=1$；根据萃取条件不同，n 值在 1 至 4 之间变化。

2. 高锝酸根作为配体被萃取

在硝酸溶液中存在锝以外的其他金属离子时，Tc(Ⅶ)往往在萃合物中充当配体被萃取，因此其萃取行为与纯硝酸溶液中的表现也不同。在 Purex 流程的 1A 萃取器中，UO_2^{2+} 浓度很高，TcO_4^- 作为 UO_2^{2+} 的配体之一被 TBP 萃取的现象受到人们重视，也研究得比较深入。

文献[21]研究了纯 $UO_2(TcO_4)_2$ 的萃取行为，用高浓 ^{235}U 的重铀酸铵制备 $UO_2(TcO_4)_2$。将 $(NH_4)_2U_2O_7$ 于 300℃加热 2 小时，分解得到 UO_3，溶解于 $HTcO_4$ 溶液中，生成 $UO_2(TcO_4)_2$。具体反应为：

$$(NH_4)_2U_2O_7 \xrightarrow{\triangle} 2UO_3+2NH_3\uparrow+H_2O \tag{3-23}$$

$$UO_3+2HTcO_4 \rightarrow UO_2(TcO_4)_2+H_2O \tag{3-24}$$

结晶完成后，晶体在约 100℃干燥几天。由于 $UO_2(TcO_4)_2$ 强烈吸潮，需要保存在硅胶干燥器内。用 γ 射线能谱法测量 ^{235}U 的 185.7 keV γ 射线确定铀浓度。

实验测定 $UO_2(TcO_4)_2-HNO_3$ 体系中 TBP 萃取 UO_2^{2+} 与高锝酸根浓度（$[TcO_4^-]$）、硝酸浓度（$[HNO_3]$）以及铀浓度（[U]）的关系。

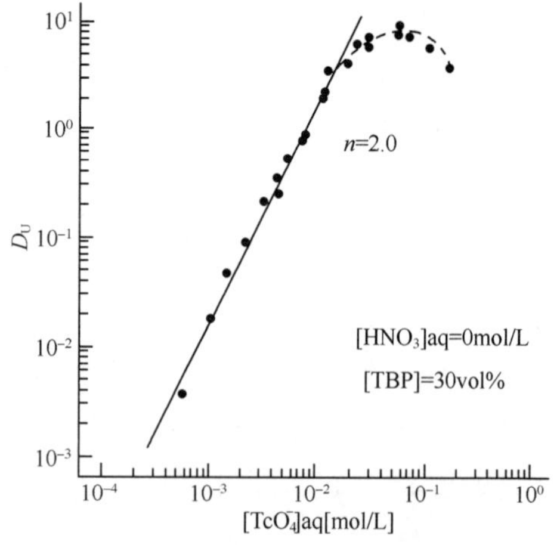

图 3-14 铀分配比与水相高锝酸浓度的关系

当$[HNO_3]=0$ 时，$\log Du-\log[TcO_4]$ 关系曲线示于图 3-14，直线部分的斜率为 2。萃取反应式可以写成：

$$UO_2^{2+}+2TcO_4^-+2TBP_{(f)}\xrightleftharpoons{Ku_{TC}}UO_2(TcO_4)_2\cdot 2TBP_{(0)} \tag{3-25}$$

$$K_{UTc}=\frac{[UO_2(TcO_4)_2\cdot 2TBP]_{(0)}}{[UO_2^{2+}]\cdot[TcO_4^-]^2\cdot[TBP]_{(f)}^2}=\frac{Du}{[TcO_4^-]^2\cdot[TBP]^2} \tag{3-26}$$

式中$[TBP]_{(f)}$系未配位化合的自由 TBP 浓度，它与初始 TBP 浓度$[TBP]_0$ 的关系：

$$[TBP]_{(f)}=[TBP]_0-2[U]_{(0)} \tag{3-27}$$

$[TBP]_0=30\%TBP=1.1\ mol\cdot L^{-1}$，$[U]_{(0)}$是有机相铀浓度

由于实验中直接使用 $UO_2(TcO_4)_2$，所以高锝酸根的总浓度为铀总浓度的 2 倍，水相和有机相中：$[TcO_4^-]=2[U]$，$[TcO_4^-]_{(0)}=2[U]_{(0)}$。式(3-26)可写成：

$$\log D_u=\log k_1+2\log[TcO_4^-]=\log k_1+2\log(2[U])$$

$$\log D_u=\log k_2+2\log[U] \tag{3-28}$$

由此可见，当$[HNO_3]=0$，30% TBP 萃取 $UO_2(TcO_4)_2$ 时，在一定的铀浓度内，$\log D_u-\log[U]$的斜率也等 2。同理，TBP 萃取 $UO_2(NO_3)_2$ 的机理类似：

$$UO_2^{2+}+2NO_3^-+2TBP_{(f)}\overset{K_{UN}}{=}UO_2(NO_3)_2\cdot 2TBP_{(0)} \tag{3-29}$$

$$K_{UN}=\frac{[UO_2(NO_3)_2\cdot 2TBP]_{(0)}}{[UO_2^{2+}]\cdot[NO_3^-]^2\cdot[TBP]_{(f)}^2}=\frac{D_u}{[NO_3^-]^2\cdot[TBP]_{(f)}^2} \tag{3-30}$$

$[TBP]_{(f)}$表示自由 TBP 浓度，通过实验求得不同水相铀浓度[U]相对应的萃合反应常数，其中$[U]=6\times10^{-3}\ mol\cdot L^{-1}$时，常数 K 的比为：

$$K_{UTc}:K_{UN}=10^{4.590}:10^{1.874}=520$$

这意味着 TcO_4^- 离子对 UO_2^{2+} 的成键能力比 NO_3^- 离子强很多。

在 $UO_2(TcO_4)_2-HNO_3$ 体系中，硝酸浓度$[HNO_3]$对 TBP 萃取铀影响很大（见图3-15）。$[HNO_3]=0$ 时，[U]在相当宽的范围内，D_u 与[U]的关系线以斜率=2 变化，有机相萃合物为 $UO_2(TcO_4)_2\cdot 2TBP$。$[HNO_3]=0.03$、0.06

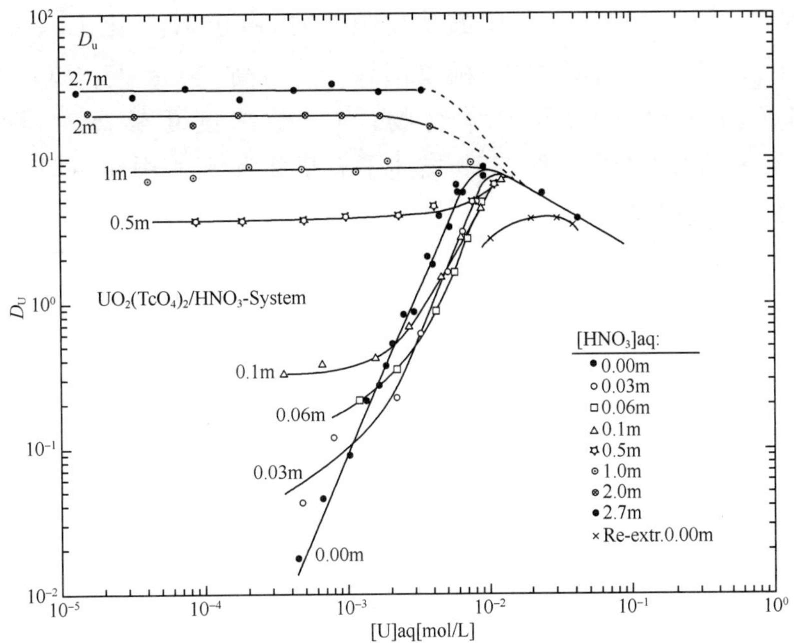

图 3-15　不同硝酸浓度下 D_u 与[U]的关系

和 0.1 mol · L^{-1}时，仍然有斜率近似 2 的变化关系。硝酸浓度在 0.5 mol · L^{-1}以上，铀浓度小于 3×10^{-3} mol · L^{-1} 区域里，[U]对 D_u 无影响。因为这时$[NO_3^-]$比$[TcO_4^-]$和[U]大得多，主要以 $UO_2(NO_3)_2$ 被萃取。这时$[NO_3^-]_{(f)} \doteq [NO_3^-]_0 \gg 2[U]$，$[TBP]_{(f)} \doteq [TBP]_0$，$D_u$ 的表达式为：

$$\log D_u = \log K_{UN} + 2\log[NO_3^-]_{(f)} + 2\log[TBP]_{(f)} = \log K_{UN} + 2\log[NO_3^-]_0 + 2\log[TBP]_0 = k \tag{3-31}$$

亦即 D_u 不变；随着[U]增加，$[TcO_4^-]$也相应增加，萃合物中有 $UO_2(TcO_4)[NO_3]\cdot 2TBP$ 和 $HTcO_4\cdot 3TBP$ 等混合物，$[TcO_4^-]$达到一定值后，萃合物又以 $UO_2(TcO_4)_2\cdot 2TBP$ 为主。表 3-8 给出了一定的硝酸浓度和铀浓度范围相应的萃合物组成。

表 3-8　不同 HNO_3 和 UO_2^{2+} 浓度时 $UO_2^{2+}-TcO_4^--NO_3^-$ 的萃合物组成

$[HNO_3]_{水相}$(mol · L^{-1})	$[U]_{水相}$(mol · L^{-1})	有机相中萃合物组成
0	$4\times10^{-4}\sim4\times10^{-2}$	$UO_2(TcO_4)_2\cdot 2TBP$
0～0.1	$[U]_{aq}\to0$	$UO_2(NO_3)_2\cdot 2TBP+HTcO_4\cdot 3TBP$
	$3\times10^{-4}\sim3\times10^{-3}$	$UO_2(TcO_4)(NO_3)\cdot 2TBP+HTcO_4\cdot 3TBP$
	$[U]_{aq}>3\times10^{-3}$	$UO_2(TcO_4)_2\cdot 2TBP$
0.1～1	$[U]_{aq}\to0$	$UO_2(NO_3)_2\cdot 2TBP+HTcO_4\cdot 3TBP$
	$10^{-3}\sim10^{-2}$	$UO_2(TcO_4)(NO_3)\cdot 2TBP+HTcO_4\cdot 3TBP$
	$[U]_{aq}>10^{-2}$	$UO_2(TcO_4)_2\cdot 2TBP$
$[H^+]_{aq}\geqslant1$	$[U]_{aq}<10^{-2}$	$UO_2(NO_3)_2\cdot 2TBP+HTcO_4\cdot 3TBP$
	$[U]_{aq}>10^{-2}$	$UO_2(TcO_4)_2\cdot 2TBP$

当体系中$[TcO_4^-]=2[U]$，硝酸浓度很低时，由于K_{UTc}比K_{UN}大得多，萃合物以$UO_2(TcO_4)_2\cdot 2TBP$为主；随着$[HNO_3]$增高，NO_3^-与TcO_4^-竞争，将出现$UO_2(TcO_4)(NO_3)\cdot 2TBP$萃合物；当硝酸浓度足够高时，则萃合物以$UO_2(NO_3)_2\cdot 2TBP$为主。图 3-16 描述了有机相和水相中锝/铀比与硝酸浓度的关系以及萃合物的变化。

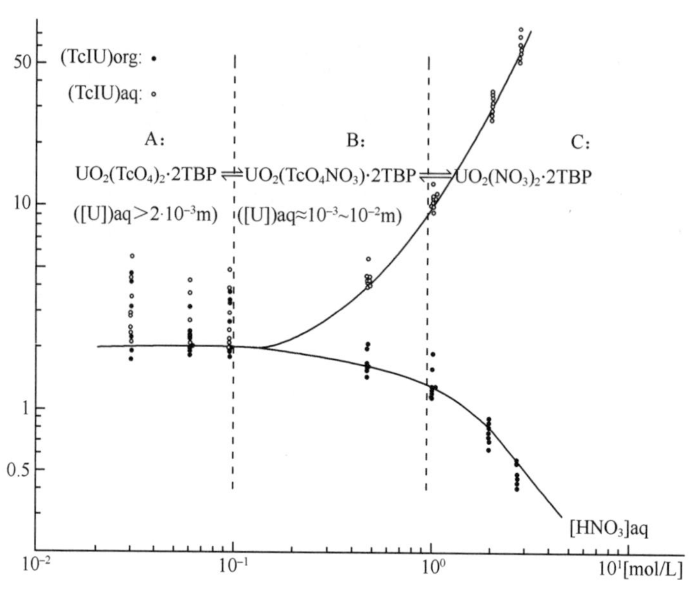

图 3-16　有机相和水相中锝/铀比与水相硝酸浓度的关系

关于$UO_2(NO_3)_2$存在时 TBP 萃取铀和锝的机理也有不同的观点，文献[28]报道的萃取反应式为：

$$2UO_2^{2+}+2NO_3^-+2MO_4^-+3TBP \rightleftharpoons (UO_2NO_3MO_4)_2\cdot 3TBP$$

这种情况比较少见。

3. *硝酸溶液中 TBP 萃取锝的数字方程*

完全从理论上建立萃取数字方程是很困难的，通过萃取机理的讨论，结合实验测试，确定相关的系数，建立分配比与主要影响因素的关系方程，这在一定程度上是属于“经验式”的数字方程还是很有用的。对于硝酸溶液中 TBP 萃取锝，应从$HTcO_4$分子的溶剂化萃取和TcO_4^-作为中心金属离子的配体被萃取两方面进行研究。

$HTcO_4$分子的溶剂化萃取反应已由式(3-22)描述，这时有机相锝的浓度为：$[HTcO_4(H_2O)_{n-1}(TBP)_n]_{(0)}$

水相锝浓度为：$[TcO_4^+]_{(a)}+[HTcO_4]_{(a)}$

锝的萃取分配比为：$$D_{Tc}=\frac{[HTcO_4(H_2O)_{n-1}(TBP)_n]_{(0)}}{[TcO_4^-]_{(a)}+[HTcO_4]_{(a)}} \tag{3-32}$$

考虑到活度系数，$HTcO_4$ 离解常数可写成：

$$K_a=F_1\ \frac{[TcO_4^-]_{(a)}[H^+]_{(a)}}{[HTcO_4]_{(a)}} \tag{3-33}$$

F_1为活度系数的乘积。

$$[TcO_4^-]_{(a)}+[HTcO_4]_{(a)}=[TcO_4^-]_{(a)}\left(1+\frac{[H^+]_{(a)}F_1}{K_a}\right) \tag{3-34}$$

根据 Nenst 分配定律：

$$K'_d=\frac{[HTcO_4\ (H_2O)_{n-1}(TBP)_n]_{(0)}}{[HTcO_4\ (H_2O)_{n-1}(TBP)_n]_{(a)}} \tag{3-35}$$

将式(3-34)和式(3-35)代入式(3-32)得：

$$D_{Tc}=\frac{K'_d\ [HTcO_4\ (H_2O)_{n-1}(TBP)_n]_{(a)}}{[TcO_4^-]_{(a)}\left(1+\frac{[H^+]_{(a)}F_1}{K_a}\right)} \tag{3-36}$$

因为在 HNO_3 体系中萃取，水相存在如下反应平衡：

$$\begin{gathered}[HTcO_4\ (H_2O)_{n-1}(TBP)_n]_{(a)}+NO_3^- \xrightleftharpoons{K_2} \\ HNO_3\cdot TBP_{(a)}+TcO_4^-+(n-1)H_2O+(n-1)TBP_{(a)}\end{gathered} \tag{3-37}$$

$$K_2=F_2\ \frac{[HNO_3\cdot TBP]_{(a)}[TcO_4^-][TBP]_{(a)}^{n-1}}{[HTcO_4\cdot (H_2O)_{n-1}(TBP)_n]_{(a)}[NO_3^-]}$$

$$\frac{[HTcO_4\ (H_2O)_{n-1}(TBP)_n]_{(a)}}{[TcO_4^-]}=\frac{F_2}{K_2}\cdot\frac{[HNO_3\cdot TBP]_{(a)}[TBP]_{(a)}^{n-1}}{[NO_3^-]} \tag{3-38}$$

将式(3-38)代入式(3-36)得：

$$D_{Tc}=\frac{K'_dF_2}{K_2}\cdot\frac{[HNO_3\cdot TBP]_{(a)}[TBP]_{(a)}^{n-1}}{\left(1+\frac{F_1}{K_a}[H^+]\right)[NO_3^-]} \tag{3-39}$$

水相还存在反应平衡：

$$H^++NO_3^-+TBP_{(a)}\xrightleftharpoons{K_3}HNO_3\cdot TBP_{(a)} \tag{3-40}$$

$$K_3=F_3\cdot\frac{[HNO_3\cdot TBP]_{(a)}}{[H^+][NO_3^-][TBP]_{(a)}} \tag{3-41}$$

$$[HNO_3\cdot TBP]_{(a)}=\frac{K_3}{F_3}\cdot[H^+][NO_3^-][TBP]_{(a)} \tag{3-42}$$

文献[26]指出 K_3在 0.15～0.20 之间，将式(3-42)代入式(3-39)得：

$$D_{Tc}=\frac{K'_dF_2K_3}{F_3K_2}\cdot\frac{[TBP]_{(a)}^n[H^+]_{(a)}}{1+\frac{K_1}{K_a}[H^+]_{(a)}} \tag{3-43}$$

式中：F_1、F_2和 F_3为活度系数乘积，所以锝的分配比 D_{Tc}是$[TBP]_{(a)}^n$和$[H^+]_{(a)}$的函数。实验结果表明，TBP 浓度维持不变，改变酸度，当酸度在 0.5 mol · L^{-1}以下时，D_{Tc}随酸度增高而增大；当酸度高于 0.5 mol·L^{-1}后，由于逐渐变成 $F_1[H^+]/K_a>1$，则随酸度增高，D_{Tc}减小，这时 D_{Tc}与$[TBP]^n_{(a)}$成正比关系，式(3-43)可写成：

$$D_{Tc} \sim [TBP]^n_{(a)} \tag{3-44}$$

当水相成分固定不变，锝浓度很低，有机相 TBP 浓度在相当大的范围内可保持恒定，这时$[TBP]_{(a)}$也可固定不变。TBP 在水中的溶解度低（25℃时为 1.5×10^{-3} mol·L^{-1}），随水相 HNO_3浓度的增加，$[TBP]_{(a)}$也增加，直至 0.5 mol·L^{-1} HNO_3以后，硝酸浓度增加，则$[TBP]_{(a)}$下降。这是因为自由 TBP 的活度减小而与 HNO_3形成 HNO_3·TBP 进入有机相。当有机相 TBP 浓度一定时，水相中 TBP 浓度 C_{TBP}与 HNO_3浓度的依赖关系可用下式表示：

$$\log C_{TBP(a)} = \log C^0_{TBP(a)} + a' C_{HNO_3(a)} \tag{3-45}$$

C^0_{TBP}为没有 HNO_3时 TBP 的浓度，结合式(3-44)和式(3-45)，设定 $C'_{TBP}=[TBP]_{(a)}$，锝分配比与 HNO_3浓度的关系可写成：

$$\log D_{Tc} = C + na' C_{HNO_3(a)} \tag{3-46}$$

其中：C 是常数，C_{HNO_3}在 0.5 mol·L^{-1}以上时，$\log D_{Tc}$与 $C_{HNO_3(a)}$呈一直线，斜率 $n\cdot a'=-0.35$。用100% TBP 和20% TBP/正十烷按式(3-45)进行实验，a'在 -0.08 和 -0.09 之间。若30% TBP/正十二烷也是同样的 a'值，则可算出 n 约为4，即每个 $HTcO_4$与4分子 TBP 配合。这与前文萃合物中 TBP∶$HTcO_4$=3∶1 和4∶1很好地符合。

将式(3-45)和式(3-43)结合得：

$$\log D_{Tc} = \log \frac{K'_d F_2 K_3}{F_3 K_2} + n\log C^0_{TBP(a)} + na' C_{HNO_3(a)} + \log \frac{[H^+]_{(a)}}{1+\frac{F_1}{K_a}[H^+]_{(a)}} \tag{3-47}$$

或

$$\log D_{Tc} = a + bx + \log \frac{x}{1+cx} \tag{3-48}$$

a 为常数项，x 为水相硝酸浓度。为了说明 NH_4NO_3 浓度对 D_{Tc} 的影响，式(3-47)可写成：

$$\log D_{Tc} = a + bx + \log \frac{x}{1+cx} + d\log(1+y) \tag{3-49}$$

其中：y 为 NH_4NO_3 的浓度。通过实验可求出各系数的值如下：

$$a=0.806,\quad b=-0.468,\quad c=1.58,\quad d=-1.33。$$

用这些值按式(3-49)画的曲线与实验值的一致性示于图 3-17 中。因为 $HTcO_4$浓度很低，$F_1\doteq1$，$C=\frac{F_1}{K_a}\doteq\frac{1}{K_a}$，所以 $K_a\doteq\frac{1}{C}=0.63$，即 $HTcO_4$的离

解常数。

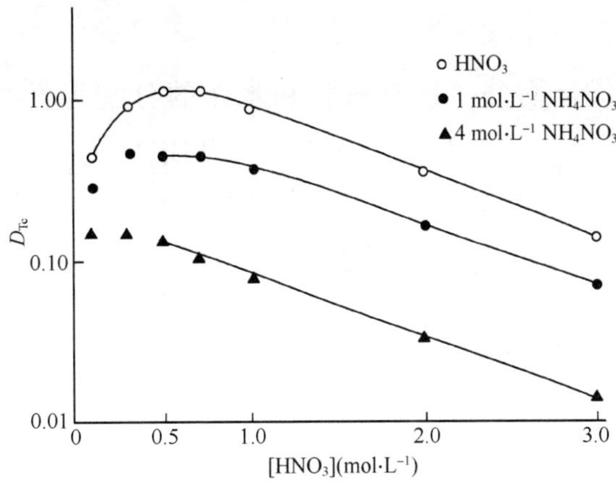

图 3-17 没有铀时 30% TBP—正十二烷萃取锝的 D_{Tc} 与硝酸和 NH_4NO_3 浓度的关系

当水相中存在铀酰离子时，锝作为配体与铀酰离子配位化合，由于硝酸存在，两者又有竞争，所以锝的萃取机理发生变化。这时在水相中要考虑的主要反应平衡有：

$$UO_2NO_3TcO_4 + HNO_3 \xrightleftharpoons{K_4} UO_2(NO_3)_2 + HTcO_4 \tag{3-50}$$

$$K_4 = \frac{[UO_2(NO_3)_2][HTcO_4]}{[UO_2NO_3TcO_4][HNO_3]} \cdot F_4 \tag{3-51}$$

$$UO_2(TcO_4)_2 + HNO_3 \xrightleftharpoons{K'_4} UO_2(NO_3)TcO_4 + HTcO_4 \tag{3-52}$$

$$K'_4 = \frac{[UO_2NO_3TcO_4][HTcO_4]}{[UO_2(TcO_4)_2][HNO_3]} \cdot F'_4 \tag{3-53}$$

$$UO_2NO_3TcO_4 + 2TBP_{(a)} \xrightleftharpoons{K_5} UO_2NO_3TcO_4(TBP)_{2(a)} \tag{3-54}$$

$$K_5 = \frac{[UO_2NO_3TcO_4(TBP)_2]_{(a)}}{[UO_2NO_3TcO_4][TBP]^2_{(a)}} \cdot F_5 \tag{3-55}$$

$$UO_2(TcO_4)_2 + 2TBP_{(a)} \xrightleftharpoons{K'_5} UO_2(TcO_4)_2(TBP)_{2(a)} \tag{3-56}$$

$$K'_5 = \frac{[UO_2(TcO_4)_2(TBP)_2]_{(a)}}{[UO_2(TcO_4)_2][TBP]^2_{(a)}} \cdot F'_5 \tag{3-57}$$

萃取到有机相中锝的总浓度为

$$[Tc]_{(0)} = [HTcO_4(H_2O)_{n-1}(TBP)_n]_{(0)} + [UO_2NO_3TcO_4(TBP)_2]_{(0)} + 2[UO_2(TcO_4)_2(TBP)_2]_{(0)}$$

水相中锝的总浓度为：

$$[Tc]_{(a)} = [TcO_4^-]_{(a)} + [HTcO_4]_{(a)} + [UO_2NO_3TcO_4]_{(a)} + 2[UO_2(TcO_4)_2]_{(a)}$$

锝的萃取分配比为：

$$D_{Tc}=\frac{[HTcO_4(H_2O)_{n-1}(TBP)_n]_{(0)}+[UO_2NO_3TcO_4(TBP)_2]_{(0)}+2[UO_2(TcO_4)_2(TBP)_2]_{(0)}}{[TcO_4^-]_{(a)}+[HTcO_4]_{(a)}+[UO_2NO_3TcO_4]_{(a)}+2[UO_2(TcO_4)_2]_{(a)}} \quad (3\text{-}58)$$

按 Neust 分配定律，萃合物分子在有机相和水相的分配为：

$$K''_d=\frac{[UO_2NO_3TcO_4(TBP)_2]_{(0)}}{[UO_2NO_3TcO_4(TBP)_2]_{(a)}} \quad (3\text{-}59)$$

$$K'''_d=\frac{[UO_2(TcO_4)_2(TBP)_2]_{(0)}}{[UO_2(TcO_4)_2(TBP)_2]_{(a)}} \quad (3\text{-}60)$$

由式(3-35)、式(3-38)和式(3-42)得：

$$\begin{aligned}&[HTcO_4(H_2O)_{n-1}(TBP)_n]_{(0)}\\&=K'_d[HTcO_4(H_2O)_{n-1}(TBP)_n]_{(a)}\\&=K'_d\cdot\frac{F_2}{K_2}\cdot\frac{[HNO_3TBP]_{(a)}[TBP]_{(a)}^{n-1}[TcO_4^-]}{[NO_3^-]}\\&=K'_d\cdot\frac{F_2K_3}{K_2\cdot F_3}\cdot\frac{[H^+][NO_3^-][TBP]_{(a)}[TBP]_{(a)}^{n-1}[TcO_4^-]}{[NO_3^-]}\\&=K'_d\cdot\frac{F_3F_2K_a}{K_2F_1F_3}[HTcO_4][TBP]_{(a)}^n\end{aligned} \quad (3\text{-}61)$$

由式(3-59)、(3-55)和式(3-51)得：

$$\begin{aligned}&[UO_2NO_3TcO_4(TBP)_2]_{(0)}\\&=K''_d[UO_2NO_3TcO_4(TBP)_2]_{(a)}\\&=K''_d\cdot\frac{K_5}{F_5}[U_ONO_3TcO_4][TBP]_{(a)}^2\\&=K''_d\frac{K_5F_4}{F_5K_4}\cdot\frac{[UO_2(NO_3)_2][HTcO_4]}{[HNO_3]}[TBP]_{(a)}^2\end{aligned} \quad (3\text{-}62)$$

由式(3-60)、(3-57)、(3-53)和式(3-51)得：

$$\begin{aligned}&[UO_2(TcO_4)_2(TBP)_2]_{(0)}\\&=K'''_d[UO_2(TcO_4)_2(TBP)_2]_{(a)}\\&=K'''_d\cdot\frac{F_4K'_5F'_4}{K_4F'_5K'_4}\cdot\frac{[UO_2(NO_3)_2][HTcO_4]^2}{[HNO_3]^2}[TBP]_{(a)}^2\end{aligned} \quad (3\text{-}63)$$

水相锝浓度各分项为：

$$[TcO_4^-]+[HTcO_4]=[HTcO_4](1+\frac{K_a}{F_1[H^+]}) \quad (3\text{-}64)$$

$$[UO_2NO_3TcO_4]=\frac{F_4}{K_4}\cdot\frac{[UO_2(NO_3)_2][HTcO_4]}{[HNO_3]} \quad (3\text{-}65)$$

$$[UO_2(TcO_4)_2]=\frac{F'_4}{K'_4}\cdot\frac{[UO_2NO_3TcO_4][HTcO_4]}{[HNO_3]}$$

$$=\frac{F'_4F_4}{K'_4K_4}\cdot\frac{[UO_2(NO_3)_2][HTcO_4]^2}{[HNO_3]^2} \tag{3-66}$$

将式(3-61)至式(3-66)代入式(3-58)得

$$D_{Tc}=\frac{K'_d\cdot\frac{K_3F_2K_a}{F_3K_2F_1}[TBP]^n+\frac{[UO_2(NO_3)_2]}{[HNO_3]}\frac{F_4}{K_4}[TBP]^2\left(\frac{K_5}{F_5}\cdot K''_d+2\frac{[HTcO_4]}{[HNO_3]}\cdot\frac{K'_5F'_4}{F'_5K'_4}\cdot K'''_d\right)}{1+\frac{K_a}{F_1[H^+]}+\frac{[UO_2(NO_3)_2]}{[HNO_3]}\frac{F_4}{K_4}\left(1+2\frac{[HTcO_4]}{[HNO_3]}\cdot\frac{F'_4}{K'_4}\right)} \tag{3-67}$$

在 Purex 流程中,$\frac{[HTcO_4]}{[HNO_3]}$约为 10^{-3}(以[$HTcO_4$]代表锝的总浓度估算),$UO_2(TcO_4)_2$ 基本不存在;由于 TcO_4^- 与 UO_2^{2+} 离子的配位化合能力较强,以 $HTcO(H_2O)_{n-1}(TBP)_n$ 被萃取的份额可忽略。对于硝酸溶液中铀酰离子共存的条件下,主要是以 $UO_2NO_3TcO_4(TBP)_2$ 形式萃取。式(3-58)可简化为:

$$D_{Tc}=\frac{[UO_2NO_3TcO_4(TBP)_2]_{(0)}}{[HTcO_4]_{(a)}+[UO_2NO_3TcO_4]_{(a)}}=\frac{\frac{K''_dK_5}{F_5}\cdot[TBP]^2_{(a)}}{1+\frac{K_4}{F_4}\cdot\frac{[HNO_3]}{[UO_2(NO_3)_2]}} \tag{3-68}$$

用式(3-45)表达[TBP],对式(3-68)两边取对数得:

$$\log D_{Tc}=\log\frac{K''_dK_5}{F_5}+2\log C^0_{TBP(a)}+2a'C_{HNO_3}-\log\left(1+\frac{K_4}{F_4}\frac{[HNO_3]}{[UO_2(NO_3)_2]}\right) \tag{3-69}$$

当有机相 TBP 浓度固定时,$\log C^0_{TBP(a)}$ 也不变,式(3-69)右边前两项为常数,改写为:

$$\log D_{Tc}=a+bx-\log\left(1+c\frac{x}{z}\right) \tag{3-70}$$

其中 x 和 z 分别为水相硝酸浓度和硝酸铀酰浓度。TBP 从含有铀的硝酸溶液中萃取锝的同时也萃取 $UO_2(NO_3)_2$,其分配比 D_U 随硝酸浓度的增加而上升,亦即随着水相硝酸浓度(x)的增加,水相硝酸铀酰的浓度(Z)急剧下降,因此使得 D_{Tc} 和 a 都不是常数。为了考虑到这个因素,需要对式(3-70)进行经验的修正,硝酸浓度在 0~3 mol·L^{-1}范围内符合下式:

$$\log D_{Tc}=a+bx+cx^2+\frac{d}{f+(1-f)x^m}\log(1+y) \tag{3-71}$$

其中 y 为 NH_4NO_3 的浓度,经最小二乘法处理,得到各系数的值如下:

$a=-0.14, b=-0.32, c=0.057, d=-0.67, f=0.80, m=1.3$。

由式(3-71)计算的曲线和实验值的一致性示于图 3-18。

4. 其他影响因素

体系中存在 10^{-3}~10^{-2} mol·L^{-1} NO_2^- 对 TBP 萃取锝的影响很小。温度变

化在20～60℃范围内对 D_{Tc} 的影响可忽略。有关 HDBP 的影响，比较 30% TBP 与 27% TBP＋3% HDBP 萃取锝，后者的 D_{Tc} 略有增高，但数值很小，无须特殊关注。上述三种因素是针对七价锝(TcO_4^-)的萃取，在有铀和没有铀的情况下都相同。由图 3-17 和图 3-18 看出，水相 NH_4NO_3 浓度增加，D_{Tc} 下降，因为 NO_3^- 与 TcO_4^- 竞争的结果。

在硝酸溶液中锝与金属离子共萃取的现象应予重视，参看本书第十章(10.2.4)节。

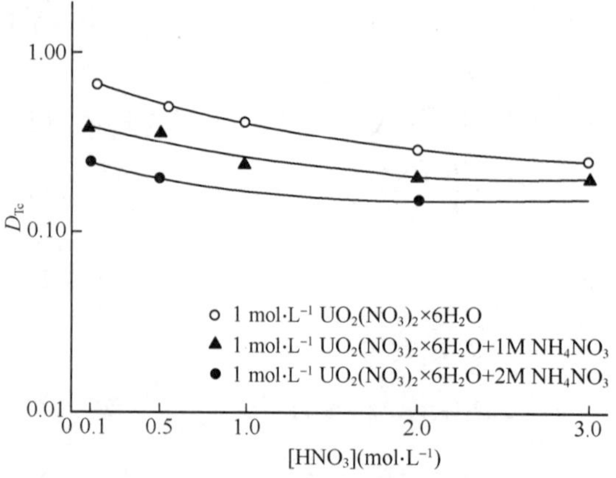

图 3-18　30% TBP—正十二烷从初始浓度为 1 mol·L^{-1} $UO_2(NO_3)_2$ 溶液中萃取锝与 HNO_3 和 NH_4NO_3 浓度的关系

3.3.2　锝的离子缔合萃取

锝的离子缔合萃取是由高锝酸根阴离子与萃取剂阳离子缔合成中性分子后溶解到有机相中，典型的萃取剂阳离子有四苯胂、胺盐和季铵盐。

1. 四苯胂盐萃取

四苯胂($ph4A_s^+$)与不同酸根阴离子的缔合物生成反应为：

$$A^+ + B^- \xrightleftharpoons{K_e} AB \qquad K_e = \frac{[AB]}{[A^+][B^-]} \tag{3-72}$$

式中 A^+ 表示 $ph4As^+$，B^- 表示 TcO_4^-、ClO_4^-、NO_3^-、Cl^- 等。文献[20]通过实验测定了几种四苯胂盐溶解于纯 TBP 有机相的萃取反应自由能。对于离子缔合物萃取，TBP 仅起有机溶剂的作用，在这体系中尚未考察协同效应。

水溶液中的物质 i 从水相(w)转移到有机溶剂中(s)的标准自由能为两相中标准化学势之差：

$$\Delta_w^s G^0(i) = {}_s\mu^0(i) - {}_w\mu^0(i) \tag{3-73}$$

对于电解质 AB 完全电离，从水相转移到有机相的标准自由能为：

$$\begin{aligned}\Delta_w^s G^0(AB) &= \Delta_w^s G^0(A^+) + \Delta_w^s G^0(B^-)\\ &= -RT\ln[A^+]_s[B^-]_s/[A^+]_w[B^-]\\ &= -RT\ln {}_sK_{sp}/{}_wK_{sp}\end{aligned} \tag{3-74}$$

可通过测溶度积 K_{sp} 得到标准自由能 $\Delta_w^s G^0(AB)$。用已知的四苯胂与四苯硼的缔合物 ph_4Asph_4B 萃取的标准自由能进行比较。实验中用的四苯胂盐 ph_4Asph_4B、ph_4AsTcO_4 和 ph_4AsClO_4，在 ph_4AsCl 的水溶液中加入过量的

$Naph_4B$、$HTcO_4$和 $HClO_4$沉淀法制备。Ph_4AsNO_3由 ph_4AsCl 通过 Dowex 1×8 (NO_3^-)交换柱获得。

从实验测定的萃取分配比中求标准自由能较方便。图 3-19 表示四种四苯胂盐在水和未稀释的 TBP 之间的相平衡,纵坐标是萃取分配比,横坐标是相应酸根阴离子 TcO_4^-、ClO_4^-、NO_4^- 和 Cl^- 在水相的浓度。当这些离子在水相的浓度很稀时与其活度相等,即活度系数等 1。这时的分配比数据用于计算标准自由能,数据列于表 3-9。由图 3-19 和表 3-9 看出高锝酸根阴离子与四苯胂阳离子缔合萃取的分配比在四种酸根中最高,而且标准自由能小于零,说明萃取过种可自动进行。

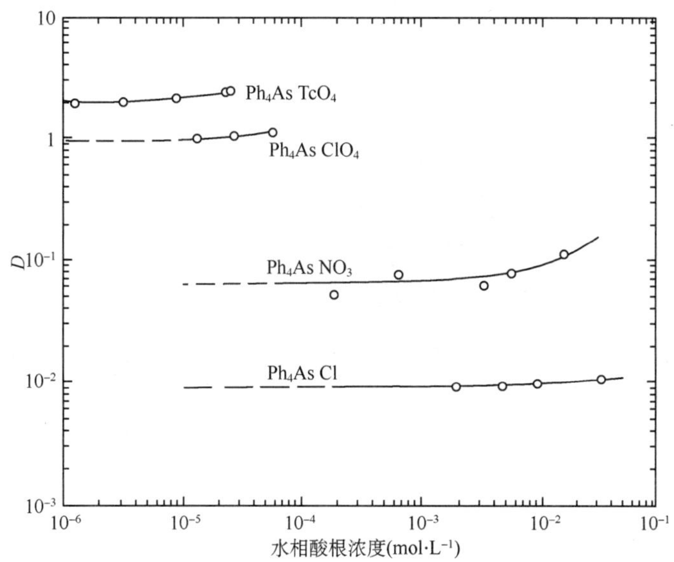

图 3-19 几种四苯胂盐在水与未稀释的 TBP 之间的相平衡

表 3-9 几种四苯胂盐电解质在未稀释 TBP 和水之间的分配比 *D* 和标准自由能 $\Delta_w^s G^0$

电解质	*D*	$\Delta_w^s G^0$(kJ · mol^{-1})
Ph_4AsTcO_4	1.90±0.10	−3.2±0.3
Ph_4AsClO_4	0.95±0.05	+0.3
Ph_4AsNO_3	(6.5±1.5)×10^{-2}	+13.5±1.0
Ph_4AsCl	(9.0±1.0)×10^{-3}	+23.4±0.5

Ph_4AsTcO_4 在氯仿中的溶解度较大,在锝的分析中常用氯仿做有机相稀释剂。

2. 胺类萃取锝

胺类萃取剂中叔胺和季铵盐对七价锝有很强的萃取能力。用 0.01 mol·L^{-1} 二甲基双十二碳烯基氯化铵(DDA)—甲苯溶液从硝酸中萃取七价锝时,随着酸度增高,锝的萃取分配比 D_{Tc} 单调下降。用 0.01 mol·L^{-1} 三正辛胺(TOA)—环已烷溶液从硝酸中萃取七价锝,受硝酸浓度的影响不是单调的,而出现一个拐点(约 0.04 mol·L^{-1}),这时锝的萃取分配比 D_{Tc} 最高。当硝酸浓度低于这拐点时,D_{Tc} 随 HNO_3 浓度增高而增加;HNO_3 浓度高于拐点后继续增高,D_{Tc} 则随之减小。图 3-20 示出了 DDA 和 TOA 萃取 Tc(Ⅶ)的 D_{Tc} 与 HNO_3 浓度的关系,两者的 $\log D_{Tc} - \log C_{HNO_3}$ 都出现斜率为−1 的直线,这反映了胺类萃取的阴离子交换机理。

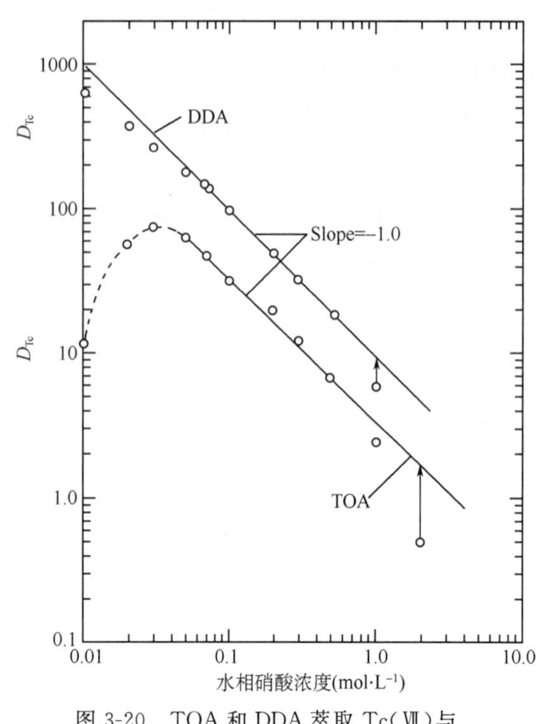

图 3-20 TOA 和 DDA 萃取 Tc(Ⅶ)与 HNO_3 浓度的关系

DDA 萃取 TcO_4^- 的反应式:

$$R_4N^+ \cdot Cl^- + NO_3^- \rightleftharpoons R_4N^+ \cdot NO_3^- + Cl^-$$

$$R_4N^+ \cdot NO_{3(o)}^- + TcO_4^- \rightleftharpoons R_4N^+ \cdot TcO_{4(o)}^- + NO_3^- \tag{3-75}$$

TOA 萃取 TcO_4^- 的反应式:

$$R_3N + HNO_3 \rightleftharpoons R_3NH^+ \cdot NO_3^-$$

$$R_3NH^+ \cdot NO_3^- + TcO_4^- \rightleftharpoons R_3NH^+ \cdot TcO_4^- + NO_3^- \tag{3-76}$$

季铵盐萃取剂上已经存在 R_4N^+ 阳离子,可直接与阴离子缔合,在很低的酸度,甚至碱性介质中都能直接萃取,这是季铵盐的突出优点。国产的甲基三烷基氯化铵(7402)对七价锝的萃取性能也很好。

叔胺型萃取剂必须先与酸分子的氢离子形成胺盐(R_3NH^+)阳离子之后才能与阴离子缔合萃取到有机相,所以在太低浓度酸时,萃取性能差。随着酸度增加,R_3NH^+ 形成,达到一定浓度时,D_{Tc} 最高这个拐点的酸浓度与叔胺浓度成定量相关。当酸度高于拐点后,酸根阴离子与 TcO_4^- 竞争,故使 D_{Tc} 下降。

胺类萃取七价锝的行为比较简单,因为 TcO_4^- 在水相溶液中已经定量形成。如果萃取其他金属配位化合阴离子(如 $Pu(NO_3)_6^{2-}$),金属离子需要一定浓度的酸根离子与之形成可萃取的配位化合阴离子,酸度对萃取的影响有别于萃取 TcO_4^- 的规律。

锝的离子缔合萃取多用于分析锝，通过萃取分离，可测定七价锝（TcO_4^-）的量，也可以调价态，使锝全部为 TcO_4^-，然后萃取测定锝的总量。

3.3.3　HDBP 萃取四价锝

Purex 流程 1B 萃取器内还原反萃取钚的过程中，Tc(Ⅶ)也被还原到 Tc(Ⅳ)，认为是以 TcO^{2+} 形式存在为主，TBP 不萃取这种状态的锝。但是 TBP 受辐射降解和化学降解，会生成磷酸二丁酯(HDBP)，对 TcO^{2+} 有较强的萃取能力，实验证明，在 0.5～3 mol·L^{-1} HNO_3 中，萃合物为 $TcO(DBP \cdot HDBP)_2$。

3.4　Purex 流程中锝的走向[33-38]

裂变产物 ^{99}Tc 是纯 β^- 衰变的核素，其 β^- 粒子的能量低，从射线防护和中子俘获截面两方面考虑，对裂变产物 ^{99}Tc 的去污要求不高。早期策重于生产堆元件的后处理，由于燃耗低，^{99}Tc 含量少，锝的问题不突出，未引起人们的足够重视。后来乏燃料后处理的主要对象是动力堆元件，燃耗深，^{99}Tc 含量高，因其半衰期长，在乏燃料回收的铀产品中对 ^{99}Tc 的含量有限制。另外，后处理工厂在铀/钚分离步骤，采用四价铀做钚的还原反萃取剂，锝在这个过程中有特殊影响，所以锝在 Purex 流程中的走向应予以足够重视。

文献[33]根据图 3-21 所示的工艺流程，采用逆流萃取串级实验研究碍的走向，实验结果列于表 3-10。表中串级实验 1 至 7 的料液成分列于表 3-11。实验过程锝的物料衡算大于 95%。

表 3-10　锝走向研究串级实验结果　t=35℃

实验编号	萃取器	锝分布(%)		DF_{Tc}		
		有机相	水相	IA	铀线	钚线
串-1	1A	13.3(IAP)	86.7(IAW)	7.5		
串-2	1A	14.3(IAP)	85.9(IAW)	7.1		
串-3	1A	15.3(IAP)	84.7(IAW)	6.5		
串-4	1A	6.8(IAP)	93.2(IAW)	14.7		
串-5	1A	12.8(IAP)	87.2(IAW)	7.8		
串-6	1B	0.18(IAP)	99.8(IAW)		556	≈1
串-7	1B	0.13(IAP)	99.8(IAW)		769	≈1
串-8	1B	6.5(IAP)	93.5(IAW)		1.1	
串-9	2D	3.3(IAP)	96.7(IAW)		30.3	
串-10	2A	0.27(IAP)	99.7(IAW)			370
串-11	2B	13.1(IAP)	86.9(IAW)			1.2

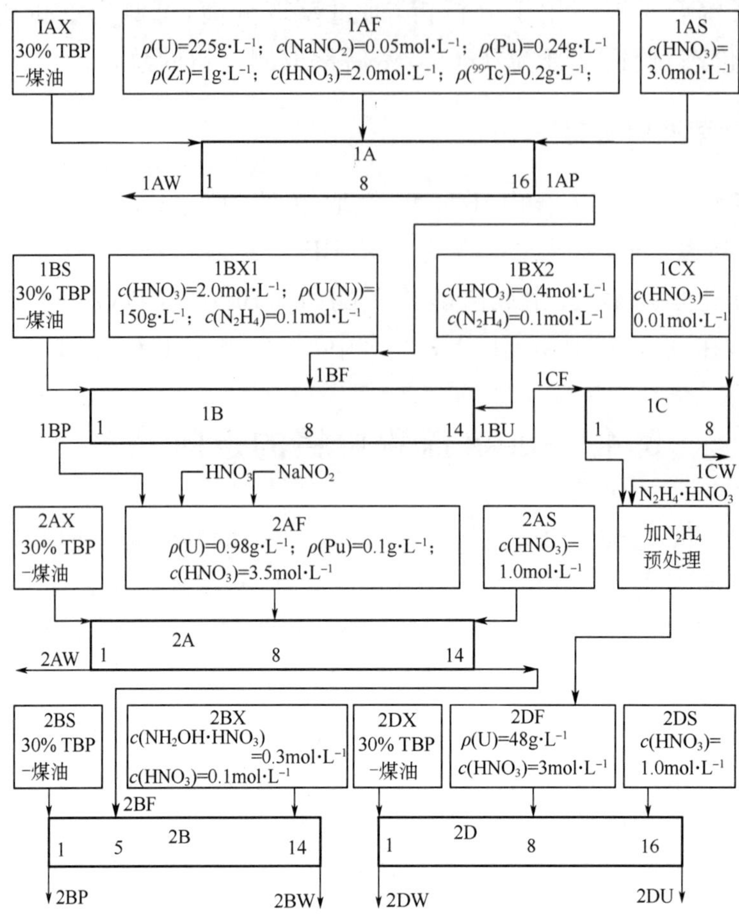

图 3-21 锝走向研究的逆流萃取串级实验工艺流程示意图

表 3-11 串 1-7 的实验料液成分

实验料液	实验号	铀浓度 $(g \cdot L^{-1})$	HNO_3浓度 $(mol \cdot L^{-1})$	锝浓度 $(g \cdot L^{-1})$	锆浓度 $(g \cdot L^{-1})$	钚浓度 $(g \cdot L^{-1})$
	串-1	225	2.0	2.0		
	串-2	225	2.0	2.0	1.0	
1AF	串-3	225	2.0	2.0	1.0	0.24
	串-4	225	3.0	2.0		
	串-5	225	3.0	2.0	1.0	
1BF	串-6	85	0.2	0.03	1.0	
	串-7	85	0.2	0.03	1.0	0.1

3.4.1　1A 萃取器锝的走向

锝走在 1A 萃取器中的行为，受进料条件的影响较大，如硝酸浓度、铀、钚和锆等其他金属离子的浓度以及料液预处理等因素不同，锝在有机相与水相的分布也不一样。

1. 硝酸浓度的影响

水相不含锆时，硝酸浓度低有利于锝萃取，硝酸浓度增高，则使锝萃取率降低。当水相中存在锆时，增加硝酸浓度由于锆的萃取率增大，因而锝的萃取也相应增加。文献[35]的实验结果为：水相锆浓度为 0.6 g·L^{-1}，当硝酸为 2.0 mol·L^{-1}时，14.4% Tc 进入 IAP；3.0 mol·L^{-1}HNO_3时，27% Tc 进入 IAP。

2. 锆对锝萃取的影响

锆的存在会使锝萃取增加，水相 HNO_3浓度为 3.0 mol·L^{-1}，没有锆存在时，D_{Tc}=0.32，锆浓度为 1.0 g·L^{-1}时，D_{Tc}=0.59。

3. 1A 萃取器各级锝的分配比

不同水相条件下，实验平衡后各级锝的萃取分配比如图 3-22。各曲线对应的串级实验为：1-串 4，2-串 1，3-串 5，4-串 2，5-串 3。

1A 萃取器中锝在各级的分布如图 3-23 所示。由图 3-22 和图 3-23 看出，有锆存在时，锝在第 5 级的 D_{Tc}最大和有机相中含量最高，表明有锆的情况下，锝在 1A 萃取器中有内循环现象。

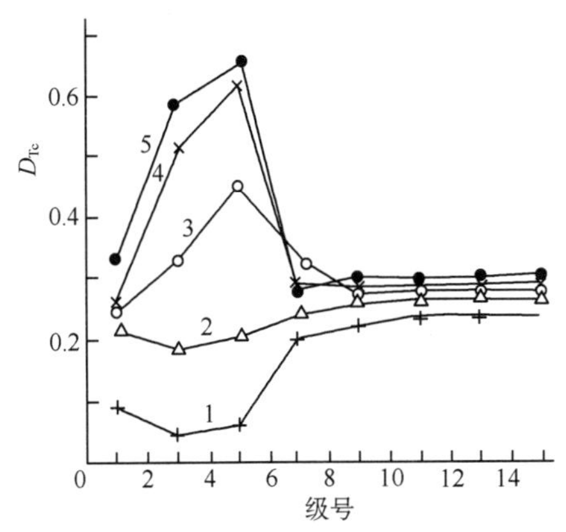

图 3-22　1A 萃取器各级锝的萃取分配比

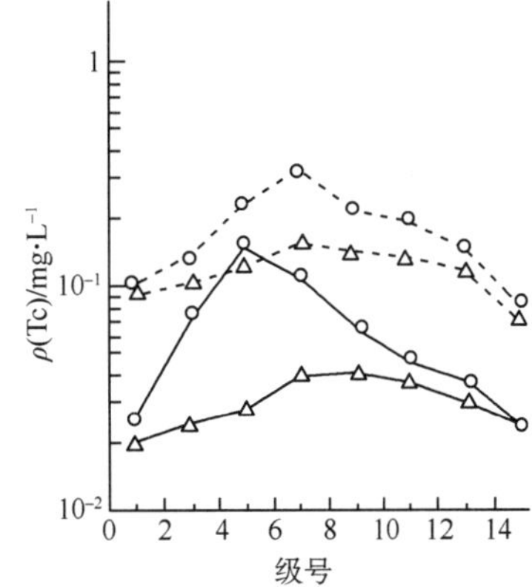

图 3-23　1A 萃取器中锝的各级分布

实线—有机相；△—串 1

虚线—水相；○—串 2

不同的文献报道，因其实验条件不完全一样，所以锝萃取的数据也有差别。文献[35]对含锆 0.6 g·L^{-1}的料液加热预处理后，以 3.0 mol·L^{-1} HNO_3进料，

则有 99.8%的锝进入有机相。英国 Thorp 厂实验室的冷实验中锝的萃取率很低，而在小型实验装置上进行真实料液实验时，几乎 100%的锝进入 1AP。也有在真实乏燃料溶解液进行的热实验中，观察到锝的 60%左右进入 1AP。

3.4.2 1B 萃取器中锝的走向

1A 萃取器内锝以七价(TcO_4^-)被萃取到 1AP 中再进入 1B 萃取器，在还原反萃取钚的过程中，高价锝也会被还原成低价锝，其萃取行为不同于 1A 萃取器，由表 3-10 中串 6 和串 7 的结果表明，1AP(即 1BF)中 99.8%的锝进入水相，仅 0.2%锝和铀一起留在有机相。1B 萃取器中锝在各级的分布，见图 3-24。

1B 萃取器中 U(Ⅳ)为还原反萃取剂，Tc(Ⅶ)被同时还原到 Tc(Ⅳ)，以 TcO^{2+} 和 TcO_2 状态存在。串级实验用新鲜的 TBP，对 TcO^{2+} 和 TcO_2 不萃取，故有机相仅残留 0.2%锝。对于真实乏燃料溶解液进行的热实验，1AP 中含有 TBP 的辐解产物 HDBP，对 TcO^{2+} 配位化合能力很强，会增加有机相中锝的份额，亦即铀中对锝的去污就不像串级实验的结果那么好。另外，TcO_2 达到一定量时会沉淀，给工艺操作造成麻烦。

3.4.3 1C 和 2D 萃取器锝的走向

1B 萃取器中还原反萃取钚后，铀留在有机相进入 1C 萃取器，通常采用稀硝酸(0.01 mol · L^{-1})溶液反萃取铀，这时残留在有机相中的锝约 94%随着铀一起被反萃取到水相。1C 萃取器中各级锝的浓度分布示于图 3-25。

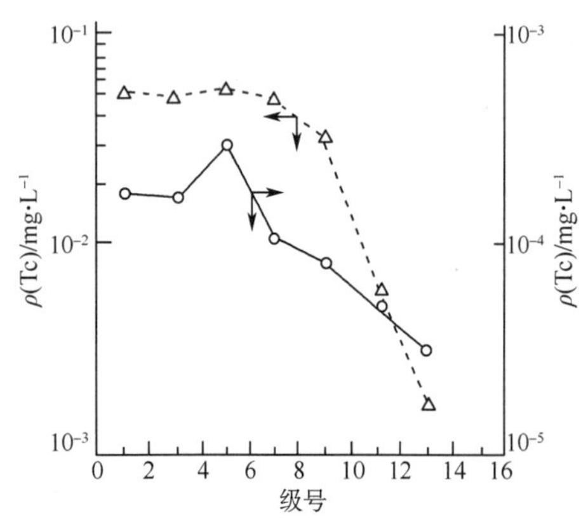

图 3-24 1B 萃取器中锝的各级分布

实线—有机相；虚线—水相

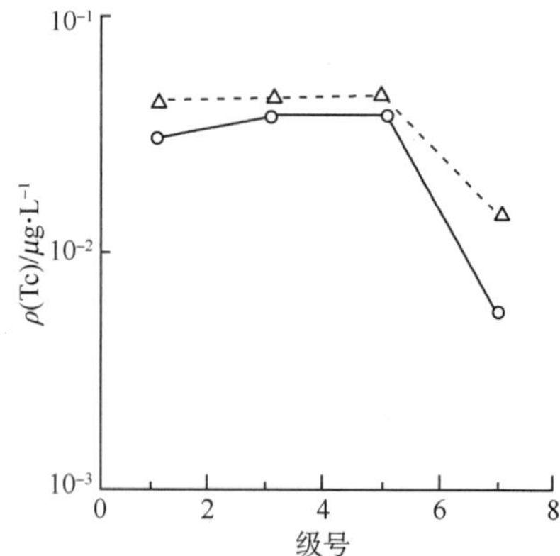

图 3-25 1C 萃取器中锝的各级分布

实线—有机相；虚线—水相

1C 萃取器中反萃取到水相的铀(1CU)，加还原剂(N_2H_4)加热预处理，锝被还原到低价。调节硝酸浓度到 3.0 mol · L^{-1}作为料液(2DF)，在 2D 萃取器中萃取铀，约有 97%的锝留在水相(2DW)。2D 萃相器锝在各级分布如图 3-26 所示。

3.4.4 2A 和 2B 萃取器锝的走向

1B 萃取器中还原反萃取钚的过程中，绝大部分锝和钚一起反萃取到水相(IBP)后，经 $NaNO_2$ 调节钚为四价和调硝酸浓度到 3.5 mol · L^{-1} 作为料液(2AF)，进入 2A 萃取器萃取钚。实验结果表明，99.7%的锝留在水相(2AW)，有机相(2AP)中仅有 0.3%。

2AP 作为料液进入 2B 萃取器进行还原反萃取钚，在这过程中，有机相原有锝的 87%随着钚一起被的反萃到水相(2BP)中。

2A 和 2B 萃取器中锝的各级分布如图 3-27 所示。

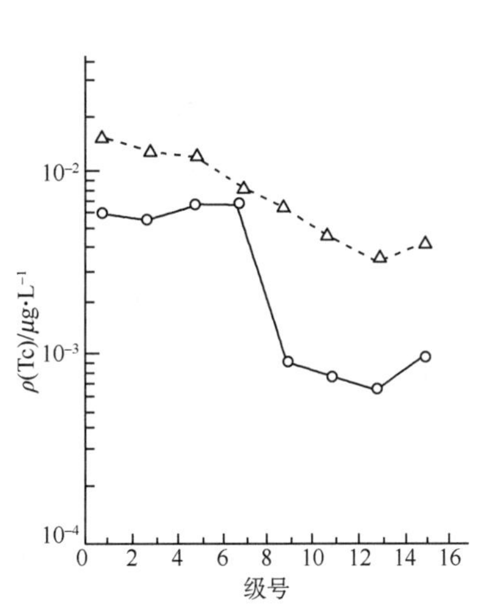

图 3-26 2D 萃取器中锝的各级分布

实线—有机相；虚线—水相

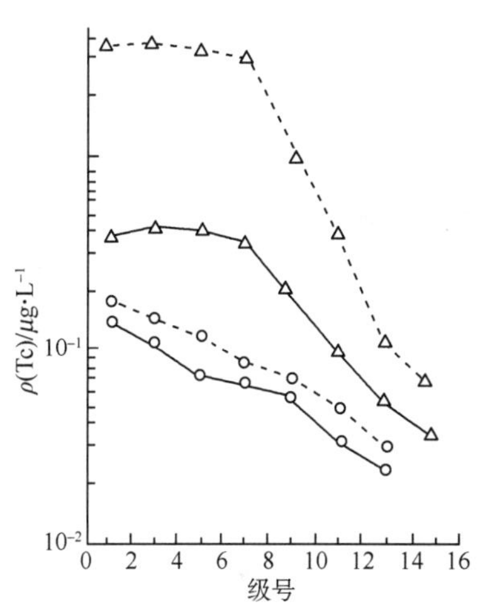

图 3-27 2A 和 2B 萃取器中锝的各级分布

△—2A；实线—有机相；

○—2B；虚线—水相

3.4.5 TcS 萃取器锝的走向

在铀/钚分离过程(1B)采用四价铀做还原反萃剂时，为了减小锝的影响，限制进入 1B 萃取器的锝量，在 1A 和 1B 两萃取器之间加设了一个洗涤锝(TcS)的萃取器，用以洗涤锝。图 3-28 为 TcS 实验流程示意图，有机相(TcSP)作为 1B 萃取器的料液(1BF)；水相(TcSW)含被洗涤的锝，同时也有约 3%钚和一定量的铀从有机相中被洗下来，必须回收。于是在 TcSW 出口后设一个补充萃取器(1AXX)回收钚和铀，补萃取的有机相(1AXXP)返回 1A 萃取器。

文献[37]的模拟实验结果指出，在洗涤锝萃取中经双酸洗涤后，有机相中锝的去污系数(DF_{Tc})达 10 以上，锝在各级的分布如图 3-29 所示。在真实乏燃料溶解液进行的热实验中，TcS 萃取器洗涤对锝的去污系数为 3 左右，法国 UP-3 报道的去污系数也是约为 3。这些都说明模拟实验与真实乏燃料实验存在差别。

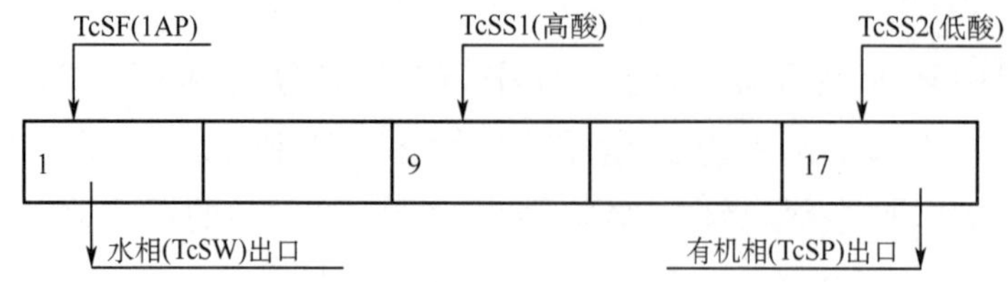

图 3-28　TcS 萃取器实验示意图

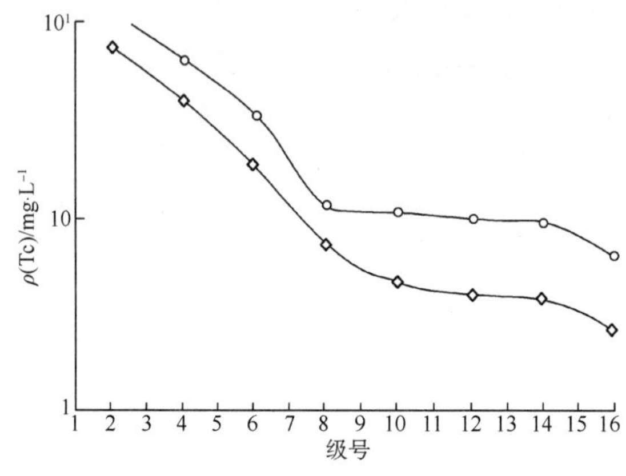

图 3-29　TcS 萃取器中锝在各级的分布

◇—有机相；○—水相

3.5　Purex 流程中锝的特殊影响[36,39-50]

3.5.1　锝与 N_2H_4 的氧化还原反应

Purex 流程水相为硝酸介质，一般情况下锝处于七价（TcO_4^-）状态，是含氧酸根。除了酸的性质外，更多地表现为以配体参与金属离子的共同萃取。在 1B 萃取器中，还原反萃取钚时，Pu(Ⅳ)被还原为 Pu(Ⅲ)进入水相，与此同时，TcO_4^- 也被还原为 Tc(Ⅳ)(TcO^{2+} 和 TcO_2)。当采用 U(Ⅳ)作为还原反萃取剂时，U(Ⅳ)的实际耗量比化学计量的量大得多，有时甚至大 10 倍以上，所以在 U(Ⅳ)还原反萃取 Pu(Ⅳ)过程中，锝的氧化还原行为引起人们的重视，焦点集中在锝对 U(Ⅳ)稳定性的影响。在燃耗为 40 000 MWd/t 左右的乏燃料中，钚和锝的摩尔比约为 6，对其进行后处理时，1B 萃取器内，还原反萃取过程主要的氧化还原反应发生在 U(Ⅳ)和 Pu(Ⅳ)之间。如果没有锝参与作用，按化学计量，被氧化的 U(Ⅳ)和被还原的 Pu(Ⅳ)之摩尔比应是 1∶2，反应式为：

$$U(Ⅳ)+2Pu(Ⅳ)\rightarrow U(Ⅵ)+2Pu(Ⅲ) \tag{3-77}$$

在辐照场情况下，硝酸体系中难免有 NO_2^- 生成，它会氧化 U(Ⅳ)和已被还原的 Pu(Ⅲ)，使两者都不稳定，而且空气中的氧也使 U(Ⅳ)氧化。向体系中加入 N_2H_4，可与 NO_2^- 快速反应，使 U(Ⅳ)和 Pu(Ⅲ)都稳定。所以在采用 U(Ⅳ)作还原反萃取剂时，总是要添加一定浓度的 N_2H_4 作为支持还原剂，主要作用是快速消除 NO_2^-，使 U(Ⅳ)和 Pu(Ⅲ)都稳定。有锝参与作用时，主要以配体萃取到有机相中的 TcO_4^- 自然会氧化 U(Ⅳ)：

$$3U(\text{Ⅳ})+2Tc(\text{Ⅶ})\rightarrow 3U(\text{Ⅵ})+2Tc(\text{Ⅳ}) \quad (3\text{-}78)$$

这个反应快速进行，消耗 U(Ⅳ)的量相当还原反萃 Pu(Ⅳ)所需要的一半（按 Tc 100%进入 1AP 时 Pu/Tc 摩尔比约为 6 计算），但是实践中 U(Ⅳ)的总耗量比化学计量高得多，对此许多文献[40-44]认为是锝参与催化氧化肼，使支持还原剂肼大量消耗，导致 U(Ⅳ)不稳定。其中 Tc 与肼和 NO_3^- 作用的部分典型反应如下：

示意反应式	反应速率常数(mol · h⁻¹)	
$Tc(\text{Ⅶ})+N_2H_4\xrightarrow{\text{很慢}}Tc(\text{Ⅵ})+N_2H_4(ox)$	0.02	(3-79)
$Tc(\text{Ⅵ})+N_2H_4\xrightarrow{\text{快}}Tc(\text{Ⅳ})+N_2H_4(ox)$	750	(3-80)
$Tc(\text{Ⅳ})+Tc(\text{VⅢ})\xrightarrow{\text{很快}}Tc(\text{V})+Tc(\text{Ⅵ})$	10000	(3-81)
$Tc(\text{V})+N_2H_4\xrightarrow{\text{快}}Tc(\text{Ⅳ})+N_2H_4(ox)$	750	(3-82)
$Tc(\text{Ⅳ})+NO_3^-\xrightarrow{\text{慢}}Tc(\text{Ⅵ})+NO_2^-$	30	(3-83)
$Tc(\text{Ⅵ})+NO_3^-\xrightarrow{\text{慢}}Tc(\text{ⅥI})+NO_2^-$	2	(3-84)
$Tc(\text{V})+NO_3^-\xrightarrow{\text{慢}}Tc(\text{Ⅶ})+NO_2^-$	10	(3-85)
$NO_2^-+N_2H_5^+\xrightarrow{\text{快}}HN_3+2H_2O$	500	(3-86)

文献[40]和[44]都观察到 Tc(Ⅶ)与肼反应存在诱导期，开始一段时间内反应很慢。诱导期时间的长短与肼的初始浓度无关，但与锝浓度有关，初始锝浓度高则诱导期短，反之亦然，见图 3-30 和图 3-31。此外与硝酸浓度和温度也有关，随着硝酸浓度增加，反应诱导期缩短，甚至消失（见图 3-32）。温度增加，诱导期也缩短或消失（见图 3-33）。

Tc(Ⅶ)与肼反应存在诱导期已确证无疑，然而有 U(Ⅳ)存在时，这个诱导期似乎不重要。因为反应式(3-78)是快速的，很快就会生成 Tc(Ⅳ)，一旦有了 Tc(Ⅳ)，则反应式(3-81)、式(3-80)和式(3-82)都能快速进行。从式(3-78)到式(3-86)的一系列反应中，表明 Tc 的价态在循环变化中，像催化剂的作用。在这过程中，有锝直接消耗肼，也有通过与 NO_3^- 反应生成 NO_2^- 消耗肼。但是从反应动力学看，高价锝变低价锝快，而低价锝变高价锝慢，Tc(Ⅵ)和 Tc(Ⅴ)不稳定，很快变成Tc(Ⅳ)，不被 TBP 萃取，这对铀中锝的去污很有利，而锝催化氧化肼的作用不太明显。因此 U(Ⅳ)耗量大的原因未必仅由于存在锝的影响，而有必要进一步研究。

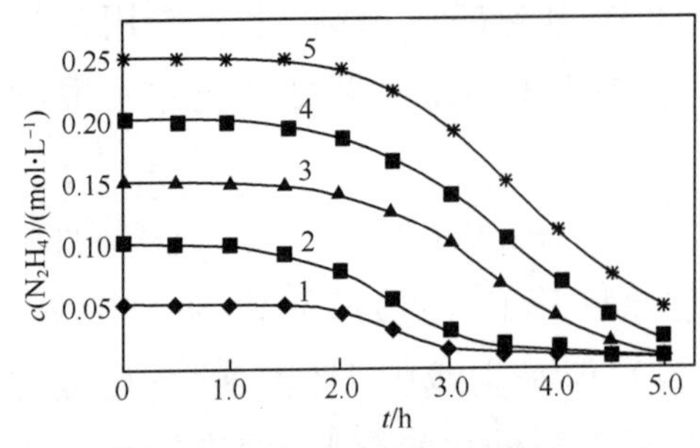

图 3-30　肼浓度随时间变化

$[TcO_4^-]=1.84$ m mol · L^{-1},$[HNO_3]=1.5$ mol · L^{-1},

$[N_2H_4]$(mol · L^{-1})：1－0.05,2－0.10,3-0.15,

4－0.20,5－0.25

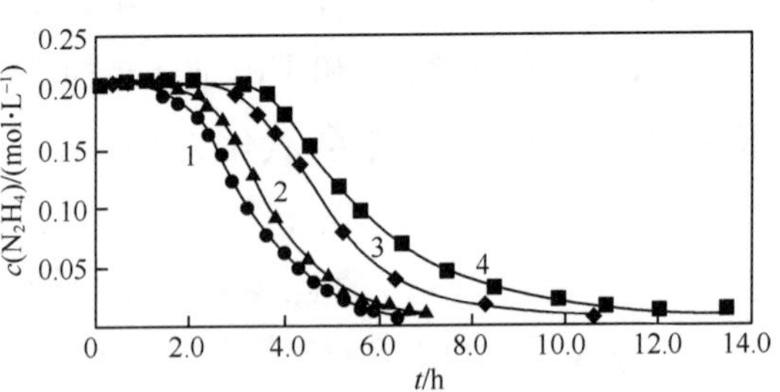

图 3-31　不同$[TcO_4^-]$下肼浓度随时间变化

$[TcO_4^-]$(m mol · L^{-1})：1－5.53,2－4.42,3-2.21,4－1.11

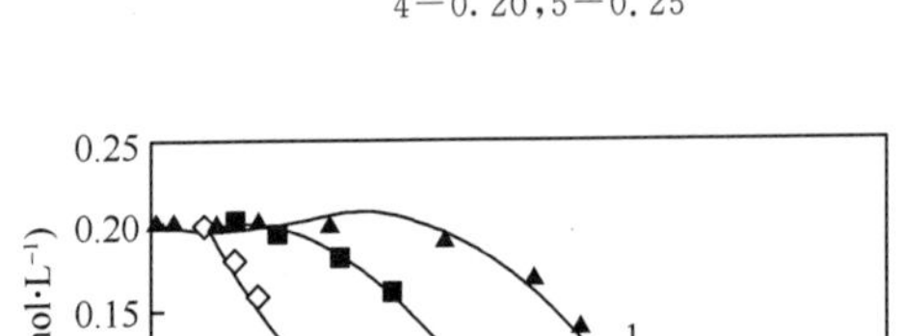
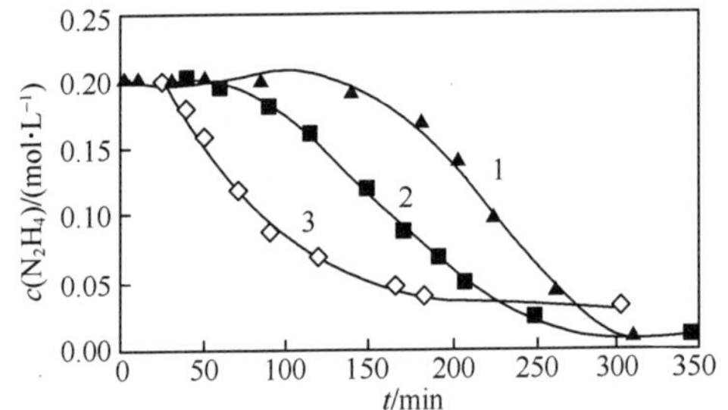

图 3-32　硝酸浓度对锝与肼反应的影响

$[TcO_4^-]=1.84$m mol · L^{-1}，$[N_2H_4]=0.2$ mol · L^{-1}

$[HNO_3]$(mol · L^{-1})：1－15,2－2.5,3-3.5

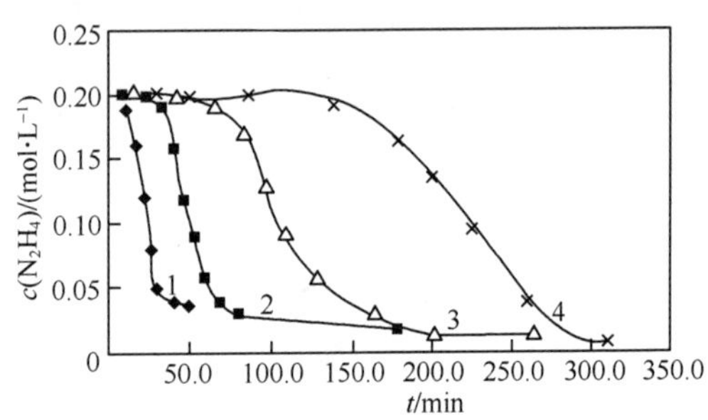

图 3-33　温度对锝与肼反应的影响

$[HNO_3]=1.5$ mol · L^{-1}，$[TcO_4^-]=1.84$ m mol · L^{-1}，

T(K)：1－318,2－313,3－308,4－300

3.5.2　TBP－HNO_3体系中 U(Ⅳ)的稳定性

有关 U(Ⅳ)作为 Pu(Ⅳ)还原反萃取剂和稳定性研究有不少文献报道[45-48]，体系中由于 HNO_3、HNO_2以及氧的综合作用，使 U(Ⅳ)氧化为 UO_2^{2+}。基本反应有：

$$U^{4+}+HNO_3+H_2O=UO_2^{2+}+HNO_2+2H^+ \tag{3-87}$$

$$U^{4+}+2HNO_2 \longrightarrow UO_2^{2+}+2NO+2H^+ \tag{3-88}$$

$$2NO+HNO_3+H_2O=3HNO_2 \tag{3-89}$$

$$2U^{4+}+O_2+2H_2O=2UO_2^{2+}+4H^+ \tag{3-90}$$

根据反应式(3-88)和式(3-89)，经实验求出 U(Ⅳ)消耗的动力学方程为：

$$\frac{-d[U^{4+}]}{dt}=0.14\frac{[U^{4+}][HNO_2]^{0.55}}{[HNO_3]^{0.43}} \tag{3-91}$$

硝酸氧化 U^{4+} 为 UO_2^{2+} 时生成 HNO_2，后者继续氧化 U^{4+}，每消耗 1 mol U^{4+} 需要 2 mol HNO_2，同时在 HNO_3 作用下又长出 3 molHNO_2，当体系中若不考虑 O_2 的作用，每氧化消耗 1 mol U^{4+}，净增 1 mol HNO_2，这样可以在有机相中观察到 U^{4+} 的消耗和 HNO_2 增长速率相等。其反应为：

$$U(NO_3)_4 \cdot 2TBP + HNO_3 \cdot TBP + H_2O + 2TBP = UO_2(NO_3)_2 \cdot 2TBP + HNO_2 \cdot TBP + 2HNO_3 \cdot TBP \tag{3-92}$$

图 3-34 为萃取 U(Ⅳ)的 30%TBP 有机相的吸收光谱，刚开始时为曲线 1，在 480 nm和 650 nm 是 U(Ⅳ)的两个特征峰；曲线 2，过 5 小时，两个特征峰下降，在 340～400 nm 范围内出现了锯齿状的 HNO_2 特征峰；曲线 3，过 7 小时，U^{4+} 的特征峰完全消失，HNO_2 的特征峰增高。表 3-12 说明有机相的 U^{4+} 比水相中易氧化，静置比振荡情况下更稳定。

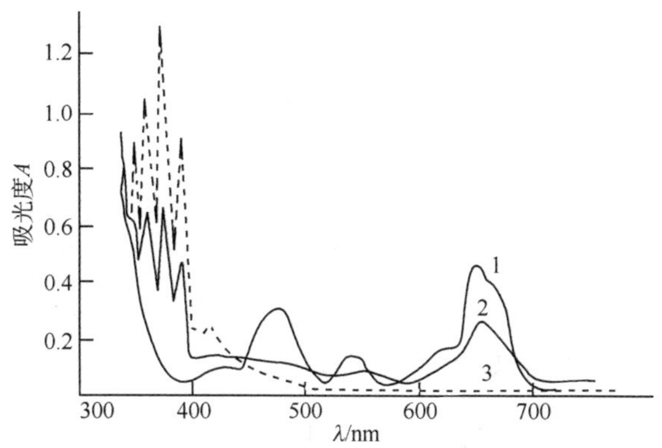

图 3-34　30% TBP 中 U(Ⅳ)的吸收光谱

曲线：1—0h，2—5h，3—7h

表 3-12　不同条件下 30% TBP—HNO_3 体系中 U(Ⅳ)的氧化

条件	有机相 U(Ⅳ)	浓度(g·L^{-1})	水相 U(Ⅳ)	浓度(g·L^{-1})
	初始	最终	初始	最终
两相振荡混合 5.5h	3.71	2.08	10.5	7.31
两相分开静置 5.5h	3.71	2.67	10.5	10.5

TBP 萃取 HNO_2 的分配比高于 HNO_3 的分配比，有机相中 HNO_2 浓度高于水相，所以有机相的 U(Ⅳ)更容易被氧化。

TBP—HNO_3 体系对于 U(Ⅳ)是不稳定的，引起 U(Ⅳ)消耗的因素比较多，锝的影响只是因素之一。

3.5.3　Tc(Ⅶ)与 Pu(Ⅲ)的氧化还原反应

1B 萃取器中还原反萃取钚，使三价钚进入水相，实现铀/钚分离。若这时体系中仍存在 Tc(Ⅶ),则 Pu(Ⅲ)会被氧化,生成 Pu(Ⅳ)重新萃取到有机相和铀混合。文献[49]和[50]报道了硝酸溶液中 Tc(Ⅶ)与 Pu(Ⅲ)的氧化还原反应,提出的主要反应式有:

$$\mathrm{Pu(III)+Tc(VII)\rightarrow Pu(IV)+Tc(VI)} \tag{3-93}$$

$$\mathrm{TcO_4^- + 2H^+ \rightleftharpoons TcO_3^+ + H_2O}$$

$$\mathrm{TcO_3^+ + Pu^{3+} + H_2O = Pu^{4+} + TcO_4^{2-} + 2H^+} \tag{3-94}$$

$$\mathrm{TcO_4^- + 6H^+ \rightleftharpoons TcO^{5+} + 3H_2O}$$

$$\mathrm{TcO^{5+} + Pu^{3+} + 3H_2O = Pu^{4+} + TcO_4^{2-} + 6H^+} \tag{3-95}$$

$$\mathrm{TcO_4^{2-} + 2Pu^{3+} \rightleftharpoons 2Pu^{4+} + TcO_2} \tag{3-96}$$

$$\mathrm{TcO_4^- + 3Pu^{3+} + 4H^+ = 3Pu^{4+} + TcO_2 + 2H_2O} \tag{3-97}$$

从式(3-93)到式(3-97),表明 Pu(Ⅲ)被 Tc(Ⅶ)氧化为 Pu(Ⅳ)时,锝由 Tc(Ⅶ)还原到 Tc(Ⅵ),是锝的不稳定状态,可被 HNO_3 氧化到 Tc(Ⅶ),但反应速率慢,继续被还原到稳定态的 Tc(Ⅳ)可能性很大,1 mol Tc(Ⅶ)可氧化 3 mol Pu(Ⅲ),对三价钚的稳定性影响很大。

还原剂羟胺的衍生物二甲基羟胺还原 Pu(Ⅳ)为 Pu(Ⅲ)是快速反应,但是不还原 Tc(Ⅶ)。支持还原剂肼的衍生物甲基肼与 HNO_2 的反应也是快速的,而它还原 Tc(Ⅶ)的反应速率在相同条件下比肼还慢,5～6 小时内观察不到反应发生。以二甲基羟胺—甲基肼为还原剂代替 U(Ⅳ)—H_2H_4,用于 1B 萃取器中反萃取钚,实验研究结果表明,对钚的反萃取效果很好,和预期结果相符合。关于锝在过程中的行为,有机相中锝本来是七价(TcO_4^-)作为配体与 UO_2^{2+} 和 Pu^{4+} 共萃取,当 Pu^{4+} 被还原为 Pu^{3+} 进入水相,TcO_4^- 可转为 UO_2^{2+} 的配体。1B 体系中 HNO_3 浓度比 1A 中低,更有利于 TcO_4^- 与 NO_3^- 竞争。在反萃取钚的时间内,二甲基羟胺—甲基肼都不会还原 Tc(Ⅶ)为低价,锝应该留在有机相。可是实验结果是锝也以低价状态进入水相,用吡啶萃取分离锝进行测量的操作步骤中,事先必须加氧化剂使锝成为七价状态才可行。究其原因,可认为体系中生成的 Pu(Ⅲ)还原 Tc(Ⅶ)为 Tc(Ⅳ)。

参考文献

[1] Perrier, C. Segre. E. J. Chem. Phys. 5,712 (1937). Nature,140,193 (1937).

[2]《锝及其分析》,212 科技图书馆编译 (1973).

[3] Moore, C. E. Science,114,59 (1951).

[4] Merrill, P. W. Science,115,484 (1952).

[5] Fowler, W. A. et al. Astrophys. J. 122,271 (1955).

[6] Alperovitch, E. and Miller, J. M. , Nature,176,299 (1955).
[7] Boyd,G. E. et al. J. Phys. Chem,60,707 (1956).
[8] 卢玉楷主编《简明放射性同位素应用手册》230 页,上海:上海科学普及出版社 2004 年第 1 版.
[9] Parker, P. L. and Kuroda, P. K. J. Chemical. Physics, 25, 1084 (1956).
[10] Kenna,B. T. and Kuroda, P. K. J. Inorga. Nucl. Chem. 23, 142 (1961).
[11] 张绪立,锝及其分析,郭景儒等主编《裂变产物分析》p238, 北京:原子能出版社, 1985 年.
[12] Ihara, H. , et al. Nuclear decay data and fission yield data of fission puoduct nuclides JAERI—M— 9715 (1986).
[13] 金昱泰,锝—99m 及其放射性药物. 唐有祺主编《当代化学前沿》102 页,北京:中国致公出版社(1997).
[14] 武汉大学、吉林大学编,《无机化学》第三版下册,973—974 页. 高等教育出版社,1994 年,第 3 版,2001 年第 9 次印刷.
[15] Boyd, G. E. J. Chem, Educ. 36(1)3 (1959).
[16] Schwochau, K. and Pleger, U. Radiochim. Acta,63,103 (1993).
[17] Gorki, B. and Koch, H. J. Inorg. Nucl. Chem. 31(11),3565 (1969).
[18] Mgyer, R. E. et al, Rdiochim. Acta,55,11－18 (1991).
[19] 刘德军,范显华,^{99}Tc 在模拟地质条件下的吸附、扩散、弥散及水溶液化学行为研究,中国原子能科学研究院博士学位论文 第 102 页(2004 年).
[20] Kanellakopulos, B. et al. , Radiochim. Acta,48,159 (1989).
[21] Kanellakopulos, B. Konig,C. P. Radichim. Acta,33,169 (1983).
[22] Rulfes, C. E. et al. Nature,199,66 (1963).
[23] Lieser, K. H. and Singh,R. N. Radiochim. Acta, 32,203 (1983).
[24] 朱国辉、江浩、高会伶等,核化学与放射化学 19(4),28(1997).
[25] 张绪立,杨艳,黄美新,原子能科学技术,10(1),52 (1976).
[26] Lieser, K. H. et al, Radiochim. Acta,28,97 (1981).
[27] Macasek, F. and Kadrabova, J. J. Radioanal. Chem. 51,97 (1979).
[28] Jassim, T. N. et al, Radiochim. Acta,33,163－167 (1983).
[29] Lieser, K. H. Radiochim. Acta, 63,5—8 (1993).
[30] Rimshaw, S. J. and Malling, G. F. Anal. Chem. 33(6),751 (1961).
[31] Campbell, M. H. Anal. Chem. 2052 (1963).
[32] Boyd, G. E. and Larson, Q. V. J. Phys. Chem. 64, 988 (1960).
[33] 江浩,朱国辉,原子能科学技术,29(3),193 (1995).
[34] 苏锡光,张殿利,原子能科学技术 19(1),65 (1985).
[35] 田保生,孙玉珍等,原子能科学技术 35(suppl)15 (2001).
[36] 林漳基,核科学与工程,12(3),259 (1992).

[37] 田保生,孙玉珍等 原子能科学技术 35(suppl),22 (2001).

[38] Bernard, C. et al, RECOD'91,83 (1991).

[39] 林灿生,水法后处理中裂变产物元素过程化学述评,核化工学术会议论文集 B10,2002 年乌鲁木齐.

[40] 朱志宣,王方定,硝酸介质中锝的氧化还原研究,中国原子能科学研究院硕士学位论文(2001).

[41] Garraway, J. et al., J. Less-Common Met als, 106,183 (1985).

[42] 朱志宣,贾永芬,王方定,核化学与放射化学,25(3),129 (2003).

[43] 孙玉珍,乏燃料管理及后处理,1992 年第 8 期.

[44] Garraway, J., Less-Common Met als, 97,191 (1984).

[45] 于思江、刘黎明等,核化学与放射化学,14(4),207 (1992).

[46] 徐向荣,胡景炘等,原子能科学技术,24(1),28 (1990).

[47] Koltunov, V. S., et al., Radiochim. Acta, 86,41 (1999).

[48] 周祖铭,杜慧芳等,原子能科学技术,29(3),218 (1995).

[49] Колтунов, B. C. et al., Радиохимия, 22(5),671 (1980).

[50] Боровинский, B. A. et al.; Радиохимия, 23(2),220 (1981).

第四章　裂变产物元素锆的过程化学

4.1　概　述

核燃料的水法后处理过程中，锆也被称为“最讨厌的”裂变产物元素之一。对于生产堆和快堆的核燃料后处理，由于冷却时间短，^{95}Zr-^{95}Nb 是 γ 射线辐射的主要来源，要求去污系数高；对于动力堆(含快堆)乏核燃料，燃耗深，锆是首端溶解液不稳定、出现次级沉淀麻烦的制造者之一；在 1A 萃取器中形成界面污现象，锆也是扮演主要角色。

4.1.1　裂变产物元素锆的主要同位素[1,2]

元素锆的同位素包括天然的 5 个同位素和核裂变产物以及其他人工方法制备的。其中主要的同位素(半衰期 1 h 以上)及其相关参数列于表 4-1。

表 4-1　锆的主要同位素

同位素	半衰期	衰变类型及分支比(%)	主要 β 粒子能量(keV)及强度(%)	主要 γ 射线能量(keV)及强度(%)	来源及丰度(%)
^{86}Zr	16.5h	ε(99.95) β^+(0.05)	 176(0.05)	29.1(21.6) 242.8(95.84) 612.0(5.7)	^{89}Y(p,4n)
^{87}Zr	1.68h	ε(16) β^+(84)	 1035(0.32) 1053(0.08) 1238(0.046) 1490(0.012) 1850(0.045) 2263(83.5)	794.0(0.1) 1024.0(0.28) 1210.0(0.33) 1227.0(1.0)	^{89}Y(p,3n)
^{88}Zr	83.4d	ε(100)		392.9(97.24)	Nb(p,x)
^{89}Zr	78.41h	ε(77.2) β^+(22.8)	 902(22.74)	909.15(99.04) 1713.0(0.745)	^{89}Y(p,n)

续表

同位素	半衰期	衰变类型 及分支比(%)	主要β粒子能量 (keV)及强度(%)	主要γ射线能量 (keV)及强度(%)	来源及丰度(%)
^{90}Zr	稳定				天然(51.45),裂变
^{91}Zr	稳定				天然(11.22),裂变
^{92}Zr	稳定				天然(17.15),裂变
^{93}Zr	1.53×10^{6}a	β^-(100)	60.6(97.5) 91.4(2.5)	30.77(0.000557)	裂变
^{94}Zr	稳定				天然(17.38),裂变
^{95}Zr	64.032d	β^-(100)	367.8(54.53) 400.3(44.24) 888.8(1.13) 1124.5(0.103)	235.69(0.294) 724.193(44.27) 756.729(54.38)	裂变, ^{94}Zr(n,r)
^{96}Zr	>2.2×10^{19}a 稳定				天然(2.80), 裂变
^{97}Zr	16.744h	β^-(100)	410.8(0.38) 552.4(4.94) 893.9(1.18) 907.9(0.46) 1109.9(0.37) 1407.3(3.9) 1914.9(87.8)	355.4(2.09) 507.64(5.03) 743.36(93.06) 1147.97(2.61)	裂变 ^{96}Zr(n,r)

4.1.2 主要锆同位素的裂变产额及其衰变链[3]

几种易裂变核的热中子诱发(T)和快中子诱发(F)裂变时生成锆主要同位素的产额列于表 4-2。

表 4-2 裂变产物元素锆主要同位素的裂变产额

易裂变核	裂变产物核素的产额							
	^{90}Zr	^{91}Zr	^{92}Zr	^{93}Zr	^{94}Zr	^{95}Zr	^{96}Zr	^{97}Zr
^{235}U(T)	5.8771	5.9428	5.9802	6.3963	6.4411	6.4946	6.2207	5.9471
^{235}U(F)	5.3848	5.6628	5.7373	6.1399	6.1846	6.3717	6.0151	5.9628
^{239}Pu(T)	2.0983	2.5080	3.0060	3.8867	4.4063	4.8883	5.0320	5.2957
^{239}Pu(F)	2.0117	2.4446	2.9821	3.7342	4.1971	4.6623	4.7591	5.2601
^{241}Pu(T)	1.5708	1.9505	2.4161	3.1497	3.6026	4.0883	4.5753	4.8949
^{233}U(T)	6.8415	6.5314	6.6019	7.0139	6.8131	6.1906	5.6155	5.4187

表 4-2 所列裂变产物元素锆的同位素衰变链如下：

$$^{90}Kr \xrightarrow{\beta^-} {}^{90}Rb \xrightarrow{\beta^-} {}^{90}Sr \xrightarrow{\beta^-} {}^{90}Y \xrightarrow{\beta^-} {}^{90}Zr \xleftarrow{\beta^+} {}^{90}Nb \xleftarrow{\beta^+} {}^{90}Mo$$

32.3s　2.55m　28.5a　64.1h　稳定　14.6h　5.67h

$$^{91}Kr \xrightarrow{\beta^-} {}^{91}Rb \xrightarrow{\beta^-} {}^{91}Sr \xrightarrow{\beta^-} {}^{91}Y \xrightarrow{\beta^-} {}^{91}Zr \xleftarrow{\beta^+} {}^{91}Nb \xleftarrow{\beta^+} {}^{91}Mo$$

8.57s　58.25s　9.48h　58.5d　稳定　680a　15.5m

$$^{92}Rb \xrightarrow{\beta^-} {}^{92}Sr \xrightarrow{\beta^-} {}^{92}Y \xrightarrow{\beta^-} {}^{92}Zr \xleftarrow{\beta^+} {}^{92}Nb$$

5.0s　2.71h　3.54h　稳定　3.6×10^7a

$$^{93}Rb \xrightarrow{\beta^-} {}^{93}Sr \xrightarrow{\beta^-} {}^{93}Y \xrightarrow{\beta^-} {}^{93}Zr \xrightarrow{\beta^+} {}^{93}Nb \xleftarrow{\beta^+} {}^{93}Mo \xleftarrow{\beta^+} {}^{93}Tc$$

5.82s　7.43m　10.1h　1.53×10^6a　稳定　3.5×10^3a　2.75h

$$^{94}Rb \xrightarrow{\beta^-} {}^{94}Sr \xrightarrow{\beta^-} {}^{94}Y \xrightarrow{\beta^-} {}^{94}Zr$$

2.76s　75.3s　18.7m　稳定

$$^{95}Rb \xrightarrow{\beta^-} {}^{95}Sr \xrightarrow{\beta^-} {}^{95}Y \xrightarrow{\beta^-} {}^{95}Zr \xrightarrow{\beta^-} {}^{95}Nb \xrightarrow{\beta^-} {}^{95}Mo \xleftarrow{\beta^+} {}^{95}Tc \xleftarrow{\beta^+} {}^{95}Ru$$

0.38s　24.4s　10.3m　64.0d　35.0d　稳定　20.0h　97.8m

$$^{96}Sr \xrightarrow{\beta^-} {}^{96}Y \xrightarrow{\beta^-} {}^{96}Zr$$

1.0s　6.0s　稳定

$$^{97}Sr \xrightarrow{\beta^-} {}^{97}Y \xrightarrow{\beta^-} {}^{97}Zr \xrightarrow{\beta^-} {}^{97}Nb \xrightarrow{\beta^-} {}^{97}Mo \xleftarrow{\beta^+} {}^{97}Tc \xleftarrow{\beta^+} {}^{97}Ru$$

0.44s　3.7s　16.7h　72.1m　稳定　2.6×10^6a　69.1h

上述裂变产物元素锆的主要同位素之衰变链，其先躯核中除了^{90}Sr 半衰期(28.5a)较长外，其余均很短。经过数年冷却的乏核燃料中，^{91}Zr、^{92}Zr、^{94}Zr 和^{96}Zr 的含量是稳定的。半衰期 1.53×10^6 a 的^{93}Zr 在几十年内的衰变量可忽略，^{90}Zr 的含量则随着^{90}Sr 的衰变而增长。对于^{235}U 和^{233}U 的热中子诱发裂变的产物中，元素锆的含量最大。因此研究裂变产物元素锆的过程化学，同时涉及到常量、微量和示踪量元素的化学行为。

4.2　锆的化学性质

4.2.1　锆元素的一般性质[4-7]

早在 1789 年从矿物锆英石中发现锆元素，得到氧化锆。到 1824 年，用金属钾还原 K_2ZrF_6 而制得不纯的金属锆。高纯度金属锆为白色，质软，具有延展性，密度 6.506，熔点 1852℃，沸点 4377℃。直到 20 世纪 40 年代末之前仍不出名的锆由于其热中子俘获截面小，而成为核工业的重要工程材料。

元素锆在地壳中的丰度为 0.02%，价电子层结构为 $4d^2 5S^2$，主要氧化数 +4，Zr^{4+} 离子半径 0.08 nm。四价锆由于属 d^0 结构，它的盐几乎都是无色的。锆吸收氧、氮和氢的能力很强，可用作清除电子管残余气体的吸气剂。

金属锆不被水、盐水、稀酸和稀碱溶液浸蚀，但是由于锆容易形成稳定的共价键，它与强酸(如氢氟酸、硫酸、王水和浓磷酸)、强碱、化学性质活泼的元素(氧和氯)以及强氧化剂均会发生反应。锆很容易被浓硫酸浸蚀，尤其是热的 H_2SO_4 溶液。整块的锆金属在氯中可剧烈燃烧，细小的金属锆在氧或空气中燃烧时伴随着耀眼的辉光。锆粉与氧化剂的混合物如果受撞击或点燃，会发生爆炸。在常温下，锆与电负性大的元素容易发生反应的顺序为：氟＞氧＞氯＞溴＞碘。锆很难以单一的 Zr^{4+} 离子存在，但是会与氧生成锆酰离子 ZrO^{2+}，很稳定。锆原子具有的价态排列可表示为：

Zr

正常化合价的反应：$ZrX_4 + 4MY \rightleftharpoons ZrY_4 + 4MX$ (4-1)

形成配位化合物反应：$ZrY_4 + pL \rightleftharpoons ZrY_4 \cdot pL$ (4-2)

式中 X · Y 为一价阴离子，M 为一价金属阳离子，L 是中性配体。锆的这种特性在溶液中表现出复杂的化学行为。

4.2.2 锆的主要化合物[4,6-13]

1. 锆的卤化物

锆的重要卤化物有四氯化锆、氯化锆酰(或称氯化锆氧)和四氟比锆及相关的配合物。

四氯化锆为白色晶体粉末，但属非盐型，表现出共价化合物的特性，其熔点和沸点分别为 437℃和 331℃，比真实盐类的熔点、沸点低。它在 331℃升华，在潮湿空气中产生盐酸烟雾，遇水剧烈水解：

$$ZrCl_4 + 9H_2O = ZrOCl_2 \cdot 8H_2O + 2HCl \tag{4-3}$$

水解得到的产物是水合氯化锆酰，难溶于冷浓盐酸中，但可溶于水。从溶液中结晶析出的是四方形棱晶或针状晶体的 $ZrOCl_2 \cdot 8H_2O$，可用于锆的鉴定和提纯。四氯化锆存在如下转化平衡：

$$2ZrCl_4 \rightleftharpoons ZrCl_3^+ \cdot (ZrCl_5)^- \rightleftharpoons ZrCl_2^{2+} \cdot (ZrCl_6)^{2-} \tag{4-4}$$

遇到碱金属氯化物，则直接生成 M_2ZrCl_6 型配合物。无水四氯化锆与过量金属钠在 500℃反应得到金属锆：

$$ZrCl_4 + 4Na \xlongequal{\triangle} Zr + 4NaCl \tag{4-5}$$

四氟化锆是一种具有高折射率的无色单斜晶体，几乎不溶于水。它与碱金属氟化物作用生成 M_2ZrF_6 型配合物。其中 K_2ZrF_6 在热水中的溶解度比冷水中大得多，化学性质稳定，这个性质用于从矿物中提取锆。将锆英石($ZrSiO_4$)与氟

硅酸钾烧结(以氯化钾为填充剂),在650～700℃间发生反应:

$$ZrSiO_4 + K_2SiF_6 = K_2[ZrF_6] + 2SiO_2 \tag{4-6}$$

用1%HCl在85℃左右进行沥取,K_2ZrF_6进入沥取液,冷却后析出氟锆酸钾晶体。若将氟锆酸铵加热分解:

$$(NH_4)_2ZrF_6 \xlongequal{\triangle} ZrF_4 + NH_3\uparrow + 2HF\uparrow \tag{4-7}$$

释放出NH_3和HF,留下ZrF_4。四氟化锆在600℃开始升华,可用作锆的提纯。

四溴化锆和四碘化锆($ZrBr_4$,ZrI_4)及其衍生物都和相应的四氯化物类似。

2. 锆的氧化物和氢氧化物

锆的氧化物主要是二氧化锆,它是硬的白色粉末,不溶于水。常温时的稳定晶型是单斜晶系,在1000℃以上转变为正方系晶型。灼热二氧化锆水合物或挥发性含氧酸的锆盐,都能得到ZrO_2。稍加热而形成的二氧化锆相当容易被无机酸溶解;强热过的二氧化锆只溶解于HF或浓H_2SO_4中;由熔融状态结出的二氧化锆仅溶于HF。锆盐水解得到二氧化锆水合物$ZrO_2 \cdot xH_2O$系白色凝胶,含水量不定。在冷时沉淀出来的叫α-型锆酸,可溶解在稀酸中,且容易生成溶胶,即被吸附的酸或碱所胶溶;在加热时沉淀下来的叫做β-型锆酸,含水量少,难溶于酸中。

二氧化锆在浓的强碱溶液中形成偏锆酸盐:

$$ZrO_2 + 2MOH = M_2ZrO_3 + H_2O \tag{4-8}$$

强碱与二氧化锆熔融时,生成晶形的偏锆酸盐M_2ZrO_3,同时也生成正锆酸盐M_4ZrO_4。锆英石和苛性钠一起熔融则只生成偏锆酸钠:

$$ZrSiO_4 + 4NaOH = Na_2ZrO_3 + Na_2SiO_3 + 2H_2O \tag{4-9}$$

再用硫酸或盐酸沥取,得到$ZrOSO_4$或$ZrOCl_2$。

二氧化锆也可以被钙还原成金属锆:

$$ZrO_2 + 2Ca = Zr + 2CaO \tag{4-10}$$

锆的氢氧化物是两性的,其碱性比酸性大。碱金属的偏锆酸盐在水中溶解度低,易水解生成氢氧化物沉淀:

$$Na_2ZrO_3 + 3H_2O = Zr(OH)_4\downarrow + 2NaOH \tag{4-11}$$

在浓的强碱溶液中加入锆盐,并不生成固定组成的锆酸盐,而是得到吸附了碱金属氢氧化物的二氧化锆水合物沉淀。在加热的含锆强酸溶液($>1\ mol \cdot L^{-1}$ HCl)中加入NH_4OH或碱进行氢氧化锆沉淀时,大部分的锆易生成$Zr(OH)_4$沉淀;如果是在稀酸溶液($0.01\ mol \cdot L^{-1}$)中进行沉淀,则大部分锆是以$ZrO(OH)_2$的形式生成聚合物沉淀。

锆的过氧化物不太稳定,在中性的硫酸锆或醋酸锆溶液中加入过氧化氢,得到白色胶状沉淀,通过液态氨的抽取,可以制得过锆酸$Zr(OH)_3 \cdot OOH$。它被稀硫酸分解，析出过氧化氢；它在暖空气中会失去氧。过锆酸能生成盐，溶于水，可用乙醇进行沉淀。当有过量的过氧化氢存在，并在低温时，可生成过氧化氢的加合物，例如：

$$K_2\left[\begin{matrix} —O & & O \\ & \diagdown \quad \diagup & | \\ & Zr & | \\ & \diagup \quad \diagdown & | \\ —O & & O \end{matrix}\right]\cdot 4H_2O_2\cdot 2H_2O$$

还有二硫酸基过锆酸钾：

$$K_2\left[\begin{matrix} O & \\ | \diagdown & \\ | & Zr(SO_4)_2 \\ | \diagup & \\ O & \end{matrix}\right]\cdot 3H_2O$$

3. 锆的硫酸盐

锆的硫酸盐是典型的成网化合物基团，这是由于硫酸锆分子内的锆原子是和氧键合，通过氧桥“织网”，尤其在水解—聚合行为中表现出来。

将二氧化锆或氯化锆酰与浓硫酸一起加热，冒烟完毕得到硫酸锆 $Zr(SO_4)_2$，为白色粉末。它溶于水时放出大量热，溶液中硫酸过多剩余时，会结出 $ZrO_2\cdot 2SO_3\cdot 4H_2O$，这并不是硫酸锆的水合物，而是二硫酸基氧络锆酸，简称**锆氧基硫酸**：

$$H_2[OZr^{SO_4}_{SO_4}]\cdot 3H_2O$$

在电解时，锆不是移向阴极，而是向阳极迁移；若向溶液中加入 Zr^{4+} 及 ZrO^{2+} 的沉淀剂对它也不起作用；在浓的硫酸溶液中可以结出三硫酸基锆酸 $H_2[Zr(SO_4)_3]\cdot 3H_2O$，在这一络合酸中的一个硫酸基被氧取代即是锆氧基硫酸。在中性溶液中锆氧基硫酸发生水解，络合酸内界的 SO_4 基被 O 或 OH 基取代，生成多种“碱式硫酸锆”，实际上是由氧基或氢氧基连结多个锆原子的多核酸，例如：六硫酸基八氢氧基四锆酸 $H_4[Zr_4(OH)_8(SO_4)_6]\cdot 4H_2O$。将硫酸锆和碱金属的硫酸盐或酸式硫酸盐的水溶液，放在干燥器中浓硫酸上面蒸发，可得多硫酸基锆酸盐，例如，三硫酸基锆酸铵 $(NH_4)_2[Zr(SO_4)_3]\cdot 3H_2O$ 和四硫酸基锆酸钾 $K_4[Zr(SO_4)_4]\cdot 4H_2O$。将锆的氧化物与硫酸铵一起加热到约 475℃可生成硫酸锆铵，在水中重结晶得到组成为 $(NH_4)_2H_2ZrO(SO_4)_3$ 的晶体，其结构式可表示为：

$$(NH_4^+)_2H^+\cdot\left[\begin{matrix} & O & & \\ & | & & \\ & O=S=O & & \\ & | & & \\ & O & & O \\ & | & & \| \\ H—O— & Zr & —O— & S—O \\ & | & & \| \\ & O & & O \\ & | & & \\ & O=S=O & & \\ & | & & \\ & O & & \end{matrix}\right]^{3-}$$

4. 磷酸锆类化合物

将锆盐溶液用正磷酸或磷酸氢二钠进行沉淀，可得磷酸锆 $Zr_3(PO_4)_4$。实际上制得的磷酸锆，由于沉淀条件不同而有不同的组成，大部分都含较多的磷酸。将二氧化锆和玻状磷酸一起熔融，可得焦磷酸锆 ZrP_2O_7 晶体。

磷酸锆是所有金属磷酸盐中最难溶的。将可溶性的磷酸盐加入到锆盐溶液中，得到的沉淀物中每原子锆含有 2 原子磷。由 6 mol · L^- HCl 中沉淀物组成测定得出实验分子式为 $ZrO(H_2PO_4)_2$，它在 6 mol · L^- HCl 中的溶解度是 1.2×10^{-4} mol · L^{-1}，在 10 mol · L^- HCl 中是 2.3×10^{-3} mol · L^{-1}。

磷酸锆类化合物是优良的无机离子交换剂，文献[8]和[9]研究了磷酸锆酰(ZrP)的离子交换性质，其中 P ∶ Zr＝5 ∶ 3，提出结构式为：

```
 (    OPO3H2          OPO3H2          OPO3H2                  )
 (     |   H2O         |   H2O         |   H2O  O      OH     )
 (     |  /            |  /            |  /      \\   /       )
 ( ----Zr------O-------Zr------O-------Zr------O------P       )
 (     |               |               |               \      )
 (     OH             OPO3H2          OPO3H2            O--   )n
```

文献[10]用 ZrP 从核燃料溶解液中提取裂变产物元素铯，以 ^{137}Cs 作为监测体测定核燃料的燃耗。文献[11]研制了焦磷酸氧锆，用于吸附铯，给出结构式为：

```
       O   O        O            O        O  O
      / \  ||       ||           ||       || / \
O=Zr       P--O--P--O--Zr--O--P--O--P       Zr=O
      \ /           |      ||    |       \ /
       O            OH     O     OH       O
```

文献[12]和[13]合成了焦磷钼酸锆为基体的新型提铯离子筛，可能存在如下价键结构单元：

```
   OH      O      OH     OH      O      OH      O      OH
   |       ||     |      |       ||     |       ||     |
   P       P      Zr     P       P      Zr      P      P
O=/ | \O/   \O/ | \O/ || \O/ | \O/ | \O/ | \O/ | =O
   O       O      O      O       O      O       O      O
   |   O   |      |   O      O   |   O  |       |  O   |
   Zr/  \  Zr     Zr/  \ Mo=O    Zr/  \ Zr      Zr/ \  Zr
OH/ |    \ | \O/  |   O=     \O/ |    | \O/    |      | \OH
   O       O      O      O       O      O       O      O
O=\ | /O\  | /O\  | /O\  || /O\  | /O\  | /O\  | /O\  | /=O
   P       P      Zr     P       P      Zr      P      P
   |       ||     |      |       ||     |       ||     |
   OH      O      OH     OH      O      OH      O      OH
```

5. 锆的硝酸化合物

正常的硝酸锆有 $Zr(NO_3)_4\cdot5H_2O$ 和 $Zr(NO_3)_4\cdot6H_2O$，两者的结构式都可按六水合结构设想，如Ⅰ、Ⅱ和Ⅲ式，因为锆原子具有较高的共价数。

I　　II

III

其中Ⅰ式 Zr^{4+} 完全与水分子配合后仍然以正四的高价和 NO_3^- 缔合，不够合理；式Ⅱ比较像，但是硝酸根这样的强电负性基团，并且数目与金属的正价相等，仍然形成阳离子，也不正常；结构式Ⅲ比较合理。

将二氧化锆水合物溶入硝酸溶液中，得到硝酸锆酰 $ZrO(NO_3)_2 \cdot 2H_2O$，无色晶体，水在其中结合很强。分子结构式可示为：

在分子 $ZrO(NO_3)_2$ 的基础上，可以形成多种硝酸化合物，如 $ZrO(OH)NO_3$ 或 $Zr_2O_3(NO_3)_2$ 及其水合物等（详见 4.3 节）。

6. 锆的其他无机合物

正硅酸锆 $ZrSiO_4$ 在自然界中以锆英石的形式存在，为锆分布最广的矿物，它的微晶存在于所有火成岩中；大的四方系晶体也存在，常因杂质而不完全透明，透明的无色或黄红色晶体用作宝石，后者称为红锆英石。将硝酸锆酰和砷酸溶液一起加热，得到 $ZrO(H_2As_2O_7)$；产物在 280℃加热脱水，生成 $ZrO(AsO_3)_2$，经 x—射线研究指出，是锆酰化合物。将四氯化锆在氨气流中加温至红热，制得四氮化三锆 Zr_3N_4，是青铜色微晶，除氢氟酸外，不溶于其他一切酸中。若用炭还原锆化物，会生成 ZrC，为很硬的黑色金属光泽晶体，可能是合金，有导电性，熔点 3530℃。

7. 锆的有机化合物

锆与碳直接形成价键，尚未观察到，严格的意义上讲，没有锆的有机化合物。但是锆可通过氧或氮与有机基团化合，形成种类繁多的有机化合物或配位化合物。如 $ZrCl_4 \cdot 2C_5H_5N$，$(C_5H_5NH)_2ZrBr_6$，$C_2H_5OH \cdot ZrCl_4$等等。

8. 低价锆化合物

锆的主要氧化态是四价，最稳定，其低价化合物也存在。通过光谱研究观察到许多星球的大气中存在一氧化锆，人们在实验室里也制得了低价锆的化合物。将锆的四氯或四溴化物通过 200～300℃的铝丝或铝粉，则被还原为三卤化锆。在没有空气的条件下，将三氯化锆加热到 330℃，它便岐化为四氯化锆和黑色的二氯化锆：

$$2ZrCl_3 \rightleftharpoons ZrCl_2 + ZrCl_4 \tag{4-12}$$

将四碘化锆和过量的锆一起加热，得三碘化锆 ZrI_3和二碘化锆 ZrI_2。

4.2.3 锆的某些配合物[7,14-24]

四价锆离子由于高电荷与小半径，在水溶液中很难以 Zr^{4+}简单离子存在，而表现出很强的水解和形成配合物的特性。在化学实验中，Zr^{4+}与典型的阴离子形成配合物的能力大小之次序为：$OH^- > F^- > PO_4^{3-} > C_2O_4^{2-} > SO_4^{2-} > NO_3^- > Cl^-$。某些有机酸和无机酸钾盐在 pH 中性时与锆溶胶反应中，形成配合物可能性的顺序为：柠檬酸盐＞草酸盐＞酒石酸盐＞丁二酸盐≈丙二酸盐≈马来酸盐≈丙酸盐≈醋酸盐＞甲酸盐＞硫酸盐＞氯化物≈硝酸盐。

1. 卤化配合物

锆的卤化配合物主是与 F^-或 Cl^-的配合物。氟是与锆亲和力特别强的一个元素，在2 mol · L^{-1} $HClO_4$介质中，锆和氟离子形成配合物及其反应平衡常数如下：

$$Zr^{4+} + HF \xrightleftharpoons{K_1} ZrF^{3+} + H^+ \tag{4-13}$$

$$ZrF^{3+} + HF \xrightleftharpoons{K_2} ZrF_2^{2+} + H^+ \tag{4-14}$$

$$ZrF_2^{2+} + HF \xrightleftharpoons{K_3} ZrF_3^{+} + H^+ \tag{4-15}$$

其中：$K_1 = 6.3 \times 10^5$，$K_2 = 2.1 \times 10^4$，$K_3 = 6.7 \times 10^2$。此外还会生 ZrF_6^{2-} 和 ZrF_7^{3-} 配合阴离子，结构式为：

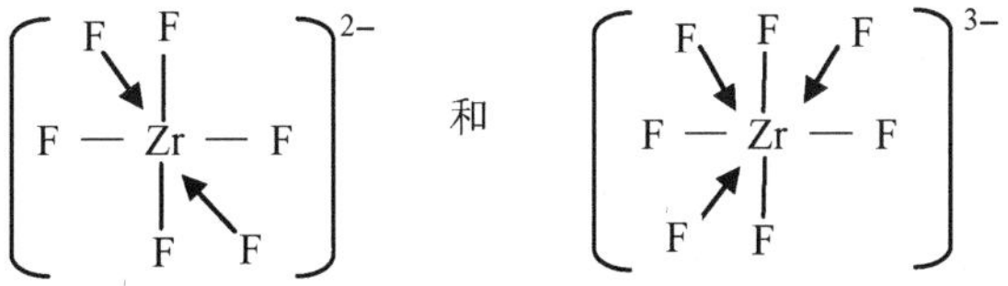

$[ZrF_6]^{2-}$ 和 $[ZrF_7]^{3-}$

锆与氟可以形成多级配合物，在锆和其他金属离子共存的复杂体系中，为了控制锆的行为而加入氟离子，但又得避免影响其他金属离子，这时需要用平均配合数，即形成的配合物中配位体的总浓度与该金属离子总浓度的比值，常用 $\bar{n}$ 表示。对于 Zr^{4+} 与 F^- 形成配合物时的平均配合数为：

$$\bar{n}=\frac{C_{F^-}}{C_{Zr}} \tag{4-16}$$

锆与氟形成配合物的反应：

$$Zr^{4+}+iF^- \xrightleftharpoons{\beta_i} ZrF_i^{4-i} \tag{4-17}$$

$$\beta_i=\frac{(ZrF_i^{4-i})}{(Zr^{4+})(F^-)^i}$$

$$(ZrF_i^{4-i})=\beta_i(Zr^{4+})(F^-)^i \tag{4-18}$$

形成的配合物中氟的总浓度：

$$\begin{aligned} C_{F^-} &= (ZrF^{3+})+2(ZrF_2^{2+})+3(ZrF_3^{+})+\cdots+i(ZrF_i^{4-i})+\cdots \\ &= \sum_{i=1} i(ZrF_i^{4-i}) \\ &= \sum_{i=1} i\cdot\beta_i(Zr^{4+})(F^-)^i \end{aligned} \tag{4-19}$$

体系中锆的总浓度包括未形成配合物和已形成配合物的：

$$\begin{aligned} C_{Zr} &= (Zr^{4+})+(ZrF^{3+})+(ZrF_2^{2+})+(ZrF_3^{+})+\cdots+(ZrF_i^{4-i}) \\ &= \sum_{i=0}(ZrF_i^{4-i}) \\ &= \sum_{i=0}\beta_i(Zr^{4+})(F^-)^i \end{aligned} \tag{4-20}$$

$$\bar{n}=\frac{\sum_{i=1} i\cdot\beta_i(Zr^{4+})(F^-)^i}{\sum_{i=0}\beta_i(Zr^{4+})(F^-)^i}=\frac{\sum_{i=1} i\cdot\beta_i\ (F^-)^i}{\sum_{i=0}\beta_i\ (F^-)^i}=f\{(F^-)\} \tag{4-21}$$

式中(F^-)为游离的氟离子浓度，平均配合数 $\bar{n}$ 仅是(F^-)的函数。当 F^-浓度为 2×10^{-5}、5×10^{-4}和 10^{-2} $mol\cdot L^{-1}$时，$\bar{n}$ 分别为 1、2 和 3。

锆和氯会形成 $ZrCl_2^{2+}$、$ZrCl_3^{+}$、$ZrCl_5^{-}$ 和 $ZrCl_6^{2-}$ 等配合离子。

2. 硫酸根配合物

四价锆离子与硫酸有以下配合反应：

$$Zr^{4+}+HSO_4^- \xrightleftharpoons{K_1} ZrSO_4^{2+}+H^+ \tag{4-22}$$

$$ZrSO_4^{2+}+HSO_4^- \xrightleftharpoons{K_2} Zr(SO_4)_2+H^+ \tag{4-23}$$

$$Zr(SO_4)_2+HSO_4^- \xrightleftharpoons{K_3} Zr(SO_4)_3^{2-}+H^+ \tag{4-24}$$

在 2 $mol\cdot L^{-1}$ $HClO_4$ 中 $K_1=4.6\times10^2$，$K_2=53$，$K_3=1$。还制备了四硫酸锆的碱金属盐：$Na_4[Zr(SO_4)_4]\cdot4H_2O$ 和 $K_4[Zr(SO_4)_4]\cdot3H_2O$。氢氧化锆与硫酸根形成配合物的稳定性，在一定酸度下取决于硫氢酸根的浓度。反应的基本方

程可写为：

$$\mathrm{Zr\,(OH)}_n^{4-n}+m\mathrm{HSO}_4^- \xrightleftharpoons{K_{m,n,x}}$$

$$\mathrm{Zr\,(OH)}_x\,(\mathrm{SO}_4)_m^{4-x-2m}+(n-x)\,\mathrm{H_2O}+(x-n+m)\,\mathrm{H}^+ \tag{4-25}$$

$$K_{m,n,x}=\frac{(\mathrm{Zr\,(OH)}_x\,(\mathrm{SO}_4)_m^{4-x-2m})\,(\mathrm{H}^+)^{x-n+m}}{(\mathrm{Zr\,(OH)}_n^{4-n})\,(\mathrm{HSO}_4^-)^m} \tag{4-26}$$

将氧化锆和硫酸铵一起加热到 475℃，生成硫酸锆铵，产物在水中重结晶，得到固体组成为$(\mathrm{NH_4})_2\mathrm{H_2ZrO(SO_4)_3}$，其结构表示为：

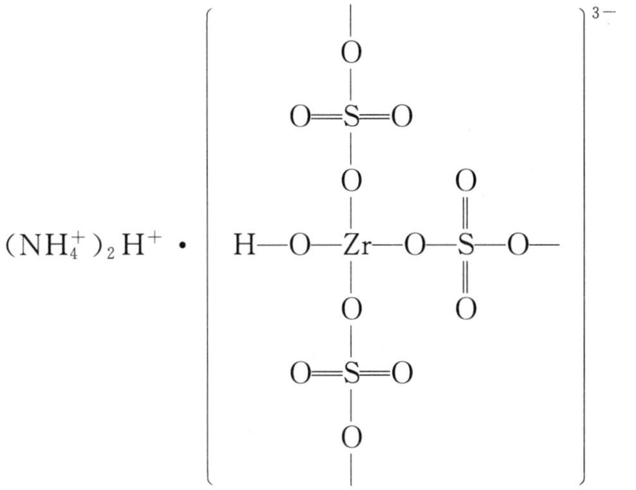

```
                          |
                          O
                          |
                       O══S══O
                          |
                          O       O
                          |       ‖
(NH4+)2H+ ·   H—O—Zr—O—S—O—
                          |       ‖
                          O       O
                          |
                       O══S══O
                          |
                          O
                          |              ]3−
```

3. 草酸配位化合物

锆和草酸形成配位化合物的能力很强，$\mathrm{Zr^{4+}}$可形成 $\mathrm{Zr(C_2O_4)_3^{2-}}$、$\mathrm{Zr(C_2O_4)_4^{4-}}$和 $\mathrm{Zr(C_2O_4)_5^{6-}}$ 等系列配位化合物，都很稳定。曾经测定了四草酸配锆的不稳定常数，按分解反应式：

$$\mathrm{Zr\,(C_2O_4)_4^{4-}} \xrightleftharpoons{K_N} \mathrm{Zr\,(C_2O_4)_3^{2-}}+\mathrm{C_2O_4^{2-}} \tag{4-27}$$

$$K_\mathrm{N}=\frac{(\mathrm{Zr\,(C_2O_4)_3^{2-}})\,(\mathrm{C_2O_4^{2-}})}{(\mathrm{Zr\,(C_2O_4)_4^{4-}})} \tag{4-28}$$

在盐酸介质中，pH 为 3～4.5 范围内 25℃时，不稳定常数 $K_N\approx1.0\times10^{-4}$（见表 4-3）。

表 4-3　$\mathrm{Zr(C_2O_4)_4^{4-}}$ 的不稳定常数 K_N

pH	$(\mathrm{C_2O_4^{2-}})$, mol · L^{-1}	K_N
4.50	3.40×10^{-4}	1.08×10^{-4}
4.13	2.64×10^{-4}	1.11×10^{-4}
3.88	2.10×10^{-4}	1.08×10^{-4}
3.69	1.74×10^{-4}	1.09×10^{-4}

续表

pH	$(C_2O_4^{2-})$, mol · L^{-1}	K_N
3.51	1.25×10^{-4}	0.83×10^{-4}
3.23	0.92×10^{-4}	0.92×10^{-4}
3.02	0.98×10^{-4}	1.28×10^{-4}

硝酸锆酰和氢氧化物与草酸氢钾反应都可以生成草酸配位化合物：

$$Zr(OH)_4+4KHC_2O_4=K_4Zr(C_2O_4)_4+4H_2O \tag{4-29}$$

$$ZrO(NO_3)_2+4KHC_2O_4=K_4Zr(C_2O_4)_4+2HNO_3+H_2O \tag{4-30}$$

此外，还有形成草酸锆酰配位化合物 $ZrO(C_2O_4)_2^{2-}$，它可以作为中性酸分子形式 $H_2[ZrO(C_2O_4)_2]$存在。$ZrO(C_2O_4)_2^{2-}$ 配合物中，$C_2O_4^{2-}$ 的配位基团难于完全利用，仍然会有水分子与酷配位。如：

4. 碳酸与锆的配位化合物

碳酸根与锆的配位化合研究得较少，但是锆与碳酸根的配合能力是强的。文献[19]用离子交换法研究了碳酸铵溶液中锆与碳酸根形成配位化合物。用阳离子交换树脂(ky－2)和阴离子交换树脂(ЭДЭ－10π 和 AB－17)从不同浓度的碳酸铵溶液中吸附锆，实验数据列于表 4-4。从表中看出，在$(NH_4)_2CO_3$溶液中，锆生成阳离子型配合物的量很少，最高吸附率为 15.66%，不完全是离子交换吸附，应有其他类型的吸附。水相碳酸铵浓度为 0.5% 时，两种阴离子交换树脂对锆的吸附均已达完全。而后随着碳酸铵浓度增加，两种阴离子交换树脂对锆的

表 4-4　离子交换树脂从碳酸铵溶液中吸附锆 $C_{Zr}=3.29\times10^{-4}$ mol · L^{-1}

$(NH_4)_2CO_3$浓度(%)	Zr 吸附率(%)		
	кy－2	ЭДЭ－10π	AB－17
0.5	15.66	98.90	99.83
2.5	7.21	72.94	93.89
5.0	2.20	31.03	64.60
10.0	0	6.618	16.64
20.0	0	0	0.42

吸附率不同程度地下降，这是因为 CO_3^{2-} 阴离子交换竞争的缘故。文献[20]用季铵盐从碳酸钠溶液中萃取锆，结果表明，Na_2CO_3 溶液中锆以 $Zr(CO_3)_4^{4-}$ 或 $ZrO(CO_3)_3^{4-}$ 配合阴离子存在。

5. 氧肟酸配位化合物

已对氧肟酸与锆的配位化合物开展过许多研究工作。氧肟酸是羟肟酸的异构体：

$$\underset{\text{羟肟酸}}{R-C(OH)=N-OH} \rightleftharpoons \underset{\text{氧肟酸（异羟肟酸）}}{R-C(=O)-NH-OH} \rightleftharpoons R-C(=O)-NH-O^- + H^+$$

氧肟酸作为一元酸离解后可很好地和 Zr^{4+} 形成螯合物。文献[21]研究了苯氧肟酸与锆的配位化合物。在 1 mol · L^{-1} $HClO_4$ 溶液中，Zr^{4+} 与苯氧肟酸形成一级和二级配合物，其反应式如下：

$$Zr^{4+} + C_6H_5CONHO^- \xrightleftharpoons{\beta_1} Zr(C_6H_5CONHO)^{3+} \tag{4-31}$$

$$Zr^{4+} + 2C_6H_5CONHO^- \xrightleftharpoons{\beta_2} Zr(C_6H_5CONHO)_2^{2+} \tag{4-32}$$

其中 $\beta_1 = 2.7 \times 10^{12}$，$\beta_2 = 1.2 \times 10^{24}$，如果降低酸度，可形成更高级的配位化合物。在 pH 值2～3 范围生成沉淀，分析得锆含量为 14.8%，正好与分子式 $Zr(C_6H_5CONHO)_4$ 相符合。

文献[22]研究了乙异羟肟酸（AHA）与 Zr^{4+} 的配位化合物稳定常数，在 1 mol · L^{-1} $HClO_4$ 溶液中测得：$\beta_1 = (6.7 \pm 0.1) \times 10^{13}$，$\beta_2 = (1.8 \pm 0.1) \times 10^{25}$，$\beta_3 = (3.8 \pm 0.3) \times 10^{35}$。

6. β—双酮类配位化合物

β—双酮类螯合剂与锆可形成稳定的配位化合物，如乙酰丙酮（HAA）、苯甲酰丙酮（HBA）、苯甲酰三氟丙酮（HBTA）、2—噻吩甲酰丙酮（HTA）以及 2—噻吩甲酰三氟丙酮（HTTA）等等，其中应用最多的是 HTTA。这类螯合剂通常存在互变的异构体，以 HTTA 为例：

$$\underset{(\text{I})}{C_4H_3S-C(=O)-CH_2-C(=O)-CF_3} \rightleftharpoons \underset{(\text{II})}{C_4H_3S-C(=O)-CH=C(OH)-CF_3} \rightleftharpoons \underset{(\text{III})}{C_4H_3S-C(=O)-CH=C(O^-)-CF_3 + H^+}$$

(Ⅲ)式酸根阴离子与锆形成稳定的配位化合物：

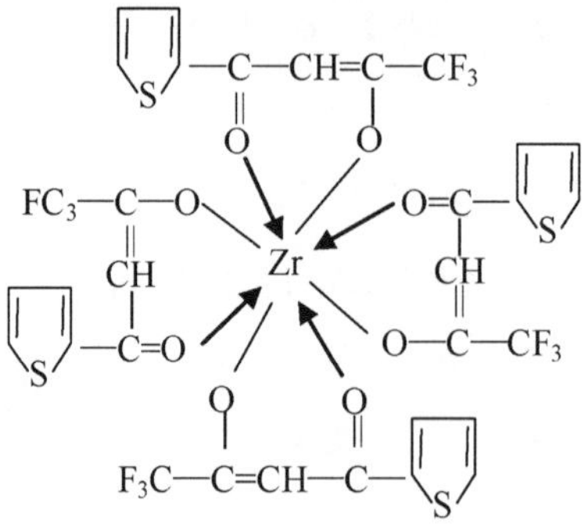

7. 扁桃酸配位化合物

扁桃酸与锆形成的配位化合物，曾在锆的定量分析中起过重要作用。锆在水溶液中的形态随酸度改变而不同，会与扁桃酸形成一系列的配合物：$ZrOOH(C_8H_7O_3)$，$ZrO(C_8H_7O_3)_2$，$ZrOH(C_8H_7O_3)_3$等等。只有在较浓的酸(如 4 mol·L^{-1} HCl)溶液中可形成定组分的沉淀 $Zr(C_8H_7O_3)_4$，用于重量法测定锆。其结构式为：

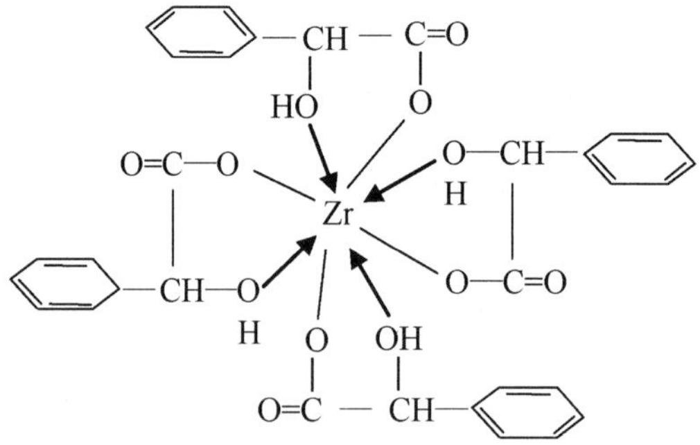

用扁桃酸锆配位化合物于定量分析锆时，必须维持较高浓度的酸。四扁桃酸锆也可写成锆酸的形式；$H_4Zr(C_8H_6O_3)_4$。

4.2.4 溶液中锆的水解和聚合[7,14,25-27]

四价金属离子在溶液中的水解能力大小次序如下：

$$Th^{4+} < U^{4+} < Np^{4+} < Pu^{4+} \approx Ce^{4+} < Hf^{4+} < Zr^{4+}$$

这个顺序是按离子势增长排列的，金属离子的水解首先是和羟基配位。四价离子的一级水解反应式为：

$$M(H_2O)_X^{4+} + H_2O \xrightleftharpoons{K} M(OH)(H_2O)_{X-1}^{3+} + H_3O^+ \quad (4\text{-}33)$$

理论计算表明，反应式(4-33)的平衡常数 K 从 Th^{4+} 为 2×10^{-4} 到 Zr^{4+} 为 0.25 呈增长变化。锆的溶液化学特性，突出地表现在水解和聚合行为。

1. 锆在高氯酸介质中的水解和聚合

在 $HClO_4$ + $LiClO_4$溶液中，维持离子强 $\mu=2$，Zr^{4+} 的水解反应及其平衡常数

如下：

$$Zr^{4+}+H_2O \underset{}{\overset{K_1}{\rightleftharpoons}} Zr(OH)^{3+}+H^+ \tag{4-34}$$

$$Zr(OH)^{3+}+H_2O \overset{K_2}{\rightleftharpoons} Zr(OH)_2^{2+}+H^+ \tag{4-35}$$

$$Zr(OH)_2^{2+}+H_2O \overset{K_3}{\rightleftharpoons} Zr(OH)_3^{+}+H^+ \tag{4-36}$$

$$Zr(OH)_3^{+}+H_2O \overset{K_4}{\rightleftharpoons} Zr(OH)_4+H^+ \tag{4-37}$$

其中 $K_1=0.6\pm0.05$，$K_2=0.24\pm0.03$，$K_3=0.09\pm0.01$，$K_4=0.068\pm0.006$。如果在 $HClO_4+NaClO_4$ 溶液中，维持 $\mu=1$，则得到 Zr^{4+} 的水解平衡常数为：$K_1=2.10$，$K_2=0.87$，$K_3=0.45$，$K_4=0.23$。

在 2 $mol\cdot L^{-1}$ $HClO_4$ 中开始形成聚合体的锆浓度是 2×10^{-3} $mol\cdot L^{-1}$，而在 1 $mol\cdot L^{-1}$ $HClO_4$ 中，2×10^{-4} $mol\cdot L^{-1}$ 锆浓度就开始聚合。先是二聚开始，而后形成多聚体。当溶液中离子强度 $\mu=2$，其中 $HClO_4$ 浓度为 1 或 2 $mol\cdot L^{-1}$，锆浓度在 10^{-4}—0.02 $mol\cdot L^{-1}$ 范围内，25℃下锆会聚合，以三聚体 $Zr_3(OH)_4^{8+}$ 和四聚体 $Zr_4(OH)_8^{8+}$ 形式存在。聚合反应可用下式表示：

$$nZr^{4+}+xH_2O \overset{K}{\rightleftharpoons} Zr_n(OH)_x^{(4n-x)^+}+xH^+ \tag{4-38}$$

反应式(4-38)的平衡常数 K，对于 1 $mol\cdot L^{-1}$ $HClO_4$ 的条件，形成 $Zr_3(OH)_4^{8+}$ 和 $Zr_4(OH)_8^{8+}$ 分别 $(2.4\pm0.3)\times10^5$ 和 $(2.0\pm0.2)\times10^8$；对于 2 $mol\cdot L^{-1}$ $HClO_4$ 的条件，则分别为 $(2.5\pm0.4)\times10^5$ 和 $(1.5\pm0.2)\times10^8$。

聚合物形成过程中，首先以羟基搭桥，而后会转化为以氧搭桥。例如三聚体的聚合过程：

$$3[Zr(H_2O)_X]^{4+}+4H_2O \rightleftharpoons [Zr_3(H_2O)_{3x-4}(OH)_4]^{8+}+4H_3O^+ \tag{4-39}$$

$$[Zr_3(H_2O)_{3x-4}(OH)_4]^{8+}+4H_2O \rightleftharpoons [Zr_3O_4(H_2O)_{3x-4}]^{4+}+4H_3O^+ \tag{4-40}$$

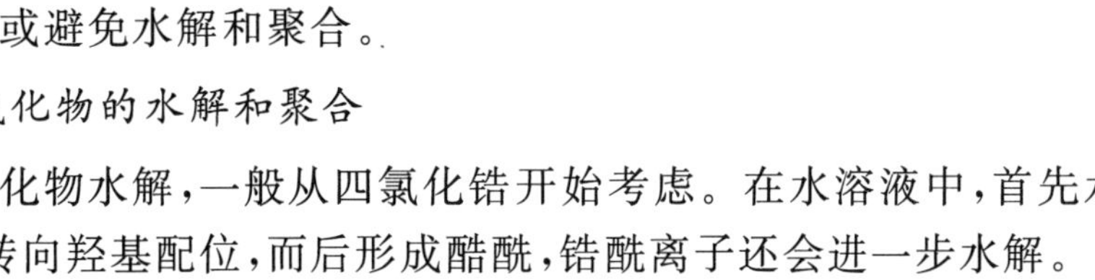

```
 ⎛       H        H      ⎞8+
 ⎜       O        O      ⎟          ⎛     O      O     ⎞4+
 ⎜  |  /  \ |  /  \  |   ⎟          ⎜ \  / \    / \  / ⎟
 ⎜ —Zr      Zr       Zr  ⎟   ——→    ⎜  Zr    Zr    Zr  ⎟   +4H+      (4-41)
 ⎜  |  \  / |  \  /  |   ⎟          ⎜ /  \ /    \ /  \ ⎟
 ⎜       O        O      ⎟          ⎝     O      O     ⎠
 ⎝       H        H      ⎠
```

从反应式(4-33)到反应式(4-41)的水解和聚合过程，都伴随着释放 H^+，所以提高酸度可缓解或避免水解和聚合。

2. 锆氯化物的水解和聚合

锆的氯化物水解，一般从四氯化锆开始考虑。在水溶液中，首先水分子与锆配位，进而转向羟基配位，而后形成酷酰，锆酰离子还会进一步水解。

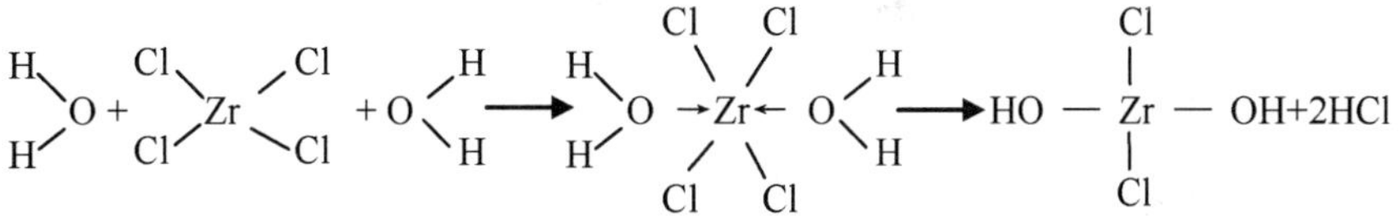

$$H_2O + ZrCl_4 + H_2O \longrightarrow H_2O \rightarrow ZrCl_4 \leftarrow OH_2 \longrightarrow HO-ZrCl_2-OH+2HCl$$

$$HO-Zr(Cl)_2-OH \longrightarrow O{=}Zr(Cl)_2 \leftarrow OH_2 \overset{H_2O}{\rightleftharpoons} \left[O{=}Zr(\leftarrow OH_2)_3\right]^{2+}\cdot(Cl^-)_2$$

$$\downarrow$$

$$\left[O{=}Zr(\leftarrow OH_2)_2-OH\right]^{+}\cdot Cl^- + HCl$$

简单的反应式为：

$$ZrCl_4 + H_2O \rightleftharpoons ZrOCl_2 + 2HCl \qquad (4\text{-}42)$$

$$ZrOCl_2 + H_2O \rightleftharpoons ZrO(OH)Cl + HCl \qquad (4\text{-}43)$$

$$ZrOCl_2 + 3H_2O \rightleftharpoons Zr(OH)_4 + 2HCl \qquad (4\text{-}44)$$

$$Zr(OH)_4 \rightleftharpoons ZrO(OH)_2 + H_2O \qquad (4\text{-}45)$$

向氯化锆酰水相缓慢地加入氢氧化钠溶液，一开始加入，立即形成沉淀，而后继续加入，则沉淀重新溶解。当每摩尔锆中加入的氢氧化钠为1摩尔后，向泥浆状锆沉淀通入二氧化碳鼓泡，并没有发生沉淀固体溶解。重复进行试验，二氧化碳通入锆溶液鼓泡期间，加入氢氧化钠溶液，没出现沉淀。二氧化碳和氢氧化钠同在一处，相当于碳酸钠的效果。从相同条件试验的溶液中得到的结晶，实验分子式为 $Zr_2O_3Cl_2 \cdot 6H_2O$。反应式可认为是：

$$2ZrOCl_2 + Na_2CO_3 \longrightarrow Zr_2O_3Cl_2 + 2NaCl + CO_2 \qquad (4\text{-}46)$$

这个试验中使锆聚合可能是碳酸的作用：

$$O{=}Zr^{2+} + H-O-\overset{\overset{\displaystyle O}{\|}}{C}-O-H + Zr{=}O^{2+} \longrightarrow \left[O{=}Zr \leftarrow \overset{\displaystyle O}{\underset{\displaystyle H-O-C-O-H}{\|}} \rightarrow Zr{=}O\right]^{4+}$$

$$\longrightarrow [O{=}Zr-O-Zr{=}O]^{2+} + 2H^+ + CO_2$$

还制得 $Zr_3O_4Cl_4 \cdot xH_2O$ 和 $Zr_5O_8Cl_4 \cdot 22H_2O$，其结构式可简单表示为：

$$Cl_2Zr(\mu\text{-}O)_2Zr(\mu\text{-}O)_2ZrCl_2 \quad 和 \quad Cl_2Zr(\mu\text{-}O)_2Zr(\mu\text{-}O)_2Zr(\mu\text{-}O)_2Zr(\mu\text{-}O)_2ZrCl_2$$

聚合后还会继续水解，如：

$$Zr_2O_3Cl_2 + H_2O \longrightarrow Zr_2O_3(OH)Cl + HCl \qquad (4\text{-}47)$$

3. 硫酸锆的水解和聚合

硫酸锆与卤化物不同，锆的卤化物中锆和卤元素原子可直接成键，而在硫酸锆中，硫酸根是通过氧原子和锆键合的。当硫酸锆加入到水中时，同样也形成水合物，但是锆和硫酸之间基本保持共价键；而氢离子有别于硫酸根，则是从分子中独立出来。例如：

$$Zr(SO_4)_2+4H_2O \longrightarrow Zr(SO_4)_2\cdot 4H_2O \longrightarrow H_2ZrO(SO_4)_2\cdot 3H_2O \tag{4-48}$$

$$H_2ZrO(SO_4)_2\cdot 3H_2O \rightleftharpoons [ZrO(SO_4)_2\cdot 3H_2O]^{2-}+2H^+ \tag{4-49}$$

其结构式可写成：

$$(H^+)_2\cdot\left[\begin{array}{ccccccc} & O & & O & & O & \\ & \| & & \| & & \| & \\ H-O-H\leftarrow O- & S & -O- & Zr & -O- & S & -O\rightarrow H-O-H \\ & \| & & \uparrow & & \| & \\ & O & & H-O-H & & O & \end{array}\right]^{2-} \rightleftharpoons$$

$$H^+\cdot\left[\begin{array}{ccccccccc} & & & O & & O & & O & \\ & & & \| & & \| & & \| & \\ H- & O & - & S & -O- & Zr & -O- & S & -O\rightarrow HOH \\ & \uparrow & & \| & & \uparrow & & \| & \\ & HOH & & O & & HOH & & O & \end{array}\right]^{-}$$

硫酸锆酰继续水解后，通过氧桥联结成一系列中间离子，并聚合成大分子团：

$$(H^+)_2\cdot\left[\begin{array}{ccccccc} & O & & O & & O & \\ & \| & & \| & & \| & \\ HOH\leftarrow O- & S & -O- & Zr & -O- & S & -O\rightarrow HOH \\ & \| & & \uparrow & & \| & \\ & O & & HOH & & O & \end{array}\right]^{2-} + H_2O \longrightarrow$$

$$(H^+)\cdot\left[\begin{array}{ccccc} & O & & O & \\ & \| & & \| & \\ HOH-O- & S & -O- & Zr & -OH \\ & \| & & \uparrow & \\ & O & & HOH & \end{array}\right]^{-} + HSO_4^- + H^+ \tag{4-50}$$

$$(H^+)\cdot\left[\begin{array}{ccccc} & O & & O & \\ & \| & & \| & \\ HOH\leftarrow O- & S & -O- & Zr & -OH \\ & \| & & \uparrow & \\ & O & & HOH & \end{array}\right]^{-} + \left[\begin{array}{ccccccccc} & & & O & & O & & O & \\ & & & \| & & \| & & \| & \\ H- & O & - & S & -O- & Zr & -O- & S & -O\rightarrow HOH \\ & \uparrow & & \| & & \uparrow & & \| & \\ & HOH & & O & & HOH & & O & \end{array}\right]^{-}\cdot(H^+)$$

$$\longrightarrow (H^+)_2\cdot\left[\begin{array}{ccccccccccc} & O & & O & & O & & O & & O & \\ & \| & & \| & & \| & & \| & & \| & \\ HOH\leftarrow O- & S & -O- & Zr & -O- & S & -O- & Zr & -O- & S & -O\rightarrow HOH \\ & \| & & \uparrow & & \| & & \uparrow & & \| & \\ & O & & HOH & & O & & HOH & & O & \end{array}\right]^{2-} + 2H_2O \tag{4-51}$$

根据式(4-48)、式(4-50)、式(4-51)，硫酸锆水解后会聚合成多聚体。用三聚体和四聚体端头锆的键合羟基缩合，制成七聚体，化合物的实验分子式为：$7ZrO_2\cdot 5SO_3\cdot 3OH_2O$，其分子的简单结构式表示如下：

$$\begin{array}{l} H_2O\urcorner \quad O \qquad O \qquad O \qquad O \qquad O \qquad O \qquad O \qquad O \qquad O \qquad O \qquad O \qquad O \qquad H_2O \\ HO—Zr—O—S—O—Zr—O—S—O—Zr—O—S—O—Zr—O—Zr—O—S—O—Zr—O—S—O—Zr—OH\lrcorner \\ \qquad\qquad O \qquad\qquad O \qquad\qquad O \qquad\qquad\qquad O \qquad\qquad O \end{array}$$

每个锆原子周围都有配位水分子。

4. 锆的平均重量聚合度

为了描述溶液中锆聚合体的聚集情况，引进“平均重量聚合度”(或平均分子重量聚合度)这个术语。

文献[25]用溶剂萃取法，研究了高氯酸介质中锆的平均重量聚合度。基于HTTA只萃取未聚合的锆离子，而不萃取聚合体，锆浓度在小于开始聚合浓度范围改变是不会影响HTTA萃取锆的分配比(D_{Zr})；若锆浓度在大于开始聚合范围变化，则随着浓度增加，聚合的锆份额增加，可萃取锆的份额减少，因此分配比下降，如图4-1所示。分配比表达式应是：

$$D_{Zr}=\frac{(ZrA_4)_0}{(Zr)+2(Zr_2)+3(Zr_3)+\cdots+i(Zr_i)}=\frac{(ZrA_4)_0}{\sum\limits_{i=1} i(Zr_i)} \tag{4-52}$$

式中$(ZrA_4)_0$是未聚合的Zr与HTTA形成的螯合物萃取到机相中，水相中是由萃取残余的未聚合Zr与形成各级聚合体的锆浓度之总和。水相中锆的聚合可用简单反应式描述：

$$i\mathrm{Zr}\xrightleftharpoons{K_i}\mathrm{Zr_i} \tag{4-53}$$

$$K_i=\frac{(Zr_i)}{(Zr)^i},\qquad (Zr_i)=K_i\,(Zr)^i \tag{4-54}$$

将式(4-54)代入式(4-52)得：

$$D_{Zr}=\frac{(ZrA_4)_0}{\sum\limits_{i=1} iK_i(Zr)^i} \tag{4-55}$$

微分后得：

$$\frac{\mathrm{dlog}D_{Zr}}{\mathrm{dlog}\sum iK_i\,(Zr)^i}=\frac{\sum\limits_{i=1} iK_i\,(Zr)^i}{\sum\limits_{i=1} i^2K_i\,(Zr)^i}-1 \tag{4-56}$$

式(4-56)可写成下式：

$$\frac{\mathrm{dlog}D_{Zr}}{\mathrm{dlog}\sum i(Zr_i)}=\frac{1}{\sum\limits_{i=1} if_i}-1 \tag{4-57}$$

式中 $\sum\limits_{i=1} if_i$ 描述锆形成平均聚合体的程度，这个量就是重量平均聚合度。当$i=1$时，没有聚合，方程右边等零，D_{Zr}不随(Zr)变化；当$i>1$时，方程右边为负值，

D_{Zr}随(Zr_i)的增加而下降。由图 4-1 可看出，锆的高浓度部分曲线的斜率正如式(4-57)的左边所表示，用 N 代表斜率，则有：

$$\sum if_i = \frac{1}{N+1} \tag{4-58}$$

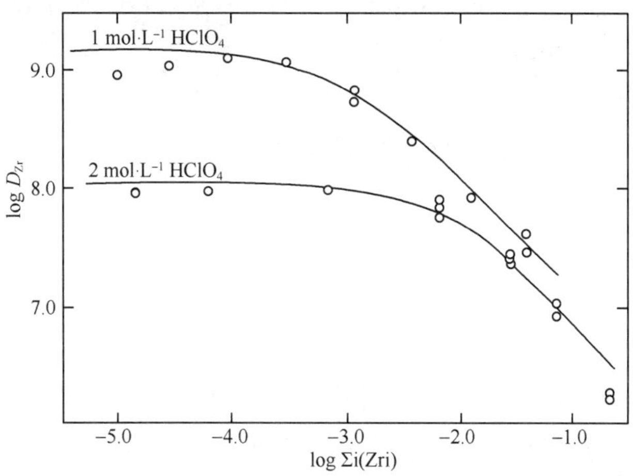

图 4-1　HTTA 萃取 Zr 的分配比 D_{Zr}与水相锆浓度的关系

有机相：HTTA——苯；水相：1 和 2 mol · L^{-1} $HClO_4$

锆浓度在 10^{-5}～10^{-2} mol · L^{-1}范围内于高氯酸介质中 25℃条件下，实验测得锆的平均重量聚合度数据列于表 4-5。

表 4-5　高氯酸溶液中锆的平均重量聚合度

(H^+), mol · L^{-1}	$\log D_{Zr}$	$\log \sum_{i=1} i\,(Zr_i)$	N	$\sum if_i$
2	7.98	−3.00	−0.138	1.16
	7.89	−2.50	−0.245	1.32
	7.71	−2.00	−0.515	2.06
	7.35	−1.50	−0.890	9
	6.87	−1.00	−0.997	300*
1	9.13	−4.00	−0.133	1.15
	9.03	−3.50	−0.283	1.39
	8.83	−3.00	−0.529	2.12
	8.51	−2.50	−0.770	4.4
	8.09	−2.00	−0.889	9
	7.63	−1.50	−0.944	18

* N 接近 −1 时，误差大。

文献[27]用超离心法使聚合体在离心场作用下移动和聚集，并用光散射技术观测聚合体的聚集，研究了盐酸和高氯酸介质中锆的聚合行为。溶液老化和温度变化，对锆的聚合都有影响。在 0.08 1 mol·L^{-1} HCl 中，温度由 25℃降到 5℃，聚合度明显降低。比较 1 mol·L^{-1} HCl 介质，这种影响较小。对含 $ZrOCl_2$ 的溶液加热或老化，则锆的聚合度明显增加，不过并没有产生很大的聚合体。

4.3 硝酸溶液中锆的状态

4.3.1 锆在销酸中的溶解度[28]

锆的两种最普通的硝酸盐是硝酸锆($Zr(NO_3)_2 \cdot 5H_2O$)和硝酸锆酰($ZrO(NO_3)_2 \cdot 2H_2O$)，关于硝酸溶液中锆溶解度的研究不多，文献[28]测定了硝酸锆酰在硝酸中的溶解度，实验了平衡时间、温度、酸度以及铀浓度对锆在硝酸中溶解度的影响。

1. 溶解平衡时间

锆在硝酸溶液中的溶解，温度为(60±1)℃，22 小时即可达到平衡(见表4-6)。

表 4-6　硝酸溶液中硝酸锆酰的溶解平衡时间

硝酸浓度(mol·L^{-1})	锆浓度(mol·L^{-1})		
	22 h	39 h	47 h
1.0	0.307	0.306	0.307
2.0	0.269	0.271	0.270
4.0	0.268	0.268	0.266

2. 硝酸浓度和温度对锆溶解度的影响

硝酸浓度在 0.5～6.0 mol·L^{-1}范围内硝酸锆酰的溶解度数据列于表 4-7。锆的最大溶解度出现在 1.0 mol·L^{-1} HNO_3 中，低于这一酸度，锆的溶解度明显下降；高于这一酸度，溶解度也逐渐下降。这个现象可用锆在不同浓度的硝酸中状态转化解释，低于 1.0 mol^{-1} HNO_3时，硝酸锆酰进一步水解，向氢氧化物转化，溶解度低；酸度高时向 $Zr(NO_3)_4$转化，其溶度积与硝酸根浓度的 4 次方成正比，而硝酸锆酰为 2 次方关系。

表 4-7　锆溶解度与硝酸浓度和温度的关系

平衡时间 43～49 h

硝酸浓度 ($mol \cdot L^{-1}$)	锆的溶解度($mol \cdot L^{-1}$)			
	20℃	30℃	40℃	60℃
0.5	0.120±0.005	0.117±0.004	0.119±0.007	0.122±0.007
1.0	0.310±0.023	0.310±0.022	0.308±0.022	0.307±0.021
2.0	0.273±0.009	0.273±0.009	0.270±0.009	0.270±0.009
3.0	0.270±0.001	0.270±0.002	0.267±0.001	0.268±0.002
4.0		0.277±0.005	0.269±0.002	0.267±0.002
6.0	0.251±0.004	0.251±0.004	0.252±0.005	0.253±0.009

由表 4-7 看出，锆在硝酸中的溶解度受温度影响不大。

3. 锆溶解度与铀浓度的关系

测定硝酸溶液中锆的溶解度时，采用 EDTA 当量试剂分析过饱和体系中液相的锆浓度，经过核对，证明所得数据准确。而测定铀对锆溶解度的影响时，由于铀的干扰，锆的准确分析有困难，故采用^{95}Zr示踪法测定锆含量。实验时，在锆的近饱和溶液中加入^{95}Zr进行同位素交换，体系中锆未达到过饱和，获取的锆浓度数据不是真实的溶解度，仅表示其尚未出现沉淀的下限值(见表 4-8)。但是这些数据已接近相应硝酸溶液中的溶解度，而且比真实乏核燃料溶解液中的锆浓度高得多，可为裂变产物元素锆的过程化学研究提供参考价值。例如：铀的存在对锆溶解性质影响不大；乏核燃料溶解液不稳定的次级沉淀现象(参见第十章 10.3 节)，不是因为锆溶解度低造成的。

表 4-8　含铀的硝酸溶液中锆尚未出现沉淀的下限浓度

3.0 $mol \cdot L^{-1}$ HNO_3

铀浓度 ($mol \cdot L^{-1}$)	锆溶解度($mol \cdot L^{-1}$)	
	20℃	40℃
0.21	>0.248	>0.240
0.42	>0.227	>0.231
0.84	>0.203	>0.207

4.3.2　溶液中的硝酸锆[14,15,29-36]

硝酸锆在这里是指四价锆离子直接和硝酸根结合成中性和正、负离子的系列配合物，在硝酸溶液中的形成反应为：

$$Zr^{4+} + iNO_3^- \xrightleftharpoons{\beta_i} Zr(NO_3)_i^{4-i} \tag{4-59}$$

$$\beta_i=\frac{(Zr(NO_3)_i^{4-i})}{(Zr^{4+})(NO_3^-)^i} \tag{4-60}$$

当硝酸浓度≥4 mol·L^{-1}时，主要生成 $i\geq 4$ 的配合物，$i=4$ 为中性的 $Zr(NO_3)_4$ 可被 TBP 萃取。$i>4$ 的配合阴离子，在氢离子浓度为 4 mol·L^{-1}而硝酸根浓度更高时，也会形成。当硝酸浓度<4 mol·L^{-1}，主要生成 $i<4$ 的阳离子，$i>4$ 的含量随酸度降低而减少。

在硝酸锆的系列配位化合物中，已经知道 $i=1-6$ 都存在，并已测得相应的配位化合物稳定常数 β_i。文献[36]用 TBP 萃取的实验数据，经过处理，得到 β_i 值。

TBP 萃取 $Zr(NO_3)_4$的平衡反应式：

$$Zr^{4+}+4NO_3^-+x TBP_{(0)}\xrightleftharpoons{K}Zr(NO_3)_4\cdot x TBP_{(0)} \tag{4-61}$$

$$K=\frac{(Zr(NO_3)_4\cdot x TBP)_{(0)}}{(Zr^{4+})(NO_3^-)^4(TBP)_{(0)}^x} \tag{4-62}$$

萃取到有机相的锆浓度只有 $Zr(NO_3)_4$ 的萃合物：

$$C_{(0)}=(Zr(NO_3)_4\cdot TBP)_{(0)}=K(Zr^{4+})(NO_3^-)^4(TBP)_{(0)}^x \tag{4-63}$$

水相的锆浓度包括可萃取形态和不可萃取形态的锆在内：

$$\begin{aligned}C_{(a)}&=(Zr^{4+})+\sum_{i=1}(Zr(NO_3)_i^{4-i})\\&=(Zr^{4+})+\sum_{i=1}\beta_i(Zr^{4+})(NO_3^-)^i\\&=(Zr^{4+})(1+\sum_{i=1}\beta_i(NO_3^-)^i)\end{aligned} \tag{4-64}$$

萃取分配比的表达：

$$D_{Zr}=\frac{C_{(0)}}{C_{(a)}}=\frac{K(NO_3^-)^4(TBP)^x}{1+\sum_{i=1}\beta_i(NO_3^-)^i} \tag{4-65}$$

$$1+\sum_{i=1}\beta_i(NO_3^-)^i=K\cdot\frac{(NO_3^-)^4(TBP)^x}{D_{Zr}} \tag{4-66}$$

式(4-66)的左边实际上是 Zr^{4+} 在溶液中的配合度(Y_0)，仅是硝酸根浓度的函数，即：

$$Y_0=1+\sum_{i=1}\beta_i(NO_3^-)^i=F\{(NO_3^-)\} \tag{4-67}$$

令：$S=\dfrac{(NO_3^-)^4(TBP)^x}{D_{Zr}}$代入式(4-66)，则有：

$$Y_0=K\cdot S=1+\sum_{i=1}\beta_i(NO_3^-)^i \tag{4-68}$$

将式(4-67)微分得：

$$\frac{dY_0}{d(NO_3^-)} = \sum_{i=1} i\beta_i\,(NO_3^-)^{i-1},\qquad \frac{dY_0}{d\ln(NO_3^-)} = \sum_{i=1} i\beta_i\,(NO_3^-)^{i} \tag{4-69}$$

平均配合数 $\bar{n}$ 与配合度 Y_0 之间的关系式有：

$$\bar{n} = \frac{\sum_{i=1} i\beta_i\,(NO_3^-)^{i}}{Y_0} = \frac{1}{Y_0}\cdot\sum_{i=1} i\beta_i\,(NO_3^-)^{i}$$

$$= \frac{1}{Y_0}\cdot\frac{dY_0}{d\ln(NO_3^-)} = \frac{d\ln Y_0}{d\ln(NO_3^-)} \tag{4-70}$$

$$\ln Y_0 = \int_0^{(NO_3^-)} \frac{n}{(NO_3^-)} d(NO_3^-) \tag{4-71}$$

将式(4-68)微分得：

$$K\frac{ds}{d(NO_3^-)} = \sum_{i=1} i\beta_i\,(NO_3^-)^{i-1},\qquad \because\quad K = \frac{Y_0}{s}$$

$$\therefore\quad \frac{\sum_{i=1} i\beta_i\,(NO_3^-)^{i-1}}{1+\sum_{i=1}\beta_i\,(NO_3^-)^{i}} = \frac{1}{S}\cdot\frac{ds}{d(NO_3^-)} = \frac{d\ln S}{d(NO_3^-)} \tag{4-72}$$

式(4-72)左边分子分母同乘[NO_3^-]，则有：

$$\frac{\bar{n}}{(NO_3^-)} = \frac{d\ln S}{d(NO_3^-)} \tag{4-73}$$

S 所含[NO_3^-]和[TBP]由实验设定，D_{Zr} 和 x 实验中可测定，故 S 值可以直接得到，实验数据列于表 4-9。将 ln$S$ 对(NO_3^-)作图，示于图 4-2，图中曲线斜率为 $\bar{n}$ 值。$\bar{n}$ 也仅是硝酸根浓度的函数，将 $\bar{n}$ 与[NO_3^-]的比值对[NO_3^-]作图(如图 4-3)，根据式(4-71)，从曲线面积分可求得 Y_0 的值。

表 4-9　Zr^{4+} 与硝酸根形成配位化合物的萃取数据

锆浓度 7.6×10^{-5} mol · L^{-1}

HNO_3 浓度 (mol · L^{-1})	HNO_3+HClO_4 浓度 (mol · L^{-1})	TBP 浓度 (mol · L^{-1})	分配比 D	ln$S$
0.11	4.083	1.003	0.0001	0.400
0.200	4.022	1.009	0.0009	0.580
0.252	4.018	0.978	0.0020	0.662
0.580	4.036	0.969	0.0240	1.004
1.020	4.072	0.988	0.168	1.828
1.493	4.122	0.992	0.521	2.264
2.072	4.037	0.997	1.36	2.602
2.502	3.996	0.982	1.95	3.00
3.027	4.039	1.035	1.92	3.744
3.511	4.127	0.962	1.36	4.672
4.007	4.007	0.980	0.803	5.668

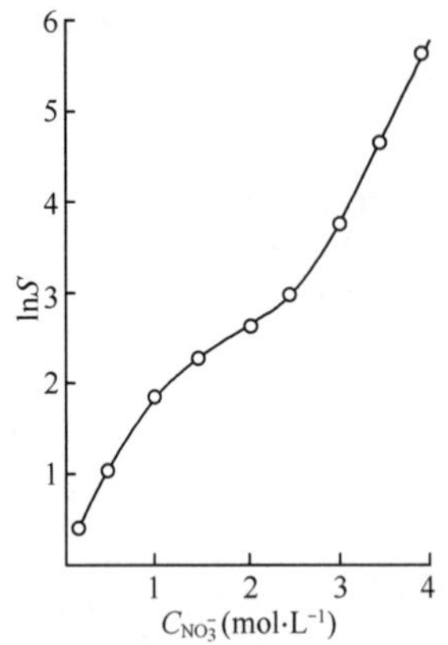

图 4-2 lnS 与硝酸根浓度的关系

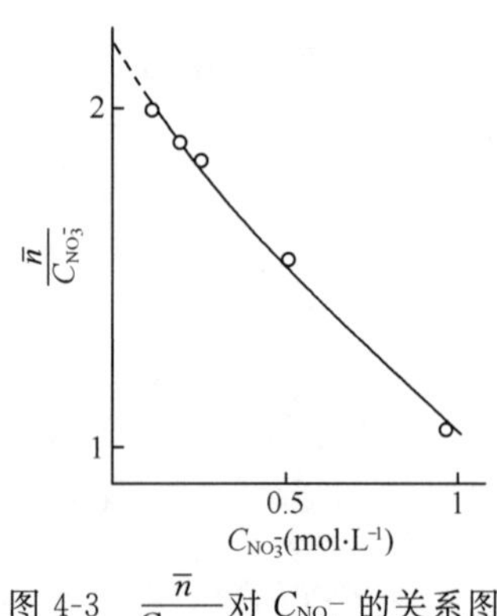

图 4-3 $\frac{\bar{n}}{C_{NO_3^-}}$对 $C_{NO_3^-}$ 的关系图

根据式(4-67),有了 Y_0 的值,如下函数可求:

$$F_1\{[NO_3^-]\}=\frac{F\{[NO_3^-]\}-1}{[NO_3^-]}=\frac{Y_0-1}{[NO_3^-]}=\beta_1+\beta_2[NO_3^-]+\beta_3[NO_3^-]^2+\cdots \tag{4-74}$$

$$F_2\{[NO_3^-]\}=\frac{F_1\{[NO_3^-]\}-\beta_1}{[NO_3^-]}=\beta_2+\beta_3[NO_3^-]+\beta_4[NO_3^-]^2+\cdots \tag{4-75}$$

……

$$F_i\{[NO_3^-]\}=\frac{F_{i-1}\{[NO_3^-]\}-\beta_{i-1}}{[NO_3^-]}=\beta_i+\beta_{i+1}[NO_3^-]+\beta_{i+2}[NO_3^-]^3+\cdots \tag{4-76}$$

将上述系列函数 $F_i\{[NO_3^-]\}$对$[NO_3^-]$作图,外延到$[NO_3^-]\to 0$ 时的截距即为 β_i,由 β_1 开始可逐个求得。

部分 β_i 值列于表 4-10,从中看出溶剂萃取和离子交换两种方法之间存在较大的系统偏差。不同作者用溶剂萃取法得到的 β_i 也不完全一致(见 4.4.1 节末)。

表 4-10 Zr^{4+} 和硝酸根形成配合物的稳定常数 β_i

$[H^+]$ (mol·L^{-1})	配合物稳定常数			测定方法	文献
4.0	$\beta_1=2.15$ $(2.20\pm0.05)^*$ $\beta_4=0.23$ $(0.15\pm0.02)^*$	$\beta_2=1.3$ $(1.3\pm0.05)^*$ $\beta_5=0.03$	$\beta_3=0.5$ $(0.55\pm0.03)^*$ $\beta_6=0.02$	TBP 萃取	[36]
2.0	$\beta_1=2.0$			HTTA 萃取	[15]

续表

[H^+] (mol · L^{-1})	配合物稳定常数		测定方法	文献
4 2	$\beta_1=2.20$ $\beta_1=2.0$	$\beta_2=1.30$	萃取法 (引用值)	[29]
4 2	$\beta_1=0.88$ $\beta_1=0.92$	$\beta_2=0.14$ $\beta_2=0.46$	离子交换法 (引用值)	[14]
3	$\beta_1=0.76$		离子交换法	[33]

* 括弧内用极限法处理的数据。

4.3.3　溶液中的硝酸锆酰[7,14,30,32,34,35]

硝酸锆酰 $ZrO(NO_3)_2 \cdot 2H_2O$ 在溶液中很稳定，但是蒸干后的残渣不溶于水。含 $ZrO(NO_3)_2 \cdot 2H_2O$ 1%的溶液中没有锆离子存在，不与阳离子交换树脂交换，认为硝酸根的氧与锆之间不是离子键而是共价键结合。

硝酸锆酰实质上是硝酸锆的水解产物：

$$Zr(NO_3)_4 + H_2O = Zr(OH)(NO_3)_3 + NO_3^- + H^+ \tag{4-77}$$

$$Zr(OH)(NO_3)_3 + H_2O = Zr(OH)_2(NO_3)_2 + NO_3^- + H^+ \tag{4-78}$$

$$Zr(OH)_2(NO_3)_2 = ZrO(NO_3)_2 + H_2O \tag{4-79}$$

$$Zr(NO_3)_i^{4-i} + 2H_2O = ZrO(NO_3)_{i-2}^{4-i} + 2H^+ + 2NO_3^- \tag{4-80}$$

$$ZrO(NO_3)_{i-2}^{4-i} + xH_2O = ZrO(OH)_x(NO_3)_{i-x-2}^{4-i} + xNO_3^- + xH^+ \tag{4-81}$$

从广义而言，四价锆离子的硝酸根各级配合物 $Zr(NO_3)_i^{4-i}$ 会水解生成相应的硝酸锆酰配合物，而后进一步水解。整个过程伴随着释放氢离子的量与锆的浓度是相关的。图 4-4 表示溶液中氢离子活度（pH 测定法）与锆的硝酸根化合

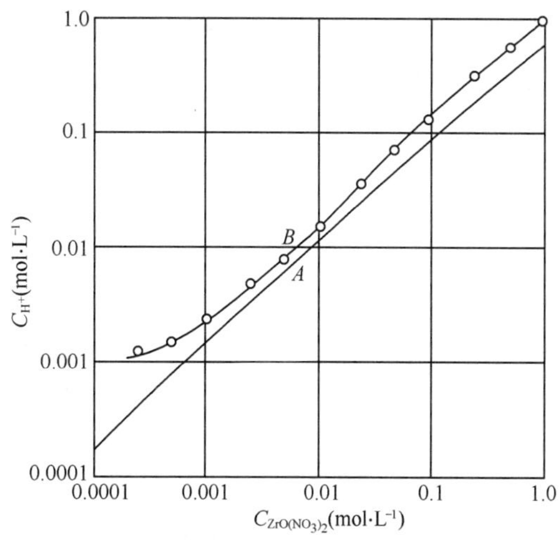

图 4-4　溶液中氢离子活度与硝酸锆酰浓度之相关性

物浓度之相关性。图中曲线 A 的实验方法是：逐渐加入硝酸锆酰到搅拌着的 200 mL 水中，过 2 或 3 分钟后，测量 pH 值；曲线 B 是：先配制好浓的硝酸锆酰溶液，然后稀释到不同浓度的溶液，放置几天后测量 pH 值。实验的硝酸锆酰浓度范围很大（10^{-4}～1 mol·L^{-1}），在 10^{-3} mol·L^{-1}以上，两种不同实验方法（由稀到浓和由浓到稀）得到的相关性规律是一致的。由于放置时间不同，两条线之间有平行间距，放置时间长，水解平衡完全，溶液的酸度相对高些。

用 HNO_3-$LiNO_3$混合溶液进行实验，仅增加硝酸根浓度而不改变酸度，结果对锆的阳离子形态中硝酸根含量无影响。这种条件下，体系中锆的二硝酸根配合物并无增加，阳离子交换树脂从 HNO_3-$LiNO_3$混合溶液中提取的初始阳离子锆比相应的纯硝酸溶液的少。同时进行的实验，阴离子交换树脂提取的锆也没有明显的变化。说明过程中形成了不被离子交换树脂吸附的形态，如$[Zr(OH)_2(NO_3)_2]^0$。通过调节合适的酸度和硝酸根浓度，在一个相当宽的范围内形成羟基硝酸锆配合物是可能的。

文献[37]用离子交换法研究了 0.001～10 mol·L^{-1} HNO_3溶液中^{95}Zr 在树脂上的吸附行为。阳离子交换树脂 КУ-2 经酸处理成 H^+-型，阴离子交换树脂 ПЭ-9 经 2 mol·L^{-1} $NaNO_3$溶液处理成 NO_3^--型。实验分为两部分，第一部分是在 0.001～10 mol·L^{-1} HNO_3中，没有维持一定的硝酸根浓度，考察^{95}Zr 在阳离子交换树脂（КУ-2）和阴离子交换树脂（ПЭ-9）上的吸附行为；第二部分，在 0.001～2 mol·L^{-1} HNO_3范围内，用 $NaNO_3$调控硝酸根浓度 $C_{NO_3^-}=2$ mol·L^{-1}，实验结果示于图 4-5。在纯硝酸溶液中，阳离子交换树脂对^{95}Zr 的吸附率比阴离子树脂高，但在 $C_{HNO_3}\leqslant 0.2$ mol·L^{-1}时，两者的吸附率都很高，说明是水解产物的吸附。酸浓度在 0.001～0.5 mol·L^{-1}范围，并维持 2 mol·L^{-1} $NaNO_3$时，阴离子交换树脂对^{95}Zr 的吸附率比阳离子树脂高，而酸度高于 0.5 mol·L^{-1}后，阴离子明显增加，但总的吸附率都不高，说明硝酸根和锆的水解产物作用，使之吸

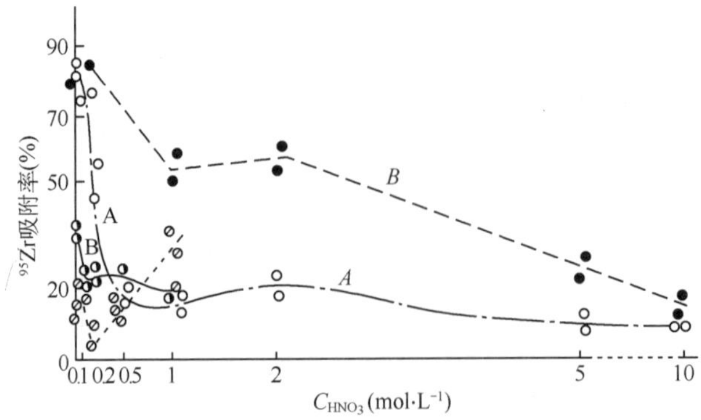

图 4-5 硝酸浓度对阳离子和阴离子交换树脂吸附^{95}Zr 的影响

A、δ—阴离子交换树脂；B、r—阳离子交换树脂

附降低。当形成 $ZrO(NO_3)^+$ 时，又可被阳离子交换树脂吸附，形成 $ZrO(NO_3)_2$ 为中性，使总的吸附率降低。硝酸钠的加入有利于形成 $ZrO(NO_3)_3^-$，使阴离子交换树脂对 ^{95}Zr 的吸附率提高。

4.3.4　硝酸溶液中锆的水解聚合和胶体行为[14,30,35,38-41]

前文已简单叙述了高氯酸、盐酸和硫酸介质中锆的水解和聚合，本节着重介绍锆在硝酸溶液中的水解聚合和胶体行为。

1. *硝酸溶液中锆的水解和聚合*

在硝酸溶液中 NO_3^- 与 Zr^{4+} 的配合能力比 OH^- 弱得多，锆的水解可认为 OH^- 与 Zr^{4+} 配位形成各级配合物：

$$Zr^{4+} + iOH^- \xrightleftharpoons{\beta_i} Zr(OH)_i^{4-i} \tag{4-82}$$

$$\beta_i = \frac{(Zr(OH)_i^{4-i})}{(Zr^{4+})(OH^-)^i} \tag{4-83}$$

在 $i \leqslant 4$ 范围内，各级水解产物的份额可表示为：

$$\frac{(Zr(OH)_i^{4-i})}{\sum_{i=0}^{4}(Zr(OH)_i^{4-i})} = \frac{\beta_i(OH^-)^i}{\sum_{i=0}^{4}\beta_i(OH^-)^i} = f\{(OH^-)\} \tag{4-84}$$

已经求得稳定常数：$\beta_1 = 7\times10^{13}$，$\beta_2 = 2\times10^{27}$，$\beta_3 = 2\times10^{42}$，$\beta_4 = 1.6\times10^{53}$，可用于硝酸介质。当硝酸浓度为 0.1 mol·L^{-1}量级时，可忽略 NO_3^- 与 Zr^{4+} 形成的配合物，用 β_i 数据获得各级水解产物的份额与溶液酸度的关系，示于图 4-6。图中看出，3 mol·L^{-1} HNO_3 时，就有少量的 $Zr(OH)^{3+}$ 形成。pH=0.5 就开始形成 $Zr(OH)_4$，pH≥2.5 后不存在阳离子状态的锆，这与阳离子交换的实验数据有一定的偏差，β_i 值有误差是原因之一。另外，式(4-84)的推导过程，(Zr^{4+}) 从分式中共约去，第 i 级的水解份额仅是 (OH^-) 的函数，而忽略了水解过程 (Zr^{4+}) 对 (OH^-) 的影响。实际上，金属离子的水解行为受其浓度的影响是很大的。从总体上看，图 4-6 很好地反映了锆的水解规律。

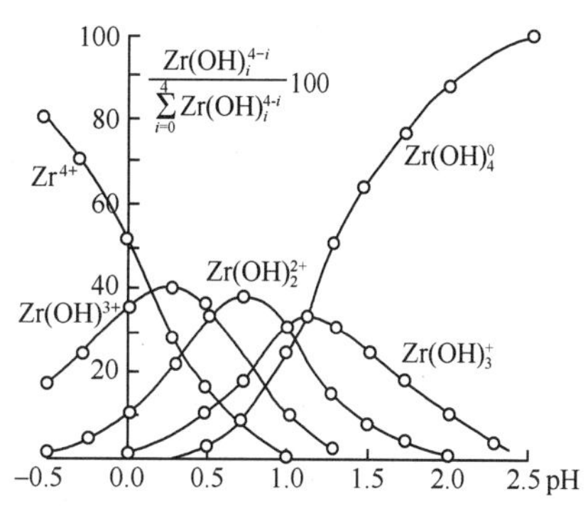

图 4-6　硝酸溶液中锆的水解产物份额与酸度的关系

用阳离子交换吸附 ^{95}Zr（锆浓度为 10^{-11} mol·L^{-1}）的实验表明，pH=4.2 还存在锆的阳离子，而且这个 pH 值是个转折点，pH≤4.2 时，阳离子状态锆的吸附和解吸是可逆的，属正常的离子交换行为；pH>4.2 则吸附和解吸不可逆，不是正常的离子交换行为。表 4-11 列出用 0.1 mol·L^{-1} HNO_3 解吸的部分实验数据，说明 pH=4.2 时，达到 $Zr(OH)_4$的溶度积，开始形成大份额的 $Zr(OH)_4$，并且形成聚核化合物。利用这些数据可以估算 $Zr(OH)_4$的溶度积：

表 4-11 ^{95}Zr 的解吸百分率

吸附实验酸度(pH)	0.1 mol·L⁻¹ HNO₃淋洗，⁹⁵Zr 解吸率(%)			
	实验 1	实验 2	实验 3	平均值
1.2	98.0	96.0	91.0	95.0
2.3	92.0	90.0	88.0	90.0
3.2	77.0	84.0	80.0	80.0
4.2	69.8	75.2	62.0	69.0
5.2	13.5	14.7	10.5	13.9
6.4	5.8	6.4	10.9	8.7
7.3	4.8	6.5	13.6	8.3
8.4	1.4	1.5	8.0	4.6

$$S_{P(Zr(OH)_4)}=(Zr^{4+})(OH^-)^4=(10^{-11})(10^{-14+4.2})^4\approx10^{-49}$$

文献[39]采用 $K_W=10^{-14.5}$计算，得 $S_{p(Zr(OH)_4)}\approx10^{-52}$。

在低浓硝酸中，锆水解、聚合，形成了的聚核锆化合物中，通过两个羟基架桥配位：

```
        H
        O
  ＼  ／  ＼  ／
   Zr      Zr
  ／  ＼  ／  ＼
        O
        H
```

红外光谱分析指出，是形成了 Zr-O-Zr 键，渗析实验给出聚合数为 4。当溶液中锆浓度大于 10^{-4} mol·L^{-1}时，聚核化合物的形成量就不可忽视。

2. 锆的胶体行为

锆水解、聚合后会形成胶体，随着 pH 值的增高(pH>4.2)，往往形成带负电荷的氢氧化锆胶体。图 4-7 表示微量锆形成胶体经赛璐玢膜过滤时的滞留率与 pH 值得关系。10^{-9} mol·L^{-1} 锆的硝酸溶液，经氢氧化铵调节 pH 值后，用过滤、离心和吸附等实验方法观察锆的状态，如图 4-8 所示。pH 值在 2～11 范围内，90%以上的锆被赛璐玢膜滞留，经 2000*g* 离心加速度的离心，就有可观量的锆沉淀，在石英玻璃和过滤纸上的吸附率分别在低 pH 和高 pH 时出现峰值。图中画上阴影线部分，表示形成了锆的聚合离子，未被体系中的杂质吸附。从图 4-8 看出 pH=2～11 范围内，锆形成了胶体，其中低 pH 部分是假胶

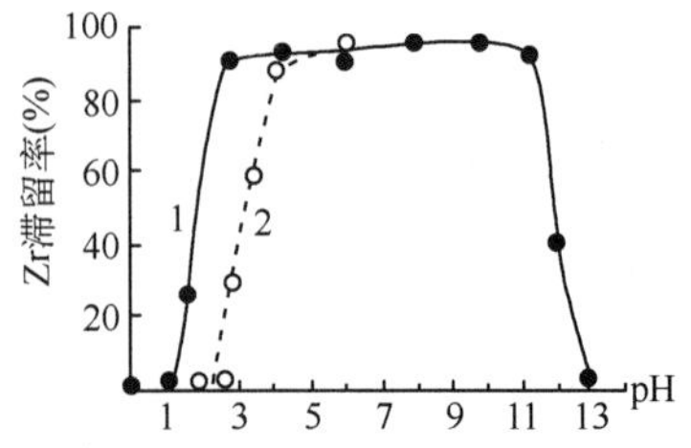

图 4-7 锆经过赛璐玢膜的滞留率与 pH 值的关系

1—纯 HNO_3；2—含 0.1 mol·L^{-1} $Ba(NO_3)_2$

体，附着于杂质粒子上，高 pH 部分是真胶体；pH＞11 后，由于碱性继续增强，形成锆酸或偏锆酸，胶体逐渐溶解。

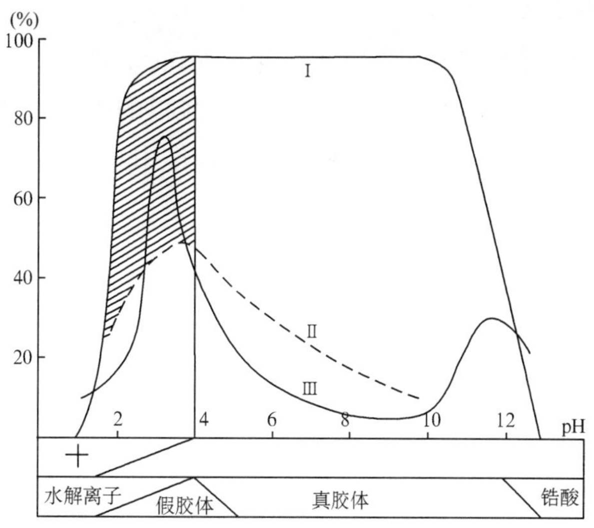

图 4-8　HNO_3 和 NH_4OH 溶液中微量锆的状态

Ⅰ—赛璐玢膜过滤的滞留率；Ⅱ—2000g 离心的沉淀率；Ⅲ—在玻璃和滤纸上的吸附率

用电迁移法研究硝酸溶液中锆离子的 ζ-电位与 pH 值的关系，^{95}Zr 示踪的 10^{-11} mol·L^{-1} Zr 在 pH≤4 的溶液中处于离子状态，pH 值增高后，形成氢氧化锆胶体。根据 ^{95}Zr 在滤膜上吸附率和 ζ—电位的变化，pH＝1.6～4 之间形成了假胶体。图 4-9 是在 0.01 mol·L^{-1} $NaNO_3$ 加不同浓度 HNO_3（调 pH 值）的溶液中测得的 ζ-电位和吸附率受 pH 的影响。图 4-10时利用 HNO_3（pH≤7）和 NaOH（pH≤7）分别调 pH，溶液较"清洁"，所以观察到的假胶体相对少些。痕量锆形成的氢氧化锆胶体的胶粒较小，可穿透滤膜，胶体特性主要由 ζ-电位表征。

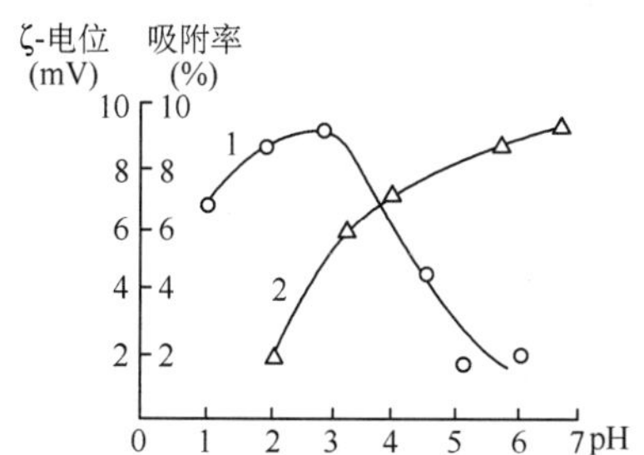

图 4-9　在 0.01 mol·L^{-1} $NaNO_3$ 溶液中硝酸浓度对 ^{95}Zr 吸附率和 ζ-电位的影响

1—在滤膜上的吸附率；2—ζ-电位

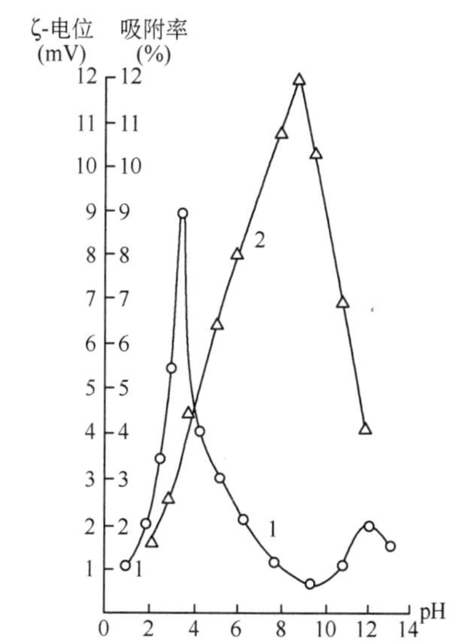

图 4-10　HNO_3 和 NaOH 溶液中 pH 值对 ^{95}Zr 吸附率和 ζ-电位的影响

1—在滤膜上的吸附率；2—ζ-电位

4.3.5 硝酸溶液中锆状态的相互转化[14,30,34,35,38,40,42]

1. 溶液中锆离子电荷的变化

溶液中锆离子平均电荷($\bar{Z}$)随酸度变化的分布如图 4-11 所示。硝酸浓度在 2 mol · L^{-1}附近,$\bar{Z}$最高,提高硝酸浓度,由于硝酸根的配合作用,使锆离子的正电荷减少。在低酸度时,由于水解,羟基和锆的配合作用,也使锆离子的正电荷减少。

用电迁移实验得到锆的正、负离子分布与溶液酸度的关系示于图 4-12 和图 4-13。随着酸浓度的增加,锆的正离子减少,而负离子增加。图 4-12 表示带正电荷或负电荷的锆离子浓度与硝酸浓度的关系,随着硝酸浓度的增加,正离子浓度下降和负离子浓度上升,到 4 mol · L^{-1} HNO_3 时,两者交汇,而后直至 6 mol · L^{-1} HNO_3,两者都保持平稳不变。图 4-13 表示锆的正离子和负离子的份额(%)与酸度的关系。在硝酸浓度约为 5 mol · L^{-1}时,锆的正、负离子的百分率相等(50%),直到 6 mol · L^{-1} HNO_3时,也是平稳不变。HCL 溶液中,酸度增加到8 mol · L^{-1},正、负离子百分率的变化还在进行中。在高氯酸介质中,锆的正离子占优势。当高氯酸浓度高于2 mol · L^{-1}后,锆的正离子百分率又趋于上升。比较图 4-11,由于锆浓度很低,相对于图 4-12 和 4-13,化学行为存在一些差别,但是硝酸浓度高于 4 mol · L^{-1}后,锆离子电荷的变化均趋于平稳。

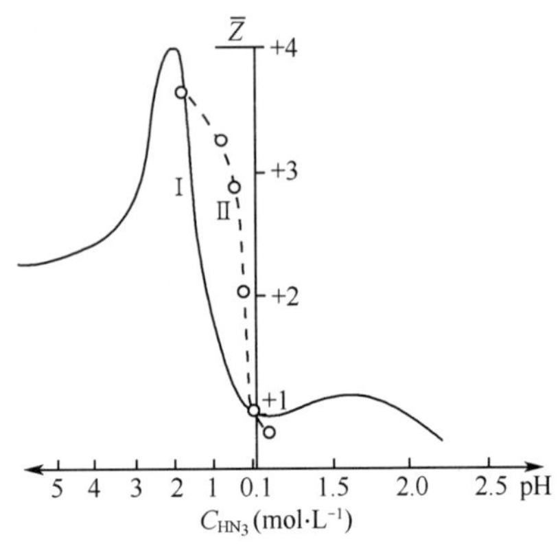

图 4-11 溶液酸度与锆离子平均电荷($\bar{Z}$)的关系

C_{Zr}—10^{-9} mol · L;

Ⅰ—HNO_3 溶液;Ⅱ—$HClO_4$ 溶液

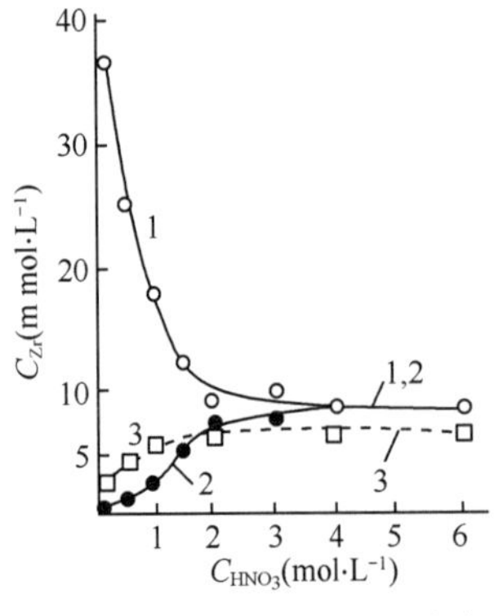

图 4-12 锆的正、负离子浓度与硝酸浓度的关系

1—正离子浓度;

2—负离子浓度;

3—检查实验

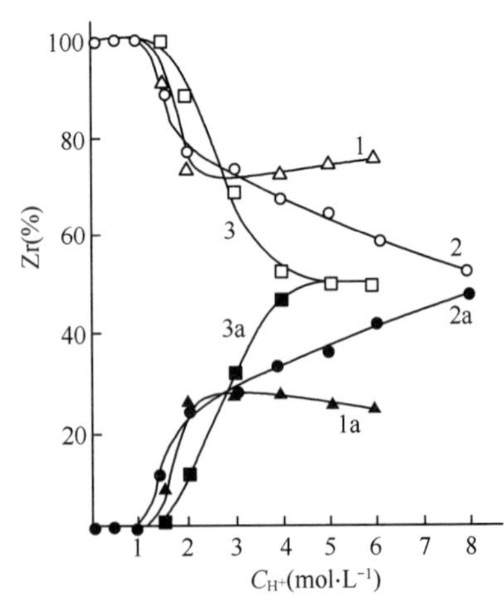

图 4-13 锆的正、负离子百分率与酸浓度的关系

1—$HClO_4$ 中正离子;1a—$HClO_4$ 中负离子;

2—HCl 中正离子;2a—HCl 中负离子;

3—HNO_3 中正离子;3a—HNO_3 中负离子

2. 硝酸溶液中锆状态的转化

锆在硝酸溶液中，当酸度很低时由于水解、聚合，形成聚合度不同的锆聚合物。随着溶液中硝酸浓度的增加，锆聚合物会解聚，继而形成氢氧化物、硝酸根和羟基混合化合物、硝酸根化合物以及硝酸根配合阴离子。其转化过程表示如下；

$$Zr_3O_5^{2+}(或\ Zr_4O_7^{2+})\xrightarrow{HNO_3}Zr_2O(OH)_4^{2+}\xrightarrow{HNO_3}Zr(OH)_3^{+}\xrightarrow{HNO_3}$$

$$Zr(OH)_2(NO_3)^{+}\xrightarrow{HNO_3}Zr(OH)_2(NO_3)_2(或\ Zr(NO_3)_2^{2+})\xrightarrow{HNO_3}$$

$$Zr(OH)_2(NO_3)_4^{2-}(或\ Zr(NO_3)_6^{2-})。$$

除了这一系列之外，硝酸溶液中锆的形态还有多种，其中某些可用平均比离子电荷(mean specific ionic charge)和硝酸根与锆的比值描述，列于表 4-12。

表 4-12　锆在硝酸溶液中可能的形态

参数	平均比离子电荷					NO_3/Zr
	−2	0	0～1	+1	+2	
锆的形态	$[Zr(NO_3)_6]^{2-}$ (Ⅰ)					6
	$[Zr(OH)_2(NO_3)_4]^{2-}$ (Ⅱ)	$[Zr(NO_3)_4]^0$ (Ⅱa)				4
		$[Zr(OH)_2(NO_3)_2]^0$ (Ⅲ)		$[Zr(OH)(NO_3)_2]^+$ (Ⅳ)	$[Zr(NO_3)_2]^{2+}$ (Ⅴ)	2
		$[(O{=}ZrNO_3)_2{=}O]^0$ (Ⅵ)		$Zr(OH)_2(NO_3)]^+$ (Ⅶ)	$[Zr(OH)(NO_3)]^{2+}$ (Ⅸ)	1
				$\left[\begin{matrix}HO & & OH\\ & Zr{-}O{-}Zr & \\ NO_3 & & NO_3\end{matrix}\right]^{2+}$ (Ⅷ)		
		$[Zr(OH)_4]^0$ (Ⅹ)	$[Zr_3O_5]^{2+}$	$[Zr(OH)_3]^+$ (Ⅺ)	$[Zr(OH)_2]^{2+}$ (Ⅻ)	
			$[Zr_4O_7]^{2+}$ (ⅩⅣ)	$[(HO)_2Zr{-}O{-}Zr(OH)_2]^{2+}$ (ⅩⅢ)		0

在硝酸浓度高时以(Ⅰ)和(Ⅱ)形态存在。(Ⅺ)和(Ⅻ)之间可以表示为：

$$[(Zr(OH)_2(H_2O)_4]^{2+}\rightleftharpoons[Zr(OH)_3(H_2O)_3]^{+}+H^{+}$$

在溶液中的自扩散和离子交换树脂中的扩散实验数据指出，酸度低时，以高聚合离子(ⅩⅣ)存在，随着酸度的增加，将解聚成二聚体(ⅩⅢ)。硝酸浓度继续增加，二聚体继续解聚为(Ⅷ)、(Ⅶ)、(Ⅸ)、(Ⅴ)或)(Ⅳ)。电荷为零的中性形态，在离子交换和电迁移过程的直接数据少，但在 HNO_3-$LiNO_3$ 混合溶液中的实验，测定有 $[Zr(OH)_2(NO_3)_2]^0$ 存在。调节硝酸根浓度和酸度，在相当宽的范围内，锆的羟基硝酸根配合物都可以形成。锆的不同形态之间转化速度比钌快。

3. 硝酸浓度与溶液中锆的状态

锆的状态与硝酸浓度的关系没有明晰的界线，表 4-13 和表 4-14 的描述虽然不完全一致，但是在硝酸浓度复盖较大的范围内，反映出溶液中锆状态的概况。

表 4-13 低浓硝酸中锆的状态

pH	锆的状态
<0	Zr^{4+}，$Zr(OH)^{3+}$（单体）
0～1.0	Zr^{4+}，$Zr(OH)^{3+}$，$Zr(OH)_2^{2+}$，$Zr(OH)_3^{+}$，$Zr(OH)_4^{0}$（单体）
1.0～1.5	$Zr(OH)_3^{+}$，$Zr(OH)_4^{0}$（单体）
1.5～4.0	$Zr(OH)_4^{0}$（单体），$[Zr(OH)_x^{4-x}]_n$（聚合物），假胶体
4.0～12	$[Zr(OH)_4]_n$（真胶体）
>12	锆酸

表 4-14 不同硝酸浓度范围内锆的状态

硝酸浓度（mol·L⁻¹）	锆的状态
<0.3	$[Zr(OH)_4]_n^0$（胶体），高聚合物
0.3～1	$[Zr_2O_3]^{2+}$（低聚合物）
1～3	$[Zr(OH)_2(NO_3)]^{+}$，$[Zr(OH)_2(NO_3)_2]^{0}$
>3	$[Zr(OH)_2(NO_3)_4]^{2-}$
>4	$[Zr(NO_3)_i]^{4-i}$

4.4 锆的溶剂萃取

锆的溶剂萃取研究结果往往不重现，溶液的“历史”和制备方法的差别，锆的可萃取形态和不可萃取形态的份额不同，所以萃取和反萃取不可逆，锆的萃取分配比（D_{Zr}）不一致。溶液的酸度不同，可萃取和不可萃取形态之间的转化率和转化速度也不同，平衡时间也有差别。“不可重现性”是锆溶液化学研究的难点所在。通过严格控制实验条件，可以获得基本一致的研究结果。

4.4.1 中性磷类萃取剂萃取锆[30,32,35,36,43-65]

以 TBP 为代表的中性磷类萃取剂从硝酸溶液中萃取锆的研究工作比较深入，包括 TBP 萃取锆的规律、影响因素、萃取机理等。硝酸中单核锆配合物可被 TBP 萃取，而聚核锆化合物不被 TBP 萃取。

1. 硝酸浓度的影响

硝酸介质中 TBP 萃取锆受硝酸浓度影响规律，与钌和锝不同，不是在低酸度区域分配比出现一个峰值，而是随着硝酸浓度的增加，D_{Zr}单调上升。表 4-15 列出了19%～40% TBP-煤油和 100% TBP 从 0.9～13.5 mol·L^{-1} HNO_3溶液中萃取锆的分配比数据，不同文献给出的 D_{Zr}数据在可比条件下基本一致。例如：19%和 20%TBP-煤油从 2 mol·L^{-1} HNO_3 中萃取锆的 D_{Zr} 为 0.045，0.044 和 0.05；6 mol·L^{-1} HNO_3中，D_{Zr}为 0.90、0.74 和 0.9。

图 4-14 表示不同稀释剂配制的 TBP 溶液萃取锆的 D_{Zr}与水相硝酸浓度的关系。图中看出，19% TBP-煤油萃取的分配比高于 30% TBP-CCl_4萃取的分配比。这与 TBP 萃取铀相一致，也是煤油为稀释剂的铀分配比高于四氯化碳为稀释剂的 D_u 值。图中 100%TBP 萃取锆时，log D_{Zr}-C_{HNO_3} 呈一直线关系，但是表 4-15 中 100% TBP 萃取的 log D_{Zr} 与 C_{HNO_3} 不是直线关系，而是稍微弯向横坐标的曲线。

在研究 104 号元素鈩(Rf)的溶液化学时，比较了类铪元素鈩和其他四价金属离子的溶剂萃取行为，用 0.25 mol·L^{-1} TBP-苯从盐酸溶液中萃取^{95}Zr、^{169}Hf、^{228}Th和^{261}Rf，1 mol·L^{-1} TiOA-萃取^{238}Pu。当盐酸浓度在 8 mol·L^{-1}以上时，^{95}Zr 和^{238}Pu 的萃取率接近 100%而不受盐酸浓度的影响；^{261}Rf 的萃取率从 8 mol·L^{-1} HCl 中为 60% 到 12 mol·L^{-1} HCl 中上升为 100%（见图 4-15）。

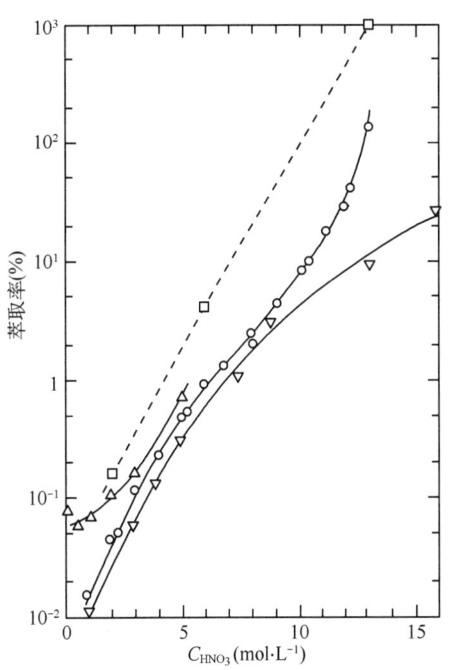

图 4-14 硝酸浓度对 TBP 萃取锆的影响

○—19%TBP-煤油；▽—30%TBP-CCl_4；△—15%TBP-烃类溶剂；□—100% TBP

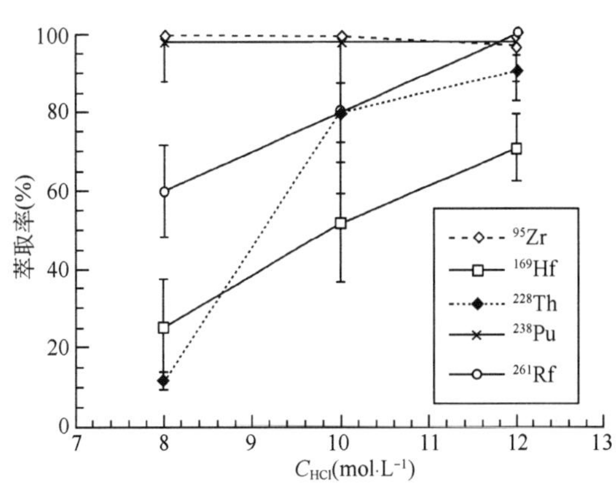

图 4-15 盐酸浓度对^{95}Zr 和^{261}Rf 等四价离子萃取的影响

0.25 mol·L^{-1} TBP-苯萃取^{95}Zr、^{169}Hf、^{228}Th 和^{261}Rf；1 mol·L^{-1} TiOA-苯萃取^{238}Pu

表 4-15　TBP 从不同浓度的硝酸溶液中萃取锆的分配比数据

硝酸浓度(mol·L^{-1})		1.0	1.5	2.0	3.0	3.7	4.0	4.6	5.0	6.0	7.0	8.0	9.1	9.7	10.2	10.5	11.2	12.2	13.1	文献
D_{Zr}	5%TBP一苯				0.007															[30]
	5%TBP-癸烷				0.01															[30]
	10%TBP-苯				0.026															[30]
	10%TBP-癸烷				0.032															[30]
	19%TBP-煤油	0.015		0.045	0.120		0.23		0.49	0.90	1.37	2.02	4.4		8.2	9.8	11.4	40	134	[44]
	20%TBP-煤油	0.019		0.044	0.09		0.18		0.35	0.74								35		[46]
				0.05						0.9										[43]
	20%TBP-苯				0.07															[30]
	20%TBP-癸烷				0.13															[30]
	30%TBP-煤油				0.20				0.75	1.28										[45]
		0.145		0.290	0.692															[65]
	30%TBP-CCl_4	0.011	0.01	0.042	0.063															[30]
	40%TBP-煤油	0.03		0.09					1.1	3.4		5.0	9.3		17.3	22.8		85.3		[47]
	40%TBP-苯				0.17															[30]
	40%TBP-癸烷				0.24															[30]
	50%TBP-白酒精						0.48		1.5	5.1	8.8									[30]
							0.52		1.7	5.4	9.3									
	100%TBP		7.5			18		25				66		109			217			[47]

硝酸浓度增加，D_{Zr}单调上升，主要原因是低酸中锆的水解、聚合状态是 TBP 不可萃取的，酸浓度增高，不可萃取状态的锆向可萃取状态转化。再则硝酸浓度增加，锆配合物中硝酸根数进一步增多，有利于萃取，例如：

$$ZrO(H_2O)_nNO_3^+ + NO_3^- \rightleftharpoons ZrO(H_2O)_{n-1}(NO_3)_2 + H_2O \quad (4\text{-}85)$$

$$Zr(H_2O)_m(NO_3)_2^{2+} + 2NO_3^- \rightleftharpoons Zr(H_2O)_{m-2}(NO_3)_4 + 2H_2O \quad (4\text{-}86)$$

另外，在高浓度的酸中，TBP 会降解生成 HDBP，也使 D_{Zr}上升。

2. 氢离子和硝酸根浓度的影响

硝酸浓度对 D_{Zr}的影响包括 H^+ 和 NO_3^- 两方面的作用。为了观察 H^+ 和 NO_3^- 单独对 TBP 萃取锆的影响，需设计专门的实验进行研究。

在研究 H^+单独对萃取的影响时，除了维持水相硝酸根浓度恒定外，还要求有机相中自由TBP 浓度保持一致。若在 $HClO_4$调节酸度时，不同的 H^+浓度下 TBP 萃取 HNO_3量不同，有机相自由 TBP 浓度则随之变化。需要同步控制初始 TBP 浓度和硝酸浓度，使有机相自由 TBP 浓度恒定，而后根据水相硝酸浓度再加入硝酸盐，使硝酸根浓度为定值。表 4-16 列出了 H^+浓度对 TBP-CCl_4萃取硝酸锆的影响，水相硝酸根浓度为 5 mol · L^{-1}。从表4-16 看出，当硝酸根总浓度为 5 mol · L^{-1}时，氢离子浓度由 2.55 mol · L^{-1}增加到 6.36 mol · L^{-1}的范围内，D_{Zr}单调上升。因为酸度升高，锆的可萃取状态增加。

表 4-16　氢离子对 TBP-CCl_4萃取硝酸锆的影响

初始浓度		平衡浓度					D_{Zr}
C_{HNO_3} (mol · L^{-1})	C_{TBP} (mol · L^{-1})	有机相中(mol · L^{-1})		水相中(mol · L^{-1})			
		$C_{HNO_3(O)}$	$C_{TBP(O)}$	C_{HNO_3}	C_{LiNO_3}	C_{KNO_3}	
2.55	0.807	0.550	0.21	2.04	2.35	0.65	0.029
3.17	0.940	0.680	0.22	2.51	1.96	0.54	0.062
3.82	1.09	0.830	0.22	3.03	1.57	0.43	0.122
4.48	1.25	0.970	0.22	3.60	1.18	0.32	0.215
5.09	1.37	1.11	0.21	4.10	0.79	0.21	0.351
5.82	1.57	1.30	0.21	4.70	0.4	0.1	0.608
6.36	1.68	1.36	0.24	5.20			1.45

如果水相硝酸根总浓度为 11 mol · L^{-1}，而用 0.18 mol · L^{-1} TBP-C Cl_4萃取硝酸锆，当氢离子浓度从 5.74 mol · L^{-1}增加到 11 mol · L^{-1}，则 D_{Zr}随之单调下降(见表 4-17)。在这种低浓度萃取剂的条件下，有机相中的硝酸浓度超过了

TBP 的浓度，说明已没有自由 TBP，因为 TBP 有机相中自由的 HNO_3 浓度可忽略，硝酸作为萃合物以 TBP·$(HNO_3)_i$ 形式存在，$i=1,2,3$，随着酸度的增加，i 值高的 TBP·$(HNO_3)_i$ 逐渐形成。由于酸度高，锆应处于可萃取状态，但是萃取过程存在硝酸竞争，故使 D_{Zr} 略有下降。

表 4-17　氢离子浓度对 0.18 mol·L^{-1} TBP-C Cl_4 萃取硝酸锆的影响

初始硝酸浓度（mol·L^{-1}）	平衡浓度			D_{Zr}
	水相（mol·L^{-1}）		有机相（mol·L^{-1}）	
	C_{HNO_3}	C_{LiNO_3}	$C_{HNO_3(O)}$	
10.95	10.75		0.210	0.0199
10.17	9.82	1.0	0.208	0.0212
9.15	8.87	2.0	0.202	0.0227
8.23	7.94	3.0	0.199	0.0250
7.04	6.87	4.0	0.198	0.029
5.74	5.54	5.0	0.196	0.037

单独硝酸根浓度的影响，如表 4-18 和图 4-16 所示。其规律是：固定硝酸浓度和 TBP 浓度，改变硝酸根浓度，D_{Zr} 随 $C_{NO_3^-}$ 的增加而上升。表 4-18 是用 19% TBP-煤油从 1 和 2 mol·L^{-1} HNO_3 中萃取硝酸锆，硝酸根浓度从 1 mol·L^{-1} 增加到 7 mol·L^{-1}。D_{Zr} 由 0.015 上升到 1.14。括号内指相应硝酸根浓度仅为纯硝酸时的 D_{Zr} 值（取自图 4-14）。图 4-16 的水相介质中含有铀，有机相 TBP 萃取铀和硝酸的浓度都是可观量。当铀浓度和硝酸浓度固定后，D_{Zr} 仍然随硝酸根浓度的增加而上升。

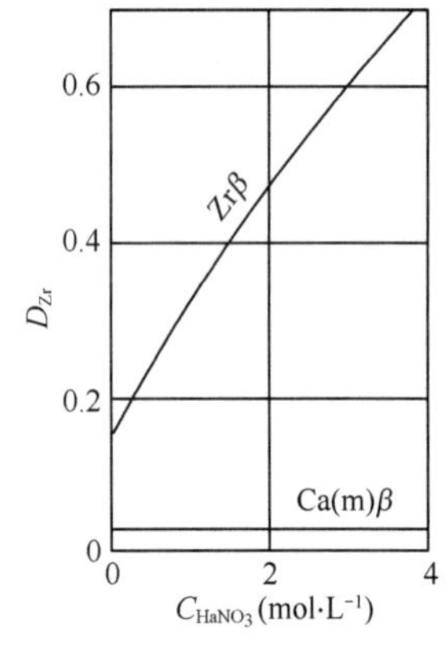

图 4-16　硝酸根浓度对 TBP 萃取锆的影响

有机相：15% TBP-己烷

水相：0.1 mol·L^{-1} $UO_2(NO_3)_2$

3.0 mol·L^{-1} HNO_3

0～4 mol·L^{-1} $NaNO_3$

3. TBP 浓度对萃取锆的影响

观察 TBP 浓度对萃取锆的影响，需要维持水相硝酸浓度不变，改变 TBP 浓度对分配比的影响。文献[51]分别于 3、4 和 5 mol·L^{-1} HNO_3 中测定了不同 TBP 浓度时萃取锆的分配比 D_{Zr}，实验数据列于表 4-19。

表 4-18　硝酸根浓度对 19% TBP-煤油萃取锆的影响

浓度 (mol·L^{-1})			D_{Zr}
水相		有机相 $C_{HNO_3(O)}$	
C_{HNO_3}	C_{NaNO_3}		
1.00	0.0	0.115	0.015
0.99	1.0	0.205	0.05(0.045)
0.99	2.0	0.27	0.12(0.12)
0.99	3.0	0.33	0.25(0.23)
0.99	4.5	0.41	0.64(0.65)
0.99	6.0	0.48	1.41(1.40)
2.00	0.0	0.28	0.045
2.00	1.0	0.37	0.14(0.12)
2.00	2.0	0.42	0.26(0.23)
2.00	3.0	0.47	0.48(0.49)
1.98	4.0	0.51	0.66(0.89)
1.98	4.5	0.54	0.74(1.12)
1.98	5.0	0.56	1.06*(1.40)

表 4-19　TBP-二甲苯浓度对硝酸溶液中锆萃取的影响

相比 1∶1　　温度 20±2℃

初始浓度(mol·L^{-1})		水相体积缩小率(%)	平衡浓度(mol·L^{-1})		D_{Zr}
C_{HNO_3}	C_{TBP}		水相 C_{HNO_3}	有机相 $C_{TBP(O)}$	
3.64	1.0	3.0	3.02	0.323	0.178
3.84	1.25	4.0	3.02	0.398	0.211
3.90	1.50	5.0	3.06	0.474	0.246
4.13	2.0	6.0	3.04	0.620	0.335
4.52	2.5	7.5	3.07	0.769	0.490
4.54	3.0	12.0	2.98	0.890	0.710
4.68	1.0	3.0	4.08	0.186	0.525
4.92	1.25	4.0	4.09	0.237	0.670
5.25	1.5	6.0	4.02	0.282	0.844
5.32	2.0	8.0	4.02	0.364	1.38
5.69	2.5	9.0	4.10	0.446	2.07
5.80	3.0	13.0	4.10	0.525	3.00
5.44	1.0	4.0	4.98	0.141	0.845
5.78	1.5	6.0	4.95	0.211	1.26
6.13	2.0	7.0	4.92	0.275	1.67
6.51	2.24	8.5	5.04	0.305	2.14
6.48	2.5	10.5	4.98	0.343	2.92
6.68	3.0	14.0	4.95	0.384	3.98

图 4-17,图 4-18 和图 4-19 表示 TBP 萃取锆时,分配比与 TBP 浓度的关系。图 4-17 中,$\lg D_{Zr} \sim \lg C_{TBP_{(o)}}$ 关系曲线可分析为两部分,$TBP_{(o)}$ 浓度低时,斜率为 1,$TBP_{(o)}$ 浓度高时,斜率为 2。铪的萃取规律与锆相似,但是平衡硝酸浓度的影响略有不同。3.0 和 4.0 mol·L^{-1} HNO_3 时,锆的分配比高于铪;5.0 mol·L^{-1} HNO_3 时,则 $D_{Hf} > D_{Zr}$。图4-18中 $\lg D_{Zr} \sim \lg C_{TBP}$ 关系曲线的斜率约为 2。水相硝酸浓度 5 mol·L^{-1} 时,斜率略大于 2,而 10 mol·L^{-1} 时,斜率略小于 2。图 4-19 中,$\lg D_{Zr} \sim \lg C_{TBP}$ 关系曲线的斜率也约为 2。锆浓度为 1,2 和5 g·L^{-1} 时,斜率分别为 1.91、1.94 和 1.91;锆浓度为 10 和 20 g·L^{-1} 时,斜率分别为 1.87 和 1.81,似乎因锆浓度增加,斜率有变小的趋势。

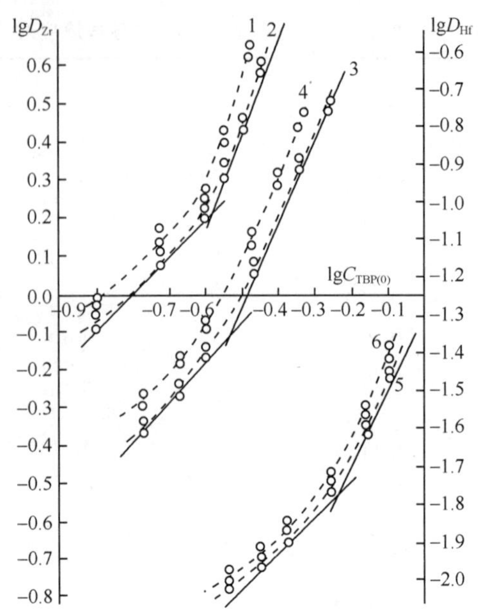

图 4-17 锆和铪萃取分配比与自由 TBP 浓度的关系
1—C_{HNO_3} =5.0 mol·L^{-1}的 D_{Hf};2—C_{HNO_3} =5.0 mol·L^{-1}的 D_{Zr};3—C_{HNO_3} =4.0 mol·L^{-1}的 D_{Hf};4—C_{HNO_3} =4.0 mol·L^{-1}的 D_{Zr};5—C_{HNO_3} =3.0 mol·L^{-1}的 D_{Hf};6—C_{HNO_3} =3.0 mol·L^{-1}的 D_{Zr}

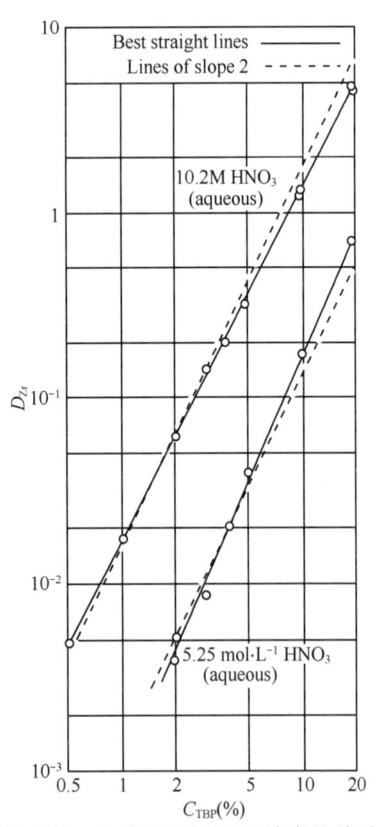

图 4-18 锆分配比与 TBP 浓度的关系

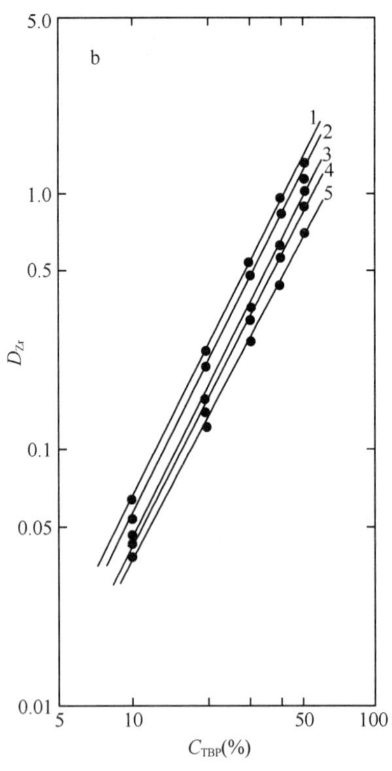

图 4-19 不同浓度锆 D_{Zr} 与 TBP 浓度关系
1—1 g·L^{-1} Zr;2—2 g·L^{-1} Zr;3—5 g·L^{-1} Zr;4—10 g·L^{-1} Zr;5—20 g·L^{-1} Zr;水相硝酸 4.8~4.9 mol·L^{-1}

4. 其他影响因素

(1)温度的影响

温度对 TBP 萃取锆的影响不显著,但从表 4-20 中看出,温度升高,分配比略有增加的趋势。这与萃取能 $\Delta E^{\circ}<0$ 的自动萃取过程不符,可能与萃取过程中不可萃取状态转化有关。

表 4-20　温度对 TBP 从 HNO_3 中萃取锆的影响

温度(℃)	萃取剂	水相 C_{HNO_3} ($mol \cdot L^{-1}$)	D_{Zr}
23	20% TBP-饱和碳氢化合物	0.5	0.0089
		1.04	0.019
		1.94	0.044
		2.84	0.084
		3.74	0.167
		5.7	0.58
40	20% TBP-饱和碳氢化合物	0.4	0.004
		1.1	0.019
		2.0	0.053
		2.9	0.121
		5.58	0.64
70	20% TBP-饱和碳氢化合物	0.58	0.012
		1.0	0.04
		1.82	0.099
		3.5	0.38
		5.4	0.78

(2)盐析剂的影响

萃取体系中存在盐析剂的盐析效应,会使萃取分配比增大,图 4-20 的 $\lg D_{Zr}$-$\lg C_{H^+}$ 关系曲线中可看出典型的盐析效应。当水相 H^+ 和 NO_3^- 浓度一定时,存在 Mg^{2+} 的 D_{Zr} 值最高,Li^+ 其次,存在 Na^+ 和 NH_4^+ 时 D_{Zr} 最低。盐析效应是由于离子水化作用,与离子势 Z^2/r 相关。Z 是离子的电荷数,Mg^{2+} 比 1 价金属离子的离子势大,水化作用强。在 1 价离子中,Li^+ 的水化作用比 Na^+ 和 NH_4^+ 强。

(3)锆浓度的影响

溶剂萃取中,金属离子的浓度比萃取剂浓度低得多,形成萃合物的浓度对于初始萃取剂浓度的减少可忽略,在这个范围内变化金属离子的浓度,不影响分配比,说明萃合物中金属离子为单核形态。这种萃取过程,若金属离子浓度较高,形成萃合物后使初始萃取剂浓度明显减少,则分配比会随之下降,如图 4-19 中锆浓度增加,D_{Zr} 略有下降。TBP 萃取单核锆配合物,不萃取多核锆配合物,已经得到证实。

但是图 4-21 出现相反的现象，随着锆浓度的增加，D_{Zr}随之上升。这可归因于 Zr^{4+} 的强水化作用，留在水相的锆产生的自盐析效应，使 D_{Zr}上升。

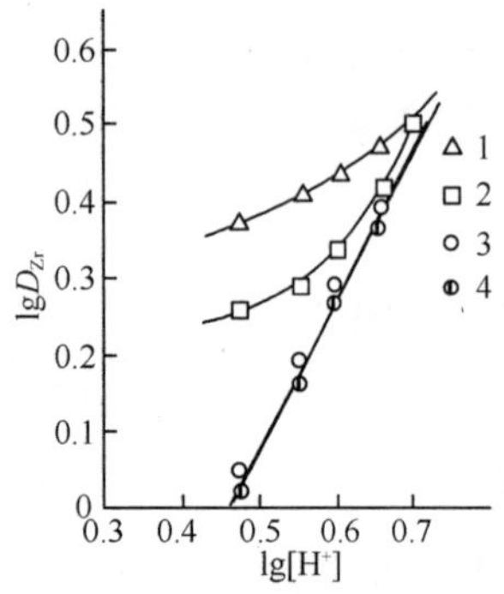

图 4-20 D_{Zr}与水相阳离子的关系

有机相：0.5 mol · L^{-1} TBP—二甲苯

水相：3—5 mol · L^{-1} HNO_3，μ=5 mol · L^{-1}

1—$Mg(NO_3)_2$；2—$LiNO_3$；

3—$NaNO_3$；4—NH_4NO_3

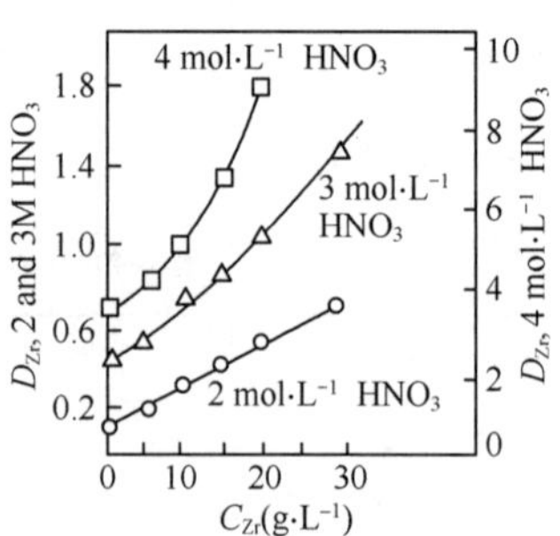

图 4-21 D_{Zr}与水相锆浓度的关系

有机相：100% TBP

(4)铀浓度的影响

铀浓度增高使锆分配比下降，如表 4-21 和图 4-22 所示。表 4-21 是 19%TBP-煤油从 2.0 和 5.0 mol · L^{-1} HNO_3 中萃取锆和铀的数据。随着铀浓度的增加，分配比 D_{Zr}和 D_u 都下降，而且基本同步下降。从 2.0 mol · L^{-1} HNO_3 中萃取的 D_{Zr} 和 D_u 的比值一致；从 5.0 mol · L^{-1} HNO_3 中萃取，该比值沿铀浓度增加方向略有增大的趋势。图 4-22 中，水相硝酸浓度≥0.5 mol · L^{-1}的萃取规律都很好，D_{Zr}随水相铀浓度的增加而下降。曲线 1(0.2 mol · L^{-1} HNO_3)的现象比较特别，在铀浓度约为 80 g · L^{-1}时，D_{Zr}最大；铀浓度小于80 g · L^{-1}的区域内，D_{Zr}随铀浓度增加而上升；在>80 g · L^{-1}区域，则随铀浓度的增加，D_{Zr}下降。这个现象可能由于 0.2 mol · L^{-1} HNO_3 中 19% TBP 萃取铀的分配比低(<0.3)，从表4-18知 19% TBP 萃取 HNO_3 的分配比约为 0.1，当铀浓度不太高时，有机相尚有足够高的自由 TBP 浓度，这时水相的铀对锆的萃取起盐析作用，

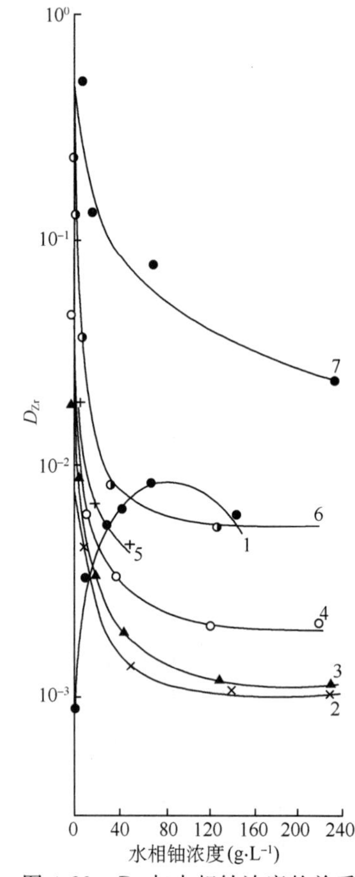

图 4-22 D_{Zr}与水相铀浓度的关系

1—0.2 mol · L^{-1} HNO_3；

2—0.5 mol · L^{-1} HNO_3；

3—1 mol · L^{-1} HNO_3；4—2 mol · L^{-1} HNO_3；

5—2 mol · L^{-1} HNO_3(M_{ak}—$K_{эц}$)；

6—4 mol · L^{-1} HNO_3；7—5 mol · L^{-1} HNO_3

有机相：19%TBP-煤油

尤其是$UO_2(NO_3)_2$中的 NO_3^- 对锆的萃取起助萃配合剂的作用。而水相铀浓度高，尽管分配比不太高，但进入有机相的铀浓度都相应较高，使自由 TBP 浓度下降，这时由于铀的竞争萃取，使 D_{Zr}下降。文献[46]报道，0.697 mol·L^{-1}（即19%）TBP 从 1.97 mol·L^{-1} HNO_3和 0.086 mol·L^{-1} $UO_2(NO_3)_2$的水相中萃取锆，D_{Zr}=0.0078，和表 4-21 中的 0.0072 符合得很好。

表 4-21　铀浓度对分配比的影响

水相浓度（mol·L^{-1}）		有机相浓度（mol·L^{-1}）		分配比		D_{Zr}/D_u
C_{HNO_3}	$C_{UO_2(NO_3)_3}$	$C_{HNO_3(O)}$	$C_{UO_2(NO_3)_3(O)}$	D_{Zr}	D_u	
2.00	0.000	0.28	0.000	0.045		
1.97	0.0235	0.15	0.156	0.0185	6.6	0.0028
1.97	0.086	0.11	0.24	0.0072	2.8	0.0026
1.98	0.21	0.07	0.30	0.0047	1.44	0.0033
5.00	0.000	0.61	0.000	0.55		
5.02	0.0045	0.44	0.099	0.50	22	0.023
5.12	0.087	0.15	0.27	0.134	3.1	0.043
5.37	0.32	0.03	0.35	0.076	1.09	0.070
4.95	1.01	0.02	0.36	0.024	0.36	0.067

5. TBP 有机相中锆的反萃取行为

TBP 从硝酸溶液中萃取锆的不可逆性尤其表现在反萃取行为上。从有机相反萃取得到的分配比要比萃取高很多，对相同的有机相逐次进行反萃取，各次的分配比也不同。图 4-23 是从 TBP 有机相中多次反萃取的 D_{Zr}变化，表明溶液中存在多种形态的锆。

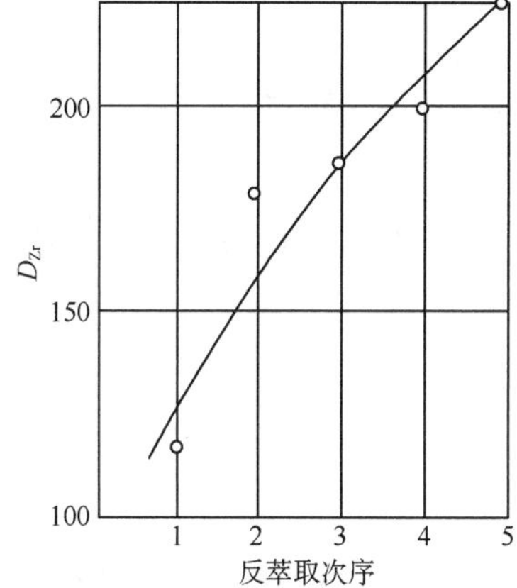

图 4-23　从 TBP 相中逐次反萃取锆的分配比

6. 萃取机理研究

TBP 从硝酸溶液中萃取锆，属于中性配合萃取体系，四价的锆离子形成中性化合物后与 TBP 配合生成萃合物。本小节将阐述萃合物组成和结构、萃取反应以及相关反应常数的研究。

(1)萃合物的组成

根据萃取体系中硝酸浓度和 TBP 浓度不同，萃合物可归纳为三类：

a. $Zr(NO_3)_4 \cdot n$TBP，n=1，2，3。多数文献报道 n=2，图 4-18 就是例子之一，即萃合物组成为 $Zr(NO_3)_4 \cdot$ 2TBP，通常是在硝酸浓度≤6 mol·L^{-1}的情况。如果 TBP 浓度低或更高，萃合物为 $Zr(NO_3)_4 \cdot$ TBP（如图 4-17 中 TBP 浓度低

的部分)或 $Zr(NO_3)_4 \cdot 3TBP$。

b. $Zr(OH)_x(NO_3)_y \cdot nTBP$,$x+y=4$,$n=1,2$。例如:$Zr(OH)(NO_3)_3 \cdot 2TBP$ 和 $Zr(OH)_2(NO_3)_2 \cdot 2TBP$ 等,这种情况出现在硝酸浓度更低的体系中。试图获 $ZrO(NO_3)_2 \cdot nTBP$ 型萃合物,但没有成功。将 $ZrO(NO_3)_2 \cdot 2H_2O$ 溶解到经硝酸平衡的100%TBP中,得到的萃合物分析结果列于表4-22,TBP:Zr≈2,未在表中列出。从表4-22数据看出,萃合物应是 $Zr(NO_3)_4 \cdot 2TBP$ 型,而与 $ZrO(NO_3)_2 \cdot 2TBP$ 或 $H_2ZrO(NO_3)_4 \cdot 2TBP$ 都不一致。

表 4-22 $ZrO(NO_3)_2 \cdot 2H_2O$ 溶解到100%TBP中的萃合物分析数据

$(mol \cdot L^{-1})$	$C_{NO_3^-}$ $(mol \cdot L^{-1})$	C_{Zr} $(mol \cdot L^{-1})$	游离酸 C_{H^+} $(mol \cdot L^{-1})$	$C_{NO_3^-}/C_{Zr}$	饱和萃取率(%)
	4.59	0.721	1.78	6.36	45.7
	5.07	1.068	0.82	4.74	67.7
	5.81	1.350	0.43	4.31	85.3
	6.30	1.560	0.02	4.03	98.6

c. $Zr(NO_3)_4 \cdot n((HNO_3)_m \cdot TBP)$,$n=1,2,3,4$,$m=1,2,3,4$。这类萃合物一般出现在>6 $mol \cdot L^{-1}$ HNO_3 的萃取体系中,图4-24很好地证明了这类萃合物的存在。关系线 C 斜率为4.0,表示萃合物为 $Zr(NO_3) \cdot 4(HNO_3 \cdot TBP)$,关系线 A 斜率=3.75,可作为这种萃合物的佐证;关系线 B 斜率为2.0,表示萃合物为 $Zr(NO_3)_4 \cdot 2((HNO_3)_2 \cdot TBP)$。

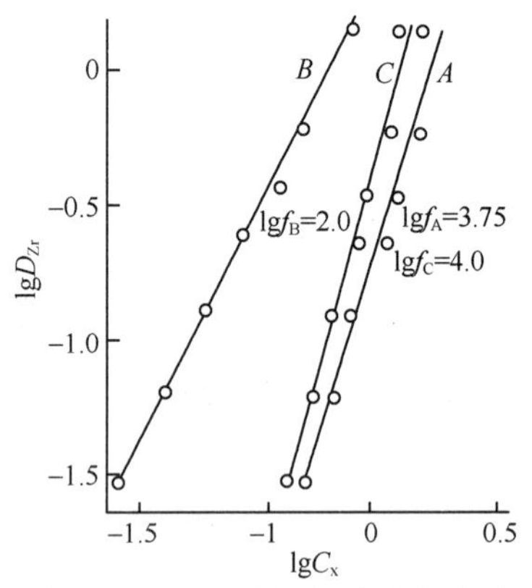

图 4-24 D_{Zr} 与有机相硝酸的关系

A—$C_x=C(HNO_3)_{(O)}$;B—$C_x=C((HNO_3)_2 \cdot TBP)_{(O)}$;C—$C_x=C(HNO_3 \cdot TBP)_{(O)}$

已报道的这类萃合物还有 $Zr(NO_3)_4 \cdot 2(HNO_3 \cdot TBP)$、$Zr(NO_3)_4 \cdot ((HNO_3)_2 \cdot TBP)$ 和 $Zr(NO_3)_4 \cdot ((HNO_3)_4 \cdot TBP)$。此外还有介于a和c之间的 $Zr(NO_3)_4 \cdot (HNO_3 \cdot 2TBP)$。

(2)萃合物红外光谱和结构

表4-23列出了萃合物 $Zr(NO_3)_4 \cdot 2TBP$ 和 $Zr(NO_3)_4 \cdot (HNO_3 \cdot 2TBP)$ 以及相应的 $TBP \cdot nHNO_3$ 的红外光谱数据。用 CCl_4 作稀释剂,可避免烷烃稀释剂残留在萃合物中造成的干扰。由表4-23中红外光谱数据可知:关于萃合物 $Zr(NO_3)_4 \cdot 2TBP$ 含 $\rangle P=O \rightarrow Zr$(1170 cm^{-1}),—Zr— ONO_2(1571和1285 cm^{-1});萃合物 $Zr(NO_3)_4 \cdot (HNO_3 \cdot TBP)$ 含 $\rangle P=O \rightarrow Zr$(1162 cm^{-1}),

$-\overset{|}{\underset{|}{Zr}}-ONO_2$（1567 和 1276 cm^{-1}），$-\overset{|}{\underset{|}{Zr}}-O-NO_2\cdots HO-NO_2$（3412，3080，2734 和 2590 cm^{-1}），N—（OH）（930 cm^{-1}）；萃合物 TBP · $XHNO_3$（x=1.11，1.38，n）中含有 $>P=O\cdots HO-NO_2$（2580，2594 cm^{-1}）；—O…$HONO_2$（1649，1655，1309 和 1310 cm^{-1}），N—（OH）（942 cm^{-1}）。

图 4-25 是 TBP－CCl_4—HNO_3—$Zr(NO_3)_4$ 体系的红外光谱，测定了不同硝酸浓度对这个体系红外光谱的影响。当水相硝酸浓度＞2 mol · L^{-1}时开始出现 1172 cm^{-1}峰，这个峰表征 $>P=O\rightarrow Zr$，和表 4-23 数据相一致。并且随着锆浓度的增加，这个峰增高，可见在酸度较大时，硝酸锆主要以 $Zr(NO_3)_4$ 被 TBP 萃取。

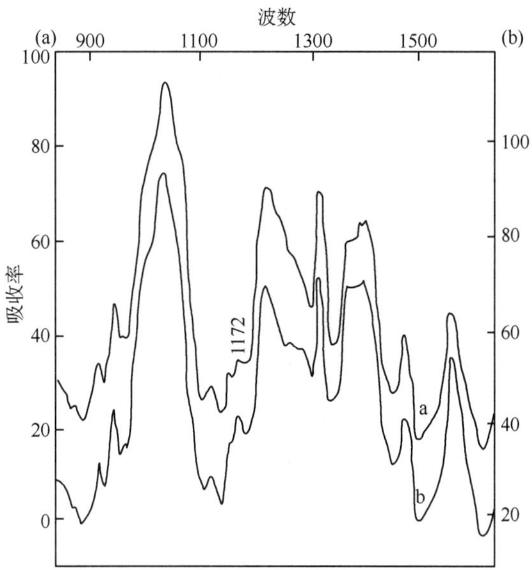

图 4-25　TBP—CCl_4—HNO_3—$Zr(NO_3)_4$ 体系的红外光谱

a—6% TBP—CCl_4—HNO_3（4 mol · L^{-1}）—$Zr(NO_3)_4$（0.004 mol · L^{-1}）

b—6% TBP—CCl_4—HNO_3（4 mol · L^{-1}）—$Zr(NO_3)_4$（0.012 mol · L^{-1}）

表 4-23 TBP—CCl_4 从硝酸溶液中萃取锆的萃合物红外光谱数据

（水相锆浓度 0.1 $mol \cdot L^{-1}$，有机相 TBP 浓度 1 $mol \cdot L^{-1}$）

水相硝酸浓度($mol \cdot L^{-1}$)		8		12.34	
萃合物化学式		$Zr(NO_3)_4 \cdot 2TBP + TBP \cdot 1.11\ HNO_3$	$TBP \cdot 1.11\ HNO_3$	$Zr(NO_3)_4 \cdot HNO_3 \cdot 2TBP + TBP \cdot 1.38\ HNO_3$	$TBP \cdot 1.38\ HNO_3$
功能团与波数	$OH \cdots O = P\langle$	2580	2580	—	—
	$TBP \cdot nHNO_3$	—	—	2594	2594
	$OH \cdots (O_2NO-Zr-)$	—	—	3412,3080,2734,2590	—
	$O \cdots HONO_2$	1652	1649	1665,1663	1655
	$O_2NO-Zr-$	1571	—	1567	—
	$(CH_2)_3-CH_3$	1398	1397	—	1397
	$O \cdots HONO_2$	1312	1309	1296	1310
	$O_2NO-Zr-$	1285	—	1276	—
	$(H) \cdots O = P\langle$	1212	1214	1206	1208
	$(Zr) \leftarrow O = P\langle$	1170	—	1162	—
	$P-O-C$	1055,1039	1033	1040	1032
	$N-(OH)$	944	942	930	942

根据萃合物的组成和红外光谱数据，可提出如下萃中物的结构式：

$Zr(NO_3)_4 \cdot 2TBP$

$$\begin{array}{c} O_2NO \quad\quad ONO_2 \\ -P{=}O \rightarrow Zr \leftarrow O{=}P- \\ O_2NO \quad\quad ONO_2 \end{array}$$

$Zr(NO_3)_4 \cdot (HNO_3 \cdot 2TBP)$

(a)

$$\begin{array}{c} O_2NO \quad\quad ONO_2 \\ -P{=}O \rightarrow Zr \leftarrow O{=}P- \\ O_2NO \quad \uparrow \quad ONO_2 \\ O \\ N \\ O_2H \end{array}$$

(b)

$$\begin{array}{c} O_2NO \quad\quad ONO_2 \\ -P{=}O \rightarrow Zr \leftarrow O{=}P- \\ O_2NO \quad\quad ONO_2 \cdots HONO_2 \end{array}$$

(c)

$$\begin{array}{c} O_2NO \quad\quad ONO_2 \\ -P{=}O \rightarrow Zr \leftarrow O_2NOH \cdots O{=}P- \\ O_2NO \quad\quad ONO_2 \end{array}$$

其中(c)式最有可能出现在高浓度的硝酸溶液中，部分 TBP 形成鎓盐 $\rangle P=OH^+$，与硝酸根配位的锆阴离子$[Zr(NO_3)_5]^-$生成离子缔合物，另一个 TBP 分子仍然中性配位，萃合物为$[Zr(NO_3)_5\cdot TBP]^-\cdot[HTBP]^+$。

$Zr(NO_3)_4\cdot 2[(HNO_3)_2\cdot TBP]$

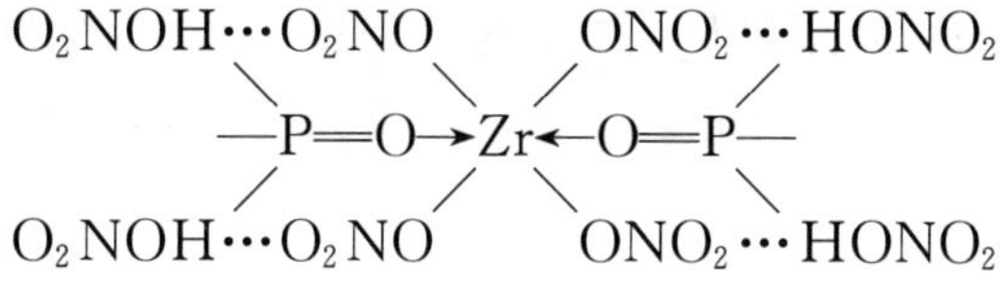

```
O2NOH···O2NO       ONO2···HONO2
       \      \   /      /
       —P=O→Zr←O=P—
       /      /   \      \
O2NOH···O2NO       ONO2···HONO2
```

$Zr(NO_3)_4\cdot 4(HNO_3\cdot TBP)$

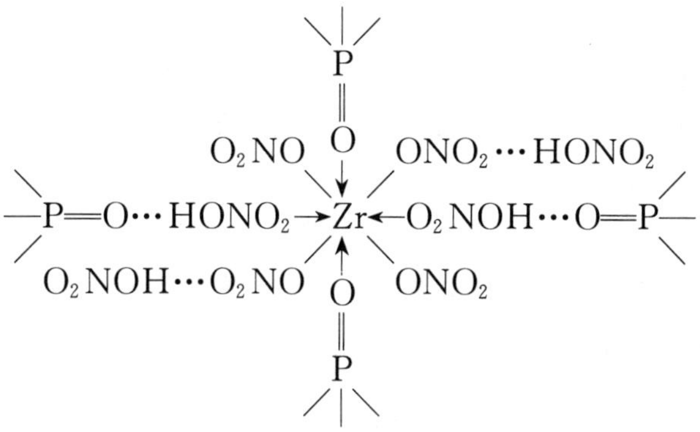

```
                        \|/
                         P
                         ‖
                 O2NO    O   ONO2···HONO2
                     \   ↓  /
 \                    \  ↓ /                          /
 —P=O···HONO2→Zr←O2NOH···O=P—
 /                    /  ↑ \                          \
O2NOH···O2NO         O   ONO2
                         ‖
                         P
                        /|\
```

$(HNO_3)_i\cdot TBP$：

$i=1$，$TBP\cdot HNO_3$，$\rangle P=O\cdots HONO_2$

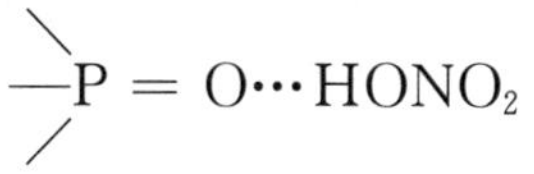

$i=2$，$TBP\cdot 2HNO_3$，

```
                              O···H
                             //     \
—P = O···HO — N               O···HONO2
                             \\     /
                              O···H
```

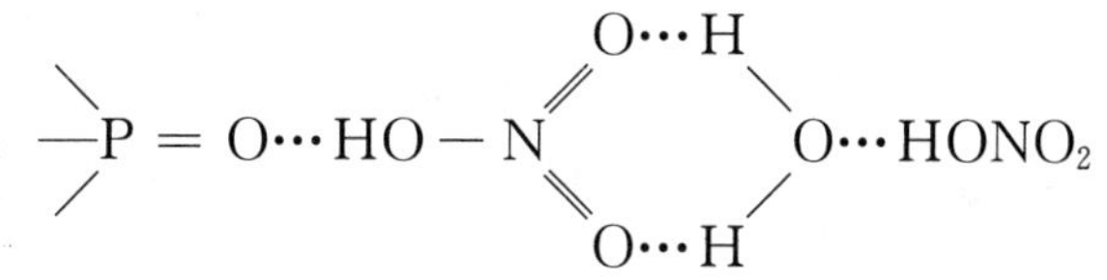

实际上需要 1 个水分子搭桥，连结 2 个 HNO_3 分子与 TBP 配位。

(3)萃取反应式

TBP 从硝酸溶液中萃取锆，根据得到的萃合物组成及其代表性结构式，可将萃取反应式归纳为以下几种类型。

a. 萃合物为 $Zr(NO_3)_4\cdot n$TBP，$n=1,2$

$$Zr^{4+}+4NO_3^-+nTBP_{(O)}\rightleftharpoons Zr(NO_3)_4\cdot nTBP_{(O)} \tag{4-87}$$

$$ZrO^{2+}+2H^++4NO_3^-+nTBP_{(O)}\rightleftharpoons Zr(NO_3)_4\cdot nTBP_{(O)}+H_2O \tag{4-88}$$

b. 萃合物为 $Zr(OH)_i(NO_3)_{4-i}\cdot 2$TBP，$i=1,2$

$$Zr(OH)_i^{4-i}+(4-i)NO_3^-+2TBP_{(O)}=Zr(OH)_i(NO_3)_{4-i}\cdot 2TBP_{(O)} \tag{4-89}$$

c. $Zr(NO_3)_4 \cdot n[(HNO_3)_m \cdot TBP], n=1,2,3,4; m=1,2$

这类萃合物常在高浓度硝酸溶液的萃取体系中生成，基于 TBP 与 HNO_3 的配合物 $(HNO_3)_m \cdot TBP$ 参加萃取反应，即：

$$Zr^{4+} + 4NO_3^- + n(HNO_3)_m \cdot TBP_{(O)} \rightleftharpoons Zr(NO_3)_4 \cdot n((HNO_3)_m \cdot TBP)_{(O)} \tag{4-90}$$

d. TBP 和 $TBP \cdot HNO_3$ 同时参加反应

$$Zr^{4+} + 4NO_3^- + TBP_{(O)} + TBP \cdot HNO_{3(O)} \rightleftharpoons Zr(NO_3)_4 \cdot (HNO_3 \cdot 2TBP)_{(O)} \tag{4-91}$$

(4)TBP 从硝酸中萃取锆的有关常数

文献[60]在 0.5-4 $mol \cdot L^{-1}$ HNO_3 范围内用萃取平衡和图解处理方法，证明 TBP 萃取硝酸锆生成 $Zr(NO_3)_4 \cdot 2TBP$ 和 $Zr(NO_3)_4 \cdot 2TBP \cdot 2HNO_3$ 两种萃合物。并利用对数函数外推法求得了有关常数。

研究的萃取体系为：

$$Zr^{4+}(10^{-5}\ mol \cdot L^{-1})/HNO_3, NaNO_3, NaClO_4(\mu=4)/TBP-C_6H_6$$

在这个萃取体系中需要考虑三类平衡。

第一类平衡，水相硝酸分子的离解和 TBP 萃取硝酸的平衡：

$$HNO_3 \xrightleftharpoons{\beta_i^H} H^+ + NO_3^-,\quad Ka = \frac{[H^+](NO_3^-)}{(HNO_3)} \tag{4-92}$$

$$TBP_{(O)} + iHNO_3 \xrightleftharpoons{\beta_i^H} TBP \cdot iHNO_{3(O)},\ \beta_i^H = \frac{(TBP \cdot iHNO_3)_{(O)}}{(TBP)_{(O)}(HNO_3)^i} \tag{4-93}$$

文献[61]用对应溶液法测得 $\beta_1^H=6.08$，$\beta_2^H=0.17$，文献[63]报道，$\beta_1^H=5.4$，$\beta_2^H=0.5$，基本相符。对应溶液法很容易求得有机相中自由硝酸分子的浓度 $(HNO_3)_O$，从而得到硝酸分子在两相的分配平衡常数 Λ。

$$\Lambda = \frac{(HNO_3)_O}{(HNO_3)} = 0.012$$

硝酸对 TBP 的平均配合数 $\bar{n}$ 的表达式为：

$$\bar{n} = \frac{C_{HNO_{3(O)}} - (HNO_3)_O}{C_{TBP}} = \frac{\beta_1^H(HNO_3) + 2\beta_2^H(HNO_3)^2}{1 + \beta_1^H(HNO_3) + \beta_2^H(HNO_3)^2} \tag{4-94}$$

因为 Λ 很小，当 TBP 浓度较高时，有机相硝酸总浓度 $C_{HNO_{3(O)}} \gg (HNO_3)_O$，通常可忽略不计 $(HNO_3)_O$。只要知道 C_{TBP}，C_{NaNO_3}，测定有机相和水相的硝酸浓度 $C_{HNO_3(O)}$ 和 C_{HNO_3}，就可以计算得到 $\bar{n}$ 值。并且通过下式解出水相分子状态硝酸的浓度 (HNO_3)：

$$\bar{n} + (\bar{n}-1)\beta_1^H(HNO_3) + (\bar{n}-2)\beta_2^H(HNO_3)^2 = 0 \tag{4-95}$$

求得 (HNO_3) 后，可计算 (H^+) 和 (NO_3^-) 浓度：

$$(H^+) = C_{HNO_3} - (HNO_3) \tag{4-96}$$

$$(NO_3^-)=C_{HNO_3}+C_{NaNO_3}-(HNO_3) \tag{4-97}$$

现在就可以根据配合度的公式计算有机相中自由 TBP 浓度：

$$(TBP)_O=\frac{C_{TBP}}{1+\beta_1^H(HNO_3)+\beta_2^H(HNO_3)^2} \tag{4-98}$$

当 $C_{HNO_3}<4\ mol\cdot L^{-1}$时，有机中的 HNO_3 主要以 $TBP\cdot HNO_3$形态存在，这时可用近似式计算：

$$(TBP)_O\approx C_{TBP}-C_{HNO_{3(O)}} \tag{4-99}$$

以上这些浓度值在下面的萃取平衡中都要用。

第二类平衡，锆与硝酸根的配合平衡：

当 $C_{HNO_3}>0.5\ mol\cdot L^{-1}$，$C_{Zr}<10^{-5}\ mol\cdot L^{-1}$的条件下，锆的水解和聚合可以忽略不计，在这样的水相中锆主要以 $Zr(NO_3)_i^{4-i}(i=0,1,2,3,\cdots)$形态存在：

$$Zr^{4+}+iNO_3^- \xrightleftharpoons{\beta_i} Zr(NO_3)_i^{4-i},\beta_i=\frac{(Zr(NO_3)_i^{4-i})}{(Zr^{4+})(NO_3)^i} \tag{4-100}$$

水相溶液中锆的配合度为：

$$Y_0=\frac{C_{Zr}}{(Zr^{4+})}=1+\beta_1(NO_3^-)+\beta_2(NO_3^-)^2+\cdots \tag{4-101}$$

第三类平衡，TBP 萃取硝酸锆的平衡：

由实验知在水相硝酸根浓度恒定时，D_{Zr}随硝酸浓度增加而上升，说明硝酸分子也参加萃取反应，所以反应式中应包括硝酸分子。

$$Zr(NO_3)_i^{4-i}+(4-i)NO_3^-+xTBP_{(O)}+yHNO_3 \xrightleftharpoons{K_{ixy}} Zr(NO_3)_4\cdot xTBP\cdot yHNO_{3(O)}$$

$$K_{ixy}=\frac{(Zr(NO_3)_4\cdot xTBP\cdot yHNO_3)_O}{(Zr(NO_3)_i^{4-i})(NO_3^-)^{4-i}(TBP)_0^x(HNO_3)^y} \tag{4-102}$$

当 $i=O$ 时

$$K_{\alpha xy}=\frac{(Zr(NO_3)_4\cdot xTBP\cdot yHNO_3)_O}{(Zr^{4+})(NO_3^-)^4(TBP)_O^x(HNO_3)^y} \tag{4-103}$$

由式(4-100)、式(4-102)和式(4-103)得

$$K_{ixy}=K_{\alpha xy}/\beta_i \tag{4-104}$$

锆在有机相和水相的分配比

$$D_{Zr}=\frac{C_{Zr(O)}}{C_{Zr}}=\frac{\sum_x\sum_y(Zr(NO_3)_4\cdot xTBP\cdot yHNO_3)_O}{(Zr^{4+})Y_0}$$

$$=\left\{\frac{(NO_3^-)^4}{Y_0}\sum_y K_{\alpha xy}(HNO_3)^y\right\}\sum_x(TBP)_0^x \tag{4-105}$$

式(4-105)是实验研究的基本公式，在系列实验条件（TBP、NO_3^-、HNO_3浓度相应变化）中可测定相应的 D_{Zr}，经过处理可求得常数 $K_{\alpha xy}$和含在 Y_0 中的 β_i 值。

x 值的测定：

实验时维持(NO_3^-)及(HNO_3)浓度不变,改变 TBP 浓度,测定 D_{Zr},则式(4-105)简化为

$$\log D_{Zr} = 常数 + \log \sum_x (TBP)_o^x$$

如果 x 只有一个值,则 $\log D_{Zr}$ 对 log(TBO)$_o$应为一直线,其斜率为 x。实验时,TBP 有机相事先与不含锆的水相预平衡三次后,用于萃取锆,相比 1∶1。实验数据示于表 4-24 和图4-26。实验的 TBP 浓度≤2.10 $mol \cdot L^{-1}$,实验结果 x=1.9≈2。

表 4-24 TBP 浓度对萃取锆分配比的影响

$C_{NaNO_3}=3.5$,$C_{HNO_3}=0.58$,(H^+)=0.53,(HNO_3)=0.05,(NO_3^-)=4.03,浓度单位为 $mol \cdot L^{-1}$

C_{TBP}($mol \cdot L^{-1}$)	$C_{HNO_{3(O)}}$($mol \cdot L^{-1}$)	$(TBP)_o$($mol \cdot L^{-1}$)	D_{Zr}
0.40	0.115	0.28	0.035
0.60	0.161	0.44	0.071
0.80	0.237	0.56	0.12
1.00	0.304	0.70	0.18
1.20	0.356	0.84	0.25
1.55	0.430	1.11	0.42
2.10	0.614	1.49	0.80

y 值的确定:

已经由实验得到 x=2,式(4-105)化为

$$D_{Zr} = \frac{(NO_3^-)^4 (TBP)_o^2}{Y_0} \sum_y K_{o2y} (HNO_3)^y \tag{4-106}$$

实验时,维持水相(NO_3^-)不变,改变(HNO_3)浓度,测 D_{Zr}值。(HNO_3)的变化引起 D_{Zr}改变,还包括(HNO_3)变化伴随着 TBP 萃取硝酸的量不同引起自由 TBP 浓度的改变,而$(TBP)_0$变化也引起 D_{Zr}改变。为此将函数关系改为 $D_{Zr}/(TBP)_0^2$ 对(HNO_3)的函数,并取对数后,式(4-106) 化为

$$\log \frac{D_{Zr}}{(TBP)_o^2} = \log \frac{(NO_3^-)^4}{Y_0} \sum_y K_{02y} (HNO_3)^y \tag{4-107}$$

以 $\log \dfrac{D_{Zr}}{(TBP)_o^2}$对 log($HNO_3$)作图得一曲线(如图 4-27)。这一曲线有两条渐近线,在(HNO_3)浓度低时的渐近线斜率 y=0,在硝酸分子浓度高时的渐近线斜率 y=2。(HNO_3)中间浓度时,y=0 和 y=2 两种萃合物同时存在。硝酸分子浓度对萃取锆影响的具体实验数据列于表 4-25。

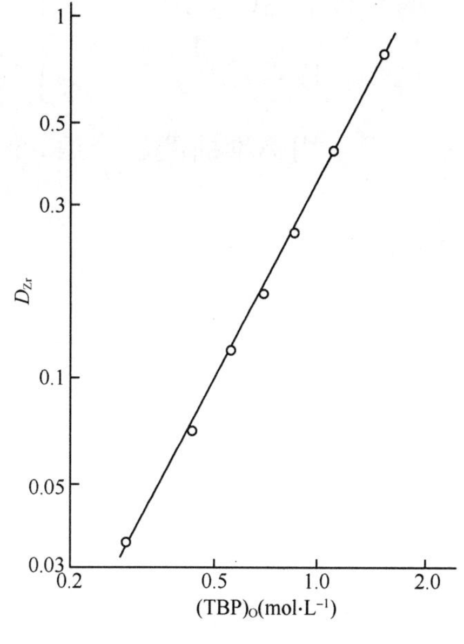

图 4-26　D_{Zr}和$(TBP)_0$的关系

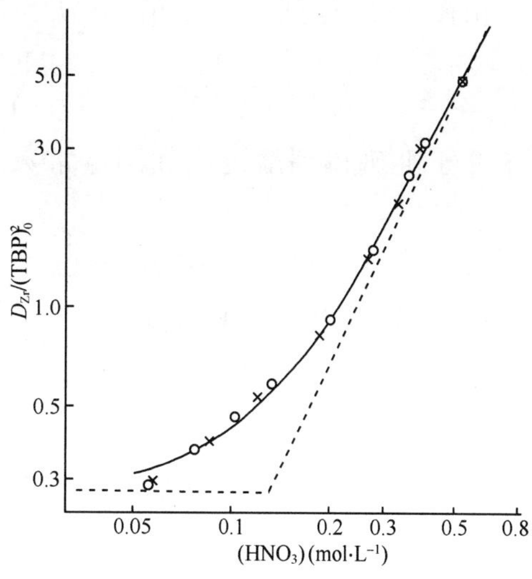

图 4-27　硝酸分子浓度对 D_{Zr}的影响

0—1 mol · L^{-1}　TBP

x—2 mol · L^{-1}　TBP

表 4-25　硝酸分子浓度对 D_{Zr}的影响

水相(NO_3^-)＝3.75，有机相 TBP—苯溶液，浓度单位均为 mol · L^{-1}

C_{TBP}	C_{HNO_3}	C_{NaNO_3}	$C_{HNO_{3(O)}}$	(HNO_3)	$(TBP)_0$	D_{Zr}	$D_{Zr}/(TBP)_0^2$
1.000	0.406	3.7	0.254	0.056	0.746	0.170	0.304
1.000	0.562	3.5	0.316	0.076	0.648	0.180	0.382
1.000	0.782	3.3	0.379	0.101	0.621	0.185	0.481
0.990	1.054	3.0	0.436	0.129	0.554	0.189	0.610
0.990	1.576	2.5	0.536	0.197	0.454	0.196	0.950
0.985	2.070	2.0	0.624	0.275	0.361	0.209	1.53
0.982	2.500	1.5	0.670	0.342	0.308	0.245	2.55
0.978	3.040	1.0	0.700	0.396	0.278	0.251	3.25
0.976	3.470	0.5	0.758	0.525	0.218	0.280	4.85
1.924	0.245	3.7	0.404	0.024	1.463	0.43	0.205
1.909	0.452	3.5	0.468	0.057	1.250	0.461	0.300
1.901	0.671	3.3	0.760	0.085	1.141	0.501	0.400
1.894	0.942	3.0	0.883	0.120	1.013	0.56	0.550
1.886	1.457	2.5	1.050	0.185	0.837	0.60	0.856
1.881	1.935	2.0	1.168	0.270	0.711	0.73	1.44
1.878	2.420	1.5	1.261	0.330	0.618	0.77	2.00
1.876	2.890	1.0	1.335	0.390	0.540	0.88	3.04
1.874	3.400	0.5	1.409	0.520	0.469	1.06	4.83

由图 4-27 得到 2 个 y 值,并认为没有 $y=1$ 的萃合物,式(4-107)可写作

$$\log \frac{D_{Zr}}{(TBP)_0^2}=\log \frac{(NO_3^-)^4}{Y_0}\{K_{020}+K_{022}(HNO_3)^2\} \tag{4-108}$$

为了便于准确得到渐近线和测定常数 K_{020} 和 K_{022},可采用标准曲线符合法,令

$$y=\frac{D_{Zr}Y_0}{(TBP)_0^2\ (NO_3^-)^4K_{020}},\quad x=\sqrt{\frac{K_{020}}{K_{022}}}(HNO_3) \tag{4-109}$$

则式(4-108)可化为标准形式

$$\log y=\log(1+x^2) \tag{4-110}$$

式(4-109)可写成

$$\log y=\log \frac{D_{Zr}}{(TBP)_0^2}+\log \frac{Y_0}{(NO_3^-)^4K_{020}} \tag{4-111}$$

$$\log x=\log \sqrt{\frac{K_{022}}{K_{020}}}+\log(HNO_3) \tag{4-112}$$

所以 $\log D_{Zr}/(TBP)_0^2$ 对 $\log(HNO_3)$ 的实验曲线,与计算的标准曲线 $\log y=\log(1+x^2)$ 只相差坐标的移动。如果实验曲线与标准曲线能够符合,则说明式(4-108)正确,即只有 $y=0$ 和 2,而没有 $y=1$ 的萃合物,此时标准曲线上两渐近线的交点$(x1,y1)$在实验曲线上的坐标$\left\{(HNO_3)_1,\left[\frac{D_{Zr}}{(TBP)_0^2}\right]_1\right\}$。由式(4-111)和式(4-112)可得

$$\frac{K_{020}}{K_{022}}=[(HNO_3)_1]^2,\quad \frac{(NO_3^-)^4K_{020}}{Y_0}=\left[\frac{D_{Zr}}{(TBP)_0^2}\right] \tag{4-113}$$

用 $\log y=\log(1+x^2)$ 作标准曲线及渐近线(图 4-28),将图 4-28 复于图 4-27 上,符合颇好,并由渐近线交点坐标得

$$\frac{K_{020}}{K_{022}}=[(HNO_3)_1]^2=[0.13]^2=1.69\times10^{-2} \tag{4-114}$$

$$\frac{(NO_3^-)^4K_{020}}{Y_0}=\left[\frac{D_{Zr}}{(TBP)_0^2}\right]_1=0.28 \tag{4-115}$$

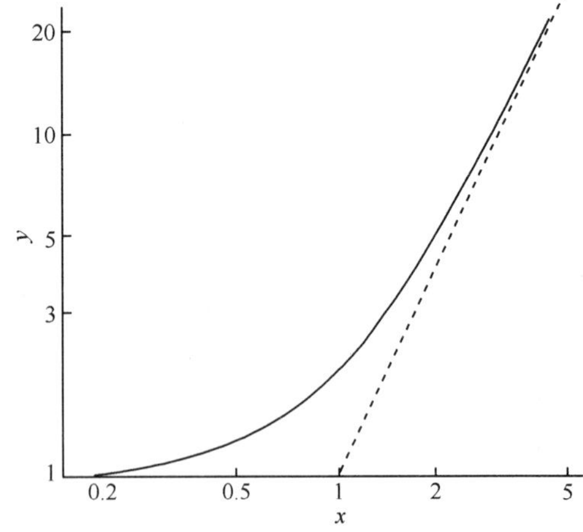

图 4-28　$\log y=\log(1+x^2)$标准曲线

K_{020} 和 β_i 的确定:

由式(4-114)和式(4-115)还不能确定 K_{020} 以及包含在配合度 Y 中的 β_i。根据式(4-115)可写成

$$X=\frac{(NO_3^-)^4\ (TBP)_0^2}{D_{Zr}}=\frac{Y_0}{K_{020}}=\frac{1}{K_{020}}\sum_i\beta_i\ (NO_3^-)^i \tag{4-116}$$

改变硝酸根浓度，测定 D_{Zr}，可得到与(NO_3^-)浓度相对应的 X 值，并用对数函数外推法，可求得 K_{020} 和 β_i。为消除盐析作用的影响，用高氯酸钠维持离子强度 $\mu=4$，水相(H^+)＝0.6 mol·L^{-1}，此时只有一种萃合物 $Zr(NO_3)_4\cdot 2TBP$，测得的 D_{Zr}直接符合式(4-115)。实验数据列于表 4-26，函数外推图示于图 4-29 和图4-30。获得常数值：$K_{020}=3.33$，$\beta_1=2.8$，$\beta_2=5.4$，$\beta_3=11$，$\beta_4=8.7$。由式(4-114)知

$$K_{022}=\frac{K_{020}}{1.69\times10^{-2}}=197$$

表 4-26　硝酸根浓度对分配比的影响

有机相：TBP—苯溶液；水相：(H^+)＝0.529－0.587，μ＝4.1；浓度单位：mol·L^{-1}

C_{TBP}	C_{HNO_3}	C_{NaClO_4}	C_{NaNO_3}	$C_{HNO_3(O)}$	$(TBP)_0$	(NO_3^-)	D_{Zr}	X
1.000	0.597	3.5	0.0	0.1405	0.859	0.597	0.046	2.05
1.000	0.596	3.3	0.2	0.149	0.851	0.796	0.072	4.18
1.000	0.582	3.1	0.4	0.160	0.840	0.982	0.088	7.35
0.998	0.582	3.0	0.5	0.168	0.830	1.082	0.095	10.0
0.998	0.582	2.5	1.0	0.206	0.792	1.582	0.12	33.0
0.998	0.582	2.0	1.5	0.222	0.776	2.082	0.14	82.0
0.998	0.582	1.5	2.0	0.240	0.758	2.582	0.16	163
0.998	0.582	1.0	2.5	0.250	0.748	3.082	0.17	300
0.998	0.578	0.5	3.0	0.261	0.7.7	3.578	0.17	535
0.998	0.578	0.0	3.5	0.274	0.724	4.078	0.17	865
1.925	0.526	3.5	0.0	0.450	1.475	0.540	0.108	1.73
1.922	0.535	3.3	0.2	0.476	1.446	0.735	0.160	3.81
1.921	0.530	3.1	0.4	0.488	1.433	0.935	0.205	7.64
1.921	0.530	3.0	0.5	0.496	1.425	1.060	0.238	9.61
1.916	0.523	2.5	1.0	0.539	1.377	1.523	0.320	30.9
1.914	0.523	2.0	1.5	0.574	1.340	2.023	0.366	82.4
1.912	0.530	1.5	2.0	0.592	1.320	2.530	0.418	169
1.910	0.530	1.0	2.5	0.619	1.291	3.030	0.435	323
1.909	0.530	1.5	3.0	0.639	1.270	3.530	0.430	582
1.904	0.530	0.0	3.5	0.682	1.220	4.030	0.427	925

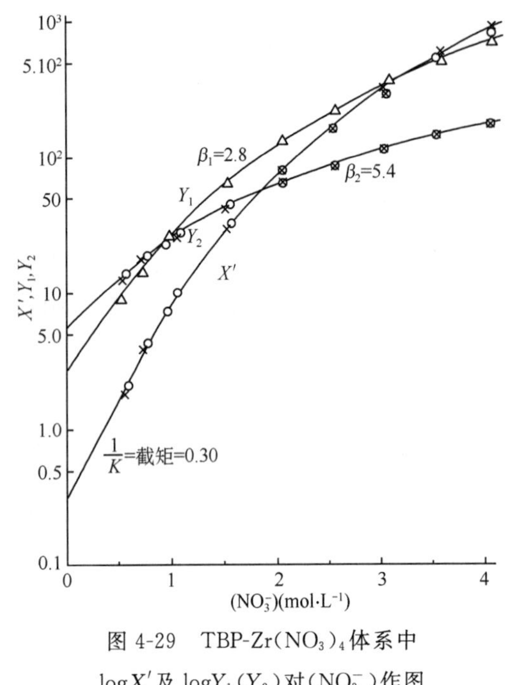

图 4-29　TBP-$Zr(NO_3)_4$体系中 $\log X'$及 $\log Y_1(Y_2)$对(NO_3^-)作图

o—1 mol·L^{-1} TBP；x—2 mol·L^{-1} TBP

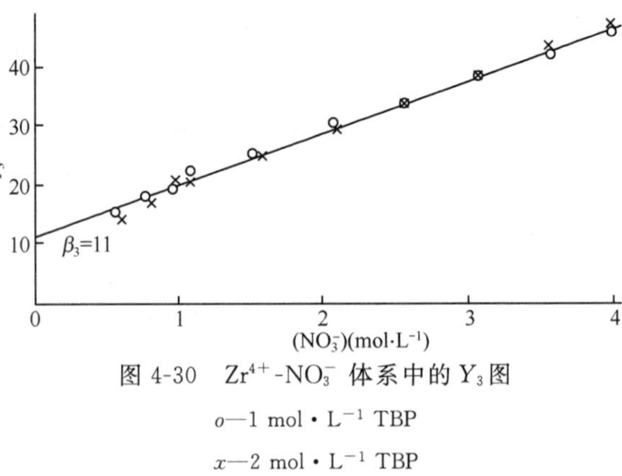

图 4-30　Zr^{4+}-NO_3^- 体系中的 Y_3 图

o—1 mol·L^{-1} TBP

x—2 mol·L^{-1} TBP

文献[64]用中性膦类萃取剂 DMHMP(甲基膦酸二—(1—)甲庚酯)，从 1～11 mol·L^{-1} HNO_3 中萃取硝酸锆，形成三种萃合物：$Zr(NO_3)_4\cdot 2DMHMP$，$Zr(NO_3)_4\cdot 2DMHMP\cdot 2HNO_3$和 $Zr(NO_3)_4\cdot 2DMHMP\cdot 3HNO_3$。用对数函数外推和优选计算法相结合，求得了 K_{oxy}和 β_i，列于表 4-27 中。

表 4-27　中性磷和膦类萃取剂从硝酸中萃取 $Zr(NO_3)_4$获取的 K_{oxy}和 β_i

萃取剂	K_{020}	K_{022}	K_{023}	β_1	β_2	β_3	β_4	β_5	β_6	文献
TBP	—	—	—	2.15	1.3	0.5	0.23	0.03	0.02	[36]
TBP	3.33	197	—	2.8	5.4	11	8.7	—	—	[60]
DMHMP	1.09×10^3	6.25×10^3	1.50×10^3	2.13	2.62	3.39	6.18	—	—	[64]

表 4-27 中，K_{oxy}受酸度和萃取剂性能的影响，文献[60]萃取体系中硝酸浓度≤4 mol·L^{-1}，萃合物中 $y=0$ 和 2；文献[64]的萃取体系，硝酸浓度高达 11 mol·L^{-1}，所以萃合物中有 $y=0$,2 和 3。DMHMP 是膦类萃取剂，萃取能力比磷酸酯(TBP)强，故萃取反应平衡常数大。β_i 的值中，β_1 很一致、β_2 比较相近，但是 β_3 开始相差较大，这可归因于函数外推方法，随 i 的级数增加误差迭加严重。

4.4.2　酸性萃取剂萃取锆

酸性萃取剂对锆的萃取能力很强，研究工作报道较多的是烷基酸性磷酸酯和酸性螯合萃取剂萃取锆。

4.4.2.1　烷基酸性磷酸酯萃取锆[30,58,66-73]

烷基酸性磷酸酯包括单烷基和二烷基酸性磷酸酯。针对 Purex 流程中 TBP 的降解产物，有二丁基磷酸(HDBP)和一丁基磷酸(H_2MBP)。模拟 TBP 的次级辐解产物有：十二烷基丁酸磷酸（HBLP）和单长链烷基磷酸（MLCAP）等。研究这些萃取剂从硝酸溶液中萃取锆，具有重要意义。

1. HDBP 从硝酸中萃取锆

HDBP 是 TBP 的初级辐解产物，有很强的二聚倾向[58]，在氯仿、甲基异丁基酮和水中的二聚常数分别为 $\log K_2=4.48$，1.19 和 1.11。这意味着在氯仿中很稀浓度的 HDBP 也是二聚的。

HDBP 萃取锆的分配比较高，萃取速度快，2 min 就达到萃取平衡（表 4-28）。萃取剂浓度、酸度和硝酸根浓度对锆的萃取分配比都有影响。

表 4-28　萃取时间与锆萃取率的关系 $C_{HDBP}=1\times10^{-4}\ mol\cdot L^{-1}$，$C_{HNO_3}=3\ mol\cdot L^{-1}$

萃取时间(min)	2	5	10	15
Zr 萃取率(%)	3.7	3.6	3.6	3.5

硝酸浓度对锆萃取分配比的影响示于图 4-31，D_{Zr} 与水相硝酸浓度的关系中，在 4 $mol\cdot L^{-1}$ HNO_3 处出现 D_{Zr} 极大值，这与 TBP 萃取锆不同，TBP 萃取锆的 D_{Zr} 随 C_{HNO_3} 增加呈单调上升。HDBP 萃取锆的过程，因锆的状态不同，而伴随着不同量的硝酸根参加萃取和释放不同量的氢离子。对于锆浓度很低的情况可用如下反应式表示：

$$ZrO^{2+}+xNO_3^-+n\,(HDBP)_{2(O)}\rightleftharpoons Zr\,(NO_3)_x\cdot n\,(DBP\cdot HDBP)_{(O)}+(n-2)H^++H_2O\qquad(n+x=4)\tag{4-117}$$

$$Zr\,(OH)_i^{4-i}+xNO_3^-+n\,(HDBP)_{2(O)}\rightleftharpoons Zr\,(NO_3)_x\cdot n\,(DBP\cdot HDBP)_{(O)}+(n-i)H^++iH_2O\qquad(n+x=4)\tag{4-118}$$

当 $C_{HNO_3}<4\ mol\cdot L^{-1}$时，锆的状态较多处于 ZrO^{2+} 和 $Zr(OH)_i^{4-i}(i>0)$ 以及其他不可萃取状态，随着 C_{HNO_3} 升高，可萃取状态锆增加；这种条件下，HNO_3 中的 NO_3^- 是助萃配合剂，萃取过程虽有 H^+ 释放，但由于 H_2O 生成，消耗部分 H^+，总的效果是硝酸浓度升高，有利于萃取。当 $C_{HNO_3}\geqslant4\ mol\cdot L^{-1}$时，锆的状态以 Zr^{4+} 为主，萃取反应可以写成：

$$Zr^{4+}+xNO_3^-+n\,(HDBP)_{2(O)}\rightleftharpoons Zr\,(NO_3)_x\cdot n\,(DBP\cdot HDBP)_{(O)}+nH^+\tag{4-119}$$

这种情况下，D_{Zr} 与 H^+ 浓度的 n 次方成反比，而且由于 NO_3^- 浓度增高，与 (DBP^-) 有竞争，所以 D_{Zr} 随硝酸浓度增高而下降。固定其他条件，仅改变 H^+ 浓度，得到 $\log D_{Zr}$-$\log C_{H^+}$ 关系为一直线。图 4-32 的实验条件下，$\log D_{Zr}$-$\log C_{H^+}$ 关系线的斜率约等于－3。

实验还得到 $\log D_{Zr}$-$\log C_{HDBP}$ 的关系线斜率约为 3，$\log D_{Zr}$-$\log C_{NO_3^-}$ 是斜率近似 1 的直线。由于实验在 2～3 $mol\cdot L^{-1}$ HNO_3 中用示踪量 ^{95}Zr，忽略锆的水解和聚合，可判断萃取反应为

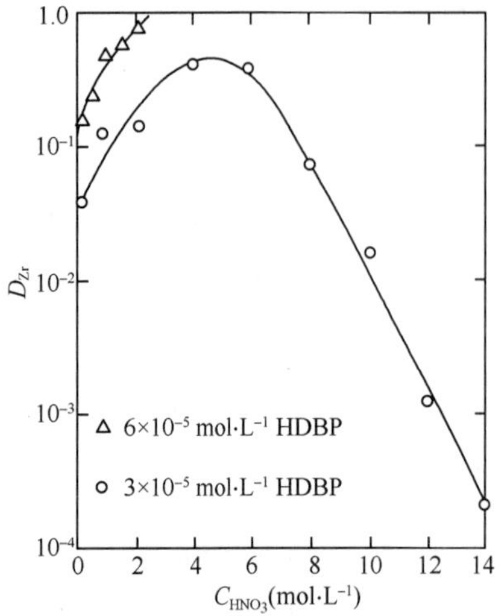

图 4-31　HDBP 萃取锆的分配比与水相硝酸浓度的关系

C_{Zr}—2.5×10^{-6} mol·L^{-1}

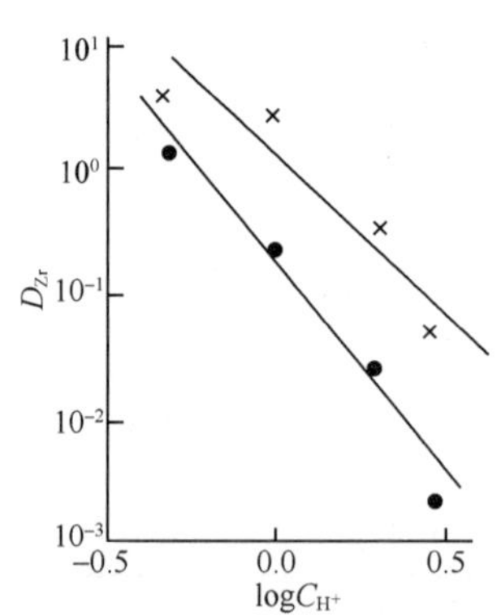

图 4-32　HDBP 萃取锆与氢离子浓度的关系

•—5×10^{-5} mol·L^{-1} HDBP；

×—1×10^{-4} mol·L^{-1} HDBP；C_{Zr}为示踪量

$$Zr^{4+}+NO_3^-+3HDBP_{(O)}\rightleftharpoons ZrNO_3(DBP)_{3(O)}+3H^+ \qquad (4\text{-}120)$$

$$K=\frac{(ZrNO_3(DBP)_3)_{(O)}(H^+)^3}{(Zr^{4+})(NO_3^-)(HDBP)^3_{(O)}}=D_{Zr}\cdot\frac{(H^+)^3}{(NO_3^-)(HDBP)^3_{(O)}}$$

$$\log D_{Zr}=\log K+\log(NO_3^-)+3\log(HDBP)-3\log(H^+) \qquad (4\text{-}121)$$

式(4-121)正好反映了上述实验结果，是典型的酸性配合萃取机理。

实验条件改变，则结果亦发生相应变化。文献[69]用 HDBP－甲苯溶液从 HNO_3中萃取锆(2.5×10^{-6} mol·L^{-1})，D_{Zr}与 HDBP 浓度的关系如图 4-33 所示。D_{Zr}与初始 HDBP 浓度的对数关系线，对于 4 mol·L^{-1} HNO_3 溶液时为 2.2，2 mol·L^{-1}HNO_3时为 2.4。若按有机相最终 HDBP 浓度计算，对于2 mol·L^{-1} HNO_3溶液则斜率为 2.0。萃取物的组分为Zr∶DBP∶NO_3＝1∶2.02∶1.98。但是对于示踪量锆的萃取，认为每个锆原子与 2 个二聚的 HDBP 结合。而且实验中观察到 D_{Zr}与 H^+浓度无关，所以萃取反应可写成：

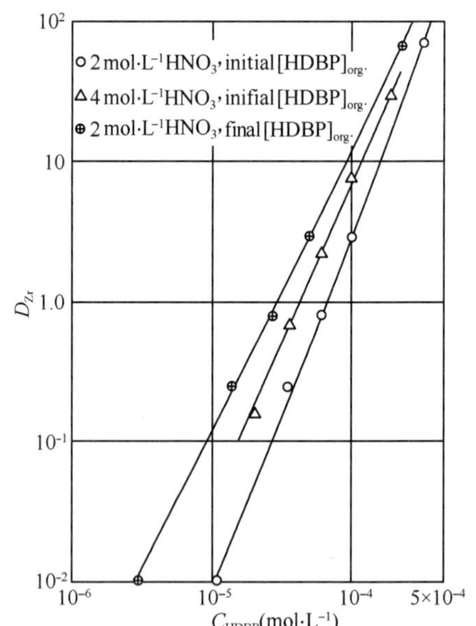

图 4-33　D_{Zr}与 HDBP 浓度的关系

有机相：HDBP—甲苯

水相：HNO_3，$C_{Zr}=2.5\times10^{-6}$ mol·L^{-1}

$$ZrO^{2+}+2(HDBP)_{2(O)}+2NO_3^-=Zr(NO_3)_2(DBP\cdot HDBP)_{2(O)}+H_2O \qquad (4\text{-}122)$$

不同作者由于实验条件不同，得到的结果有差异，表4-29 给出了不同离子浓度下HDBP 萃取锆的萃合物形式。

表 4-29 在不同离子强度下锆—HDBP 萃合物的形式[67]

离子强度(μ)	萃合物形式
2	$Zr(NO_3)_2(DBP \cdot HDBP)_2$ $Zr(NO_3)_2(DBP)_2$ $Zr(NO_3)_2(DBP)_2(HDBP)_4$
3	$Zr(NO_3)(DBP)_3 \cdot 3HDBP$
4	$Zr(DBP)_4(HDBP)$
6	$Zr(DBP)_4$

在研究 HDBP 萃取锆的体系中，往往萃取剂浓度比较低，应重视锆浓度对分配比的影响。表 4-30 的数据表明锆浓度和 HDBP 浓度同时对 D_{Zr} 的影响，当锆浓度和 HDBP 浓度可以相比拟的条件下，一定浓度的 HDBP 萃取锆时，D_{Zr} 随锆浓度的增大而减小，如表中的横向变化。因为萃取剂浓度较低，在萃合物形成过程中，自由萃取剂浓度明显下降。当锆浓度一定时，D_{Zr} 随 HDBP 浓度增加而显著增大，如表中纵向变化。其中锆浓度为 1×10^{-6} $mol \cdot L^{-1}$ 和示踪量时，$\log D_{Zr}$-$\log C_{HDBP}$ 的关系为斜率近似 3 的直线；锆浓度为 1×10^{-5}、1×10^{-4} 和 1×10^{-3} $mol \cdot L^{-1}$ 时，$\log D_{Zr}$-$\log C_{HDBP}$ 的关系如图 4-34 所示，关系曲线都有个拐点。在拐点的低 HDBP 浓度向，斜率较低，在 1.5～2.5 之间；在高 HDBP 浓度向，斜率较高，在 5～7 之间。这说明存在两类萃合物，一类是 $Zr(NO_3)_x(DBP)_n$ 型，分配比较小；另一类是 $Zr(NO_3)_x \cdot n(DBP \cdot HDBP)$ 型，与有机相的亲和力强，而且分子大，萃取的空腔作用能也大，有利于萃取，所以分配比高。萃取过程伴随着不同量的界面物形成(详见第十一章)。

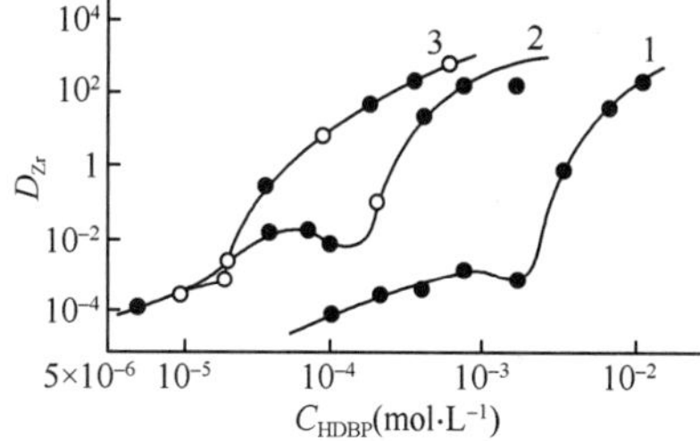

图 4-34 D_{Zr} 与 C_{Zr} 和 C_{HDBP} 的关系

有机相：HDBP—正十二烷

水相：3.0 $mol \cdot L^{-1}$ HNO_3-2.0 $mol \cdot L^{-1}$ $NaNO_3$

C_{Zr}($mol \cdot L^{-1}$)—1.0×10^{-3}

2—1.0×10^{-4}，3—1.0×10^{-5}

表 4-30 锆浓度和 HDBP 浓度对 D_{Zr} 的影响[68]

有机相：HDBP—正十二烷；水相：Zr—3.0 $mol \cdot L^{-1}$ HNO_3—2.0 $mol \cdot L^{-1}$ $NaNO_3$

C_{HDBP} ($mol \cdot L^{-1}$)	D_{Zr}				
	示踪量 Zr	1×10^{-6} $mol \cdot L^{-1}$ Zr	1×10^{-5} $mol \cdot L^{-1}$ Zr	1×10^{-4} $mol \cdot L^{-1}$ Zr	1×10^{-3} $mol \cdot L^{-1}$ Zr
2×10^{-6}	9×10^{-5}	9×10^{-5}			
5×10^{-6}	3.5×10^{-4}	1.6×10^{-4}	1.2×10^{-4}		
1×10^{-5}	1.2×10^{-3}	9.0×10^{-4}	2.7×10^{-4}		

续表

C_{HDBP} (mol·L^{-1})	D_{Zr}				
	示踪量 Zr	1×10^{-6} mol·L^{-1} Zr	1×10^{-5} mol·L^{-1} Zr	1×10^{-4} mol·L^{-1} Zr	1×10^{-3} mol·L^{-1} Zr
2×10^{-5}	1.9×10^{-2}	9.0×10^{-3}	8.2×10^{-4}		
4×10^{-5}	0.49	0.27	0.20	1.02×10^{-2}	
7×10^{-5}	1.20	0.74	1.10	1.6×10^{-2}	
1×10^{-4}	5.66	6.10	5.65	6.7×10^{-2}	7.2×10^{-4}
2×10^{-4}	39.0	40.1	33.9	8.1×10^{-2}	2.7×10^{-3}
4×10^{-4}	97.5	42		18.1	4.4×10^{-3}
7×10^{-4}			370	114	1.15×10^{-2}
1.5×10^{-3}					9.6×10^{-3}
3×10^{-3}					6.58
6×10^{-3}					$>1.4\times10^{3}$
1×10^{-2}					$>1.4\times10^{3}$

文献[66]用 HBBP-CCl_4($10^{-3}\sim10^{-1}$ mol·L^{-1})从高氯酸溶液(1-4 mol·L^{-1})中萃取锆(示踪量),以 $NaClO_4$ 调节 $\mu=4$,研究了 HDBP 萃取锆的机理,有机相中存在 $Zr(DBP)_4$和$Zr(DBP)_4(HDBP)$两种萃合物。用对数函数外推法处理实验数据,获得了萃取反应平衡常数和配合物稳定常数。锆在 $HClO_4$溶液水相除 Zr^{4+}外还以 $Zr(DBP)^{3+}$,$Zr(DBP)_2^{2+}$,$Zr(DBP)_3^{+}$ 和 $Zr(DBP)_4$等配合物存在,这些配合物的含量随着水相(DBP^-)的变化而变化(如图 4-35)。

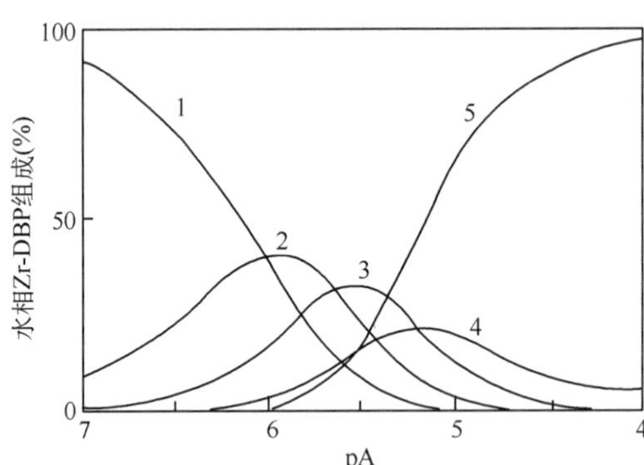

图 4-35 水相配合物含量与 DBP^- 浓度的关系

1—Zr^{4+};2—$Zr(DBP)^{3+}$;3—$Zr(DBP)_2^{2+}$;4—$Zr(DBP)_3^{+}$;5—$Zr(DBP)_4$;$pA=-\log C_{DBP^-}$

$$Zr^{4+}+4DBP^-_{(o)}\xrightleftharpoons{K_{40}}Zr(DBP)_{4(o)} \tag{4-123}$$

$$K_{40}=\frac{(Zr(DBP)_4)_{(o)}}{(Zr^{4+})(DBP^-)^4}=10^{21.2}$$

$$Zr^{4+}+4DBP^-+HDBP_{(o)}\xrightleftharpoons{K_{41}}Zr(DBP)_4(HDBP)_{(o)} \tag{4-124}$$

$$K_{41}=\frac{(\mathrm{Zr}(\mathrm{DBP})_4(\mathrm{HDBP}))_{(o)}}{(\mathrm{Zr}^{4+})(\mathrm{DBP}^-)^4(\mathrm{HDBP})_{(o)}}$$

$$\beta_1=\frac{(\mathrm{Zr}(\mathrm{DBP})^{3+})}{(\mathrm{Zr}^{4+})(\mathrm{DBP}^-)}=10^{6.0}；\beta_2=\frac{(\mathrm{Zr}(\mathrm{DBP})_2^{2+})}{(\mathrm{Zr}^{4+})(\mathrm{DBP}^-)^2}=10^{11.6}$$

$$\beta_3=\frac{(\mathrm{Zr}(\mathrm{DBP})_3^{+})}{(\mathrm{Zr}^{4+})(\mathrm{DBP}^-)^3}=10^{16.8}；\beta_4=\frac{(\mathrm{Zr}(\mathrm{DBP})_4)}{(\mathrm{Zr}^{4+})(\mathrm{DBP}^-)^4}=10^{22.3}$$

在 HDBP 萃取的体系中若存在 TBP，则有反协同萃取效应，使 HDBP 萃取锆的分配比下降。这是因为 TBP 的 P＝O 上氧原子与 HDBP 上的 P-OH 形成氢键，使自由的 HDBP 浓度降低的缘故。

2. H_2MBP 萃取锆

H_2MBP 从硝酸溶液中萃取锆的行为类似于 HDBP，但是 Zr-MBP 配合物在有机相和水相中的溶解性更差，容易形成萃取界面物（详见第十一章）。

将 H_2MBP 加入到锆的硝酸溶液中，会形成凝胶状的固体，经组分分析，得到的经验分子式为 $Zr(MBP)_2 \cdot H_2O$。在含 HDBP 的 1.09 mol · L^{-1} TBP-正十二烷萃取锆的有机相溶液中加入 H_2MBP，也会形成固相，分子式为 $Zr(OH)_x(NO3)_y(DBP)\text{-}(MBP)$，其中 $x+y=1$。如果 TBP 萃取锆的有机相中没有 HDBP，这时加入 H_2MBP，生成的配合物之 MBP/Zr 比值为 2。

为了观察 Zr-MBP 配合物在水相和有机相的溶解性，分别向离心管中的水相溶液或有机相溶液逐渐加入 H_2MBP，混摇 20 min，离心分相，取上清液测 ^{95}Zr 的放射性活度，观测锆的沉淀程度。水相是锆初始浓度为 10^{-2}～10^{-1} mol · L^{-1} 的硝酸溶液；有机相是含 10^{-2} mol · L^{-1} HDBP的 30％ TBP-正十二烷萃取锆的有机相溶液。图 4-36 表示在 0.2 或 2.0 mol · L^{-1} HNO_3 的水相锆溶液中加入 H_2MBP 对 Zr 摩尔比值与锆沉淀的关系。其中 2.0 mol · L^{-1} HNO_3 介质，锆沉淀份额与加入的 MBP/Zr 比值呈一直线，沉淀固相中 MBP/Zr 比值为 2；0.2 mol · L^{-1}

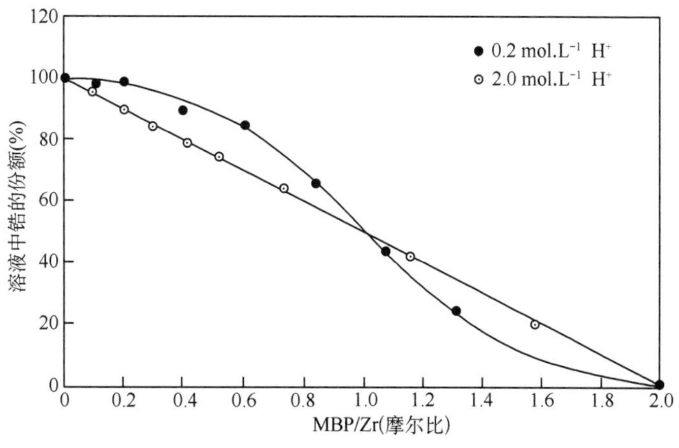

图 4-36　H_2MBP 沉淀硝酸溶液中的锆

HNO_3介质，固相的 MBP/Zr 比值为 1.13。H_2MBP 加入量增加，体系中的 MBP/Zr 比值增大，溶液中锆的百分数随之减小，亦即被沉淀的锆随之增加，直到体系中 MBP/Zr 摩尔比为 2 时，0.2 和 2.0 mol・L^{-1} HNO_3溶液中的锆都趋于完全沉淀。图 4-37 表示，已萃取了锆的 30% TBP-10^{-2} mol・L^{-1} HDBP-正十二烷有机相中加入 H_2MBP，随着 H_2MBP 的加入，体系中 MBP/Zr 摩尔比增加，留在有机相溶液中锆的浓度降低。开始时 MBP/Zr 比值较低，酸度低的有机相中锆沉淀多，酸度高的有机相中锆沉淀少。当体系中 MBP/Zr 摩尔比大于 1.8 后，有机相溶液中锆浓度接近，但是都很低，6.2×10^{-5}和5.4×10^{-6} mol・L^{-1}。

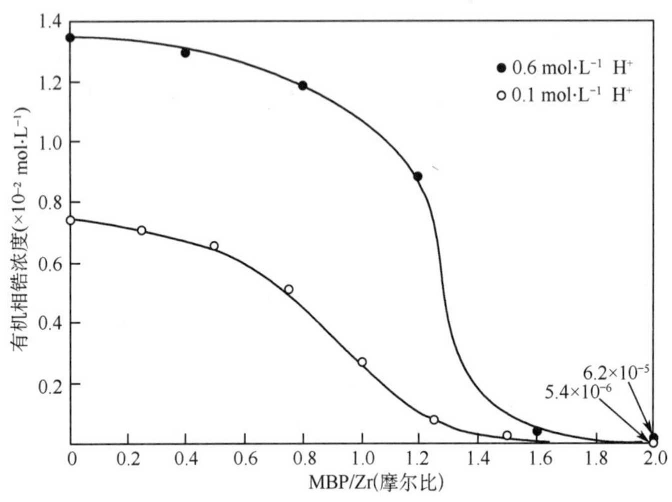

图 4-37　H_2MBP 从 30% TBP 萃取锆的有机相溶液中沉淀锆

H_2MBP 在煤油-硝酸溶液之间的分配比非常小，有机相中 TBP 浓度增加，则 H_2MBP 的分配比亦增大(见图 4-38)，因为 TBP 和 H_2MBP 之间也会形成氢键，和 HDBP 不同的是 2 分子 TBP 与 1 分子 H_2MBP 缔合。研究 Purex 流程中H_2MBP萃取锆，常以 TBP-煤油为有机相。图 4-39 是在 30% TBP-煤油-3 mol・L^{-1} HNO_3-10^{-6} mol・L^{-1}Zr 体系中，H_2MBP 萃取锆的 D_{Zr}与 H_2MBP 浓度的关系。图中直线部分的斜率为 1.7，表明萃合物为 Zr∶MBP＝1∶1和 1∶2两者的混合物，而且可能 1 分子 1∶1和 2 分子 1∶2的萃合物相混合。

3. 长链烷基磷酸萃取锆

在研究辐射效应对 TBP-煤油-HNO_3体系造成“永久损伤”的产物时，用丁基月桂基磷酸(HBLP)模拟次级辐解产物长链烷基酸性磷酸酯进行实验研究。HBLP-正十二烷从硝酸中萃取锆，水相酸浓度低时，萃取机理与阳离子交换相一致，萃取过程伴随氢离子释放。酸度较高时，有未解离的酸分子参加萃取，酸度提高，则 D_{Zr}也增加。锆的萃取分配比 D_{Zr}与萃取剂浓度的关系示于图 4-40，关系线的斜率等于 2。HBLP 的浓度达到 10^{-4} mol・L^{-1}，锆的萃取就很可观。

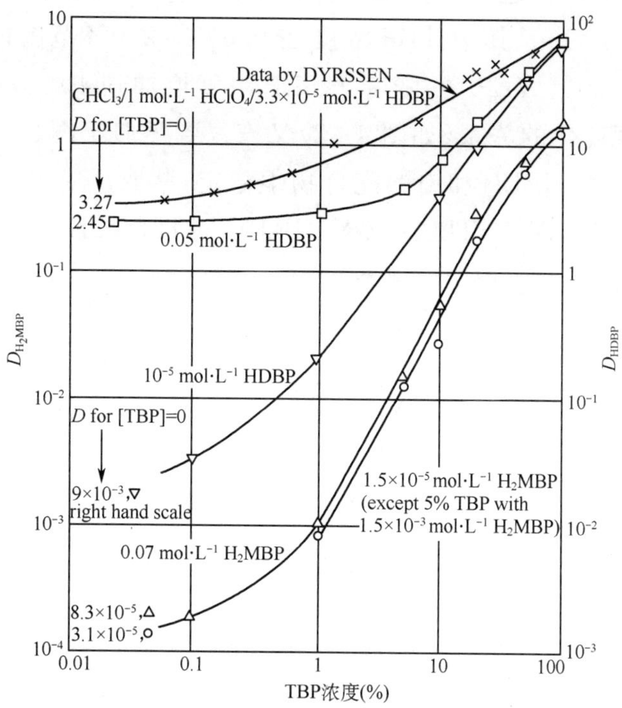

图 4-38 H_2MBP 和 HDBP 在 TBP-煤油-1 mol・L^{-1} HNO_3 中的分配比

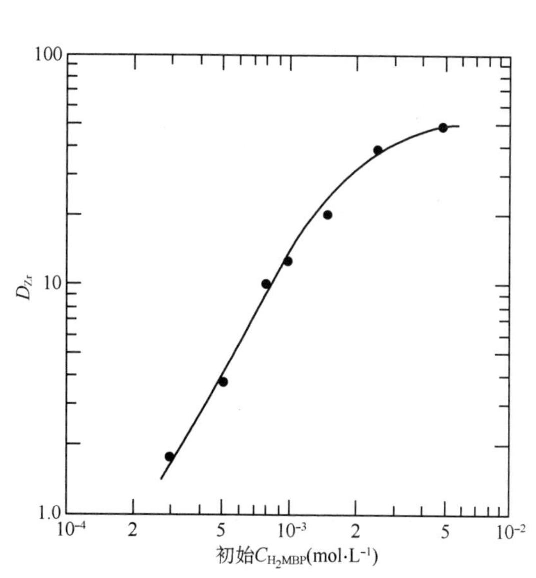

图 4-39 在 30%TBP-正十二烷-3 mol・L^{-1} HNO_3 中 D_{Zr} 与 H_2MBP 初始浓度的关系

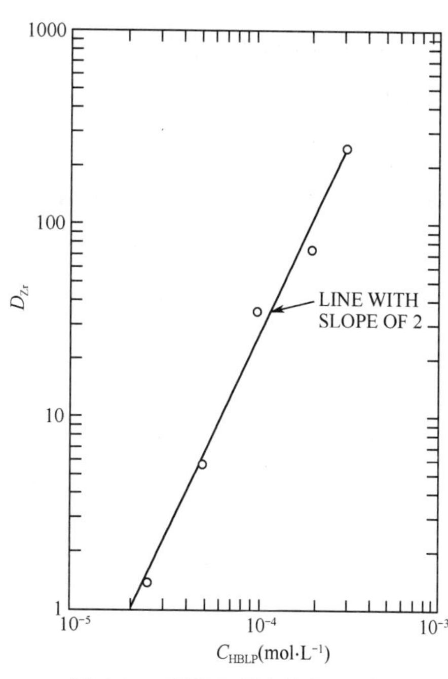

图 4-40 HBLP 萃取锆的 D_{Zr} 与萃取剂浓度关系

有机相：HBLP-正十二烷；水相：2×10^{-6} mol・L^{-1} Zr-3 mol・L^{-1} HNO_3；(21±1)℃，15 min

HBLP 与 TBP 之间也有氢键缔合，有机相中存在 TBP 时也有反协同效应，使 D_{Zr}下降（如图 4-41）。其中 TBP 浓度在 0.5%～2.0%范围内，关系线的斜率等于−2。但是在 30% TBP 中，随着 HBLP 浓度增加到 10^{-3}mol · L^{-1} 以上时，D_{Zr}与 HBLP 浓度变化的关系（如图 4-42）又恢复到类似于图4-40 的规律，关系线斜率也等于 2。说明 HBLP 和锆的配合物很稳定，萃取反应可写成：

$$Zr^{4-n}X_n+2(HBLP-TBP)=ZrX_2(BLP)_2+2TBP+2H^++(n-2)X^- \quad (4\text{-}125)$$

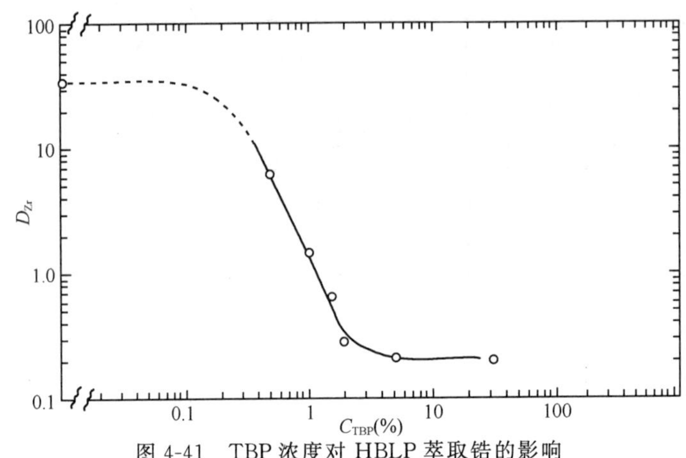

图 4-41　TBP 浓度对 HBLP 萃取锆的影响

有机相：10^{-4} mol · L^{-1}HBLP-TBP-正十二烷；水相：2×10^{-6} mol · L^{-1}Zr 以−3 mol · L^{-1} HNO_3

硝酸铀酰也会与 HBLP 形成配合物 $UO_2(NO_3)_2(HBLP)n$ 被萃取到有机相中，尽管这种配合物的稳定性比锆的配合物要低得多，但是体系中存在的铀浓度往往比锆要高数个数量级，因此铀的存在可以降低 HBLP 萃取锆，不过在这种条件下锆的分配比仍然比没有 HBLP 时高得多（见表 4-31）。HBLP 对 TBP-HNO_3-U 体系中锆的萃取影响很大，而这种萃取体系中存在 HBLP 不会明显地增加钌的萃取保留。

文献[73]报道了单长链烷基酸性磷酸酯（MLCAP）萃取锆，当萃取剂浓度≤10^{-4} mol · L^{-1}时，锆萃取分配比与 MLCAP 浓度的关系线斜率约为 2。

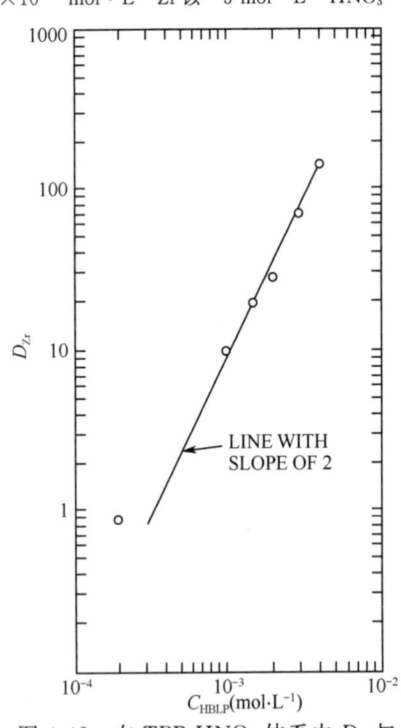

图 4-42　在 TBP-HNO_3 体系中 D_{Zr}与 HBLP 浓度的关系

有机相：30%TBP-HBLP-正十二烷

水相：2×10^{-6} mol · L^{-1}Zr-3 mol · L^{-1} HNO_3，(21±1)℃，15 min

表 4-31　铀对锆分配比的影响

有机相	水相	D_{Zr}
30% TBP-10^{-3} mol·L^{-1} HBLP-正十二烷	10^{-5} mol·L^{-1}Zr-3 mol·$L^{-1}$$HNO_3$-2.5 mol·$L^{-1}$$LiNO_3$	2.9
	10^{-5} mol·L^{-1}Zr-3 mol·$L^{-1}$$HNO_3$-1.25 mol·$L^{-1}$$UO_2(NO_3)_2$	0.21
30%TBP-正十二烷	10^{-5} mol·L^{-1}Zr-3 mol·$L^{-1}$$HNO_3$-1.25 mol·$L^{-1}$$UO_2(NO_3)_2$	0.015

4.4.2.2　酸性螯合萃取剂萃取锆[15,61,74-82]

酸性螯合萃取剂对锆的萃取具有特效性，HTTA、HBPHA、HPMBP 和长链羟肟酸，对锆的萃取能力都很强，在较浓的酸溶液中均可定量萃取锆。

1. HTTA 萃取锆

2-噻吩甲酰三氟丙酮（HTTA）萃取锆的研究工作于 20 世纪 40 年代末就开始。HTTA 在水溶液中会解离：

$$\text{HTTA} \overset{K_a}{\rightleftharpoons} \text{TTA}^- + \text{H}^+$$

解离常数 $K_a=10^{-6.17}$，萃取四价金属离子的半萃取 pH 值如表 4-32 所示。可见所列四价金属离子中 Zr^{4+} 最容易被 HTTA 萃取。常用HTTA的二甲苯或苯溶液从酸度为 1～2 mol·L^{-1}的水相中萃取 Zr^{4+}。锆浓度很低的条件下，萃取反应可写成

$$\text{Zr}^{4+} + 4\text{HTTA} \rightleftharpoons \text{Zr(TTA)}_4 + 4\text{H}^+ \tag{4-126}$$

表 4-32　HTTA 萃取 M^{4+} 的 $pH\frac{1}{2}$

离子	Zr^{4+}	Hf^{4+}	Pu^{4+}	U^{4+}	Th^{4+}
$pH\frac{1}{2}$	−1.08	−1.00	−0.85	−0.31	+0.51

2. HPMBP 萃取锆

1-苯基-3-甲基-4-苯甲酰基-吡唑啉酮-5（HPMBP）在溶液中也有酮式和烯醇式互变异构体：

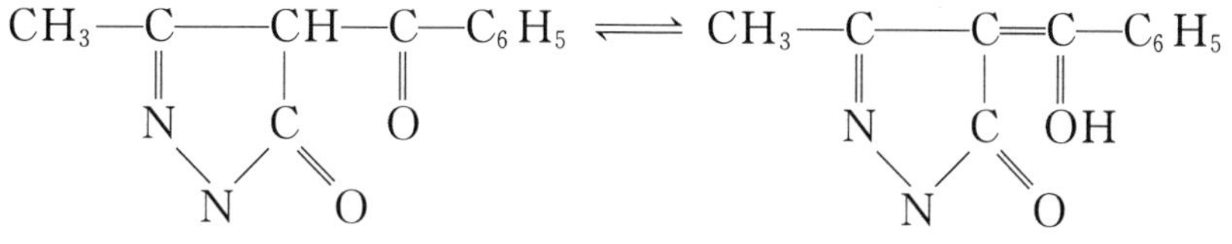

```
CH3—C———CH—C—C6H5   ⇌   CH3—C———C=C—C6H5
    ‖      |   ‖             ‖      |  |
    N      C   O             N      C  OH
     \    / \\                \    / \\
       N      O                 N      O
      （Ⅰ）                      （Ⅱ）
```

HPMBP 萃取锆对溶液酸度适应性强，在 0.001～8 mol·L^{-1}范围内，示踪量锆（^{95}Zr）的萃取率大于 95%。但是硝酸浓度大于 9 mol·L^{-1}萃取率明显下降，水相

黄色，浑浊，放置后出现红色油珠，说明 HPMBP 在较浓的 HNO_3 溶液中不稳定。

3. HBPHA 萃取锆

N-苯甲酰-N-苯胲(HBPHA)亦称钽试剂，在很宽的酸度范围内均可萃取锆，但在低酸条件下，其他金属离子也被萃取，而钛和铌则随酸度增加使萃取率升高，因此需要选择合适的酸浓度，一般以 1～2 mol·L^{-1}为宜。HBPHA 常用于混合裂变产物中分离和分析^{95}Zr-^{95}Nb。由于硝酸溶液的氧化性，HBPHA 不稳定，需加入 $NH_2OH \cdot HCl$ 和 NH_2SO_3H，抑制 HBPHA 分解。

4. 十二碳异羟肟酸萃取锆

羟肟酸和异羟肟酸的萃取功能团为：

$$\underset{(\text{I})}{\text{R—C}(\text{—OH})\text{=N—OH}} \qquad , \qquad \underset{(\text{II})}{\text{R—C}(\text{=O})\text{—NH—OH}}$$

式(II)为异羟肟酸(或称氧肟酸)，烷基 R 碳链短者，有亲水性，可用作掩蔽螯合剂。R 碳链长者憎水性强，是酸性螯合萃取剂，R 为 11 个碳原子烷基，即十二碳异羟肟酸，也被作为模拟 TBP-煤油-HNO_3体系次级辐解产物进行实验研究。在 TBP-煤油中含十二烷基异羟肟酸(HA)的浓度在 10^{-4} mol·L^{-1}以上时，锆的萃取分配比显著增大(图 4-43)，$\log D_{Zr}$-$\log C_{HA}$ 的关系线斜率约为 2。十二碳异羟肟酸可溶于 30%TBP-煤油中，但不溶于纯煤油。研究萃取机理的实验，以氯苯-二甲苯(1∶1)为稀释剂，$\log D_{Zr}$-$\log C_{HA}$ 的关系(如图 4-44)，和 30%TBP-煤油

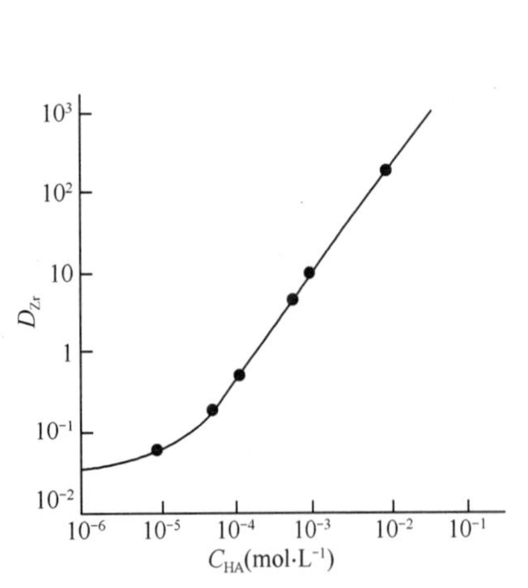

图 4-43　30%TBP-煤油中 D_{Zr}与萃取剂浓度的关系

有机相：30%TBP-HA-煤油

水相：^{95}Zr(示踪量)-1 mol·L^{-1} HNO_3

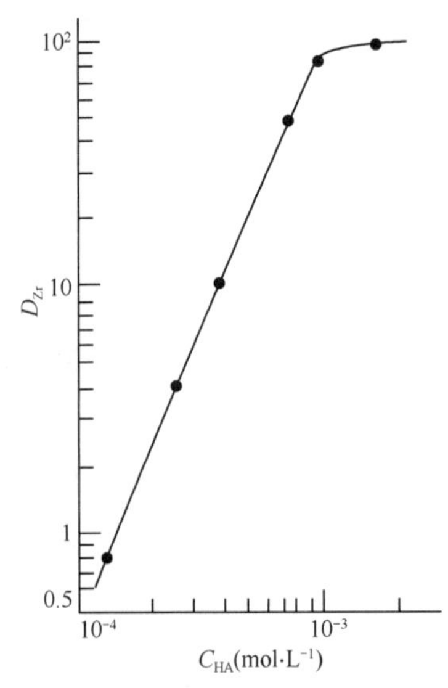

图 4-44　锆分配比与 HA 浓度的关系

有机相：HA-氯苯-二甲苯

水相：^{95}Zr(示踪量)-1 mol·L^{-1} HNO_3

中一样，斜率也约为 2。维持萃取剂浓度为 1×10^{-4} mol·L^{-1}，水相硝酸根浓度等于 3 mol·L^{-1}不变，改变氢离子浓度，测定相应的锆分配比，得到 $\log D_{Zr}$-C_{H^+}关系线斜率为－1.97(图 4-45)，可见萃取反应中每生成一分子萃合物释放 2 个 H^+。固定水相酸浓度为1 mol·L^{-1}，改变硝酸根浓度，D_{Zr}与 NO_3^- 浓度的关系示于图 4-46，其中线 1 是有机相单一萃取剂的情况，关系线的斜率等于 2.2。而关系线 2 反映了十二碳异羟肟酸 HA 与 TBP 间存在反协同萃取的关系。

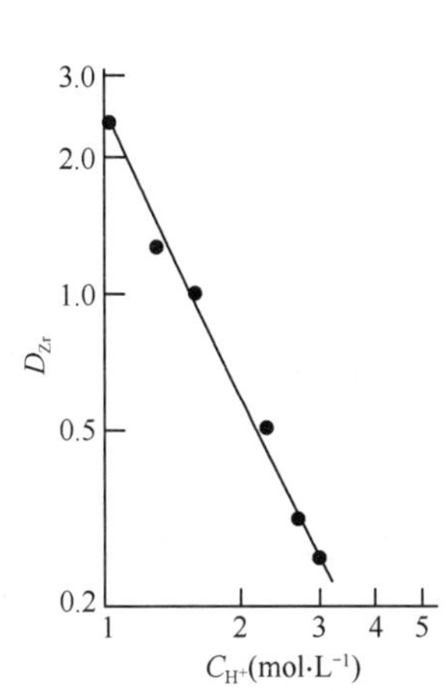

图 4-45 锆分配比与氢离子浓度的关系

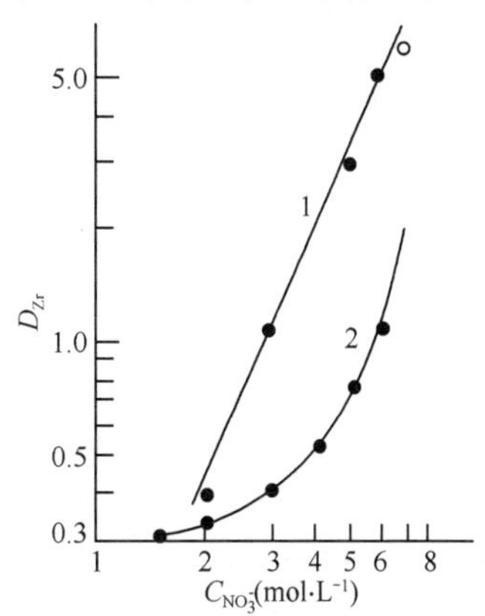

图 4-46 水相硝酸根浓度对 D_{Zr}的影响

1—1×10^{-4} mol·L^{-1}HA-氯苯-二甲苯

2—1×10^{-4} mol·L^{-1}HA-30%TBP-煤油

根据以上结果，十二碳异羟肟酸从硝酸溶液中萃取锆的反应式为

$$Zr^{4+}+2NO_3^-+2HA_{(O)}\rightleftharpoons Zr+(NO_3)_2A_{2\ (o)}+2H^+ \qquad (4\text{-}127)$$

4.4.3 胺类萃取剂萃取锆[20,83-86]

萃取锆的胺类萃取剂主要是叔胺和季铵盐，水相介质有 HNO_3、HCl、H_2SO_4、$H_2C_2O_4$和 Na_2CO_3等。用三正辛胺(TOA)从混合裂变产物的 H_2SO_4溶液中可分离提取^{95}Zr-^{95}Nb。TOA 有机相以环乙酮为稀释剂，水相用 H_2SO_4-$H_2C_2O_4$-H_2O_2混合溶液。图 4-47 示出锆萃取率与 H_2SO_4浓度的关系，图中 L 表示液-液萃取的数据，R 表示反相纸色层实验数据。草酸浓度对锆萃取率的影响，如图 4-48 所示。图中元素在反相纸色层的迁移距离 R_f与萃取率 E 的值正相反，R_f大者则 E 小。在水相混合溶液的条件下，由于配合阴离子的相互竞争，随着草酸浓度的增加，锆倾向于形成中性的草酸根配合物，使萃取率下降。而铌倾向于形成阴性草酸根配合物，所萃取率上升。

研究元素𬬻(104 号)的溶液化学时，用三异辛胺(TiOA)为萃取剂，比较了锆(与𬬻的性质相似)等几种元素的萃取行为，包括^{95}Zr、^{95}Nb、^{228}Th 和^{152}Eu 等。0.1～0.2 mol·L^{-1}TiOA-苯溶液从 12 mol·L^{-1} HCl 中萃取这些元素，D_{Zr}最高(>10^2)。

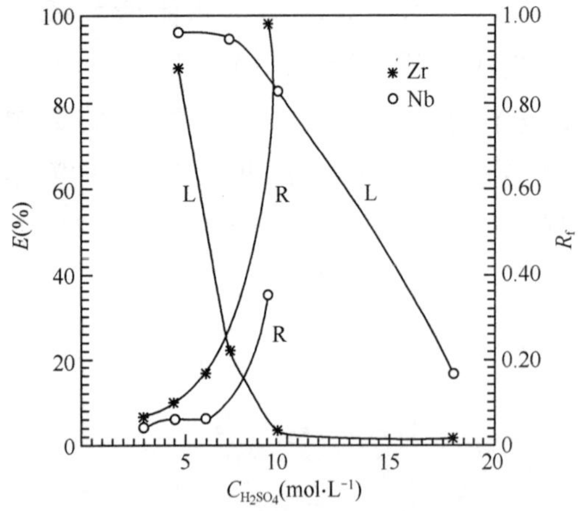

图 4-47　H_2SO_4 浓度对 TOA 萃取锆和铌的影响

有机相：0.1 mol·L^{-1}TOA-环乙烷

水相：^{95}Zr-^{95}Nb-H_2SO_4-0.5 mol·L^{-1} $H_2C_2O_4$ 和 H_2O_2

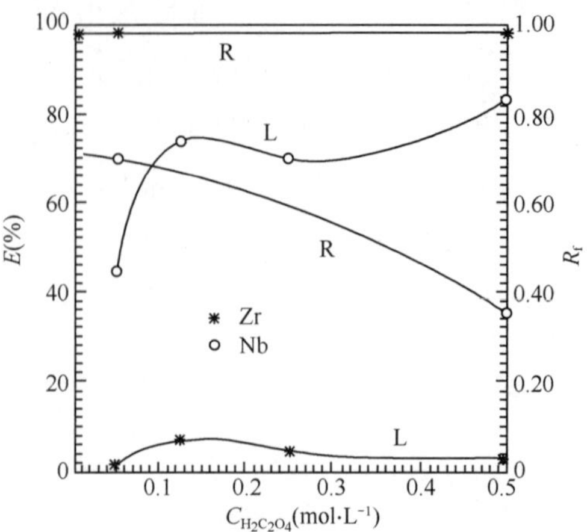

图 4-48　$H_2C_2O_4$ 浓度对 TOA 萃取锆和铌的影响

有机相：0.1 mol·L^{-1}TOA-环乙烷

水相：^{95}Zr-^{95}Nb-9 mol·L^{-1} H_2SO_4-$H_2C_2O_4$ 和 H_2O_2

Eurex(Enriched URanium EXtraction)流程处理高浓缩铀燃料 U-A1 合金元件，以三癸胺(TCA)为萃取剂，TCA 实际是辛基和癸基相混合的直链叔胺，用溶剂油(主要是芳香烃)为稀释剂，水相是 HNO_3-$Al(NO_3)_3$介质。为了降低锆的萃取，提高对锆的去污，采用低酸(1.3 mol·$L^{-1}$$HNO_3$)进料。

Purex 流程第一循环反萃取铀后的有机相(1CW)经 Na_2CO_3溶液洗涤，进入水相的锆以 $Zr(CO_3)_4^{4-}$ 或 $ZrO(CO_3)_3^{4-}$ 配合物存在，可直接在碱性介质中被季铵盐萃取，萃取反应式为：

$$Zr(CO_3)_4^{4-} + 2(R_4N)_2CO_3 \rightleftharpoons (R_4N)_4 \cdot Zr(CO_3)_4 + 2CO_3^- \quad (4\text{-}128)$$

或

$$ZrO(CO_3)_3^{4-} + 2(R_4N)_2CO_3 \rightleftharpoons (R_4N)_4 \cdot ZrO(CO_3)_3 + 2CO_3^- \quad (4\text{-}129)$$

如果用叔胺(R_3N)在这个介质中就不能萃取锆，因为 R_3N 需在较浓的酸溶液中形成胺盐(R_3NH^+)后才能与金属配合阴离子缔合。而季铵盐已经以 R_4N^+ 离子存在，所以在高浓酸、低浓酸或碱性介质中，只要有金属配合阴离子，均可相缔合，这些是季铵盐作为萃取剂的突出优点。

4.5　锆的吸附行为[10,57,87-101]

锆在有机离子交换树脂上的吸附，有很强的选择性，可用于与其他四价离子分离。锆更突出的吸附特性是强烈地附着于无机材料上，如硅胶、玻璃、金属元素的氧化物等都会吸附锆。本节主要介绍锆在无机材料上的吸附行为。

4.5.1　硅胶吸附锆

硅胶是极性吸附剂，表面有丰富的羟基，其分子结构可写为：

```
      OH      OH      OH      OH
      |       |       |       |
HO—Si—O—Si—O—Si—O—Si—
      |       |       |       |
      O       O       O       O
      |       |       |       |
HO—Si—O—Si—O—Si—O—Si—
      |       |       |       |
```

这些羟基所处状态不同，有孤立型羟基(a)、双生型羟基(b)和缔合型羟基(c)等。

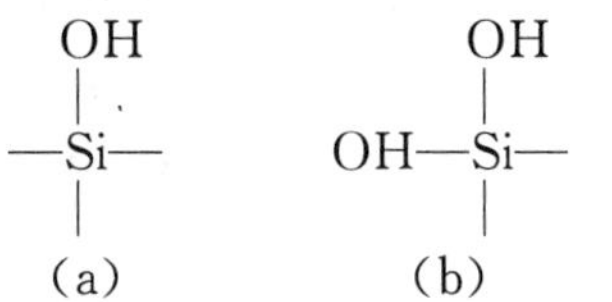


```
OH···OH
|      \
—Si—O—Si—
|       |
   (c)
```

以表面活性剂为模板进行自组装，借溶胶—胶凝法合成的自制硅胶，经过不同温度热处理，其红外光谱示于图 4-49。在 500℃左右，缔合型羟基(3460 cm^{-1})缩合为水脱去；在 600～800℃范围内，双生型羟基也基本脱去；温度达到 1100℃时，弧立型羟基和双生型羟基全脱去，3750 cm^{-1}峰消失。

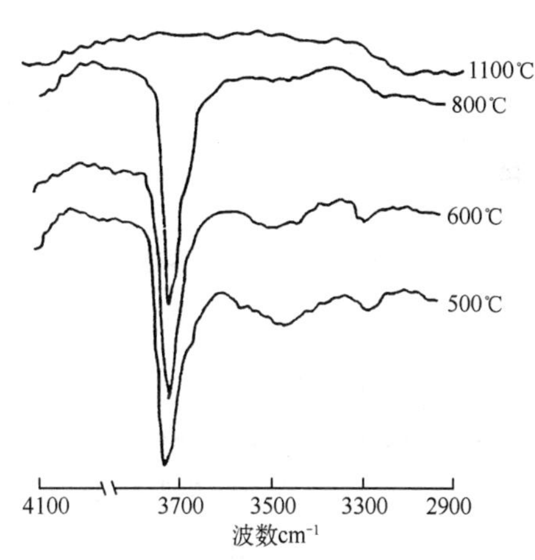

图 4-49　自制硅胶的红外光谱

硅胶上的羟基可写成 G-OH，在酸性溶液中与 H^+形成盐式 $G\text{-}OH_2^+$，为保持固体表面中性，酸根阴离子 A^- 存在于盐式周围，以 $G\text{-}OH_2^+ \cdot A^-$存在。当有金属配合阴离子 B^-时，将与 A^-发生阴离子交换反应：

$$G\text{-}OH_2^+ \cdot A^- + B^- \rightleftharpoons G\text{-}OH_2^+ \cdot B^- + A^- \tag{4-130}$$

如果金属配合阴离子 B^-与 Si 的亲和力特别强时，则与 OH^-发生阴离子交换：

$$G\text{-}OH + B^- + H^+ \longrightarrow G\text{-}B + H_2O \tag{4-131}$$

随着酸度增高，有利于阴离子交换反应的进行。硅胶从硝酸溶液吸附铌，可能属于这类型(详见第五章)。

Si^{4+}有很高的电子亲和力，其周围氧原子的自由电子对相对不活泼，所以 G-OH上的氢离子较容易为其他阳离子交换，表现出弱酸性阳离子交换剂的特性，在低浓酸或碱性溶液中会与金属阳离子交换：

$$nG\text{-}OH + M^{n+} \longrightarrow (G-O)_nM + nH^+ \tag{4-132}$$

这种反应与金属离子的亲和力有关，尤其是高电荷、小半径的金属离子。锆在硅胶上的吸附属于这类型。硅胶的零电荷点 pH 值是 $pH_{pzc}=2.5\sim3.0$，溶液中 $pH<pH_{pzc}$时，硅胶表面存在正电荷，会吸附阴离子；$pH>pH_{pzc}$时，硅胶表面带负电荷，将吸附阳离子。事实上溶液中 pH 比 pH_{pzc} 低很多的条件下，硅胶会强烈地吸附锆。根据前文图 4-6 中锆水解产物不同形态的量分布可知：溶液中硝酸浓度 <0.1 mol·L^{-1}时，$Zr(OH)_4 > Zr(OH)_3^+ > Zr(OH)_2^{2+} > Zr(OH)^{3+}$；酸度 >1 mol·L^{-1}时，$Zr^{4+} > Zr(OH)^{3+} > Zr(OH)_2^{2+} > Zr(OH)_3^+ > Zr(OH)_4$。可见在 $pH < pH_{pzc}$ 的条件下，硅胶仍然会吸附阳离子形态的锆，这说明被吸附形态的锆与硅胶羟基之间形成了化学键。图 4-50 示出硅胶吸附几种金属离子的分配比 K_d 与 pH 值的关系，图中看出，同一种金属离子的 K_d 值随 pH 增高而增大，反映了氢离子被交换而释放出，与式(4-132)相符；不同金属离子与硅胶间离子交换亲和性大小顺序为：Zr>U(IV)≈Pu(IV)>U(VI)>Gd>Ca≈Ba≈Na。

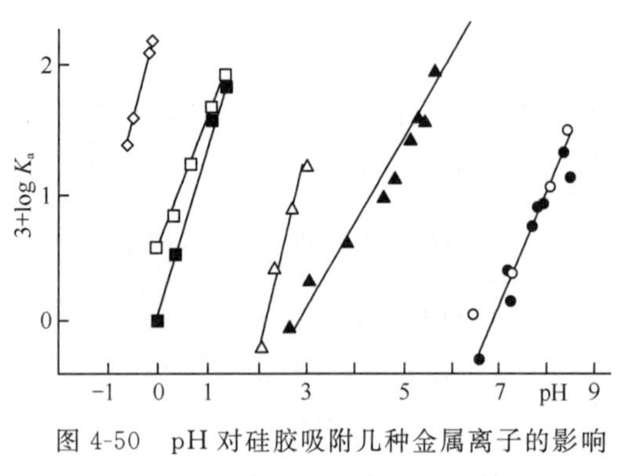

图 4-50 pH 对硅胶吸附几种金属离子的影响

◇—Zr；□—U^{4+}；■—Pu^{4+}；△—UO_2^{2+}；▲—Gd；○—Ca；—Ba；●—Na

文献[92]研究了硅胶对 Np(IV)的吸附行为，与图 4-50 的规律类似，测得表观吸附热 ΔH 因 pH 不同而易，在 30～120 kJ/mol 范围内，达到化学键能的量级。ΔH>O，是吸热过程，这也是无机离子交换剂从水溶液中吸附金属离子的常见现象，吸附过程可粗略地分为三步：

第一步，金属离子排开固体表面水吸附层，需要能量，ΔH_1>O；

第二步，吸附剂表面 OH 电离，需要能量，ΔH_2>O；

第三步，金属离子与吸附剂结合，放出能量，ΔH_3<O。

由于 ΔH_1 和 ΔH_2 比较大，$\Delta H = \Delta H_1 + \Delta H_2 + \Delta H_3 > O$，故需要活化能。对于气体的吸附，$\Delta H_1$ 和 ΔH_2 可忽略。有机离子交换树脂的体系中，ΔH_1 和 ΔH_2 很小，所以主要是 ΔH_3 的贡献，ΔH<O，是放热过程。

1. *硝酸浓度对硅胶吸附锆的影响*

硝酸浓度对硅胶吸附锆的影响与 pH 值影响不完全相同，因为共存的 NO_3^- 也起一定的作用。硝酸浓度对锆的吸附率(或穿透率、分配比)作图的关系曲线中也存在一个峰，不同作者的实验数据中峰位置的硝酸浓度也不同，有 0.2、0.5 和 1 mol·L^{-1} HNO_3时锆吸附最好。图 4-51 是在 0.2～15

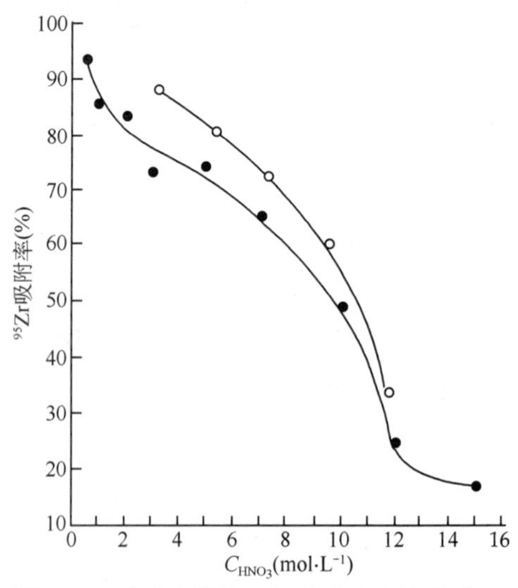

图 4-51 硅胶吸附^{95}Zr 与硝酸浓度的关系

●—纯^{95}Zr，15℃；○—^{95}Zr-^{95}Nb，28℃

$mol \cdot L^{-1}$ HNO_3 中硅胶吸附示踪量锆(^{95}Zr)的百分率。静态实验，每份料液 4 mL，硅胶 200 mg(60～100 目)，振摇 1 小时，测 γ 射线能谱，得^{95}Zr 吸附百分率数据。0.2 $mol \cdot L^{-1}$ HNO_3 以上，^{95}Zr 吸附百分率单调下降。

2. 温度对硅胶吸附锆的影响

在 4 $mol \cdot L^{-1}$ HNO_3 溶液中，用动态实验观察温度对硅胶吸附^{95}Zr 的影响，硅胶吸附柱为 $\phi 4 \times 100$ mm，液体流速 0.3 mL/min。吸附后，用 0.5 $mol \cdot L^{-1}$ $H_2C_2O_4$ 解吸^{95}Zr，计算回收率(见表 4-33)。从穿透率和回收率看出，温度升高有利于锆的吸附，说明吸附过程是吸热反应。

表 4-33 温度对硅胶吸附^{95}Zr 的影响

温度(℃)	^{95}Zr 穿透率(%)	^{95}Zr 回收率(%)
11	7.76	92.2
30	2.52	97.5
50	0.47	99.5
80	0.67	99.3

3. 锆浓度对吸附的影响

锆浓度对硅胶吸附锆的影响，可观察吸附类型和饱和吸附容量。这方面的研究常用静态实验，表 4-34 的数据是 4 $mol \cdot L^{-1}$ HNO_3 溶液中，每份 200 mg 硅胶，3 mL 溶液，加入^{95}Zr 示踪剂和不同量的锆载体，使每份溶液锆浓度不同，并且使同位素交换完全后，于 15℃下振摇 40 min，测量^{95}Zr 的吸附率。

表 4-34 锆浓度对硅胶吸附的影响

溶液中加入锆量(mg)	60～100 目硅胶		100～150 目硅胶	
	^{95}Zr 吸附率(%)	每克硅胶吸附锆量(mg)	^{95}Zr 吸附率(%)	每克硅胶吸附锆量(mg)
示踪量	73.6		74.6	
0.883	56.0	2.47	66.1	2.9
2.21	55.1	6.09	63.1	6.9
4.42	45.8	10.12	51.5	11.4
8.83	38.0	16.8	44.9	19.8
17.7	19.5	17.3	28.8	24.6

表 4-34 数据反映了硅胶从硝酸中吸附锆遵循兰缪尔(Langmuir)等温式；

$$\theta = \frac{ap}{1+ap} \tag{4-133}$$

式中 θ 代表硅胶表面被吸附的锆覆盖的百分数，p 表示溶液中锆浓度，a 是吸附系数，当 p 很小时，$1+ap \approx 1$，则 $\theta = ap$，呈一直线，斜率为 a。随着 p 的增加，θ-p 关系呈曲线，p 增加到一定浓度后，吸附达到饱和，$\theta = 1$。表 4-34 中，60～100 目硅胶吸附锆的数据看出，17.3 mg Zr/g 硅胶(或 0.19 $mmol \cdot L^{-1}/g$)可作为饱和吸附容量，计算直线部分的斜率 $a = 2.61$。100～150 目硅胶吸附锆的数据看出，尚未达到饱和吸附，粒度细的硅胶具有更大的饱和吸附容量，直线部分的斜率

$a=2.64$，可认为实验所用的市售硅胶对锆的吸附系数为 2.6。图 4-49 红外光谱表征的自制硅胶对锆的饱和吸附容量大，达 32.6 mg/g，比市售硅胶的饱和吸附容量大许多。

4. 流速对吸附的影响

硅胶吸附锆的热力学平衡很慢，动态实验或实际应用时，流速对吸附影响很大。图 4-52 示出不同流速的穿透曲线。水相料液由 0.10 mol · L^{-1} HNO_3 和 0.100 mg Zr/mL 组成，硅胶柱 ϕ 7.5 ×200 mm，25℃进行实验。穿透曲线表示穿透 Q 与流出液体积的关系。

$$Q=\frac{C}{C_0} \tag{4-134}$$

C_0为初始料液锆浓度，C 为流出液锆浓度。流速低(0.15 mL/min)，穿透慢；流速高(5.83 mL/min)穿透快。

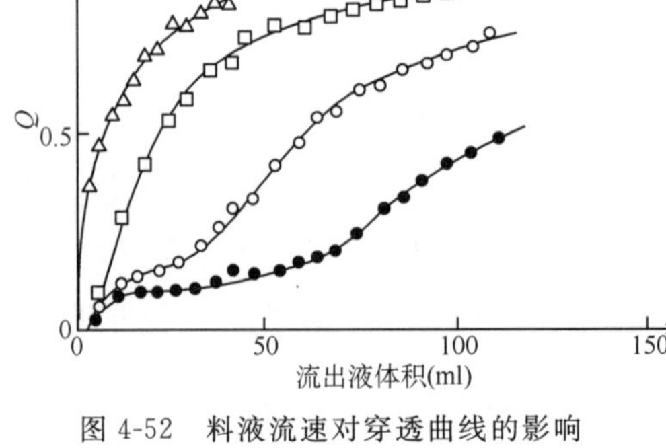

图 4-52 料液流速对穿透曲线的影响

●—0.15；○—0.51；□—2.40；△—5.83；

$C_0=0.100$ mg Zr/mL

5. 铀酰浓度对硅胶吸附锆的影响

硅胶会吸附四价铀，但对六价铀的吸附性能较差，尤其硝酸浓度高时，不影响锆的吸附。表 4-35 是静态实验数据，水相料液：4 mol · L^{-1} HNO_3-^{95}Zr-^{95}Nb-$UO_2(NO_3)_2$，体积 2 mL；硅胶 60～100 目，250 mg；24℃振摇 30 min。

表 4-35 硝酸铀酰对硅胶吸附^{95}Zr-^{95}Nb 的影响

铀量(mg)	^{95}Zr-^{95}Nb 吸附率(%)
0	76.7
47	78.7
118	79.6
235	79.2

4.5.2 MnO_2和 ZrP 吸附锆

MnO_2吸附锆的特性已被用于工艺首端载带^{95}Zr-^{95}Nb，提高去污系数，还用于从混合裂变产物中提取^{95}Zr-^{95}Nb。MnO_2吸附^{95}Zr-^{95}Nb 的机理还不清楚，也不是所有的 MnO_2都能吸附锆。在约 75℃的溶液中，用高锰酸盐与二价锰离子(如硝酸锰)一起形成“活性”的 MnO_2，具有吸附性质，可吸附^{95}Zr-^{95}Nb。MnO_2形成反应为：

$$2MnO_4^- + 3Mn^{2+} + 2H_2O \rightleftharpoons 5MnO_2 + 4H^+ \tag{4-135}$$

“活性”的 MnO_2形成后应保持潮湿，如果在烘箱中 110℃下干燥 24 小时，就没有吸附的性质。硝酸浓度和其他金属离子存在对 MnO_2吸附锆都有影响(见图 4-53 和图 4-54)。

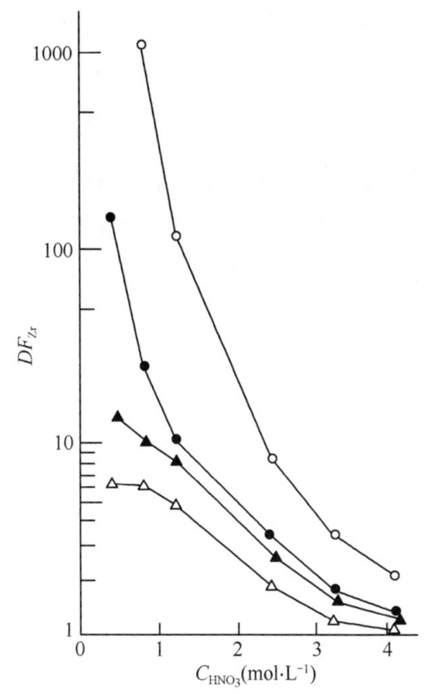

图 4-53 Al 和 HNO_3 浓度对 MnO_2 除 Zr 的影响

○—没有 Al;●—Al 21 g·L^{-1};△—Al 44 g·L^{-1};▲—Al 27 g·L^{-1},U2 g·L^{-1},Hg 3.4 g·L^{-1}

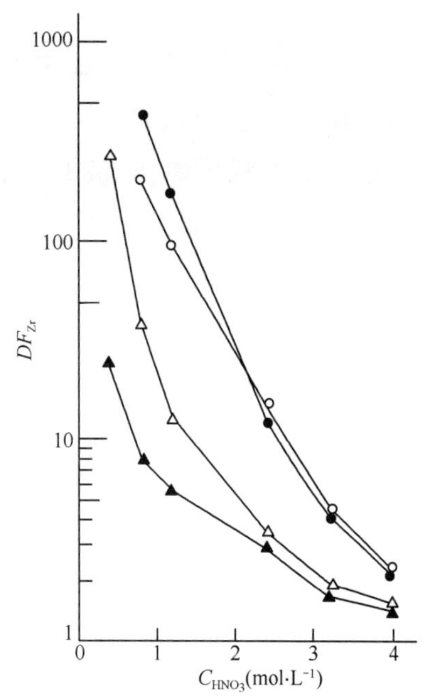

图 4-54 U 和 HNO_3 浓度对 MnO_2 除 Zr 的影响

○—没有 U;●—U 3 g·L^{-1};△—U 150 g·L^{-1};▲—U 300 g·L^{-1}

用 MnO_2 吸附提取 ^{95}Zr-^{95}Nb 程序中的主要步骤是:先用草酸铈沉淀载带,除去裂变产物稀土元素;将清液加热至 80℃左右,慢慢滴加 $KMnO_4$ 溶液破坏清液中过量的 $H_2C_2O_4$,直至 MnO_2 沉淀不再消失,滴加浓 HNO_3,使 $C_{HNO_3} \leqslant 0.1$ mol·L^{-1}。沉淀的 MnO_2 吸附了 ^{95}Zr-^{95}Nb,进一步处理即得到 ^{95}Zr-^{95}Nb 示踪剂。

作为无机吸附剂的磷酸锆固体(代号 ZrP)高选择性地吸附铯,同时也会吸附锆。用 ZrP 从混合裂变产物中提取 ^{137}Cs 是个简便的方法,但要加入 $H_2C_2O_4$ 掩蔽锆。

4.6 核燃料后处理工艺过程锆的行为

4.6.1 Purex 流程首端锆的行为[102,103]

裂变产物元素锆在 Purex 流程首端的行为,主要表现在乏核燃料的溶解、溶解液的预处理和存放过程。

乏核燃料在溶解过程会留下不溶解的残渣(在 2.5.1 节中已有论述),不溶残渣的量因乏燃料类型和燃耗不同而有差别。燃耗为 30650～55900 MWd/tM 的氧化物(含 MOX)燃料,用 7 mol·L^{-1} HNO_3 于沸腾下溶解,其不溶残渣占燃料质量的0.19%～0.64%不等，不溶残渣中裂变产物元素锆占0.3%～4%。UP-2厂的运行经验表明，高燃耗的氧化铀燃料溶解后，每吨燃料的不溶残渣可达3kg，其中主要为Zr、Mo、Ru、Tc和Pd。

溶解液在配制成为萃取工艺料液之前，需经过预处理，如向溶解液中通气体，加入明胶或高锰酸钾等等，因燃料类型不同而分别采用不同的预处理方法。对于金属铀或铀铝合金燃料，由于常用铝一硅合金为黏合剂，在燃料芯溶解过程黏合剂也会缓慢溶解于硝酸中，形成聚硅酸。明胶能与聚硅酸形成氢键，加入明胶可使聚硅酸一起絮凝沉淀，在这过程约有5%的锆被从溶液中除去。向溶液中加入高锰酸钾，生成新鲜的活性MnO_2（式4-135）可吸附Zr从溶液中沉淀出来，被过滤或离心除去。

研究实验和工厂运行中都观察到溶解液的不稳定性，过滤除去不溶残渣后的澄清溶液，存放过程会出现新的沉淀，即次级沉淀，其主要原因是裂变产物元素锆和钼形成钼酸锆沉淀（详见10.3节）。

4.6.2 裂变产物元素锆在1A萃取器中的行为[84,104-106]

Purex流程1A萃取器中锆和铌的去污系数DF_{Zr+Nb}值，文献上给出一个范围，对于30%TBP萃取为200到3000，一般不分为单独的Zr和Nb的数据。与钌不同，DF_{Zr+Nb}在进料级较小，主要是在洗涤段（50～300）获得。研究锆的洗涤行为时，发现存在三组形态：容易洗涤的；不易洗涤的；以及不能按分配规律被洗涤除去的。认为萃取到有机相中的Zr存在两种类型：一种是$Zr(NO_3)_4 \cdot nTBP$（n=1，2，3），另一种是$[Zr]_s$。前者可以与水相直接平衡，后者必须先与$Zr(NO_3)_4nTBP$形成平衡后，再转入水相：

$$\begin{array}{ll} Zr(NO_3)_4 \cdot nTBP \rightleftharpoons [Zr]_s & \text{溶剂相} \\ \updownarrow & \\ Zr(OH)_x^{4-x} & \text{水相} \end{array} \qquad (4\text{-}136)$$

研究结果还表明：$[Zr]_s$的浓度，随二次洗涤间隔时间增长而减少，但对$[Zr]_s$缺乏更深入的认识。

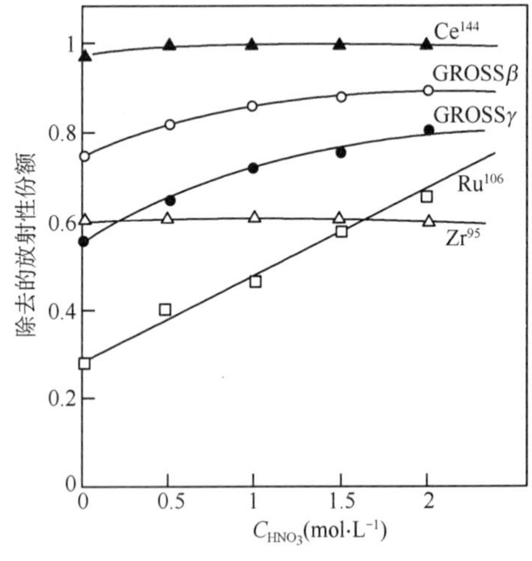

图4-55　Eurex流程1A萃取器中^{95}Zr等的洗涤

水相：HNO_3-1.7 mol·L^{-1} $Al(NO_3)_3$
有机相：4% TCA-1mgU/mL；
相比：1∶1

在Eurex流程中锆的洗涤行为与Purex流程不同，用0.5～2 mol·L^{-1} HNO_3洗涤锆均无效（见图4-55），因为萃取剂是TCA，与TBP的萃取机理不同。对^{144}Ce的洗涤效果很好，钌的洗涤去除份额随HNO_3

浓度增高而增加。

锆在 Purex 流程 1A 萃取器各级有机相和水相中的分布示于图 4-56，其中洗涤段对Zr-Nb的去除效果良好。

萨凡那河研究所用多级离心接触器作 1A 萃取器，研究了铀、镎、钚和裂变产物元素的萃取行为。离心萃取器 16 级，有机相在每一萃取级的停留时间为 4～6 秒，其中混合时间约占 10%。研究结果表明，对 Zr-Nb 的去污相当于用混合-澄清槽获得的数据，但是洗涤段似乎存在一种 Zr-Nb 的形态不能用连续洗涤除去（如图 4-57）。这可能是由于存在式(4-136)描述的转化过程，在离心萃取的短停留时间内转化过程尚未完成。使用二(2-戊基)-2-丁基膦酸酯（DABP）来代替 TBP 的流程，所谓 DABP Purex 流程，1A 萃取器也用多级离心接触器，实验结果表明，进料级附近，锆-铌的行为遵循分配规律，与计算的数据相一致，并且得到非常大的去污系数（5×10^3）。但是洗涤段效果很差（如图 4-58 所示），类似于图 5-57 的状况。

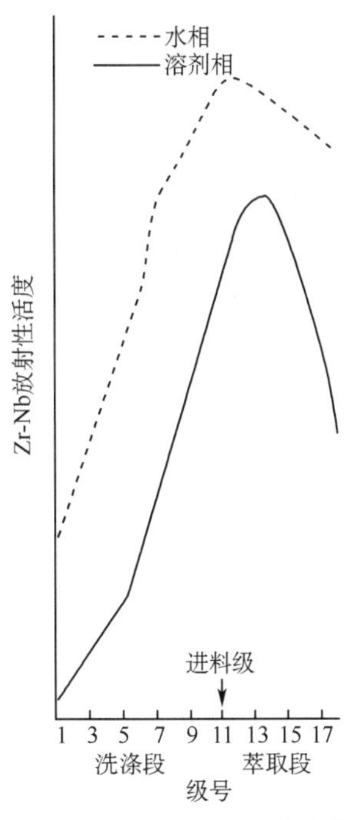

图 4-56　Purex 流程 1A 萃取器中 Zr-Nb 的分布

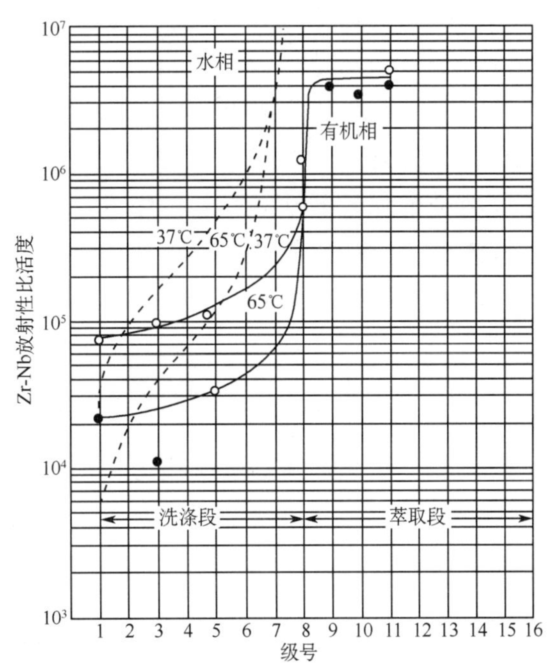

图 4-57　Purex 流程 1A 萃取器短停留时间的洗涤段 Zr-Nb 分布

提高温度可改善锆-铌的洗涤效果，图 4-57 中，65℃的洗涤效果明显好于 37℃。

普通的 Purex 流程 1A 萃取器中，Zr-Nb 的去污主要来自洗涤，尤其在有机相出口附近用低酸洗涤，锆进入水相。到萃取段时，酸度高，自由 TBP 浓度也高，锆重新被萃取到有机相，形成内循环，在萃取段前几级有机相中出现锆浓度的高峰，造成锆在萃取器的积累。锆在 1A 萃取器的另一个特殊行为，就是参加形成界面物（详见第 11 章）。由于这些原因，1A 萃取器的物料衡算中，锆往往呈明显的负偏差，有时甚至达到 −35%。

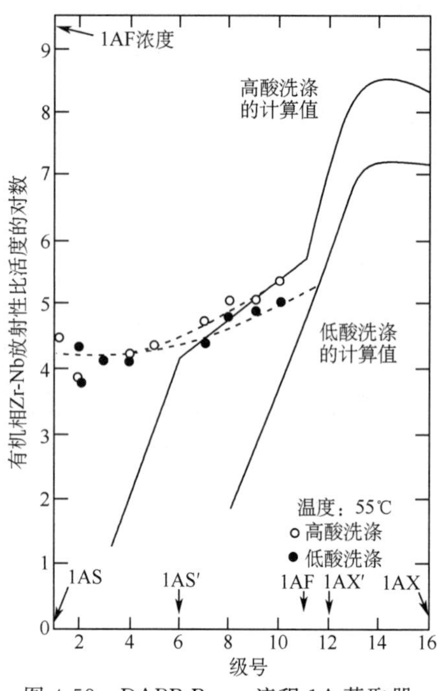

图 4-58　DABP Purex 流程 1A 萃取器洗涤段 Zr-Nb 分布

4.6.3　锆在溶剂中的保留[61,70,72,73,82,107-112]

工艺过程溶剂中的金属元素保留，一般指 1CW 经过洗涤处理后，返回使用的溶剂（1CWR）中保留的金属元素的量。锆的保留没有钌那么严重，但仍属比较严重的元素之一。

萨凡那河工厂对溶剂的洗涤实验分三次进行，第一次用 $NaOH$-Na_2CO_3 溶液洗；第二次是酸溶液洗；第三次用 Na_2CO_3 溶液洗。对运行不同时间的溶剂洗涤效果和金属元素的保留示于图 4-59，运行时间在 9 个月之内，1CW 中的 Zr-Nb 大部分都可被洗涤除去，在溶液中的保留较少，在这段时间内，除了个别特殊点（停工期）外，锆保留量很平稳，说明 1CW 中溶剂的辐照损伤主要是“暂时”的，如 HDBP 和 H_2MBP 虽然可萃取锆，但是也可被碱溶液洗涤除去。运行时间超过 9 个月之后，1CWR 中

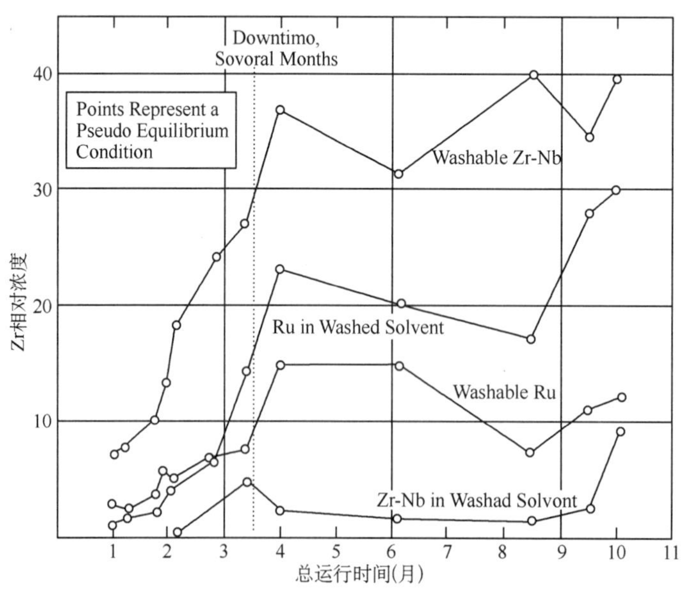

图 4-59　工艺运行时间对金属元素在溶剂中保留的影响

保留的 Zr-Nb 明显增加，亦即不可洗涤的形态增加，说明 1CW 中出现了明显的“永久损伤”，不能仅用洗涤的办法再生溶剂。

用辐照 TBP-煤油研究锆的保留行为，结果表明，多种因素影响锆的保留。不同的辐照方式直接影响锆的萃取分配比，起主要作用的是 TBP 的辐解产物(见表 4-36)。表中 A 是 30% TBP-煤油配好后送去辐照，B 是纯 TBP 辐照后用未经辐照的煤油配成 30% TBP-煤油，C 是纯煤油辐照后用未辐照的 TBP 配成 30% TBP-煤油溶液。辐照的 30% TBP-煤油萃取锆后，分别用酸洗和碱洗，有机相对锆的保留数据列于表 4-37。其中 D 是有机相经过 0.01 mol · L^{-1} HNO_3洗一次，E 是第 1 次用 0.01 mol · L^{-1} HNO_3洗，第 2 次用 5% Na_2CO_3溶液洗。以洗涤前原来有机相中的^{95}Zr 为 100%，计算洗涤后有机相对^{95}Zr 的保留百分率。吸收剂量在 5×10^3 Gy 以下，有机相萃取的^{95}Zr 容易被 5% $NaCO_3$溶液洗涤除去，溶剂仅发生“暂时损伤”，随辐照前预平衡酸度增高，溶剂的“暂时损伤”趋于严重。辐照过程的吸收剂量为 5×10^5 Gy 时，溶剂发生严重的“暂时损伤”，经 0.01 mol · L^{-1} HNO_3 洗涤，100% ^{95}Zr 保留。但经 5% Na_2CO_3溶液洗涤后，有 8%～16%的^{95}Zr 被保留，说明发生明显的“永久损伤”。吸收剂量达到 2×10^6 Gy 时，对高浓度酸预平衡的溶剂发生了严重的“永久损伤”，经过 5% Na_2CO_3溶液洗涤，对^{95}Zr 的保留几乎是 100%。预平衡酸浓度对“永久损伤”也有显著的影响，预平衡硝酸浓度低，造成的溶剂“永久损伤”也相应轻。将 1 mol · L^{-1} HNO_3 预平衡的 30% TBP-煤油辐照后，分别用碱和水萃洗分离后，得到碱萃相、水萃相和中性相(即碱洗和水洗后的有机相)三部分。各部分用未经辐照的 30% TBP-煤油稀释到相同体积，然后分别用1 mol · L^{-1} HNO_3 预平衡，各取相同体积进行^{95}Zr 的萃取和洗涤实验，得到^{95}Zr 的保留数据列于表 4-38。中性相萃取锆的分配比不算高，但是对^{95}Zr的保留百分率比其他组分明显的高。亦即对锆有高保留作用的辐解产物不易被碱溶液或水洗除。

表 4-36　吸收剂量和辐照方式对 D_{Zr} 的影响

有机相：30% TBP-煤油；水相：^{95}Zr-1 mol · L^{-1} HNO_3；25±1℃

吸收剂量 (Gy)	D_{Zr}					
	辐照前未经酸预平衡			辐照前经 1 mol · L^{-1} HNO_3 预平衡		
	A	B	C	A	B	C
5×10^2	0.03	0.03		0.07	0.44	
5×10^3	0.12	0.10	0.025	0.29	0.74	0.22
5×10^4			0.024	2.49	3.75	0.21
5×10^5	128.2	63.1	0.024	140.4	94.4	0.21
2×10^6	126.1	131.6	0.025	140.1	146.1	0.21

表 4-37 辐照 TBP-煤油对锆的保留百分率

有机相:辐照的 30% TBP-煤油-^{95}Zr,水相:1 mol·L^{-1} HNO_3 或 5% Na_2CO_3

吸收剂量(Gy)		5×10^2		5×10^3		5×10^5		2×10^6	
洗涤方式		*D*	*E*	*D*	*E*	*D*	*E*	*D*	*E*
辐照前预平衡的硝酸浓度(mol·L^{-1})	0.5	15.7		13.9		99.2		100.9	4.7
	1	14.2		24.4		99.7	8.3	100.2	24.3
	3	45.3	0.1	70.9	0.1	101.2	16.0	100.3	95.0
	5		0.2		0.2	100.6		99.1	98.3

表 4-38 辐照溶剂不同组分对锆的保留

组分	吸收剂量(Gy)	D_{Zr}	^{95}Zr 保留(%)	
			D	*E*
中性相	5×10^5	65.6	99.6	39.3
	2×10^6	65.9	99.7	76.5
碱萃取	5×10^5	118.2	99.9	0.6
	2×10^6	129.8	100	8.2
水萃相	5×10^5	146.3	99.8	0.6
	2×10^6	144.0	100	6.9

30% TBP-煤油-0.5 mol·L^{-1} HNO_3 辐照时吸收剂量为 1.16×10^6 Gy,萃取^{95}Zr后的有机相直接减压蒸馏,或经过 1 mol·L^{-1} NaOH 溶液洗涤后的有机相再进行减压蒸馏。压力 26.7 Pa,温度为 120℃条件下蒸馏,收集各馏份测量^{95}Zr比活度,结果列于表 4-39。萃取^{95}Zr的 30% TBP-煤油,直接减压蒸馏的残渣中含 90% ^{95}Zr,经过 NaOH 溶液洗涤后的有机相中 97%的^{95}Zr集中在蒸馏残渣中。可见对 Zr 高保留的辐解产物不仅碱溶液或水难以洗除,而且沸点比较高。

表 4-39 萃取锆有机相各馏份中^{95}Zr的放射性

馏份数	^{95}Zr 的比放射性活度(计数/mL)	
	有机相未经处理直接蒸馏	有机相经 1 mol·L^{-1} NaOH 洗后蒸馏
1~16	53~71	48~74
17	938	221
18	1501	229
19	1440	218
20	1460	203
21	2085	241
22(最后份)	4631	1939
残渣	117254(90%)	94530(97%)
本底	41	41

关于溶剂辐解"永久损伤"对金属元素保留的机理探讨中,已提出过几种推理和假说(2.5.4 节)。在锆的保留中研究得比较多的是二烷基磷酸,较早提出模拟次级辐解产物-丁基月桂基磷酸(HBLP),认为稀释剂的初级辐解产物十二烷自由基,与 TBP 初级辐解产物丁基磷酸可生成次级辐解产物 HBLP。实验表明,HBLP 对锆确实有很强的萃取能力,含有1×10^{-4} mol·L^{-1}就使 D_{Zr}增加,而且稀酸和 0.2 mol·L^{-1} $NaCO_3$溶液都不能从有机相中洗去这种锆的配位化合物。但是它会被稀的 Na_2CO_3溶液洗除(见图 4-60),0.05 mol·$L^{-1}$$Na_2CO_3$可以有效地将 BLP^-从有机相洗除。比较直线 A 和 C,斜率相同,A 表现出 Na^+的盐析效应,C 说明 BLP^- 在离子强度较低的溶液中有较高的溶解度。直线 B 是用 0.2 mol·L^{-1}水合肼洗涤,其斜率不同于 A 和 B。将 0.2 mol·L^{-1} Na_2CO_3洗涤的数据(直线 A)用系列相比作图,如图 4-61 所示,存在两种形态。水相 NaBLP 浓度低时,分配比为 7.1;随着水相 NaBLP 浓度增加,发生突变,分配比剧降到 0.8。这种突变,表明水相的 NaBLP 形成聚集物,似乎反映出系统中存在"临界胶束浓度"。可能仅发生在水相,对含 10^{-3} mol·L^{-1} BLP^-的有机相进行超离心实验,并无聚集物存在。看来二烷基长链磷酸不容易被碱洗除,却可被碱洗后的水洗除,所以水洗相的未知酸中包含长链烷基酸性磷酸酯。进一步的实验表明

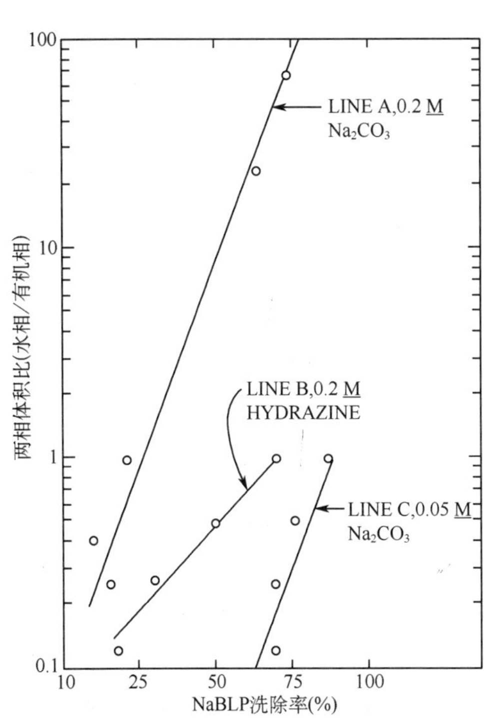

图 4-60 BLP^-洗涤率与两相体积比的关系

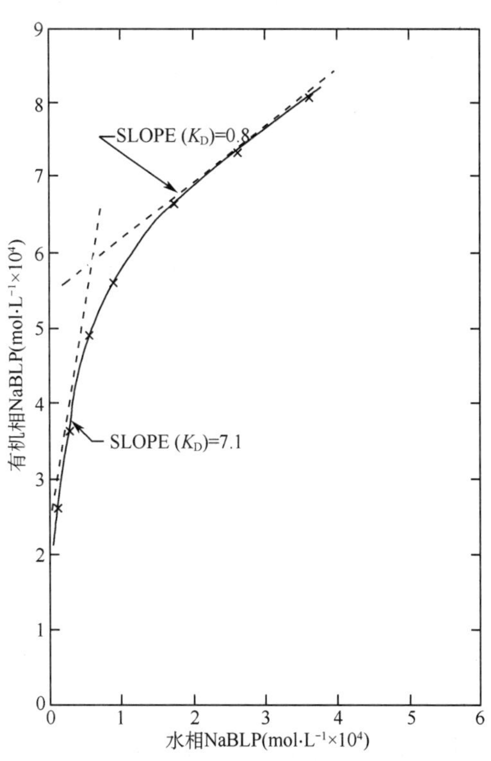

图 4-61 BLP^-的"临界胶束浓度"

H_2MBP 对锆保留有重要作用，含有 10^{-3} mol · L^{-1} 二烷基磷酸（HDBP 和 HBLP）的 30%TBP-正十二烷，从 3 mol · L^{-1} HNO_3 中萃取锆后，用水洗有机相以降低酸度，然后向有机相中加入已知量的 H_2MBP，陈化不同时间，由系列相比作图法测定锆的保留，数据列于表4-40。其中有机相 A 的组分：30%TBP-正十二烷，0.1 mol · L^{-1} H^+，1.1×10^{-4} mol · L^{-1} Zr，1.0×10^{-4} mol · L^{-1} H_2MBP，1×10^{-3} HBLP；有机相 B 的组分；0.33 mol · L^{-1} H^+，其余与 A 相同。可见混合体系陈化时间长，锆保留率增加；酸度增高，锆保留率下降。以上有机相中若没有 H_2MBP，只有 HBLP 或 HDBP 则没有发现锆保留。将上述保留锆的有机相在 54000 g 离心场中离心 30 min，没有沉淀物生成；通过 0.1 μm 孔径过滤，也没有放射性核素丢失在滤膜上，说明保留的锆在有机相溶液中。体系中如果没有二烷基磷酸，而 H_2MBP 比 Zr 过量 10 倍，在 0.1 mol · L^{-1} H^+ 条件下陈化 1 小时，则锆完全被保留。这与钚的保留实验很相似，只有 HDBP 时，钚很少保留，而用 H_2MBP 或 HDBP-H_2MBP 混合时，钚明显地被保留。

表 4-40 陈化时间与锆保留

陈化时间(h)	1	3	6.5	24	48	94
有机相 A 的 Zr 保留率(%)	10.6	11.5	45.5	54.3		58.8
有机相 B 的 Zr 保留率(%)	0	2.8			30	

研究溶剂对金属元素的保留，常用锆指数（$Zr_{指数}$ 或 Z）来衡量，其表达式为：

$$Zr_{指数}=\frac{[Zr]_a}{a_o}\times10^9 \tag{4-137}$$

式中[Zr]为 Zr 示踪剂溶液中锆的摩尔浓度（mol · L^{-1}）；

a 为有机相经洗涤后 ^{95}Zr 的比活度（Bq/mL）；

a_o为 ^{95}Zr 示踪剂溶液的比活度（Bq/mL）。

Zr 指数的含义是 10^9 L 有机相中保留 Zr 的摩尔数。文献[109]用薄层色层、气相色层、红外光谱、质谱、元素分析以及锆指数测定等方法，研究了 30%TBP-正十二烷-0.5 mol · L^{-1} HNO_3 和 30%TBP-CCl_4-0.5 mol · L^{-1} HNO_3 辐照期间形成的强烈地束缚锆的化合物。得到的结果指出，强烈地束缚锆的化合物是二烷基磷酸和膦酸酯，其侧链的碳原子数为 5～14，并含有—OH 和 C=O 等基因。侧链的碳原子数与稀释剂有关，正十二烷为稀释剂，则碳链长，锆指数也大。CCl_4 为稀释剂，烷基链短，Zr 指数也小。图 4-62 表示不同稀释剂的 TBP 溶液辐照后的锆指数，其测定方法是：取辐照过 TBP 溶液 2 mL 和等体积的 ^{95}Zr 示踪剂溶液在 25～30℃振摇 15 min，分相后弃去水相，有机相用 3 mol · L^{-1} HNO_3 5 mL 振摇 15 min，分相后弃去水相，重复 3 次，取有机相 1 mL 测量 ^{95}Zr 的活度，按式

(4-137)计算 Zr 指数。a_0为^{95}Zr 标记的示踪剂溶液比活度,含有 5×10^{-5} mol·L^{-1} Zr,3 mol·L^{-1} HNO_3。图 4-63 表示辐照剂量对束缚锆化合物中含磷量的影响。吸收剂量<1.5×10^6 Gy 时,影响不大,在 5×10^6 Gy 以上时,随吸收剂量的增加,束缚锆化合物中含磷量增加。比较不同稀释剂,正十二烷溶液比 CCl_4 的含磷量大,说明侧链长的烷基磷酸酯更能保留锆。

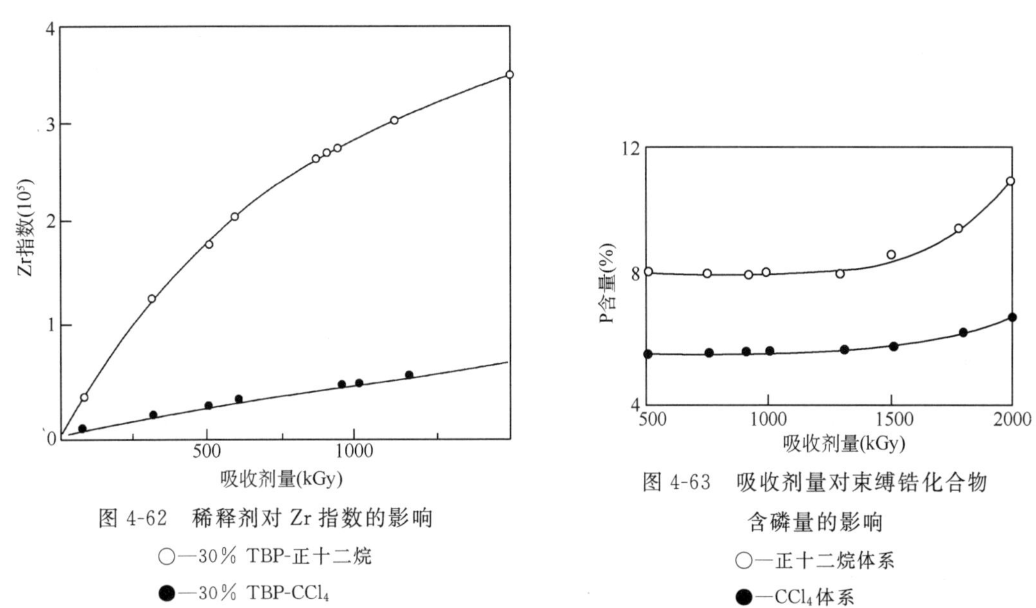

图 4-62 稀释剂对 Zr 指数的影响

○—30% TBP-正十二烷

●—30% TBP-CCl_4

图 4-63 吸收剂量对束缚锆化合物含磷量的影响

○—正十二烷体系

●—CCl_4 体系

测 Zr 指数时由于^{95}Nb 不断生长而干扰^{95}Zr 的测量,必须用分辨率较好的 γ 射线能谱仪测量。铪的元素性质和锆相似,用天然铪经反应堆中子活化,测$^{175}H_f$($T_{\frac{1}{2}}$=70 d,E_r=343.4 keV)和$^{181}H_f$($T_{\frac{1}{2}}$=42.4 d,E_r=345.9,482.2 keV)的放射性活度,按式(4-137)计算铪指数($H_{f指数}$),效果也一样。$Zr_{指数}$和 $H_{f指数}$的定义是明确的,但不同作者的实验测定方法尚未规范化,得到数据有差别。工艺过程再生溶剂(1CWR)中的金属保留也不能用 $Zr_{指数}$和 $H_{f指数}$代替,因为 1CU 经过 0.01 mol·L^{-1} HNO_3多级反萃铀后成为 1CW,再经过碱洗和酸洗后作为再生溶剂返回使用,所以 1CWR 中的金属保留不同于实验测定的 $Zr_{指数}$或 $H_{f指数}$。

文献[112]的实验证明,在辐照 30% TBP-正十二烷-1 mol·L^{-1} HNO_3体系中,对金属元素有强保留作用的配合剂除了二烷基酸性长链磷酸酯外,还存在另一类—单烷基酸性长链磷酸酯。它具有比前者更强的对金属元素的保留能力,不易被碱洗脱,又容易使萃取体系产生乳化现象。用 GC-MS 测定了这类单烷基酸性长链磷酸酯的分子量,推测出它们的分子式。并测定比较几种已知二烷基和单烷基磷酸酯的 $H_{f指数}$,证明单烷基酸性磷酸酯的 $H_{f指数}$比二烷基酸性磷酸酯高得多(见表 4-41)。$H_{f指数}$的测定方法为:取有机相 1.5 mL 萃取$^{175}H_f$和$^{181}H_f$示踪剂(3 mol·L^{-1} HNO_3),有机相用5% Na_2CO_3 1.5 mL振摇2 min,离心1 min,去水相,重复两次。然后用3 mol·L^{-1} HNO_3 1.5 mL反洗6次,每次振摇5 min,离心1 min。最后取有机相1.0 mL测量,按式(4-137)计算$H_{f指数}$。

表4-41　几种已知酸性磷酸酯的$H_{f指数}$

样品名称		浓度(mol·L^{-1})	$H_{f指数}$
二烷基酸性磷酸酯	HDEHP	1×10^{-3}	812
	HDBP	1×10^{-3}	953
单烷基酸性磷酸酯	H_2MEHP	1×10^{-3}	1.01×10^5
	H_2MBP	1×10^{-3}	2.19×10^5
	$C_{15}H_{31}OP(OH)_2{=}O$	3.01×10^{-3}	1.19×10^6
		1.13×10^{-3}	6.19×10^5
		1.13×10^{-4}	7.92×10^4
		1.13×10^{-5}	8.66×10^3

长链异羟肟酸被假设为次级辐解产物对锆的保留也引起人们重视。在20% TBP-煤油体系加入已知合成试剂,测定对锆的保留(Z值)数据列于表4-42。

表4-42　加入几种试剂到20%TBP-煤油体系对锆的保留数据

化合物类型	分子式	浓度(mol·L^{-1})	Z值
20% TBP-煤油			<30
酮	$CH_3COC_9H_{19}$	2×10^{-2}	<30
羧酸	$C_7H_{15}COOH$	4×10^{-2}	350
硝基烷	$C_{12}H_{25}NO_2$	2×10^{-2}	130
硝酸酯	$C_{12}H_{25}ONO_2$	2×10^{-2}	150
异羟肟酸	$C_{11}H_{23}CONHOH$	1×10^{-2}	4×10^5

异羟肟酸的Z值特别高。在30% TBP-煤油中加入几种合成的试剂,从1 mol·L^{-1} HNO_3的水相萃取^{95}Zr,而后对有机相进行洗涤,得到^{95}Zr的分配比和在有机相中的保留率数据列于表4-43,几种加入试剂中,十二碳异羟肟酸保留锆最严重,但是单烷基酸性长链磷酸酯的数据与表4-41和其他文献不一致。根据单烷基酸性长链磷酸酯的性质,5% Na_2CO_3溶液洗涤效果不会很好,除非烷基链较短,减弱憎水性。

关于工艺过程锆在溶剂中的保留,已开展过许多研究工作,提出了长链酸性磷酸酯、长链异羟肟酸以及羰基化合物等对锆的保留作用,也存在争议。长期以来大部分研究工作都是在模拟实验的基础上进行,缺乏真实体系中对具体化合物作出鉴定,因此问题尚未完全解决,有必要继续开展研究工作。

表 4-43 30% TBP-煤油和几种合成试剂分别混合后对^{95}Zr的萃取和保留

加入试剂	浓度 ($mol \cdot L^{-1}$)	D_{Zr}	$0.01\ mol \cdot L^{-1}\ HNO_3$洗一次后$^{95}Zr$保留(%)	$0.01\ mol \cdot L^{-1}\ HNO_3$和5% Na_2CO_3各洗一次后^{95}Zr保留(%)
HDBP	1.5×10^{-4}	0.041	18.1	0
	1.5×10^{-3}	0.41	19.1	0.1
HDEHP	1.3×10^{-4}	0.037	21.5	0.4
	1.3×10^{-3}	0.39	14.7	0.3
H_2MBP	1.0×10^{-4}	0.031	22.1	0.4
	1.0×10^{-3}	0.043	17.5	0.6
单烷基酸性长链磷酸酯	1.2×10^{-4}	0.47	8.6	0.7
	1.2×10^{-3}	18.8	96.3	0.5
	1.2×10^{-2}	208.7	99.4	0.4
十二碳异羟肟酸	1.0×10^{-4}	0.51	14.3	0.3
	1.0×10^{-3}	18.6	86.7	59.4
	1.0×10^{-2}	132.0	99.2	99.7

4.6.4 锆去污的改善[30,65,89,96,100,102-106]

1. 核燃料溶解液的预处理

乏核燃料后处理工艺首端溶解液预处理技术对锆的去污有影响。用明胶絮凝可载带约5%的^{95}Zr-^{95}Nb;加入高锰酸钾生成新鲜的活性MnO_2沉淀,可吸附除去约90%的^{95}Zr-^{95}Nb。用硅胶从辐照铀的3~4 $mol \cdot L^{-1}$ HNO_3溶液中吸附^{95}Zr-^{95}Nb,对^{95}Zr的去除率可达99%,而这样的硝酸浓度中,铀、镎、钚不被吸附。这些预处理方法在不同程度上对去除锆都有效,但是都产生相应的固体废物,需进一步研究作出评价。

2. 提高铀饱和度

铀饱和度增加,锆的去污系数随之增加,铀饱和度由低向高变化的一定范围内,DF_{Zr}随铀饱和度变化几乎呈线性增加。当铀饱和度足够高时,DF_{Zr}的增加缓慢或不变,如表 4-44 和图 4-64 所示。

表 4-44 铀饱和度对分配比的影响 25℃

TBP 的铀饱和度(%)	28.0	45.6	61.7	72.0	82.4
D_U	16.7	12.1	7.9	5.4	3.6
D_{Zr}	0.041	0.025	0.010	0.012	0.009

锆的去污本来主要在洗涤段，进料级去污系数较小。在铀饱和度非常高的条件下，无论是20%还是30% TBP体系，锆的去污作用大部分发生在进料级，而洗涤的效果较差。这大概是锆的中等可萃取形态，亦即进入有机相后的可洗涤形态，由于饱和度高而被抑制萃取的缘故。

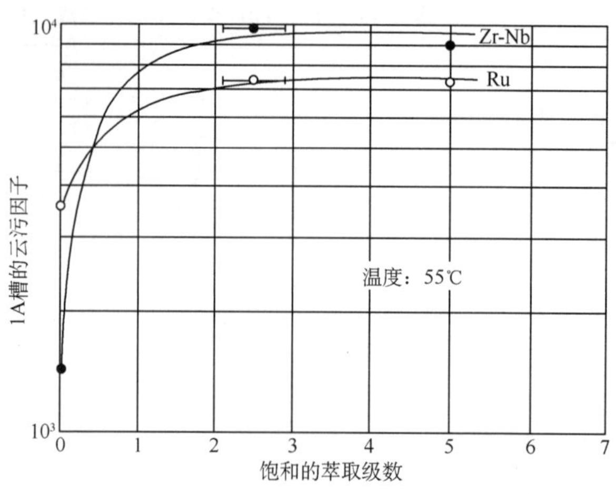

图 4-64 1A 萃取器溶剂饱和度对去污的影响

3. 配合剂的作用

在体系中加入与锆有强配合能力的配合剂，使锆形成不被萃取的形态。已经研究的配合剂中，F^-的作用曾在后处理工厂中实验过。由于体系中有多种金属离子，要使锆不萃取，又要保证铀和钚萃取完全，F^-浓度不能过高。但是F^-浓度太低时，体系中存在Zr^{4+}和ZrF^{3+}都是TBP可萃取的，加入F^-浓度达到形成ZrF_2^{2+}和ZrF_3^+则不被TBP萃取。为了控制这些状态，需要用到平均配合数$\bar{n}$(见4.2.3节)。实验表明$\bar{n}$在1.5～2.2之间比较合适，即进料级$\bar{n}>1.5$，水相出口级$\bar{n}<2.2$，由此可控制1AF或1AS中F^-的浓度。法国马尔库尔工厂的实验表明，由于采用加氟离子，1A萃取器的去污因子增加到5×10^4，没有发现界面物，1AP中也不会含有F^-。美国汉福特工厂处理锆合金包壳的燃料元件时，采用Zirflex流程，首端工艺用氟化铵溶液脱壳，料液中存在氟离子，明显地提高了去污因子。图4-65表示存在0.03 mol·L^{-1} Al^{3+}为掩蔽剂时F^-的作用。当体系中存在一定浓度的HDBP时，F^-可以抑制DBP^-的作用，如图4-66所示。

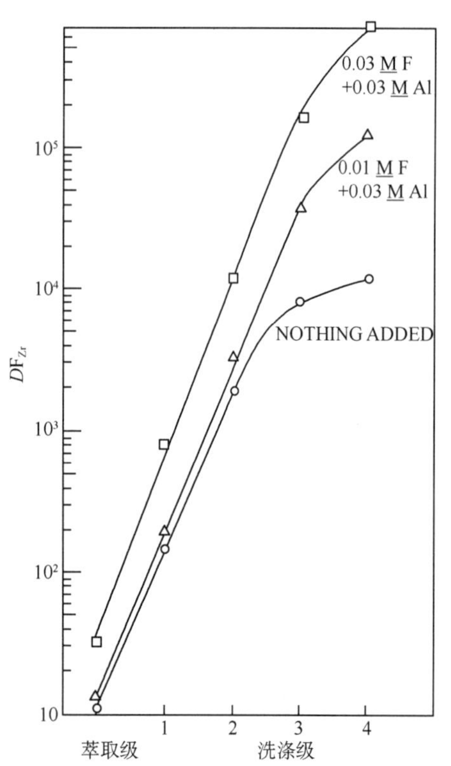

图 4-65 氟离子对锆去污因子的影响

4. 温度对锆去污的影响

锆的去污因子的改善通常是在增加的加热洗涤级中得到。从前文图4-57可以看出，1A萃取器洗涤段温度由37℃升到65℃，有机相的Zr-Nb净化有明显的改善。1A萃取器操

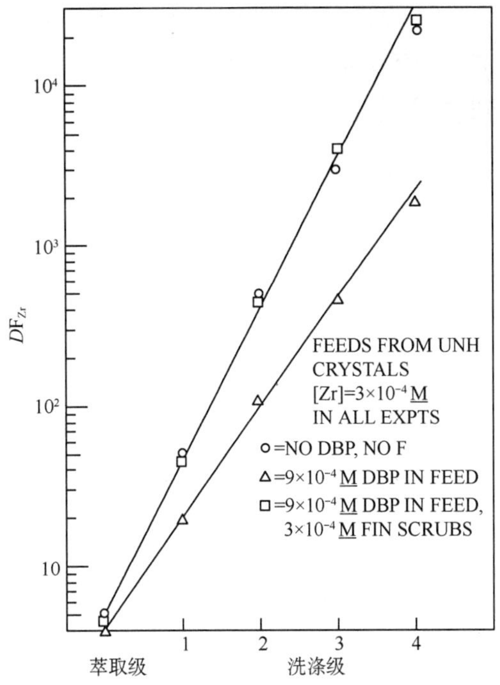

图 4-66　氟离子对 DBP^- 的抑制作用

作温度提高，1BP 和 1CU 的净化系数也随之增加，如图 4-67 所示。

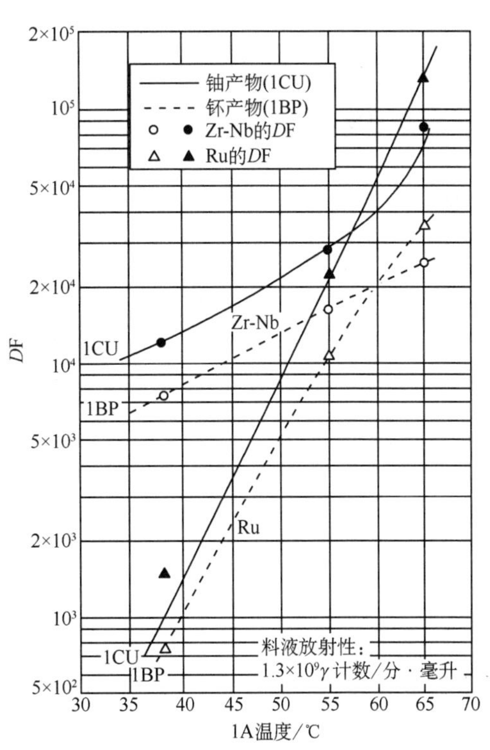

图 4-67　1A 萃取器操作温度对 1BP 和 1CU 净化的影响

5. 加强溶剂洗涤再生

烷基酸性磷酸酯萃取锆的分配比都比较高，其中烷基链短的在溶剂再生的碱洗中会生成钠盐进入水相，烷基长的不被碱洗除，但其中有的可在碱洗后紧接的水洗中和其他未知酸一起进入离子强度很低的水相中，对溶剂的“永久损伤”有一定的消除，可减少锆的保留。在用碱洗时，对于锆而言，Na_2CO_3 比 NaOH 的效果更好，因为 CO_3^{2-} 对锆有很强的配合能力，会生成 $Zr(CO_3)_x^{4-2x}$ 配合物转移到水相。

6. 尾端硅胶吸附除 ^{95}Zr

对生产堆和快堆要求核燃料后处理生产周期短，因此核燃料出堆后的冷却时间也短，^{95}Zr-^{95}Nb 的放射性活度高，经过后处理回收的铀产品中对^{95}Zr的去污可能达不到要求。针对这种情况，在铀钚分离后的铀线循环中可加一个步骤，用硅胶柱吸附除去^{95}Zr-^{95}Nb，使铀产品中^{95}Zr-^{95}Nb的去污能达到要求的指标。

参考文献

[1] Bievre, P. D. , et al. , Int J. Mass Spectrom. Ion Phys. [J], 123, 149 (1993).

[2] 卢玉楷.《简明放射性同位素应用手册》[M], pp216－218 (2004),上海:上海科学普及出版社.

[3] Ihara, H. ,et al. , JAERI－M－9715 [R], (1986).

[4] 戴安邦,等.《无机化学教程》下册[M], p. 848 (1958),北京:高等教育出版社.

[5] 曹锡章,等.《无机化学》下册[M], p. 933 (2001),北京:高等教育出版社.

[6] 简明不到颠百科全书[M],第 3 卷,p. 307 (1985),北京:中国大百科全书出版社.

[7] Blumenthal, W. B. , Ind. Eng. Chem. , [J], 46, 528 (1954).

[8] Baetsle', L. , et al. , J. Inorg. Nucl. Chem. , [J], 21(1/2), 124(1961).

[9] Baetsle', L. , et al. , J. Inorg. Nucl. Chem, [J], 21(1/2), 133 (1961).

[10] 林灿生,朱国辉,平佩贞. 核化学与放射化学,[J], 5(3), 233 (1983).

[11] 宋凤丽,林灿生. “焦磷氧锆的合成及其吸附铯的特性研究”,中国原子能科学研究院硕士学位论文(2005).

[12] 张惠源,王榕树,等. 自然科学进展[J], 11(8), 804 (2001).

[13] 张惠源,王淑兰,等. 物理化学学报[J], 16(10), 952 (2000).

[14] Соловкин, А. С. , Успехи Хим, [J], 31(11), 1394 (1962).

[15] Connick, R. E. , et al. , J. Amer. Chem. Soc. , [J], 71(3), 3182 (1949).

[16] Гринверг, А. А. , et al. , Ж. Неорг. Хим, [J], 6(2), 321 (1961).

[17] Ермаков, А. Н. , et al. , Ж. Неорг. Хим, [J], 4, 493 (1959).

[18] Виноградов, А. В. , et al. , Ж. Неорг. Хим, [J], 6(6), 1338 (1961).

[19] Алимарин, И. П. ,et al. , Радиохимия, [J], 1(6), 645 (1959).

[20] 刘丽君,汤宝龙,等. 核化学与放射化学,[J], 27(2), 100 (2005).

[21] Baroncelli, F. , et al. , J. Inorg. Nucl. Chem. , [J], 27, 1085 (1965).

[22] 卞晓艳,杨素亮,等. 核化学与放射化学,[J], 30(2), 65 (2008).

[23] Collopy, T. J. , et al. , J. Inorg. Nucl. Chem. , [J], 18, 184 (1961).

[24] Hahn, R. B. ,et al. , Anal. Chim. Acta, [J], 14, 45 (1956).

[25] Connick, R. E. , et al. , J. Amer. Chem. Soc. , [J], 73 (3), 1171 (1951).

[26] Zielen, A. J. , et al. , J. Amer. Chem. Soc. , [J], 78 (22), 5785 (1956).

[27] Johnson, J. S. ,et al. , J. Amer. Chem. Soc. , [J], 78 (16), 3937 (1956).

[28] 林灿生,王效英,张崇海. 原子能科学技术,[J], 26 (6), 60 (1992).

[29] Grenthe, I. , et al. , Acta Chem. Sand. , [J], 14 (10), 2216 (1960).

[30] Siczek, A. A. , et al. , Atomic Energy Review, [J], 16 (4), 575 (1978).
[31] Парамонова, В. И. ,et al. , Ж. Неорг. Хим, [J], 3(1), 215 (1958).
[32] Holder, J. V. ,Radiochim. Acta, [J], 25 (3/4), 171 (1978).
[33] 平佩贞. 原子能科学技术,[J], 22(4), 398 (1988).
[34] Lister, B. A. J. ,et al. , J. Chem. Soc. , [J], 6, 4315 (1952).
[35] 林灿生. 核科学与工程,[J], 10(4), 350 (1990).
[36] Соловкин, А. С. ,Ж. Неорг. Хим, [J], 2(3), 611 (1957).
[37] Парамонова, В. И. ,et al. , Ж. Неорг. Хим, [J], 1(8), 1905 (1956).
[38] Старик, И. Е. , et al. , Радиохимия, [J], 1(4), 379 (1959).
[39] Старик, И. Е. , et al. , Ж. Неорг. Хим, [J], 2(5), 1175 (1957).
[40] Старик, И. Е. , et al. , Радиохимия, [J], 1(1), 66 (1959).
[41] Schubert, J. ,et al. , J. Colloid Sci. , [J], 5, 376 (1950).
[42] Набиванец, Б. И. , Ж. Неорг. Хим, [J], 6(5), 1150 (1961).
[43] Hardy, C. J. ,et al. , J. Inorg. Nucl. Chem. , [J], 13 (1/2), 174 (1960).
[44] Alcock, K. ,et al. , J. Inorg. Nucl. Chem. , [J], 4, 100 (1957).
[45] 欧阳应根,李瑞雪,等. 核化学与放射化学,[J], 25(2), 125 (2003).
[46] Соловкин, А. С. ,Ж. Неорг. Хим, [J], 15(7), 1914 (1970).
[47] 勃列日涅娃,Н. Е, 等. 原子能,[J], 1963 年第 11 期 955 页.
[48] Bruce, F. R,. Proc. 1st Intern. Conf. PeacefulUeses of Atomic Energy, [c], V7, 100 (1956) New York.
[49] Czerwinski, K. R. , et al. , Radiochim. Acta, [J], 64(1), 29 (1994).
[50] Цветкова, З. Н. , et al. , Ж. Неорг. Хим, [J], 6(2), 489 (1961).
[51] Егоров, Г. Ф. ,et al. , Ж. Неорг. Хим, [J], 5(5), 1044 (1960).
[52] Jassim, T. N. , et al. , Solvent Extraction and Ion Exchange, [J], 2(7/8), 1079 (1984).
[53] Адамский, Н. М. , Раиuохимия, [J], 2(4), 400 (1960).
[54] Никитина, Г. П. ,et al. , Радиохимия, [J], 6, 347 (1964).
[55] Сарсенов, А. ,et al. , Ж. Неорг. Хим, [J], 19(9), 2519 (1974).
[56] Коровин,С. С. , et al. , Ж. Неорг. Хим, [J], 12, 3128 (1967).
[57] Mckibben, J. M. ,et al. , Radiochim. Acta, [J], 36 (1/2), 3 (1984).
[58] Brown, P. G. M. ,et al. , Proc. 2nd Intern. Conf. Peaceful Ueses of Atomic Energy, [C], V. 17, 118 (1958), New York.
[59] Фомин, В. В. ,et al. , Ж. Неорг. Хим, [J], 1(8), 1703 (1956).
[60] 高宏成,吴瑾光,等. 化学学报,[J], 39(增刊), 95 (1981).
[61] 徐光宪,王文清,等.《萃取化学原理》,[M], p. 68 (1984),上海:上海科学技术出版社.
[62] 徐光宪,高宏成. 北京大学学报(自然科学),[J], 10, 64 (1964).
[63] Щека, З. А. ,et al. , Ж. Неорг. Хим, [J], 4, 2505 (1959).

[64] 刘本耀，钱和生，李燕飞. 核化学与放射化学，[J]，5 (3)，193 (1983).
[65]《核燃料后处理》，[C]，p.127，1977 年会议资料选编，北京：原子能出版社.
[66] 金天柱，徐光宪. 化学学报，[J]，33(1)，61 (1975).
[67] 平佩贞，王方定. 原子能科学技术，[J]，18(2)，207 (1984).
[68] 林灿生，张崇海，等. "Purex 流程中裂变产物钼和锆的化学行为研究(I)"，中国原子能科学研究院内部资料(1997).
[69] Hardy，C. J.，et al.，J. Inorg. Nucl. Chem.，[J]，17，337 (1961).
[70] Maya，L.，et al.，J. Inorg. Nucl. Chem.，[J]，43，379 (1981).
[71] Hardy，C. J.，et al.，J. Inorg. Nucl Chem.，[J]，11(2)，128 (1959).
[72] Maya，L.，et al.，J. Inorg. Nucl. Chem.，[J]，40(6)，1147 (1978).
[73] 陈佩贤，王效英. 核化学与放射化学，[J]，13(1)，12 (1991).
[74] 杨滟，赵沪根. 原子能科学技术，[J]，1964 年第 1 期 35 页.
[75] Moore，F. L.，Anal. Chem.，[J]，28(6)，997 (1956).
[76] 徐理阮主编.《核燃料化学工艺学》下册，154 页，中国科学技术大学 08 系教材(1964).
[77] 毕木天，陈学源，王斌勤. 原子能科学技术，[J]，(9)，817 (1965).
[78] 毛家骏，柴之芳. 原子能，[J]，(2)，92 (1966).
[79] 罗明仁，肖望强，李正通. 核化学与放射化学，[J]，5(3)，211 (1983).
[80] 施玉全，林灿生，等. 原子能科学技术，[J]，11 (2)，156 (1977).
[81] 倪哲明，朱仲芬，梁树权. 化学学报，[J]，30(3)，290 (1964).
[82] 陈佩贤，王效英. 核化学与放射化学，[J]，3(3)，150 (1991).
[83] Coleman，C. F.，Nucl. Scien. Engineering，[J]，17(2)，274 (1963).
[84] Baroncelli，F.，et al.，Nucl. Scien. Engineering，[J]，17(2)，98 (1963).
[85] Das，N. R.，et al.，Radiochim. Acta，[J]，62(4)，213 (1993).
[86] Czerwinski，K. R.，et al.，Radiochim. Acta，[J]，64(1)，23 (1994).
[87] Ahrland，S.，et al.，Acta Chem. Scand.，[J]，14(5)，1059 (1960).
[88] Ahrland，S.，et al.，Acta Chem. Scand.，[J]，14(5)，1077 (1960).
[89] 林灿生，朱国辉. 原子能科学技术，[J]，11(4)，383 (1977).
[90] Lin Hung-Chih，et al.，Radiochim. Acta，[J]，23，1 (1976).
[91] 赵会明，焦荣洲. "硅胶从酸性模拟高放废液中吸附 Zr 行为的研究"，清华大学核研院内部资料，(2002).
[92] 崔玉国，林灿生，叶国安. 核化学与放射化学，[J]，25 (1)，14 (2003).
[93] 刘学刚，梁俊福，徐景明，樊小强. 原子能科学技术，[J]，41(1)，46 (2007).
[94] 张裕卿，王榕树，林灿生，张先业. 核化学与放射化学，[J]，22(3)，156 (2000).
[95] 张裕卿，王榕树，林灿生. 核科学与工程，[J]，20(4)，253 (2000).
[96] 林灿生，王孝荣，张先业，张裕卿，王榕树. "Purex 流程首端溶解液预处理方法和所用硅胶及制备方法"，中国专利，ZL 001 20709.1，(2000).
[97] 周舵，姜山，何明. 加速器质谱测量^{93}Zr 的方法研究，中国原子能科学研究院硕士学位论

文(2003).
[98] Milonjíc, S. K. , et al. , J. Radioanal. Nucl. Chem, [J], 158(1), 79 (1992).
[99] Milonjíc, S. K. , et al. , Sep. Sci. Technol. , [J], 27(12), 1643 (1992).
[100] 杨滟,赵沪根.原子能科学技术,[J], 1964 年第 2 期 152 页.
[101] Злобин, В. С. , Радиохимия, [J], 4(1), 54 (1962).
[102] Adachi, T. ,et al. , J. Nucl. Materials, [J], 174, 60 (1990).
[103] 任凤仪,周镇兴.国外核燃料后处理,[M], p. 88, 117, 北京:原子能出版社,(2006).
[104] 邓肯,A. , 内勒,A. , 沃纳,B. F. ,"TBP 流程第一个接触器中裂变产物的行为",袁良本译《国际溶剂萃取会议论文选集》,[C], p. 111,北京:原子能出版社,(1976).
[105]《国外共去污槽操作中所遇到的问题及解决办法》,专题资料 74－16(1974).
[106] 施利亚,C. S. , 詹宁斯,A. S. ,"使用短停留时间的接触器时锕系元素和裂变产物在磷酸三(正)丁酯和二(2－戊基)－2－丁基磷酸酯溶剂萃取流程中的行为",袁良本译,《国际溶剂萃取会议论文选集》,[C], p. 188, 北京:原子能出版社(1976).
[107] Orth, D. A. ,et al. , Nucl. Sci. Engineering, [J], 17, 593 (1963).
[108] 陈佩贤,王效英. 原子能科学技术,[J], 24(2), 48 (1990).
[109] Rochón, A. M. , Radiochem. Radioanal. Letters, [J], 44(5), 277 (1980).
[110] Rochón, A. M. , et al. , Radiochem. Radioanal. Letters, [J], 27(1), 1 (1976).
[111] 尹淑瑶,耿永勤,等.原子能科学技术,[J], 14(4), 358 (1980).
[112] 尹淑瑶,童天真.核化学与放射化学,[J], 5(4), 281 (1983).
[113] Swanson, J. L. , BNWL-1573, [R], (1971).

第五章 裂变产物元素铌的过程化学

5.1 概 述[1-7]

裂变产物元素铌的主要同位素如表 5-1 所示。其中^{96}Nb为易裂变核在裂变时直接生成,因为质量为 96 的衰变链中^{96}Zr是稳定的。其他各同位素来源于以下衰变链:

$$
\begin{array}{cccccccccccc}
 & & & & & & & & & \nearrow^{0.9500}\ {}^{93m}_{41}\mathrm{Nb}(13.6\mathrm{y}) & \\
{}^{93}_{36}\mathrm{Kr} & \rightarrow & {}^{93}_{37}\mathrm{Rb} & \rightarrow & {}^{93}_{38}\mathrm{Sr} & \rightarrow & {}^{93}_{39}\mathrm{Y} & \rightarrow & {}^{93}_{40}\mathrm{Zr} & \xrightarrow{0.0500} & {}^{93}_{41}\mathrm{Nb} \\
(1.29\mathrm{s}) & & (5.82\mathrm{s}) & & (7.43\mathrm{min}) & & (10.1\mathrm{h}) & & (1.53\times10^{6}\mathrm{a}) & & (\text{稳定})
\end{array}
$$

${}^{93m}_{41}Nb \downarrow {}^{93}_{41}Nb$

$$
\begin{array}{cccccccc}
 & & & & & \nearrow^{0.0090}\ {}^{95m}_{41}\mathrm{Nb}(3.61\mathrm{d}) & \\
{}^{95}_{38}\mathrm{Sr} & \rightarrow & {}^{95}_{39}\mathrm{Y} & \rightarrow & {}^{95}_{40}\mathrm{Zr} & \xrightarrow{0.9910} & {}^{95}_{41}\mathrm{Nb} \\
(24.4\mathrm{s}) & & (10.3\mathrm{min}) & & (64.0\mathrm{d}) & & (35.0\mathrm{d})
\end{array}
$$

${}^{95m}_{41}Nb \downarrow {}^{95}_{41}Nb$

$$
\begin{array}{cccccc}
 & & & \nearrow^{0.9730}\ {}^{97m}_{41}\mathrm{Nb}(60.0\mathrm{s}) & \\
{}^{97}_{39}\mathrm{Y} & \rightarrow & {}^{97}_{40}\mathrm{Zr} & \xrightarrow{0.0270} & {}^{97}_{41}\mathrm{Nb} \\
(3.70\mathrm{s}) & & (16.7\mathrm{h}) & & (72.1\mathrm{min})
\end{array}
$$

${}^{97m}_{41}Nb \downarrow {}^{97}_{41}Nb$

表 5-1 裂变产物元素铌的主要同位素

Nb 的同位素	半衰期	裂变产额(热)	
		^{235}U	^{239}Pu
^{93m}Nb	13.6a	6.077	3.692
^{93}Nb	稳定	6.396	3.856
^{95m}Nb	3.61d	5.848	4.411
^{95}Nb	35.0d	6.493	4.888
^{96}Nb	23.3h	6.100×10^{-4}	3.753×10^{-3}
^{97m}Nb	60.0s	5.789	5.168
^{97}Nb	72.1 min	5.960	5.375

经过几个月冷却后的乏核燃料中，裂变产物元素铌的同位素只有^{93}Nb和^{95}Nb(含激发态)。^{93}Nb是稳定核，它的母体是长寿命核素^{93}Zr，半衰期为1.53×10^6年，所以衰变生成^{93}Nb甚微。因此^{95}Nb是最主要的铌同位素。乏核燃料中裂变产物元素铌的含量是核燃料燃耗的函数，同时也随着冷却时间而变化。对于冷却时间较短就进行后处理的核燃料(如生产堆和快中子增殖反应堆)，^{95}Nb是γ射线辐射的主要来源之一；对于轻水堆乏燃料冷却3年以上进行后处理，则^{95}Nb已衰变完。在燃耗为80000 MWd/t的快中子增殖反应堆的MOX乏燃料中，冷却150天时，每吨乏燃料中含铌(主要为^{95}Nb)约70克[1]。虽然总量较少，但是^{95}Nb的比活度很高。每微克的放射性活度为1.453×10^9 Bq，70克^{95}Nb的放射性活度达1.02×10^{17} Bq。每公斤铀钚混合物燃料中^{95}Nb的放射性活度为1.02×10^{14} Bq。在快中子增殖反应堆的乏燃料水法后处理工艺研究实验中，溶解液的铀钚混合物浓度控制在75～250 g/L的范围，这类溶液中^{95}Nb的活度浓度为7.65×10^{12}～2.55×10^{13} Bq/L，而且^{95}Nb γ射线的能量较高(765 keV)，在放射化学实验室的热室内操作，属很强的辐射剂量。所以在乏核燃料后处理工艺流程中对^{95}Nb的去污极为重要。由于铌在硝酸溶液中化学行为复杂，故称为“最讨厌”的裂变产物元素之一，在20世纪50年代初就引起重视，但是对Purex流程中铌的过程化学仍然了解较少，这是因为在络合能力相对弱的NO_3^-介质中，铌有很强的水解和形成胶体的倾向，使其化学状态和化学行为都复杂化，研究实验的结果不容易重现，研究难度大。为了更进一步研究铌的过程化学，需要更多地了解已知的有关铌的化学知识。

作为周期表中第VB副族元素之一的铌，其最外层电子构型是$4d^4\,5s^1$，而同族的钒和钽则是$(n-1)d^3\,ns^2$。自然界中铌的原子量为92.906，在地壳中的含量约$2.4\times10^{-3}\%$，其主要价态有2、3、4和5价，电极电势如下：

$$Nb_2O_5 \xrightarrow{-0.1} Nb^{3+} \xrightarrow{-1.1} Nb \quad (Nb_2O_5 \rightarrow Nb: -0.64)$$

铌的最高氧化态为正五价，相当d^0的结构，是最稳定的氧化态。

元素铌在美国原来被称为钶(Colunbium)，国际纯化学和应用化学协会命名委员会在1951年把这个元素命名为铌，此后，美国化学家已改用“铌(Nibtonium)”这个名称，而冶金学家和金属实业界则仍有用“钶”这一名称，这一点在阅读文献资料时应留心。

金属铌为体心立方晶体，在20℃时密度为$8.57 g/cm^3$，熔点2468℃，沸点4742℃，大部分用于特种不锈钢、高温合金和超导合金(如Nb_3Sn)。铌的热中子俘获截面小[1.1b(靶恩)；$1b=10^{-28}\ m^2$]，适用于核反应堆中。金属铌可用

K_2NbF_7熔融电解或者用活泼金属以及碳来还原氧化物而制得。用钠还原七氟铌酸钾的反应为：

$$K_2NbF_7 + 5Na = Nb + 2KF + 5NaF$$

碳还原的方法是由配好的 Nb_2O_5 ∶ 5C 克分子比率量的化合物，在 1600℃以上真空中进行还原得到金属铌，其反应式为：

$$Nb_2O_5 + 5C = 2Nb + 5CO$$

从电极电势看，铌也是较强的还原剂，但是在室温下铌的化学性质不活泼，除了氢氟酸外，它对所有的酸都呈出惰性，这可能是由于在表面形成氧化膜呈钝态。金属铌较容易溶解在氢氟酸和硝酸的混合溶液中，也可以和熔融的苛性碱发生反应。

铌的氧化物有 NbO、NbO_2和 Nb_2O_5，其中 NbO 和 NbO_2都是还原剂，在酸性或碱性溶液（无论是冷溶液还是加热溶液）中都非常难溶解。Nb_2O_5是铌最重要的氧化物，多晶型的白色粉末，不溶于水，可用碱金属的酸式硫酸盐或碳酸盐与氢氧化物共熔而生成可熔性化合物，可是它具有两性，显然酸性占优势。Nb_2O_5经过焙烧一次就很难溶解，甚至在强腐蚀剂（如 HF）介质中也难溶解。五氧化物在无机酸中的溶解度取决于制备方法和氢氧化物老化时间。加入过氧化氢，溶解度可增大，这时生成溶解度大得多的过氧酸盐。五氧化二铌在浓硫酸和有机二元酸以及羟基羧酸溶液中也表现可溶性。

将五氧化二铌和碳酸钠共熔，按合成正铌酸钠的比例配方，并按析出的 CO_2量计算，应当得到正铌酸盐（通常是不溶于水的）。但是当用水将熔体沥取时，不溶物并不是 Na_3NbO_4，而是偏铌酸钠 $NaNbO_3$，系细结晶粉末，难溶于冷水中，自然界存在的铌铁矿就是偏铌酸亚铁 $Fe(NbO_3)_2$，其中部分铁被二价锰置换，而部分铌被钽所置换。Nb_2O_5和苛性碱熔融，生成可溶的复杂同多酸盐，和水结合后的分子式为 $Me_8Nb_6O_{19} \cdot mH_2O$，也可能还有 $Me_7Nb_5O_{16} \cdot nH_2O$。此外还知道有 $Me_4Nb_2O_7$型的焦铌酸盐存在（Me 为碱金属阳离子）。正铌酸盐（Na_3NbO_4）和六铌酸盐（$K_8Nb_6O_{19}$）是可溶于水的。

用稀硫酸溶液将铌酸盐溶液酸化，沉淀出白色胶状的 $Nb_2O_5 \cdot XH_2O$，具有不定组成的含水量，通常叫做“铌酸”，是否有固定组成的自由酸存在这一问题尚未解决。Nb_2O_5可以由“铌酸”脱水来制备，也可以加热氧化金属铌而得到五氧化二铌，如：

$$4Nb + 5O_2 \xlongequal{加热} 2Nb_2O_5 \qquad \Delta H = -1845\ kJ \cdot mol^{-1}$$

五氧化二铌在 800～1300℃时用氢还原生成 NbO_2，而在 1300～1700℃则为 NbO。

铌的卤化物常见的有氟化物和氯化物。Nb_2O_5同液态氟化氢反应生成

NbF_5，它继续与 HF 作用容易形成配位化合物，根据 HF 的量和浓度不同可生成 Me_2NbF_7 或 Me_2NbOF_5。水溶液中 HF 浓度对氟氧铌酸钾 K_2NbOF_5 的溶解度有明显的影响，当 HF 浓度<7%时，K_2NbOF_5 的溶解度随 HF 浓度的增加而增加，当 HF 浓度达到 7%后，K_2NbOF_5 即转变为 K_2NbF_7，继续增加 HF 浓度时，铌的溶解度随之下降，因为 NbF_7^{2-} 的盐会从溶液中结晶出来。将金属铌在氯中加热或 Nb_2O_5 同过量的四氯化碳作用，均可得 $NbCl_5$。五氧化二铌和过量的四氯化碳在 270℃于抽掉空气的弹管中的反应为：

$$Nb_2O_5 + 5CCl_4 = 2NbCl_5 + 5COCl_2$$

五卤化铌也可以通过卤素或干燥的卤-卤化物与金属铌直接反应制得。无水的卤化铌与氧反应形成 $NbOF_3$、NbO_2F 和 $NbOX_3$(X=Cl、Br、I)这样一类含氧化合物。在水中 $NbCl_5$、$NbBr_5$ 和 NbI_5 水解为不溶的五氧化二铌水合物，三氯氧化铌会生成两类配位化合物 $Me[NbOCl_4]$ 和 $Me[NbOCl_5]$。

四卤化铌 NbF_4、$NbCl_4$ 和 $NbBr_4$ 可以通过五卤化物和金属铌在温度梯度 350～410℃的封闭管中还原而得到。NbI_4 可由 NbI_5 的热分解制得。

在含有过量碱的铌酸钾溶液中过氧化氢与铌作用，加入乙醇可沉淀出过氧铌酸钾 K_3NbO_8。为白色至浅黄色的盐，其结构式为：

$$K_3\begin{bmatrix} O_2 & & O_2 \\ & Nb & \\ O_2 & & O_2 \end{bmatrix}$$

向这种过氧酸盐溶液中加入稀硫酸，沉淀出含水的自由过氧偏铌酸 $HNbO_4 \cdot XH_2O$，为柠檬黄色粉末。在不同浓度的酸溶液中，Nb(v)和过氧化氢可形成一系列配位化合物。

铌离子可形成多种配位化合物，已知最高配位数为 8。在 K_2NbF_7 中 NbF_7^{2-} 离子是 7 配位的，6 个氟在三棱柱的角上，第 7 个氟则垂直于长方形平面。Nb^{5+} 的氯化物或溴化物与二齿螯合配体邻—笨撑双二甲胂在非羟溶剂中反应，生成 7 配位的 NbX_5(diars)，在封闭管中升温时则得到 8 配位的 $NbX_4(diars)_2$，NbF_5 与氨和胺(如吡啶 Py)形成 $NbF_5 \cdot 2NH_3$ 和 $NbF_5 \cdot 2Py$，而用相同配体与其他卤化物反应则分别被氨解还原至 4 价状态。$NbCl_4$、$NbBr_4$ 和 NbI_4 可以与具有 O、S 或 N 原子的单齿配体(L)形成 $NbX_4 \cdot 2L$，而与二齿配体联胂(diars)和 β—酮—烯醇分子(AA)作用，则得到 8 配位的配位化合物 $NbX_4(diars)_2$ 和 $Nb(AA)_4$。

用离子交换法和渗析法研究在 2 $mol \cdot L^{-1}$ H_2SO_4 和 $HClO_4$ 混合溶液中，Nb(V)以配位化合阳离子、配位化合阴离子、中性配位化合物和胶体质点四种形式存在。Nb(V)与无机酸配位化合物的稳定性为 $SO_4^{2-} > Cl^- > NO_3^-$。盐酸、硫酸、硝酸和高氯酸的存在对铌与有机羟酸配位化合物的影响也不同，因而也显示出铌与无机酸的配位化合能力不同。用萃取法和金属指示剂法确定铌的不同配位化合物的相对稳定性为草酸>过氧化氢>柠檬酸>酒石酸。

Purex 流程中裂变产物铌的过程化学的研究工作虽然很早就引起人们的重视，但现在仍然认识不够深入，本章将在许多实验研究的基础上进行定性或半定量的讨论。

5.2 硝酸中铌的状态[8-11]

五价铌的离子半径为 0.069 nm，由于高电荷、小半径和高配位，水溶液中难以简单离子存在，尤其在配位化合能力很弱的硝酸溶液中，铌的确切状态是不清楚的。通常把硝酸溶液中铌的状态分为可萃取和不可萃取状态两类。一般认为可萃取状态是以羟基—硝酸根配位化合物存在，这种络合物的结构与镁相似，其形式是$[Nb(OH)_x(NO_3)_y(H_2O)_z]^{5-(x+y)}$，这里$(x+y+z)\leqslant 8$。在高浓度的硝酸溶液中可能以 $NbO(No_3)_4^-$ 或$[Nb(OH)_3(NO_3)_3]^-$存在。不可萃取状态是以聚合物或胶体存在。

溶液中可萃取状态的铌和不可萃取状态的铌所占份额，可用系列相比作图法（第二章 2.4.1.4 节）进行研究，测量相应水相和有机相中铌的浓度数据而求得。设水相中铌的总浓度为 $C_{(a)}$，可萃取状态铌浓度为 $C_{(a)1}$，不可萃取状态铌浓度为 $C_{(a)2}$，萃取平衡后有机相铌浓度为 $C_{(o)}$，可萃取状态铌的萃取分配比为 D_{Nb1}，则有下列关系式：

$$D_{Nb1}=\frac{C_{(0)}}{C_{(a)1}}$$

$$C_{(a)}=C_{(a)1}+C_{(a)2}=\frac{C_{(o)}}{D_{Nb1}}+C_{(a)2} \tag{5-1}$$

$$C_{(o)}=D_{Nb1}(C_{(a)}-C_{(a)2}) \tag{5-2}$$

在实验中固定水相体积(V_a)不变，改变有机相体积(V_{oi})得到不同相比 n_i。

$$n_i=\frac{V_{oi}}{V_a}$$

在式(5-2)中，对于不同的 n，D_{Nb1} 和 $C_{(a)2}$ 不变，而 $C_{(o)}$ 和 $C_{(a)}$ 随 n_i 不同而改变，以 $C_{(o)}$ 为纵坐标，$C_{(a)}$ 为横坐标作图，应得一直线，直线的斜率为 D_{Nb1}。与横坐标的截距为 $C_{(a)2}$，由式(5-1)可求得 $C_{(a)1}$，由此两种状态的份额即求得。如果式(5-2)的实验结果不是严格的线性关系，说明可萃取形态也不是单一的。这种情况下，相比的设计应便于求取逐近的截距。

一般情况下，硝酸溶液中铌的状态是不稳定的，实验数据往往不重复，但是经过 95℃ 或 100℃ 热处理后，就比较稳定，可获得重现的实验结果。Hardy 和 Scargill[8] 研究了铌在 8 $mol \cdot L^{-1}$ 和 10 $mol \cdot L^{-1}$ HNO_3 溶液中经过 100℃ 加热处理，其前后不可萃取状态铌的份额发生明显变化（见图 5-1）。铌的浓度$<10^{-7}$ $mol \cdot L^{-1}$ 用 TBP 萃取，在 8 $mol \cdot L^{-1}$ HNO_3 中，未加热时，不可萃取状态铌占

93%,加热后只有 7%;在 10 mol · L^{-1} HNO_3 中,加热前不可萃取状态占 50%,加热后为 5%。不可萃取的铌量随硝酸浓度的增加而减少,如图 5-2 所示。认为可萃取状态铌可能是“简单”离子类型,相互平衡快,不可萃取状态铌,大概是聚合物,平衡慢。提出如下平衡:

慢平衡		快平衡				
		阳离子类		中性类		阴离子类
聚合物	$\rightleftharpoons$	$Nb(OH)_4^+$ $Nb(OH)_3^{2+}$ $Nb(OH)_2^{3+}$ ($\equiv NbO^{3+}$)	$\rightleftharpoons$	$Nb(OH)_4NO_3$ $Nb(OH)_3(NO_3)_2$ $Nb(OH)_2(NO_3)_3$	$\rightleftharpoons$	$Nb(OH)_3(NO_3)_3^-$
不被 TBP 和 HDBP 萃取		在低浓 HNO_3 中被 HDBP 萃取		被 TBP 萃取		在高浓 HNO_3 中可能以酸型被 TBP 萃取

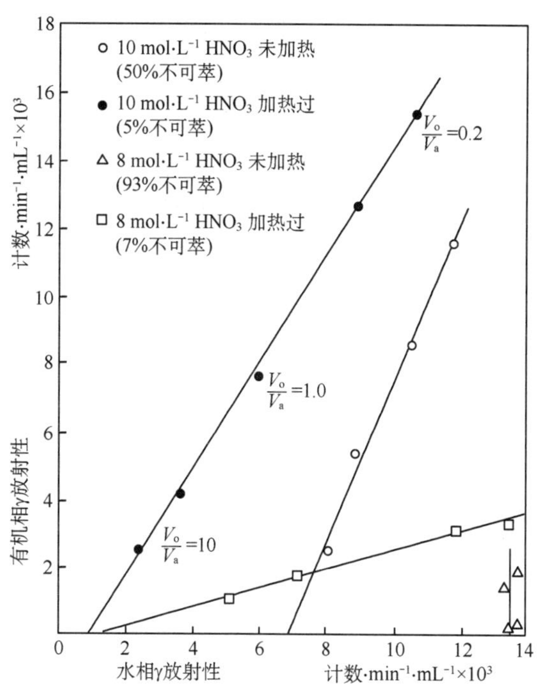

图 5-1　加热对硝酸溶液中 TBP 不可萃取铌的量的影响

文献[9]研究了铌浓度和硝酸浓度对溶液中铌稳定性的影响。配好溶液后,在恒温箱内 95℃保温 2 h,自然冷却至室温,保存不同时间,用硅胶吸附法观察稳定性。示踪量铌的1 mol · L^{-1}和 10 mol · L^{-1} HNO_3溶液,保存 31 天期间,进行了 5 次硅胶吸附和解吸实验,结果一致。图 5-3 给出第 1 次(保存 2 天)和第 5 次(保存 31 天)实验的吸附与解吸曲线。两种溶液中铌在保存期间的实验结果很好地重复。99%的铌都被硅胶吸附,而后被 10% H_2O_2水溶液完

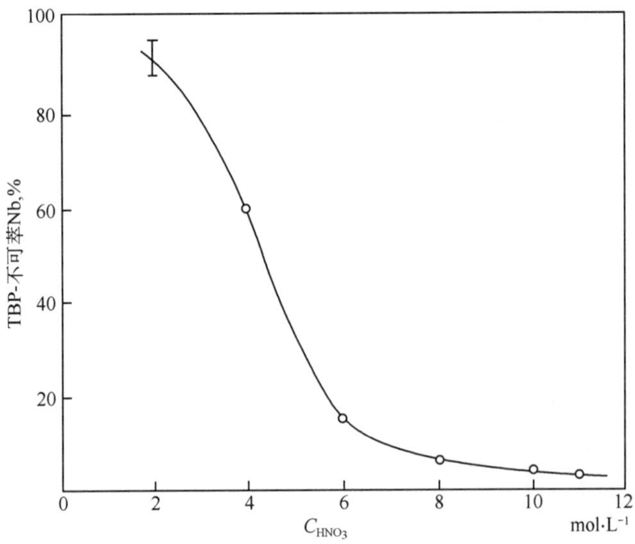

图 5-2 TBP 不可萃取铌的量随硝酸浓度的变化

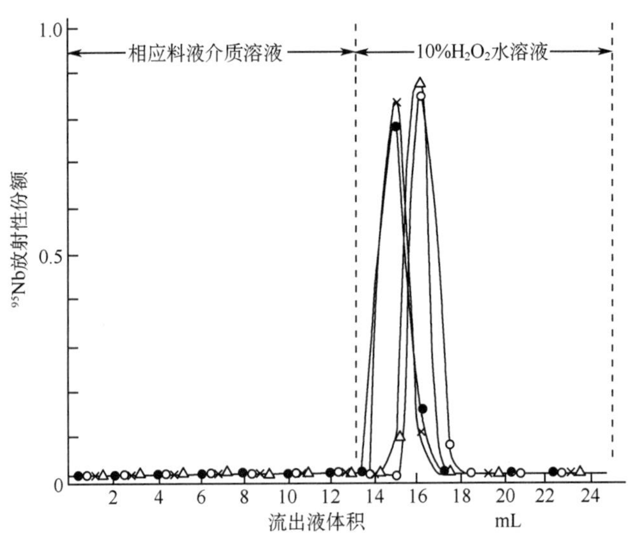

图 5-3 示踪量铌在硅胶柱上的淋洗曲线

●—^{95}Nb—1 mol·L^{-1} HNO_3,保存 2 天;○—^{95}Nb—10 mol·L^{-1} HNO_3,保存 2 天;
×—^{95}Nb—1 mol·L^{-1} HNO_3,保存 31 天;△—^{95}Nb—10 mol·L^{-1} HNO_3,保存 31 天

全解吸。铌浓度为 2×10^{-4} mol·L^{-1}而不同硝酸浓度的溶液中,铌的稳定性不同,如图 5-4 所示。铌在 10 mol·L^{-1} HNO_3溶液中保存 31 天,其吸附和解吸行为与示踪量铌溶液相一致,而在 4 mol·L^{-1} HNO_3 中有部分铌不被吸附,对于 1 mol·L^{-1} HNO_3溶液中,大部分铌不被吸附。可见示踪量铌的硝酸溶液经过 95℃保温 2 小时后,溶液中的铌是稳定的;铌浓度增加不利于稳定;提高硝酸浓度,稳定性增大。

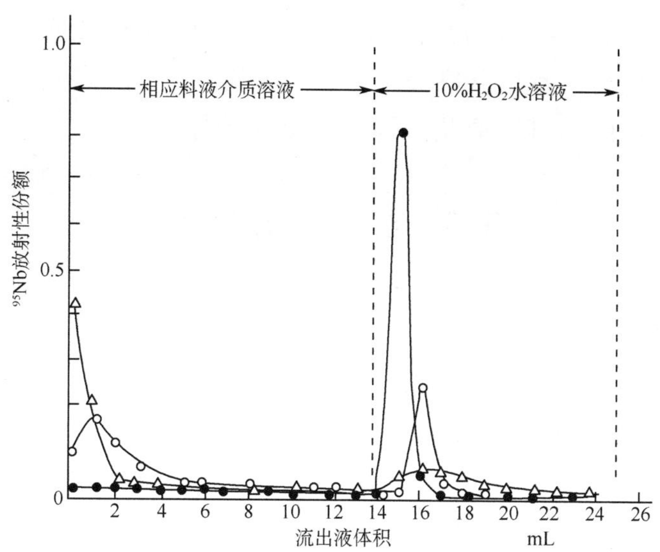

图 5-4 有载体^{95}Nb 在硅胶柱上的淋洗曲线

●—2×10^{-4} mol·L^{-1}Nb—10 mol·$L^{-1}$$HNO_3$,保存 31 天;○—$2\times10^{-4}$ mol·L^{-1}Nb—4 mol·$L^{-1}$$HNO_3$,保存 31 天;△— 2×10^{-4} mol·L^{-1}Nb—1 mol·$L^{-1}$$HNO_3$,保存 31 天

文献[10]用 TBP、HDEHP、HTTA 和 7402 季铵盐(三烷基甲基氯化铵,烷基为 8～10 个碳原子)等不同类型萃取剂的二甲苯溶液从硝酸溶液中萃取铌,研究了 H^+、HNO_3和 NO_3^- 等对萃取铌的影响。发现在 0.5～2.0、2.0～4.0、4.0～6.0 以及 6.0～10.0 mol·$L^{-1}$$HNO_3$等不同浓度范围内,铌的萃取行为有明显的差别,提出相应可萃取铌的状态。

在 0.5～2.0 mol·$L^{-1}$$HNO_3$中,$NO_3^-$ 对萃取几乎无影响,可萃取铌配位化合物中不含 NO_3^-,TBP 和 7402 季铵盐萃取铌的分配比 D_{Nb}很小,中性和阴性配位化合物极少。HDEHP 萃取铌的 D_{Nb} 比较高,可萃取铌的状态主要以 $Nb(OH)_X^{(5-X)+}$ 存在。HTTA 不能萃取这类阳离子,所以 D_{Nb}也很小。

2.0～4.0 mol·$L^{-1}$$HNO_3$溶液中,除了 $Nb(OH)_X^{(5-X)+}$ 外,开始生成$[Nb(OH)_{X^1}(NO_3)y]^{(5-X^1-y)}$,$OH^-$被 NO_3^- 取代后有利于萃取,D_{Nb}随着 NO_3^- 浓度增加而增大。并且仍然以阳离子为主,HDEHP 萃取的 D_{Nb}相当高。

4.0～6.0 mol·$L^{-1}$$HNO_3$中,含 NO_3^- 配位化合物增加,HTTA、TBP 和 HDEHP萃取铌的 D_{Nb}均增大。

6.0～10.0 mol·L^{-1} HNO_3中,可能以$[Nb(OH)_m(NO_3)_n^{(m+n-5)-}]$和 $H_{(m+n-5)}Nb(OH)_m(NO_3)_n$形式存在,对 7402 季铵盐萃取也有利。

在溶液中氢氧化铌存在如下平衡:

$$[Nb(OH)_m]^{5-m} \rightleftharpoons [NbO(OH)_{m-2}]^{5-m}$$

其他不同状态之间也会互相转化,HDEHP 萃取铌的 D_{Nb} 高,但萃取平衡时间长

达 60 分钟。这可能是在萃取过程中,可萃取状态的铌被萃取入有机相后,水相中其他状态又转化为可萃取状态。

硝酸溶液中铌的不可萃取状态为聚合物或胶体。

5.3 铌的萃取行为

5.3.1 TBP 萃取铌

TBP 从硝酸溶液中萃取铌的分配比是很小的,不同的作者在报道中给出的数据不一致,往往出现数量级的差别[1,12-15],系统性研究的数据也少。这主要由于在早期的研究中,铌溶液的不稳定性造成实验数据难以重复。Hardy 制备了可重现的铌—硝酸溶液,对实验数据有所改善。并试图通过测定分配比依从 H^+ 和 NO_3^- 浓度的关系用以说明可萃取铌的特性,但受到 ^{95}Nb 提纯和当时 γ 能谱测定技术的限制,在实验上有困难。随着先进 γ 能谱技术的发展和 ^{95}Nb 提纯方法的改进,为测定数值很小的 D_{Nb} 提供了条件。

文献[16]研究了 TBP 萃取铌的分配比 D_{Nb} 与 HNO_3、H^+、NO_3^- 以及萃取剂等浓度的关系。用 1.0 mol · L^{-1} TBP-正十二烷从硝酸溶液中萃取铌,水相硝酸浓度低于2.0～2.5 mol · L^{-1}时,D_{Nb} 随 HNO_3 浓度增加而下降;当水相硝酸浓度高于这浓度时,随着 HNO_3 浓度提高,D_{Nb} 增大,见表 5-2。

表 5-2 硝酸浓度对 TBP—正十二烷萃取 ^{95}Nb 的影响 30℃

HNO_3(mol · L^{-1})	0.3	0.5	1.0	1.5	2.0	2.5	3.0	4.0	5.0	6.0	8.0	10.0
$D_{Nb}\times10^{-3}$(a)	5.2	4.0	3.8	3.5	3.5	4.0	4.8	6.2	9.0	15	37	134
$D_{Nb}\times10^{-3}$(b)	—	3.9	3.4	2.9	2.7	2.7	3.3	4.2	6.4	11	25	110

其中(a)为 ^{95}Nb 放射性指示剂保存在 6 mol · L^{-1} HNO_3 溶液中;(b)为 ^{95}Nb 保存在 10 mol · L^{-1} HNO_3 溶液中。H^+ 浓度在<4 mol · L^{-1}时,对 TBP 萃取铌影响不大,当大于这浓度后,H^+ 浓度增加使 D_{Nb} 增大。

研究了不同浓度硝酸中 TBP 浓度对 D_{Nb} 的影响,数据列于表 5-3。用表中数据以 $\lg D_{Nb}$-$\lg C_{TBP}$ 作图,得到很好的直线。硝酸浓度为 2.0、3.0、5.0 和 10.0 mol · L^{-1}时,其直线斜率分别为 1.35、1.36、1.32 和 1.36。这种非整数斜率可认为萃合物不是单一分子,而是混合物,其中含 1 分子 TBP 的萃合物与含 2 分子 TBP 的萃合物之比为2∶1。表 5-2 和表 5-3 中有些数据不太一致,但对于不易重复的 D_{Nb} 这样的差别并不算大,而且规律性很好。

表 5-3 不同浓度硝酸中 TBP 浓度对 D_{Nb} 的影响 25℃

TBP 浓度 ($mol \cdot L^{-1}$)	硝酸浓度 ($mol \cdot L^{-1}$)			
	2.0	3.0	5.0	10.0
	D_{Nb}			
0.1	8.4×10^{-5}	9.1×10^{-5}	3.9×10^{-5}	3.6×10^{-3}
0.3	3.6×10^{-4}	4.1×10^{-4}	1.1×10^{-3}	1.6×10^{-2}
0.5	7.8×10^{-4}	8.1×10^{-4}	2.3×10^{-3}	3.3×10^{-2}
1.0	1.9×10^{-3}	2.0×10^{-3}	5.7×10^{-3}	9.9×10^{-2}
2.0	3.8×10^{-3}	3.2×10^{-3}	1.1×10^{-2}	2.1×10^{-1}

硝酸根对 TBP 萃取铌的影响与 H^+ 浓度有关，当 H^+ 浓度高时，有利于 NO_3^- 与铌配位化合，随着 NO_3^- 浓度增加，D_{Nb} 明显增大。H^+ 浓度低时，不利于 NO_3^- 与铌配位化合，D_{Nb} 受 NO_3^- 浓度影响很小。详见图 5-5。由图可知，H^+ 浓度为 0.45 和 1.0 $mol \cdot L^{-1}$ 时，NO_3^- 对 D_{Nb} 影响很小；H^+ 浓度为 2.0 $mol \cdot L^{-1}$ 时，$\lg D_{Nb}$-$\lg C_{NO_3^-}$ 关系线的斜率为 3；而在 3.0、4.0 和 5.0 $mol \cdot L^{-1}$ H^+ 介质中，$\lg D_{Nb}$-$\lg C_{NO_3^-}$ 关系线的斜率为 6，并且三条线重合。

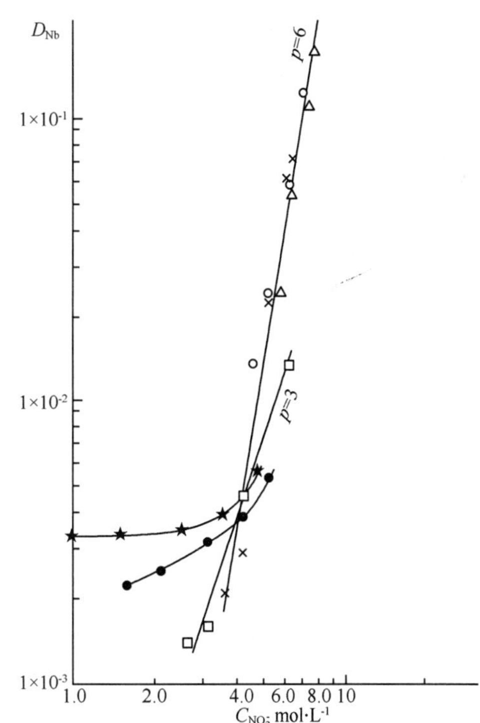

图 5-5 TBP 萃取铌的分配比 D_{Nb} 与 NO_3^- 浓度的关系

★—$[H^+]=0.45\ mol \cdot L^{-1}$；●—$[H^+]=1.0\ mol \cdot L^{-1}$；□—$[H^+]=2.0\ mol \cdot L^{-1}$；×—$[H^+]=3.0\ mol \cdot L^{-1}$；○—$[H^+]=4.0\ mol \cdot L^{-1}$；△—$[H^+]=5.0\ mol \cdot L^{-1}$

硝酸溶液中铌的浓度很低，萃取到有机相中的萃合物组成定量分析和红外光谱测定均有困难。根据 TBP 为中性络合萃取机理和斜率法研究的数据，可判断 TBP 从硝酸中萃取铌的反应式。

在 H^+ 浓度为 2.0 $mol \cdot L^{-1}$ 的溶液中：

$$\left.\begin{aligned}&Nb(OH)_2(NO_3)_3+2TBP \rightleftharpoons Nb(OH)_2(NO_3)_3\cdot 2TBP\\&NbO(NO_3)_3+TBP \rightleftharpoons NbO(NO_3)_3\cdot TBP\end{aligned}\right\} \tag{5-3}$$

H^+ 浓度为 3.0 $mol \cdot L^{-1}$ 以上的溶液中：

$$\left.\begin{aligned}&H_3NbO(NO_3)_6+2TBP \rightleftharpoons H_3NbO(NO_3)_6\cdot 2TBP\\&HNb(NO_3)_6+TBP \rightleftharpoons HNb(NO_3)_6\cdot TBP\end{aligned}\right\} \tag{5-4}$$

由于溶液中 TBP 可萃取铌的状态占的份额很小，所以 D_{Nb} 也小，随着硝酸浓度的增加，可萃取状态的份额增加，所以 D_{Nb} 也增大。

在 Purex 流程的工艺研究中，曾试图引入特定浓度的 F^- 以消除萃取界面物，同时不影响钚的萃取。为此也研究了 F^- 和 U 浓度对 TBP 萃取铌的影响，结果见表 5-4。其中 F^- 以 KF 加入，U 为 $UO_2(NO_3)_2$。由表 5-4 看出，水相溶液中没有铀而存在 F^- 时，TBP 萃取铌的 D_{Nb} 不受硝酸浓度影响，因为 NO_3^- 的配位化合能力比 F^- 弱得多，这时溶液中可萃取的铌是氟的中性配位化合物，可能是 $HNbOF_4$，它能与 TBP 形成氢键而被萃取。水溶液中的铌与 F^- 主要形成配位化合阴离子，如：$NbOF_4^-$，$NbOF_5^{2-}$ 等，在 5.0×10^{-3} mol · L^{-1} F^- 溶液中，各种状态铌的比例应为定数，可萃取的 $HNbOF_4$ 也一定，故 D_{Nb} 不变。当有较大量铀存在时，TBP 萃取铀，使自由 TBP 浓度下降，导致 D_{Nb} 也下降。

表 5-4 F^- 和 U 对 TBP 萃取铌的影响[17]

水相介质浓度(mol · L^{-1})			有机相体系和铌分配系数 D_{Nb}	
HNO_3	F^-	U	1.0 mol · L^{-1} TBP-正十二烷	1.0 mol · L^{-1} TBP-煤油
0.5				2.6×10^{-3}
0.5	5.0×10^{-3}			2.7×10^{-2}
0.5	5.0×10^{-3}	0.42		8.4×10^{-4}
1.0			3.8×10^{-3}	2.1×10^{-3}
1.0	5.0×10^{-3}			2.9×10^{-2}
1.0	5.0×10^{-3}	0.42		1.2×10^{-3}
10.0				0.107
10.0	5.0×10^{-3}			2.8×10^{-2}
10.0	5.0×10^{-3}	0.42		4.0×10^{-3}

5.3.2 丁基磷酸和混合丁基磷酸萃取铌[16,17,18]

硝酸介质中，HDBP（二丁基磷酸）对铌有很强的萃取能力，不同硝酸和 HDBP浓度萃取分配比 D_{Nb} 数据列于表 5-5。纯 HDBP-正十二烷从 HNO_3 溶液中萃取铌，在两相混合短时间后，有机相浓度与水相浓度之比值随着两相混合时间 t 之延长而下降，难以确定萃取达到平衡的时间，故以相应时间的表观分配比用 D'_{Nb} 表示。表 5-5 数据经过作图，$\log D'_{Nb}$-$\log C_{HDBP}$ 呈良好的直线关系，从 1.0 mol · L^{-1} 和 4.0 mol · L^{-1} HNO^3 得到的直线斜率为 3.5；10.0 mol · L^{-1} HNO_3 中获得的直线斜率为 3.0。但是 D'_{Nb} 随酸度增大而增加，不符合酸性萃取剂的萃取规律，这可能是酸度增大抑制铌的水解聚合，使可萃取铌状态的份额增加，在硝酸介质中，NO_3^- 浓度变化对 HDBP 萃取铌影响不大。表明其萃合物中

不含 NO_3^-。

表 5-5　HDBP-正十二烷从 HNO_3 溶液中萃取铌　$C_{Nb}=5.0\times10^{-7}$ mol/L　$t=25$ min

HNO_3 (mol·L^{-1})	HDBP-正十二烷浓度(mol·L^{-1})				
	2.5×10^{-4}	5.0×10^{-4}	1.0×10^{-3}	2.5×10^{-3}	5.0×10^{-3}
	D'_{Nb}				
1.0	2.5×10^{-4}	5.0×10^{-3}	6.9×10^{-2}	1.25	5.45
4.0	1.3×10^{-3}	1.7×10^{-2}	0.23	4.03	17.8
10.0	7.0×10^{-3}	4.1×10^{-2}	0.45	6.44	29.2

D'_{Nb}随混相时间变化的数据列于表 5-6。用 1.0×10^{-3} mol·L^{-1} HDBP-正十二烷从 1.0×10^{-5} mol·L^{-1}Nb-3.0 mol·L^{-1} HNO_3溶液中萃取铌，$t=5$ min 时 $D'_{Nb}=0.73$，$t=160$ min 时 $D'_{Nb}=0.24$。将 HDBP-正十二烷萃取过的水相用二甲苯洗，则有相当于原 HDBP 有机相中 60%左右的铌(^{95}Nb)进入二甲苯相中。可见 Nb-DBP 络合物在正十二烷中的溶解度较小，易进入水相，而在二甲苯中的溶解度较大，又从水相进入有机相。文献[19]也曾提到 HDBP 萃取铌时分配比随萃取时间延长而减少的现象。

表 5-6　HDBP-正十二烷萃取铌受混相时间的影响 1.0×10^{-3} mol·L^{-1} HDBP-正十二烷　30℃

萃取混相时间 t(min)	水相铌和硝酸浓度/mol·L^{-1}			
	Nb 1.0×10^{-6} | HNO_3 1.0	Nb 1.0×10^{-6} | HNO_3 10.0	Nb 1.0×10^{-5} | HNO_3 3.0	Nb 1.0×10^{-5} | HNO_3 8.0
	D_{Nb}			
5	0.25	0.77	0.73	2.47
10	0.18	0.53	0.61	1.91
20	0.12	0.42	0.47	1.66
30	0.074	0.35	0.44	1.49
60	0.036	0.24	0.38	1.13
160	0.025	0.19	0.24	0.76

H_2MBP-正十二烷几乎不萃取铌，在 0.5～10.0 mol·L^{-1} HNO_3中，0.001～0.01 mol·L^{-1} H_2MBP 萃取铌的分配比 $D_{Nb}<10^{-4}$。将 H_2MBP 萃取过的水相也用二甲苯萃洗，但没有 Nb 进入有机相。

混合丁基磷酸(TBP＋HDBP＋H_2MBP)从硝酸中萃取铌示于图 5-6。在 1.0 mol·L^{-1} TBP—正十二烷—1.0 mol·L^{-1} HNO_3—1×10^{-6} mol·L^{-1} Nb 体系中，H_2MBP 浓度由2.5×10^{-4} mol·L^{-1}增到 1×10^{-2} mol·L^{-1}，D_{Nb}不变，说明在这样的浓度范围的 H_2MBP 对 TBP 萃取铌无影响。HDBP 浓度从 2.5×

10^{-4} mol·L^{-1}增到 1.0×10^{-3} mol·L^{-1}，D_{Nb}从 0.0057 增加到 0.0071，在这范围内，log D_{Nb}-log C_{HDBP}也成直线关系，但是斜率远小于单独用 HDBP 萃取时的斜率 3.5。另外的实验结果表明，TBP 和 HDBP 混合萃取铌，当 HDBP 浓度大于 1.0×10^{-3} mol·L^{-1}后，直线向上弯曲，即随着 HDBP 浓度继续增加，D_{Nb}增加显著。当固定 HDBP 浓度为 1.0×10^{-3} mol·L^{-1}，而 TBP 浓度由 0 增到 1.0 mol·L^{-1}则 D_{Nb}从 0.101 降到 0.003。可见 HDBP 与 TBP 混合萃取铌有反协同效应，这对于 Purex 流程中 TBP 降解生成的 HDBP 萃取铌会有一定的抑制作用。TBP、HDBP 和 H_2MBP 三者混合，结果与 TBP 和 HDBP 两者混合的情况相同。

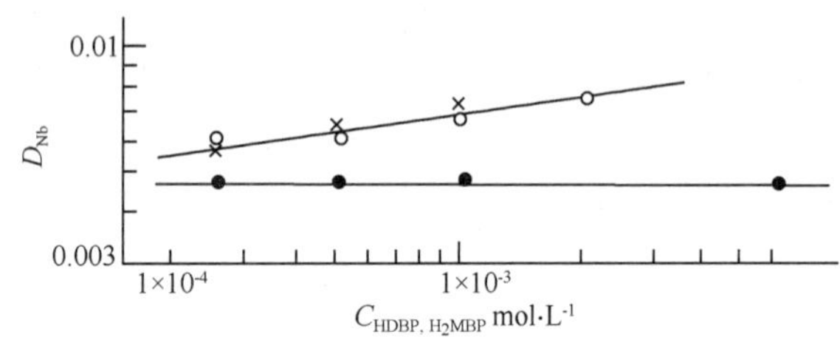

图 5-6　混合丁基磷酸萃取铌

●—H_2MBP+1.0 mol·L^{-1} TBP-正十二烷；○—HDBP+1.0 mol·L^{-1} TBP-正十二烷；

△—HDBP+H_2MBP+1.0 mol·L^{-1} TBP-正十二烷

水相：1×10^{-6} mol·L^{-1}Nb−1.0 mol·L^{-1} HNO_3　相比 1∶1　温度 30℃　混相时间 15 min

5.3.3 辐照的 TBP 萃取铌[17,20,21]

辐照的 TBP 萃取铌，D_{Nb}与辐照剂量有关系，同时也与预平衡的水相硝酸浓度有关，总之是随着辐照剂量增大，D_{Nb}增加。

为了探讨不同辐照剂量的 TBP 从不同水相介质中萃取铌的行为，将 1.0 mol·L^{-1} TBP-正十二烷溶液用 1.0 mol·L^{-1} HNO_3事先预平衡，1.0 mol·L^{-1} TBP-煤油溶液分别用 0.5、1.0 和 10.0 mol·L^{-1} HNO_3也事先预平衡成三种溶液。这四种 TBP 溶液于 $10^3\sim7.5\times10^5$ Gy 范围内辐照不同剂量，然后以这些辐照过的 TBP 溶液为萃取剂，分别从纯 HNO_3、HNO_3-KF 以及 HNO_3-KF-U 等不同水相介质中萃取铌，混相时间 $t=15$ min，相比 1∶1，温度为 30℃。结果见图 5-7，图 5-8，图 5-9 和图 5-10，A 为辐照剂量，单位 Gy。

用低浓硝酸预平衡，辐照 10^4 Gy 以下，D_{Nb}增加不明显，一般不超过 1 倍；大于 10^4 Gy 后，D_{Nb}随辐照剂量的增大而显著增加。辐照 7×10^5 Gy 后，从纯硝酸中萃取铌，D_{Nb}可增加到 50 倍。用 10.0 mol·L^{-1} HNO_3预平衡的 TBP 辐照 10^3 Gy 后，从 1.0 mol·L^{-1} HNO_3中萃取铌，D_{Nb}可增加到 10 倍多；而辐辐照剂量继续增大时，则 D_{Nb}增加不明显，直到 7×10^5 Gy 时，D_{Nb}比未辐照前仅增加约 18 倍。

这可能是高浓硝酸预平衡后，有机相中酸度高，化学降解和射线辐照同时起作用，使总的降解速度加快。在辐照剂量较小时，就有足够量的 HDBP 生成，HDBP对铌有很强的萃取能力，D_{Nb}明显增加。随着辐照剂量增大，一方面 HDBP 继续生成的同时也降解为 H_2MBP，而后者几乎不萃取铌，所以 D_{Nb} 增加幅度减小。

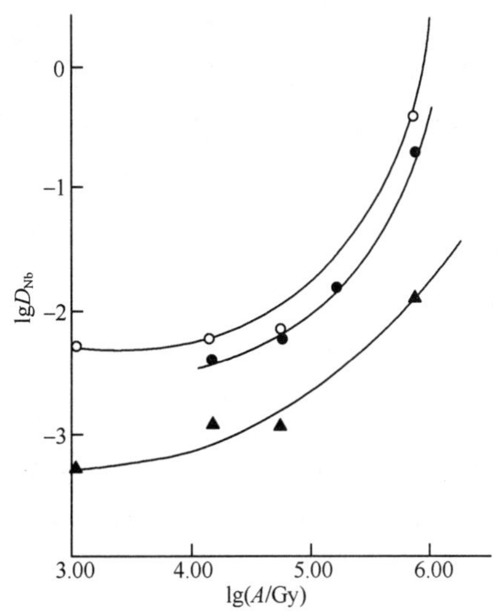

图 5-7　辐照的 1.0 mol·L^{-1} TBP-煤油（经 1.0 mol·L^{-1} HNO_3 预平衡）-正十二烷萃取铌

●—水相纯 HNO_3(1.0 mol·L^{-1})；

○—水相纯 HNO_3+KF；

▲—水相纯 HNO_3+KF+U

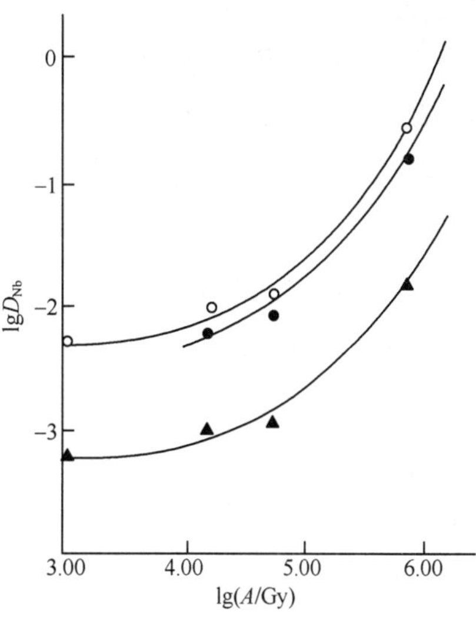

图 5-8　辐照的 1.0 mol·L^{-1} TBP-煤油（经 1.0 mol·L^{-1} HNO_3 预平衡）萃取铌

●—水相纯 HNO_3(1.0 mol·L^{-1})；

○—水相 HNO_3+KF；

▲—水相 HNO_3+KF+U

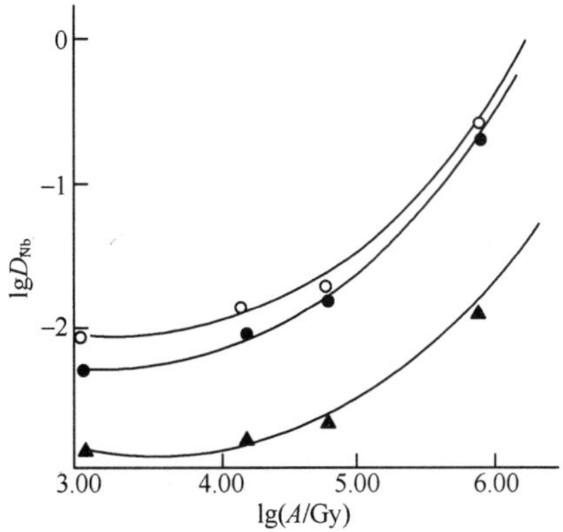

图 5-9　辐照的 1.0 mol·L^{-1}TBP-正十二烷（经 0.5 mol·L^{-1} HNO_3 预平衡）萃取铌

●—水相纯 HNO_3(0.5 mol·L^{-1})

○—水相 HNO_3+KF

▲—水相 HNO_3+KF+U

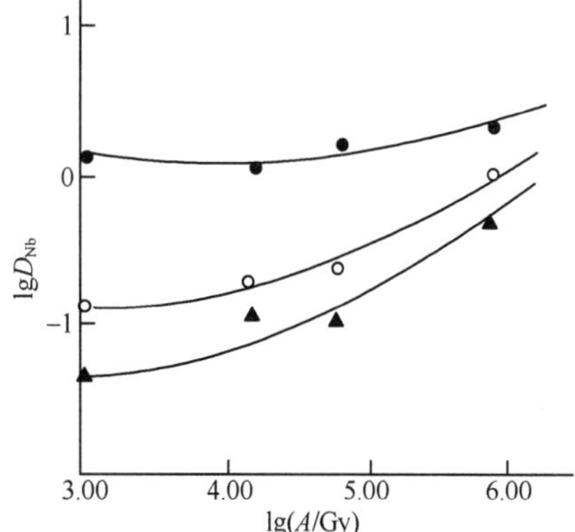

图 5-10　辐照的 1.0 mol·L^{-1} TBP-煤油（经 10 mol·L^{-1} HNO_3 预平衡）萃取铌

●—水相纯 HNO_3(10 mol·L^{-1})

○—水相 HNO_3+KF

▲—水相 HNO_3+KF+U

萃取水相介质不同，辐照的 TBP 萃取铌的 D_{Nb}也不同。在 0.5 和 1.0 mol · L^{-1} HNO_3中含有 5×10^{-3} mol · L^{-1} KF 时 D_{Nb}最高，纯硝酸中其次，含有 0.42 mol · L^{-1} U 时 D_{Nb}最低。在这 6 种水溶液中，D_{Nb}随辐照剂量的变化规律基本一致。在 1.0 mol · L^{-1} HNO_3中萃取铌时，则是纯 HNO_3中的 D_{Nb}最高，有 F^-时的 D_{Nb}较低，U 存在时的 D_{Nb}也最低。F^-离子的这些影响与未辐照的 TBP 萃取铌的规律相符(见表 5-4)。从表 5-2 和表 5-5 看出，在1.0～10 mol · L^{-1} HNO_3中，5×10^{-3} mol · L^{-1} HDBP 萃取铌的 D_{Nb}要比 1.0 mol · L^{-1} TBP 萃取的 D_{Nb}大几百到一千多倍，而辐照 7×10^5Gy 的 1.0 mol · L^{-1}TBP 降解生成的 HDBP 浓度高于 5×10^{-3} mol · L^{-1}，可是 D_{Nb}增加只有几十倍，这正如上文指出的 HDBP 和 TBP 间的反协同效应。由图 5-7 和图 5-8 看出，稀释剂采用正十二烷或煤油配制的 TBP 溶液，经辐照后对铌的萃取行为基本上没有差别。

TBP-煤油(或正十二烷)经硝酸预平衡后进行射线辐照，其辐解产物是很复杂的，其中能萃取铌的主要是酸性烷基磷酸，大量是 HDBP。此外是二次降解产物，如长链烷基磷酸。Maya[21]认为丁基十二烷基磷酸(HBLP)可能是一种次级降解产物。在 TBP 萃取铌时，其中存在 HBLP 的浓度达到 5×10^{-4} mol · L^{-1}时，开始使 D_{Nb}增大。

5.3.4　辐照 TBP 萃取有机相中铌的洗涤行为

已萃取铌的辐照 TBP 有机相，用 0.1 mol · L^{-1} HNO_3洗涤一次，第二次用 0.5 mol · L^{-1} NaOH 溶液洗涤，观测有机相中保留的铌放射性份额，结果列于表 5-7 和表 5-8。有机相中放射性份额按下式计算：

$$Y_n = \frac{a_n}{a_o} \times 100\% \tag{5-5}$$

其中：Y_n为第 n 次洗涤后有机相中残留的^{95}Nb 放射性百分类；

a_n第 n 次洗涤后有机相中残留的^{95}Nb 放射性；

a_o未经洗涤前有机相的^{95}Nb 放射性。

从表 5-7 和表 5-8 看出，0.1 mol · L^{-1} HNO_3洗涤的效果较差，对吸收剂量大的 TBP 相洗涤效果更差。水相介质含有 F^-离子时，萃取到有机相中的铌较容易洗去。0.5 mol · L^{-1} NaOH 对有机相的洗涤效果较好。对实验中各种不同水相萃取的有机相，经过 0.5 mol · L^{-1} NaOH 溶液洗涤后，有机相中残留的^{95}Nb 很少，并且趋于同一水平。

由 TBP 的不同辐照条件导致相应的 D_{Nb}变化规律，F^-离子对 D_{Nb}的影响，以及铌洗涤行为，可认为辐照的 TBP 萃取铌增加的主要原因是 TBP 的降解产物 HDBP 引起的。关于次级降解产物(如 HBLP)，因其生成量甚微，对 D_{Nb}影响可能不大。但是长链烷基磷酸不易被洗去，这可能是导致有机相中最后仍然残留少量^{95}Nb的原因之一。在Purex过程中，TBP-煤油在U和Pu反萃取后，进行洗涤，回收循环使用。随着循环次数的增加，长链磷酸酯亦逐次积累，对铌的保留也逐次增加，积累到一定量后，就不能再循环使用。

表 5-7　第一次洗涤有机相用 0.1 mol · L^{-1} HNO_3

有机相	吸收剂量(Gy)	从不同水相中萃取的有机相洗涤后的^{95}Nb Y_1	
		1.0 mol · L^{-1} HNO_3	1.0 mol · L^{-1} HNO_3－5×10^{-3} mol · L^{-1} KF
1.0 mol · L^{-1} TBP-正十二烷(经 1.0 mol · L^{-1} HNO_3 预平衡)	1×10^3	53	13
	1.44×10^4	62	23
	5.78×10^4	78	33
	7.2×10^5	100	100
1.0 mol · L^{-1} TBP-煤油(经 1.0 mol · L^{-1} HNO_3 预平衡)	0	51	7
	1×10^3	45	20
	1.44×10^4	81	19
	5.92×10^4	83	36
	7.37×10^5	90	91
		0.5 mol · L^{-1} HNO_3	0.5 mol · L^{-1} HNO_3－5.0×10^{-3} mol · L^{-1} KF
1.0 mol · L^{-1} TBP-煤油(经 0.5 mol · L^{-1} HNO_3 预平衡)	0	54	7
	1×10^3	46	11
	1.44×10^4	76	21
	6.06×10^4	81	40
	7.51×10^5	100	—
		10.0 mol · L^{-1} HNO_3	10.0 mol · L^{-1} HNO_3－5.0×10^{-3} mol · L^{-1} KF
1.0 mol · L^{-1} TBP-煤油(经 10.0 mol · L^{-1} HNO_3 预平衡)	0	15	9
	1×10^3	28	33
	1.48×10^4	48	35
	6.01×10^4	45	33
	7.48×10^5	100	100

表 5-8　第二次洗涤有机相用 0.5 mol · L^{-1} NaOH 溶液

有机相	辐照剂量(Gy)	从不同水相中萃取的有机相洗涤后的^{95}Nb Y_2	
		1.0 mol · L^{-1} HNO_3	1.0 mol · L^{-1} HNO_3－5×10^{-3} mol · L^{-1} KF
1.0 mol · L^{-1} TBP-正十二烷(经 1.0 mol · L^{-1} HNO_3 预平衡)	1×10^3	2.5	3.2
	1.44×10^4	3	2
	5.78×10^4	3	2
	7.2×10^5	—	2
1.0 mol · L^{-1} TBP-煤油(经 1.0 mol · L^{-1} HNO_3 预平衡)	1×10^3	4.3	2
	1.44×10^4	3	1
	5.92×10^4	3	2
	7.37×10^5	3	1

在工艺流程中萃取剂循环使用过程无法用洗涤方法除去的金属离子保留量是人们所关心的。萃取剂对金属离子保留量的测定，常用某种水溶液多次洗涤，或用不同洗涤液交替洗涤，然后测定有机相中金属离子的保留量。也可以用系列相比作图法，这与关系式(5-1)和式(5-2)的方法相似。不过这里应保持有机相体积不变，改变水相洗涤剂的体积使相比变化。设有机相洗涤前铌的浓度为$C_{(o)}$，可被洗涤除去的浓度为$C_{(o)1}$，在每次洗涤过程的分配比为D，洗涤过程无法除去的浓度为$C_{(o)2}$，洗涤平衡后水相铌浓度为$C_{(a)}$，则有下关系式：

$$D=\frac{C_{(o)1}}{C_{(a)}}$$

$$C_{(o)}=C_{(o)1}+C_{(o)2}=DC_{(a)}+C_{(o)2} \tag{5-6}$$

实验中设计一系列相比n_i，有机相体积为$V_{(o)}$，水相体积为$V_{(a)i}$，

$$n_i=\frac{V_{(o)}}{V_{(a)i}}$$

洗涤平衡后，对n_i的铌浓度关系为：

$$C_{(o)i}=DC_{(a)i}+C_{(o)2} \tag{5-7}$$

以$C_{(o)i}$为纵坐标，$C_{(a)i}$为横坐标，得一直线，斜率为D，与纵坐标的截距为$C_{(o)2}$，即有机相对铌的保留浓度。

5.4 铌的胶体行为

5.4.1 相关的胶体概念简述[22-24]

胶体　胶体二字的含义就是高度分散的分散体系，它只是物质以一定分散程度范围内存在的一种状态，而不是一种特殊类型的物质固有状态。胶体体系可按分散相和分散介质的聚集状态进行分类，如表 5-9 和表 5-10 所示。

表 5-9　分散体系的分类(1)按分散程度

分散体系类型	分散相的半径(cm)	分散体系的特点
粗分散体系 乳浊液、悬浊液	$>1\times10^{-5}$	颗粒不能通过滤纸，不扩散，不渗析，普通显微镜下能看见
胶体	$1\times10^{-7}\sim1\times10^{-5}$	颗粒能通过滤纸，扩散慢，不能渗析，普通显微镜下看不见，在超显微镜下可以看见
分子和离子分散体系	$<1\times10^{-7}$	颗粒能通过滤纸，扩散快，能渗析，超显微镜下也看不见

表 5-10　分散体系的分类(2)按分散相和分散介质

分散相名称	分散相	分散介质	实例
液溶胶	气	液相	泡沫(如灭火泡沫)
	液		乳状液(如牛奶、石油)
	固		悬浮液、溶胶(如泥浆、油漆)
固溶胶	气	固相	浮石、泡沫塑料
	液		珍珠、某些宝石
	固		某些合金、有色玻璃
气溶胶	液	气相	雾
	固		烟、尘

分散度和比面积　以单位体积物体的表面来代表该物质的分散度,也称比面积。以 V 代表总体积,以 S 代表总面积,S_0代表比面积,则:

$$S_0 = \frac{S}{V} \tag{5-8}$$

若颗粒为正方体,边长为 l,$V=l^3$,$S=6l^2$,$S_0=6/l$,可见 l 越小,S_0越大,即分散度越高。在同一种溶胶体系中,分散度相同,称为单分散体系;分散度不同,称为多分散体系。

胶束　由大分子多聚物构成的原生质之亚显微结构单位。胶束包括胶核及其周围的稳定层。在外溶胶中(由于电荷达到稳定),离子胶束包括胶核加上双电层。在等电点或等电点附近的溶胶中(由于溶剂化达到稳定),中性胶束包括胶核加上使之稳定的溶剂分子吸附层。在水中的表面活性剂分子自相接触,把憎水基团靠在一起,亲水基团指向水分子,定向有序排列,形成胶束。胶束可以成球形、棒状或层状。

溶胶　通常指液溶胶,是固体以极细微的颗粒(大小在几 nm 到 100 nm)分散在液体中的分散体系。其中固体称为分散相,液体称为分散介质。

凝胶　是一种固体和一种液体所组成的两相胶体。凝胶像弹性固体,并有特征形状,而溶胶形状依容器而定。

胶凝　从溶胶中形成凝胶的作用称胶凝。

凝聚　加入第三组分使含有大分子胶体的水溶液分离为两个液相。一相是富胶体(凝聚层),另一相是含有凝聚剂的水溶液(平衡液),这个过程称为凝聚。

絮凝　在高分子溶液中加入适当的物质或经过适当的物理方法处理后,使溶质分子(高分子)先凝聚成大颗粒,而后沉淀或漂浮在表面的现象,称为絮凝或絮凝作用。

凝结　悬胶粒子因其颗粒生长而从分散状态分离或沉淀,称为凝结。通过长时间加热,较大颗粒生长,较小颗粒消失,可使胶质或结晶固体的悬浮液沉淀。

电解质加入介质中，使胶体沉淀或凝结。

丁铎尔效应　一道平行光束通过溶胶，则从侧面（即与光束垂直的方向）向黑暗背景观察，可见明亮的乳光园锥体，这就是丁铎尔效应。它是体系非均匀性的表现，是粒子对光的散射作用的结果。凡是粒子小于光波长的高分散体系，都能产生光散射，但是按照散射光本身的性质，它的强度是以粒子大小在胶体范围时为最大，其他分散体系产生这种现象远不如溶胶显著，因此丁铎尔效应被认为是胶体体系的特征，是用以判别溶胶与真溶液的最简便的方法。

胶体是热力学不稳定和动力稳定的矛盾体系。溶胶的重要特点是动力稳定性，胶粒受重力的作用，有下沉的趋势，但同时也由于热运动而引起的扩散作用和介质对胶粒的浮力作用。这些作用力相等时，颗粒沉降也达到平衡。对于分散度很高（颗粒很细）的胶体体系，由于布朗运动很激烈，沉降速度很小，达到沉降平衡后所产生的浓度梯度也很小，动力很稳定。从热力学观点，由于颗粒细，比面积大，表面自由能也大，具有使胶粒合并而降低表面自由能的自发趋势，所以溶胶是热力学不稳定体系。

5.4.2　硝酸溶液中铌胶体的特性[1,25]

在硝酸介质中由于铌水解生成氢氧化物，铌胶体颗粒（或称胶粒）由其氢氧化物胶束的聚合而成，因此溶胶具有非常多分散性，而呈再现性差。用光散射法和电子显微镜研究结果表明：铌胶束的形状相似于小薄饼，直径为 15～20 nm。聚合体是多分散的、大小不一样，平均直径约为 500 nm，形状有球形和线球形。铌溶胶的颗粒和胶束结构都很松弛，以至会穿过超过滤器。

铌胶体颗粒主要是带正电荷或中性。带正电荷颗粒存在于相当宽的酸度范围，正电荷主要由于 $Nb(OH)_5$ 胶束表面被电离而成为 $[Nb(OH)_4]^+$ 类型造成的。中性颗粒的生成在低酸度下，归因于氢氧化铌的两性特征（等电区），在高酸度下，由于离子化基团 $[Nb(OH)_4]^+$ 被 NO_3^- 离子配位化合的结果。

铌溶胶浓度高时，会被 HDBP 沉淀，具有部分亲水特性的铌胶束在表面上被阴离子 DBP^- 配位化合，局部地变成亲有机相的基团。在生成凝胶时，这两重亲和力使颗粒定位于相界面上，聚集起来。当 HDBP 浓度较高时，在凝胶中含有相当大部分的 HDBP，但这不是化学计量的，不过在溶胶凝聚时，HDBP 的必要量几乎与溶胶颗粒表面的电荷密度成正比。当 HDBP 继续增加时，溶胶凝聚后的沉淀会在有机相中溶解，这种增溶溶解反应是一种有机酸溶剂化的反应，可用下式表达：

$$\underset{\text{界面沉淀}}{[(\text{铌溶胶})\cdot n(\text{DBP})]} + m\text{HDBP} \rightleftharpoons \underset{\text{有机溶液}}{[(\text{铌溶胶})\cdot(\text{DBP})_n(\text{HDBP})_m]}$$

这里 $n \geqslant m$，没有再现性和已知值。而且铌溶胶一经这种增溶溶解到有机相后，就很难反萃取。

5.4.3　电渗析法研究硝酸中铌胶体[25]

渗析法是研究胶体现象的经典方法，在研究实验过程可以维持原介质基本不变。文献[25]用电渗析法研究了 0.5 mol·L^{-1} HNO_3 中铌胶体形成与溶液中铌浓度的关系以及胶粒的带电性质。

1. 电渗析装置

为了减少电极反应对原溶胶介质的影响，用 4 道半透膜隔成 5 室的电渗析槽进行实验(如图 5-11 所示)。用孔径小於 0.1 μm 的醋酸纤维素为隔膜，电极为铂丝。铌溶胶料液事先用 ^{95}Nb 标记好，取 7 mL 于中室内，其他各渗析室内均加入 7 mL 0.5 mol·L^{-1} HNO_3 溶液，然后向两极加直流电压进行电渗析实验，于不同时间内取各室溶液 0.5 mL，测 γ 放射性活度以观察渗析情况。

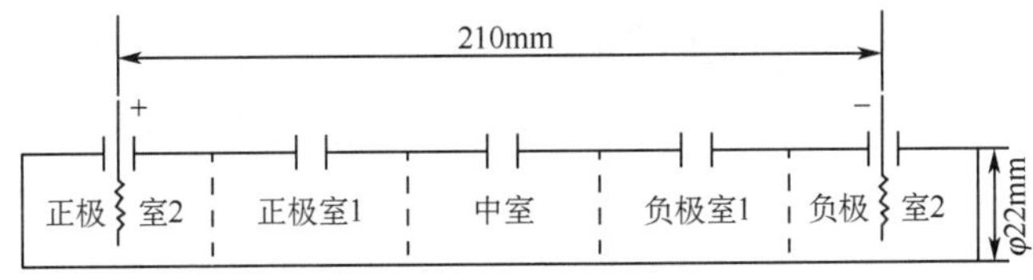

图 5-11　电渗析槽示意图

为了考验装置，不通电而进行静置渗析，采用 2 膜隔成 3 室的渗析槽，铌浓度仅为 ^{95}Nb 示踪量。实验结果列于表 5-11，中室中的 ^{95}Nb 向正极室和负极室渗析的量是相同的，这表明半透膜对于非胶体状态的 ^{95}Nb 是畅通的，该装置能满足实验要求。

表 5-11　静置渗析各室中的 ^{95}Nb 份额(2 膜 3 室)

放置时间(h)		2.5	18	23
^{95}Nb 分布	正极室	0.097	0.27	0.29
	中极室	0.81	0.47	0.43
	负极室	0.094	0.26	0.28

2. 渗析实验的条件选择

电压对渗所有直接影响，用示踪量 ^{95}Nb 硝酸溶液以不同电压进行渗析实验，结果列于表5-12。电压高，渗析快，但电压过高时，电流太大，溶液发热和蒸发影响实验的正常进行。在渗析过程中，Nb 很少向正极室中迁移，主要向负极室迁移，正极室溶液中测不出 ^{95}Nb。实验结束时，测量电极丝上的 ^{95}Nb 放射性，负极丝为正极丝的 950 倍，可见在 0.5 mol·L^{-1} HNO_3 中可渗析的 Nb 是带正电荷的，这与前文溶剂萃取的研究结果一致。恒定电压 30 V,渗析 150 min,中室和负极室 1 的^{95}Nb 放射性活度份额之和只有 0.66,这是因为渗析到负极室 1 中的^{95}Nb 继续向负极室 2 迁移,进而在负极丝上沉积,存在于负极室 2 溶液中的^{95}Nb 极少,几乎测不出来。

表 5-12　中室与负极室 1 ^{95}Nb 放射性活度的份额与电压的关系(4 膜 5 室)

电压 V	渗析室	渗析时间(min)					
		15	30	60	90	120	150
20	中　室	0.92	0.87	0.81	0.74	0.67	0.62
	负极室 1	0.038	0.093	0.13	0.24	0.26	0.29
25	中　室	0.89	0.81	0.71	0.62	0.53	0.48
	负极室 1	0.067	0.13	0.22	0.25	0.27	0.26
30	中　室	0.86	0.75	0.61	0.49	0.46	0.40
	负极室 1	0.096	0.18	0.25	0.26	0.25	0.26

实验过程中电流变化是:开始时电流上升,而后下降,最后降至比初始电流低得多。溶液通电后发热,温度上升,离子运动速度加快,使电流增加,这与导体导电的电阻与温关系相反。渗析过程中,由于离子迁移和电极反应,消耗溶液中的离子,使电流下降。数据列于表 5-13。

表 5-13　电流随渗析时间的变化(4 膜 5 室,电压 30 V)

渗析时间(min)	0	15	30	60	90	120	160
电流(mA)	430	680	630	520	320	170	120

电渗析过程酸度也会变化,而硝酸浓度对铌状态影响很大,实验时应使中室的酸度变化尽量小。电压 30 V 时渗析 160 min。酸度变化结果列于表 5-14。从表中可知中室的酸度变化很小,而靠近两极的酸度变化大。

表 5-14　电渗析引起酸度变化

渗析槽部位	正极室 2	正极室 1	中　室	负极室 1	负极室 2
初始酸度($mol \cdot L^{-1}$)	0.5	0.5	0.5	0.5	0.5
渗析后酸度($mol \cdot L^{-1}$)	0.866	0.618	0.476	0.268	~0

基于铌的化学性质,在低浓硝酸中,实验结果难于重复,而醋酸纤维素半透膜的耐酸性能较差,介质酸度不宜太高,所以选择 0.5 $mol \cdot L^{-1}$ HNO_3 介质。为维护膜的性能,应尽量缩短渗析时间,用 30 V 电压,渗析速度较快。这些条件能满足铌胶体实验的要求。

3. 不同浓度铌的电渗析

铌浓度分别为示踪量、1×10^{-6} $mol \cdot L^{-1}$和 7×10^{-6} $mol \cdot L^{-1}$进行电渗析,

于不同时间取样测量，结果如图 5-12 所示。图中给出了中室、正级室 1 和负极室 1 等^{95}Nb 放射性活度份额随电渗析时间的变化。示踪量铌和 1×10^{-6} mol · L^{-1} Nb 的电渗析情况很相似。铌浓度为 7×10^{-6} mol · L^{-1}时，中室^{95}Nb 放射性活度份额下降快，而向负极 1 中的渗析份额却更低，这表明已形成胶体。电渗析时间在 2h 以上足以观察出是否有胶体形成。

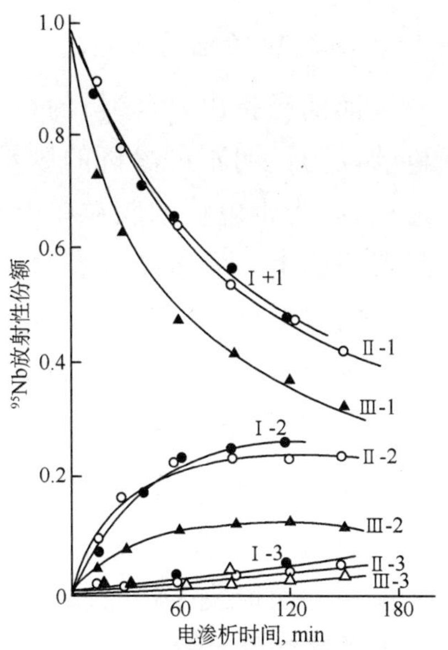

图 5-12　不同浓度铌的渗析

电压 30 V

Ⅰ. 示踪量^{95}Nb：Ⅰ-1 中室，Ⅰ-2 负室 1，Ⅰ-3 正极室 1。Ⅱ. 1×10^{-6} mol · L^{-1} Nb+^{95}Nb：Ⅱ-1 中室，Ⅱ-2 负极室 1，Ⅱ-3 正极室 1。Ⅲ. 7×10^{-6} mol · L^{-1} Nb+^{95}Nb：Ⅲ-1 中室，Ⅲ-2 负极室 1，Ⅲ-3 正极室 1

正极室 1 中的放射性份额很低，但随渗析时间的延长略有增加。对于三种不同铌浓度，这一变化规律基本一致。在电极丝上沉积的放射性表明，正极丝几乎没有放射性。另外，前文溶剂萃取铌的结果可知，在低浓硝酸中几乎没有阴离子形态的铌。因此向正极室 1 的少量渗析应归因于可渗析中性粒子的扩散。

4. *表观渗析率与铌浓度的关系*

在电场作用下，0.5 mol · L^{-1} HNO_3 中可渗析的铌绝大部分往负极室 1 迁移。用负极室 1 内的^{95}Nb 放射性份额作为表观渗析率（以区别于总渗析率），由表观渗析率的变化可以观察到铌胶体的形成情况。当胶体形成时，可渗析量减少，渗析率降低。图 5-13 给出 $1\times10^{-6}\sim2\times10^{-4}$ mol · L^{-1} Nb 范围内表观渗析率的变化。铌浓度小于 1×10^{-5} mol · L^{-1}时，随铌浓度的增加，可渗析量下降，到 7×10^{-6} mol · L^{-1}时，明显下降，表明已形成胶体。大于 1×10^{-5} mol · L^{-1} Nb 时，表明渗析率的变化出现两个“坪”，第一个“坪”在 $1\times10^{-5}\sim3\times10^{-5}$ mol · L^{-1}范围，可能是因为多分散度，部分细胶粒仍可渗析；第二个“坪”在 $4\times10^{-5}\sim2\times10^{-4}$ mol · L^{-1}（或更高的浓度），反映出胶体颗粒更粗，可渗析量更少。

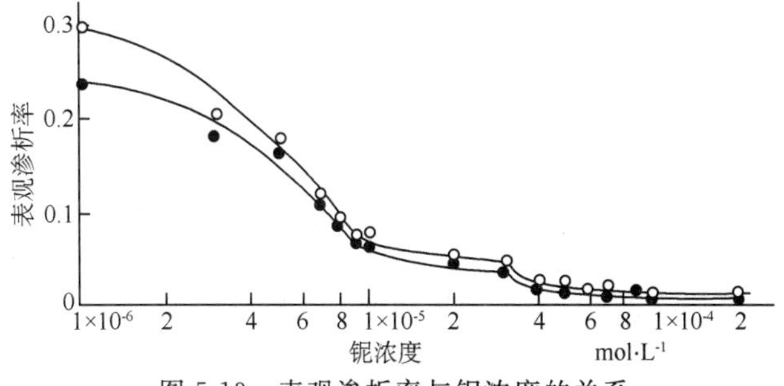

图 5-13　表观渗析率与铌浓度的关系

电压 30 V，电渗析时间：60 min　0150 min

5. 胶粒的电荷性质

前面已指出，可渗析的粒子主要是带正电荷和中性，而胶粒大部分是不可渗析的。为证明不可渗析的胶粒所带电荷的性质，将中室两侧的隔膜取下测量放射性，因为带电荷的胶粒在电场作用下也沿着相反电极方向运动而被隔膜阻滞，附着于膜上。测量结果表明，中极室与负极室 1 隔膜的放射性很强，与正极室 1 隔膜的放射性弱，前者是后者的 9 倍左右。可见在 0.5 mol · L^{-1} HNO_3 中形成的铌胶粒主要是带正电荷的。从图 5-12 所示中极室放射性活度变化趋势可判断，还有部分中性胶粒，而且这中性胶粒也会在隔膜上附着。

6. ^{134}Cs和草酸铌的渗析

由图 5-13 看出，铌浓度大于 4×10^{-5} mol · L^{-1}时，铌的表观渗析率很小。这现象一方面取决于铌胶粒的特性；另一方面，也可能由于铌胶粒在隔膜上凝结，使半透膜滤孔堵塞而改变了膜的渗析性能。为了认识清楚究竟是哪方面原因，用简单离子$^{134}Cs^+$ 进行试验。经过铌渗析实验后的隔膜不更换，仅用 0.5 mol · L^{-1} HNO_3溶液清洗渗析室数次，以除去溶液中的^{95}Nb，然后用^{134}Cs-0.5 mol · L^{-1} HNO_3为料液进行电渗析试验，结果示于图 5-14。中室的^{134}Cs很快进入负极室 1，再进入负极室 2，部分^{134}Cs在负极丝上沉积，可见隔膜仍然有渗析性能。正极室 1 渗析份额很小，应该是浓度梯度造成的扩散。

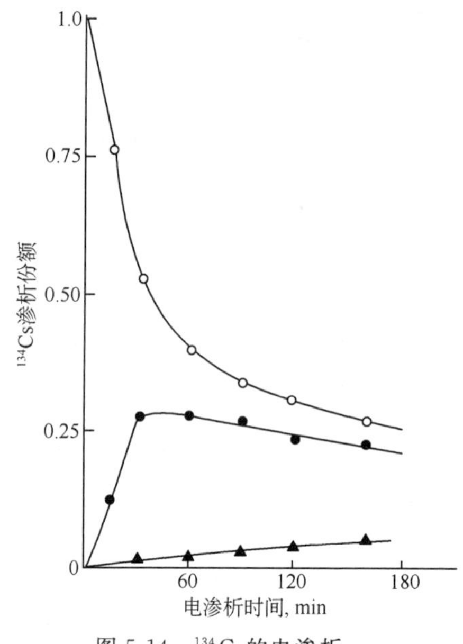

图 5-14　^{134}Cs的电渗析

○—中室；●—负极室 1；▲—正极室 1

紧接^{134}Cs试验后，用 0.5 mol · L^{-1} HNO_3溶液洗去渗析室内的^{134}Cs，沉积在隔膜上的铌胶粒仍然存在。往各室中加入11 mL 0.5 mol · L^{-1} $H_2C_2O_4$溶液，浸泡数日，并分别取各室内溶液 0.5 mL，测量^{95}Nb 放射性活度，其数据列于表 5-15。浸泡 24 h，绝大部分铌胶粒已被草酸溶解，而后逐渐向各室迁移。包括正极室 2 和负极室 2，两边分布基本对称。

表 5-15　未通电前各渗析室中草酸浸泡液的^{95}Nb 放射性

浸泡时间(h)	^{95}Nb 放射性　计数 · min^{-1}				
	正极室 2	正极室 1	中 室	负极室 1	负极室 2
24	28	286	3788	519	106
48	200	844	2693	736	258
72	477	936	2209	860	368

浸泡 72 h 后，在两极上加 50 V 电压渗析，因为 0.5 mol · L^{-1} $H_2C_2O_4$ 的电导比 0.5 mol · L^{-1} HNO_3 溶液的小，可提高电压，渗析结果如图 5-15 所示。铌向正极方向迁移，可见铌与草酸形成配位化合阴离子。

5.4.4　超离心法研究硝酸溶液中铌胶体的形成[26]

超离心法也是研究胶体的经典方法，一般认为离心力加速度在 10 000g 以上，就可使溶胶中的胶粒向着离心力方向沉积，从而观察是否形成胶体。Gue[1] 用超离心法研究过硝酸溶液中的铌胶体，本想测定胶粒沉积的平均速度和沉积常数，但实验结果很不一致，认为是铌溶胶的多分散度造成超离心实验结果重现性很差。

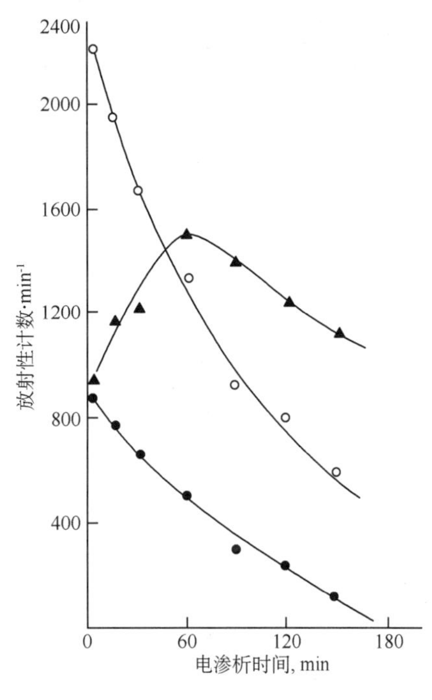

图 5-15　草酸铌的电渗析

○—中室；●—负极室 1；▲—正极室 1

文献[26]用超离心法研究了硝酸溶液中铌胶体的形成与铌浓度、硝酸浓度及温度等因素的关系，获得了较满意的结果。表明超离心法用于观察铌胶体形成是有效而简便的方法。

铌溶液的配制：用五氧化二铌与氢氧化钾熔融，用二次蒸馏水浸取熔融物，再用 1 mol · L^{-1} KOH 溶液配成 10^{-2}～10^{-3} 1 mol · L^{-1} Nb 的溶液，过滤后保存于塑料瓶内，铌浓度经重量法标定。

铌溶胶料液的配制：根据不同实验条件，于带磨口塞的试管内加入适量的重蒸馏水、硝酸、铌和 ^{95}Nb 溶液，总体积 10 mL，盖好磨口塞，剧烈振摇 0.5 min，放置于恒温箱内，在 95℃ 加热 2 h，使胶粒分散平衡，自然冷却至室温，次日使用。^{95}Nb 的相对浓度为 10^4 计数 min^{-1} · mL^{-1}。所有试管系玻璃质，内壁经硅烷处理。

超离心实验：将上日制备的铌溶胶料液摇匀，取 0.9 mL 注入到 1.5 mL 的塑料离心管内，放入高速离心机中，启动后逐渐加速到 16 000 γ · min^{-1}(17 000 g)，离心 20 min，停止。将各离心管旋转 180°，再离心 20 min，以减小胶粒在管壁上不均匀沉积。停止离心后，小心取出离心管，准确移取离心管内的溶液上、中、下部分各 0.3 mL 于 γ 射线测量管内，然后将离心管相应溶液部位割为上、中、下三部分，每部分加到相应的测量管内。最后测量 ^{95}Nb 的放射性计数率，计算各部分所占的放射性活度份额，总放射性活度为上、中、下部分之和。

1. 硝酸溶液中铌胶体的形成与铌浓度的关系

硝酸介质中铌溶液经过超离心后，测量[95]Nb放射性活度，可观察胶粒沉积现象，从而判断溶液体系中是否有胶体形成。对铌浓度在 $1\times10^{-6}\sim8\times10^{-5}$ mol·L^{-1} 范围进行实验，测得离心管内各部分的放射性活度份额与铌浓度的关系如图5-16、图5-17和表5-16所示。

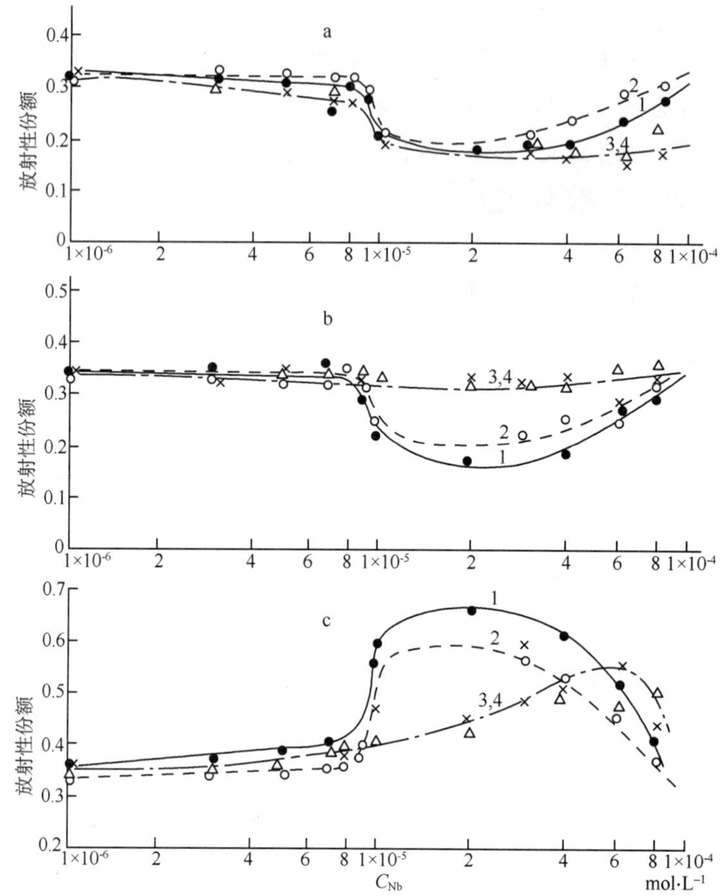

图 5-16 较低浓度硝酸溶液中离心后上、中、下层放射性份额与铌浓度的关系

a. 上层放射性份额；b. 中层放射性份额；c. 下层放射性份额

1. ●—0.5 mol·L^{-1} HNO_3；2. ○—1.0 mol·L^{-1} HNO_3；

3. △—2.0 mol·L^{-1} HNO_3；4. ×—3.0 mol·L^{-1} HNO_3

表 5-16 较高浓度硝酸溶液中离心后中层放射性份额与铌浓度关系

硝酸浓度 (mol·L^{-1})	铌浓度(mol·L^{-1})											
	1×10^{-6}	3×10^{-6}	5×10^{-6}	7×10^{-6}	8×10^{-6}	9×10^{-6}	1×10^{-5}	2×10^{-5}	3×10^{-5}	4×10^{-5}	6×10^{-5}	8×10^{-5}
	放射性份额											
4.0	0.337	0.343	0.326	0.331	0.341	0.322	0.324	0.331	0.331	0.327	0.318	0.271
5.0	0.337	0.327	0.344	0.337	0.345	0.332	0.339	0.331	0.316	0.322	0.302	0.327
6.0	0.325	0.346	0.320	0.335	0.339	0.343	0.332	0.330	0.339	0.321	0.355	0.317
8.0	0.342	0.342	0.332	0.337	0.328	0.348	0.339	0.338	0.339	0.316	0.344	0.335

图 5-16 表明，在 0.5～1.0 $mol \cdot L^{-1}$ HNO_3 中，铌浓度小于 7×10^{-6} $mol \cdot L^{-1}$ 时，上、中、下层的放射性活度份额变化很小，说明基本上未形成胶体，铌浓度为 7×10^{-6}～9×10^{-6} $mol \cdot L^{-1}$ 时，上、中层放射性份额变低，下层份额变高，明显观察到胶体形成。在 9×10^{-6}～1×10^{-5} $mol \cdot L^{-1}$ Nb 时，曲线 1 和 2 发生突变，上层和中层的放射性份额剧减，而下层则剧增。说明在 0.5 和 1.0 $mol \cdot L^{-1}$ HNO_3 中，铌浓度为 7×10^{-6} $mol \cdot L^{-1}$ 时开始形成胶体，大于 9×10^{-6} $mol \cdot L^{-1}$ 则大部分铌都形成胶体。这与电渗板法于 0.5 $mol \cdot L^{-1}$ HNO_3 中研究铌胶体形成的结果相符合。图 5-16 中层放射性份额，即曲线 3 和 4(2.0 和 3.0 $mol \cdot L^{-1}$ HNO_3)平稳，表明上层沉到中层与中层沉到下层的量相似。

在铌浓度大于 3×10^{-5} $mol \cdot L^{-1}$ 后，曲线变化发生反常现象，随着铌浓度增大，上层和中层的放射性份额上升趋向初始的平均份额，而下层也趋向初始值。这是由于离心管在离心过程与水平方向成一倾斜角度，酸度低时造成铌胶粒附着于管壁上不能继续沉积。铌浓度越大，附着越严重。取铌浓度为 1×10^{-6} 和 8×10^{-5} $mol \cdot L^{-1}$ 的 0.5 $mol \cdot L^{-1}$ HNO_3 溶液各 2 份于离心管内，1 份静置约 40 min，另 1 份按超离心操作 40 min，然后都弃去溶液，测量离心管内附着的放射性活度，结果为：1×10^{-6} $mol \cdot L^{-1}$ Nb 溶液，静置的管内保留 1.4%，经超离心的保留 5.8%；而 8×10^{-5} $mol \cdot L^{-1}$ Nb 溶液，静置的管内保留 14%，经过超离心的保留 65%；而且经过超离心后的离心管于 0.5 $mol \cdot L^{-1}$ HNO_3 溶液中浸泡一昼夜，大部分放射性仍然留在管内。由于铌胶粒在管壁上附着，所以在实验中，取出各部分溶液后，再将离心管沿相应部位分成三份，分别加到相应的溶液中测量计数率，以计算放射性份额。

图 5-17 表示 4.0～8.0 $mol \cdot L^{-1}$ HNO_3 的铌溶液超离心后上层和下层放射性份额与铌浓度的关系。其中 6.0 和 8.0 $mol \cdot L^{-1}$ HNO_3 中的变化关系相近，用曲线 3 和 4 表示。从图 5-17 看出，在较高浓度的硝酸溶液中，随着铌浓度增大，形成铌胶体也增加，但比较缓慢，而且上层放射性份额的减少与下层的增加相一致。中层放射性份额变化很小，其数据列于表 5-16。

2. 硝酸浓度与铌胶体形成的关系

在 0.5～8.0 $mol \cdot L^{-1}$ HNO_3 溶液中观察不同浓度的铌形成胶体与硝酸浓度的关系，结果如图 5-18 所示，其中放射性份额是指超离心后的下层 ^{95}Nb 放射性活度份额。图中可见，浓度为 1×10^{-6} $mol \cdot L^{-1}$ 的铌在 0.5～8.0 $mol \cdot L^{-1}$ HNO_3 中都不形成胶体(曲线 1)。7×10^{-6}～9×10^{-6} $mol \cdot L^{-1}$ Nb 在硝酸中部分地形成胶体(曲线 2 和 3)。1×10^{-5}～4×10^{-5} $mol \cdot L^{-1}$ Nb 在硝酸溶液中，随着酸度增高形成胶体减少(曲线 4、5 和 6)。

硝酸浓度对铌胶体的分散性质也有影响，由图 5-16 和图 5-17 以及表 5-16 看

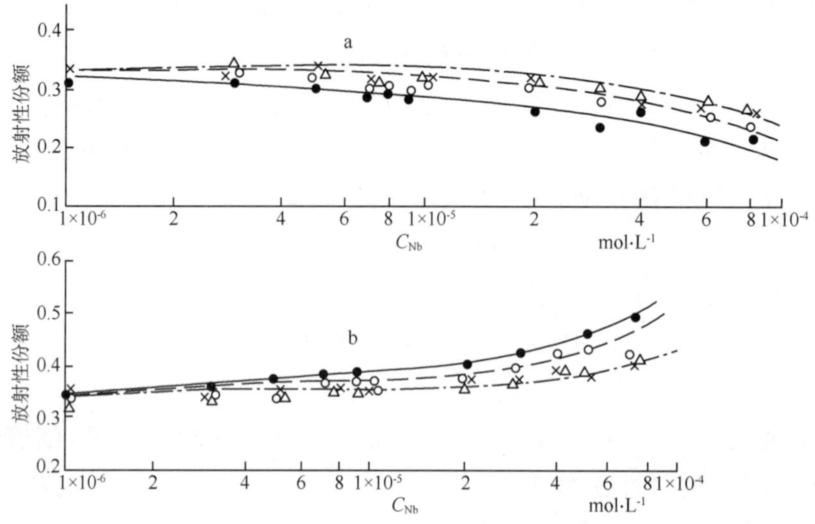

图 5-17　较高浓度硝酸溶液中离心后上层和下层放射性份额与铌浓度的关系

a. 上层放射性份额；b. 下层放射性份额

1. ●—4.0 mol·L^{-1} HNO_3；2. ○—5.0 mol·L^{-1} HNO_3；

3. △—6.0 mol·L^{-1} HNO_3；4. ×—8.0 mol·L^{-1} HNO_3

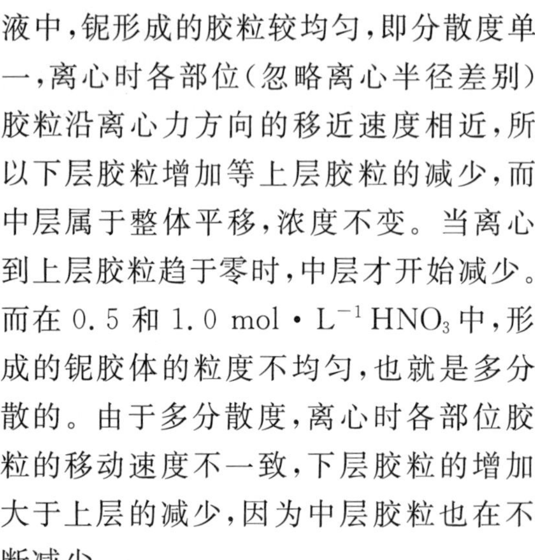

出，在硝酸浓度高于 2.0 mol·L^{-1} 的溶液中，铌形成的胶粒较均匀，即分散度单一，离心时各部位(忽略离心半径差别)胶粒沿离心力方向的移近速度相近，所以下层胶粒增加等上层胶粒的减少，而中层属于整体平移，浓度不变。当离心到上层胶粒趋于零时，中层才开始减少。而在 0.5 和 1.0 mol·L^{-1} HNO_3 中，形成的铌胶体的粒度不均匀，也就是多分散的。由于多分散度，离心时各部位胶粒的移动速度不一致，下层胶粒的增加大于上层的减少，因为中层胶粒也在不断减少。

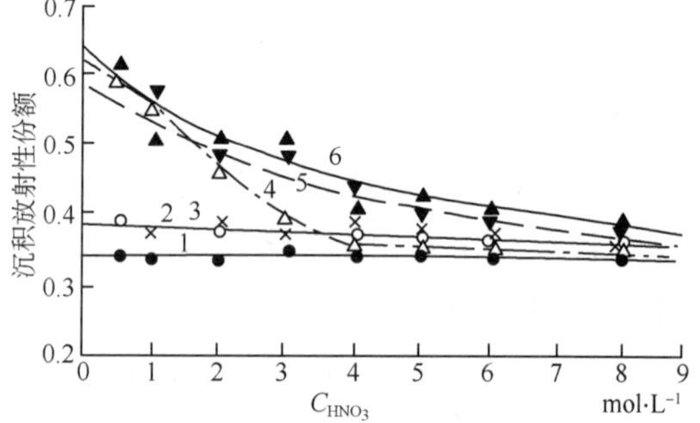

图 5-18　铌胶体沉积份额与硝酸浓度的关系

1. ●—1×10^{-6} mol·L^{-1}Nb；

2. ○—7×10^{-6} mol·L^{-1}Nb；

3. ×—9×10^{-6} mol·L^{-1}Nb；

4. △—1×10^{-5} mol·L^{-1}Nb；

5. ▼—3×10^{-5} mol·L^{-1}Nb；

6. ▲—4×10^{-5} mol·L^{-1}Nb

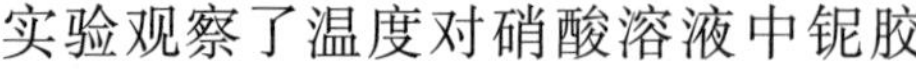

实验观察了温度对硝酸溶液中铌胶体形成的影响，在实验温度为 9℃、20℃、50℃和 95℃等条件，未观察到温度对胶体形成引起的差别，即温度对铌胶体的形成影响小。

5.5 硝酸介质中铌的吸附行为

硝酸介质中没有强配位化合阴离子存在时，示踪量铌强烈地被任何沉淀物吸附和附着于容器壁，这是铌的典型行为。在早期的核燃料后处理工艺中，首端溶解液絮凝预处理时，添加二氧化锰等固体可载带大部分铌。

硅胶对铌的吸附选择性很强。Caletka 研究了硅胶分离^{95}Zr 和^{95}Nb，在硅胶-12 mol·L^{-1} HNO_3体系中使^{95}Nb 吸附在硅胶上，^{95}Zr 留在溶液中，达到分离目的。分离后的^{95}Zr 溶液中，^{95}Nb 放射性活度占 3.7%。

文献[28]研究了硅胶吸附^{95}Nb 的行为，在 4 mol·L^{-1} HNO_3溶液中，铀对^{95}Nb的吸附没有影响。在 0.2～15 mol·L^{-1} HNO_3范围内，铌的硝酸溶液处理方法不同，则铌的吸附行为也不同(见图 5-19)。图中曲线 1 是纯^{95}Nb 的 4 mol·L^{-1} HNO_3溶液通过硅胶柱而穿透的那部分不吸附的^{95}Nb，经过调节酸浓度后进行单级吸附实验，吸附率随硝酸浓度的增加而增加。曲线 2 是^{95}Zr-^{95}Nb 混合的溶液进行单级吸附实验，用多道 γ 射线能谱仪测得^{95}Nb 的吸附数据。曲线 3 是用 10% H_2O_2从硅胶柱上解吸所得^{95}Nb，经破坏 H_2O_2后，调节酸度进行实验得到的数据。

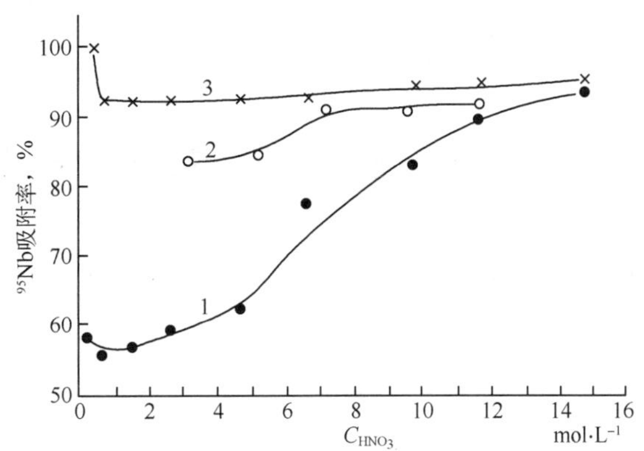

图 5-19 硅胶吸附^{95}Nb 与硝酸浓度的关系

实验条件：不同料液各 4 mL，硅胶 200 mg(60～100 目)，振摇 1 h；

温度：1. ●—15℃；2. ○—28℃；3. ×—15℃

用硅胶吸附法从混合裂变产物的硝酸溶液中直接分离了^{95}Zr 和^{95}Nb，所得^{95}Zr中含 Nb<0.4%，^{95}Nb 中含^{95}Zr<0.1%。对^{106}Ru、^{137}Cs 和^{144}Ce 等的去污因子大于 3×10^4。γ 射线能谱示于图 5-20。多年来都用这个方法从混合裂变产物中直接提取^{95}Zr 和^{95}Nb。

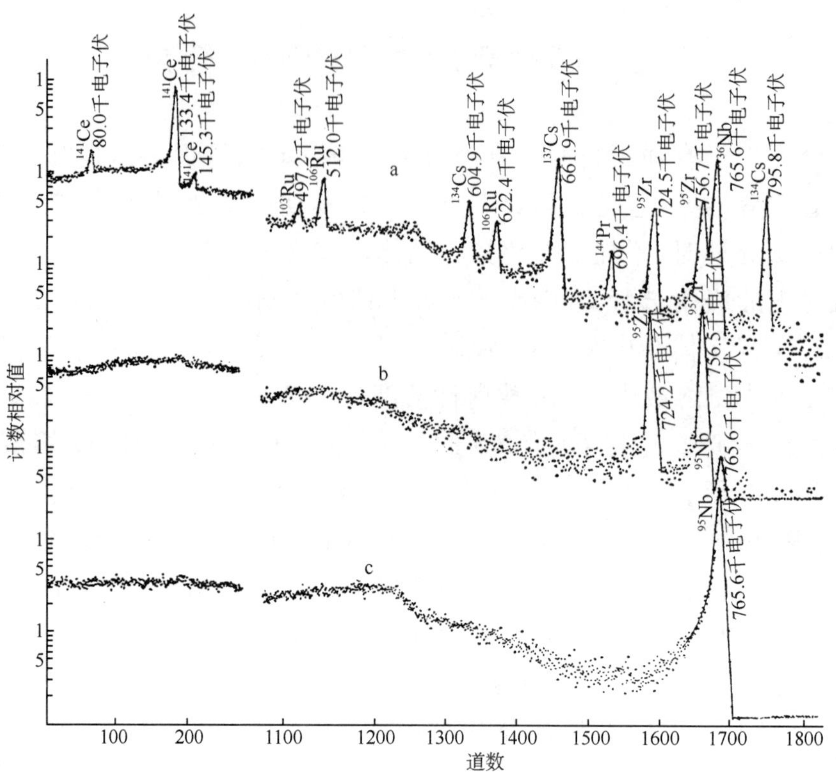

图 5-20　混合裂变产物和纯^{95}Zr、^{95}Nb 的 γ 射线能谱

a. 混合裂变产物溶液；b. ^{95}Zr 产品；c. ^{95}Nb 产品

5.6　Purex 流程中铌进入有机相之机理讨论

水相中硝酸浓度小于 6 mol · L^{-1}时，TBP 萃取铌的 D_{Nb}很小，但是在 Purex 流程中实际进入有机相的^{95}Nb 量大得多。为寻找这个原因所进行的研究工作得出的结果看来原因比较复杂，大致可从下列三方面来考虑。

1. 固体吸附和分散

认为^{95}Nb 吸附在像 SiO_2这样的固体微粒(载体)上再分散到有机相中。这种观点比较早就提出，Maya[21]为了验证这观点，进行了一些研究工作。他选择二氧化硅和一丁基磷酸锆(Zr-MBP)作为固体微粒，加到 TBP 有机相和硝酸水相的萃取体系中，试验结果表明，二氧化硅和一丁基磷酸锆都不增加铌的萃取。但是他认为，尽管如此，二氧化硅和一丁基磷酸锆的存在会造成乳化并会分散到有机相，因而引起铌进入有机相的表观增加。

2. 辐解产物萃取铌

TBP 的降解产物使萃取铌增加，这在比较早的时候就得到公认了，后来文献

[21]指出,次级降解产物 HBLP 也可能是增加钌萃取的因素。文献[20]明确提出,降解产物会使萃取钌增加,其中起主要作用的是 HDBP。当吸收剂量不太高($<1\times10^5$Gy)时,由于 TBP 与 HDBP 反协同效应,会使 HDBP 萃取钌受到抑制。但是当水相存在一定浓度(如 5×10^{-3}mol · L^{-1})钼时,会使这种反协同效应明显削弱而使钌的萃取明显增加,这可能是钌进入有机相的重要原因之一(详见第十章)。

3. 裂变产物元素的共萃取

乏核燃料中高产额裂变产物元素的浓度比较高,相互之间的化学行为有影响,已有研究表明,一定量的钼和锆存在会增加钌的萃取(详见第十章)。

参考文献

[1] Gue, J. P., CEA-R-4805,1977.

[2] G. 弗里德兰德等著,冯锡璋等译. 核化学与放射化学. 第 433 页. 北京:原子能出版社,1988.

[3] 曹锡章等修订《无机化学》下册(第三版)第 942—950 页 . 高等教育出版社,2001.

[4]《科学技术百科全书》第 7 卷. 第 292—294 页,北京:科学出版社,1980.

[5] 戴安邦《无机化学教程》下册. 第 880—885 页. 高等教育出版社,1958.

[6] 林灿生. 核科学与工程. 10(4)350,1990.

[7] 秦光荣. 分析化学. 6(6)474,1978.

[8] Hardy, C. J. , Scargill, D. , J. Inorg. Nucl Chem. , 13, 174,1960.

[9] 林灿生,等."硝酸介质中钌溶液的稳定性研究". 中国原子能科学研究院放射化学研究所,内部资料,1993.

[10]林灿生,等. 原子能科学技术 19(2)198,1985.

[11] Цалеmka, P. , Pagиохимия,12(4) 554,1970.

[12] Scadden, E. M. , et al. , Anal. Chem. , 25, 1602,1953.

[13] Moore, J. G. ,et al. , ORNL—3285,1962.

[14]《萃取流程中放射性钌的化学》复旦大学内部资料,1966.

[15] 勃列日涅娃,H. E. , 原子能. 1963 年第 11 期,955 页.

[16] 林灿生"硝酸溶液中裂变产物元素钌的溶剂萃取研究"中国原子能科学研究院放射化学研究所,内部资料,1988.

[17] 林灿生,黄美新,等. 中国核科技报告. CNIC—00251,IAE—0063,1988.

[18] 林灿生,黄美新. 原子能科学技术. 19(1) 114,1985.

[19] Brown, P. G. M. , et al. , Proc. U. N. Int. Conf. Peaceful Uses at Geneva. 17, 118, 1958.

[20] 林灿生,黄美新. 原子能科学技术,25(6) 29,1991.

[21] Maya, L., J. Inorg. Nucl., Chem., 41, 1193,1979.
[22] 吴鸿俭主编,《物理化学与胶体化学》第 321 页. 北京:人民卫生出版社,1964.
[23] 南京大学化学系编.《物理化学词典》第 454 页. 北京:科学出版社,1988.
[24] 傅献彩、沈文霞,等编.《物理化学》五册. 第 987 页,北京:高等教育出版社,2001.
[25] 林灿生、张崇海,等. 核化学与放射化学. 12(3) 140,1990.
[26] 林灿生、张先梓,等. 原子能科学技术. 26(1) 8,1992.
[27] Caletkd, R., J. Radioanal. Chem., 20, 541,1974.
[28] 林灿生,朱国辉. 原子能科学技术. 11(4)383,1977.

第六章　裂变产物元素钼的过程化学

6.1　概　述

裂变产物元素钼的放射性同位素都是短寿命的，经过冷却后留存的都是钼的稳定同位素，在工艺过程中有关放射性核素的去污，对裂变产物元素钼并无要求。但是留存的钼稳定同位素的裂变产额比较高，在乏燃料溶解液中，裂变产物元素钼的浓度比较高，其突出的问题是会形成次级沉淀。

6.1.1　裂变产物元素钼的主要同位素

天然元素钼有 7 个同位素：^{92}Mo、^{94}Mo、^{95}Mo、^{96}Mo、^{97}Mo、^{98}Mo 和^{100}Mo，都是稳定同位素。裂变产物元素钼也有裂变产额较高的 4 个稳定同位素：^{95}Mo、^{97}Mo、^{98}Mo 和^{100}Mo，此外，裂变产物^{92}Mo、^{94}Mo 和^{96}Mo 因其衰变链中存在屏蔽核^{92}Zr、^{94}Zr 和^{96}Zr，所以这 3 个钼同位素的裂变产额很低，作为稳定核素，一般忽略不计。裂变产物钼的其他同位位素都是放射性核素。表 6-1 列出了钼的主要同位素（半衰期＞10 min）及其相关参数。

表 6-1　钼的主要同位素及其相关参数[1]

同位素	半衰期	衰变类型及分支比（%）	主要 β 粒子能量（keV）及强度（%）	主要 γ 射线能量（keV）及强度（%）	来源及丰度（%）
^{90}Mo	5.56h	ε(75.1) β^+(24.9)	1085(24.9)	122.37(64) 257.34(78)	$^{93}Nb(p,4n)$
^{91}Mo	15.49 min	ε(6.24) β^+(93.76)	3412(93.34)	1637.3(0.329) 2631.9(0.118)	$^{92}Mo(n,2n)$
^{92}Mo	稳定				天然， 裂变产物
^{93}Mo	6.85h	IT(99.88)		263.06(56.7) 684.67(99.7) 1477.11(99.1)	$^{93}Nb(p,n)$， $^{92}Mo(n,r)$

续表

同位素	半衰期	衰变类型及分支比(%)	主要β粒子能量(keV)及强度(%)	主要γ射线能量(keV)及强度(%)	来源及丰度(%)
^{94}Mo	稳定				天然, 裂变产物
^{95}Mo	稳定				天然, 裂变产物
^{96}Mo	稳定				天然 裂变产物
^{97}Mo	稳定	β^-(100)	60.6(97.5) 91.4(2.5)	30.77(0.000557)	天然, 裂变产物
^{98}Mo	稳定				天然, 裂变产物
^{99}Mo	2.747d	β^-(100)	436.6(16.4) 848.1(1.14) 1214.5(82.4)	140.51(89.6) 181.06(6.01) 366.42(1.194) 739.5(12.12) 777.92(4.26)	$^{98}Mo(n,\gamma)$ 裂变产物
^{100}Mo	稳定				天然, 裂变产物
^{101}Mo	14.61 min	β^-(100)	767(2.76) 776(20.6) 862(15.0) 926(2.61) 1018(3.3) 1504(6.6) 1796(7.5) 2218(9.3) 2616(12.8)	191.92(18.21) 505.92(11.6) 590.1(19.2) 695.56(6.66) 1012.47(13.0) 1532.49(6.14) 2032.1(6.59)	$^{100}Mo(n,\gamma)$ 裂变产物
^{102}Mo	11.3 min	β^-(100)	654(4.8) 790(1.1) 1014(94.1)	148.19(3.8) 211.66(3.8) 223.83(1.44)	裂变产物

6.1.2 裂变产物元素钼主要同位素的裂变产额及其衰变链

几种易裂变核的热子中(T)和裂变谱中子(F)诱发裂变时,生成裂变产物元素钼的主要同位素之产额列于表 6-2。^{235}U 和 ^{239}Pu 裂变时,^{98}Mo 的产额很相近,用做总燃耗的监测体较好。

表 6-2　裂变产物元素钼主要同位素的裂变产额[2]

易裂变核	裂变产物核素的产额						
	^{95}Mo	^{97}Mo	^{98}Mo	^{99}Mo	^{100}Mo	^{101}Mo	^{102}Mo
$^{235}U(T)$	6.494	5.960	5.806	6.113	6.200	5.077	4.223
$^{235}U(F)$	6.371	5.969	5.895	5.773	6.271	5.347	4.529
$^{239}Pu(T)$	4.888	5.375	5.884	6.174	6.811	5.950	5.007
$^{239}Pu(F)$	4.662	5.288	5.613	5.997	6.537	6.536	6.518
$^{241}Pu(T)$	4.088	4.898	5.146	6.314	6.095	5.971	6.351
$^{233}U(T)$	6.191	5.476	5.176	4.893	4.400	3.232	2.441

裂变产物元素钼主要同位素的衰变链如下：

$$^{95}Sr \xrightarrow{\beta^-} {}^{95}Y \xrightarrow{\beta^-} {}^{95}Zr \xrightarrow{\beta^-} {}^{95}Nb \xrightarrow{\beta^-} {}^{95}Mo$$
23.9s　10.3min　64.0d　35.0d　稳定

$$^{97}Sr \xrightarrow{\beta^-} {}^{97}Y \xrightarrow{\beta^-} {}^{97}Zr \xrightarrow{\beta^-} {}^{97}Nb \xrightarrow{\beta^-} {}^{97}Mo$$
0.429s　3.75s　16.7h　72.1min　稳定

$$^{98}Sr \xrightarrow{\beta^-} {}^{98}Y \xrightarrow{\beta^-} {}^{98}Zr \xrightarrow{\beta^-} {}^{98}Nb \xrightarrow{\beta^-} {}^{98}Mo$$
0.653s　0.548s　30.7s　2.86sh　稳定

$$^{99}Sr \xrightarrow{\beta^-} {}^{99}Y \xrightarrow{\beta^-} {}^{99}Zr \xrightarrow{\beta^-} {}^{99}Nb \xrightarrow{\beta^-} {}^{99}Mo \xrightarrow[(0.130)]{\beta^-} {}^{99}Tc \xrightarrow{\beta^-}$$
0.269s　1.47s　2.1s　15s　66.03h　(0.130)　2.14×10^5a

$$^{99}Mo \xrightarrow[(0.870)]{\beta^-} {}^{99m}Tc \xrightarrow{6.019h} {}^{99}Tc$$

$$^{100}Sr \xrightarrow{\beta^-} {}^{100}Y \xrightarrow{\beta^-} {}^{100}Zr \xrightarrow{\beta^-} {}^{100}Nb \xrightarrow{\beta^-} {}^{100}Mo$$
0.202s　0.94s　7.10s　1.50s　稳定

$$^{101}Sr \xrightarrow{\beta^-} {}^{101}Y \xrightarrow{\beta^-} {}^{101}Zr \xrightarrow{\beta^-} {}^{101}Nb \xrightarrow{\beta^-} {}^{101}Mo \xrightarrow{\beta^-} {}^{101}Tc \xrightarrow{\beta^-} {}^{101}Ru$$
0.118s　0.45s　2.3s　7.30s　14.6min　14.2min　稳定

$$^{102}Sr \xrightarrow{\beta^-} {}^{102}Y \xrightarrow{\beta^-} {}^{102}Zr \xrightarrow{\beta^-} {}^{102}Nb \xrightarrow{\beta^-} {}^{102}Mo \xrightarrow{\beta^-} {}^{102}Tc \xrightarrow{\beta^-} {}^{102}Ru$$
69ms　355ms　2.9s　1.3s　11.3min　5.3s　稳定

6.2　钼的化学性质

6.2.1　钼的一般性质[3-6]

钼是元素周期表中 VIB 族元素，价电子层结构为 $4d^5 5s^1$。和其他 d 区元素一样，它的 d 电子可以部分或全部参加成键，表现出多种氧化态的特性。在自然界中钼主要以辉钼矿(MoS_2)存在，说明在地质条件下＋4 价最稳定；在溶液中若没有特殊的氧化剂或还原剂存在，钼一般呈＋6 价状态。低价钼具有还原性，易变为＋6 价，水溶液中三价钼可存在，六价钼最稳定。

在常温下，钼对于空气和水都是稳定的，浓盐酸、稀硝酸、甚至氢氟酸以及硷溶液对钼均不起作用，但是氟和钼会发生剧烈反应。钼仅溶解于浓硝酸、王水以及热的浓硫酸中。在 500～600℃时，钼在氧气中燃烧，生成 MoO_3；在 700～800℃时，钼会与氯反应生成钼的氯化物，更高的温度（白炽）时溴也会与钼作用；钼与碳在 1100℃以上化合为 Mo_2C；将钼粉在氨气中加热，可生成 Mo_2N 或 MoN。

6.2.2 钼的主要化合物[3,4,5,7]

1. 氧化物

组成确定的钼氧化物是 MoO_2 和 MoO_3。将水蒸气通过灼红的钼，即得二氧化钼 MoO_2：

$$Mo + 2H_2O \xrightleftharpoons{\text{灼红}} MoO_2 + 2H_2 \tag{6-1}$$

式(6-1)是可逆反应，MoO_2 是棕紫色粉末，具有金属光泽，导电性很好，不溶于酸和碱。在 500～600℃，MoO_2 与氯气作用可生成 MoO_2Cl_2：

$$MoO_2 + Cl_2 = MoO_2Cl_2 \tag{6-2}$$

硝酸也能氧化 MoO_2 为 MoO_3。

在空气中灼烧硫化钼（MoS_2）或金属钼时得到的是三氧化钼：

$$2MoS_2 + 7O_2 \xrightleftharpoons{\text{灼烧}} 2MoO_3 + 4SO_2 \tag{6-3}$$

$$2Mo + 3O_2 \xrightleftharpoons{\text{灼烧}} 2MoO_3 \tag{6-4}$$

MoO_3 是白色晶体，加热时变为黄色，冷却后又恢复原来的颜色。固体三氧化钼不导电，在熔融状态时是电的良导体。钼酸脱水形成 MoO_3，但是水处理三氧化钼并不得到钼酸。用乙醇和盐酸一起处理 MoO_3 可得五价钼的化合物：

$$2MoO_3 + C_2H_5OH + 6HCl = 2MoOCl_3 + CH_3CHO + 4H_2O \tag{6-5}$$

三氧化钼在 797℃时熔融为深黄色液体，但是在熔点以下就有显著的升华现象。尽管有人认为低于 780℃，MoO_3 不会升华，可是对于分析程序中灼烧 MoO_3 的温度仍然推荐 500～550℃，以避免升华造成的负偏差。

2. 卤化物

钼的几种卤化物列于表 6-3。钼的氟化物只有一种，即 MoF_6，它是金属钼与干燥氟气在铂金管中直接作用生成，熔点 18℃，沸点 35℃，它是极易吸水的白色晶体。

表 6-3 钼的几种卤化物

钼价态	卤化物			
	F	Cl	Br	I
二价	—	Mo_6Cl_{12}	—	MoI_2
三价	—	$MoCl_3$	$MoBr_3$	—
四价	—	$MoCl_4$	$MoBr_4$	MoI_4
五价	—	$MoCl_5$	—	—
六价	MoF_6	—	—	—

在氯气中加热钼粉，即得到墨绿色 $MoCl_5$ 晶体，熔点 194℃，沸点 268℃。$MoCl_5$ 固体不导电，甚至熔融状也几乎不导电。在空气中加热 $MoCl_5$，它被氧化为白色的 MoO_2Cl_2：

$$2MoCl_5 + 2O_2 \xlongequal{\triangle} 2MoO_2Cl_2 + 3Cl_2 \tag{6-6}$$

五氯化钼遇水会分解而生成绿色的 $MoOCl_3$：

$$MoCl_5 + H_2O = MoOCl_3 + 2HCl \tag{6-7}$$

将 $MoCl_5$ 在氢气流中加热至 250℃，它分解为暗红色的三氯化钼 $MoCl_3$：

$$MoCl_5 \xlongequal{H_2} MoCl_3 + Cl_2 \tag{6-8}$$

分解产物 Cl_2 与 H_2 反应生成气态 HCl 挥发，有利于分解反应进行。用金属钼也可以还原 $MoCl_5$ 为 $MoCl_3$：

$$3MoCl_5 + 2Mo = 5MoCl_3 \tag{6-9}$$

3. 钼酸和钼酸盐

三氧化钼溶解于碱溶液中形成简单的钼酸盐（正钼酸盐），并能从溶液中结晶析出。辉钼矿焙烧时生成 MoO_3 用氨水溶解可得到正钼酸铵：

$$MoO_3 + 2NH_4OH = (NH_4)_2MoO_4 + H_2O \tag{6-10}$$

正钼酸根阴离子 MoO_4^{2-} 不论是在固体晶体中或在溶液中，其离子构型都是四面体，Mo 原子居中心，四个顶角都是氧原子。只有碱金属、铵、铍、镁和铊的正钼酸盐可溶于水，其他金属的盐都难溶于水。可溶盐中最重要的是钠盐 Na_2MoO_4 和铵盐 $(NH_4)_2MoO_4$。钼酸钠有两个水合物，不同温度时会相互转变：

$$Na_2MoO_4 \cdot 10H_2O \xrightleftharpoons{10℃} Na_2MoO_4 \cdot 2H_2O \xrightleftharpoons{100℃} Na_2MoO_4 \tag{6-11}$$

难溶盐中有些很重要，例如钼酸铅（$PbMoO_4$）常用于钼的重量分析。

在浓硝酸溶液中，正钼酸盐会转化为水合钼酸 $H_2MoO_4 \cdot H_2O$ 而析出，是黄色晶体，逐渐加热到 61℃时，会脱水变为白色的钼酸 H_2MoO_4，它在水中的溶解度很低，18℃时，每升水约溶 1 克 H_2MoO_4，溶液显强酸性。钼酸实际上是水合

MoO_3，H_2MoO_4和 $H_2MoO_4 \cdot H_2O$ 实际上是 $MoO_3 \cdot H_2O$ 和 $MoO_3 \cdot 2H_2O$。后者 2 个 H_2O 分子中，一个水分子与 Mo 结合，另一个水分子以氢键结合在晶格中。

4. 钼蓝

钼会生成多种特殊的化合物，其中之一是钼蓝。正钼酸盐被缓和地还原时，生成深蓝色的钼蓝。用 Sn(Ⅱ)将 Mo(Ⅵ)部分还原，可以得到钼蓝，其组成介于 $MoO(OH)_3$和 MoO_3之间。所以钼蓝是 5 价和 6 价钼的氢氧化物—氧化物混合体。根据钼蓝的生色特点建立的钼蓝比色法，在分析化学中得到成功应用。

6.3 溶液中钼的状态

6.3.1 溶液中的钼离子[4,5,8,9]

钼在溶液中有很强的形成复杂阴离子的倾向：

$$MoO_4^{2-} \rightarrow Mo_6O_{19}^{2-} \rightarrow Mo_7O_{24}^{6-} \rightarrow Mo_8O_{26}^{4-} \rightarrow \text{更大分子} \tag{6-12}$$

各种状态和溶液的酸度(pH 值)直接相关。将三氧化钼的氨水溶液(MoO_4^{2-})缓慢酸化，当 pH 值降低到约为 6 时，生成 $Mo_7O_{24}^{6-}$ 离子：

$$7MoO_4^{2-} + 8H^+ = Mo_7O_{24}^{6-} + 4H_2O \tag{6-13}$$

这时得到的铵盐是异钼酸铵$(NH_4)_6Mo_7O_{24} \cdot 4H_2O$，或称仲钼酸铵，是实验室常用的试剂。将溶液继续酸化，则形成八钼酸根阴离子 $Mo_8O_{26}^{4-}$。

文献[8]报道了钼酸溶液的喇曼光谱研究，得到钼酸根阴离子状态与溶液 pH 值的对应关系。pH≤6 的钼酸样品溶液的制备：取一定量的钼酸钠溶液通过氢型阳离子交换柱，得无钠离子的钼酸溶液，用去离子水配成钼浓度为 0.2 $mol \cdot L^{-1}$的溶液，这时 pH 约为 1.5。以此溶液为料液，控制氢氧化钠溶液滴加量，获得实验所需各 pH 值的溶液。pH>6 的钼酸样品溶液的配制：取一定量钼酸钠溶液，用去离子水稀释，使钼浓度为 0.2 $mol \cdot L^{-1}$，这时 pH 值约为 9.7。控制盐酸溶液的滴加量，获得实验所需各 pH 值的溶液。测各 pH 值溶液的喇曼光谱，如图 6-1 所示。图 6-1 中各谱峰表征溶液中钼酸根形态的对应关系列于表 6-4。

pH>6.4 时，在 897 cm^{-1}、837 cm^{-1}和 317 cm^{-1}处出现谱带，说明溶液中钼以单核钼酸根阴离子存在，即正钼酸根 MoO_4^{2-}。

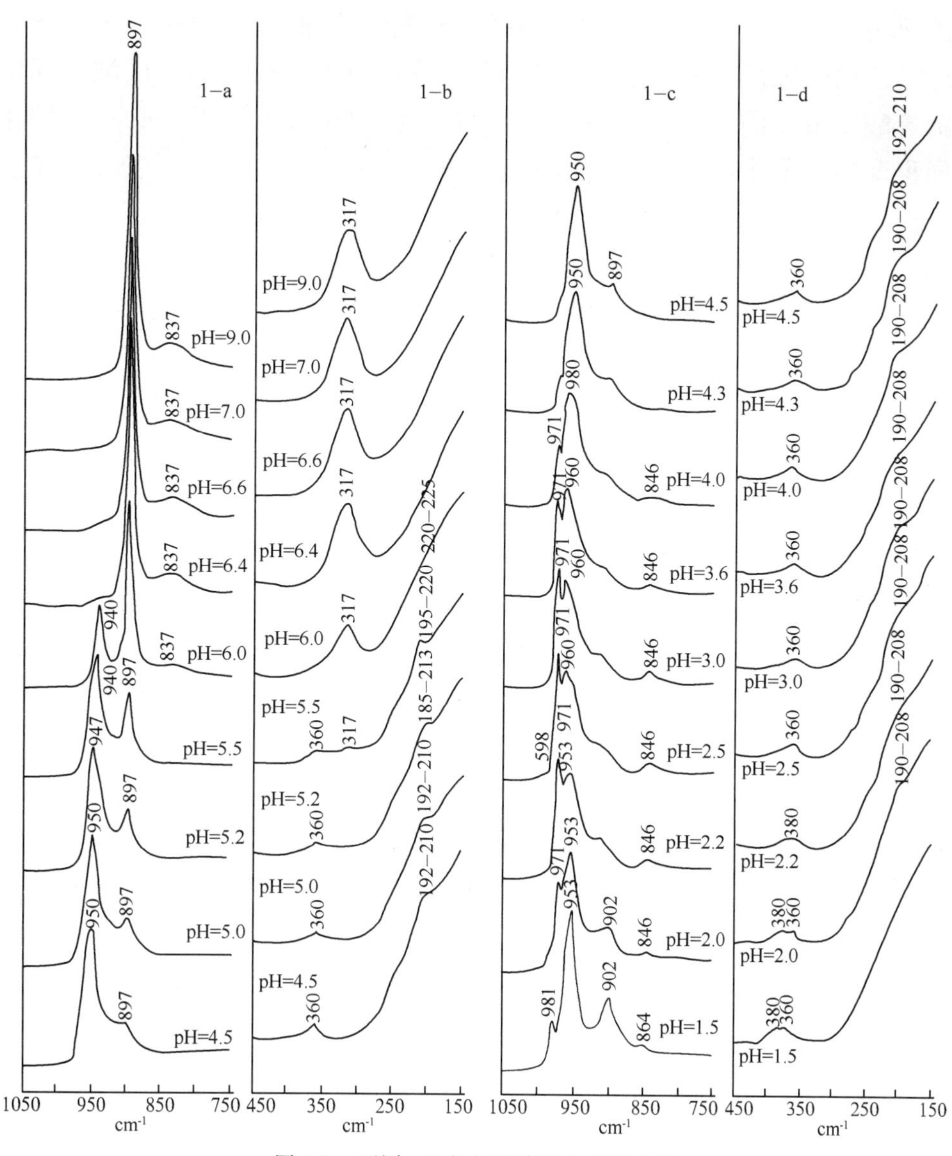

图 6-1　不同 pH 的钼酸溶液之喇曼光谱

表 6-4　钼酸根阴离子的特征喇曼谱

钼酸根形态	喇曼谱特征峰 (cm^{-1})	钼酸根形态	喇曼谱特征峰 (cm^{-1})
MoO_4^{2-}	897	$Mo_8O_{26}^{4-}$	971
$Mo_7O_{24}^{6-}$	940	$Mo_6O_{19}^{2-}$	981
$HMo_7O_{24}^{5-}$	947	$MoO_4^{2-}\cdot(MoO_3)_{11}$	902($MoO_4^{2-}\cdot$)
$H_2Mo_7O_{24}^{4-}$	950		953($\cdot[MoO_3]_{11}$)
$H_3Mo_7O_{24}^{3-}$	960	多核(O—Mo—O)	360

溶液 pH 值为 6.4～4.3 时，随溶液酸度增加，897 cm^{-1}、837 cm^{-1} 和 317 cm^{-1} 三谱带强度下降，有的峰已消失。而在 940～960 cm^{-1} 区域出现谱带，并且随着酸度增加谱峰向高波数方向位移。这表明 MoO_4^{2-} 向 $Mo_7O_{24}^{6-}$ 转化，并有不同程度的质子化：

$$7MoO_4^{2-}+8H^+ \rightleftharpoons Mo_7O_{24}^{6-}+4H_2O \tag{6-14}$$

$$Mo_7O_{24}^{6-}+H^+ \rightleftharpoons HMo_7O_{24}^{5-} \tag{6-15}$$

$$HMo_7O_{24}^{5-}+H^+ \rightleftharpoons H_2Mo_7O_{24}^{4-} \tag{6-16}$$

……

溶液 pH 为 4.0～2.0 时，随溶液酸度增加，在 971 cm^{-1} 和 846 cm^{-1} 处出现喇曼谱峰，其强度先随溶液酸度增加而增强（pH＝2.2 时，峰值最高），而后则下降，直至 pH＝1.5 时，该谱带消失。与此同时，950 cm^{-1} 谱带（属 $H_2Mo_7O_{25}^{4-}$）强度下降，960 cm^{-1}（属 $H_3Mo_7O_{24}^{3-}$）谱带强度先增加，在 pH＝3.6 时，峰值最大，然后下降，在 pH＝2.0 时消失。971cm^{-1} 和 846cm^{-1} 的出现和强弱变化同步，都表征 $Mo_8O_{26}^{4-}$，说明在 pH 为 4.0～2.0 范围，先由 $H_2Mo_7O_{24}^{4-}$ 和 $H_3Mo_7O_{24}^{3-}$ 向 $Mo_8O_{26}^{4-}$ 转化，而后随酸度继续增高，$Mo_8O_{26}^{4-}$ 也转化为其他形态。

pH 值为 2.2～1.5 时，出现 981 cm^{-1}、953 cm^{-1}、902 cm^{-1}、854 cm^{-1} 和 380 cm^{-1} 五条谱带。其中 981 cm^{-1} 表征 $Mo_6O_{19}^{2-}$；953 cm^{-1} 和 902 cm^{-1} 表征十二钼酸根阴离子 $MoO_4^{2-}\cdot(MoO_3)_{11}$；854 cm^{-1} 谱带与 953 cm^{-1} 谱带同步，可归于十二钼酸根阴离子中的（·$[M_0O_{11}]$）组，380 cm^{-1} 的归属未知。

综上所述，溶液中钼酸根阴离子不同形态间的转化平衡与 pH 值的关系可归纳如下式：

$$\left.\begin{array}{l} MoO_4^{2-} \xrightleftharpoons{6.4>pH>5.0} Mo_7O_{24}^{6-} \xrightleftharpoons{5.5>pH>4.5} HMo_7O_{24}^{5-} \\ \xrightleftharpoons{5.2>pH>4.3} H_2Mo_7O_{24}^{4-} \xrightleftharpoons{4.5>pH>2.0} H_3Mo_7O_{24}^{3-} \\ \xrightleftharpoons{4.5>pH>2.0} Mo_8O_{26}^{4-} \xrightleftharpoons{2.5>pH>1.5} Mo_6O_{19}^{2-}, MoO_4^{2-}\cdot(MoO_3)_{11} \end{array}\right\} \tag{6-17}$$

式(6-17)表示不同形态钼酸根阴离子间可以相互转化，而处于平衡状态中，相关的平衡常数有待研究。

实验已证明，在 0.5～3.0 mol·L^{-1} HNO_3 溶液中加入异钼酸铵[$(NH_4)_6Mo_7O_{24}\cdot4H_2O$]溶液与 $Zr(NO_3)_4$ 形成的沉淀是 $Zr(MoO_4)_2$，说明 0.5～3.0 mol·L^{-1} HNO_3 溶液中，$Mo_7O_{24}^{6-}$ 也会转化为 MoO_4^{2-} 与 Zr^{4+} 形成 $Zr(MoO_4)_2$ 沉淀。硝酸溶液中锆与钼形成沉淀的速度很慢，而且随着酸度增加使沉淀速度更慢，这也说明硝酸溶液中 MoO_4^{2-} 平衡浓度很低，酸度越高，MoO_4^{2-} 平衡浓度越低。

钼在溶液中也可以呈阳离子存在，H_2MoO_4可以表示为 $MoO_2(OH)_2$。后者与无机酸(HX)作用会以钼酰离子 MoO_2^{2+} 参加反应：

$$MoO_2(OH)_2+2HX=MoO_2X_2+2H_2O \tag{6-18}$$

MoO_2X_2可被中性萃取剂(如 TBP)萃取。

6.3.2　钼的杂多酸[3,4,7]

形成杂多酸是钼的另一个重要特点，常以多钼酸根和一个其他含氧酸根形成杂多酸，如十二钼磷酸 $H_3[P(Mo_{12}O_{40})]\cdot 30H_2O$ 和十二钼硅酸 $H_4[Si(Mo_{12}O_{40})]\cdot 30H_2O$。十二钼杂多酸根阴离子的通式可以写成$[X^{n+}(Mo_3O_{10})_4]^{(8-n)-}$，$x$ 为掺杂原子，对磷和硅，可以写成：$[P(Mo_3O_{10})_4]^{3-}$和$[Si(Mo_3O_{10})_4]^{4-}$。这些杂多酸根阴离子有较大的空隙可以夹杂水分子和阳离子，因此它们的难溶盐是很好的阳离子交换剂。

溶液中的杂多酸形成反应常用于分析化学中，MoO_3溶于氨水中得到的$(NH_4)_2MoO_4$用硝酸酸化，并且加热到 50℃，加入 Na_2HPO_4溶液，可生成十二钼磷酸铵的黄色晶状沉淀：

$$12MoO_4^{2-}+3NH_4^++HPO_4^{2-}+23H^+=(NH_4)_3[P(Mo_{12}O_{40})]\cdot 6H_2O\downarrow+6H_2O \tag{6-19}$$

这个反应可应用于定性鉴定溶液中存在的 MoO_4^{2-} 离子，也可用于检验磷酸根阴离子。

在弱酸性溶液中，钼酸铵与磷酸反应生成黄色钼磷杂多酸，其反应为

$$H_3PO_4+12(NH_4)_2MoO_4+24HNO_3=H_7[P(Mo_2O_7)_6]+24NH_4NO_3+10H_2O \tag{6-20}$$

当有还原剂(如硫酸肼)存在时，黄色的钼磷杂多酸被还原为钼蓝：$H_5[P(Mo_2O_5)(Mo_2O_7)_5]$。在 780～825 nm 波长测吸光度以定量磷。这就是钼蓝法测磷的基本原理。

钼黄法测定硅也是利用钼的杂多酸性质，在微酸性(HCl、HNO_3、H_2SO_4)溶液中，硅酸与钼酸铵作用：

$$H_4SiO_4+12H_2MoO_4=H_8[Si(Mo_2O_7)_6]+10H_2O \tag{6-21}$$

反应生成的黄色钼硅杂多酸在 410nm 波长有最大吸收。

对于低含量硅，为了提高测定灵敏度，在完成式(6-21)反应后，用适当的还原剂(如 $SnCl_2$、抗坏血酸、$FeSO_4$)，将黄色钼硅杂多酸还原为钼蓝 $H_6[Si(Mo_2O_5)(Mo_2O_7)_5]$，再进行比色测定，即是钼蓝法测定硅。

6.3.3　硝酸溶液中钼溶解度的研究[10,11]

裂变产物元素钼有 4 个稳定同位素(^{95}Mo、^{97}Mo、^{98}Mo 和^{100}Mo),总的裂变产额(以^{235}U 热中子诱发裂变计算)达 24.46,是典型的高产额裂变产物元素,在乏核燃料溶解液中的浓度相对较高,其溶解度数据很重要。有关硝酸溶液中钼的溶解度数据文献上很少。20 世纪 90 年代,文献[10]报道了硝酸溶液中钼溶解度的研究,提供了比较系统的溶解度数据。

溶解度实验采用经典的过饱和法。实验样品的分析,用分光光度法;钼的工作标准溶液用光谱纯三氧化钼高纯氨水溶解配制,用三种测定方法的数据取平均值标定工作溶液浓度。这三种方法是:试剂直接烘干恒重称量 MoO_3 计算浓度,取溶液蒸干,530～550℃灼烧成 MoO_3,称重;溶液用 α-安息香肟沉淀重量法测定;三者之间的偏差好于±1%,每次样品分析时,取工作标准溶液对照。实验研究了平衡时间、温度、酸度、硝酸根以及铀浓度对钼溶解度的影响,并且对实验中过饱和的固相进行了鉴定。

1. 溶解平衡时间

在 40±1℃温度下测定固—液接触时间对钼溶解的影响(见表 6-5)。酸浓度低(如 1.0 mol·L^{-1} HNO_3)时,溶解平衡慢些,在 45 小时内尚达平衡。酸浓度高(如 3.0 mol·L^{-1} HNO_3)以上,溶解平衡较快,14 小时以上就基本达到溶解平衡。

表 6-5　钼盐溶解的平衡时间[10]

硝酸浓度(mol·L^{-1})	钼浓度(mol·L^{-1})			
	14 h	22 h	38 h	45 h
1.0	0.0168	0.0176	0.0182	0.0186
3.0	0.0992	0.100	0.107	0.0994
4.0	0.118	0.118	0.122	0.119

2. 酸度和温度对钼溶解度的影响

硝酸浓度对钼的溶解度有影响,而温度的影响却不明显(见表 6-6)。硝酸浓度低时,钼溶解度较低,随着硝酸浓度增加,钼的溶解度也增加,4.0 mol·L^{-1} HNO_3时,钼溶解度最高。而后随硝酸浓度继续增加则钼溶解度下降。这一规律与文献[11]相一致(见表 6-7)。高于 10 mol·L^{-1} HNO_3,钼在硝酸溶液中的溶解度趋于零。表 6-6 实验的溶解平衡时间为 45～65 h,溶解度数据为 4～8 次重复实验数据的平均值。

表 6-6　硝酸浓度和温度对钼溶解度的影响[10]

硝酸浓度 (mol · L⁻¹)	钼浓解度(mol · L⁻¹)			
	20℃	30℃	40℃	60℃
1.0	0.0179±0.0002		0.0186±0.0008	0.020±0.0014
2.0	0.0468±0.0008	0.0458±0.0008	0.048±0.002	0.057±0.005
3.0	0.100±0.003	0.098±0.002	0.101±0.004	0.12±0.01
4.0	0.121±0.002	0.120±0.004	0.119±0.002	0.134±0.007
6.0	0.075±0.001	0.0745±0.003	0.088±0.003	0.11±0.02
7.5	0.047±0.003		0.046±0.005	

表 6-7　硝酸浓度对钼溶解度的影响[11]　　20℃

C_{HNO_3}(mol · L^{-1})	0.952	1.90	2.86	3.81	5.08	6.35	7.62	10.8	13.3	15.9
钼溶解度(mol · L^{-1})	0.039	0.091	0.137	0.137	0.104	0.049	0.01	0.00	0.00	0.00

3. 硝酸根对钼溶解度的影响

在硝酸溶液中加入不同浓度的硝酸钠溶液，于 20℃和 40℃下测定钼的溶解度，结果列于表 6-8。硝酸根对钼的溶解度有影响。在 3.0 mol · L^{-1} HNO_3溶液中，硝酸根浓度由 5.0 mol · L^{-1}增加到 6.0 mol · L^{-1}，则引起了钼溶解度明显下降。

表 6-8　硝酸根浓度对钼溶解度的影响[10]　　平衡时间:42～45h

C_{HNO_3}(mol · L^{-1})	C_{NaNO_3}(mol · L^{-1})	$C_{NO_3^-}$(mol · L^{-1})	钼溶解度(mol · L^{-1})	
			20℃	40℃
3.0	2.0	5.0	0.070±0.008	0.071±0.008
3.0	3.0	6.0	0.054±0.002	0.055±0.003

4. 铀浓度对钼溶解度的影响

乏核燃料溶解液中铀浓度比较高，必须重视铀浓度对裂变产物元素钼溶解度的影响。实验结果表明，铀的存在使钼溶解度降低，铀浓度增加使钼溶解度更低(见表 6-9)。表 6-9 是实验在 3.0 mol · L^{-1} HNO_3中平衡 42～45 小时测的数据。

表 6-9 铀浓度对钼溶解度的影响[10]

铀浓度(mol·L^{-1})	钼溶解度(mol·L^{-1})	
	20℃	40℃
0	0.100±0.003	0.101±0.004
0.42	0.0204±0.0004	0.0198±0.0009
0.84	0.0106±0.0003	0.012±0.001

5. 溶解平衡固相的分析

在测定钼溶解度的实验中,钼是以异钼酸铵形式加入的。开始时很快溶解,而后逐渐出现沉淀。硝酸浓度不同的溶液中测定钼溶解度实验结束后,滤去溶液,用丙酮洗涤固相 3 次,抽干,于 110℃烘干、恒重。准确称取适量固体,用氨水溶解,分析钼含量,数据列于表 6-10。剩余的固体在 530℃以下分别于不同温度下恒重,观察其失重情况,数据列于 6-11。由表 6-10 可知,溶解平衡固相的主要成分是 MoO_3。表 6-11 看出,在 110～230℃中失重 2.5%～3.5%,应是结晶水挥发;在230～320℃中失重不明显;320～530℃间失重 2%～3%,可能是固相中含有部分钼酸转化为三氧化钼的缘故。表 6-11 经加热失重后的数据计算得三氧化钼的相对含量与表 6-10 的分析数据符合较好。说明溶解平衡的固相是三氧化钼和钼酸的混合物,但是主要是 MoO_3,可粗略地认为是 MoO_3 的溶解平衡。所测得的钼溶解度,也仅为表观溶解度。因为溶液中钼的形态分布尚不清楚,溶度积的表达式也得不到。但是实际上这样的表观溶解度应用更方便。

表 6-10 溶解平衡固体中钼含量的分析数据[10]

液相硝酸浓度(mol·L^{-1})	恒重固体取样量(mg)	测定钼量(mg)	固相中 MoO_3 质量分数(%)
1.0	151.4	93.7	93.0
2.0	151.9	96.5	95.3
3.0	151.9	96.9	95.7
4.0	151.2	96.8	96.0
6.0	150.2	95.5	95.4

表 6-11 固相样品于不同温度下的恒重数据[10]

液相硝酸浓度(mol·L^{-1})	固体重量(g)					NoO_3 质量分数(%)
	110℃	200～230℃	300～320℃	400～430℃	530℃	
1.0	1.3495	1.3020	1.2970	1.2614	1.2607	93.4
2.0	1.5579	1.5134	1.5074	1.4960	1.4676	94.2
3.0	1.7356	1.6917	1.6761	1.6393	1.6388	94.4
4.0	1.7110	1.6705	1.6545	1.6201	1.6197	94.7
6.0	1.7653	1.7103	1.7008	1.6866	1.6682	94.5

实验研究的因素中，硝酸浓度和铀浓度对钼溶解度影响最大，在 3.0 mol·L^{-1} HNO_3-0.84 mol·L^{-1} 铀的溶液中，钼的溶解度 1×10^{-2} mol·L^{-1}。若铀浓度增加，例如 220 g·L^{-1}（即 0.924 mol·L^{-1}），钼的溶解度将更低。对于 33 000 MWd/t 的乏燃料溶解后配成 1AF 的铀浓度为 220 g·L^{-1} 时，钼的浓度约 8×10^{-3} mol·L^{-1}（按总量估算）。溶解液中铀浓度更高，就钼的溶解度而言，可能会沉淀。不溶残渣中钼的含量约 15%，可能有一部分是溶解度低造成。至于燃耗达 80 000 MWd/t 的快堆乏燃料溶解液中钼的沉淀问题将更为严重。由于溶解度小引起的沉淀与次级沉淀不同，详见第十章 10.3 节。

6.4　钼的溶剂萃取

6.4.1　钼的中性配合萃取[12-15]

钼在某些溶液中以中性单核形态存在，可以被 TBP、吡啶、酮、醚、酯和醇等中性配合萃取剂萃取。

中性配合萃取钼，常在盐酸介质中进行，100% TBP 可从 6 mol·L^{-1} HCl 中定量萃取钼，萃合物组成为 $MoO_2Cl_2\cdot 2TBP$，可用水反萃取，萃取反应式为：

$$MoO_2^{2+}+2Cl^-+2TBP \rightleftharpoons MoO_2Cl_2\cdot 2TBP \tag{6-22}$$

在 2～6 mol·L^{-1} HCl 中，六价钼主要以 MoO_2^{2+} 形态的阳离子存在，同时随着酸浓度增大或减少与 MoO_4^{2-} 或 $MoO_2Cl_n^{2-n}$ 形态处于相互转化平衡中。若钼的盐酸溶液中存在 SCN^- 阴离子，会取代 Cl^-。例如在 4 mol·L^{-1} HCl-0.04 mol·L^{-1} KSCN 溶液中，会生成 $MoO_2(SCN)_2$，这时 2-已基吡啶（2-HPy）-苯溶液可定量萃取 $MoO_2(SCN)_2$。

有关硝酸介质中 TBP 萃取钼的报道较少，文献[12]叙述了 TBP-煤油-硝酸体系中钼的萃取行为。用 ^{99}Mo 示踪的钼酸铵溶液配制实验料液，测量 ^{99}Mo 的放射性活度计算钼的分配比（D_{Mo}）。硝酸溶液中钼存在不同形态，可萃取形态和不可萃取形态处相互转化平衡中，这类转化平衡很慢，在短时间内难以达到热力学上的平衡，只能用大致稳定的实验数据来描述“准平衡”，得到的两相分配比应是表观分配比，用 D'_{Mo} 表示。

1. *硝酸中 TBP 萃取钼的表观平衡时间*

用 30% TBP-煤油分别从 1.0 和 3.0 mol·L^{-1} HNO_3 中萃取钼，30℃时混相时间在 2～60 min 内，钼的表观分配比（D'_{Mo}）变化不大（见表 6-12）。

表 6-12 TBP 萃取钼的表观平衡时间

萃取时间(min)		2	5	10	20	60
D'_{Mo}	1.0 mol · L^{-1} HNO_3	0.0185	0.0170	0.0162	0.0178	0.0150
	3.0 mol · L^{-1} HNO_3	0.0151	0.0143	0.0138	0.0143	0.0153

2. 硝酸和钼浓度对 TBP 萃取钼的影响

硝酸浓度和钼浓度对 TBP 萃取钼的影响都不大(见表 6-13 和表 6-14)。表 6-13 的实验数据中,硝酸浓度在 0.2～6.0 mol · L^{-1}范围,D'_{Mo}在 0.024～0.012 间变化。表 6-14 中,钼浓度在 2×10^{-4}～1×10^{-2} mol · L^{-1}范围内变化,D_{Mo}基本不变,可认为 TBP 萃取钼的萃合物是单核的。

表 6-13 硝酸浓度对 TBP 萃取钼的影响

有机相:30% TBP-煤油;水相:1×10^{-3} mol · L^{-1} Mo;

相混合时间:30 min;相比 1 : 1;30℃

C_{HNO_3} (mol · L^{-1})	0.2	0.5	1.0	2.0	3.0	4.0	6.0
D'_{Mo}	0.0239	0.0172	0.0182	0.0185	0.0130	0.0118	0.0123

表 6-14 钼浓度对萃取的影响

有机相:30% TBP-煤油;水相:1.0 mol · L^{-1} HNO_3;

相混合时间:30 min;相比 1 : 1;30℃

C_{Mo} (mol · L^{-1})	2×10^{-4}	5×10^{-4}	1×10^{-3}	5×10^{-3}	1×10^{-2}
D'_{Mo}	0.0144	0.0161	0.0167	0.0174	0.0157

3. TBP 浓度对萃取钼的影响

在 0.1～2.0 mol · L^{-1} TBP 范围内,$\log D'_{Mo}$-$\log C_{TBP}$ 关系呈一折线(如图 6-2 所示)。在 0.1～0.5 mol · L^{-1} TBP 之间,斜率约 0.78;在 0.5～2.0 mol · L^{-1} TBP 范围,斜率约为 1.5,可认为萃合物中 TBP 溶剂化数为 1 和 2 的混合物。

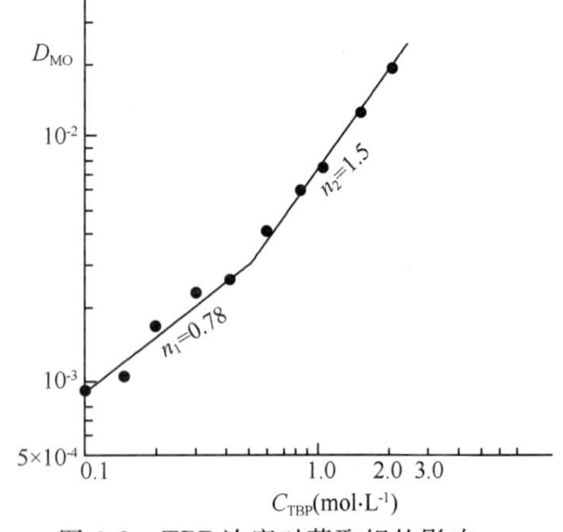

图 6-2 TBP 浓度对萃取钼的影响

有机相:TBP-煤油;水相:1×10^{-5} mol · L^{-1} Mo,1.0 mol · L^{-1} HNO_3;相混合时间:20 min;相比 1 : 1,30℃

4. 硝酸根浓度对 TBP 萃取钼的影响

用 $HClO_4$ 溶液使水相 H^+ 浓度为 1.0 mol · L^{-1}用硝酸钠调节水相硝酸根浓度在 0.1～4.0 mol · L^{-1}范围内变化,观察硝酸根浓度对 TBP 萃取钼的影响(见表 6-15)。随硝酸根浓度增加，D'_{Mo}略有增加，像是一价离子的轻微盐析效应，而没有强烈的助萃配合剂的作用，似乎硝酸根未进入萃合物，可能以 H_2MoO_4形态被 TBP 萃取。

表 6-15 硝酸根对 TBP 萃取钼的影响

有机相：30% TBP-煤油；水相：1×10^{-5} mol·L^{-1} Mo-1.0 mol·L^{-1} $HClO_4$-$NaNO_3$；

相混合时间：20 min；相比 1∶1；30℃

$C_{NO_3^-}$ (mol·L^{-1})	0.1	0.2	0.3	0.6	0.8	1.0	1.5	2.0	3.0	4.0
D'_{Mo}	0.0151	0.0152	0.0165	0.0211	0.0251	0.0295	0.0313	0.0295	0.0300	0.0302

5. 氢离子浓度对 TBP 萃取钼的影响

水相硝酸钠浓度固定为 1.0 mol·L^{-1}，用 $HClO_4$调节 H^+浓度。当高氯酸浓度在 0.1～0.5 mol·L^{-1}时，随酸度增加，D'_{Mo}略有上升；高氯酸浓度在 0.5～5.0 mol·L^{-1}范围内，酸度增加，D'_{Mo}明显下降；而高氯酸浓度在 6.0～10.0 mol·L^{-1}间增大时，则 D'_{Mo}急剧上升(见表 6-16)。

表 6-16 氢离子浓度对 TBP 萃取钼的影响

有机相：30% TBP-煤油；水相：1.0 mol·L^{-1} $NaNO_3$-1×10^{-5} mol·L^{-1} Mo-$HClO_4$；

相混合时间：20 min；相比 1∶1；30℃

C_{HClO_4} (mol·L^{-1})	0.1	0.2	0.5	1.0	2.0	5.0	6.0	8.0	9.0	10.0
D'_{Mo}	0.0101	0.0168	0.0240	0.0209	0.0089	0.0052	0.0240	0.0864	0.414	1.035

6. 铀浓度对 TBP 萃取钼的影响

水相初始铀浓度增加，D'_{Mo}略有下降，但影响不大(见表 6-17)。

表 6-17 铀浓度对 TBP 萃取钼的影响

有机相：30% TBP-煤油；水相：1.0 mol·L^{-1} HNO_3-1×10^{-5} mol·L^{-1} Mo-UO_2^{2+}；

相混合时间：20 min；相比 1∶1；30℃

水相初始铀浓度(mol·L^{-1})	0.210	0.420	0.630	0.840
D'_{Mo}	0.0093	0.0080	0.0069	0.0057

TBP 从 HCl 中萃取钼的机理比较明确，但是从 HNO_3中萃取钼的机理尚不清楚。从上述萃取行为看，TBP 从 HNO_3中萃取钼的表观分配比都很低(约 10^{-2})，钼的可萃取形态占的份额小，萃合物是单核的。水相初始硝酸浓度、硝酸根浓度和铀浓度对 TBP 从硝酸溶液中萃取钼的影响都很小，而高氯酸浓度高于 6.0 mol·L^{-1}后，D'_{Mo}剧增，萃取机理有待进一步研究。

6.4.2 酸性萃取剂萃取钼[16-23]

酸性萃取剂萃取钼的文献报道较多,研究工作比较深入的是二(2-乙基己基)磷酸(HEHP)萃取钼。图 6-3 表示 HDEHP 从不同的水相萃取钼时的 log D_{Mo}-log[H^+]关系。酸性萃取剂萃取钼的相混合时间在 1 小时以上,就认为达到热力学分配平衡。图中各曲线的形状观察不出酸性萃取剂离解而放出 H^+ 的典型规律,说明萃取过程钼(Ⅵ)的形态转化和发生中和反应消耗 H^+形成水。

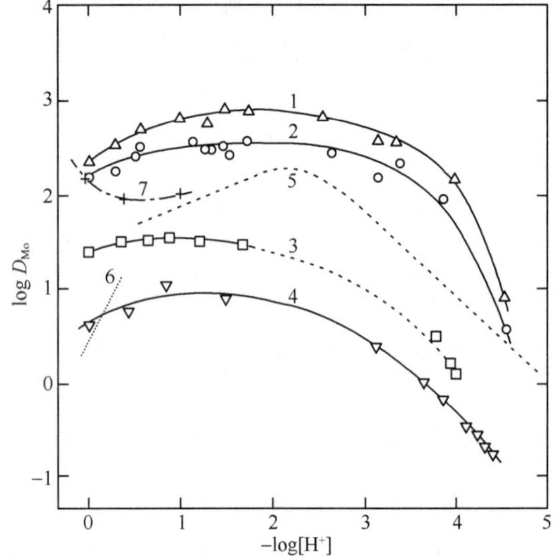

图 6-3 HDEHP 萃取钼(Ⅵ)的分配比与水相氢离子浓度的关系

曲线:1—(2—3)×10^{-4} mol · L^{-1}Mo/1.0 mol · L^{-1}(H, Na) ClO_4/0.3 mol · L^{-1} HDEHP—苯

2—(2—3)×10^{-4} mol · L^{-1}Mo/1.0 mol · L^{-1}(H, Na) NO_3/0.3 mol · L^{-1} HDEHP—苯

3—0.05 mol · L^{-1} Mo/1.0 mol · L^{-1}(H, Na) NO_3^-/0.3 mol · L^{-1} HDEHP—苯

4—0.09 mol · L^{-1} Mo/1.0 mol · L^{-1}(H, Na) NO_3^-/0.3 mol · L^{-1} HDEHP—苯

5—0.01 mol · L^{-1} Mo/HNO_3/0.1 mol · L^{-1} HDEHP—煤油

6—0.02 mol · L^{-1} Mo/2 mol · L^{-1}(H, Li) NO_3/0.06 mol · L^{-1} HDEHP—癸烷

7—示踪量^{99}Mo/HNO_3/20% HDEHP—苯

HDEHP 从硝酸和高氯酸介质中萃取钼(Ⅵ)的分配比与萃取剂浓度的关系示于图6-4。有机相用正庚烷作稀释剂,水相初始钼(Ⅵ)浓度为(2—3)×10^{-4} mol · L^{-1}。在水相为 0.1 和 4.0 mol · L^{-1} 两种离子强度中,logD_{Mo}-logC_{HDEHP} 关系线的斜率均为 2。HDEHP在稀释剂正庚烷中以二聚体存在,萃取反应式可写为:

$$MoO_2^{2+} + 2H_2A_{2(0)} \rightleftharpoons MoO_2A_2 \cdot 2HA_{(0)} + 2H^+ \quad (6\text{-}23)$$

其中:H_2A_2代表二聚的 HDEHP。按式(6-23)反应过程释放 2 个 H^+,logD_{Mo}-log[H^+]关系线的斜率应为−2。但是图 6-3 没有反映这种规律,这涉及到酸性水溶液中钼的形态转化:

$$MoO_4^{2+} + 2H^+ \rightleftharpoons H_2MoO_4 \rightleftharpoons MoO_2(OH)_2 \quad (6\text{-}24)$$

$$MoO_2(OH)_2 + 2H_2A_{2(0)} \rightleftharpoons MoO_2A_2 \cdot 2HA_{(0)} + 2H_2O \quad (6\text{-}25)$$

式(6-25)描述了萃取反应过程 H^+ 与 OH^- 中和形成水。

用不同稀释剂配制的 HDEHP 溶液萃取钼(Ⅵ)得到的 log D_{Mo}-log C_{HDEHP}关系示于图6-5。水相介质为 0.1 mol · L^{-1} HNO_3+0.9 mol · L^{-1} $NaNO_3$。所用 6 种稀释剂中,MiBK 会与 HDEHP 形成氢键,可消除有机相中萃取剂的聚合,而以单分子存在。所以用 MiBK 为稀释剂的实验结果得到的 log D_{Mo}-log C_{HDEHP}关系线的斜率等于 4。其他 5 种稀释剂(正庚烷、CCl_4、苯、甲苯和氯仿)都不会与

HDEHP 形成氢键，有机相中的 HDEHP 以二聚体存在，实验得到的 $\log D_{Mo}$-$\log C_{HDEHP}$关系线斜率等于 2。这也证明萃取反应式(6-23)和(6-25)是合理的。萃合物的红外光谱显示钼酰离子与 HDEHP 之间成键，但不是氢键。谱图中的氢键信息仍属于 HDEHP 二聚体所固有的。萃合物的结构式可写成：

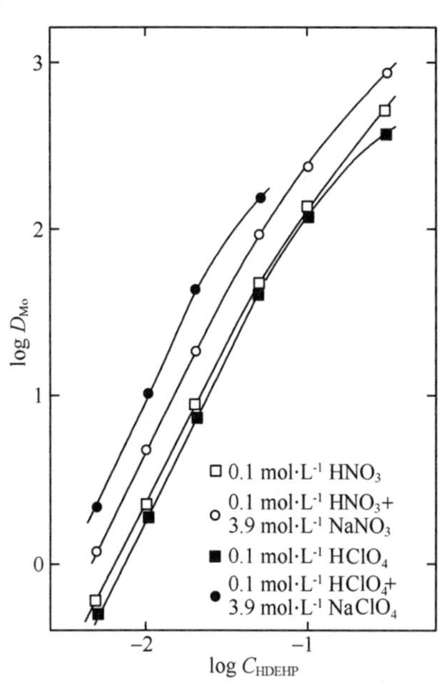

图 6-4　钼(Ⅵ)萃取分配比与 HDEHP 浓度的关系

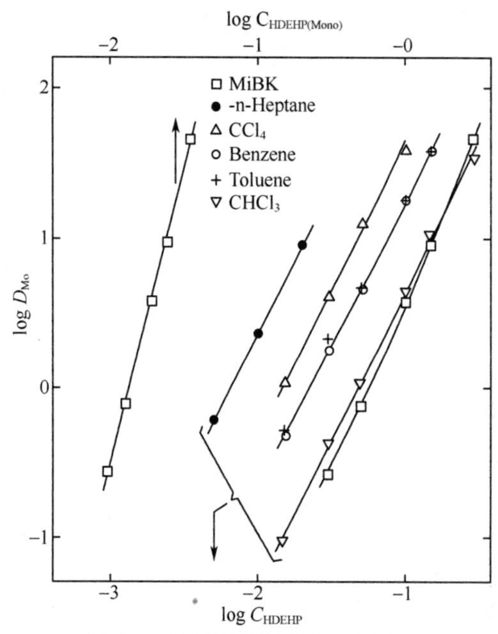

图 6-5　不同稀释剂对 D_{Mo}的影响

$$
MoO_2\left[\begin{array}{c} (OR)_2 \\ O-P=O \\ \quad\quad\quad\vdots\ H \\ O=P-O \\ (OR)_2 \end{array}\right]
$$

不同的酸对 HDEHP 萃取钼(Ⅵ)的影响不一样，表 6-18 列出了几种酸溶液中 HDEHP 萃取钼(Ⅵ)的分配比数据。HCl 和 H_2SO_4介质中，酸浓度增加，D_{Mo}下降；HNO_3介质中，酸浓度增加，D_{Mo}上升；HBr 浓度变化对 D_{Mo}影响不大；在 $HClO_4$溶液中 D_{Mo}都比较高。在这些介质中对锝的萃取分配比都低，≤0.02，所以可用 HDEHP 萃取进行 Mo-Tc 分离。用 30% HDEHP-CCl_4从 5 mol · L^{-1} HNO_3介质的混合裂变产物中选择性地萃取^{99}Mo 达到分离目的，而后以 0.5 mol · L^{-1} HNO_3-H_2O_2反萃取^{99}Mo。不同的酸对 HDBP 萃取钼的影响也有类似 HDEHP 萃取的现象，对于 HCl，H_2SO_4介质，酸浓度约在 0.5 mol · L^{-1}时分配比最高；对于 HNO_3介质，酸度浓度在 10～12 mol · L^{-1}时，分配比高，用 2×10^{-3} mol · L^{-1} HDBP-煤油从 1.0 mol · L^{-1} HNO_3中萃取钼(Ⅵ)的 $D_{Mo}\leqslant10^{-5}$，几乎不萃取。

表 6-18　不同酸溶液中 HDEHP 萃取钼(Ⅵ)的分配比数据[17]

有机相:20% HDEHP—苯

酸浓度 (mol·L⁻¹)	钼分配比 D_{Mo}				
	HCl	HBr	$HClO_4$	HNO_3	H_2SO_4
0.4	89		>250	89.0	22.2
1.0	61	25.0	>250	138.0	10.6
1.8		26.8			7.8
2.7					2.1
3.0	36		>250		
3.6		29.7		142.0	1.26
5.0			>250		
6.0	2.4				
7.15				311.0	
10.5				308.0	
12.0	0.6				

二正辛基磷酸(HDOPA)从 HNO_3 和 HCl 介质中萃取钼(Ⅵ)的规律与 HDEHP 也类似,如图 6-6 所示。HCl 浓度的影响规律与表 6-18 一致,酸度增加,分配比下降;HNO_3 浓度的影响,高浓度区与表 6-18 一致,分配比随酸增加而增加,低浓度区有差别。图 6-6 看出 HDOPA 萃取能力更强。

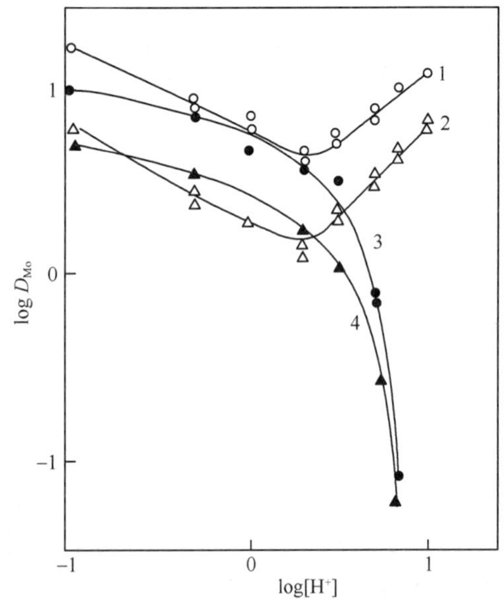

图 6-6　酸度对 HDOPA 萃取钼的影响

曲线:1—0.1 mol·L⁻¹ HDOPA—甲苯—HNO_3;2—0.1 mol·L⁻¹ HDEHP—甲苯—HNO_3;3—0.1 mol·L⁻¹ HDOPA—甲苯—HCl;4—0.1 mol·L⁻¹ HDEHP—甲苯—HCl

水相钼浓度 10^{-5} mol·L⁻¹

1-苯基-3-甲基-4-已酰基-吡唑啉酮-5(HPMHP)也能从酸性水溶液中定量萃取钼(Ⅵ),实验用^{99}Mo 示踪剂,是以光谱纯 $H_2M_oO_4$ 经反应堆中子活化后配制的溶液。用 1%HPMHP-MiBK 萃取 $M_oO_2^{2+}$ 的数据列于表 6-19。这里用作稀释剂的 MiBK 也是萃取剂(中性),故将 MiBK 单独萃取的数据一起列出。1% HPMHP-MiBK 从 HCl 或 HNO_3 中对钼(Ⅵ)的萃取率都相当高,但是纯 MiBK 萃取的数据差别很大,从 5 mol·L⁻¹ HCl 中的萃取率达 85.0%,而从 5 mol·L⁻¹ HNO_3 中的萃取率仅 1.0%。这与前文 TBP 从 HCl 或 HNO_3 中萃取钼(Ⅵ)的规律相似。

表 6-19　HPMHP-MiBK 萃取钼的数据

	水相介质	5 mol·L^{-1}HCl	5 mol·$L^{-1}$$HNO_3$	2.5 mol·$L^{-1}$$H_2SO_4$
钼萃取率（%）	1% HPMHP-MiBK	95.7	96.5	84.5
	100% MiBK	85.0	1.0	1.0

HPMHP 萃取钼(Ⅵ)的反应式可写为：

$$MoO_2^{2+} + 2HPMHP \rightleftharpoons MoO_2(PMHP)_2 + 2H^+ \tag{6-26}$$

还有许多酸性螯合萃取剂都可以不同程序地萃取钼，其中 α-安息香肟是钼的特效萃取剂，选择性好，常用于钼的分析。

6.4.3　钼的离子缔合萃取[24-28]

钼的离子缔合萃取有胺(铵)盐离子缔合和鉾盐离子缔合萃取。

三异辛胺从盐酸中萃取钼(Ⅵ)，在 11 mol·L^{-1} HCl 溶液中形成 $M_oO_2Cl_4^{2-}$ 配合阴离子，萃合物为$(R_3NH^+)_2 \cdot (M_oO_2Cl_4^{2-})$，萃取反应式可写成：

$$MoO_2^{2+} + 4Cl^- \rightleftharpoons MoO_2Cl_4^{2-} \tag{6-27}$$

$$MoO_2Cl_4^{2-} + 2R_3NH^+_{(0)} \rightleftharpoons (R_3NH^+)_2 \cdot MoO_2Cl_4^{2-} \tag{6-28}$$

水相溶液中存在 SCN^- 与 MoO_2^{2+} 形成阴离子可被季铵盐萃取，萃合物为$(R_4N)_2 \cdot [MoO_2(SCN)_4]$。同样体系中若用吡啶为萃取剂，由于酸度提高，吡啶质子化后也会与 $MoO_2(SCN)_4^{2-}$ 阴离子缔合形成萃合物进入有机相。图 6-7 表示壬基吡啶(Npy)从 HCl、HNO_3 和 H_2SO_4 介质中萃取钼(Ⅵ)的分配比与配合剂 SCN^- 浓度和水相酸度的关系。水相酸度增高有利于吡唑质子比，分配比也随之提高，萃合物为$(NPyH)_2 \cdot [MoO_2(SCN)_4]$。萃取反应式可写为：

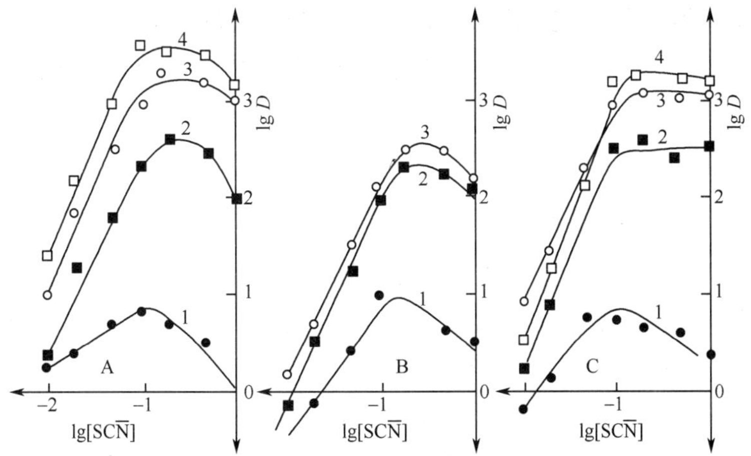

图 6-7　壬基吡啶萃取钼(Ⅵ)的分配比与酸度和 SCN^- 浓度的关系

A—HCl，B—HNO_3，C—H_2SO_4

曲线 1,2,3 和 4 相应的酸度分别为 0.01,0.1,0.5 和 1.0 mol·L^{-1}

$$NPy_{(0)} + H^+ \rightleftharpoons NPyH^+_{(0)} \tag{6-29}$$

$$MoO_2(SCN)_4^{2-} + 2NPyH^+_{(0)} \rightleftharpoons (NPyH)_2 \cdot [MoO_2(SCN)_4]_{(0)} \tag{6-30}$$

锌盐萃取一般发生在含氮-氧基团(如酮、醚、酯类)的萃取剂中,但是钼的离子缔合萃取也出现在氮-氧基团萃取剂的锌盐缔合,如氧化胺和氧化吡啶等。氧化胺的锌盐形成如下:

$$2R_3N{\rightarrow}O + HX \rightleftharpoons (R_3N{\rightarrow}O\cdots H\cdots O{\leftarrow}NR_3)^+ \cdot X^- \tag{6-31}$$

$$(R_3N{\rightarrow}O\cdots H\cdots O{\leftarrow}NR_3)^+ \cdot X^- + HX \rightleftharpoons 2(R_3NOH)^+ \cdot X^- \tag{6-32}$$

氧化吡啶的锌盐也可按式(6-31)和式(6-32)形成。锌盐正离子形成后与金属的配合负离子缔合被萃取。

氧化壬基吡啶从盐酸中萃取铀和钼,如图6-8所示。随着盐酸浓度增高,铀的萃取率下降,而钼的萃取率仍然很高,当盐酸浓度增到10 mol·L^{-1}时,钼的萃取率约100%,铀的萃取率为19%,这时对于分离铀和钼是很有利的。有趣的是这里铀萃取很少,钼被定量萃取。用TBP为萃取剂时正相反,铀被定量萃取,而钼的萃取很少。

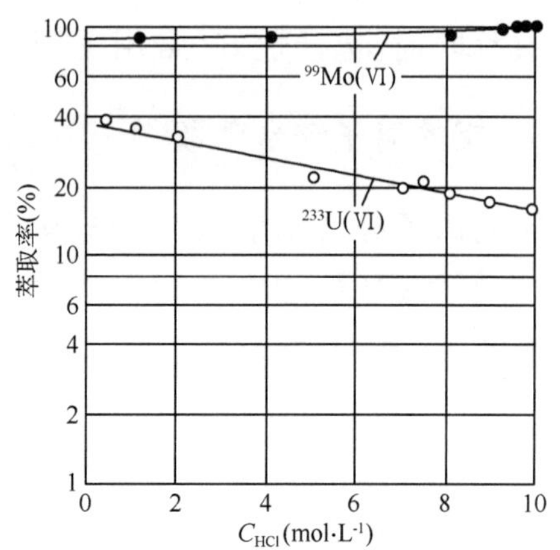

图6-8 氧化壬基吡啶萃取分离 MoO_4^{2+} 和 UO_2^{2+}

6.5 Purex 流程中钼的行为

裂变产物元素钼给工艺流程造成的主要麻烦表现在乏核燃料溶解过程和沉淀行为。在1AW贮存过程,裂变产物钼会与锆以及磷酸继续形成沉淀。

6.5.1 钼的溶解行为[29,30,31]

1. 乏核燃料中钼的溶解

钼在浓硝酸中会溶解,但在乏核燃料溶解过程,钼部分溶解进入溶液,另一部分留在不溶残渣中(详见第二章“2.5.1”节)。对于燃耗为63000 MWd/t的二氧化铀乏燃料,用4 mol·L^{-1} HNO_3 100℃溶解120 min,有60%的裂变产物钼留在不溶残渣中;若用7 mol·L^{-1} HNO_3溶解50 min,则有25%的裂变产物钼留在不溶残渣中。对于燃耗为43000 MWd/t的MOX乏燃料,用4和7 mol·L^{-1} HNO_3,100℃溶解120和50 min,裂变产物钼约有1/3留在不溶残渣。

2. 核燃料包壳钼的溶解

核电池用钚-238 二氧化物的包壳材料是钼，用过的核电池后处理时，要求首先脱去钼包壳。用硝酸溶解钼的脱壳方法，由于会生成钼酸沉淀与不溶解的钚-238 核燃料混在一起，需要进一步分离。采用碱金属的氢氧物和硝酸盐混合熔融钼，而 PuO_2不熔，分离较好，废物也相对少。钼的熔解反应如下：

$$4KOH + 6KNO_3 + 5Mo = 5K_2MoO_4 + 2H_2O + 3N_2 \quad (6\text{-}33)$$

$$2KNO_2 + Mo = K_2MoO_4 + N_2 \quad (6\text{-}34)$$

其中反应式(6-34)是由于碱金属的硝酸盐在受热时丢失氧而形成亚硝酸盐。

6.5.2 钼的沉淀行为[32,33,34]

在 Purex 流程中，裂变产物钼的典型行为就是与锆形成次级沉淀(详见第十章“10.3”节)，硝酸浓度≥2 mol · L^{-1}时，其沉淀物为 $Zr(MoO_4)_2 \cdot xH_2O$。由于硝酸溶液中钼的其他形态转化成 MoO_4^{2-} 后再与 Zr^{4+} 形成沉淀，故沉淀平衡很慢，在溶解过程生成 MoO_4^{2-} 和 Zr^{4+} 的浓度幂积数达到 $Zr(MoO_4)_2$的溶度积开始，溶解液和料液存放过程，以及高放废液(1AW)贮存过程，都在不断地形成沉淀，直至溶液中 MoO_4^{2-} 和 Zr^{4+}的平衡浓度的幂积数小于溶度积后，沉淀才停止。

乏核燃料溶解液中钚主要是以 Pu^{4+} 存在，当 $Zr(MoO_4)_2 \cdot xH_2O$ 沉淀形成时，会有相应量的 $Pu(MoO_4) \cdot yH_2O$ 形成，这将造成钚的丢失。随着核电站核燃料燃耗的加深，裂变产物钼和锆的含量也增高，沉淀量增大，钚的丢失也随之严重，这个问题必须给予足够的重视。这也是水法后处理技术承受能力的严峻考验。

钼的沉淀行为也用于分离目的，利用 $CaMoO_4$沉淀与不沉淀的锝-99m 分离。在碱性介质中 Mo(Ⅵ)和 Re(Ⅶ)都不沉淀，加入肼后，Mo(Ⅵ)被还原为 Mo(Ⅴ)的氢氧化物沉淀，达到和 Re 分离。

参考文献

[1] 卢玉楷. 简明放射性同位素应用手册[M]，p209－234 (2004)，上海：上海科学普及出版社.

[2] Ihara, H;et al., JAERI－M－9715 [R], (1986).

[3] 戴安邦，等.《无机化学教程》下册[M]，p901 (1958)，北京：高等教育出版社.

[4] 曹锡章，等.《无机化学》下册[M]，p968 (1994)，北京：高等教育出版社.

[5] Scadden, E. M., et al., NAS－NS－3009(R), (1960).

[6] 斯拉文斯基，M. П.，著，黄张添等译.《元素的物理化学性质》[M]，p85 (1959)，北京：冶

金工业出版社.

[7]《有色金属合金分析》[M]，冶金部有色金属研究院编，pp. 3－4，pp. 164－165，pp. 244－245，pp. 285－289(1981)，北京:冶金工业出版社.

[8] 高良才，张国维等. 铀矿冶[J]，6(3)，38(1987).

[9] 林灿生，王效英，张崇海. 核化学与放射化学[J]，14(1)，24 (1992).

[10] 林灿生，王效英，张崇海. 原子能科学技术[J]，26(6)，60 (1992).

[11] Cannon，P.，J. Inorg. Nucl. Chem. [J]，11，124 (1959).

[12] 林灿生，王效英，张崇海. "TBP 萃取硝酸中裂变产物元素钼的研究"，中国原子能科学研究院内部资料，(1994).

[13] Iqbal，M.，et al.，J. Radioanal. Chem. [J]，47 (1/2)，25 (1978).

[14] 徐光宪，王文清，等.《萃取化学原理》[M]，p85 (1984)，上海:上海科学技术出版社.

[15] Левин，В. Й.，Радиохимия [J]，16 (2)，267 (1974).

[16] Kolařik，Z.，J. Inorg. Nucl. Chem. [J]，35 (6)，2025 (1973).

[17] Alian，A.，et al.，Radiochim. Acta [J]，16 (2)，75 (1971).

[18] Sato，T.，et al.，Radiochim. Acta [J]，48 (1/2)，101 (1989).

[19] 林灿生，黄美新. 核化学与放射化学[J]，10(2)，101 (1988).

[20] Kiss，A.，Chem. Abstr. [J]，57，1621g (1962).

[21] Křtil，J.，et al.，Radiochem. Radioanal. Lett. [J]，9 (3)，213 (1972).

[22] Bhatti，M. S.，et al.，J. Radioanl. Chem. [J]，56 (1/2)，65 (1980).

[23] 崔安智，林发，张素静，原子能科学技术[J]，11 (4)，352 (1977).

[24] Vieux，A. S.，et al.，Inorg. Chem. [J]. 15 (3)，722 (1976).

[25] Bhatti，M. S.，et al.，J. Radioanal. Nucl. Chem. [J]，82 (1)，45 (1984).

[26] 潘慧珍，陈含贻. 原子能科学技术[J]，(6)，731 (1964).

[27] Ejaz，M.，Anal. Chim. Acta [J]，71 (2)，383 (1974).

[28] Ejaz，M.，Radiochim. Acta [J]，22 (1/2)，51 (1975).

[29] Holder，J. V.，Radiochim. Acta [J]，25，171 (1978).

[30] Adachi，T.，et al.，J. Nucl. Mater. [J]，174，60 (1990).

[31] Zanotelli，W. A.，et al.，Nucl. Technol. [J]，17 (1)，82 (1973).

[32] 林灿生，王效英，张崇海，核化学与放射化学[J]，14(1)，24 (1992).

[33] Tanase，M.，J. Radioanal. Chem. [J]，41 (1/2)，23 (1977).

[34] Yatirajam，V.，et al.，Talanta [J]，22 (3)，315 (1975).

第七章　裂变产物元素铯和锶

7.1 概　述

裂变产物中的碱金属元素主要是铯，碱土金属元素有锶和钡，其中裂变产物元素钡的同位素：^{132}Ba、^{134}Ba、^{135}Ba、^{136}Ba、^{137}Ba和^{138}Ba均为稳定核素；其放射性核素中半衰期较长的^{133}Ba(10.54a)因^{133}Cs屏蔽，其裂变产额很小(10^{-11}～10^{-9})，^{139}Ba～^{146}Ba的8个核素中^{140}Ba半衰期最长，也仅为12.75 d，其他都在1.41 h以下。所以在后处理工艺过程中，一般不重视钡，对于碱金属和碱土金属中裂变产物元素的化学行为，通常只考虑铯和锶。

7.1.1 裂变产物元素铯和锶的主要同位素[1]

裂变产物元素铯和锶的主要同位素列于表7-1和表7-2。铯的同位素中：^{133}Cs是稳定核素，自然界存在的铯元素之^{133}Cs同位素丰度为100%；^{135}Cs半衰期很长，比活度低，^{136}Cs、^{138}Cs和^{139}Cs都是短半衰期的核素；最受重视的是^{134}Cs和^{137}Cs，其次是^{135}Cs，他们的半衰期长，在放射性废物处置期间对环境的影响也应注意。裂变产物元素锶的同位素中，最受重视的是^{90}Sr，半衰期较长，比活度也较高，其子体^{90}Y的β^-粒子能量高(2280 keV)，在体系中引起的辐解效应明显。

表7-1　裂变产物元素铯的主要同位素

同位素	半衰期	衰变类型及分支比(%)	主要β粒子能量(keV)及强度(%)	主要γ射线能量(keV)及强度(%)	来源及丰度(%)
^{133}Cs	稳定				天然(100) 裂变产物
^{134}Cs	2.064a	β^-(100)	88.6(27.28) 415.2(2.506) 657.9(70.23) 890.5(0.045) 1453.8(0.008)	563.25(8.35) 569.33(15.38) 604.72(97.62) 795.86(85.53) 801.95(8.69) 1365.19(3.01)	$^{133}Cs(n,\gamma)$

续表

同位素	半衰期	衰变类型及分支比(%)	主要β粒子能量(keV)及强度(%)	主要γ射线能量(keV)及强度(%)	来源及丰度(%)
^{135}Cs	2.3×10^6a 53min	β^-(100) IT(100)	269.4(100.0)	 787.2(100.0) 846.1	裂变产物 $^{134}Xe(d,n)$
^{136}Cs	13.16d	β^-(100)	174.5(2.04) 191.6(0.21) 341.1(70.3) 408.0(10.5) 494.3(4.7) 517.7(0.1) 681.6(13)	176.60(10.0) 273.65(11.1) 340.55(42.2) 818.51(99.7) 1048.07(80) 1235.36(20.0)	裂变产物,$^{138}Ba(d,\alpha)$
^{137}Cs	30.018a	β^-(100)	513.97(94.4) 892.13(0.00058) 1175.63(5.6)	661.657(84.99)	裂变产物
^{138m}Cs	2.91min	β^-(19) IT(81)	3042(2.8) 3254(2.0) 3366(15)	112.5(1.52) 191.7(15.4) 324.5(1.18) 463.0(18.6) 1436.0(19.0) 79.9(0.369)	裂变产物,$^{138}Ba(n,p)$
^{138}Cs	33.41min	β^-(100)	2597(1.59) 2737(8.8) 2794(1.67) 2931(44.0) 3069(7.3) 3159(13.0) 3478(13.7) 3941(4.3)	408.98(4.66) 462.80(30.7) 547.00(10.76) 871.8(5.11) 1009.78(29.8) 1435.86(76.3) 2218.0(15.2) 2639.59(7.63)	裂变产物,$^{138}Ba(n,p)$
^{139}Cs	9.27min	β^-(100)	1607(0.55) 1681(0.63) 1863(1.4) 2102(0.9) 2930(7) 4213(82)	627.24(1.8) 1283.23(8) 1420.66(0.9) 1680.72(0.7) 2110.91(0.8) 2349.92(0.64)	裂变产物

表 7-2 裂变产物元素锶的主要同位素

同位素	半衰期	衰变类型及分支比(%)	主要 β 粒子能量(keV)及强度(%)	主要 γ 射线能量(keV)及强度(%)	来源及丰度(%)
^{87}Sr	稳定				天然(7.00) 裂变产物
^{87m}Sr	2.811h	IT(99.7) ε(0.3)		388.53(81.9)	裂变产物 $^{86}Sr(n,r)$
^{88}Sr	稳定				天然(82,58) 裂变产物
^{89}Sr	50.53d	β^-(100)	586.1(0.00964) 1495.1(99.99036)	908.96(0.00956)	裂变产物
^{90}Sr	28.79a	β^-(100)	546.0(100)		裂变产物
^{91}Sr	9.63h	β^-(100)	500(1.48) 640(2.08) 1127(34.8) 1161(1.83) 1402(25.1) 2054(3.4) 2707(28.6)	652.3(2.98) 652.9(8.0) 749.8(23.7) 925.8(3.85) 1024.3(33.5)	裂变产物,$^{94}Zr(n,\alpha)$
^{92}Sr	2.71h	β^-(100)	504(97) 995(0.17) 1888(4)	430.49(3.28) 953.31(3.52) 1383.93(90)	裂变产物
^{93}Sr	7.423min	β^-(100)	1367(7.7) 1449(17.3) 1562(11.4) 1567(11.6) 2490(15.7) 3378(5.3)	168.499(18.4) 590.238(68) 710.312(21.8) 875.73(24.5) 888.13(22.1)	裂变产物,$^{96}Zr(n,\alpha)$
^{94}Sr	75.3s	β^-(100)	1330(0.76) 2075(0.19) 2084(98.1) 2788(0.2) 3512(0.5)	621.7(1.96) 703.9(2.13) 723.8(2.4) 806.0(1.75) 1427.7(94.2)	裂变产物
^{95}Sr	23.90s	β^-(100)	2464(2.5) 2503(2.3) 3147(7.8) 3363(4.9) 5394(8.9) 6080(55.7)	685.6(22.6) 2248(3.8) 2717(4.6) 2933(4.1)	裂变产物

注:IT 同核异能跃迁。

7.1.2　裂变产物元素铯的主要衰变链[1,2]

裂变产物元素锶的衰变链在第四章(4.1.2 节)和第八章(8.1.3 节)中论述。本节仅列出裂变产物元素铯的典型衰变链。

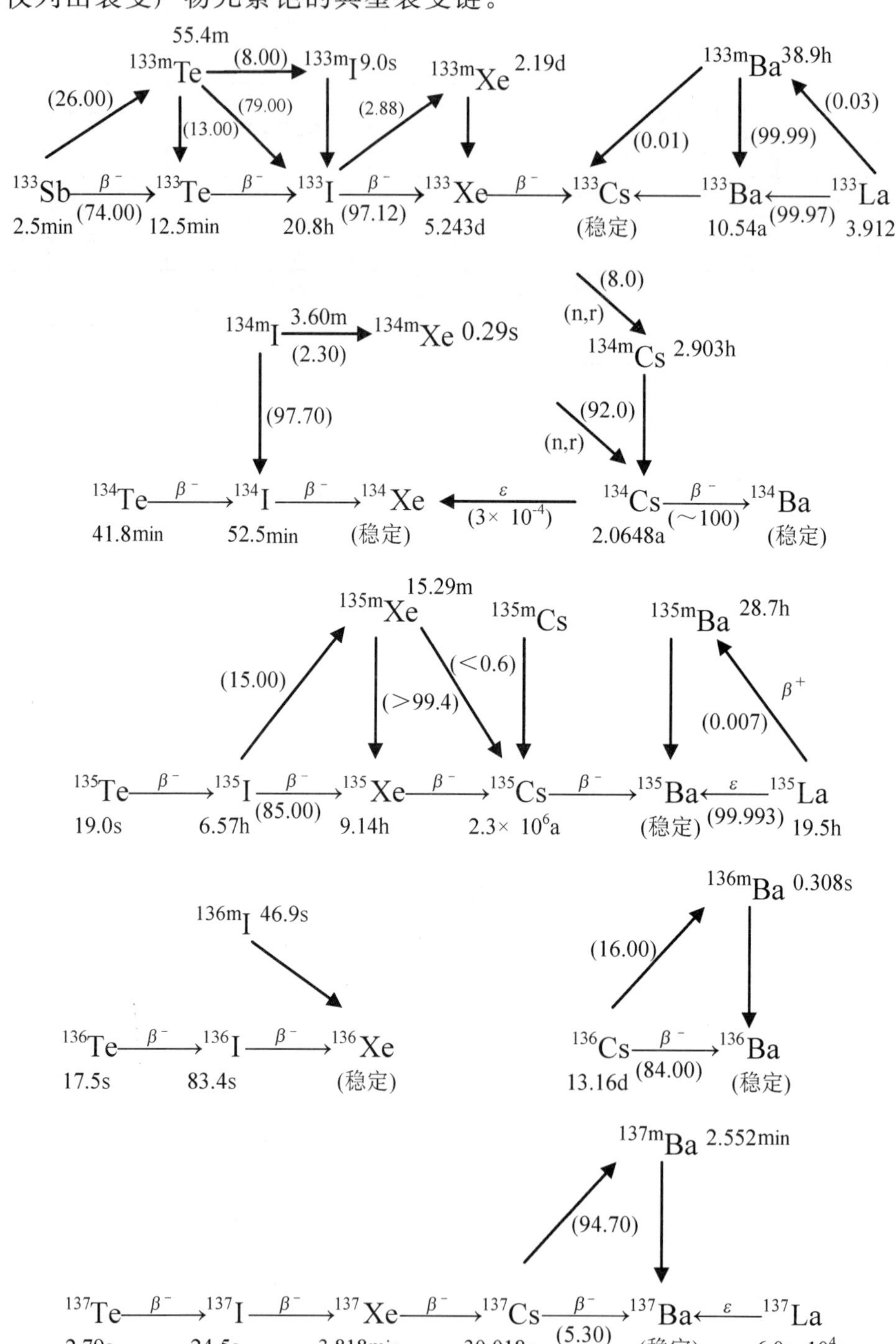

7.1.3　铯和锶的几种重要同位素的裂变产额

裂变产物元素铯和锶的几种重要同位素之裂变产额列于表7-3。从表中可看出，随着燃耗加深，^{239}Pu 裂变的贡献份额增加，裂变产物元素铯的增加比值大，因为^{235}U 裂变时生成铯的产额比^{239}Pu 低。相反，随着燃耗加深，裂变产物锶的增加比值小，因为^{235}U 裂变时生成锶的产额比^{239}Pu 高。第一章表1-1的数据反映了燃耗深度与裂变产物含量变化的规律，以4000 MWd/t为参照，将燃耗深度变化的比值与几种裂变产物元素含量变化比值的关系列于表7-4。其中裂变产物元素钼含量变化的比值与燃耗深度变化的比值基本一致，钕含量变化比值也相近；铯和锶含量的增高与下降的方向相反，锶增加的比值小于燃耗增加的比值，而铯增加的比值则高于燃耗增加的比值，锆的变化趋势与锶相似。

表7-3　裂变产物元素铯和锶的几种重要同位素之裂变产额[2]

易裂变核素	裂变产额							
	^{133}Cs	^{134}Cs	^{135}Cs	^{137}Cs	^{87}Sr	^{88}Sr	^{89}Sr	^{90}Sr
^{235}U(T)	6.7031	1.35×10^{-5}	6.5603	6.2109	2.5792	3.6816	4.8497	5.8771
^{235}U(F)	6.6264	4.97×10^{-5}	6.3512	6.1624	2.5026	3.5460	4.4794	5.3848
^{239}Pu(T)	7.0278	9.88×10^{-4}	7.4190	6.6209	1.0025	1.3778	1.6959	2.0982
^{239}Pu(F)	6.9209	1.009×10^{-3}	7.4953	6.4896	1.0492	1.3309	1.7607	2.0117
^{241}Pu(T)	6.6438	1.75×10^{-5}	7.2908	6.8336	0.79888	1.0461	1.1756	1.5708
^{233}U(T)	6.0214	3.64×10^{-7}	6.2226	6.7822	4.0423	5.5238	6.2760	6.8414

表7-4　几种裂变产物含量变化随燃耗深度变化比值的关系

燃耗深度比值	裂变产物元素含量比值				
	Sr	Zr	Mo	Cs	Nd
2.42	1.36	1.79	2.54	3.47	2.13
8.25	4.89	7.09	8.63	9.00	8.30
20.0	6.67	12.7	21.9	31.3	17.7

7.2　铯和锶的溶剂萃取行为

铯和锶的溶剂萃取已开展过很多研究，多数萃取剂需在碱性或低浓酸溶液中才能定量萃取铯或锶，近些年来在硝酸溶液中直接萃取铯或锶的研究有了重要进展。本节将列举几个典型的例子。

7.2.1 铯的溶剂萃取行为[3-7]

1. 二苦胺萃取铯

铯不能生成络合阴离子，在水溶液中一般以 Cs^+ 存在。可用一个大的有机阴离子去缔合 Cs^+ 后溶解到有机相中，达到有效萃取。

二苦胺，即双(三硝基苯)胺(HDPA)，在碱性溶液中电离为 DPA^- 和 H^+：

NO_2 NO_2

O_2N —NH— NO_2 $\underset{H^+}{\overset{OH^-}{\rightleftharpoons}}$

NO_2 NO_2

NO_2 NO_2 O

O_2N —N= =N $+H^+$ (7-1)

NO_2 NO_2 O^+

0.01 mol · L^{-1} HDPA-硝基苯有机溶液从 0.1 mol · L^{-1} NaOH 水溶液中萃取铯，分配比 $D_{Cs}=200$。萃取反应为：

$$HDPA+OH^- = DPA^- + H_2O \tag{7-2}$$

$$DPA^- + Cs^+ \rightleftharpoons DPA^- \cdot Cs^+ \tag{7-3}$$

萃合物结构可表示为：

NO_2 NO_2 O

[O_2N— —N= =N] $\cdot Cs^+$

NO_2 NO_2 O^-

若水溶液为酸性，则 HDPA 很难电离，在 1 mol · L^{-1} HCl 溶液中萃取，则 $D_{Cs}=0.01$。因此可用 1 mol · L^{-1} HCl 或 HNO_3 作为反萃取剂。

体系中其他碱金属离子浓度高时萃取铯有竞争，对于含钠盐的溶液，为了提高铯的回收率，将 HDPA-硝基苯附着于聚苯乙烯型大孔树脂“白球”(无交换功能团，代号 DVB)上制成萃取色层柱，用于提取 ^{137}Cs(含 ^{134}Cs)，料液 pH=8，钠离子浓度对 ^{137}Cs 穿透率的影响结果列于表 7-5。

表 7-5 钠离子含量对 HDPA-DVB 柱吸附 ^{137}Cs 的影响

钠离子浓度(g · L^{-1})	23.6	40.2	207
^{137}Cs 穿透率(%)	1.66	3.27	17.3

二苦胺是易爆危险品，应注意安全。

2. 四苯硼钠萃取铯

四苯硼钠(ϕ_4BNa)萃取铯的原理和二苦胺萃取铯相似,都是离子缔合萃取。常在 pH 为 5～6 的水相中,以乙酸异戊酯为稀释剂可定量萃取铯。萃取反应为:

$$\phi_4B^- \cdot Na^+ + Cs^+ \rightleftharpoons \phi_4B^- \cdot Cs^+ + Na^+ \qquad (7\text{-}4)$$

反萃取剂可用 3 mol · L^{-1} HCl 或 HNO_3溶液。

3. 异丙氧基杯[4]冠-6 萃取铯

冠醚类萃取剂对碱金属和碱土金属离子的萃取选择性高,文献[7]报道了二环己基 18 冠-6(DCH18C-6)和异丙氧基杯[4]冠-6(IPR-C[4]C-6)萃取铯。分别用 0.025 mol · L^{-1} IPR-C[4]C-6、0.1 mol · L^{-1} DCH18C-6 和 0.1 mol · L^{-1}DCH18C-6/0.025 mol · L^{-1} IPR-C[4]C-6 的正辛醇溶液,从不同浓度的硝酸溶液中萃取铯,结果如图7-1所示。在 0.1～3.0 mol · L^{-1} HNO_3的范围内,0.025 mol · L^{-1} IPR-C[4]C-6-正辛醇萃取铯的分配比 $D_{Cs} \geqslant 1$,并且随着硝酸浓度的增加,D_{Cs}上升;0.1 mol · L^{-1} DCH18C-6-正辛醇萃取铯的分配比在 0.2 以下;用 0.1 mol · L^{-1} DCH18C-6 和 0.025 mol · L^{-1}IPR-C[4]C-6 辛醇的混合溶液萃取铯,结果与单一的 0.025 mol · L^{-1} IPR-C[4]C-6 基本相同,说明 DCH18C-6 对 IPR-C[4]C-6 无协萃效应。由图 7-1 看出,用异丙氧基杯[4]冠-6 萃取,有可能直接从高放废液(1AW)中提取铯。

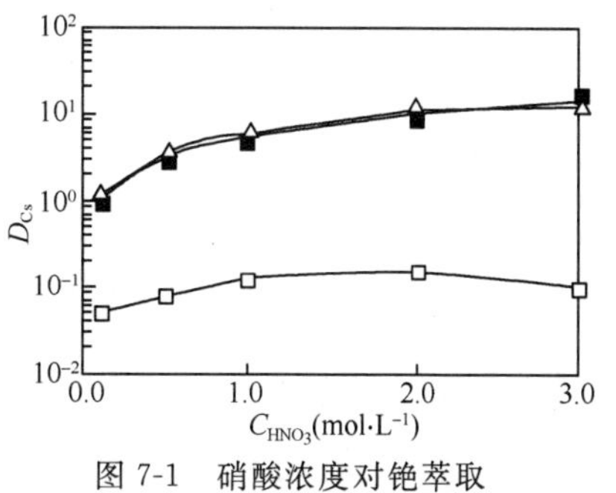

图 7-1　硝酸浓度对铯萃取分配比的影响

■—0.1 mol · L^{-1} DCH18C-6-0.025 mol · L^{-1}IPR-C[4]C-6-正辛醇;
□—0.1 mol · L^{-1} DCH18C-6-正辛醇;
△—0.025 mol · L^{-1} IPR-C[4]C-6-正辛醇

7.2.2　锶的溶剂萃取行为[5-11]

对锶有特效性的萃取剂不容易找到,一般在低酸溶液中进行,冠醚类是在较高浓度酸中选择性地萃取锶的较好萃取剂。

1. HDEHP 萃取锶

在 pH 3.5～4.7 范围内,二-(2-乙基己基)磷酸(HDEHP)能定量萃取锶。萃取机理相当于阳离子交换:

$$Sr^{2+} + 2HDEHP_{(0)} \overset{K}{\rightleftharpoons} Sr(DEHP)_{2_{(0)}} + 2H^+ \qquad (7\text{-}5)$$

$$K = \frac{(Sr(DEHP)_2)_{(0)}[H^+]^2}{(Sr^{2+})(HDEHP)^2_{(0)}} = \frac{D_{Sr}[H^+]^2}{(HDEHP)^2_{(0)}}$$

$$D_{Sr} = \frac{K(HDEHP)^2_{(0)}}{[H^+]^2} \qquad (7\text{-}6)$$

锶的萃取分配比与萃取剂浓度二次方成正比，与水相氢离子浓度（或活度）的二次方成反比。所以用 0.2 mol·L^{-1} HNO_3 作为反萃取剂，一次就可反萃取完全。

为了提高分配比和避免乳化现象，常在有机相添加一定量 TBP。

2. HPMCyP 萃取锶

1-苯基-3-甲基-4-辛酰基-吡唑酮-5（HPMCyP 或 HPMOP）在溶液中以酮式和烯醇式存在，其互变异构反应为：

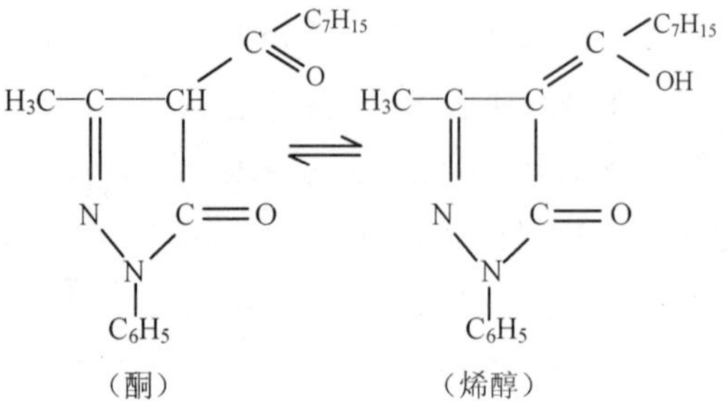

（酮）　⇌　（烯醇）

以酮式存在是中性螯合萃取剂，以烯醇式存在是酸性螯合萃取剂，萃取金属离子时，受酸度影响很大。1% HPMCyP-MiBK 萃取 Sr、Ba、Cd、Zr-Nb 受溶液 pH 值的影响，如图 7-2 所示。pH＝9.0 时，Sr 的萃取率最高。表 7-6 列出了不同 pH 值溶液中 HPMCyP 对几种元素的萃取率。从表中看出，某些元素（如稀土）在低 pH 值时萃取率很高，这时锶的萃取率并不高（如pH＝5.4）。为了分离提纯锶，可在 pH＝2.8 和 5.4 时先用 HPMCyP 萃取，分别除去 Zr-Nb、Eu、Sb、Y、Tl、Ce 和 Cd 等。然后于 pH＝9.0 的条件下定量萃取锶。有机相的锶用 0.1 mol·L^{-1} HCl（或 HNO_3）反萃取。

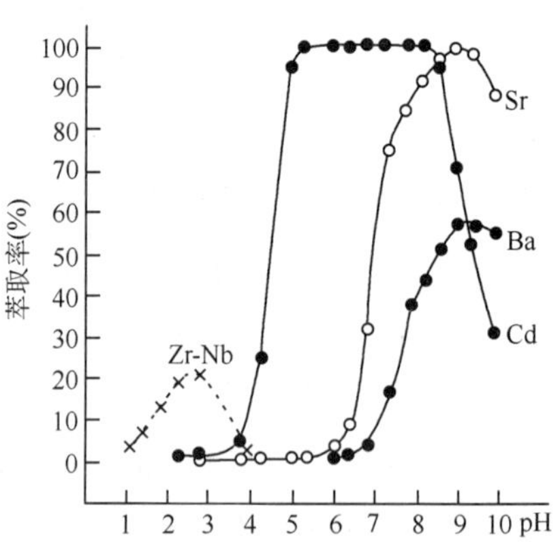

图 7-2　HPMCyP 萃取 Sr、Ba、Cd、Zr-Nb 受 pH 值的影响
有机相：1% HPMCyP-MiBK

表 7-6　1%HPMCyP-MiBK 从不同 pH 值水溶液中萃取金属离子

元素	萃取率（%）						
	pH＝1.0	2.8	3.8	5.4	7.3	8.2	9.0
Sr	0.0	1.8	1.06	1.09	75	91.2	100
Cd	0.0	3.0	5.0	100	100	100	70
Zr-Nb	4.0	21.5	0.2	0.0	0.0	0.0	0.0
Cs	0.0	0.0	0.0	0.0	3.6	0.0	0.0
Eu	0.5	100	100	100	0.0	18	25

续表

元素	萃取率(%)						
	pH=1.0	2.8	3.8	5.4	7.3	8.2	9.0
Sb	26	96	78	50	19	15	14
Ba	0.0	0.25	0.11	0.45	17.04	44.7	58.2
Y	4.7	96.5	100	98.5	3.6	10.4	9.5
Pd	8.0	14.7	15.1	5.2	1.0	0.6	1.0
Tl	100	100	100	100	3.6	0.0	0.0
Ce	0.2	100	100	100	3.6	20	44
Ru	0.0	0.0	0.0	0.0	0.0		
Rh	0.0	0.0	0.0	0.0	0.0		
Te	0.0	0.0	0.0	0.0	0.0		

3. 二环己基 18 冠-6 萃取锶

早在 20 世纪 70 年代就有人将二环己基 18 冠-6 用于锶的分离分析，后来开展过许多分离锶的工艺应用研究。文献[7]报道了二环己基 18 冠-6(DCH 18C-6)和异丙氧基杯[4]冠-6(IPR-C [4]C-6)萃取锶。分别用 0.1 mol·L^{-1} DCH 18C-6、0.025 mol·L^{-1} IPR-C [4] C-6 的正辛醇溶液，以及 0.1 mol·L^{-1} DCH 18 C-6/0.025 mol·L^{-1} IPR-C [4] C-6 混合的正辛醇溶液，从不同浓度硝酸溶液中萃取锶，硝酸浓度对锶分配比的影响示于图 7-3。在 0.1～4.0 mol·L^{-1} HNO_3 的范围内，0.025 mol·L^{-1} IPR-C [4] C-6-正辛醇萃取锶的分配比很小(～10^{-3})，且不受硝酸浓度的影响；0.1 mol·L^{-1} DCH 18C-6-正辛醇萃取锶的分配比随硝酸浓度的增高而增加，硝酸浓度高于 1 mol·L^{-1}时，锶分配比的增加趋势减缓；用 0.1 mol·L^{-1} DCH 18 C-6 和 0.025 mol·L^{-1} IPR-C [4]C-6 混合溶液萃取锶的行为与单一的 0.1 mol·L^{-1} DCH 18C-6 萃取锶基本一致，说明 IPR-C [4]C-6 对 DCH 18C-6 萃取锶无协萃效应。从 D_{Sr}看，当硝酸浓度在 2～4 mol·L^{-1}范围内，与 0.1 mol·L^{-1} DCH 18C-6-正辛醇单级平衡，可达到半定量萃取锶。可望直接与 1AW 的硝酸浓度相衔接，进行裂变产物元素锶的提取。

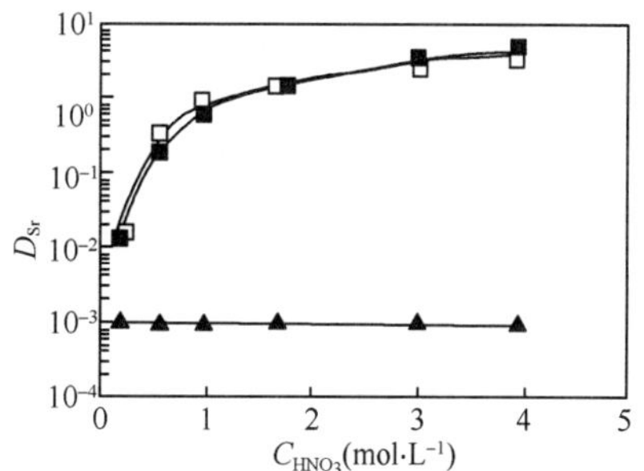

图 7-3 硝酸浓度对锶萃取分配比的影响

■—0.1 mol·L^{-1} DCH18C-6/0.025 mol·L^{-1} IPR-C [4] C-6-正辛醇；□—0.1 mol·L^{-1} DCH18C-6-正辛醇；▲—0.0.25 mol·L^{-1} IPR-C [4]C-6-正辛醇

7.3　裂变产物元素铯和锶的吸附行为

铯和锶在固相上的吸附行为可用于分离和提纯，在水溶液中铯和锶基本上以阳离子状态存在，对阳离子交换行为研究较多。铯和锶离子在有机离子交换树脂上的吸附需在很低的酸浓度下进行，对于直接从混合裂变产物元素中提取铯或锶有困难。无机离子交换剂对铯或锶的吸附可在较高浓度酸的溶液中进行，而且选择性好，颇具优越性，本节介绍几种无机离子交换剂吸附行为。

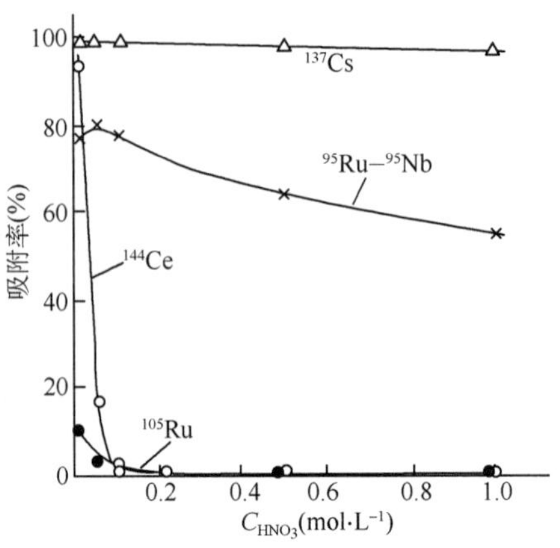

图 7-4　硝酸浓度对 ZrP 吸附 ^{137}Cs、^{95}Zr-^{95}Nb、^{106}Ru 和 ^{144}Ce 的影响

7.3.1　铯的吸附行为[12-18]

1. 磷酸锆吸附铯

文献[12]用磷酸锆(ZrP)吸附铯，从混合裂变产物元素中提取 ^{137}Cs 作为燃耗监测体，计算核燃料的燃耗。用单级实验分别研究了硝酸浓度对 ZrP 吸附 ^{137}Cs、^{144}Ce、^{106}Ru 和 ^{95}Zr-^{95}Nb 的影响，如图 7-4 所示。^{137}Cs 的吸附率最高，0.01 mol · L^{-1} HNO_3 时，^{144}Ce 吸附率高达 93.6%，0.1 mol · L^{-1} HNO_3 时剧降到 0.2%。^{95}Zr-^{95}Nb 的吸附率在 0.05 mol · L^{-1} HNO_3 时最高，而后随着硝酸浓度增加而下降。

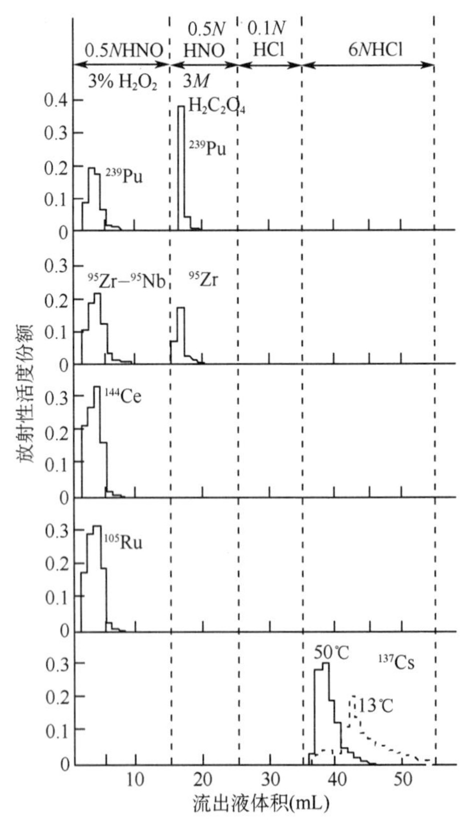

图 7-5　ZrP 柱上 ^{137}Cs 等的淋洗曲线

将 80～110 目的 ZrP 装成 $\phi 4 \times 120$ mm 的吸附柱进行动态吸附淋洗实验，结果如图 7-5 所示。料液调成 0.5～1.0 mol · L^{-1} HNO_3 加到 ZrP 柱上，用 0.5 mol · L^{-1} HNO_3-3% H_2O_2 淋洗 ^{95}Zr-^{95}Nb、^{144}Ce、^{106}Ru 和 ^{239}Pu，用 0.5 mol · L^{-1} HNO_3-0.3 mol · L^{-1} $H_2C_2O_4$ 淋洗残余的 ^{95}Zr 和 ^{239}Pu，用 0.1 mol · L^{-1} HCl 淋洗柱子，转换为盐酸介质，最后用 6 mol · L^{-1} HCl 淋洗 ^{137}Cs。按图 7-5

的程序提取^{137}Cs对其他裂变产物的去污系数为：^{141}Ce 5.0×10^5，^{140}La 1.2×10^5，$^{140}Ba\geqslant1.7\times10^4$，$^{103}Ru$ 5.4×10^4，^{95}Zr 7.0×10^4，^{95}Nb 5.4×10^4，$^{239}Pu>3.5\times10^3$，$U>1.1\times10^3$。

2. 金属的亚铁氰化物吸附铯

亚铁氰化物吸附铯已经历过长期的研究，如亚铁氰化锌、亚铁氰化钾锌，以及亚铁氰化钾钛等等。一般认为其吸附机理属于阳离子交换：

$$K_2Zn_3[Fe(CN)_6]_2+Cs^+\rightleftharpoons CsKZn_3[Fe(CN)_6]_2+K^+ \tag{7-7}$$

$$Zn_2Fe(CN)_6+2Cs^+\rightleftharpoons Cs_2Zn(CN)_6+Zn^{2+} \tag{7-8}$$

亚铁氰化物吸附^{137}Cs后若长期存贮，由于亚铁氰化物在辐射场中的辐解产物可能有氰化物，剧毒，不安全，应注意。

3. 离子筛吸附铯

离子筛是一种具有特殊选择性的分离材料。它是以合成的稳定无机化合物为基体，将欲分离的目标元素之离子嵌入、固位、抽出反应，使其晶格中有目标元素的“离子印记”，有接受该离子而重新构成最适宜结晶构造趋势，表现出离子选择性筛效应，称之为离子筛（Ion Sieve，简写 IS）。

以合成的焦磷钼酸锆为基体，筛选一定颗粒度，浸入 1.0 mol·L^{-1} $CsNO_3$溶液中，室温下间歇振荡 2 天，待基体与铯离子交换达到饱和后，过滤、收集固体，40℃下干燥，而后在 300℃热处理 2 小时，使铯离子固位。将固位铯离子的固体在 0.5 mol·L^{-1} NH_4NO_3-0.5 mol·L^{-1} HNO_3溶液中浸泡 4 天（间歇振荡），使铯离子抽出，过滤，水洗至中性，40℃下干燥，即得提铯离子筛（Cs-IS）。

用 Cs-IS 装成 $\phi4\times80$ mm 的交换柱，堆照 U_3O_8小靶件冷却 3 个月后溶于硝酸中，调节成 3.0 mol·L^{-1} HNO_3为料液，通过 Cs-IS 柱吸附^{137}Cs；以 0.5 mol·L^{-1} NH_4NO_3-0.5 mol·L^{-1} HNO_3混合溶液解吸^{137}Cs。产品对其他裂变产物的去污系数为：^{95}Zr 5.5×10^3，^{95}Nb 28，^{144}Ce 3.1×10^2，^{103}Ru 2.8×10^2。和 ZrP 分离结果比较，似乎去污系数都低，但是 Cs-IS 提取^{137}Cs的程序中，没有添加 H_2O_2 和 $H_2C_2O_4$等洗涤步骤，可以认为效果是很好的。

4. 焦磷酸氧锆吸附铯

实验室研制的焦磷酸氧锆（ZrPP）从硝酸溶液中吸附铯的性能也较好，可用于从混合裂变产物元素中选择性地提取^{137}Cs。

ZrPP 从不同浓度的硝酸溶液中吸附铯的分配比（Kd）数据列于表 7-7。硝酸浓度增加，Kd 下降，是属于阳离子交换类型，实验证明铯在 ZrPP 上的吸附主要是化学吸附，70％以上是阳离子交换，反应式为：

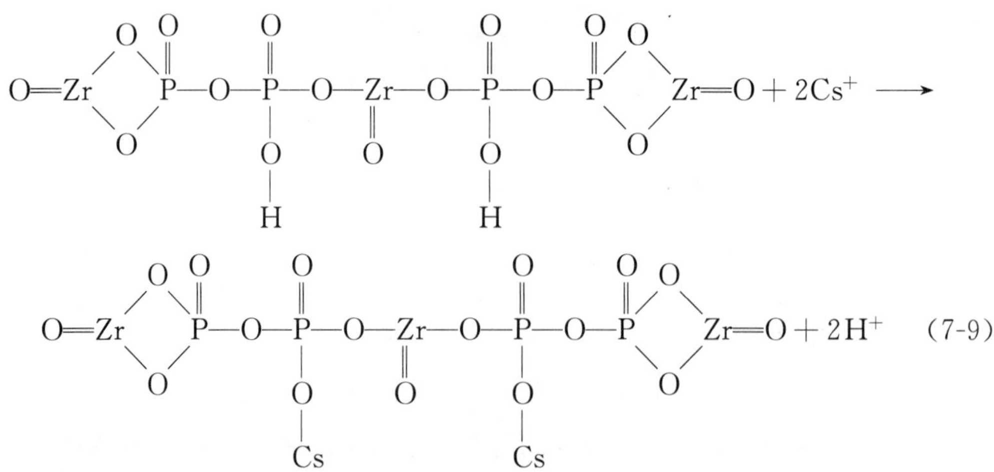

表 7-7　硝酸浓度对 ZrPP 吸附铯分配比的影响

硝酸浓度($mol \cdot L^{-1}$)	0.1	0.3	0.5	1.0	1.5	2.0	2.5
$Kd(mL \cdot g^{-1})$	2812.6	1026.7	672.8	471.4	336.3	276.6	220.4

尽管 Kd 与硝酸浓度变化呈反向关系，而硝酸浓度达到 2.5 $mol \cdot L^{-1}$时，ZrPP 对 Cs 的单级吸附率仍在 70%以上。所以用 ZrPP 柱从 2.0 $mol \cdot L^{-1}$ HNO_3溶液中定量吸附铯是可行的。

从 ZrPP 柱上解吸铯也不难，图 7-6 表示不同浓度的硝酸解吸铯的效果，

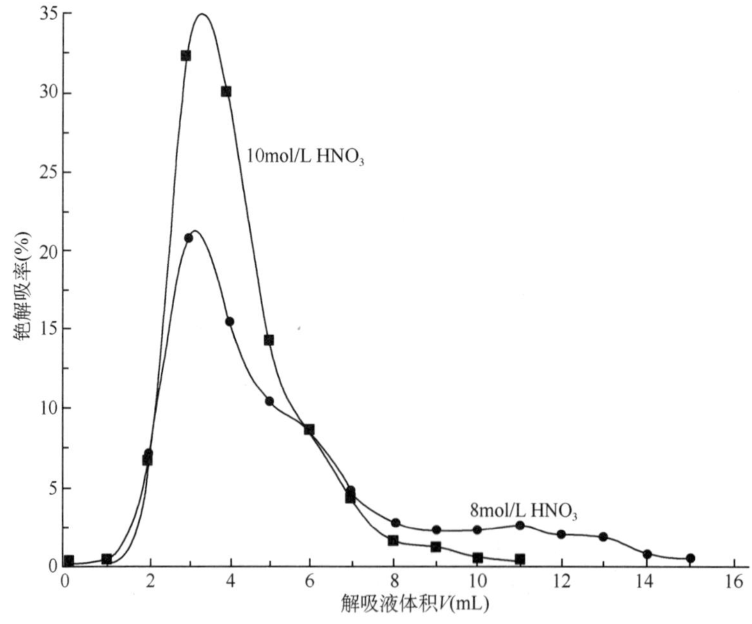

图 7-6　不同浓度硝酸溶液从 ZrPP 柱上解吸铯

柱床：ϕ3.5×140 mm；ZrPP 粒度：80～100 目；解吸温度：12℃

10 mol · L^{-1} HNO_3可有效地解吸铯。图 7-7 表示温度对解吸铯的影响，60℃时比 12℃更有效。

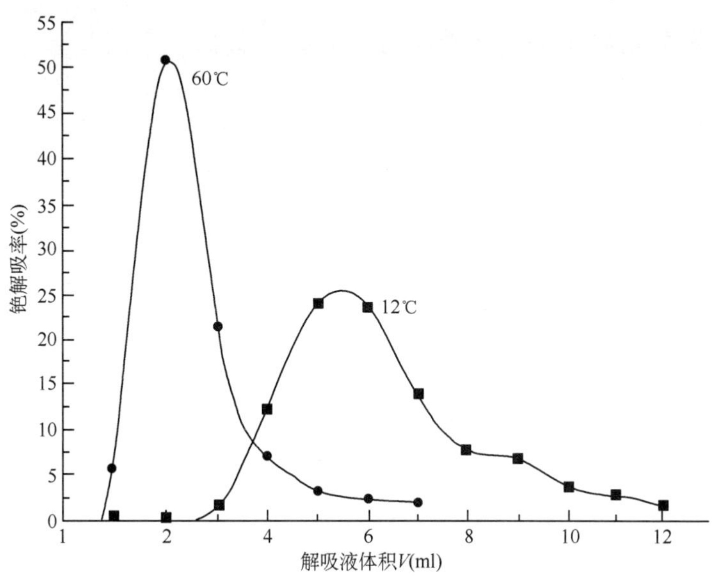

图 7-7　温度对 ZrPP 上解吸铯的影响

柱床：φ3.2×115 mm；ZrPP 粒度：60～80 目；解吸液：10 mol · L^{-1} HNO_3溶液

用实验室研制的 ZrPP，选取 80～100 目粒度装成 φ3.1×120 mm 的 ZrPP 柱，从混合裂变产物元素料液中提取^{137}Cs。原料由^{235}U 丰度为 3%的 U_3O_8 在反应堆内辐照 80 天，出堆后冷却 3 个月，溶解于硝酸中，调节硝酸浓度为 2.0 mol · L^{-1}作为料液上柱吸附铯。用2.0 mol · L^{-1} HNO_3淋洗柱子，然后在 60℃下以 8 mol · $L^{-1}$$HNO_3$解吸铯，得到$^{137}Cs$ 产品，回收率约为 100%。对其他主要裂变产物的去污系数：^{95}Nb 83，^{95}Zr 3.8×10^2，^{106}Ru-^{106}Rh 1.5×10^3，^{144}Ce-^{144}Pr 3.7×10^3。

上述例子表明，用磷锆类化合物从混合裂变产物元素的硝酸溶液中提取^{137}Cs是比较方便的。

7.3.2　锶的吸附行为[19-21]

1. 聚锑酸吸附锶

聚锑酸的经验分子式为：$\{[H_3Sb_3O_5(OH)_8]_3[H_5Sb_5O_6(OH)_{18}]\}$，它对 Ag^+、Pb^{2+}、Tl^+和 Sr^{2+}等离子的吸附选择性很强。聚锑酸在很少的装料时对酸介质中的 Sr^{2+}具有突出的选择性。图 7-8 表示聚锑酸吸附 Na^+、Rb^+、Cs^+、Ca^{2+}、Sr^{2+}和 Ba^{2+}时，硝酸浓度对吸附分配比的影响。从图中看出，Sr^{2+}的分配

比最高，硝酸浓度达到 3.0 mol · L^{-1} 时，Sr^{2+} 的 Kd 值仍然大于 10^3，M^{3+} 代表稀土(Ce、La 和 Eu)。

聚锑酸吸附金属离子的行为受离子大小的制约。离子直径在 0.23～0.24 nm 者被吸附的选择性最强，Sr^{2+}(0.23 nm)和 Pb^{2+}(0.24 nm)最容易被吸附。Ca^{2+}(0.198 nm)和 Ba^{2+}(0.270 nm)的吸附分配比都低于 Sr^{2+}，所以用聚锑酸作为离子交换剂，可能实现 Sr^{2+} 与 Ca^{2+} 和 Ba^{2+} 的分离。不过用聚锑酸提取锶的缺点是吸附平衡慢，解吸较困难。

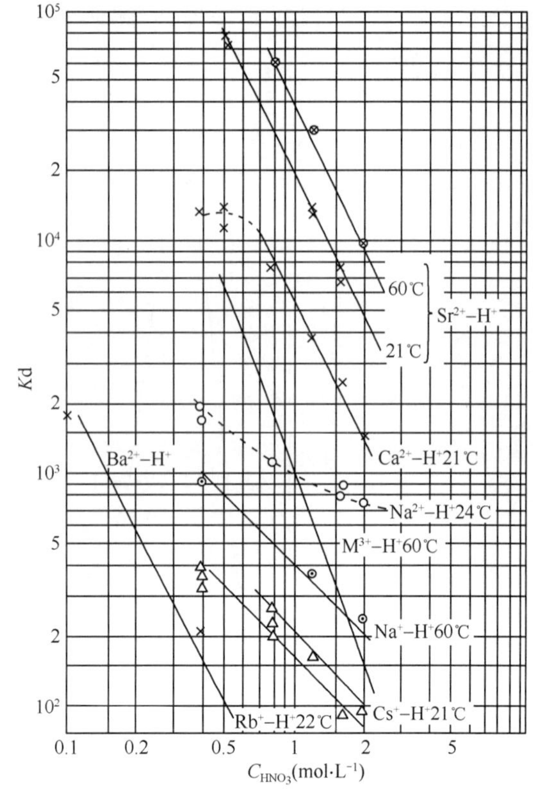

图 7-8　硝酸浓度对聚锑酸吸附示踪量离子的影响

聚锑酸的制备不难，有几种方法分别制备的聚锑酸，其化学组成和物理性质都相似。方法之一为：把 0.2 mol $K_2H_2Sb_2O_7$ 溶于沸水中，得到清彻的溶液；放置 24 小时后与等体积的 1.5 mol · L^{-1} HCl 溶液(内含 8.5 mol NH_4Cl)混合，在连续搅拌下形成白色凝胶，放置过夜；用 3 倍体积的 0.75 mol · L^{-1} HCl 洗凝胶；过滤，产品于 50℃下干燥，而后再以 30～50 倍产品体积的 0.75 mol · L^{-1} HCl 洗涤；产品最后于 50℃干燥。

用离子交换法制备更简单：将 $KSb(OH)_6$ 溶于水中，溶液通过氢型阳离子交换柱；得到的酸性溶液于 70～90℃下保持 24 小时，过滤形成的凝胶，干燥即为产品。

2. 钼酸锆吸附锶

实验室制备的钼酸锆晶体，选取颗粒为 100 目左右，装成 $\phi 5 \times 80$ mm 的离子交换柱，料液配成 pH 2～12，上柱后，碱土金属离子被吸附在柱子上，而后用不同淋洗溶液先后淋洗出 Mg^{2+}、Ca^{2+} 和 Sr^{2+}，如图 7-9 所示。但是 Ba^{2+} 很难被解吸。

钼酸锆作为无机离子交换剂提取 ^{90}Sr，料液酸度和解吸条件都值得进一步研究。

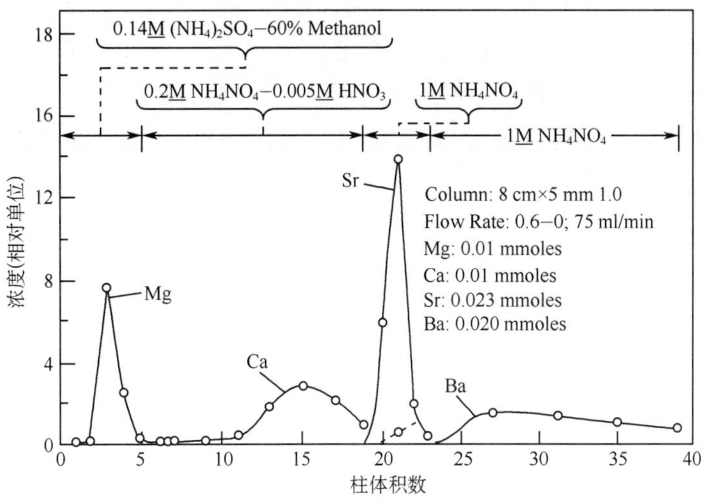

图 7-9　钼酸锆柱上不同离子的淋洗曲线

7.4　Purex 流程中裂变产物元素铯和锶的行为

铯是碱金属元素，在溶液中不会形成络合物，TBP 不萃取碱金属元素，在 Purex 流程的 1A 萃取器中，^{137}Cs 主要在萃余水相进入 1AW 中。一般情况下，1A 萃取器萃取过程对 ^{137}Cs 的去污系数 $>1\times10^{4}$。后续几个萃取器的萃取过程对 ^{137}Cs 的去污效果也很好，所以在 Purex 流程中裂变产物元素铯的行为很简单。

锶是碱土金属元素，很少能形成络合物，其盐也不溶于有机相，TBP 基本不萃取锶，在 1A 萃取器中，^{90}Sr 也主要在萃余水相而进入 1AW，整个工艺流程，^{90}Sr 的去污效果与 ^{137}Cs 相似，不会造成产品净化的麻烦。

^{137}Cs 和 ^{90}Sr 的放射性对 1A 萃取器内辐射效应的贡献是应该重视的。缩短相接触时间，使 ^{137}Cs 和 ^{90}Sr 尽快排入 1AW，减少对有机相的辐解损伤，有利于工艺流程的正常运行。

参考文献

[1] 卢玉楷. 简明放射性同位素应用手册[M]. p209, 296, (2004), 上海:上海科学普及出版社.

[2] Ihara, H. , et al.. Nuclear decay data and fission yield data of fission product nuclides [R]. JAERI-M-9715 (1986).

[3] 施玉全，林灿生，等．北京:原子能科学技术[J]. 11(2),156(1977).

[4] 李长和. 核科学与工程[J]. 14(1),86(1994).

[5] 徐光宪，王文清，等．萃取化学原理[M]. p53 (1984)，上海:上海科学技术出版社．

[6] 林灿生,黄浩新.“裂片元素放射性指示剂的提取”. 郭景儒,黄浩新主编. 裂变产物分析[M]. p372-373 (1985),北京:原子能出版社.
[7] 叶维玲,王建晨,何千舸. 核化学与放射化学[J]. 31(3),167(2009).
[8] 刘玉英.“锶和钡的放化分析”. 郭景儒,黄浩新主编. 裂变产物分析[M]. p181-182 (1985),北京:原子能出版社.
[9] Mirza, M. Y. Anal. Chim. Acta [J]. 40, 229 (1968).
[10] Miirza, M. Y. Anal. Chim. Acta [J]. 40, 235 (1968).
[11] Kimura, T., et al., Anal Chem[J]. 51 (8), 1113 (1979).
[12] 林灿生,朱国辉,平佩贞. 核化学与放射化学[J]. 5(3),233(1983).
[13] 徐世平,姜长仲,宋崇立. 核化学与放射化学[J]. 18(2),111(1996).
[14] Ganzerli, M. T., et al., J. Inorg. Nucl Chem [J]. 34, 1427 (1972).
[15] Vlasselaer, S., et al., J. Inorg. Nucl Chem [J]. 38, 327 (1976).
[16] 张惠源,王榕树,林灿生. 生态环境材料提铯离子筛的研制及其机理研究. 天津大学博士学位论文,(2000).
[17] 张惠源,王榕树,等. 自然科学进展[J]. 11(8),804(2001).
[18] 宋凤丽,林灿生. 焦磷酸氧锆的合成及其吸附铯的性能研究. 中国原子能科学研究院硕士学位论文,(2005).
[19] Baetsle, L. H., et al., J. Inorg. Nucl Chem [J]. 30, 639 (1968).
[20] Campbell, M. H., Anal Chem [J]. 37 (2), 252 (1965).
[21] Taylor, R. W., et al., Health Physics [J]. 15, 25 (1968).

第八章　裂变产物中稀土元素的过程化学

8.1　概　述

8.1.1　裂变产物中的稀土元素[1,2,3]

裂变产物中的稀土元素包括钇和镧系元素，其中镧系从^{139}La(稳定)到^{172}Tb(稳定)各质量链包含不同的镧系元素同位素达 200 个以上。乏核燃料冷却几十天后，裂变产物稀土元素中主要的放射性核素是：^{91}Y、^{141}Ce、^{143}Pr、^{144}Ce、^{144}Pr、^{147}Nd 和^{147}Pm 等。另外还有放射性很强的^{90}Y 和^{140}La，虽然半衰期不长，但它们的母体^{90}Sr(28.79a)和^{140}Ba(12.752d)半衰期相对较长，也应予以考虑。

裂变产物稀土元素的产额很高，对于燃耗为 33 000 MWd/t 的乏核燃料，每吨燃料中裂变产物稀土元素的含量近 10 kg。除了放射性核素外，含有 30 多个稳定核素，在反应堆运行期间不断积累。有些同位素对热中子的俘获截面很大，若不及时除去，会造成反应堆中子中毒。

8.1.2　裂变产物稀土元素中的主要放射性核素[2,4,5]

裂变产物稀土元素中部分典型放射性核素的主要参数列于表 8-1。

表 8-1　稀土元素部分放射性核素的参数

核素	半衰期	β能量(keV)和强度(%)	γ射线能量(keV)和强度(%)	热中子诱发裂变产额		
				^{235}U	^{239}Pu	^{241}Pu
^{90}Y	2.667d	2280.1(99.989)		5.877	2.098	1.571
^{91}Y	58.51d	340.0(0.26) 1544.8(99.74)	1204.77(0.26) 555.579(95.00)	5.943	2.508	1.951
^{140}La	1.678d	1349.9(44.0) 1678.6(19.2)	487.02(45.5)* 1596.21(95.4)	6.302	5.570	6.293
^{141}Ce	32.501d	435.9(70.2) 581.3(29.8)	145.44(48.3)	5.839	5.290	5.029

续表

核素	半衰期	β能量(keV)和强度(%)	γ射线能量(keV)和强度(%)	热中子诱发裂变产额		
				^{235}U	^{239}Pu	^{241}Pu
^{143}Pr	13.57d	933.9(100.0)		5.948	4.428	4.776
^{144}Ce	284.893d	185.1(19.6) 318.6(76.5)	80.12(1.36) 133.515(11.09)	5.482	3.738	4.392
^{144}Pr	17.28 min	2300(1.04) 2997(97.9)	696.51(1.342) 2185.66(0.694)	5.482	3.738	4.392
^{147}Nd	10.98d	364.3(15.3) 804.2(81)	91.105(27.9) 531.016(13.1)	2.230	2.050	2.393
^{147}Pm	2.6234a	224.6(99.994)	121.22(0.00285)	2.230	2.050	2.393
^{155}Eu	4.761a	146.9(47) 252.2(17.6)	86.545(30.7) 105.305(21.2)	0.03208	0.1678	0.2437

* ^{140}La 的γ射线还有多分支：328.76 (20.3)，815.77(23.28)，925.189(6.9)，2521.4(3.46)等。

从表 8-1 看出，这些放射性核素中，^{90}Y、^{91}Y、^{140}La 和 ^{144}Pr 的 β^- 粒子能量很高，有的达到 2997 keV，这么高能量的 β^- 粒子在溶液中将引起很强的辐射效应。再者 ^{90}Y、^{140}La 和 ^{144}Pr 的γ射线能量很高，在物质中的穿透能力强，操作场所的辐射防护要求更严。^{90}Y、^{140}La 和 ^{144}Pr 的半衰期虽然较短，但是它们的母体 ^{90}Sr、^{140}Ba 和 ^{144}Ce 半衰期都相对较长，从整体考虑，对体系中放射性辐射的贡献是很突出的。^{144}Pr 的 2185.66 keV γ射线常被用作无损分析的监测体。

8.1.3 裂变产物中稀土元素的主要核衰变链[4,5]

裂变产物中稀土元素的同位素很多，存在若干衰变链，半衰期在秒级以上的核素大多数是镧系元素的同位素。通过衰变链的描述，对裂变产物中稀土元素的认识更简便、明了。

裂变产物元素钪(Sc)的产额很低，一般不予考虑。裂变产物元素钇(Y)通常从 87 质量链开始考虑，核衰变链如下：

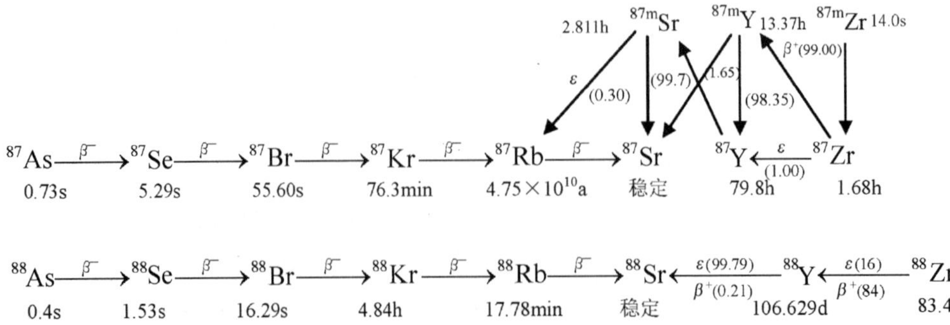

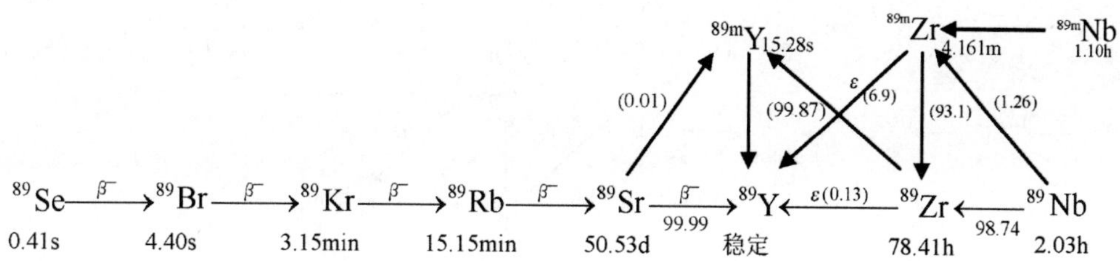

^{90}Y 以上的衰变链参阅第四章("4.1.2"节)。

裂变产物镧系元素中，大质量(在 167 以上者)的链产额很低，对元素浓度的影响可忽略。质量在 140 附近的裂变产额高，^{139}La(稳定)到^{166}Er(稳定)之间各核衰变链如下：

$$^{139}I \xrightarrow[(0.898)]{\beta^-} {}^{139}Xe \xrightarrow{\beta^-} {}^{139}Cs \xrightarrow{\beta^-} {}^{139}Ba \xrightarrow{\beta^-} {}^{139}La \xleftarrow[(100)]{\varepsilon} {}^{139}Ce \xleftarrow[\beta^+(8.3)]{\varepsilon(91.7)} {}^{139}Pr$$

2.28s　39.68s　9.27min　83.06min　稳定　137.6d　4.41h

$$^{140}I \xrightarrow{\beta^-} {}^{140}Xe \xrightarrow{\beta^-} {}^{140}Cs \xrightarrow{\beta^-} {}^{140}Ba \xrightarrow{\beta^-} {}^{140}La \xrightarrow{\beta^-} {}^{140}Ce \xleftarrow[\beta^+(50.81)]{\varepsilon(49.19)} {}^{140}Pr \xleftarrow[(100)]{\varepsilon} {}^{140}Nd$$

0.86s　13.6s　63.7s　12.75d　1.678d　稳定　3.39min　3.37d

^{141m}Nd 1.04min：(0.04) → ^{141}Pr；(99.96) → ^{141}Nd；^{141}Pm →(0.07) ^{141m}Nd

$$^{141}Xe \xrightarrow{\beta^-} {}^{141}Cs \xrightarrow{\beta^-} {}^{141}Ba \xrightarrow{\beta^-} {}^{141}La \xrightarrow{\beta^-} {}^{141}Ce \xrightarrow{\beta^-} {}^{141}Pr \xleftarrow[(2.49)]{\varepsilon(97.51)} {}^{141}Nd \xleftarrow{\beta^+(99.93)} {}^{141}Pm$$

1.73s　24.94s　18.27min　3.92h　32.50d　稳定　20.90min

$$^{142}Cs \xrightarrow{\beta^-} {}^{142}Ba \xrightarrow{\beta^-} {}^{142}La \xrightarrow{\beta^-} {}^{142}Ce \xleftarrow[(0.02)]{\varepsilon} {}^{142}Pr \xrightarrow[(99.98)]{\beta^-} {}^{142}Nd$$

1.684s　10.6min　91.1min　稳定　稳定

$$^{143}Cs \xrightarrow{\beta^-} {}^{143}Ba \xrightarrow{\beta^-} {}^{143}La \xrightarrow{\beta^-} {}^{143}Ce \xrightarrow{\beta^-} {}^{143}Pr \xrightarrow{\beta^-} {}^{143}Nd \xleftarrow[(100)]{\varepsilon} {}^{143}Pm \xleftarrow[\beta^+(43.71)]{\varepsilon(56.29)} {}^{143}Sm$$

1.78s　14.33s　14.2min　33.039h　13.57d　稳定　265d　8.83min

^{144m}Pr 7.2min：^{144}Ce →(1.43) ^{144m}Pr；(99.96) → ^{144}Pr；(0.04) → ^{144}Nd

$$^{144}Cs \xrightarrow{\beta^-} {}^{144}Ba \xrightarrow{\beta^-} {}^{144}La \xrightarrow{\beta^-} {}^{144}Ce \xrightarrow[(98.57)]{\beta^-} {}^{144}Pr \xrightarrow{\beta^-} {}^{144}Nd \xleftarrow[(100)]{\varepsilon} {}^{144}Pm$$

1.01s　11.5s　40.8s　284.9d　17.28min　稳定　363d

$$^{145}Cs \xrightarrow{\beta^-} {}^{145}Ba \xrightarrow{\beta^-} {}^{145}La \xrightarrow{\beta^-} {}^{145}Ce \xrightarrow{\beta^-} {}^{145}Pr \xrightarrow{\beta^-} {}^{145}Nd \xleftarrow[(100)]{\varepsilon} {}^{145}Pm \xleftarrow[(100)]{\varepsilon} {}^{145}Sm$$

0.594s　4.31s　24.8s　3.01min　5.98h　稳定　17.7d　340d

$$^{146}Cs \xrightarrow{\beta^-} {}^{146}Ba \xrightarrow{\beta^-} {}^{146}La \xrightarrow{\beta^-} {}^{146}Ce \xrightarrow{\beta^-} {}^{146}Pr \xrightarrow{\beta^-} {}^{146}Nd \xleftarrow[(66.00)]{\varepsilon} {}^{146}Pm \xrightarrow[(34.00)]{\beta^-} {}^{146}Sm$$

0.321s　2.22s　6.27s　13.52min　24.15min　稳定　5.53a　稳定

$$^{147}\mathrm{Ba} \xrightarrow{\beta^-} {}^{147}\mathrm{La} \xrightarrow{\beta^-} {}^{147}\mathrm{Ce} \xrightarrow{\beta^-} {}^{147}\mathrm{Pr} \xrightarrow{\beta^-} {}^{147}\mathrm{Nd} \xrightarrow{\beta^-} {}^{147}\mathrm{Pm} \xrightarrow{\beta^-} {}^{147}\mathrm{Sm} \xleftarrow[\beta^+(0.36)]{\varepsilon(99.64)} {}^{147}\mathrm{Eu} \xleftarrow[\beta^+(0.16)]{\varepsilon(99.84)} {}^{147}\mathrm{Gd}$$

0.893s 4.015s 56.4s 13.4min 10.98d 2.623a 稳定 24.1d 38.06h

$$^{148}\mathrm{Ba} \xrightarrow{\beta^-} {}^{148}\mathrm{La} \xrightarrow{\beta^-} {}^{148}\mathrm{Ce} \xrightarrow{\beta^-} {}^{148}\mathrm{Pr} \xrightarrow{\beta^-} {}^{148}\mathrm{Nd}$$

0.607s 1.05s 56s 2.01min 稳定

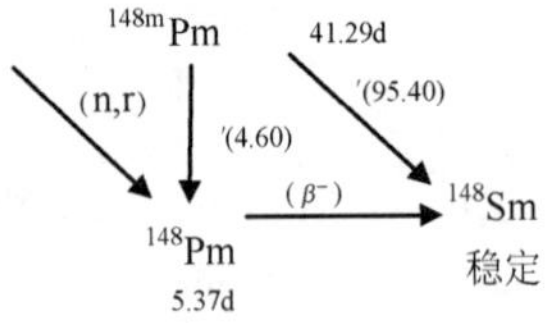

$^{148m}\mathrm{Pm}$ 41.29d

(n,r) → $^{148}\mathrm{Pm}$；$^{148m}\mathrm{Pm}$ (4.60) → $^{148}\mathrm{Pm}$；$^{148m}\mathrm{Pm}$ (95.40) → $^{148}\mathrm{Sm}$

$$^{148}\mathrm{Pm} \xrightarrow{(\beta^-)} {}^{148}\mathrm{Sm}$$

5.37d 稳定

$$^{149}\mathrm{La} \xrightarrow{\beta^-} {}^{149}\mathrm{Ce} \xrightarrow{\beta^-} {}^{149}\mathrm{Pr} \xrightarrow{\beta^-} {}^{149}\mathrm{Nd} \xrightarrow{\beta^-} {}^{149}\mathrm{Pm} \xrightarrow{\beta^-} {}^{149}\mathrm{Sm} \xleftarrow[(100)]{\varepsilon} {}^{149}\mathrm{Eu} \xleftarrow[(99.998)]{\varepsilon} {}^{149}\mathrm{Gd}$$

10.8s 5.7s 2.26min 1.728h 2.212d 稳定 93.1d 9.28d

$$^{150}\mathrm{Ce} \xrightarrow{\beta^-} {}^{150}\mathrm{Pr} \xrightarrow{\beta^-} {}^{150}\mathrm{Nd} \qquad {}^{150}\mathrm{Pm} \xrightarrow{\beta^-} {}^{150}\mathrm{Sm}$$

4.4s 6.19s 稳定 2.68h 稳定

$$^{151}\mathrm{Ce} \xrightarrow{\beta^-} {}^{151}\mathrm{Pr} \xrightarrow{\beta^-} {}^{151}\mathrm{Nd} \xrightarrow{\beta^-} {}^{151}\mathrm{Pm} \xrightarrow{\beta^-} {}^{151}\mathrm{Sm} \xrightarrow{\beta^-} {}^{151}\mathrm{Eu} \xleftarrow[(100)]{\varepsilon} {}^{151}\mathrm{Gd} \xleftarrow[\beta^+(0.99)]{\varepsilon(99.01)} {}^{151}\mathrm{Tb}$$

1.0s 18.90s 12.44s 1.183d 90a 稳定 124d 17.609h

$$^{152}\mathrm{Ce} \xrightarrow{\beta^-} {}^{152}\mathrm{Pr} \xrightarrow{\beta^-} {}^{152}\mathrm{Nd} \xrightarrow{\beta^-} {}^{152}\mathrm{Pm} \xrightarrow{\beta^-} {}^{152}\mathrm{Sm} \xleftarrow[\beta^+(0.014)]{\varepsilon(72086)} {}^{152}\mathrm{Eu} \xrightarrow[(27.9)]{\beta^-} {}^{152}\mathrm{Gd}$$

18.6s 3.63s 11.4min 4.12min 稳定 13.525a 稳定

$$^{153}\mathrm{Pr} \xrightarrow{\beta^-} {}^{153}\mathrm{Nd} \xrightarrow{\beta^-} {}^{153}\mathrm{Pm} \xrightarrow{\beta^-} {}^{153}\mathrm{Sm} \xrightarrow{\beta^-} {}^{153}\mathrm{Eu} \xleftarrow[(100)]{\varepsilon} {}^{153}\mathrm{Gd} \xleftarrow[\beta^+(0.094)]{\varepsilon(99.906)} {}^{153}\mathrm{Tb}$$

13.1s 31.6s 5.25 min 46.284h 稳定 240.4d 2.34d

$$^{154}\mathrm{Pr} \xrightarrow{\beta^-} {}^{154}\mathrm{Nd} \xrightarrow{\beta^-} {}^{154}\mathrm{Pm} \xrightarrow{\beta^-} {}^{154}\mathrm{Sm} \xleftarrow[(0.02)]{\varepsilon} {}^{154}\mathrm{Eu} \xrightarrow[(99.98)]{\beta^-} {}^{154}\mathrm{Gd}$$

9.9s 25.9s 2.68min 稳定 8.593a 稳定

$$^{155}\mathrm{Nd} \xrightarrow{\beta^-} {}^{155}\mathrm{Pm} \xrightarrow{\beta^-} {}^{155}\mathrm{Sm} \xrightarrow{\beta^-} {}^{155}\mathrm{Eu} \xrightarrow{\beta^-} {}^{155}\mathrm{Gd} \xleftarrow[(100)]{\varepsilon} {}^{155}\mathrm{Tb} \xleftarrow[\beta^+(1.38)]{\varepsilon(98.62)} {}^{155}\mathrm{Dy}$$

38.6s 41.5s 22.3min 4.761a 稳定 5.32d 9.9h

$$^{156}\mathrm{Nd} \xrightarrow{\beta^-} {}^{156}\mathrm{Pm} \xrightarrow{\beta^-} {}^{156}\mathrm{Sm} \xrightarrow{\beta^-} {}^{156}\mathrm{Eu} \xleftarrow{\beta^-} {}^{156}\mathrm{Gd} \xleftarrow[(100)]{\varepsilon} {}^{156}\mathrm{Tb}$$

23.4s 26.70s 9.4h 15.19d 稳定 3.35d

$$^{157}\mathrm{Nd} \xrightarrow{\beta^-} {}^{157}\mathrm{Pm} \xrightarrow{\beta^-} {}^{157}\mathrm{Sm} \xrightarrow{\beta^-} {}^{157}\mathrm{Eu} \xrightarrow{\beta^-} {}^{157}\mathrm{Gd} \xleftarrow[(100)]{\varepsilon} {}^{157}\mathrm{Tb} \xleftarrow[(100)]{\varepsilon} {}^{157}\mathrm{Dy}$$

12.9s 10.56s 8.03 min 15.18h 稳定 71a 8.14h

$$^{158}\mathrm{Nd} \xrightarrow{\beta^-} {}^{158}\mathrm{Pm} \xrightarrow{\beta^-} {}^{158}\mathrm{Sm} \xrightarrow{\beta^-} {}^{158}\mathrm{Eu} \xrightarrow{\beta^-} {}^{158}\mathrm{Gd} \xleftarrow[(83.4)]{\varepsilon} {}^{158}\mathrm{Tb} \xrightarrow[(16.6)]{\beta^-} {}^{158}\mathrm{Dy}$$

4.8s 23.3s 5.30min 45.9min 稳定 180a 稳定

$$^{159}\mathrm{Pm} \xrightarrow{\beta^-} {}^{159}\mathrm{Sm} \xrightarrow{\beta^-} {}^{159}\mathrm{Eu} \xrightarrow{\beta^-} {}^{159}\mathrm{Gd} \xrightarrow{\beta^-} {}^{159}\mathrm{Tb} \xleftarrow[(100)]{\varepsilon} {}^{159}\mathrm{Dy} \xleftarrow[\beta^+(0.23)]{\varepsilon(99.77)} {}^{159}\mathrm{Ho}$$

9.1s 1.47min 18.1min 18.479h 稳定 144.4d 33.05min

$$^{160}\mathrm{Pm} \xrightarrow{\beta^-} {}^{160}\mathrm{Sm} \xrightarrow{\beta^-} {}^{160}\mathrm{Eu} \xrightarrow{\beta^-} {}^{160}\mathrm{Gd} \qquad {}^{160}\mathrm{Tb} \xrightarrow{\beta^-} {}^{160}\mathrm{Dy}$$

6.0s 63.2s 50.0s 稳定 72.3d 稳定

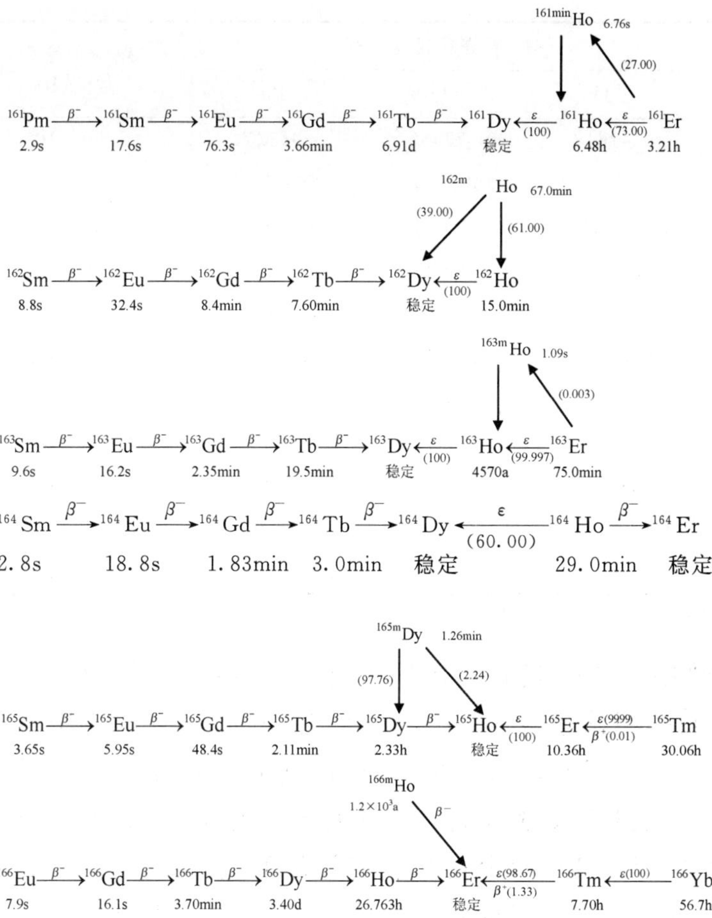

8.1.4 裂变产物稀土元素中热中子俘获截面大的核素[2,4,5]

裂变产物中有些核素对热中子俘获截面特别大，在反应堆内消耗大量的中子，称之为中子毒物。这些核素主要分布在裂变产物的惰性气体氙和稀土元素中。表 8-2 列出了稀土元素中热中子俘获截面较大的核素。

表 8-2 裂变产物稀土元素中热中子俘获截面较大的核素

核素	半衰期	热中子诱发裂变产额			热中子俘获截面(b)
		^{235}U	^{239}Pu	^{241}Pu	
^{146}Pm	5.53a	8.04×10^{-10}	2.01×10^{-8}	1.05×10^{-10}	8.4×10^{3}
^{148m}Pm	41.29d	4.88×10^{-8}	2.74×10^{-5}	5.43×10^{-7}	$<1.06\times10^{4}$
^{148}Pm	5.37d	2.17×10^{-8}	1.27×10^{-6}	1.44×10^{-7}	2.10×10^{3}
^{149}Pm	53.08h	1.0748	1.2436	1.5510	1.4×10^{3}
^{149}Sm	稳定	1.0748	1.2436	1.5510	4.01×10^{4}
^{151}Sm	90a	0.41648	0.77455	0.95575	1.52×10^{4}

续表

核素	半衰期	热中子诱发裂变产额			热中子俘获截面(b)
		^{235}U	^{239}Pu	^{241}Pu	
^{151}Eu	稳定	0.41648	0.77455	0.95575	5.90×10^{3}
^{152}Eu	13.525a	1.13×10^{-8}	4.59×10^{-7}	5.68×10^{-9}	1.28×10^{4}
^{154}Eu	8.593a	2.55×10^{-6}	9.19×10^{-5}	3.61×10^{-6}	1.34×10^{3}
^{155}Eu	4.761a	0.03208	0.16794	0.2437	3.95×10^{3}
^{153}Gd	240.4d	1.66×10^{-11}	1.15×10^{-9}	6.62×10^{-12}	3.60×10^{4}
^{155}Gd	稳定	0.03208	0.16795	0.2437	6.09×10^{4}
^{157}Gd	稳定	6.156×10^{-3}	0.07465	0.1387	2.54×10^{5}
^{164}Dy	稳定	2.407×10^{-6}	3.83×10^{-4}	2.89×10^{-4}	1.04×10^{3} *
^{165}Dy	2.334h	1.168×10^{-6}	1.431×10^{-4}	9.02×10^{-5}	3.6×10^{3}
^{168}Yb	稳定	1.61×10^{-16}	2.27×10^{-13}	5.49×10^{-15}	2.30×10^{3}
^{169}Yb	32.018d	2.41×10^{-18}	4.78×10^{-15}	5.89×10^{-17}	3.60×10^{3}

* $^{164}Dy(n,r)\ ^{165}Dy$，$\sigma_r=1040b$；$^{164}Dy(n,r)\ ^{165m}Dy$，$\sigma_r=1610b$。

表 8-2 所列核素的热中子俘获截面都比较大，但是有些核素的裂变产额很低，有的半期比较短，它们的积累量较小，不会大量消耗中子。会成为中子毒物的主要有：^{149}Sm、^{151}Sm、^{151}Eu、^{155}Eu、^{155}Gd 和 ^{157}Gd 等，其中 ^{157}Gd 的热中子俘获截面特别大，达 2.54×10^{5} b。虽然 ^{235}U 裂变时，^{157}Gd 的产额较低，然而 ^{241}Pu 裂变时的产额较高，随着燃耗的加深，^{241}Pu 的生长和裂变都很可观，加大 ^{157}Gd 的积累，同时 ^{155}Gd 和 ^{155}Eu 都有类似的情况，可见燃耗加深的过程，中子毒物生长速率也在加快。

裂变产物稀土元素中 ^{148}Nd 是稳定核素，对热中子的俘获截面较小（$\sigma_r=$ 2.58b），其先躯核的半衰期都很短，而且 ^{235}U 和 ^{239}Pu 热中子诱发裂变的产额相近，分别为 1.6713 和 1.6360，是裂变产物中很好的燃耗监测体，常用 ^{148}Nd 作为 ^{235}U 和 ^{239}Pu 裂变的总燃耗之监测体。

8.2　稀土元素的化学性质

8.2.1　稀土元素的价电子层结构和化学通性[6]

镧系和钪与钇共 17 种元素总称为稀土元素，常用 RE 表示。钪和钇的价电子层结构为 $3d^{1}4S^{2}$ 和 $4d^{1}5S^{2}$，没有 f 电子；镧系元素是含 4f 电子层的，其能量介于 6s 和 5d 之间，按电子填充的一般规律，电子应先填满 6s，然后逐个加到 4f 轨道上去，4f 充满后再加到 5d 上去。第 57 号元素（La）应是 $4f^{1}6s^{2}$，但实际上却是

$5d^1 6s^2$；58 号元素(Ce)的价电子层不是 $4f^2 6s^2$，而是 $4f^1 5d^1 6s^2$；64 号元素(Gd)也不是 $4f^8 6s^2$，而是 $4f^7 5d^1 6s^2$ 结构。可见镧系 15 种元素原子的基态电子层结构中，唯独 La 没有 f 电子，其余都含 4f 层电子，但是 Ce 和 Gd 两元素的原子在 4f 电子层尚未充满就填充 $5d^1$ 电子。此外的 12 种元素原子的电子层结构均符合一般规律，其中 71(Lu)元素的原子($4f^{14} 5d^1 6S^2$)在充满 $4f^{14}$ 后填充 $5d^1$ 电子，成为镧系第 4 个具有 d 电子的元素。由于镧系元素的光谱很复杂，5d 和 4f 轨道电子的能量十分接近，要区别 5d 和 4f 电子其实是极其困难的。

镧系元素原子最外两电子层对 4f 轨道的屏蔽作用较强，尽管 4f 能级电子数不同，其化学性质受 4f 电子数的影响却很小，表现出化学性质很相似。常见的氧化态都是正三价，和别的元素化合时，失去最外层 $6s^2$ 电子和次外层的 $5d^1$ 电子，没 5d 电子的，则失去 4f 上的一个电子。由于化学性质相似，稀土元素相互间的分离比较困难。

镧系中有些元素存在＋3 价以外的稳定氧化态，Ce、Pr、Tb 和 Dy 常呈现＋4 价氧化态；Sm、Eu、Tm 和 Yb 则显示＋2 价氧化态。

镧系元素离子和化合物的共性还表现在颜色和磁性等特征，这些主要源于 4f 电子运动的贡献。

8.2.2 镧系元素的主要化合物

1. 氧化物

镧系金属在高于 180℃时会被空气氧化，生成 Ln_2O_3 型氧化物，熔点很高，淡玫瑰色的 Er_2O_3 的熔点为 2400℃。将氢氧化物、草酸盐、碳酸盐、硝酸盐、硫酸盐在空气中灼烧，都可以得到氧化物 Ln_2O_3。但是 Ce、Pr 和 Tb 除外，它们在空气中灼烧制得的氧化物分别为白色的 CeO_2、棕黑色的 Pr_6O_{11} 和暗棕色的 Tb_4O_7，将这些含高价的氧化物适当还原，也会得到 Ln_2O_3 型氧化物。Ln_2O_3 难溶于水和碱性介质，易溶于强酸中，除非有的强配位阴离子与 Ln^{3+} 生成沉淀(如氟化物)。稀土元素中只有 Ce^{4+} 既能存在于固体中也能存在于水溶液中。

2. 氢氧化物

镧系元素的氢氧化物按其碱性近似于碱土金属，但溶解度比碱土金属的氧氧化物要小得多。在镧系元素的盐溶液中加入氨水，可得到 $Ln(OH)_3$ 沉淀。

3. 卤化物

镧系元素的卤化物比较重要的是氟化物和氯化物。LnF_3 与其他卤化物(LnX_3)的溶解度有显著的差别，LnF_3 的溶解度很低，在 3 mol · L^{-1} HNO_3 的 Ln^{3+} 溶液中加入 HF 或 F^-，可得到 LnF_3 沉淀。氟化镧载带法分析微量钚，就是

在含有 La^{3+} 的 HNO_3 溶液中将钚还原为三价后，滴加 NH_4F 溶液，生成 LaF_3+PuF_3 沉淀，分离出沉淀测 α 放射性活度。

$LnCl_3$ 在水中的溶解度很大，用 Ln 的氢氧化物、氧化物或碳酸盐与盐酸反应生成的氯化物，很难用蒸发浓缩的方法结晶出来。用 Ln_2O_3 和 NH_4Cl 固体在 300℃一起加热，可得到无水 $LnCl_3$，其反应如下：

$$Ln_2O_3+6NH_4Cl \xrightarrow{300℃} 2LnCl_3+3H_2O+6NH_3 \tag{8-1}$$

4. 草酸盐

镧系元素草酸盐的通式为 $Ln_2(C_2O_4)_3 \cdot nH_2O$，$n=6,7,9,10,11$，一般为 10。镧系元素草酸盐的特点是既难溶于水，又难溶于酸。在镧系元素的硝酸盐或氯化物溶液中，加入6 mol·L^{-1} HNO_3 和 $H_2C_2O_4$ 溶液，即生成沉淀，反应式可写成：

$$2LnCl_3+3H_2C_2O_4+nH_2O \rightarrow Ln_2(C_2O_4)_3 \cdot nH_2O+6HCl \tag{8-2}$$

$$2Ln(NO_3)_3+3H_2C_2O_4+nH_2O \rightarrow Ln_2(C_2O_4)_3 \cdot nH_2O+6HNO_3 \tag{8-3}$$

由于 $Ln_2(C_2O_4)_3 \cdot nH_2O$ 难溶于酸，在不锈钢设备内操作混合裂变产物后，对设备进行去污处理时，要注意擦洗的顺序，先必须用硝酸溶液擦洗去除稀土元素后，再用络合剂($H_2C_2O_4$)擦洗其他裂变产物(^{95}Zr，^{95}Nb 等。)若先用草酸，则稀土元素生成草酸盐沉淀牢固地附着于不锈钢设备表面，后续的酸擦洗很难去污。

镧系元素草酸盐经热分解，得到氧化物，是制备 Ln_2O_3 的常用方法。但对于 Ce、Pr 和 Tb 的产物例外。

8.2.3 稀土元素的溶剂萃取行为[7-10]

1. 中性配合萃取

TBP 从硝酸介质萃取稀土元素的反应式为：

$$Ln^{3+}+3NO_3^-+3TBP_{(0)} \rightleftharpoons Ln(NO_3)_3 \cdot 3TBP_{(0)} \tag{8-4}$$

可见萃取剂浓度和硝酸根浓度增加有利于 Ln^{3+} 的萃取。通过提高 HNO_3 浓度来增加 NO_3^- 浓度的缺点在于同时也使 TBP 萃取 HNO_3 增加而降低了自由 TBP 的浓度，采用增加其他不萃取的金属硝酸盐(如 $LiNO_3$)更为有效，这时增加的 NO_3^- 为助萃配合剂，不萃取的金属离子为盐析剂。

镧系元素三价离子在萃合物中的配位数一般是 6，在 $Ln(NO_3)_3 \cdot 3TBP$ 中，3 个 NO_3^- 均单齿配位。但是除 6 之外，也有其他配位数(如 7,8,9,10)，文献[7]在制备三苯基氧膦合硝酸钕分子及其晶体结构测定中指出钕的配位数为 9，配合物分子中含乙醇分子。在 $Nd(NO_3)_3 \cdot 2Ph_3P{=}O \cdot C_2H_5OH$ 分子中，与钕配位有 9 个氧原子，6 个来自三硝酸根双齿配位；2 个来自三苯基氧膦的磷酰基；另 1 个由乙醇分子提供。2 个 Nd-Op 键长分别为 0.2398 和 0.2334 nm，其他 7 个 Nd-O 键平均键长为 0.2518 nm。

2. 酸性和螯合萃取

在低浓度酸溶液中，酸性萃取剂能很好地萃取三价稀土元素。常用的萃取剂是二(2-乙基己基)磷酸(HDEHP 或 P204)，萃取稀土元素的反应通式为：

$$M^{3+} + 3H_2A_{2(0)} \rightleftharpoons M(HA_2)_{3(0)} + 3H^+ \tag{8-5}$$

HDEHP 萃取三价稀土元素，一般选择 pH＝2 的酸度，分配比高于 TBP 萃取。文献[8]以 HDEHP 为固定相的萃取色层法，于 pH＝1.5 的硝酸介质从混合裂变产物中提取 ^{144}Ce-^{144}Pr。如果在 10 mol · L^{-1} HNO_3-0.5 mol · L^{-1} $NaBrO_3$ 溶液中，铈被氧化为四价，这时 HDEHP 从 10 mol · L^{-1} HNO_3 对 Ce^{4+} 的萃取率高于 99%。

TBP 的降解产物 HDBP 在低浓酸溶液中对三价稀土元素也有很强的萃取能力。图 8-1 示出 HDBP-丁基醚从 0.1 mol · L^{-1} $HClO_4$ 溶液中萃取三价稀土的分配比与萃取浓度的关系，萃取反应为：

$$M^{3+} + 3(HDBP)_2 \rightleftharpoons M(DBP)_3 \cdot 3HDBP + 3H^+ \tag{8-6}$$

图中显示出典型的镧系收缩规律，从轻稀土到重稀土，离子半径减少而萃取分配比增高。

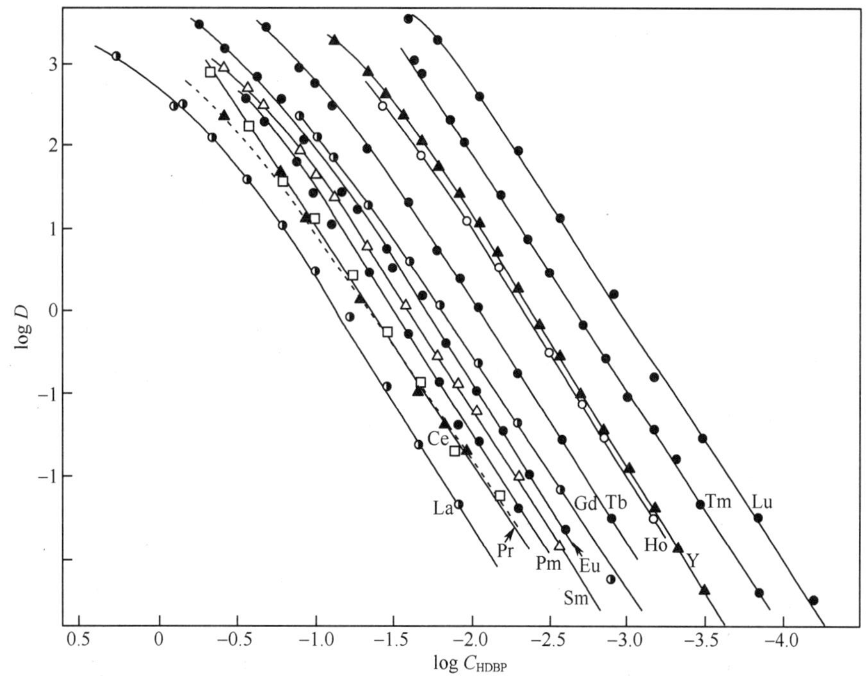

图 8-1　HDBP 萃取三价稀土元素

有机相：HDBP-丁基醚

水相：0.1 mol · L^{-1} $HCLO_4$

3. 协同萃取

稀土元素的协同萃取，以酸性萃取剂和中性萃取剂的协同效应研究得比较多。文献[10]报道了 HTTA 和中性磷萃取三价铈和钷的协同效应，用斜率法研究协萃机理。HTTA-TBP-苯混合萃取剂从 pH=2.9 的水相溶液中萃取铈，先恒定 HTTA 浓度，改变 TBP 浓度，测铈的分配比 D，如图 8-2 所示，分别保持 HTTA 的浓度为 0.05、0.02 和 0.01 mol · L^{-1}时，TBP 浓度在 10^{-3}～10^{-1} mol · L^{-1}范围内变化，$\log D$-$\log C_{TBP}$的三条关系线斜率均为 2.0。

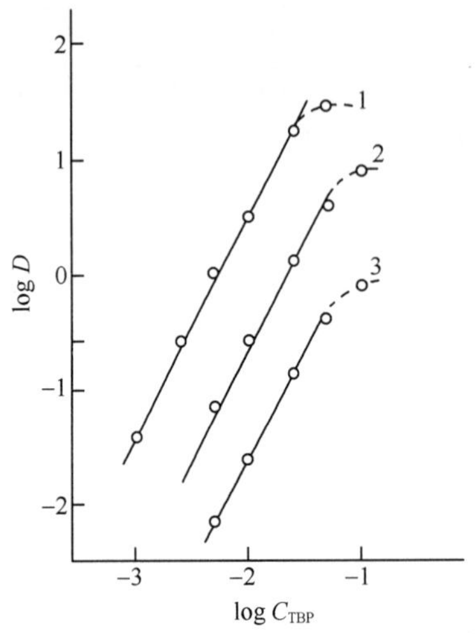

图 8-2　恒定 HTTA 浓度时铈(III)分配比与 TBP 浓度的关系

有机相：1—0.05 mol · L^{-1} HTTA-TBP；2—0.02 mol · L^{-1} HTTA-TBP；3—0.01 mol · L^{-1} HTTA-TBP

水相：pH=2.9

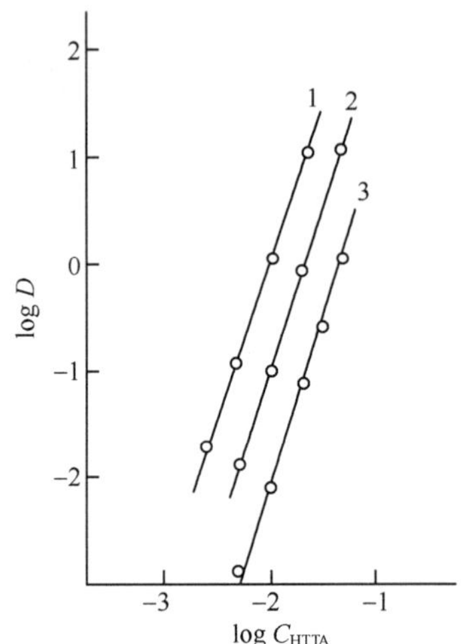

图 8-3　恒定 TBP 浓度时铈(III)分配比与 HTTA 浓度的关系

有机相：1—0.1 mol · L^{-1} TBP-HTTA；2—0.02 mol · L^{-1} TBP-HTTA；3—0.005 mol · L^{-1} TBP-HTTA

水相：pH=2.9

固定 TBP 浓度分别为 0.1、0.02 和 0.005 mol · L^{-1}，HTTA浓度在 10^{-3}～10^{-1} mol · L^{-1}之间变化，测定分配比 D，$\log D$-$\log C_{HTTA}$的关系示于图 8-3，三条直线的斜率均为负的 3.0。有机相 HTTA 和 TBP 浓度恒定，改变水相酸度，测得分配比与酸度的关系示于图 8-4，$\log D$-$\log C_{H^+}$ 直线的斜率为－3.0。由此可认为协萃配合物为 $Ce(TTA)_3 \cdot 2TBP$，协萃反应可写成：

$$Ce^{3+} + 3HTTA_{(0)} + 2TBP_{(0)} \xrightleftharpoons{\beta_{32}} Ce(TTA)_3 \cdot 2TBP + 3H^+ \tag{8-7}$$

$$\beta_{32} = \frac{(Ce(TTA)_3 \cdot 2TBP)_{(0)}[H^+]^3}{(Ce^{3+})(HTTA)^3_{(0)}(TBP)^2_{(0)}} = \frac{D[H^+]^3}{(HTTA)^3_{(0)}(TBP)^2_{(0)}} \tag{8-8}$$

用同样的方法实验得到钷的协萃配合物为 $Pm(TTA)_3 \cdot 2TBP$。根据式(8-8)计算$(HTTA)_{(0)}$=0.05 mol · L^{-1}和$(TBP)_{(0)}$=0.1 mol · L^{-1}时的协同萃

取反应平衡常数 β_{32}，对铈 $\beta_{32}=0.12$，对钷 $\beta_{32}=0.2$。

将配位能力更强的中性膦类萃取剂——三丁基氧膦(TBPO)代替 TBP，则分配比增大约 10^3，协萃配合物为 $M(TTA)_2(NO_3)\cdot 2TBPO$。协萃反应式为：

$$M^{3+}+NO_3^-+2HTTA_{(0)}+2TBP_{(0)}\xrightleftharpoons{\beta_{22}} M(TTA)_2(NO_3)\cdot 2TBPO_{(0)}+2H^+ \tag{8-9}$$

协同萃取反应平衡常数：

$$\beta_{22}=\frac{(M(TTA)_2(NO_3)\cdot 2TBPO)_{(0)}[H^+]^2}{(M^{3+})(NO_3^-)(HTTA)_{(0)}^2(TBPO)_{(0)}^2}=\frac{D[H^+]^2}{(HTTA)_{(0)}^2(TBPO)_{(0)}^2(NO)_3^-} \tag{8-10}$$

按式(8-10)计算：对于 Ce^{3+}，$\log\beta_{22}=7.4$；对 Pm^{3+}，$\log\beta_{22}=7.8$。

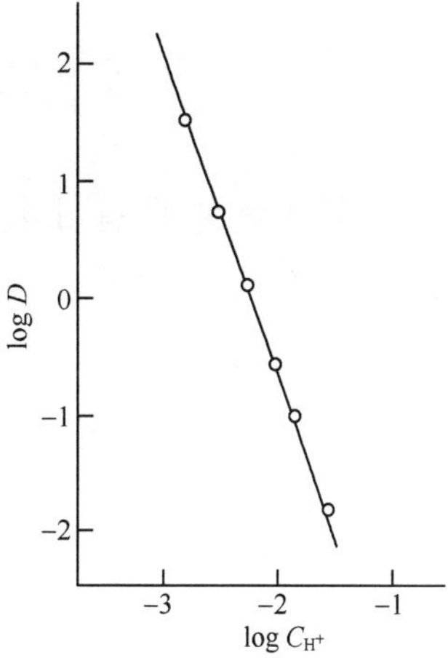

图 8-4　恒定 HTTA 和 TBP 的浓度时 D 与酸度的关系

有机相：$C_{HTTA}=0.05\ mol\cdot L^{-1}$；$C_{TBP}=0.1\ mol\cdot L^{-1}$

8.2.4　稀土元素的离子交换分离

稀土元素的分离，常用离子交换色层法，由于稀土元素的性质很相似，对离子交换树脂的亲和力差别较小，为实现各个稀土元素的相互分离，一般选择合适的配位剂溶液作淋洗剂。

阳离子交换树脂从低浓度酸溶液(≤0.1 mol·L^{-1})中吸附稀土元素，然后用配位剂溶液淋洗。图 8-5 是以 pH 4～4.8 的 α-羟基异丁酸(AHIB)作淋洗剂分离单个稀土元素的淋洗图。

图中淋洗峰的次序是先重稀土后较轻稀土，表明离子半径小者(如 Lu)与配位体亲和力强，易于离开树脂，离子半径较大的稀土元素与配位体的亲和力弱些，后出来(如 Eu)。

在硝酸体系中具有足够高浓度的硝酸根时，稀土元素也会形成配合阴离子 $M(NO_3)_5^{2-}$ 被阴离子交换树脂吸附。

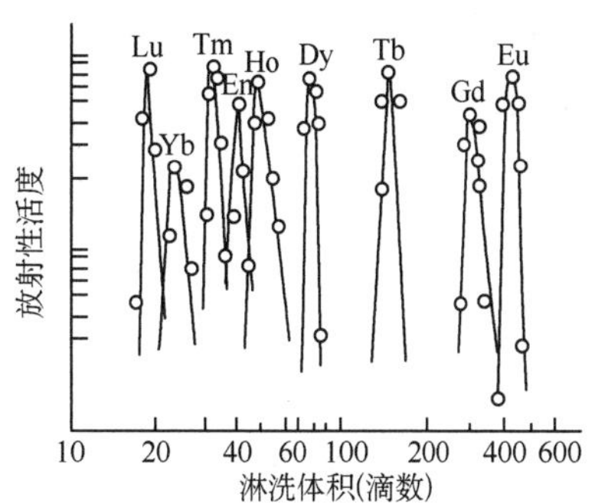

图 8-5　阳离子交换法分离示踪量三价镧系元素[11]

树脂：Dowex50×4；温度：25℃

核燃料燃耗分析时需要准确测定^{148}Nd，通常用阳离子交换色层分离提纯钕，也有用阴离子交换法的。现在用高压液相色谱法分离单个镧系元素很方便，已用于燃耗分析。

8.3 工艺过程裂变产物稀土元素的行为

稀土元素具有 d 电子层和 4f 电子层结构，基本价态是正三价，所以稀土元素的离子有较强的形成配合物倾向，容易被多种萃取剂萃取。但是在 Purex 流程中，铀和钚同时萃取的条件下，裂变产物稀土元素的萃取分配比很低。表 8-3 列出不同硝酸和铀浓度对 30% TBP-煤油萃取稀土元素之分配比的影响。

表 8-3 水相硝酸浓度对 30% TBP-煤油萃取稀土元素的影响[12]

C_{HNO_3} (mol · L^{-1})		0.5	2.0	3.0	4.0	5.0	6.0
D_{RE}	$C_U=0$	0.0004	0.0005	0.0004	0.0004	0.0004	0.0002
	$C_U=200$g · L^{-1}	0.0004	0.0005	0.0004	0.0004	0.0002	0.0001

表 8-3 中可见在很宽的酸度范围和水相有铀与无铀的情况下，稀土元素的分配比都在 10^{-4}的数量级。另方面，在 Purex 流程 1A 萃取器的体系中，稀土元素的状态比较简单，不像锆和钌存在多种状态，有易萃取和不易反萃的状态以及造成溶剂中的保留。因此在 1A 萃取器中经过多级萃取和洗涤，对裂变产物稀土元素的去污系数很高，所以 Purex 流程对去除中子毒物是没有问题的。相反，为了保证核临界安全，却往溶解器中加入适量的中子毒物(如 Gd)，经过 1A 萃取器处理后，完全进入高放废液(1AW)中。

裂变产物稀土元素进入 1AW 后直接进行玻璃固化，一般没有明显的不良影响。如果要进行高放废液分离—嬗变处理，则存在三价锕系与镧系元素分离的难题，国内外都在开展相关的研究。

参考文献

[1] Gue, J. P.. CEA－R－4086[P]. (1977).

[2] 林灿生．核科学与工程[J]. 10(4), 350(1990).

[3] Holder, J. V.. Radiochim. Acta [J]. 25 (3/4), 171 (1978).

[4] Ihara, H., et al.. JAERI－M－9715 (1986).

[5] 卢玉楷．简明放射性同位素应用手册[M]. p305 (2004)，上海：上海科学普及出版社．

[6] 曹锡章，等.《无机化学》下册[M]. p1068 (2001)，北京：高等教育出版社．

[7] 黄春辉，李根培，等．"中性磷膦类稀土萃合物的结构研究(I)—二(三苯基氧膦)合硝酸钕的合成及结构测定"全国第一届溶剂萃取会议论文[C]. p57 (1985).

[8] 施玉全，林灿生，等．原子能科学技术 [J]. 11(2), 156 (1977).

[9] Duyckearts, G. , et al. . J. Inorg. Nucl. Chem. [J]. 13 (3/4), 332 (1960).

[10] 毛家骏,郑永凤,徐莱丽. 原子能科学技术 [J]. 1964,第 6 期,p715.

[11] 施玉全."稀土元素的放化分析",郭景儒,黄浩新主编,《裂变产物分析》[M]. p341 (1985),北京:原子能出版社.

[12] 胡景炘."Purex 流程工艺" [R]. 中国原子能科学研究院内部资料,(1999).

第九章 裂变产物气体和挥发性元素的行为

9.1 概 述

裂变产物气体元素有氚、氪和氙。裂变产物氙的同位素半衰期在秒以上的从^{125}Xe到^{146}Xe有20多个核素，其中^{126}Xe、^{128}Xe、^{129}Xe、^{130}Xe、^{131}Xe、^{132}Xe、^{134}Xe和^{136}Xe都是稳定核素；放射性核素中，半衰期最长的是^{127}Xe(36.41d)，但是裂变产额很低(约10^{-14})可忽略，其次是半衰期为5.241d的^{133}Xe，核燃料卸出反应堆冷却几个月后就衰变完，在化学工艺过程不考虑裂变产物氙的放射性。氙同位素中引人注意的是^{135}Xe，虽然半衰期仅9.14h，而对热中子的俘获截面高达2.65×10^6b，是典型的中子毒物。裂变产物氪的同位素中，^{80}Kr、^{82}Kr、^{83}Kr、^{84}Kr和^{86}Kr都是稳定核素，放射性核素中半衰期最长者是^{81}Kr(2.29×10^5a)，其裂变产额很小(约3.4×10^{-9})也可忽略，受到重视的是^{85}Kr，半衰期10.76a，经过几年冷却的乏核燃料，^{85}Kr的放射性活度仍然比较高。裂变产物气体氚主要是重原子核三裂变生成的，热中子诱发^{235}U裂变，生成^3H的裂变产额约0.009，其半衰期为12.33a，放射性比活度也较高，经过几年冷却的乏核燃料中氚尚未衰减一半，而且^3H的生物亲和性强，迁移速率快，不可忽视。

已经引起重视的具有挥发性行为的其他裂变产物元素主要是锝、钌、碲、碘和铯，最突出的是碘。天然存在的碘元素是单核素^{127}I(丰度100%)，裂变产物元素碘除了^{127}I外，还有从^{125}I到^{141}I等10多个核素，从裂变产额和半衰期考虑，比较重要的有^{129}I、^{131}I、^{132}I、^{133}I和^{135}I等核素。^{129}I半衰期长达1.57×10^7a，是放射性废物处置中重点考虑的裂变产物核素。^{135}I虽然半衰期仅6.57 h，但由于它在衰变链中的特殊位置而成为碘坑的领衔者。质量为135的衰变链如下：

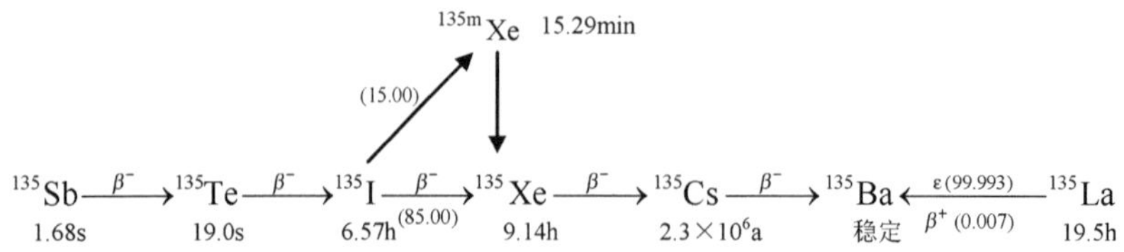

其中，^{135}Xe 对热中子的俘获截面特别大，从 ^{135}Sb 到 ^{135}Xe 都是子体半衰期长于母体半衰期，没有衰变平衡。在核反应堆运行过程中，子体对于母体而言，子体都处于积累过程，当核反应堆停止运行时，^{135}Sb 和 ^{135}Te 很快衰变成 ^{135}I，积累的 ^{135}I 不断地衰变成 ^{135}Xe，因为后者半衰期略比前者长，也使后者积累。所以在核反应堆停止运行后的一定时间内，原先积累足够多的 ^{135}I 继续衰变成 ^{135}Xe，使 ^{135}Xe 的总量先增加到最大值而后下降，对热中子的消耗也遵循这个趋势，使核反应堆的反应性先下降到最小值，而后逐渐增大、恢复，造成在一段时间内重新开启反应堆有困难。这段时间被用作衡量碘坑深浅的尺度，反应堆核燃料的燃耗越深，则积累 ^{135}I 的量越大，碘坑就越深。

9.2　氚的行为[1,2]

燃耗为 33 000 MWd/tU 的轻水堆乏核燃料，冷却 150 天后每吨燃料中氚的放射性活度约为 2.6×10^{13} Bq。锆对氚的滞留能力比不锈钢强，锆包壳的轻水堆燃料元素中，99％的氚保留在包壳之内，分配在燃料芯和包壳之中，约 50％集聚在燃料芯内。在燃料元件被剪切和溶解时，氚转入气相和溶液之中，由于氢同位素交换，氚很快转入液体物流中，以氚化水（HTO）和氚化硝酸（TNO_3）的形态存在，分布在溶解液和溶解尾气中。溶解液中的氚进入 Purex 流程 1A 萃取器后，萃取分配比在 $10^{-3}\sim10^{-2}$ 的数量级，大部分的氚随着水相到 1AW 中，被 30％ TBP-煤油萃取或夹带的只有一小部分。虽然氚的萃取分配比很小，但是洗涤效果不明显，因为洗涤酸溶液中含有氚。如果用不含氚的溶液洗涤，则除氚很有效。

用模拟的 1AF（含氚）和辐照过的 30％ TBP-煤油进行 1A 萃取器的萃取和洗涤操作，另加 6 级不含氚的硝酸溶液（非复用硝酸）洗涤，氚的分布如图 9-1 所示。未氚化的硝酸溶液洗氚效果很好，氚在萃取段和洗涤段的行为都很简单，在萃取器内没有积累现象。

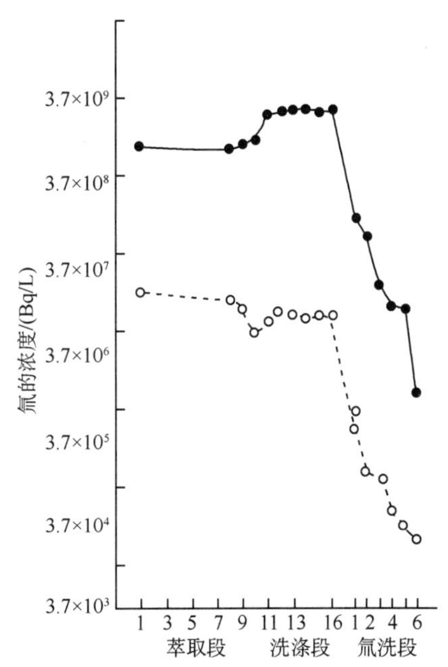

图 9-1　共去污萃取和洗涤中氚的分布

●—水相中的氚；○—有机相中的氚

进入溶解尾气中的氚，采用钛、锆、铪等金属制作的过滤器在催化剂作用下捕集氚。附镍的硅藻土和附铑的氧化铝可用作催化剂。

9.3 裂变产物惰性气体的行为[3,4]

工艺过程裂变产物惰性气体的放射性核素中最重要的是^{85}Kr,在燃料元件被剪切和溶解时,^{85}Kr进入溶解器,伴随着燃料芯块溶解过程生成的NO_x气体离开溶解器,作为溶解尾气排出。燃耗为14 600 MWd/t的轻水堆燃料,在3 mol·L^{-1} HNO_3中于90～100℃下溶解,^{85}Kr和NO_x气体的产生和释放如图9-2所示。从图中看出^{85}Kr和NO_x产生和释放行为基本同步,气峰位置也基本重合。在批式溶解操作中,常用NO_x气峰的脉冲面积判断溶解终点,图9-2表明,溶解时间为2.0 h时已溶解完全,也可通过检测^{85}Kr的放射性活度来判断溶解终点。

在核燃料溶解过程,^{85}Kr都进入尾气,一般不考虑^{85}Kr在共去污萃取段和洗涤段的分布。在早期的工厂运行时,进入尾气的^{85}Kr全部排放到环境中,后来要求限值排放,在排放之前需经过预处理,低温蒸馏法和活性吸附法都是可行的。文献[4]报道国产两种椰壳活性炭(光华C-21和新华活性炭)在常压低温(－170℃)下都能有效吸附^{85}Kr。图9-3示出了^{85}Kr在新华活性炭上的吸附行为,图中纵坐标为经过吸附排出尾气和吸附前料气中^{85}Kr放射性活度之比值(C/Co),横坐标为料气流过吸附柱的时间(t),v为气体通过吸附柱的流速(m·s^{-1})。由图9-3可看出,常压低温(－170℃)条件下,^{85}Kr在新华活性炭上的吸附速度较快;气体流速在0.05～0.15 m·s^{-1}之内变化,吸附规律基本相同。

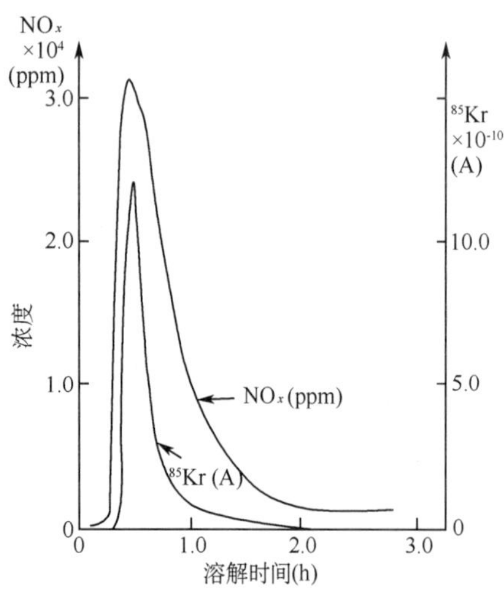

图9-2 核燃料溶解过程中^{85}Kr和NO_x的气峰

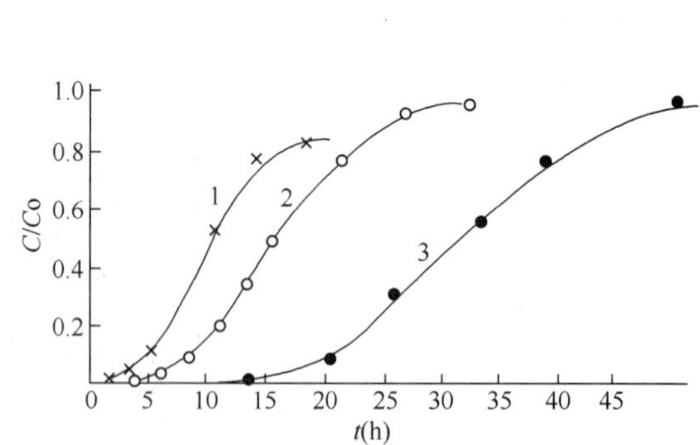

图9-3 新华活性炭对^{85}Kr的吸附流出曲线

1—v=0.15 m·s^{-1};2—v=0.10 m·s^{-1};3—v=0.05 m·s^{-1}

9.4 裂变产物元素碘的行为[2,5-8]

碘在不同条件下生成不同形态的化学行为差别很大，如果裂变产物元素碘随料液进入 Purex 流程的 1A 萃取器，在强辐射场中很容易生成碘烷等有机物留在有机相很难除去。核燃料后处理厂 Purex 流程中排出空气经气相色谱分析，如图 9-4 所示，其中峰 IV 是碘乙烷，峰 VII 是 2-碘丁烷或 1-碘-2 甲基丙烷，峰 IX 是 1-碘丁烷，确证形成了碘烷等有机物。

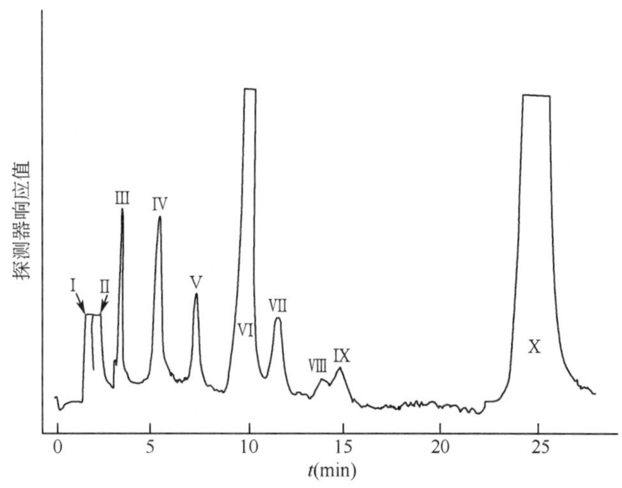

图 9-4 Purex 流程中排出空气的气相色谱图

为了避免碘进入 1A 萃取器，可控制首端溶解过程中碘的挥发性，使碘离开溶解液而进入溶解尾气。在溶解过程生成 NO_x 并不断鼓泡，使碘主要处于元素状态而挥发逸出。用真实乏核燃料芯块溶解实验观察了碘的行为，88%～98%的碘直接从溶解器中挥发出来(见表 9-1)。表 9-1 的实验，是用不同燃耗的燃料芯块于 100℃下溶解到 4 mol · L^{-1} HNO_3溶液中，通氦气鼓泡载带挥发性碘到由银饱和滤纸组成的碘过滤器上，以 γ 谱仪测定放射性碘；溶解液由离心法分离出残渣后，将溶液加热到 100℃，用 30% NO-70% N_2通过溶液鼓泡赶碘 2 小时；为了进一步除去溶液中剩余的碘，向溶液中加入 1 mg 碘(以 IO_3^- 形态)，100℃下加热 1 小时，然后再用 30% NO 鼓泡 1 小时；残留在不溶残渣中碘的释放方法，将残渣浸入含 6 mg 碘(以 IO_3^- 形态存在)的 30 mL 浓硝酸中，100℃下加热 2 小时，使留在残渣内的碘溶解到溶液里，然后用 NO 鼓泡 2 小时；以上操作中 NO 鼓泡载带的碘都收集到碘过滤器内测定放射性活度，得到表 9-1 的数据。溶解液处理过程，挥发出的碘占 1.2%～9.7%；残渣处理过程挥发出 0.7%～2.3%，可见绝大部分碘在燃料芯块溶解步骤就挥发到溶解尾气中。溶解液中残留的碘经过

NO 鼓泡,只有一部分挥发出来,另一部分需要附加 IO_3^- 和 NO 鼓泡相结合才可挥发,说明溶解过程挥发出大部分碘后,残留在溶液中的碘除了 IO_3^- 外,可能还存在其他形态。

表 9-1 压水堆燃料芯块溶解过程挥发出的 ^{129}I

核燃料样品	燃耗(MWd/t)	残渣量(mg)	挥发出 ^{129}I 来源的分布(%)					总计
			溶解过程	溶解液		残渣		
				NO	IO_3^- +NO	IO_3^- +HNO_3	NO	
UO_2 2.250 g	39700	7.8	98.1	0.9	0.3	0.0(未检出)	0.7	100
UO_2 1.382 g(加 Gd_2O_3)	21200	4.3	88.1	5.4	4.3	0.0(未检出)	2.3	100

为了进一步了解溶液中碘的形态,用模拟燃料溶解液进行试验,溶液的铀浓度为 50 g · L^{-1},并含有相应浓度的其他裂变产物元素。溶液中碘的各种形态由加入的碘化物(I^-)转化而来,溶液加热到 100℃,通入 3% NO_2-N_2,加热 3 小时期间,加入碘的 98.5%挥发到逸出气体中,留在溶液中碘的主要形态不是 IO_3^-,而是胶体碘,因为 NO_2的存在妨碍 IO_3^- 形成。不同形态的碘及其含量变化示于图 9-5。为检验在赶碘过程胶体碘、I_2(存在溶液中的)和 IO_3^- 的行为,继续试验仍然以碘化物(I^-)加入溶液中,但是为了增加 IO_3^- 的量,在无 NO_2的条件下加热溶液。赶碘的方式与真实核燃料溶解液的一样,分为两步:第一步,用 NO 鼓泡;第二步,加入过量的 IO_3^- 和 NO 鼓泡相结合。结果表明,在第一步 NO 鼓泡

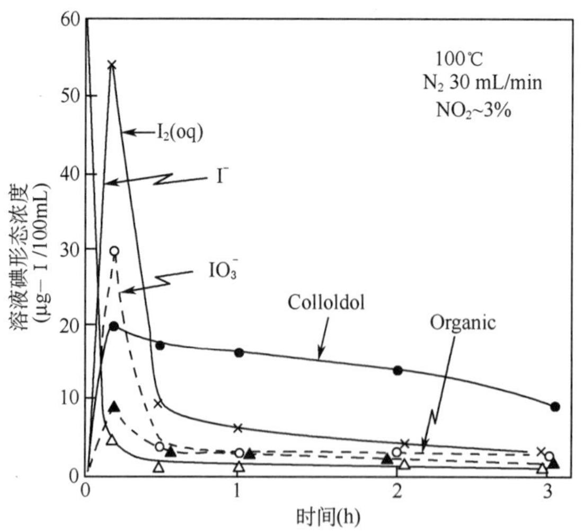

图 9-5 模拟溶解液中碘的形态变化

赶碘过程，I_2和IO_3^-很容易从溶液中除去，而胶体碘必须在第二步才能除去。胶体碘的量随着溶液中Ag^+和Pd^{2+}浓度的增高而增大，是由AgI和PdI_2的微细颗粒分散形成碘胶体。添加IO_3^-可氧化I^-为I_2，随NO鼓泡而挥发到气相中。

核燃料芯块溶解于硝酸时生成的氮氧化物(NOx)气体是混合物，它不同于单纯的NO_2或NO，在NOx气氛中适合于元素碘(I_2)存在。批式间歇溶解，生成的NOx不连续，对生成I_2有影响；连续溶解方式，NOx气氛稳定，有利于大部分碘进入溶解尾气，也有利于Pu^{4+}的稳定和防止RuO_4生成。连续溶解过程得到的溶解液连续自动溢出，在出口处设一除碘解吸器，利用鼓入到溶解液中的气体提馏残留的小部分碘。除碘解吸器是装有隔板的扁平容器，相当于一个多级错流的气—液接触器，经过这步处理后，进入1AF中的碘量就更少了。

溶解尾气中的放射性碘(^{129}I)不可直接排放到环境，需要经过除碘处理。首先用硝酸溶液和碱溶液吸收尾气中的大部分碘，其原理依据以下反应式：

$$\left.\begin{array}{l} I_2+10HNO_3=2HIO_3+10NO_2\uparrow+4H_2O \\ \text{或}\quad I_2+6HNO_3=2IO_3^-+6HNO_2 \end{array}\right\} \tag{9-1}$$

$$3I_2+6NaOH=NaIO_3+5NaI+3H_2O \tag{9-2}$$

分别经过酸和碱溶液吸收后，尾气中仍然含有机碘和少量元素碘，用硝酸汞溶液洗碘：

$$CH_3I+Hg(NO_3)_2=HgI^++CH_3-NO_3+NO_3^- \tag{9-3}$$

$$I_2+2Hg^{2+}+6HNO_3=HgI^++HgIO_3^++3H_2O+6NO_2\uparrow \tag{9-4}$$

用硝酸汞溶液吸收元素碘和有机碘，效率为90%～99%(DF=10～100)，最后还要用附银的固体吸附剂进一步处理后即可排放到环境中。用附银沸石吸附碘的反应为：

$$I_2+2Ag=2AgI \tag{9-5}$$

$$2CH_3I+2Ag=2AgI+C_2H_6 \tag{9-6}$$

利用附硝酸银的吸附剂清除尾气残留碘也很有效，其反应为：

$$3I_2+6AgNO_3=4AgIO_3+2AgI+6NO \tag{9-7}$$

$$CH_3I+AgNO_3=AgI+CH_3\text{-}NO_3 \tag{9-8}$$

也有用电解洗涤法从气体中去除放射性碘，电解装置的阳极室介质是0.1 $mol\cdot L^{-1}$ Co-8 $mol\cdot L^{-1}$ HNO_3溶液，通4A电流，形成Co^{3+}-Co^{2+}氧化-还原电化学平衡体系。含碘的气体通过阳极室溶液后，对CH_3I的去污系数约100，对元素碘则达～600。

9.5　其他挥发性裂变产物元素[9-12]

燃耗为 4000 MWd/t 的 PWR 核燃料 UO_2，在 1500℃以下加热氧化为 U_3O_8，过程中裂变产物元素挥发释放的数据列于表 9-2。从表中看出，惰性气体、I_2、Te 和 Ru 在不同条件下有明显的挥发行为。图 9-6 示出了几种裂变产物元素的挥发行为与燃耗的关系，随着燃耗的加深，Kr、Xe 和 Te 的挥发释放百分数增加，Ru 和 I_2 在不同燃耗时的释放百发数差别不大。钌的挥发行为归因于 RuO_4 的形成（详见第二章 2.5.1 节），在低于 110℃的溶液中没有强氧化剂，不会形成 RuO_4，钌不会挥发。在硝酸介质中，蒸干溶液，并且硝酸根分解一定量后才有钌挥发。随着硝酸根继续分解，钌挥发百分数也增加，如图 9-7 所示，最高可达到 70%左右。

表 9-2　从加热氧化核燃料中挥发释放的裂变产物元素

加热温度(℃)	加热时间(min)		裂变产物元素各自挥发释放百分数(%)						
	氦气中	空气中	惰性气体	I	Te	Cs	Ru	Sr	Ba
500	16.0	23.0	1.5	3.6	<0.007	<0.0004	<0.005	<0.0004	
	18.0	90.0	2.9	3.2	<0.01	<0.0007	<0.01	<0.0004	<0.0008
600	14.0	18.0	4.4	10.0	<0.006	0.002	0.08	<0.001	
	15.0	90.0	4.5	8.0	8.4	<0.001	1.8	<0.001	<0.004
700	14.0	12.0	9.3	9.6	0.01	0.001	1.7	<0.0002	<0.0004
	13.5	15.0	7.0	10.0	0.004	<0.001	0.4	<0.0003	<0.0006
	14.0	90.0	6.8	6.5	<0.05	<0.0005	2.3	<0.0004	<0.002
800	13.0	15.0	14.0	7.1	0.007	0.015	1.0	<0.0004	<0.0007
	14.0	90.0	14.0	16.0	<0.06	<0.01	12.0	<0.0004	<0.001
900	14.0	19.0	21.0	49.0	0.4	0.001	17.0	<0.001	0.01
	15.0	90.0	22.0	47.0	6.0	0.015	53.0	<0.0008	<0.004
1000	16.0	15.0	40.0	84.0	12.0	0.09	72.0	<0.003	<0.02
	13.5	90.0	44.0	75.0	32.0	0.37	92.0	0.1	0.08
1100	14.0	14.0	66.0	79.0	16.0	<0.02	91.0	<0.05	<0.003
	14.0	90.0	73.0	84.0	39.0	0.2	99.0	0.006	0.01
1200	14.0	16.5	71.0	82.0	37.0	0.8	99.0	<0.01	<0.001
	13.0	90.0	80.0	95.0	66.0	6.4	99.6	0.007	0.7

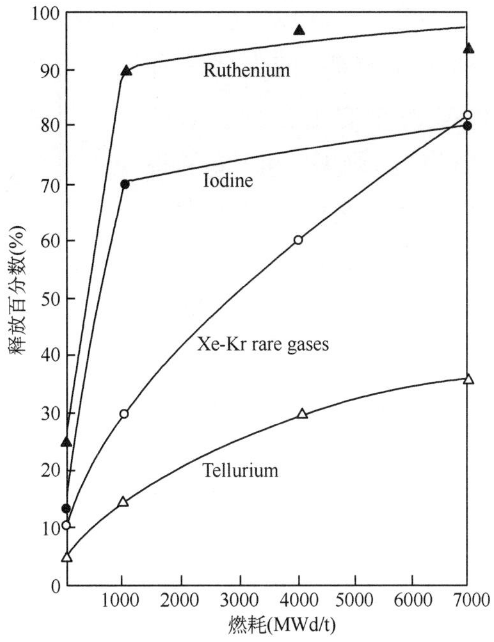

图 9-6　核燃料加热氧化时裂变产物元素释放与燃耗的关系

加热氧化温度：1200℃

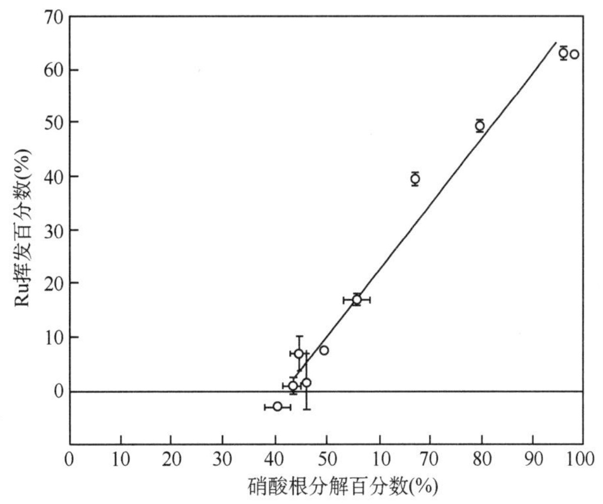

图 9-7　废物模拟样品热分解时钌挥发与硝酸根分解的关系

铯单独存在时挥发性很小，在 600℃进行煅烧实验，经过 6 次重复测量确定，600℃时铯的挥发量是(0.38±0.26)%，因为明显地超过夹带水平(0.02%)，所以认为这数据可代表铯的实际挥发量。当有锝存在时，对铯的挥发有明显的协同效应。用含有 5.4×10^{-2} mol Cs 和 2.2×10^{-2} mol Tc 的模拟物，在 600℃相同的条件下进行重复试验，结果表明 Cs 和 Tc 两个元素挥发百分数的变化范围很大，Cs 在 0.7%～18.7%之间，Tc 在 0.9%～40.3%之间。将 Cs 和 Tc 挥发的摩尔对应关系作图，呈一直线关系，如图 9-8 所示，直线方程为：

$$C_{(Cs)}=1.13\times C_{(Tc)}-0.055 \tag{9-9}$$

回归线斜率接近1。这些结果表明，挥发物可能作为含有等摩尔Cs和Tc共同的化合物。煅烧实验的温度改为450℃下进行，则Cs和Tc的挥发量都很小，这与没有铯而锝单独存在时挥发行为不同(详见第三章3.2.2节)，也说明锝和铯存在于共同的化合物中。这种铯和锝等摩尔的挥发性共同化合物，可能是煅烧之前在模拟物已经形成的$CsTcO_4$，按化学计量，模拟物中铯过量，没有多余的锝单独形成Tc_2O_7(沸点310.5℃)挥发。$CsTcO_4$的可溶性很小，多以分子存在，类似的高锝酸碱金属盐$LiTcO_4$和$NaTcO_4$也是在600℃以上作为稳定化合物挥发的。此外，在模拟的玻璃固化实验中，收集到的气溶胶里也存在$CsTcO_4$。

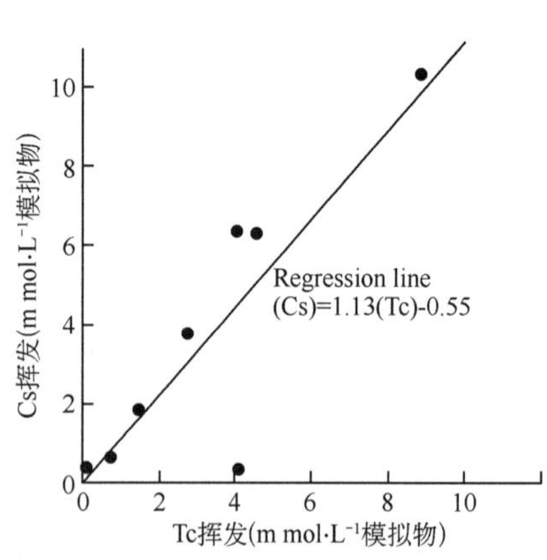

图9-8　Cs和Tc挥发的相互关系
600℃煅烧3h

参考文献

[1] Holder, J. V., Radiochim. Acte [J], 25 (3/4), 171 (1978).

[2] 任凤仪,周镇兴 编著.《国外核燃料后处理》[M], p67, 126 (2006) 原子能出版社.

[3] Adachi, T., et al., J. Nucl. Materials [J], 174, 60 (1990).

[4] 庄圭荪,等. 核化学与放射化学[J], 3(1), 60 (1981).

[5] Smith, S. R., et al., Nucl Appl [J], 3 (1), 43 (1967).

[6] Smith, S. R., et al., Nucl Appl [J], 5(1), 20 (1968).

[7] Sakurai, T., et al., "Behavior of Iodine in the Dissolution of Spent PWR－Fuel Pellets", RFCOD'91 [C], V. Ⅱ, 678 (1991).

[8] Mailen, J. C., et al., Nucl Tech [J], 30(3), 317 (1976).

[9] Eichholz, G. G., Prog · Nucl · Energy [J], 2, 29 (1978).

[10] Cains, P. W., et al., Radiochim. Acta [J], 56, 99 (1992).

[11] 周芳春. 乏燃料管理及后处理[J],1993年第5期第12页.

[12] Keller, C., et al., J. Inorg · Nucl · Chem · [J], 27, 787 (1965).

第十章 高产额裂变产物元素化学行为的相互影响

10.1 概 述[1,2,3,4]

高产额裂变产物，是指核裂变的质量-产额分布曲线“双驼峰”峰部的那些核素。例如：^{235}U 热中子诱发裂变时，轻质量峰的核素 ^{89}Sr、^{90}Sr、^{91}Y、^{92}Y、^{95}Zr、^{99}Mo 等等。重质量峰的核素 ^{131}I、^{132}I、^{133}Xe、^{137}Cs、^{141}Ce、^{144}Ce 等等。

高产额裂变产物元素是由那些原子序数 Z 相同的高产额裂变产物组成的化学元素。例如：^{95}Mo、^{97}Mo、^{98}Mo、^{99}Mo、^{100}Mo、^{102}Mo、…等组成裂变产物元素钼，^{133}Cs、^{135}Cs、^{137}Cs、^{138}Cs、^{139}CS、^{140}Cs、…等组成裂变产物元素铯。由于组成裂变产物元素的各同位素半衰期不同，乏核燃料经不同冷却时间，相应的裂变产物元素的含量也不一样。冷却一定时间后的乏核燃料中裂变产物元素钼由 ^{95}Mo、^{97}Mo、^{98}Mo 和 ^{100}Mo 等 4 个稳定同位素组成，其产额为 24.37；裂变产物元素铯主要由稳定同位素 ^{133}Cs 和长、中寿命的 ^{135}Cs 和 ^{137}Cs 组成，其产额为 19.66，此外还有相应量的 ^{134}Cs，它是 ^{133}Cs 的中子活化产物。

不同类型反应堆的核燃料组成和中子能量不同，裂变产物元素的生成量与燃耗之间的关系也有差别(表 10-1)。从表 10-1 中可看出，Tc 和 Nd 的含量随着燃耗加深的变化规律相近；而 Ru、Rh 和 Pd 在快堆 MOX 燃料中的含量增长特别显著。一般而言，对于燃耗为 33000 MWd/t U 的轻水堆乏燃料，生成的裂变产物约为初始铀量的 3.5%，超铀元素约 1%，裂变产物元素的分布如下[4]：

气体(含 I_2)	18%	钼	10%
稀土元素	31%	锝	2.5%
碱金属和碱土金属	15%	碲	1.5%
贵金属(Pd,Rh,Ru)	11%	47≤Z≤51 的元素	0.5%
锆、铌	10.5%		

乏核燃料中高产额裂变产物元素的含量较高，在溶解中达到可观浓度，其化学行为的相互影响不可忽视。随研究工作的不断深入，已从多方面观察到高产额裂

变产物元素化学行为的相互影响，这类影响包括裂变产物元素之间以及它们与锕系元素之间均存在，而且给工艺过程造成许多麻烦。

表 10-1 不同类型反应堆乏燃料中几种裂变产物元素的含量[3]（冷却 150d）

堆型		石墨气冷堆	轻水堆	快中子堆
初始燃料		金属与钼或铝合金	$^{235}U<5\%$，氧化铀	铀、钚混合氧化物（MOX）
平均燃耗		4000 MWd/tU	33000 MWd/tU	80000 MWd/tU
主要裂变产物元素含量（g/t）	Zr	515	3650	6540
	Ru	200	2250	7200
	Rh	50	390	2100
	Pd	30	1300	4340
	Tc	60	560	1320
	Nd	470	3900	8300

10.2 溶剂萃取行为的相互影响

在裂变产物元素的溶剂萃取行为研究中发现一些特殊现象，当某些裂变产物元素存在时，引起另外的裂变产物元素的萃取分配比增大。这些现象与萃取过程某些金属离子存在使萃取分配比增加的盐所效应不同，在研究介质中，就高产额产物元素而言，其浓度也不足于产生明显的盐析效应。进一步的研究结果表明，有的是由于相互形成可萃取配位化合物被共萃取，但有些现象的原因仍然不清楚，人们对这些元素在萃取过程中的相互影响还了解很少。

10.2.1 钼对溶剂萃取铌的影响[5]

文献[5]首次报道了硝酸溶液中钼的存在对萃取铌的影响。选择了三种典型的萃取剂：萃取中性配位化合物的 TBP，萃取配位化合阳离子的 HDBP 和萃取配位化合阴离子的 7402 季铵盐（甲基，三烷基氯化铵）。在较低浓度的硝酸溶液中存在一定浓度的钼，使这些萃取剂萃取铌的分配比（D_{Nb}）增加，不同萃取剂萃取铌受钼的影响程度亦不同。

1. 钼浓度对萃取铌的影响

在 1.0 mol·L^{-1} HNO_3溶液中实验研究了钼浓度对 TBP 萃取铌的影响，钼浓度在$5\times10^{-5}\sim5\times10^{-3}$ mol·L^{-1}范围内，对 TBP 萃取铌影响很小。钼浓度在$5\times10^{-3}\sim3.8\times10^{-2}$ mol·L^{-1}之间时，TBP 萃取铌的分配比 D_{Nb}随钼浓度的增加而增加。当钼浓度高于 3.8×10^{-2} mol·L^{-1}时，TBP 萃取铌的 D_{Nb}随钼浓度的增加而减小。

在 1.0 mol · L^{-1} HNO_3 溶液中，钼浓度在 5×10^{-5}～5×10^{-3} mol · L^{-1} 范围内，对 7402 季铵盐萃取铌的 D_{Nb} 影响也很小。当钼浓度在 5×10^{-3}～3.8×10^{-2} mol · L^{-1} 间变化时，7402 季铵盐萃取铌的分配比 D_{Nb} 随钼浓度的增加也增加。而当钼浓度高于 3.8×10^{-2} mol · L^{-1} 后，用 7402 季铵盐萃取铌的 D_{Nb} 随钼浓度的增加而剧增。

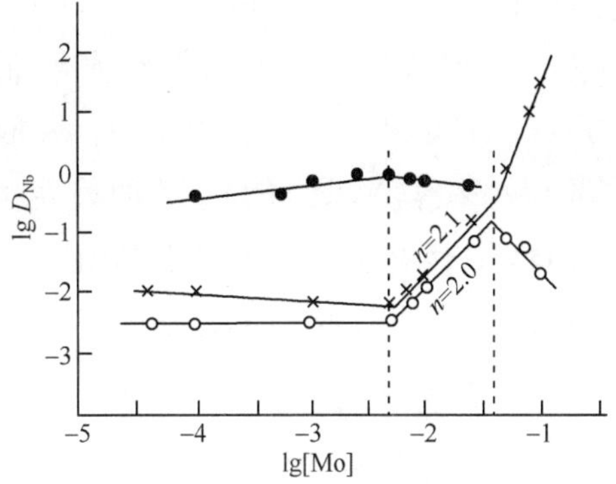

图 10-1　D_{Nb} 与钼浓度的关系

混相时间：15 min，温度：30℃；相比 1 ∶ 1；水相：1.0 mol · L^{-1} HNO_3，1.0×10^{-6} mol · L^{-1} Nb，有机相：○—1.0 mol · L^{-1} TBP-煤油，●—2.0×10^{-3} mol · L^{-1} HDBP-煤油，×—1.0×10^{-1} mol · L^{-1} 7402 季铵盐-二甲苯

HDBP 萃取铌受钼的影响规律则不同。在 1.0 mol · L^{-1} HNO_3 中，钼浓度在 5.0×10^{-5}～5.0×10^{-3} mol · L^{-1} 范围内，用 2.0×10^{-3} mol · L^{-1} HDBP 萃取铌，D_{Nb} 随钼浓度的增加而增加，当钼浓度高于 5.0×10^{-3} mol · L^{-1} 后，随着钼浓度的增加，D_{Nb} 则下降。

用 TBP、7402 季铵盐和 HDBP 三种不同类型萃取剂萃取铌受钼影响的研究实验中，得到的 lgD_{Nb}-lg[Mo]的关系曲线示于图 10-1。由图 10-1 看出，lgD_{Nb}-lg[Mo]关系线的转折点重合得很好，这说明溶液中铌的状态直接受钼浓度的影响。

2. 水溶液中存在钼时硝酸浓度对萃取铌的影响

水相硝酸浓度对萃取铌引起的变化很复杂，为了便于比较，将溶液含钼和不含钼的变化情况一起展示于图 10-2。

TBP 萃取铌，水相中无钼，并且硝酸浓度＜3.0 mol · L^{-1} 时，D_{Nb} 随酸度变化很小。当硝酸浓度＞3.0 mol · L^{-1} 时，D_{Nb} 则随酸浓度增加而增大。水相中存在 3×10^{-2} mol · L^{-1} Mo，硝酸浓度在 0.6～1.0 mol · L^{-1} 范围内，D_{Nb} 变化很小，硝酸浓度由 1.0 mol · L^{-1} 增至 6.0 mol · L^{-1}，D_{Nb} 随之下降。相对于水相无钼而言，硝酸浓度＜3 mol · L^{-1} 时，钼的存在会使 TBP 萃取铌的量增加，而硝酸浓度＞3.0 mol · L^{-1} 时，钼的存在都使 D_{Nb} 降低。

HDBP 萃取铌，水相硝酸浓度在 0.45～5.0 mol · L^{-1}，无钼时，D_{Nb} 随硝酸浓度的增加而升高。水相存在 5×10^{-3} mol · L^{-1} Mo 时，硝酸浓度由 0.6 mol · L^{-1} 增至 3.0 mol · L^{-1}，D_{Nb} 随之下降，而继续增大硝酸浓度，D_{Nb} 则随之升高。相对于水相无钼而言，硝酸浓度＜1.2 mol · L^{-1} 时，钼使 D_{Nb} 增大，硝酸浓度＞1.2 mol · L^{-1} 时，钼使 D_{Nb} 下降。

7402 季铵盐萃取铌，水相中存在 2.5×10^{-2} mol · L^{-1} Mo 或不含钼，D_{Nb} 均随硝酸浓度的增加而递降。当硝酸浓度＜3.0 mol · L^{-1} 时，水相中存在钼比不含钼的 D_{Nb} 大得多，但是存在钼时，随着硝酸浓度的增加，D_{Nb} 下降得更为显著。

当硝酸浓度≥3.0 mol·L^{-1}以后，D_{Nb}变化趋于一致。

由图 10-2 看出，硝酸浓度低时，钼存在使 TBP、HDBP 和 7402 季铵盐萃取铌增加，其中 7402 季铵盐萃取的 D_{Nb}增加最明显。硝酸浓度较高时，钼存在使 TBP 和 HDBP 萃取铌减少，而对 7402 季铵盐萃取的 D_{Nb}影响不大。

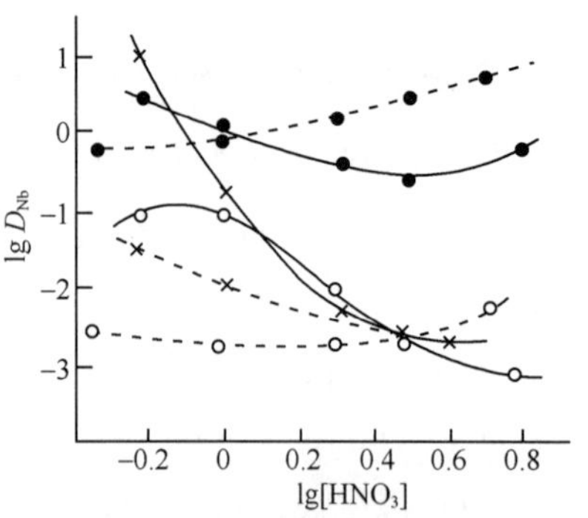

图 10-2　D_{Nb}与硝酸浓度的关系

水相：1×10^{-6} mol·L^{-1} Nb；0.45～6.0 mol·L^{-1} HNO_3

○—1.0 mol·L^{-1} TBP-煤油，水相中含 3.0×10^{-2} mol·L^{-1} Mo；●—有机相 2.0×10^{-3} mol·L^{-1} HDBP-煤油，水相中含 5.0×10^{-3} mol·L^{-1} Mo；×—有机相 0.1× mol·L^{-1} 7402 季铵盐-二甲苯，水相中含 2.5×10^{-2} mol·L^{-1} Mo；相应的虚线表示水相中没有钼

3. 萃取剂浓度对 D_{Nb}的影响

用 TBP、HDBP 和 7402 委铵盐三种萃取剂从硝酸溶液萃取铌时，水相存在钼对萃取铌的分配比 D_{Nb}的影响亦有差别。

TBP 浓度与 D_{Nb}的关系：用 0.1～1.0 mol·L^{-1} TBP-煤油从 1.0 mol·L^{-1} HNO_3 中萃取铌，TBP 浓度对 D_{Nb} 的影响示于图 10-3。水相没钼时，lgD_{Nb}-lg[TBP]成一条直线，斜率为 1.36。水相存在 2.5×10^{-2} mol·L^{-1} Mo 时，lgD_{Nb}-lg[TBP]成一折线，在 0.25 mol·L^{-1} TBP 处出现拐点。TBP 浓度在 0.1～0.25 mol·L^{-1}范围内，lgD_{Nb}-lg[TBP]关系线斜率为 2.35，TBP 浓度超过 0.25 mol·L^{-1}后，关系线斜率变小。

HDBP 浓度与 D_{Nb} 的关系：用不同浓度的 HDBP-煤油从 1.0 mol·L^{-1} HNO_3中萃取铌，结果示于图 10-4。水相没有钼的情况下，lgD_{Nb}-lg[HDBP]成一直线，其斜率为 3.4。当水相含有 5×10^{-3} mol·L^{-1} Mo 时，lgD_{Nb}-lg[HDBP] 关

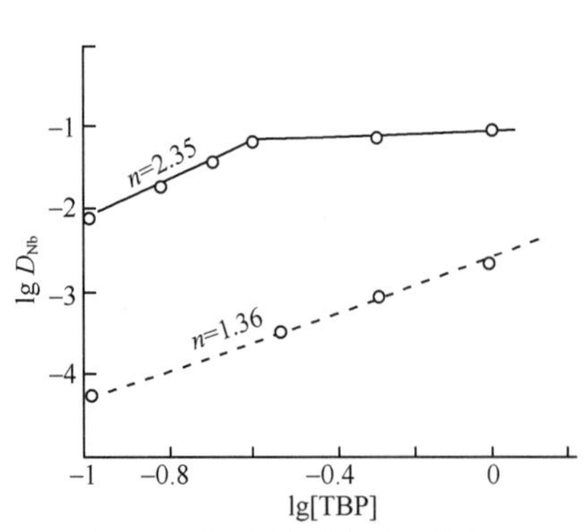

图 10-3　TBP 浓度与 D_{Nb}的关系

水相：1.0 mol·L^{-1} HNO_3；1.0×10^{-6} mol·L^{-1} Nb；有机相：TBP-煤油；混相时间 15 min；温度 30℃；相比 1∶1；实线为水相中含 2.5×10^{-2} mol·L^{-1} Mo；虚线为水相没有钼

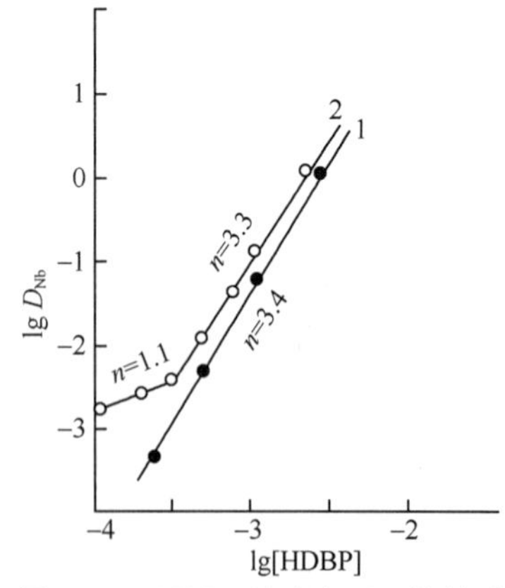

图 10-4　HDBP 浓度与 D_{Nb}的关系

水相：1.0 mol·L^{-1} HNO_3，1.0×10^{-6} mol·L^{-1} Nb；有机相：HDBP-煤油；混相时间 15 min；温度 30℃；相比 1∶1；○—水相中含 5.0×10^{-3} mol·L^{-1} Mo；●—水相中没有钼

系成一折线，拐点出现在 3.0×10^{-4} mol·L^{-1} HDBP 处。HDBP 浓度在 1.0×10^{-4}～3.0×10^{-4} mol·L^{-1} 范围内，关系线斜率为 1.1，与水相无钼时不同。HDBP 浓度在 3.0×10^{-4}～2.0×10^{-3} mol·L^{-1} 范围变化时，关系线斜率为 3.3，与水相没有钼时相同。

7402 季铵盐浓度与 D_{Nb} 的关系：7402 季铵盐浓度在 5×10^{-3}～0.1 mol·L^{-1} 范围内从 1.0 mol·L^{-1} HNO_3 中萃取铌，分配比 D_{Nb} 与萃取剂浓度的关系如图 10-5 所示。水相无钼时，$\lg D_{Nb}$-lg[7402 季铵盐]关系线的斜率为 0.8；水相中存在 5.0×10^{-2} mol·L^{-1} Mo 时，$\lg D_{Nb}$-lg[7042 季铵盐]关系线斜率为 1，结果与无钼时相似。

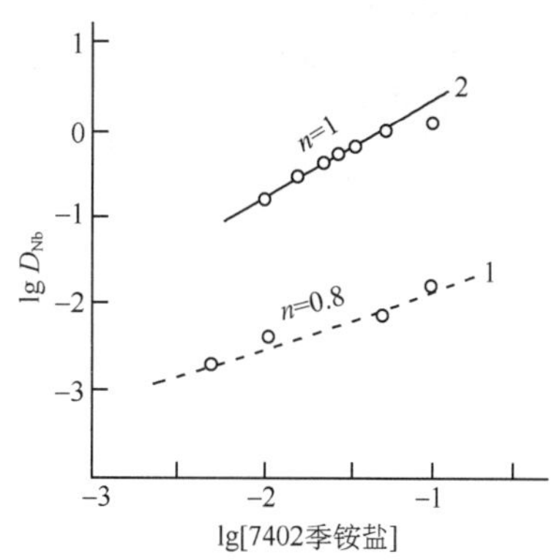

图 10-5　7402 季铵盐浓度与 D_{Nb} 的关系

水相：1.0 mol·L^{-1} HNO_3；1.0×10^{-6} mol·L^{-1} Nb；有机相：7042 季铵盐-二甲苯；混相时间 15 min；温度 30℃；相比 1：1；实线为水相中含 5.0×10^{-2} mol·L^{-1} Mo；虚线为水相中无钼

以上三种萃取剂萃取的过程中，TBP 和 7402 季铵盐可将铌和钼共同萃取到有机相，HDBP 只萃取铌而不萃取钼，但是钼的存在对 HDBP 萃取铌有影响。

4. 硝酸根浓度对 D_{Nb} 的影响

研究硝酸根影响铌被萃取的实验中，往水相溶液加入硝酸钠以调节硝酸根浓度，水相介质为 1.0 mol·L^{-1} HNO_3，实验结果得到的硝酸根浓度与铌的萃取分配比之关系如图 10-6 所示。用 TBP 萃取铌时，在水相无钼和存在 2.5×10^{-2} mol·L^{-1} Mo 两种情况下，硝酸根浓度对 D_{Nb} 的影响规律类似，随硝酸根浓度的增加，D_{Nb} 略有增大，而且有 Mo 时的 D_{Nb} 明显比无 Mo 时高。水相中没有钼时，硝酸根浓度增加，HDBP 萃取铌变化不大，对 7402 季铵盐萃取铌也几乎不影响。水相中存在 2.5×10^{-2} mol·L^{-1} Mo 时，随[NO_3^-]增加，7402 季铵盐萃取铌下降；而 HDBP 萃取铌明显增加，并且 $\lg D_{Nb}$-lg[NO_3^-]成直线关系，其斜率为 2.66，表明萃合物中含有 NO_3^-。

5. HDBP 和 TBP 萃取铌之反协同效应受钼的影响

文献[6]报道了丁基磷及混合丁基磷酸从硝酸溶液中萃取铌时，指出 HDBP 和 TBP 之间有反协同效应，使铌的萃取明显减少。文献[7]发现水相中存在一定浓度钼，会使这种反协同效应受到抑制，使铌的萃取显著增加。研究钼对 TBP 和 HDBP 萃取铌之反协同效应受钼影响的实验，用 1.0 mol·L^{-1} TBP-煤油中含有不同浓度的 HDBP 为有机相，水相为 1.0 mol·L^{-1} HNO_3，1.0×10^{-6} mol·L^{-1} Nb，比较水相中没有钼和存在 5.0×10^{-3} mol·L^{-1} Mo 两种情况铌的萃取分配比

D_{Nb}之大小，结果示于图 10-7。

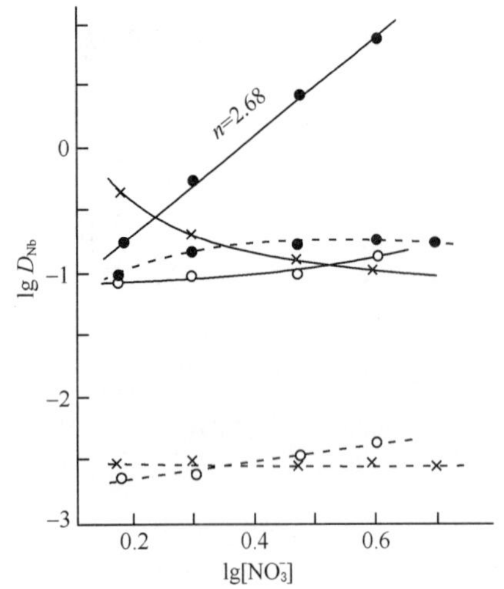

图 10-6　硝酸根浓度与 D_{Nb}的关系

水相：1.0 mol · L^{-1} HNO_3；1.0×10^{-6} mol · L^{-1} Nb；混相时间 15 min；温度 30℃；相比 1∶1；○—有机相 0.5 mol · L^{-1} TBP-煤油；●—有机相 1.0×10^{-3} mol · L^{-1} HDBP-煤油；×—有机相 5.0×10^{-2} mol · L^{-1} 7402 季铵盐-二甲苯；实线表示水相中含 2.5×10^{-2} mol · L^{-1} Mo；虚线表示水相中无钼

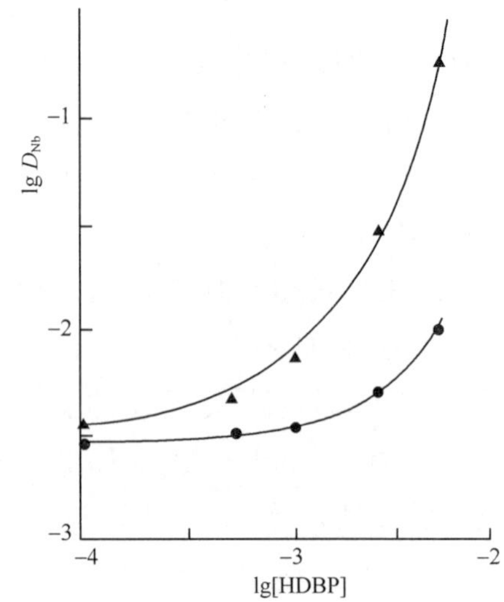

图 10-7　钼对 TBP 和 HDBP 萃取铌之反协同效应的影响

有机相：1.0 mol · L^{-1} TBP-煤油-[HDBP]；水相：1.0 mol · L^{-1} HNO_3；●—水相为 1.0 mol · L^{-1} HNO_3；1.0×10^{-6} mol · L^{-1} Nb；▲—水相为 1.0 mol · L^{-1} HNO_3；1.0×10^{-6} mol · L^{-1} Nb，5.0×10^{-3} mol · L^{-1} Mo

当水相中没有钼，有机相中 HDBP 浓度≤1.0×10^{-3} mol · L^{-1}时，lgD_{Nb}-lg[HDBP]近似地成直线关系，斜率很小，说明 TBP 和 HDBP 萃取铌有明显的反协同效应，与文献[6]的实验结果完全相符（见本书 5.3.2 节）。当 HDBP 浓度>1.0×10^{-3} mol · L^{-1}时，由于 HDBP 对铌萃取能力较强，D_{Nb}明显增大。

水相中存在 5×10^{-3} mol · L^{-1} Mo 时，lgD_{Nb}-lg[HDBP]关系线明显向上弯，TBP 和HDBP的反协同效应显著削弱。

6. TBP、HDBP 和 7402 季铵盐萃取钼

上述研究实验中发现了硝酸介质中存在钼对铌的萃取行为有特殊影响。为了探讨影响萃取的机理，进行了 TBP、HDBP 和 7402 季铵盐分别萃取钼的实验。

以^{99}Mo 为放射性示踪剂，用 Ge(Li)探测器多道 γ 射线能谱仪测量有机相和水相的放射性活度，从 1.0 mol · L^{-1} HNO_3 介质含不同浓度的铌和钼溶液中分别测定了三种萃取剂萃取钼的分配比 D_{Mo}。由于铌在硝酸中的溶解度很小，高于 7×10^{-6} mol · L^{-1}就开始部分地形成胶体（见本书 5.4.3 和 5.4.4 节），所以水相铌的浓度选择在 2.5×10^{-6}～2.0×10^{-5}mol · L^{-1}范围内。钼的浓度选用微量和常量两种，1.0×10^{-5}和 1.0×10^{-2} mol · L^{-1}两种。

实验结果为：1.0 mol·L^{-1} TBP-煤油萃取钼的分配比为 2.0×10^{-2}；0.10 mol·L^{-1} 7042 季铵盐-二甲苯萃取的 D_{Mo} 为 0.1；用 2.0×10^{-3} mol·L^{-1} HDBP-煤油萃取钼的 $D_{Mo}\leqslant10^{-5}$。说明这三种萃取剂在萃取铌和钼的过程中，TBP 和 7402 季铵盐可不同程度地将铌和钼共同萃取到有机相中，而且水相中钼浓度不同对 D_{Mo} 没有影响，也说明萃合物中只含单原子钼，不含聚合钼；HDBP 只萃取铌，不萃取钼，但是钼的存在对 HDBP 萃取铌会有影响。

7. 萃取机理讨论

从图 10-1 至图 10-7 看出，用 TBP、HDBP 和 7402 季铵盐从 1.0 mol·L^{-1} HNO_3 中萃取铌，由于水相存在一定浓度的钼而引起萃取规律变化，包括萃取剂浓度、水相酸度、硝酸根浓度等因素由于钼的加入而发生不同的影响，甚至还削弱了萃取剂间的反协同效应。一对金属元素之间萃取行为的相互影响在如此多方面出现，是非常少见的，对其机理尚缺乏深入研究，本节根据溶剂萃取规律和斜率法得到的实验数据作定性或半定量的讨论。

核燃料的硝酸溶解液，在放置过程中会生成 $Zr(MoO_4)_2\cdot XH_2O$ 沉淀[8,9,10,11]，这说明溶液中存在 MoO_4^{2-}。从 7402 季铵盐萃取钼的 D_{Mo} 与钼浓度无关，表明被萃取的钼是非缔合状态，应该是 MoO_4^{2-}。硝酸溶液中 NO_3^- 与铌的配位化合能力很弱，即使在相当高的酸度时，铌也会水解生成氢氧化铌，在<2.0 mol·L^{-1} HNO_3 溶液中，氢氧化铌不和 NO_3^- 配位化合，不容易被萃取，可被酸性萃取剂萃取的铌主要以 $Nb(OH)_{(5-\chi)}^{\chi+}$ 形式存在[12]。由图 10-1 至图 10-7 可知 MoO_4^{2-} 和铌的配位化合能力比 NO_3^- 强，水相中加入了钼后，MoO_4^{2-} 会和铌形成可被 TBP 和 7402 季铵盐萃取的配位化合物被共同萃取到有机相中，因此使铌的萃取也增加。但是HDBP并不萃取钼，而且钼的存在，HDBP 萃取铌的分配比 D_{Nb} 随 NO_3^- 浓度的增大而增加，这可能由于 MoO_4^{2-} 和铌的配位化合能力比 NO_3^- 强，对铌的水解有一定的抑制作用而形成一种中间状态，有利于生成可萃取的铌配位化合物。由上述规律可以认为钼影响铌的萃取过程存在如下反应平衡：

$$\underset{(C)}{[Nb(OH)_{(5-x'-y)}(NO_3)_y]^{x'+}} + MoO_4^{2-} \tag{10-2}$$

$$NO_3^- \updownarrow MoO_4^{2-}$$

$$\underset{(A)}{Nb(OH)_{5-x}^{x+}} + yH^+ + yNO_3^- \underset{水解}{\overset{MoO_4^{2-}}{\rightleftharpoons}} \underset{(B)}{[Nb(OH)]_{(5-x'-y)}(NO_3)_{(y-2)}(MoO_4)]^{x'+}} + 2NO_3^- + yH_2O \tag{10-1}$$

$$NO_3^- \updownarrow MoO_4^{2-}$$

$$\underset{(D)}{[Nb(OH)_{(5-x'-y)}(MoO_4)_{y'}]^{n}} + (y-2)NO_3^- \tag{10-3}$$

反应式中 $n=x'+y-2y'\leqslant0$。

在反应平衡中，MoO_4^{2-} 和铌先形成中间状态配位化合物(B)，由(B)再生成

(C)或(D)。带正电荷含NO_3^- 的配位化合物(C)比不含NO_3^- 的(A)更容易被HDBP萃取;配位化合物(D)中,$n=0$ 者,即中性铌-钼配位化合物有利于TBP萃取,$n<0$ 者为铌-钼配位化合阴离子,有利于7402季铵盐萃取。当钼浓度$<5.0\times10^{-3}$ mol·L^{-1}时,在形成配位化合物(B)后,由于NO_3^- 浓度比MoO_4^{2-} 高得多,存在着反应式(1)和(2)之间的平衡,配位化合物(B)随钼浓度增加而增加,同时(B)的平衡产物(C)也随之增加,HDBP萃取铌的D_{Nb}上升。这时对TBP和7402季铵盐萃取铌的影响不大,而且D_{Nb}很小(见图10-1)。钼浓度在$5.0\times10^{-3}\sim3.8\times10^{-2}$ mol·L^{-1}范围内,存在着反应式(1)和(3)的平衡,主要生成配位化合物(D),有利于TBP和7402季铵盐萃取,反应式(2)向(1)方向进行,配位化合物(C)相应减少,HDBP萃取铌趋于下降。钼浓度$>3.8\times10^{-2}$mol·L^{-1}后,中性铌-钼配位化合物向阴离子配位化合物转化,(D)中$n=0$ 者减少,$n<0$ 者增加,更有利于7402季铵盐萃取,而TBP萃取铌下降。

由反应平衡(1)、(2)和(3)看出,一定浓度的MoO_4^{2-} 可部分地抑制铌水解,形成(B),NO_3^- 的引入有利于配位化合物(C)形成,而不利于(D)形成,并且NO_3^- 也可部分地与(B)或(C)形成中性配位化合物。因此当加入NO_3^- 时,HDBP萃取铌迅速上升,7402季铵盐萃取铌则下降,对TBP萃取影响不大(见图10-6)。

体系中酸度增高,MoO_4^{2-} 缔合也增加,参加与铌配位化合的MoO_4^{2-} 减少,则铌水解,反应(1)向左边进行,可被萃取状态的铌减少,所以D_{Nb}随酸度增加而下降。达到一定酸度后,钼的存在比无钼时的D_{Nb}还低(见图10-2),其机理有待研究。

由图10-6可知,HDBP萃取铌时,$\lg D_{Nb}$-$\lg[NO_3^-]$的斜率为2.66,这可认为HDBP萃取铌的硝酸根配位化合物由含3 NO_3^- 的配位化合物两分子和含$2NO_3^-$ 的配位化合物一分子之混合物组成。图10-4中实线的斜率为3.4,可认为萃合物由溶剂化数为3的配位化合物两分子和溶剂化数为4的配位化合物一分子的混合物组成。把这两个结果结合起来,分子数、溶剂化数和硝酸根数正好对应符合,表明由Nb∶NO_3^-∶HDBP=1∶2∶4的萃合物(以CI表示)一分子和Nb∶NO_3^-∶HDBP=1∶3∶3的萃合物(以CII表示)两分子混合而成总的萃合物。但是HDBP分子中释放出的H^+数是不清楚的,由于体系复杂,铌和钼的形态都随酸度变化而改变,$\lg D_{Nb}$-$\lg[H^+]$不是简单的线性关系,无法由斜率法求HDBP放出的H^+数。一般而言,萃取体系中水相介质为1.0 mol·L^{-1} HNO_3时,铌的水解倾向很强,由实验观察到有钼存在时对铌的水解有抑制作用,使得配位化合能力较弱的NO_3^- 也能与Nb^{5+}配位化合,并且在萃合物中出现2分子或3分子的NO_3^- 与Nb^{5+}的配位化合物。然而由于铌强烈的水解倾向,在水相铌的配位化合物中仍含有OH^-,其中下列反应可表示生成HDBP可萃取的铌配位化合物。

$$Nb(OH)_{(5-x)}^{x+} + MoO_4^{2-} \rightleftharpoons Nb(OH)_{(3-x)}(MoO_4)^{x+} + 2OH^- \quad (10\text{-}4)$$

$$Nb(OH)_{(3-x)}(MoO_4)^{x+} + 2NO_3^- \rightleftharpoons Nb(OH)(NO_3)_2^{2+} + MoO_4^{2} + (2-x)OH^- \quad (10\text{-}5)$$

$$Nb(OH)_{(3-x)}(MoO_4)^{x+} + 3NO_3^- \rightleftharpoons Nb(OH)(NO_3)_3^{+} + MoO_4^{2-} + (3-x)OH^- \quad (10\text{-}6)$$

式(10-5)和式(10-6)中的 $Nb(OH)(NO_3)_2^{2+}$ 和 $Nb(OH)(NO_3)_3^{+}$ 是 HDBP 可萃取的。HDBP 在非极性溶剂(如煤油)中通常因氢键缔合以二聚体存在：

```
C4H9—O      O···HO      C4H9
      \    //      \    /
        P             P
      /    \       //   \
C4H9—O      OH···O      C4H9
```

萃取过程先打开其中一个氢键与金属阳离子络合生成萃合物，如：

```
C4H9—O      O  ···  HO      C4H9
      \    //         \    /
        P               P
      /    \          //   \
C4H9—O      O—M ← O         C4H9
```

萃合物分子的溶剂化数取决于被萃金属离子的价态、配位数、萃取剂浓度，以及水溶液中阴离子配体的性质和浓度等因素。萃合物 CI 的溶剂化数为 4，CII 为 3，按萃取原理的溶解度规律，似乎 CI 比 CII 容易萃取，但实验结果是 CI∶CII＝1∶2，即 CII 比 CI 更容易萃取，其萃取反应可能为：

$$Nb(OH)(NO_3)_2^{2+} + 2(HDBP)_2 \rightleftharpoons \underset{(CI)}{Nb(OH)(NO_3)_2H_2(DBP)_4} + 2H^+ \quad (10\text{-}7)$$

$$Nb(OH)(NO_3)_3^{+} + HDBP + (HDBP)_2 \rightleftharpoons \underset{(CII)}{Nb(NO_3)_3 \cdot H(DBP)_3} + H^+ + H_2O \quad (10\text{-}8)$$

式(10-7)是阳离子交换萃取机理，生成萃合物 CI 含亲水基团 OH，而式(10-8)是阳离交换和中和反应同时发生，萃合物 CII 不含亲水基团，故易于萃取。这种中和反应，在酸性萃取剂萃取易水解的金属离子时经常伴随着阳离子交换反应一起发生。

HDBP 与 TBP 间反协同效应的原因，一般认为是由于 TBP 与 HDBP 形成氢键，使自由的 HDBP 浓度降低，因而导致 D_{Nb} 下降。当 HDBP 分子与 TBP 分子形成氢键后，HDBP 分子中 P＝0 双键仍然保持萃取性能：

```
C4H9—O      OH ···                 O      O—C4H9
      \    /                        \\   /
        P                             P
      /    \\                        /   \
C4H9—O      O                      O      O—C4H9
             ↘                    /
                              C4H9
```

当有钼存在时用 HDBP 和 TBP 混合溶液萃取铌，式(10-8)左边反应物中的单分子 HDBP 可由被 TBP 以氢键缔合的 HDBP 分子起作用，使式(10-8)的萃取反应平衡更有利，所以削弱了 HDBP 与 TBP 之间的反协同效应。

由图 10-1 和图 10-5 可知，在 $5.0\times10^{-3}\sim3.8\times10^{-2}$ mol·L^{-1}Mo 范围内，7402 季铵盐萃取铌的萃合物中萃取剂溶剂化数约为 1，$\lg D_{Nb}$-lg［Mo］关系线的

斜率为 2，Nb 和 Mo 的摩尔比为 1∶2。萃合物可能为$[Nb(OH)_2(MoO_4)_2]^- \cdot (R'R_3M)^+$或$[NbO(MoO_4)_2]^- \cdot (R'R_3N)^+$，萃取平衡反应可写成：

$$Nb(OH)_2^{3+} + 2MoO_4^{2-} + R'R_3N^+ \rightleftharpoons Nb(OH)_2(MoO_4)_2^- \cdot R'R_3N^+ \qquad (10\text{-}9)$$

或

$$Nb(OH)_2^{3+} \rightleftharpoons NbO^{3+} + H_2O \qquad (10\text{-}10)$$

$$NbO^{3+} + 2MoO_4^{2-} + R'R_3N^+ \rightleftharpoons NbO(MoO_4)_2^- \cdot R'R_3N^+ \qquad (10\text{-}11)$$

当钼浓度$>3.8\times10^{-2}\ mol \cdot L^{-1}$后，$\lg D_{Nb}$-lg[Mo]关系线的斜率>2。其萃合物可能是$Nb(MoO_4)_3^- \cdot R'R_3N^+$。

由图 10-1 和图 10-3 分析判断，钼浓度在$5.0\times10^{-3}\sim3.8\times10^{-2}\ mol \cdot L^{-1}$范围内，TBP 萃取铌的萃合物可能主要为$Nb(OH)(MoO_4)_2 \cdot 2TBP$。

10.2.2 锆铀和镨对溶剂萃取铌的影响

硝酸溶液中锆对 TBP 萃取铌有明显而复杂的影响，Healy[13]在用二-正丁基膦酸(DBBP)萃取分离锆和铪时，因为使用^{95}Zr-^{95}Nb示踪剂，所以同时也获取了铌的萃取数据，结果发现随着锆浓度的增加，铌的萃取分配比也增加，而铪则没有这个现象。在 8.0 $mol \cdot L^{-1}\ HNO_3$中，用 TBP 萃取铌也有这种现象，Healy 认为这种完全由于锆的影响而使铌萃取增加的现象是非常稀少的。文献[14]较系统地研究了锆对 TBP 从硝酸溶液中萃取铌的影响，同时还考察了铀和稀土(镨)存在时，TBP 萃取铌的行为。

1. TBP 萃取铌与锆浓度的关系

锆浓度与 TBP 萃取铌的关系很复杂，文献[13]仅报道了 8.0 $mol \cdot L^{-1}\ HNO_3$的情况，文献[14]研究了 1.0～8.0 $mol \cdot L^{-1}\ HNO_3$中不同锆浓度与 TBP 萃取铌的关系，实验结果示于图 10-8。当锆的初始浓度$[Zr]>5\times10^{-4}\ mol \cdot L^{-1}$时，[Zr]就明显地影响着$D_{Nb}$的变化。在硝酸浓度≥2.0 $mol \cdot L^{-1}$的$\lg D_{Nb}$-lg[Zr]关系线中均出现最高点。锆浓度[Zr]从$5.0\times10^{-5}\ mol \cdot L^{-1}$开始，$D_{Nb}$随[Zr]的增加而增加，$D_{Nb}$的最大增加为 20 多倍。当达到一定的[Zr]值后，D_{Nb}随[Zr]的增加而下降。各关系线最高点随硝酸浓度的增加而向[Zr]大的方向偏移。连接关系线最高点，则成一条直线，各最高D_{Nb}值相应的硝酸浓度与水相初始锆浓度的对数也成线性关系，如图 10-9 所示。其直线方程可以写成：

$$\lg[Zr]^* = 0.156[HNO_3] - 2.613 \qquad (10\text{-}12)$$

式(10-12)系由实验得出的经验式，其中$[Zr]^*$表示D_{Nb}最大时水相初始锆浓度，$[Zr]^*$和$[HNO_3]$的单位均为$mol \cdot L^{-1}$。由此可以在 2.0～8.0 $mol \cdot L^{-1}\ HNO_3$中任何硝酸浓度时找到使D_{Nb}最大时相应水相初始的锆浓度。但在更低浓度的硝酸溶液中此方程式不适用，因为这时随着锆浓度的增加，D_{Nb}单调下降，没有极大值(见图 10-8)。

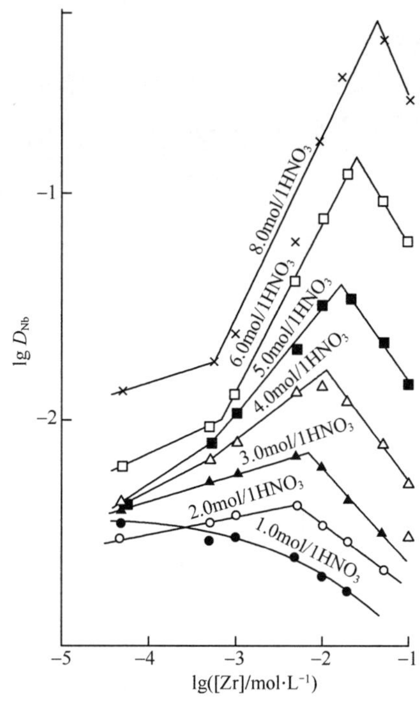

图 10-8　硝酸溶液中 TBP 萃取铌与锆浓度的关系

有机相：1.0 mol · L^{-1} TBP-正十二烷；水相：不同浓度的 HNO_3，1.0×10^{-7} mol · L^{-1} Nb；混相时间 15 min；温度 30℃；相比 1∶1；
●—1.0 mol · L^{-1} HNO_3；■—5.0 mol · L^{-1} HNO_3；
○—2.0 mol · L^{-1} HNO_3；□—6.0 mol · L^{-1} HNO_3；
▲—3.0 mol · L^{-1} HNO_3；×—8.0 mol · L^{-1} HNO_3

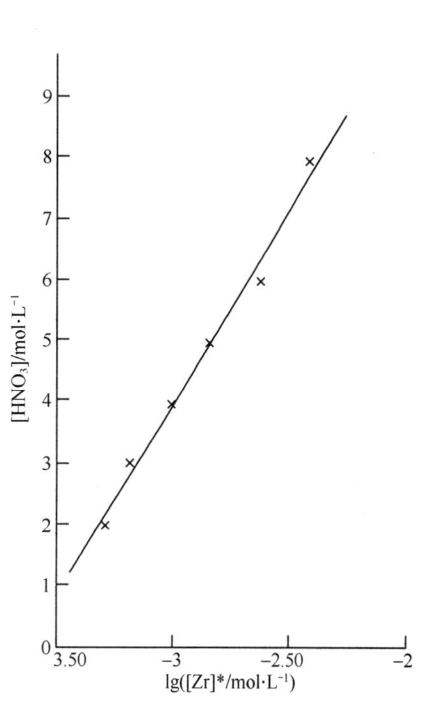

图 10-9　不同浓度硝酸中使 D_{Nb} 最大时相应的锆浓度$[Zr]^*$

为了更直观地表示$[HNO_3]$和$[Zr]^*$的变化关系，将实验中大于 2.0 mol · L^{-1} HNO_3的各酸度减去 2.0 mol · L^{-1}后得$\triangle[HNO_3]$，各酸度中出现最大 D_{Nb} 时相应的$[Zr]^*$减去 2.0 mol · L^{-1}时的$[Zr]^*$得$\triangle[Zr]^*$。经作图得到对数关系$\lg\triangle[Zr]^*$-$\lg\triangle[HNO_3]$也是直线关系，其斜率为 1.75，截距为−2.85，如图 10-10所示，写成另一个经验公式为：

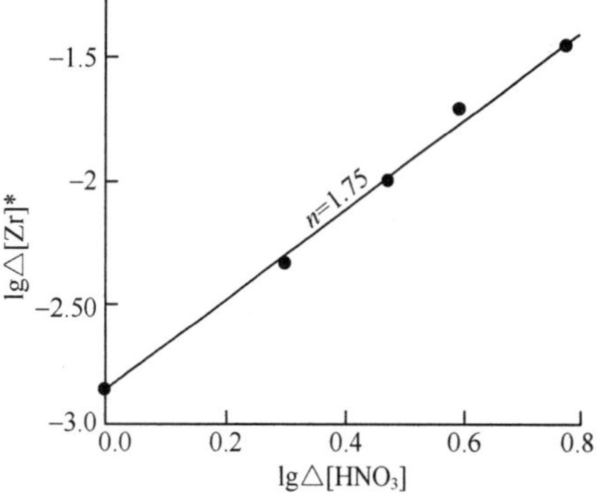

图 10-10　出现 D_{Nb} 极大时锆浓度变化与硝酸浓度变化的关系

$$\lg\triangle[Zr]^* = 1.75\lg\triangle[HNO_3] - 2.85 \tag{10-13}$$

若萃取体系中只改变$[HNO_3]$和$[Zr]$，其他条件不变，当出现 D_{Nb} 最大值时，$\triangle[HNO_3]^{1.75}/\triangle[Zr]^* =$定值，此值因萃取体系的其他条件的变化而异。

2. 水相中存在锆时 D_{Nb} 与硝酸浓度的关系

水相存在锆时，D_{Nb} 与初始硝酸浓度[HNO_3]关系也相当复杂。锆浓度不同，D_{Nb} 随[HNO_3]的变化亦不同。锆浓度在 $5\times10^{-3}\sim2\times10^{-2}$ mol·L^{-1} 范围内，随[HNO_3]的增大，D_{Nb} 单调上升，各曲线相交于 4.0 mol·L^{-1} HNO_3 处(图 10-11)。若锆浓度较低，如在 $5\times10^{-4}\sim1.0\times10^{-3}$ mol·L^{-1} 范围内，D_{Nb} 随[HNO_3]增加速率较慢。锆浓度较高，如在 $5.0\times10^{-2}\sim1.0\times10^{-1}$ mol·L^{-1} 时，D_{Nb} 随[HNO_3]增加的速率变快，如图 10-12 所示。由图中可看出，锆浓度高时的关系曲线 1 和 2 与锆浓度较低时的关系曲线 3 和 4 也在约 4.0 mol·L^{-1} HNO_3 处相交。

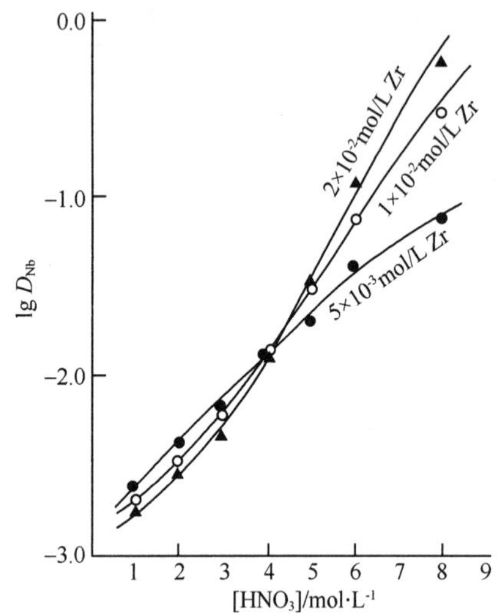

图 10-11 锆浓度为 $5\times10^{-3}\sim2.0\times10^{-2}$ mol·L^{-1} 时 TBP 萃取铌与硝酸浓度之间的关系

●—5.0×10^{-3} mol·L^{-1} Zr；○—1.0×10^{-2} mol·L^{-1} Zr；▲—2.0×10^{-2} mol·L^{-1} Zr

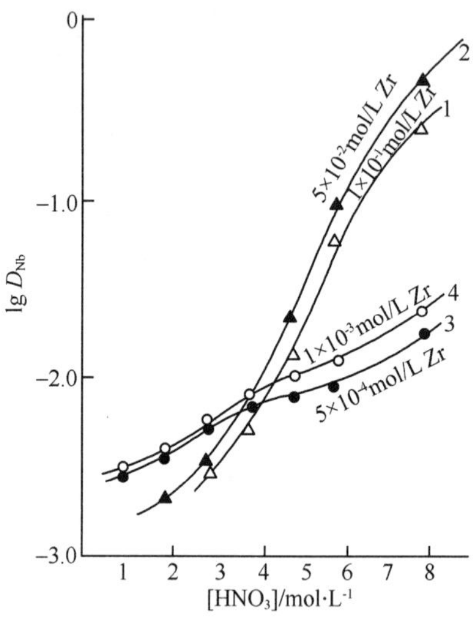

图 10-12 锆浓度较低和较高时 TBP 萃取铌与硝酸浓度的关系

●—5.0×10^{-4} mol·L^{-1} Zr；○—1.0×10^{-3} mol·L^{-1} Zr；▲—5.0×10^{-2} mol·L^{-1} Zr；△—1.0×10^{-1} mol·L^{-1} Zr

水相锆浓度更低，如 5.0×10^{-5} mol·L^{-1}，D_{Nb} 随[HNO_3]的变化不是单调的。在硝酸浓度较低的介质中，[HNO_3]增加导致 D_{Nb} 略有下降，这时与纯硝酸介质的情况相似[12]。当硝酸浓度较高(≥3.0 mol·L^{-1})时，D_{Nb} 也随[HNO_3]增加而增加，但是 D_{Nb} 增加较缓慢。

由图 10-11 和图 10-12 可看出，初始硝酸浓度为 4.0 mol·L^{-1} 左右是个转折点。[HNO_3]<4.0 mol·L^{-1}，随着[Zr]的增加，D_{Nb} 总的变化趋势是下降的，尽管在一定浓度范围的锆使 D_{Nb} 略有增加。当[HNO_3]>4.0 mol·L^{-1} 时，虽然锆浓度大到一定值时反使 D_{Nb} 下降，但是随[Zr]的增加，D_{Nb} 总的变化趋势是增加。在 1.0×10^{-3} mol·L^{-1}<[Zr]<5.0×10^{-2} mol·L^{-1} 的范围内，[HNO_3]<4.0 mol·L^{-1}，D_{Nb} 随[Zr]的增加而下降；[HNO_3]>4.0 mol·L^{-1}，

D_{Nb}随[Zr]的增加而增加。

由上述可知，硝酸溶液中锆对TBP萃取铌的影响是明显的，实验中观察到的现象有较强的规律性。硝酸浓度不同，锆和铌的状态也不同，反映出不同的萃取规律。若要揭示其萃取机理，尚有待多方面的深入研究。

3. 铀浓度对TBP萃取铌的影响

在Purex流程中铀是存在的常量金属元素，TBP萃取铀的饱和度不同，对裂变产物元素的去污是有影响的。但是铀浓度较低时对铌的萃取是否有影响是不清楚的。为此于硝酸浓度为1.0 mol·L^{-1}和8.0 mol·L^{-1}的介质中试验了铀浓度在$5.0\times10^{-4}\sim5.0\times10^{-1}$ mol·L^{-1}范围内对TBP萃取铌的影响，结果示于图10-13。由图10-13表明，铀浓度小于1.0×10^{-2} mol·L^{-1}时，对TBP萃取铌无影响；铀浓度大于1.0×10^{-2} mol·L^{-1}时，随铀浓度增加，TBP萃取铌下降，这是由于铀浓度较高时，TBP萃取铀的饱和度增高，自由TBP的浓度降低，使铌的萃取减少，有利于对铌的去污。

4. TBP从硝酸中萃取铌与镨浓度的关系

在乏核燃料中稀土元素是高产额裂变产物，燃耗深的核燃料溶解液中，稀土元素的浓度是足够高的。为了了解稀土元素对TBP萃取铌的影响，用镨代表稀土元素，分别于1.0 mol·L^{-1}和8.0 mol·L^{-1} HNO_3中试验了镨浓度与D_{Nb}的关系，结果如图10-14所示。由图10-14可知，镨浓度在$5.0\times10^{-5}\sim2.0\times10^{-2}$ mol·L^{-1}范围内，不影响TBP萃取铌。

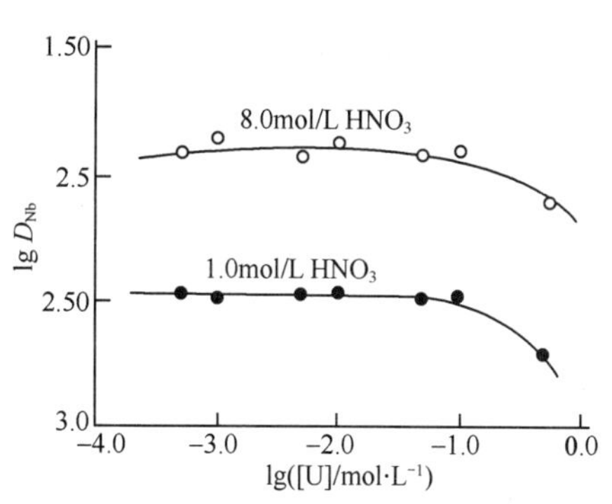

图10-13　铀浓度对TBP萃铌的影响

●—1.0 mol·L^{-1} HNO_3；

○—8.0 mol·L^{-1} HNO_3

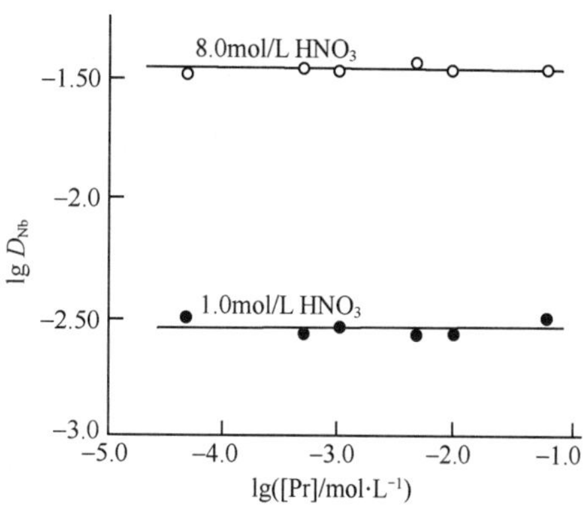

图10-14　TBP萃取铌与镨浓度的关系

●—1.0 mol·L^{-1} HNO_3；

○—8.0 mol·L^{-1} HNO_3

10.2.3 水相中同时存在钼和锆对萃取铌的影响

1. 水相中含一定浓度的钼和锆时 D_{Nb} 与硝酸浓度的关系

锆和钼是并存的高产额裂变产物元素，乏燃料溶解液中均有足够高的浓度。为了探讨钼和锆同时存在对 TBP 萃取铌的影响，试验了钼和锆的浓度均为 1.0×10^{-3}、5.0×10^{-3} 和 1.0×10^{-2} mol·L^{-1}三种情况下，TBP 萃取铌与硝酸浓度的关系，结果见图10-15。图中的曲线转折点出现在 3.0 mol·L^{-1} HNO_3处。在水相中钼和锆的浓度小于 1.0×10^{-2} mol·L^{-1}的条件下，当硝酸浓度为 3.0 mol·L^{-1}时，萃取铌的分配比最小。硝酸浓度较低时，钼会使 D_{Nb}增加，但锆会使 D_{Nb}减小，随锆浓度增加，钼的影响削弱；硝酸浓度较高时，锆使 D_{Nb}增加。图 10-15 中曲线形状与单独有钼或锆的情况均不同，表明是钼和锆同时作用的结果。

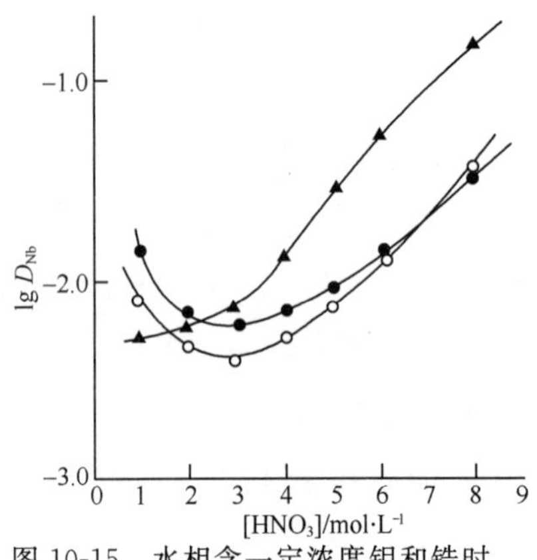

图 10-15 水相含一定浓度钼和锆时 TBP 萃取铌与硝酸浓度的关系

●—1.0×10^{-3} mol·L^{-1}Mo 和 Zr；○—5.0×10^{-3} mol·L^{-1}Mo 和 Zr；▲—1.0×10^{-2} mol·L^{-1}Mo 和 Zr

2. 同时存在钼和锆对辐照的 TBP 萃取铌的影响

实验研究了钼、锆和铀存在的条件下，对吸收剂量为 7.0×10^5Gy 的 TBP-煤油从 1.0 mol·L^{-1} HNO_3中萃取铌的影响，结果列于表 10-2。辐照的 TBP 中含有 HDBP 等复杂的辐解产物，对铌的萃取能力较强，但由于 TBP 共存，有反协同效应，没有钼、锆和铀时，D_{Nb}并不大。存在钼和锆时，反协同效应削弱，D_{Nb}增加。实验在 1.0 mol·L^{-1} HNO_3中进行，钼的作用是主要的。当加入 0.42 mol·L^{-1} U 时，D_{Nb}明显下降。尽管如此，当 Mo、Zr 和 U 共存条件下的 D_{Nb}比单有相应浓度铀时明显高。

表 10-2 钼、锆和铀对辐照的 TBP 萃取铌的影响

辐照前 TBP 的预处理	吸收剂量(Gy)	萃取前萃取剂的预处理及其浓度	水相中金属的浓度(mol·L^{-1}) U	Zr	Mo	D_{Nb}
1.0 mol·L^{-1} TBP-煤油(经 0.5 mol·L^{-1} HNO_3预处理)	7×10^5	辐照后直接用，1.0 mol·L^{-1} TBP-煤油	0	0	0	0.273
			0.42	0	0	0.013
			0	5×10^{-3}	5×10^{-3}	5.10
	6×10^4	同上	0	0	0	0.0129
			0	5×10^{-3}	5×10^{-3}	0.537
	7×10^5	用新鲜煤油稀释成 0.5 mol·L^{-1} TBP*	0.42	5×10^{-3}	5×10^{-3}	0.122

* 因当时辐照条件所限，吸收剂量大的 TBP 较少，故稀释使用。

10.2.4　锝的共萃取[15,16,17,18]

1. 锝的共萃取现象

硝酸溶液中 TBP 萃取锝的分配比(D_{Tc})是很小的，当溶液中存在 Zr^{4+}、Pu^{4+}、Ce^{4+}、Th^{4+}、UO_2^{2+}、Sr^{2+} 和 Pd^{2+} 等金属离子时，会使锝的分配比增加。在 Purex 流程的 1A 萃取器的洗涤段，用酸洗涤裂变产物元素时锝不易被洗涤除去。

在含钚的硝酸溶液中，TBP 萃取锝的 D_{Tc} 随水相溶液中钚浓度的增加而增大，见表 10-3。

表 10-3　钚浓度对萃取锝的影响[17]

水相：C_{HNO_3}=2.0 mol·L^{-1}，C_{Tc}=0.2 g·L^{-1}，有机相：30% TBP-正十二烷，相比 1∶1

C_{Pu}(g·L^{-1})	0.439	0.877	1.746	2.609	3.038
D_{Tc}	0.599	0.697	0.863	0.996	1.056

锆对 TBP 萃取锝的影响，不同作者给出的实验结果略有差别，但是总的趋势则相似。锆浓度在一定范围内增加，D_{Tc} 随之增加；水相硝酸浓度提高，则锆使 D_{Tc} 增加更明显。文献[17]的实验数据列于表 10-4。从表 10-3 和表 10-4 的数据看出，D_{Tc} 的增加幅度虽然不大，但是随着钚和锆浓度增大，D_{Tc} 是单调增加，其影响是肯定的。

表 10-4　锆浓度对萃取锝的影响[17]

水相：HNO_3 介质，有机相：30% TBP-正十二烷，相比 1∶1

	C_{Zr}(g·L^{-1})	0.00	0.19	0.47	0.93	1.12	1.40	2.33	3.26
D_{Tc}	C_{HNO_3}=2.0 mol·L^{-1}	0.543	0.562	0.581	0.611	0.631	0.642	0.702	0.730
	C_{HNO_3}=3.0 mol·L^{-1}	0.311	0.392	0.502	0.574	0.628	0.678	0.763	0.798

文献[18]在研究锝的分配比时，观察到水相经过热处理后测得的 D_{Tc} 变化规律不同。在室温下实验测定的锝分配比示于图 10-16，水相为纯硝酸中加入锝，D_{Tc} 的极大值为 0.82，出现于 0.5 mol·L^{-1} HNO_3 处；水相中存在锆的浓度为 0.9 g·L^{-1}，当 HNO_3 浓度约在 1.3 mol·L^{-1} 以下时，D_{Tc} 比纯硝酸时小，当 HNO_3 浓度大于 1.3 mol·L^{-1} 以后，D_{Tc} 则随硝酸浓度的提高而明显增加；水相硝酸溶液中存在 100g·L^{-1}U(V1)，HNO_3 浓度小于 0.5 mol·L^{-1} 时，D_{Tc} 比纯硝酸时高，硝酸浓度在 0.5～3.0 mol·L^{-1} 时，D_{Tc} 减小；水相同时存在锆和六价铀的情况下，当硝酸浓度在 3.0 mol·L^{-1} 时，D_{Tc} 与单有铀相似，而>3.0 mol·L^{-1} HNO_3 中，D_{Tc} 的变化类似于水相只有锆的情况，其数值介乎水相只有锆或铀之间。用于实验的水相料液经过 80℃ 加热处理 1.5 小时后，冷却至室温进行萃取实验，结果如图 10-17 所示。明显的不同是：水相含锆不含铀，C_{HNO_3} <2 mol·L^{-1}

时，D_{Tc}比无锆时小，而且在 $C_{HNO_3}\approx 3\ mol\cdot L^{-1}$时出现 D_{Tc}极大值(1.29)；水相中同时存在锆和铀时，硝酸浓度在 3～4 $mol\cdot L^{-1}$范围内，D_{Tc}最大。

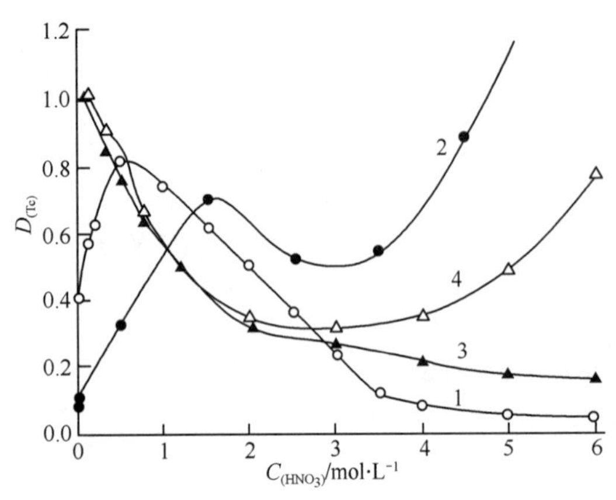

图 10-16　水相含锆和铀时硝酸浓度对 D_{Tc}的影响

水相：C_{Tc}=0.04 g·L^{-1}；有机相：30% TBP-煤油；温度：25℃；1—纯硝酸；2—C_{Zr}=0.6 g·L^{-1}；3—$C_{U(VI)}$=100 g·L^{-1}；4—$\begin{cases}C_{Zr}=0.9\ g\cdot L^{-1}\\C_{U(VI)}=100\ g\cdot L^{-1}\end{cases}$

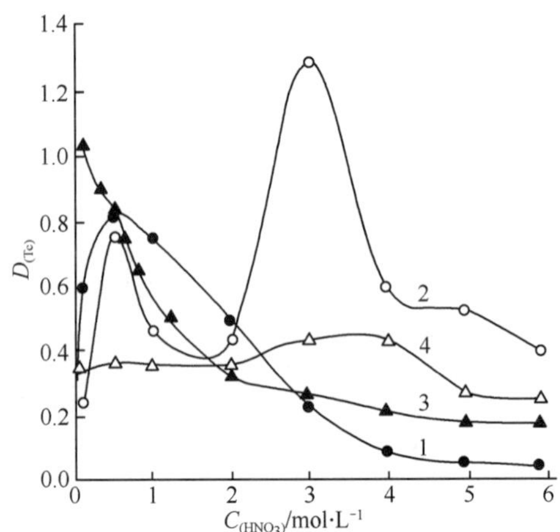

图 10-17　水相含锆和铀经热处理后硝酸浓度对 D_{Tc}的影响

萃取条件同图 10-16

1—纯硝酸；2—C_{Zr}=0.6 g·L^{-1}；3—$C_{U(VI)}$=105 g·L^{-1}；4—$\begin{cases}C_{Zr}=0.6\ g\cdot L^{-1}\\C_{U(VI)}=105\ g\cdot L^{-1}\end{cases}$

2. 锝共萃取的机理讨论

某些金属离子的存在，使锝的萃取和洗涤行为都变得复杂化，这些变化主要是由于锝与这些金属离子发生共萃取的结果，其共萃取机理可用如下反应式描述。

$$ML_X + TcO_4^- + yTBP \rightleftharpoons M(TcO_4)L_{(X-1)}\cdot yTBP + L^- \qquad (10\text{-}14)$$

式中 M 为不同金属离子，L 为配体阴离子(如 NO_3^- 等)，锝以高锝酸根形态作为金属离子的一个配体一起被 TBP 共萃取。

M=Zr^{4+}或 Pu^{4+}时，萃取反应为：

$$Zr(NO_3)_4 + TcO_4^- + 2TBP \rightleftharpoons Zr(TcO_4)(NO_3)_3\cdot 2TBP + NO_3^- \qquad (10\text{-}15)$$

$$Pu(NO_3)_4 + TcO_4^- + 2TBP \rightleftharpoons Pu(TcO_4)(NO_3)_3\cdot 2TBP + NO_3^- \qquad (10\text{-}16)$$

M=UO_2^{2+} 时，萃取反应为：

$$UO_2(NO_3)_2 + TcO_4^- + 2TBP \rightleftharpoons UO_2(TcO_4)(NO_3)\cdot 2TBP + NO_3^- \qquad (10\text{-}17)$$

M=Am^{3+}时，萃取反应为：

$$Am(NO_3)_3 + TcO_4^- + 3TBP \rightleftharpoons Am(TcO_4)(NO_3)_2\cdot 3TBP + NO_3^- \qquad (10\text{-}18)$$

锝作为金属离子的配体被共萃取，其萃取机理取决于金属离子的萃取机理。TBP 从 HNO_3中萃取 Zr，锆的分配比随 HNO_3浓度的增大而增加，锝与锆共萃取时也遵循这个规律，低浓 HNO_3中可萃取形态的 Zr 较少，D_{Zr}低，所以图 10-16 和图 10-17 中，曲线 2 反映出低酸部分 D_{Tc}也低。锝与六价铀共萃取时，硝酸浓度低时，NO_3^- 与 TcO_4^- 竞争弱，高浓酸中 NO_3^- 与 TcO_4^- 竞争强烈，所以图中曲线 3

反映出 D_{Tc} 随酸度的增加而单调下降。

Purex 流程的 1A 萃取器中，上述反应式主要发生在萃取段。而在洗涤段则存在异相交换配体反应。因为锆的分配比低，在洗涤段被酸洗到水相，和 Zr^{4+} 配位共萃取的 TcO_4^- 也进入水相，其反应为：

$$Zr(TcO_4)(NO_3)_3 \cdot 2TBP + 2HNO_3 \rightleftharpoons 2TBP \cdot HNO_3 + TcO_4^- + Zr^{4+} + 3NO_3^- \tag{10-19}$$

而 UO_2^{2+} 和 Pu^{4+} 的分配比高，仍留在有机相，这时水相的 TcO_4^- 会和有机相中 UO_2^{2+} 和 Pu^{4+} 萃合物交换一个配体又进入有机相：

$$UO_2(NO_3)_2 \cdot 2TBP + TcO_4^- \rightleftharpoons UO_2(TcO_4)(NO_3) \cdot 2TBP + NO_3^- \tag{10-20}$$

$$Pu(NO_3)_4 \cdot 2TBP + TcO_4^- \rightleftharpoons Pu(TcO_4)(NO_3)_3 \cdot 2TBP + NO_3^- \tag{10-21}$$

这种异相交换配体反应，使洗涤到水相中的锝又回到有机相，所以锝不易被洗涤去除。

10.3 次级沉淀

乏核燃料水法后处理工艺流程中，乏核燃料用硝酸溶解，溶解液经过滤除去不溶残渣后，澄清的滤液在放置过程中会出现新的沉淀，这种新形成的沉淀称为次级沉淀[8,9]。次级沉淀会给工艺上造成很大的麻烦，在溶液输送过程中这种沉淀会在管壁上沉积，可能引起管道堵塞；带入第一萃取循环，可能加剧萃取界面物的形成；次级沉淀还会吸附钚，造成钚损失和不安全[2]。实验研究结果表明，次级沉淀的主要原因是高产额裂变产物元素锆和钼共同生成钼酸锆，其沉淀反应速度很慢，原有沉淀过滤后，新沉淀会不断形成，直到溶液中锆和钼的浓度在溶度积之下，沉淀才停止，溶液趋于稳定。

10.3.1 硝酸中钼和锆的沉淀行为研究[10]

1. 实验方法

(1)用放射性指示剂 ^{99}Mo 和 ^{95}Zr 标记钼和锆溶液　取已标定好钼浓度为 0.103 mol·L^{-1} 的钼酸铵溶液 48.54 mL 置于 100 mL 容量瓶内，加入 10^7 Bq 的 ^{99}Mo 指示剂(钼酸钠形式，钼载体量可忽略)，摇匀，于专用烘箱内(90～95℃)加热 4h，自然冷却到室温，用水稀释到刻度，摇匀，此溶液中钼浓度为 5.0×10^{-2} mol·L^{-1}，备用。取已标定好锆浓度为 0.0967 mol·L^{-1} 的硝酸锆(4 mol·L^{-1} HNO_3)溶液 51.71 mL 置于 100 mL 容量瓶内，加入 10^7 Bq 的 ^{95}Zr-^{95}Nb 指示剂(浓硝酸)，如同 Mo-^{99}Mo 的制备方法，得锆浓度为 5.0×10^{-2} mol·L^{-1}，备用。用 1.0 mL 移液管取上述溶液各 4 份，于 Ge(Li)多道 γ 能谱仪上测量 ^{99}Mo 和 ^{95}Zr 的放射性，以确定稳定同位素和放射性同位素的比值。

(2)沉淀实验　在 10 mL 带磨口塞的离心管内配好实验料液，密封好，于给定温度的恒温器内加热一定时间，取出离心管，用细玻璃棒搅拌沉淀物，经普通离心机(1000～3000 r/min)离心 5 min，将清液倾入抽滤器(两层定量滤纸)，收集滤过清液于另一干净的 10 mL 离心管内，取出 1.0 mL 进行超离心实验，其余清液重新放入恒温器内于相同的温度下继续陈化，以观察次级沉淀的形成。沉淀物经过抽滤，用 3 $mol \cdot L^{-1}$ HNO_3 抽洗三次，将沉淀包好，放入 γ 管内测量 ^{99}Mo 和 ^{95}Zr 的放射性活度，以确定沉淀中钼和锆的摩尔比。

(3)超离心实验　将 1.0 mL 滤过清液注入专用离心管内于高速离心机(16000 g)上离心 15 min，将每个离心管旋转 180°，再离心 15 min，取出离心管，按上、中和下分成三份测放射性活度，观察胶体形成情况。

(4)分析方法　钼溶液的标定，用重量法和分光光度法；锆溶液的标定，用络合滴定法。采用放射化学法分析混合溶液和沉淀物中的钼和锆。

2. 次级沉淀现象

硝酸溶液中钼和锆的混合物会形成沉淀，沉淀物在试管壁上附着很紧，用管刷多次刷洗也不易清除。沉淀物很难溶解，曾试图用氨水、草酸、盐酸、浓硝酸、硫酸以及王水等溶解沉淀物，均未达到目的，浸泡两昼夜也未能溶解。

钼和锆的混合溶液在硝酸中的沉淀速度很慢，当形成沉淀过滤后，滤过清液继续陈化，会出现次级沉淀。沉淀物的形成与钼锆浓度、硝酸浓度和温度等因素有关。

3. 温度对沉淀的影响

分别于室温和 40℃，60℃，80℃，100℃ 中观察了钼锆沉淀形成情况，结果列入表 10-5。温度高时钼锆容易沉淀，温度低时不容易沉淀。如表 10-5 给定的溶液条件下，在 100℃ 水浴中 3 h 即开始出现沉淀；而在 40℃ 和室温中 248 h 仍未出现沉淀。

表 10-5　温度对钼锆沉淀的影响

初始溶液组成：5.0×10^{-3} $mol \cdot L^{-1}$ Mo；5.0×10^{-3} $mol \cdot L^{-1}$ Zr；3.0 $mol \cdot L^{-1}$ HNO_3

温度(℃)	10～12	40	60	80	100
出现沉淀所需时间(h)	＞248	＞248	76	21	3

4. 硝酸浓度对钼锆沉淀及形成胶体的影响

硝酸浓度对钼锆形成沉淀有明显的影响，在 0.6～6.0 $mol \cdot L^{-1}$ HNO_3 范围内进行实验，结果列入表 10-6。由于沉淀物紧附着管壁，很难定量收集，故用“＋”和“－”表示沉淀形成情况。由表 10-6 看出，硝酸浓度低时钼锆沉淀快，硝酸浓度高时钼锆沉淀慢。

表 10-6 硝酸浓度对沉淀的影响

初始溶液：7.5×10^{-3} mol·L^{-1}Mo；7.5×10^{-3} mol·L^{-1}Zr；80℃

硝酸浓度(mol·L^{-1})	80℃下加热不同时间，沉淀形成情况				
	16 h(第一次过滤)	33 h	39 h(第二次过滤)	81 h(第三次过滤)	266 h
0.6	+++	−	−	+	−
1.0	+++	−	+	+	−
2.0	++	+	+	+	−
3.0	+	+	+	++	−
4.0	−	−	+	+++	−
5.0	−	−	−	++	−
6.0	−	−	−	−	+−

注：+表示有沉淀形成，多个+表示沉淀物多；−表示无沉淀；+−表示两个平行样品中一个形成沉淀，另一个未形成沉淀。

在0.6～4.0 mol·L^{-1} HNO_3中，80℃下加热81 h，经过三次过滤沉淀物之后，滤过清液在80℃中继续陈化到266 h，则不再出现沉淀。分析最后清液中锆浓度和沉淀物中钼锆摩尔比，结果列入表10-7。由表10-7看出，清液中最终锆浓度小于5×10^{-3} mol·L^{-1}；0.6 mol·L^{-1} HNO_3中，锆浓度最低；1.0～4.0 mol·L^{-1} HNO_3中，锆浓度基本一致；但在0.6～4.0 mol·L^{-1} HNO_3溶液中形成的沉淀物，钼锆摩尔比均约为2，可认为沉淀物是$Zr(MoO_4)_2$或$Zr(MoO_4)_2\cdot xH_2O$。最后的清液中^{99}Mo放射性较弱，测量误差大，故未获取钼浓度数据。

表 10-7 沉淀物中钼锆摩尔比和清液中最终锆浓度与硝酸浓度关系

初始溶液中：7.5×10^{-3} mol·L^{-1}Mo；7.5×10^{-3} mol·L^{-1}Zr；陈化温度：80℃；累积沉淀时间：266 h

硝酸浓度(mol·L^{-1})	清液中最终锆浓度($\times10^{-3}$ mol·L^{-1})	沉淀物中钼锆摩尔比(Mo/Zr)
0.6	3.7	1.99
1.0	4.9	2.16
2.0	4.8	2.04
3.0	4.6	2.14
4.0	4.7	

文献[8]认为次级沉淀可能是形成的胶体凝聚的缘故。文献[10]为了观察在钼锆沉淀过程中是否有胶体形成，将第一次过滤沉淀物后的清液进行了超离心实验。用两层定量滤纸过滤后，将清液进行超离心实验，结果列入表10-8。表中数据反映了离心管内上、中、下各等份溶液的放射性分布。0.6 mol·L^{-1} HNO_3溶液中，^{99}Mo和^{95}Zr放射性在下层都有浓集，表明形成了胶体。1.0～4.0 mol·L^{-1} HNO_3中，^{99}Mo放射性在下层略有浓集，但不明显；^{95}Zr的放射性在上、中、下各部分是一致的，表明没有胶体形成，或是其胶粒很细，以致于在16000 g离心场中不能分离。

表 10-8　超离心实验结果

实验条件：初始溶液中钼和锆浓度均为 7.5×10^{-3} mol·L^{-1}；80℃中陈化 16 h；
离心力加速度 16000 g，离心时间 30 min

硝酸浓度 (mol·L^{-1})	钼分布(%)			锆分布(%)		
	上	中	下	上	中	下
0.6	26.2	26.1	47.7	22.8	23.9	53.4
1.0	30.3	30.3	39.4	33.1	34.4	32.5
2.0				34.0	32.7	33.3
3.0	31.4	32.5	36.2	33.5	34.1	32.4
4.0	30.2	33.2	36.6	34.2	33.3	32.5

5. 钼锆浓度对沉淀物组成的影响

在 3.0 mol·L^{-1} HNO_3 中，观察了不同钼锆浓度与形成沉淀的关系，结果列入表 10-9。由表 10-9 看出，在实验范围内，不同浓度的钼锆混合，对沉淀物中钼锆摩尔比基本上没有影响。

表 10-9　初始钼锆浓度与形成沉淀的关系

实验条件：3.0 mol·L^{-1} HNO_3；80℃中陈化 16 h

初始钼锆浓度($\times10^{-3}$ mol·L^{-1})		沉淀中钼锆摩尔比(Mo/Zr)
Mo	Zr	
5.0	7.5	1.8
7.5	7.5	2.0
10.0	7.5	1.9
7.5	5.0	2.0
7.5	10.0	2.0

6. 铀与钼锆沉淀的关系

乏燃料溶解液中主要的溶质是铀，必须了解铀对钼锆沉淀是否有影响。为此，对不同浓度的钼锆混合溶液中含铀和不含铀的条件下观察了钼锆沉淀行为，结果列入表 10-10，表10-11和表 10-12。从沉淀速度、沉淀物中钼锆摩尔比、初始钼锆浓度以及最终浓度等方面比较表明，溶液中铀浓度为 200 g·L^{-1} 和没有铀，钼锆沉淀行为无差别。初始溶液中钼和锆浓度都为 5.0×10^{-3} mol·L^{-1} 时，会形成沉淀，但不管溶液中有铀与否，沉淀物中钼锆摩尔比均为 2。当初始溶液中钼和锆浓度低到 2.5×10^{-3} mol·L^{-1} 时，未观察到沉淀，但最终溶液中锆浓度降到$(2.0\sim2.1)\times10^{-3}$ mol·L^{-1}（见表 10-12）。表 10-12 的实验数据是于 3.0 mol·L^{-1} HNO_3 中，80℃下加热 102 h，中间经过四次抽滤、五次离心，而后又在室温(11～13℃)中放置 63 h，再测定清液中的锆浓度，可能锆在滤纸上和试管壁有轻微的吸附，经过多次操作，使溶液中的锆浓度略有降低。或者是形成的沉淀甚微，以至于观察不到。

表 10-10　铀与钼锆沉淀的关系

实验条件：3.0 mol·L^{-1} HNO_3；陈化温度 80℃

初始铀浓度 (g·L^{-1})	初始钼锆浓度，[Mo]=[Zr](×10^{-3} mol·L^{-1})	80℃陈化累积时间				第四次过滤后清液在室温中放置 63 h
		16 h（第一次过滤）	32 h（第二次过滤）	78 h（第三次过滤）	102 h（第四次过滤）	
0	2.5	−	−	−	−	−
	5.0	−	+	+	−	−
	7.5	++	+	+	−	−
200	2.5	−	−	−	−	−
	5.0	−	+	+	−	−
	7.5	++	+	+	−	−

表 10-11　铀与沉淀物中钼锆摩尔比的关系

实验条件：3.0 mol·L^{-1} HNO_3；陈化温度 80℃

初始溶液铀浓度 (g·L^{-1})	初始钼锆浓度，[Mo]=[Zr](×10^{-3} mol·L^{-1})	沉淀物中钼锆摩尔比 (Mo/Zr)
0	5.0	2.0
0	7.5	2.1
200	5.0	2.1
200	7.5	1.9

表 10-12　最终溶液中锆浓度初始与初始铀浓度的关系

初始溶液中铀浓度 (g·L^{-1})	初始溶液中钼锆浓度，[Mo]=[Zr](×10^{-3} mol·L^{-1})	最终溶液中锆浓度 (×10^{-3} mol·L^{-1})
0	2.5	2.0
	5.0	2.9
	7.5	4.3
200	2.5	2.1
	5.0	3.3
	7.5	4.4

燃耗为 33000 MWd/t U 的动力堆乏燃料中，每吨铀含有裂变产物元素钼和锆分别为 3450 g 和 3650 g。若完全进入溶液，则钼和锆的浓度达 10^{-2} mol·L^{-1}。钼和锆的沉淀行为是造成乏燃料溶解液不定和形成次级沉淀的主要原因之一。

7. 钼锆混合溶液中锆在硅胶柱上的吸附行为

在 1～6 mol·L^{-1} HNO_3 中，锆会被硅胶强烈地吸附，可用草酸溶液将吸附的锆有效地解吸到溶液中来[19]。硝酸中钼锆沉淀物内的锆则不被草酸溶液溶解。在钼锆混合的硝酸溶液中，能否用硅胶吸附分离锆，这是我们关心的问题，并进行了硅胶吸附和解吸锆的实验。实验的初始料液配制成 4.0 mol·L^{-1} HNO_3，7.5×10^{-3} mol·L^{-1} Mo 和 7.5×10^{-3} mol·L^{-1} Zr 的混合溶液，80℃中陈化 6 h，尚未出现沉淀。将此溶液通过硅胶柱，总体积 10 mL，弃去最早流出的 4 mL，收集最后流出的 6 mL 到一干净的试管内，准确取 1.0 mL 测放射性活度。结果表明，90%以上的锆被吸附在硅胶柱上。将余下的 5 mL 流出液密封在试管内，于80℃继续陈化到 248 h 仍无沉淀。而与初始料液相同，但未经硅胶柱吸附的样品，在 80℃中加热到 39 h 就开始出现沉淀。

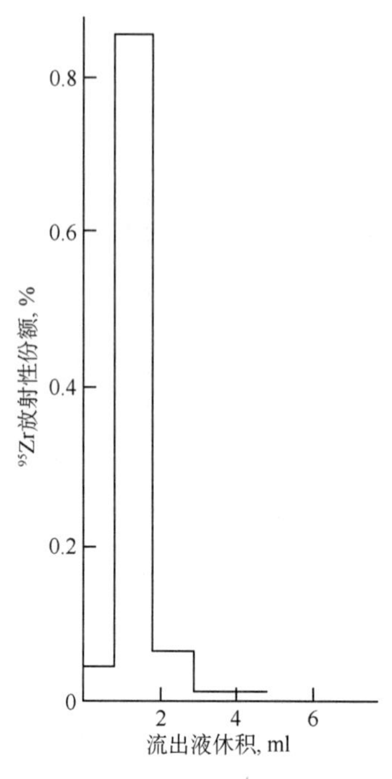

图 10-18　从硅胶柱上解吸锆的淋洗图

柱尺寸：ϕ4×100 mm；硅胶粒度：60～80 目；淋洗液：0.3 mol·L^{-1} $H_2C_2O_4$；洗速：0.5 mL·min^{-1}

吸附锆的硅胶柱于室温(10～12℃)放置 28 d，用 0.3 mol·L^{-1} $H_2C_2O_4$ 水溶液解吸，流速约 0.5 mL·min^{-1}，流出液每份收集 1.0 mL 测放射性，结果如图10-18所示。锆的解吸效果很好。这表明在钼锆沉淀之前，溶液中的锆在硅胶柱上的吸附和解吸行为未受钼的影响。

8. 次级沉淀行为研究的几点小结

(1)温度对硝酸中钼锆沉淀有影响，在 60℃以上，容易形成沉淀；在 40℃以下时，不易形成沉淀，但是仅形成速度慢而已，放置时间长了，也会形成沉淀。

(2)硝酸浓度对钼锆沉淀也有影响，硝酸浓度为 4～6 mol·L^{-1}时，沉淀形成较慢；低于 4 mol·L^{-1}时，较容易形成沉淀；在 0.6 mol·L^{-1} HNO_3 中，钼和锆会形成胶体。

(3)在 3 mol·L^{-1} HNO_3 中，钼和锆浓度≥5×10^{-3} mol·L^{-1}时，会形成沉淀；钼和锆浓度≤2.5×10^{-3} mol·L^{-1}时，不易形成沉淀。铀含量为 200 g·L^{-1}，对沉淀无影响。

(4)钼和锆在硝酸中的沉淀行为是造成乏燃料溶解液不稳定的主要原因之一。可选择适当的温度和酸度或事先用硅胶吸附锆等方法，对钼锆沉淀给以相应的控制。

(5)硝酸溶液中钼和锆以不同形态存在，MoO_4^{2-} 和 Zr^{4+} 与其他形态间处于平衡状态。生成 $Zr(MoO_4)_2 \cdot xH_2O$ 沉淀时，其他形态的钼和锆会向 MoO_4^{2-} 和 Zr^{4+} 转变以维持平衡。这个转变过程很慢，尤其是钼，所以在总体上表现出钼锆沉淀速度也很慢。

(6)在次级沉淀过程中，钚会伴随进入沉淀，其机理和影响因素尚不清楚，有待研究。

10.3.2　钼锆沉淀表观溶度积的研究[11]

在一定温度下，难溶电解质在其饱和溶液中各离子浓度幂的乘积是一个常数，这个常数称为该难溶电解质的溶度积，用 K_{sp} 表示。根据溶度积的定义，钼酸锆沉淀的电离方程式可表示为：

$$Zr(MoO_4)_2 \rightleftharpoons Zr^{4+} + 2MoO_4^{2-} \tag{10-22}$$

其溶度积表示为：

$$K_{sp} = C_{(Zr^{4+})} \cdot C^2_{(MoO_4^{2-})} \tag{10-23}$$

由于溶液中的锆和钼存在不同形态，分析测试溶液中钼和锆时，获得的数据是溶液中钼的总浓度 $C_{(Mo)}$ 和锆的总浓度 $C_{(Zr)}$，而不是单一的 $C_{(Zr^{4+})}$ 和 $C_{(MoO_4^{2-})}$。为此引入“表观溶度积”概念，将钼锆沉淀的表观溶度积表示为：

$$K^1_{sp} = C_{(Zr)} \cdot C^2_{(Mo)} \tag{10-24}$$

从实际出发，表观众溶度积更便于应用，本节在研究表观溶度积及其影响因素时，因为沉淀速度很慢，实验周期长，所以只选择了有代表性的几个实验点进行研究。

1. 溶液的配制和浓度标定

(1)钼酸铵溶液的配制和标定

称取 18.4 g$(NH_4)_6Mo_7O_{24} \cdot 4H_2O$ 直接溶于水中，稀释到 1 000 mL，摇匀。用 3 种方法测其浓度。方法一：8-羟基喹啉沉淀法，得到钼浓度为 0.104 mol · L^{-1}；方法二：a-安息香肟钼沉淀法，得到钼浓度为 0.103 mol · L^{-1}；方法三：溶液烘干灼烧，得到钼浓度为 0.104 mol · L^{-1}。3 种方法测得的钼的平均浓度为 0.104 mol · L^{-1}。

(2)硝酸锆溶液的配制和标定

称取 64.4 g $Zr(NO_3)_4 \cdot 5H_2O$ 溶于 1.0 mol · L^{-1} HNO_3 中，加浓 HNO_3 稀释到 1 000 mL，使 HNO_3 浓度为 3.0 mol/L，配制成锆浓度约为 0.1 mol · L^{-1}。将配好的溶液摇匀待用。以二甲酚橙为指示剂，在 90℃的水浴中，用基准试剂 EDTA滴定，重复 3 次，取平均值，得到锆浓度为 0.108 mol · L^{-1}。最终溶液中的 $C_{(H^+)}$ 为 3.4 mol · L^{-1}。

(3)钼锆浓度标准曲线

准确取一定量标定好的钼酸铵、硝酸锆标准溶液，以逐级稀释配制成系列标准溶液。将上述系列标准溶液摇匀，每瓶溶液取 100 μl，滴在衬有聚脂薄膜和滤纸的 X 射线荧光光谱用垫片上，使溶液在滤纸上均匀散开，将制好的样品放在培养皿中，在红外灯下烘 30～40 min 后，依次放在 X 射线荧光光谱仪测定。

由实验测得的荧光强度与钼锆浓度的关系示于图 10-19 和图 10-20。实验点经线性回归所得直线的相关系数均为 0.999，可作为本实验的标准曲线。

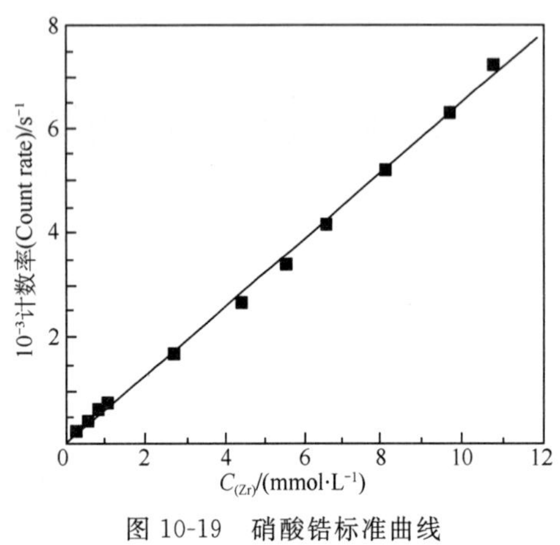

图 10-19　硝酸锆标准曲线

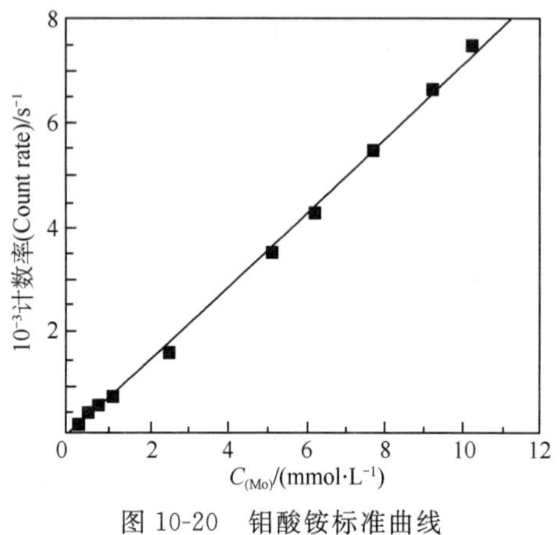

图 10-20　钼酸铵标准曲线

2. 沉淀平衡实验

配制不同初始浓度和不同酸度的钼锆混合溶液，其中钼的初始浓度分别为 5.0，7.5，15.0，22.5 mmol · L^{-1}，锆的初始浓度分别为 5.0，7.5 mmol · L^{-1}，硝酸浓度分别为 1.0，2.0，3.0 mol · L^{-1}。在(60±0.5)℃的恒温水浴中，观察其生成沉淀的情况，每隔一定时间，取少量清液用 X 射线荧光光谱仪测定，直到钼锆剩余浓度的乘积基本不发生变化为止。

(1)不同酸度下的沉淀平衡曲线

在 60℃时，分别测定了在 1.0，2.0，3.0 mol · L^{-1}硝酸溶液中钼锆的离子浓度随时间的变化，并以 K_{sp}^{1}对时间 t 作图，结果示于图 10-21。由图 10-21 可以看出，随着时间的变化，不同酸度下钼锆剩余浓度的乘积，即溶液的表观溶度积 $K_{sp}^{1}=C(Zr)C^{2}(Mo)$都分别趋于一个定值，沉淀已趋于平衡。

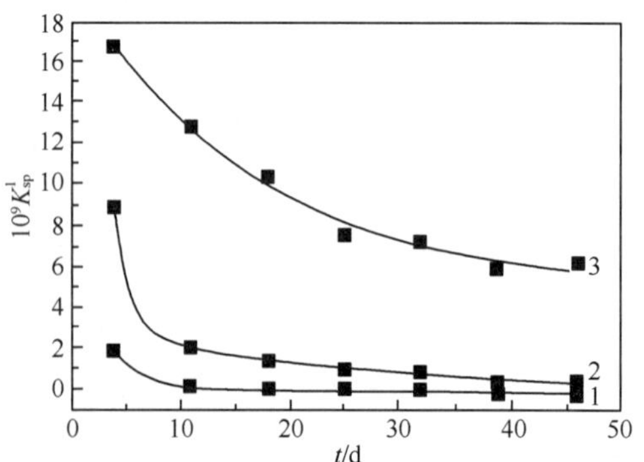

图 10-21　不同酸度下沉淀平衡曲线

t=60℃，初始浓度 $C_{(Zr)}$ ∶ $C_{(Mo)}$ = 1 ∶ 1

1—1.0 mol · L^{-1} HNO_3；2—2.0 mol · L^{-1} HNO_3；3—3.0 mol · L^{-1} HNO_3

(2)不同钼锆初始浓度比的沉淀平衡曲线

60℃时，钼锆初始浓度比不同，硝酸溶

液中钼锆的表观溶度积 K_{sp}^1 随时间 t 变化示于图10-22，由图 10-22 可以看出，钼锆初始浓度比为1∶2,1∶3，硝酸浓度为 2.0 mol·L^{-1}时，平衡曲线随时间的增加与 x 轴近于平行，即沉淀趋于平衡。

(3)不同温度下沉淀平衡曲线

60℃,20℃下的沉淀平衡曲线示于图 10-23。从图 10-23 可以看出，温度高时，沉淀较快达到平衡(曲线 1)；温度低时，沉淀最终也会达到平衡，但需要较长的时间(曲线 2)。这可能是因为温度高时，分子动能大，相互间碰撞频率增加，反应较快达到平衡。

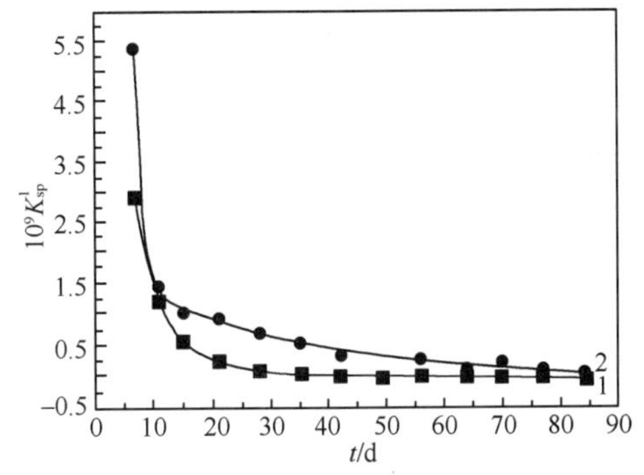

图 10-22　不同钼锆初始浓度比下沉淀平衡曲线

t=60℃,$C_{(HNO_3)}$=2.0 mol·L^{-1}

1—$C_{(Zr)}$∶$C_{(Mo)}$=1∶2;2—$C_{(Zr)}$∶$C_{(Mo)}$=1∶3

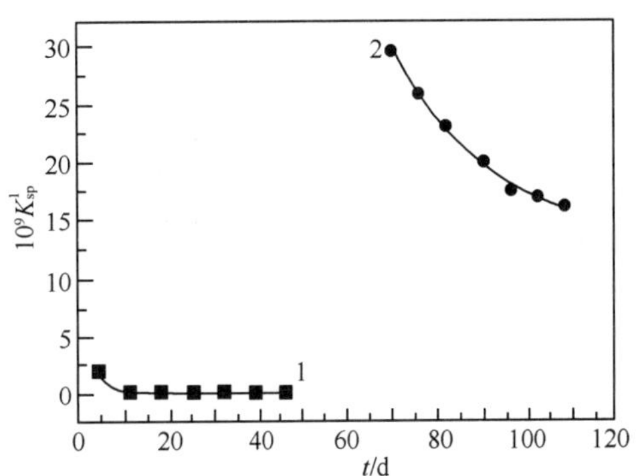

图 10-23　不同温度下沉淀平衡曲线

初始 $C_{(Zr)}$∶$C_{(Mo)}$=1∶1;$C_{(HNO_3)}$=1.0 mol·L^{-1}

1—60℃;2—20℃

3. 钼锆摩尔比的确定

将已达到沉淀平衡的溶液趁热过滤，过滤后的沉淀用水洗涤，然后在红外灯下烘干，即得到钼锆沉淀物。对不同实验条件下生成的钼锆沉淀，分别用 X 射线荧光光谱仪测定其钼锆荧光强度比，钼锆荧光强度比与其浓度呈线性关系，由钼锆荧光强度比可以得出沉淀物中钼锆的摩尔比。

实验结果列入表 10-13。由表 10-13 可知，在 1.0～4.0 mol·L^{-1}硝酸溶液中形成的沉淀物，其钼锆摩尔比均约为 2，与文献[10]中沉淀物的钼锆摩尔比符合很好，可认为沉淀物组成为 $Zr(MoO_4)_2 \cdot xH_2O$。

表 10-13　沉淀物中钼锆摩尔比与硝酸浓度关系

$C_{(HNO_3)}$/(mol·L^{-1})	n(Mo)∶n(Zr)	文献值[10]
1.0	2.02	2.16
2.0	2.12	2.04
3.0	1.98	2.14
4.0	2.05	

4. 沉淀的热重分析

将钼酸锆沉淀在热重分析仪上进行分析，扫描温度范围为 30～500℃，程序升温控制在每分钟 20℃，每个样品重复 2 次，得到了沉淀的热失重图。

钼锆沉淀的热重分析(TGA)结果示于图 10-24。图 10-24(a)的沉淀生成条件为 60℃，1.0 mol·L^{-1}硝酸溶液，根据失重可算出每摩尔钼酸锆分子含 2 分子结晶水。比较(a)和(b)可知，1.0 mol·L^{-1}硝酸溶液中形成的沉淀除了在 150℃以下失去大部分结晶水外，尚有少数结晶水较难脱离，在小于 250℃时才完全失去。而 2.0 mol·L^{-1}硝酸溶液中形成沉淀的结晶小在小于 150℃时完全失去。

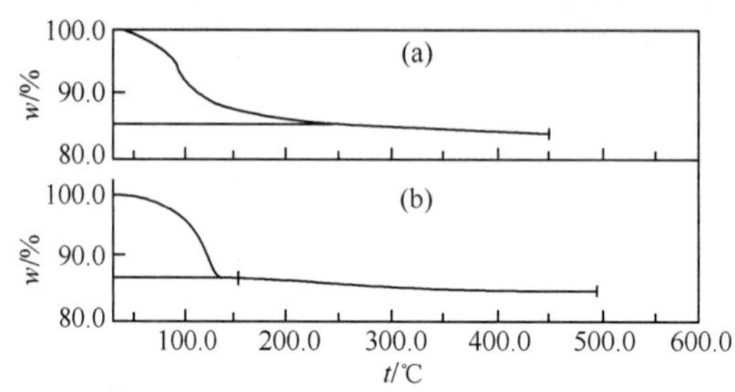

图 10-24　钼锆沉淀的热重分析图

(a)—1.0 mol·L^{-1} HNO_3，t=60℃；(b)—2.0 mol·L^{-1} HNO_3，t=60℃

5. 沉淀物的 X 射线衍射分析

将钼酸锆沉淀在 X 射线衍射仪上进行分析，每个样品重复 2 次，得到了沉淀的 X 射线衍射图，与标准卡片对照，得到了晶体的分子式，并确定其晶体构型和晶胞参数。

(1)化学组成

钼锆沉淀的 X 射线衍射图示于图 10-25。图 10-25(a)沉淀生成条件为 60℃，1.0 mol·L^{-1}硝酸溶液与标准卡片对照，可以确定沉淀物分子式为 $ZrMo_2O_7(OH)_2\cdot 2H_2O$。图 10-25(b)沉淀生成条件为 60℃，2.0 mol·L^{-1} HNO_3溶液，与标准卡片对照，可以确定沉淀物分子式为 $Zr(MoO_4)_2\cdot 2H_2O$。

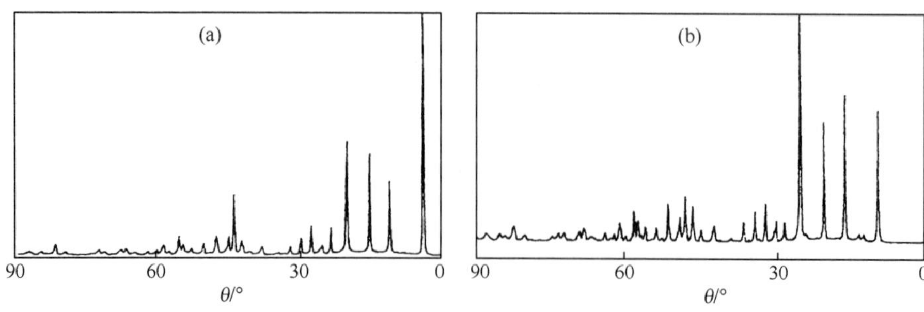

图 10-25　钼锆沉淀的 X 射线衍射图

(a)—1.0 mol·L^{-1} HNO_3，t=60℃；(b)—2.0 mol·L^{-1} HNO_3，t=60℃

(2)晶体结构

60℃时,分别对1.0,2.0,3.0 mol·L^{-1}硝酸浓度下生成的沉淀作X射线衍射结构分析,得到的不同酸度下钼锆沉淀的晶胞参数列入表10-14,将这些参数与标准卡片对照,可知钼酸锆沉淀属于四方晶系。

表 10-14　不同酸度下钼酸锆沉淀的晶胞参数

No.	$C_{(HNO_3)}$(mol·L^{-1})	a	c
1	1.0	11.45	12.45
2	2.0	11.45	12.48
3	3.0	11.45	12.48

6. 沉淀物的红外光谱分析

为了进一步研究沉淀物的光谱特征,取少量沉淀物与KBr固体以1∶200左右的比例混合,研磨,压片,然后在傅里叶变换红外光谱仪上进行扫描,得到钼酸锆的傅里叶变换红外光谱图。为了便于比较,同时还按上述步骤,做了钼酸铵固体和硝酸锆固体压片,得到了它们的傅里叶变换红外光谱图。

钼酸铵沉淀、硝酸锆沉淀、钼酸锆沉淀的红外光谱分别示于图10-26,图10-27和图10-28。图10-26中,3428 cm^{-1}处为结晶水的吸收峰,在3180,1400 cm^{-1}处出现NH_4^+的特征吸收峰,在849 cm^{-1}处为MoO_4^{2-}的吸收峰;图10-27中,3368 cm^{-1}处为结晶水的吸收峰,在1384,1032,823,768 cm^{-1}处为NO_3^-的特征吸收峰;图10-28中,在3382 cm^{-1}处为结晶水的吸收峰,837 cm^{-1}处为MoO_4^{2-}的特征吸收峰。比较图10-26,图10-27和图10-28可知,在钼酸锆的红外光谱中,硝酸根离子的特征吸收峰1546,816,767 cm^{-1}消失,铵离子的特征吸收峰1400,842,475 cm^{-1}也消失了。这说明钼酸锆沉淀中不存在硝酸根和铵离子。

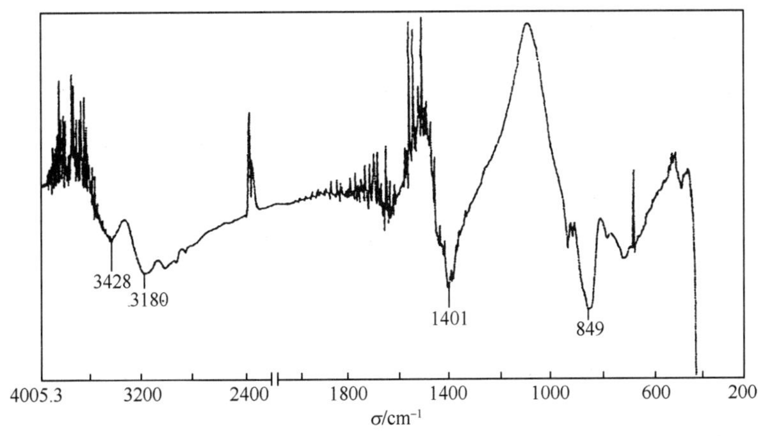

图 10-26　钼酸铵沉淀的红外光谱

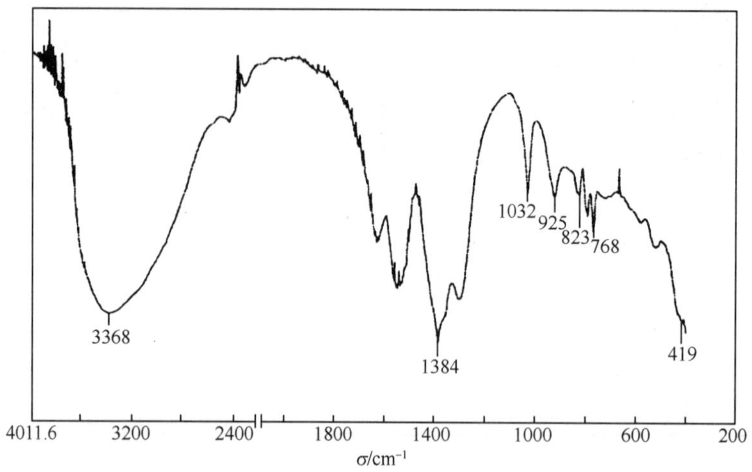

图 10-27　硝酸锆沉淀的红外光谱

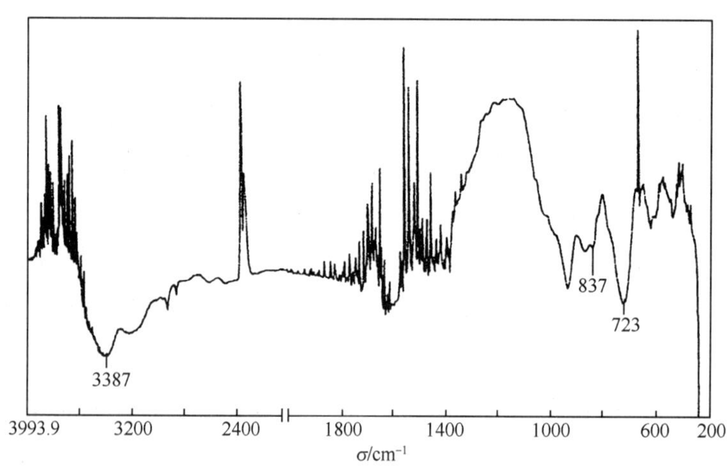

图 10-28　钼酸锆沉淀的红外光谱

7. 表观溶度积及其影响因素

由上述实验结果，可以确定沉淀的分子式。在实验范围内，当 $C_{(HNO_3)} \geqslant 2.0\ mol \cdot L^{-1}$时，沉淀为 $Zr(MoO_4)_2 \cdot 2H_2O$；$C_{(HNO_3)} \leqslant 2.0\ mol \cdot L^{-1}$时，沉淀为 $ZrMo_2O_7(OH)_2 \cdot 2H_2O$ 和 $Zr(MoO_4)_2 \cdot 2H_2O$ 的混合物。根据所确定的分子式，沉淀的表观度积可写成 $K_{sp}^1 = C_{(Zr)}C_{(Mo)}^2$。

(1)硝酸浓度对沉淀之表观溶度积的影响

60℃时，连续测定 1.0，2.0，3.0 $mol \cdot L^{-1}$ 硝酸溶液中锆离子和钼离子的总浓度直到浓度不发生变化或发生微小变化为止。取 56～84 d 的平衡数据列入表 10-15 中，同时给出了表观溶度积 K_{sp}^1 值。由表 10-15 可以看出，硝酸浓度不同，K_{sp}^1 值差别较大，表明 $Zr(MoO_4)_2$ 的溶解度随硝酸浓度变化而变化。此外，在不同硝酸浓度的溶液中，钼锆离子的状态不同，能生成沉淀的钼和锆离子浓度也不同。由此可见，硝酸浓度对表观溶度积有很大影响。

表 10-15　不同硝酸浓度下沉淀的表观溶度积

$C_{(HNO_3)}$ (mol·L^{-1})	$C_{(Zr)}$ (mmol·L^{-1})	$C_{(Mo)}$ (mmol·L^{-1})	K_{sp}^1	$K_{sp}^1 \pm s$
1.0	0.0164	2.23	8.18×10^{-11}	$(8.5\pm0.1)\times10^{-11}$
	0.0157	2.48	9.66×10^{-11}	
	0.0118	2.53	7.54×10^{-11}	
2.0	0.0352	2.02	1.44×10^{-10}	$(8.4\pm1.0)\times10^{-11}$
	0.0496	2.25	2.51×10^{-10}	
	0.0305	2.15	1.41×10^{-10}	
	0.0190	1.94	7.16×10^{-11}	
	1.90	0.100	1.90×10^{-11}	
	1.80	0.093	1.56×10^{-11}	
	1.78	0.105	1.96×10^{-11}	
	1.80	0.087	1.36×10^{-11}	
3.0	0.404	3.97	6.38×10^{-9}	$(6.4\pm0.1)\times10^{-9}$
	0.369	4.07	6.10×10^{-9}	
	0.371	4.29	6.83×10^{-9}	

注：$t=60$℃，$t_{eq}=84$ d。

(2)钼锆初始浓度对沉淀之表观溶度积的影响

在 60℃，3.0 mol·L^{-1}硝酸溶液中，观察了不同钼锆初始浓度与平衡浓度及表观溶度积的关系，结果列入表 10-16。由表 10-16 可以看出，对于不同的初始钼锆浓度，沉淀的表观溶度积几乎相同，由此可知，钼锆初始浓度对表观溶度积的影响很小。

表 10-16　不同钼锆初始浓度下沉淀的表观溶度积

$C_{(Zr)}$ (mmol·L^{-1})	$C_{(Mo)}$ (mmol·L^{-1})	$C_{(Zr)\,eq}$ (mmol·L^{-1})	$C_{(Mo)\,eq}$ (mmol·L^{-1})	$10^9 K_{sp}^1$
5.0	5.0	3.50	1.17	4.8
7.5	7.5	4.91	1.04	5.3
7.5	15.0	2.34	1.61	6.1
7.5	22.5	0.38	4.11	6.4

注：$C_{(HNO_3)}=3.0$ mol·L^{-1}，$t_{eq}=84$ d。

参考文献

[1] Holder,J. V. ,Radiochim. Acta,25(3/4),171,1978.
[2] 林灿生．核科学与工程,10(4),350,1990.
[3] Gue,J. P. ,CEA-R-4805,1977 .
[4] Baumgartner,F. ,et al. ,J. Radioanal. chem. 58,11,1980.
[5] 林灿生,黄美新．核化学与放射化学,10(2),101,1988.
[6] 林灿生,黄美新．原子能科学技术,19(1),114,1985.
[7] 林灿生,黄美新．原子能科学技术,25(6),29,1991.
[8] Campbell,D. O. ,CONF－780340,1978.
[9] Lloyd, M. H. ,Trans. Am. Nucl. Soc. ,24,233,1976.
[10] 林灿生,王效英,张崇海．核化学与放射化学,14(1),24,1992.
[11] 朱丹,林灿生．核化学与放射化学,24(2),77,2002.
[12] 林灿生,黄美新．原子能科学技术,19(2),198,1985.
[13] Healy,T. V. , et al. , Inorg. Nucl. Chem. ,39,2041,1977.
[14] 林灿生,张先梓,张崇海．原子能科学技术,25(6),37,1991.
[15] 林漳基．核科学与工程,12(3),259,1992.
[16] 林灿生．高产额裂变产物元素化学行为的研究(朱清时,李虎侯编《杨承宗教授九十华诞纪念文集》第 204 页,中国科学技术大学出版社,2000 年).
[17] 朱国辉,江浩,等．核化学与放射化学,19(4),28,1997.
[18] 田宝生,孙玉珍,等．原子能科学技术,35(增),15,2001.
[19] 林灿生,朱国辉．原子能科学技术,11(4),383,1977.
[20] 欧阳应根,李瑞雪,矫海洋．核化学与放射化学,25(2),125(2003).

第十一章　裂变产物元素与萃取界面物

11.1　概　述

Purex 流程中萃取界面物的形成及其危害，是长期来人们关注的难题之一。溶剂萃取过程常在有机相和水相之间出现第三相（The Third Phace），不同的溶剂萃取体系，这第三相的组成和状态也不一样，一般可分为三种情况：第一种，称乳浊液（Emulsion），因两相混合过程中有机相和水相部分乳化而成，经过离心或长时间放置，可消除这种乳浊液，是常见的乳化现象；第二种，称第二有机相（The Second Organic Phace），或重有机相，表观呈现清澈透明的液体，但是与其上层的轻有机相之间存在清晰的界面，第二有机相的主要成分是萃合物，往往在萃取四价金属离子（如 Th^{4+}、U^{4+} 和 Pu^{4+}）过程，有机相载荷量较大时出现；第三种，界面污物（Interfacial Crud），或界面物（Crud），与前面两种不一样，第一、二种都是液相，而这第三种含有固相，由有机相、水相和固相混合组成的乳化物，或认为是由固体微细颗粒稳定的乳化物，其密度介于有机相和水相之间，沉积于两液相的界面上。我们说的 Purex 流程界面物，通常指这第三种。习惯上把有机相叫做"溶剂"（Solvent），或溶剂相，它包含萃取剂（Extractant）和稀释剂（Diluent）在内。

核燃料水法后处理工艺过程的界面物主要出现在 1A 萃取器，界面物中的固体，一部分来自溶解液中不溶残渣和元件切割碎末的微细颗粒，从过滤器穿透进入料液（1AF），更重要的一部分是萃取过程产生的溶剂辐解产物与 1AF 中某些裂变产物元素形成的沉淀或皂状物。生产堆核燃料后处理之前冷却时间短（几个月），裂变产物元素锆、铌和钌等的放射性活度很高，在溶剂辐解中起重要作用，1AF 的酸浓度较低，在 1A 萃取器内常出现界面物；动力堆乏核燃料后处理前冷却时间较长（约 5 年），^{95}Zr-Nb^{95}、^{103}Ru 已衰变完，但是燃耗深，^{137}Cs 和 ^{90}Sr-^{90}Y 的放射性活度比生产堆的高，而且超铀元素的生成量大，α 放射性活度很高，衰变能大，射程很短，被溶剂的吸收率高，在溶剂辐解中也起重要作用，同时裂变产物元素的浓度相应增高，所以也要重视萃取界面物的问题。除了 1A 萃取器外，在低酸反萃取（如 Thorex 流程）和溶剂再生过程也涉及到界面物。本章将从界面物的现象、危害、影响因素以及形成机理等方面进行论述。

11.2 萃取界面物现象

11.2.1 工艺过程中的界面物[1-7]

在 Purex 流程中，1A 萃取器是一个关键性的操作单元，开始运行时一般都正常，随着运行时间增长，性能变差，操作逐渐困难，其重要原因之一是生成界面物。1A 萃取器内出现界面物是常见的现象，文献[1]报道了我国生产堆核燃料后处理工艺实验时，1A 萃取器第 1～8 级（萃取段）的澄清室相界面处形成一条带状界面物层。运行刚开始时为乳白色，随着运行天数增加，变成棕色、褐色、黑褐色。我们在研究动力堆乏核燃料后处理工艺的实验中，也观察到 1A 萃取器内出现界面物，第 7、8、9 级尤为严重，其中第 8 级为 1AF 进料级。

在 1C 萃取器中通常用 0.01 mol·L^{-1} HNO_3 反萃取铀，如果在有机相（1BU）中有一定量的锆和 HDBP，则在这种低浓度酸反萃取铀期间会出现界面物。在研究 Thorex 流程处理钍基核燃料回收^{233}U 的试验中，用 0.01 mol·L^{-1} HNO_3同时反萃取钍和铀，运行一定时间后，物料流动困难，因为形成界面物（$Th(DBP)_4$），其出现的期限为几天、几周或数月不等。如果将反萃取的酸浓度增加到 0.5 mol·L^{-1}先反萃取钍，则不形成界面物。

第一萃取循环经反萃钚和反萃铀后的溶剂（1CW），洗涤再生后返回使用，在碱洗步骤往往出现界面物。文献[5]报道 TBP-无臭煤油-0.25 mol·L^{-1} Na_2CO_3 体系的界面物，观察到三种不同特性的界面物存在：界面精细微粒或稳定乳状液；暗棕色-黑色无定形界面沉积物；以及多层状界面膜。

工艺过程最严重的界面物现象经常出现在 1A 萃取器。

11.2.2 酸性磷酸酯的乳化现象[8-12]

TBP 辐解产物相关的酸性磷酸酯（烷基磷酸）在萃取或洗涤过程常出现乳化。文献[8]报道锆在 HNO_3-HDBP-煤油体系中的萃取行为，Zr 和 HDBP 达到一定浓度时，相际出现乳白色的界面物。文献[9]针对 γ 辐照后 TBP-煤油对^{95}Zr 的萃取和保留，用几种模拟辐解产物进行试验，其中单烷基长链酸性磷酸酯在碱洗时会乳化。文献[10]在 TBP 辐解产物的聚合体研究中，对乳化现象作了详细的描述。为分离出聚合体（沸点相对高），将辐照的 TBP 进行减压蒸馏，蒸除 TBP 后的辐照残留物溶于苯，以等体积 0.4% NaOH 或 0.1 mol·L^{-1} HNO_3萃洗，放置后分层很快，苯相澄清，水相为混浊的乳白液，放置一段时间亦可澄清，无第三相。若苯溶液的辐照残留物以等体积的水萃洗，则整个溶液呈混浊的乳白液，长时间静置后，与碱洗结果相反，水相基本澄清，苯相不澄清并有第三相，当水溶液 pH 升高时，整个苯相呈奶状乳浊液，水相也长时间不见澄清。将辐照残留物溶于乙醚，以等体积 0.4% NaOH 萃洗，静置后也无第三相，但是分去稀碱溶液，换用水洗涤，由于乳化，整个溶液呈冻胶状。根据聚合体的性质，不应引起这样的乳化现象，上述乳化和分层困难，可作为长链酸性磷酸酯存在的佐证。文献[11]在研究辐照 TBP 形成三聚酸性磷酸酯的实验中，辐照的 TBP 用苯稀释成 30% TBP-苯溶液，以 Na_2CO_3溶液洗 4 次除去 HDBP 和 H_2MBP，然后用蒸馏水萃洗有机相，未知酸进入水相出现乳化，逐次萃洗，直至乳化近于消失。合并水相，加入 CCl_4捕集夹带的 TBP，水相经盐酸酸化，再用 CCl_4萃取未知酸，进入有机相，驱除 CCl_4后得到黏度较大的淡黄色酸性粗产物，经硅胶柱提纯后进行鉴定，认为这种不易被 Na_2CO_3洗脱的强络合酸性产物主要成分是 TBP·TBP·DBP 三聚体。文献[12]在研究 30% TBP-煤油-硝酸体系的辐照后效应时，发现用重氮甲烷处理的辐解溶剂分相速度明显加快，对消除乳化有好处，“永久损伤”的有害产物具有的活泼氢原子被甲基取代后，Hf 指数明显下降，而且平稳，几乎无后效应(见图 11-1)。图 11-1 是 30% TBP-煤油与 1 mol·L^{-1} HNO_3平衡 2 次后，经辐照，吸收剂量为 1.24×10^5 Gy 后，放置不同时间测 Hf 指数，同时用重氮甲烷进行甲基化后测 Hf 指数作比较。根据文献[11]气相色谱法测未知酸的样品经甲基化后 P—O—H 特征消失(见表 11-1)和文献[12]的结果表明，未知酸(或烷基长链酸性磷酸酯)经过甲基化，变成中性磷酸酯，使 Hf 指数剧降，活泼氢被甲基取代后，乳化缓解。

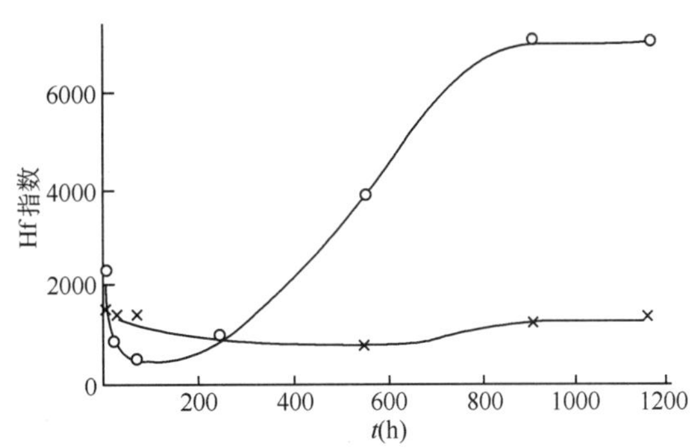

图 11-1　辐照后效应与甲基化

○—未甲基化样品的后效应；×—甲基化样品

表 11-1　几种烷基磷酸酯的红外特征峰值(cm^{-1})

化合物	P=O	P—O—R	P—O—CH_3	—P—O—H
TBP	1282	1029		
HDBP	1220	1023		~2300 ~2700　宽，散

续表

化合物	P=O	P—O—R	P—O—CH_3	—P—O—H	
未知酸样品	1255	1030		～2300 ～2700	弱，散
甲基化样品	1268	1030	1185		
未知酸-TBP	1230	1020		～2300 ～2700	宽，散

11.2.3 萃取界面物的某些特殊现象[2,13-16]

研究辐照的TBP萃取铌时，为观察铌在界面物上的吸附行为，在水相加入一定浓度的钼和锆，使体系具有形成界面物的条件。TBP的辐照剂量较小，不形成界面物，当吸收剂量达到5.98×10^4 Gy时，有界面物形成，而吸收剂量达到7.44×10^5 Gy时，反而没有界面物形成。但是在这种条件下，体系中若含有铀100 g·L^{-1}进行萃取，则生成大量的界面物（见表11-2）。

表11-2 辐照的TBP萃取铌、钼、锆和铀的界面物现象

水相金属初始浓度 (mol·L^{-1})				吸收剂量(Gy)			
				5.98×10^4		7.44×10^4	
Mo	Zr	Nb	U	D_{Nb}	界面物	D_{Nb}	界面物
5×10^{-4}	5×10^{-4}	1×10^{-6}		0.0480	—	0.265	—
5×10^{-3}	5×10^{-3}	1×10^{-6}		0.0769	+	0.451	—
5×10^{-3}	5×10^{-3}	1×10^{-6}	0.42	8.66×10^{-3}	+	0.122	+++

表11-2中，有机相为0.5 mol·L^{-1} TBP-煤油，水相为1 mol·L^{-1} HNO_3。界面物定量分析困难，目视表观现象用符号表示，“—”表示无界面物形成；“+”表示有界面物形成；多个“+”表示界面物量大，下文亦同。表中钼和锆浓度在$Zr(MoO_4)_2$表观溶度之上，但其沉淀速度很慢，萃取实验过程不会完全生成$Zr(MoO_4)_2$沉淀。

在研究HDBP浓度与形成界面物的关系时，也观察到类似的现象。水相锆初始浓度一定时，HDBP浓度低没有界面物，随着HDBP浓度增加，开始有界面物，而后随之增多。当HDBP浓度高于一定值后，反而不形成界面物。对于已形成的界面物，向有机相加入适量的HDBP，混摇后，界面物会消失。

11.3 萃取界面物的危害[1,2,4,16]

萃取界面物的危害是人们共同关注的问题，它给溶剂萃取工艺运行造成的麻烦主要表现在下面几方面。

(1)界面物影响相分离，干扰萃取分配平衡，使萃取效率下降。

(2)界面物的放射性活度高，在相际集中，使溶剂局部受特强辐照剂量，引起溶剂质量变坏，使去污系数下降。

(3)界面物的形成使某些元素的化学行为反常，造成物料不平衡。1A 萃取器的物料衡算中，锆是典型的负偏差代表者，钚也有出现负偏差，这些现象与界面物直接相关。在工厂运行积累的界面物经组分分析，其中金属元素主要是锆，而且钚的含量也很可观。

(4)界面物的形成，破坏正常的物流输送和传递，操作逐渐困难，甚至引起堵塞，无法运行，被迫停车排污，清洗设备，更换溶剂，重新启动。曾经在核燃料后处理工艺研究的热验证实验中，因 1A 萃取器的进料级及其附近级被界面物堵塞，无法继续运行，工作人员只好冒着超辐射剂量的危险，接近清除污物，排除故障。

11.4 裂变产物元素锆形成界面物

核燃料水法后处理工艺过程，裂变产物元素锆在形成萃取界面物中扮演着极为重要的角色，有关的研究工作也相对深入些，本节将叙述界面物形成的影响因素和界面物的红外光谱，以及组分分析和生成率的测定。

11.4.1 锆形成界面物的影响因素[2,13,14,16-19]

1. HDBP 浓度对界面物的影响

实验观察了一定锆浓度时 HDBP 浓度对界面物的影响，比较 $Zr/HNO_3/$HDBP-正十二烷和 $Zr/HNO_3/$HDBP-30% TBP-正十二烷两种体系的异同点，实验结果列于表 11-3 和表 11-4。两种体系的共同规律是，锆浓度一定时，HDBP 浓度低不形成界面物，随着 HDBP 浓度增加，开始形成界面物，并且生成量随之增加，而后又减少，HDBP 浓度继续增加，则反而不形成界面物。两种体系不同的现象是不含 TBP 的 HDBP-正十二烷有机相更容易形成界面物，开始形成界面物的 HDBP 浓度更低。在 3.0 $mol \cdot L^{-1}$ HNO_3介质中，有机相没有 TBP，3×10^{-4} $mol \cdot L^{-1}$ HDBP 与 1.0×10^{-3} $mol \cdot L^{-1}$ Zr 就能形成界面物，而有机相含 30%

TBP 时，2×10^{-3} mol • L^{-1} HDBP 与 5.0×10^{-3} mol • L^{-} Zr 还没有形成界面物，这应该归因于 TBP 存在与 HDBP 形成氢键，使 HDBP 的有效浓度降低的缘故。

表 11-3　不含 TBP 的体系中 HDBP 浓度与界面物的关系

C_{Zr} (mmol • L^{-1})	C_{HNO_3} (mol • L^{-1})	HDBP 浓度(mmol • L^{-1})与界面物现象			
		0.03	0.3	3	30
0.5	3.0	—	+	+	—
1.0	3.0	—	+	++	—

表 11-4　含 30% TBP 体系中 HDBP 浓度与界面物的关系

C_{Zr} (mmol • L^{-1})	C_{HNO_3} (mol • L^{-1})	HDBP 浓度(mmol • L^{-1})与界面物现象					
		0.4	2	4	20	40	200
1.0	2.0	—	+	+	+	—	—
5.0	2.0	—	+	+	+	+	+
10	2.0	—	+	+	++	++	+
5.0	3.0	—	—	+	+	+	—

2. H_2MBP 浓度对界面物的影响

H_2MBP 在煤油或正十二烷中的溶解度很低，不能直接用于溶剂萃取实验，不过 TBP-煤油(或正十二烷)溶液可溶解 H_2MBP，随 TBP 浓度增加，H_2MBP 溶解度升高，在有机相和水相之间 H_2MBP 的分配比也增大(参见第四章图 4-38)，常以一定浓度的 TBP-煤油(或正十二烷)为介质配制不同浓度的 H_2MBP 溶液。锆与 H_2MBP 形成界面物的实验是在 $Zr/HNO_3/$ H_2MBP-30% TBP-正十二烷体系中进行，不同 H_2HMP 浓度对界面形成影响的实验结果列于表 11-5。体系中水相初始锆浓度为 5.0×10^{-3} mol • L^{-1}，表中 C_{H_2MBP}亦指初始浓度。水相 $C_{HNO_3}=$ 2.0 mol • L^{-1}时，H_2HBP 浓度$\geqslant5.6\times10^{-4}$ mol • L^{-1}均有界面物形成，随 C_{H_2MBP} 增高，界面物量增加。同样条件下，开始形成界面物的 HDBP 浓度为 2×10^{-3} mol • L^{-1}。水相硝酸浓度为 3.0 mol • L^{-1}时，$C_{H_2MBP}=1.4\times10^{-3}$ mol • L^{-1}开始形成界面物，而后随 H_2MBP 浓度增加，界面物生成量也增大。相同条件下，HDBP 为 4×10^{-3} mol • L^{-1}时开始形成界面物。

表 11-5　H_2MBP 浓度对锆形成界面物的影响

C_{HNO_3} (mol • L^{-1})	2.0						3.0					
C_{H_2MBP} (mmol • L^{-1})	0.056	0.14	0.56	1.4	5.6	14	0.056	0.14	0.56	1.4	5.6	14
界面物现象	—	—	+	+	++	++	—	—	—	+	+	++

在实验中，锆与 H_2MBP 形成界面物的表观现象比较复杂。实验过程相继加入水相和有机相，$C_{H_2MBP} \geqslant 1.4 \times 10^{-3}\ mol \cdot L^{-1}$ 时，H_2MBP 与锆形成混浊液，水相也出现白色混浊物，因为 H_2MBP 从有机相分配到水相与 Zr 配合。随着 H_2MBP 或 Zr 浓度的增加，混浊越严重，甚至沉淀，经混摇或机械振荡后，水相能很快澄清，但相界面出现乳化和泡沫，严重者萃取管内形成胶状物，难以分相。经过离心后，两相澄清，相际胶状界面物清晰。有时形成白色界面物薄层，离心后易与管壁粘连，不易均匀地分布在相界面上。

3. TBP 吸收剂量对锆形成界面物的影响

辐照前将 TBP 用 5% Na_2CO_3 水溶液洗涤 3 次，每次混摇 10min，继以 0.5 $mol \cdot L^{-1}$ HNO_3 洗涤 2 次，用水洗至中性。按体积比配成 30% TBP-正十二烷溶液，用 2.0 $mol \cdot L^{-1}$ HNO_3 平衡 2 次，在 γ 辐射场内辐照到所要求的吸收剂量备用。

辐照后的 TBP-正十二烷和锆形成界面物与吸收剂量有关。萃取体系中，有机相为 30% TBP-正十二烷，水相锆浓度 $5.0 \times 10^{-3}\ mol \cdot L^{-1}$，硝酸浓度有 1.0 $mol \cdot L^{-1}$ 和 3.0 $mol \cdot L^{-1}$ 两种。实验结果形成界面物情况列于表 11-6。吸收剂量在 1×10^3 Gy 以下未观察到界面物形成；吸收剂量 $\geqslant 3 \times 10^3$ Gy 的溶剂均与锆形成界面物，随着吸收剂量增大，界面物生成量也增加。而且发现吸收剂量继续增大到一定值时，又不形成界面物(见表 11-6)。

表 11-6　30% TBP-正十二烷的吸收剂量与界面物关系

C_{HNO_3} ($mol \cdot L^{-1}$)	1.0						3.0					
吸收剂量(Gy)	1×10^3	3×10^3	1×10^4	5×10^4	1×10^5	5×10^5	1×10^3	3×10^3	1×10^4	5×10^4	1×10^5	5×10^5
界面物现象	*	+	++	++	++	+++	—	+	+	+		+

* 似有似无难判定。

在辐照溶剂的界面物实验中，开始时，两相还没有充分混合，水相就发生混浊或沉淀，充分振荡后形成界面物。随着吸收剂量加大，溶剂呈黄绿色至褐色，界面物亦染有溶剂的颜色，很黏稠，过滤收集十分困难，洗涤、抽干后呈固体粉末状。

4. 锆浓度对界面物影响

在 Purex 流程中裂变产物元素锆是形成萃取界面物的主要反应物，实验观察了锆浓度对 HDBP、H_2MBP 以及辐照的 TBP 形成界面物的影响，结果列于表 11-7 和表 11-8。其中表 11-8 的有机相为 30% TBP-正十二烷，吸收剂量为 5×10^{-4} Gy。在实验条件的范围内，锆浓度 $1.0 \times 10^{-4}\ mol \cdot L^{-1}$ 时，都不形成界面物；$C_{Zr} = 5.0 \times 10^{-4}\ mol \cdot L^{-1}$ 时，开始形成界面物；随着锆浓度继续增加，界面物的形成量亦增加。

表 11-7　锆浓度对 HDBP 和 H_2MBP 形成界面物的影响

萃取剂浓度 (mol·L⁻¹)		C_{HNO_3} (mol·L⁻¹)	C_{Zr}(mol·L⁻¹)				
			1.0×10^{-4}	5.0×10^{-4}	1.0×10^{-3}	5.0×10^{-3}	1.0×10^{-2}
HDBP (含 30% TBP)	4.0×10^{-3}	2.0	—	+	+	+	+
	2.0×10^{-2}	3.0	—	*	*	+	+
	4.0×10^{-2}	3.0	—	—	—	+	+
H_2MBP (含 30% TBP)	5.6×10^{-3}	3.0	—	+	+	+	+
	1.4×10^{-2}	5.0	*	+	+	++	++

表 11-8　锆浓度与辐照 TBP 形成界面物的关系

C_{HNO_3} (mol·L⁻¹)	C_{Zr}(mol·L⁻¹)				
	1.0×10^{-4}	5.0×10^{-4}	1.0×10^{-3}	5.0×10^{-3}	1.0×10^{-2}
1.0	—	*	++	++	++
2.0	—	*	+	++	++
3.0	—	*	+	+	+

5. 硝酸浓度对界面物的影响

硝酸浓度对界面物形成的影响很敏感，对于 Zr/HNO_3/HDBP-30% TBP-正十二烷、Zr/HNO_3/H_2MBP-30% TBP-正十二烷以及 Zr/HNO_3/辐照 30% TBP-正十二烷等三种体系中，硝酸浓度与界面物形成关系的实验结果列于表 11-9。实验的三种体系中，都说明硝酸浓度低易形成界面物，提高酸度可抑制界面的形成。$C_{HNO_3}\leqslant2$ mol·L⁻¹时，比较容易形成界面物，尤其是 HDBP 和 H_2MBP 体系更为明显。$C_{HNO_3}\geqslant3$ mol·L⁻¹时，可缓解界面物的形成倾向。

表 11-9　硝酸浓度与界面形成的关系

萃取剂 (含有 30% TBP)		C_{Zr} (mol·L⁻¹)	C_{HNO_3}(mol·L⁻¹)						
			0.5	1.0	2.0	3.0	4.0	5.0	6.0
HDBP (mol·L⁻¹)	4×10^{-4}	5.0×10^{-3}		+	—	—			
	2×10^{-3}	5.0×10^{-3}		+	+	—			
H_2MBP (mol·L⁻¹)	5.6×10^{-4}	5.0×10^{-3}	+	+	+	—	—	*	—
	5.6×10^{-3}	5.0×10^{-3}	++	++	++	+	+	+	+

续表

萃取剂（含有 30% TBP）		C_{Zr} $(mol \cdot L^{-1})$	C_{HNO_3} $(mol \cdot L^{-1})$						
			0.5	1.0	2.0	3.0	4.0	5.0	6.0
TBP 吸收剂量（Gy）	1×10^3	5.0×10^{-3}	+	+	+	—		—	
	3×10^3	5.0×10^{-3}	+	+	+	+		*	
	5×10^5	1.0×10^{-2}	+++	+++	++	++		++	

6. 铀浓度对形成界面物的影响

铀浓度对界面物形成的影响比较特别，当水相初始铀浓度较低（如 19 $g \cdot L^{-1}$）时，影响很小；当水相初始铀浓度较大（如 100 $g \cdot L^{-1}$）时，则由于铀的存在使界面物显著增加。实验分别观察了 $Zr/HNO_3/HDBP$-30% TBP-正十二烷和辐照的 15% TBP-煤油体系中铀对形成界面的影响，结果列于表 11-10。其中 HDBP-30% TBP-正十烷体系，$C_{Zr}=1.0\times10^{-3} mol \cdot L^{-1}$；辐照的 15% TBP-煤油体系水相锆浓度为 5.0×10^{-3} $mol \cdot L^{-1}$，并且含有 5.0×10^{-3} $mol \cdot L^{-1}$ Mo。

表 11-10　铀对界面物形成的影响

初始铀浓度 $(g \cdot L^{-1})$	C_{HNO_3} $(mol \cdot L^{-1})$	HDBP $(mol \cdot L^{-1})$						TBP 吸收剂量（Gy）	
		2×10^{-4}	4×10^{-4}	2×10^{-3}	4×10^{-3}	2×10^{-2}	4×10^{-2}	6×10^4	7.4×10^5
0.0	2.0				+	++	++		
19	2.0				+	++	++		
0.0	3.0	—	—	—	+	*	—		
95	3.0	*	+	+	+	++	++		
0.0	1.0							+	—
100	1.0							+	+++

温度对界面物形成略有影响，升高温度，界面物的形成量会更多些，但不很明显。

11.4.2　锆形成界面物的组分分析和生成率测定[2,3,13-17,20-22]

界面物的组分分析是很困难的事，尤其是乳化液相含量不恒定，通常是将其中的固相单独分离出来进行分析，但是文献报道也不多，定量数据就更少。我们在研究实验中对界面物作了部分定量分析，并且测定了体系中界面物的生成百分率。用萃取管混相形成界面物后，离心分相，定体积准确取两相清液进行有关测定，将多余的液相和界面物一起转移到特制的抽滤器内抽滤。用石油醚洗萃取管数次，将残留界面物一起转入抽滤器抽干，再用石油醚洗滤饼 1～2 次，抽干，保存于真空干燥器内待测定。对于有些分析测定需要样品量大，则用自制的电动搅拌单级混合澄清器进行实验，如图 11-2 所示。连续搅拌 6～8 小时，静置分相后，弃去大部分液相，从下方放出混合物，如上述处理。

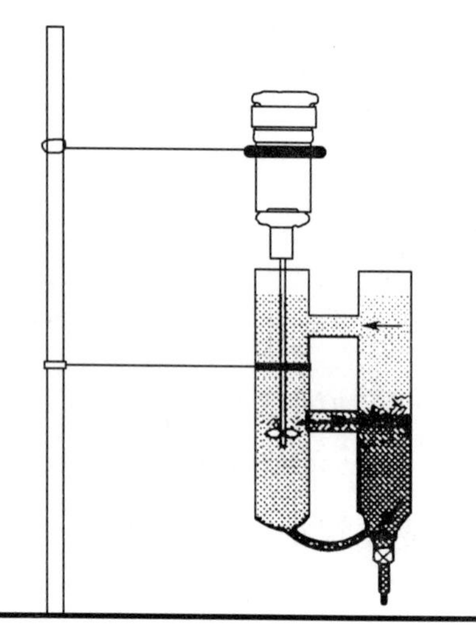

图 11-2　电动搅拌单级混合澄清器

锆与 HDBP 和 H_2MBP 形成的界面物，用 X 射线荧光法测定元素锆和磷的摩尔比，数据列于表 11-11 和表 11-12。其中水相锆浓度均为 1.0×10^{-2} mol · L^{-1}，表 11-11 的有机相为 4.0×10^{-3} mol · L^{-1} HDBP-30％ TBP-正十二烷，表 11-12 的有机相为 5.6×10^{-3} mol · L^{-1} H_2MBP-30％ TBP-正十二烷。3 次实验数据基本一致。

表 11-11　锆与 HDBP 形成界面物中元素磷和锆的摩尔比

水相 C_{HNO_3} (mol · L^{-1})	磷锆摩尔比(P/Zr)		
	实验 1	实验 2	实验 3
1.0	2.51	2.34	1.93
2.0	1.67	1.36	
3.0	2.35	2.81	2.51

表 11-12　锆与 H_2MBP 形成界面物中元素磷和锆的摩尔比

水相 C_{HNO_3} (mol · L^{-1})	磷锆摩尔比(P/Zr)		
	实验 1	实验 2	实验 3
0.4	1.80	2.20	2.10
1.0	1.55	1.73	
2.0	2.31	2.15	

文献[13]报道了锆与 HDBP 和 H_2MBP 形成界面物沉淀的元素分析数据(表 11-13)。其实验方法是：锆以 $ZrOCl_2\cdot8H_2O$ 溶解于硝酸溶液中，HDBP 和 H_2MBP 加入到 TBP-正十二烷有机相中，搅拌混合后，沉淀用 G4 玻璃砂过滤器过滤，分别用 30％ TBP-正十二烷、正十二烷和异戊烷洗涤。对于 Zr-H_2MBP 体系，沉淀进一步用水洗几次以除去 HNO_3。所有沉淀都真空干燥过夜，进行元素分析。

表 11-13 界面物沉淀的元素分析

沉淀类型	溶液中磷锆摩尔比(P/Zr)	界面物沉淀元素质量分数(%)					沉淀中磷锆摩尔比(P/Zr)
		Zr	C	H	N	P	
Zr-HDBP	2.030	13.4 (13.62)	28.88 (28.67)	5.74 (5.97)	4.34 (4.18)	9.61 (9.26)	2.11 (2.00)
$Zr-H_2MBP$ 1∶2	2.047	21.79 (21.14)	24.11 (22.27)	4.65 (5.15)	— (—)	14.49 (14.36)	1.95 (2.00)
1∶2.5	1.958	16.15 (17.94)	26.21 (23.62)	5.12 (5.46)	1.54 (—)	13.60 (15.23)	2.47 (2.50)
1∶3	10.21	16.30 (15.58)	28.31 (24.61)	5.60 (5.69)	— (—)	16.91 (15.87)	3.04 (3.00)

注:括弧内为计算值。

文献[17]报道了 HNO_3-30% TBP-正十二烷-H_2MBP 体系中锆的行为研究，锆与H_2MBP形成沉淀的化学分析数据列于表 11-14,并且提供了以锆浓度表示的部分溶解度数据(表 11-15)。表 11-15 是对体系加入相当于锆摩尔浓度的两倍量的H_2MBP后得到的溶解度上限值。从数据看出,体系的酸度提高则溶解度增大,有机相含有 HDBP 有利于 Zr-MBP 的溶解。

表 11-14 Zr-MBP 固体的化学分析数据

样品号	反应介质和酸浓度(mol·L^{-1})		反应试剂摩尔比 H_2MBP/Zr	沉淀固体元素质量分数(%)						固体中摩尔比(P/Zr)
				Zr	C	H	N	O	P	
1	水相	2.0	2	21.8	23.1	4.72	0.01	34.4	16.0	2.1
2	水相	0.2	0.5	26.9	16.0	3.89	1.02	35.7	10.4	1.13
3	水相	0.2	0.5	27.4	20.7	4.2	0.3	32.5	11.7	1.25
4	水相	0.2	1.0	24.16					11.74	1.43
5	有机相	0.1	1.0	18.8	30.1	5.94	0.76	31.4	12.97	2.03
6	有机相	0.6	2.0	17.6	27.1	5.04	1.04	33.8	14.05	2.34
7	有机相	0.1	1.0	18.0	28.3	5.45	2.18	33.9	12.2	2.0
8	有机相	0.6	2.0	17.1	29.8	5.66	0.97	30.3	12.8	2.2
9	有机相	0.6	2.0	16.8	27.7	5.6	1.4	35.1	13.4	2.3

表 11-15 Zr-MBP 配合物的溶解度

相介质	C_{HNO_3} (mol · L^{-1})	C_{Zr} (mol · L^{-1})
水相	0.2	2×10^{-6}
	2.0	7×10^{-5}
有机相	0.1	5×10^{-6}(a)
30% TBP-正十二烷	0.6	6×10^{-5}(a)
	0.6	1×10^{-5}

(a) 有机相中含有 10^{-2} mol · L^{-1} HDBP。

界面物的定量取样和绝对测量都有困难，用界面物主要成分锆在界面物中的含量占体系中锆总量的百分数作为生成率，可定量描述界面物的生成量。但是直接测定体系形成界面物总量中的锆也是有困难的，而萃取平衡后两液相中的锆浓度可以测量，界面物的表观体积虽然不小，其真实固体所占的体积与两相溶液体积相比可忽略，这样就可测得留在液相的锆总量，所以界面物中的锆总量也可求得。设 Y_{Zr} 为界面物生成率，则其表达式如下：

$$Y_{Zr}=\left(1-\frac{N_oV_o+N_aV_a}{N}\right)\times100\% \tag{11-1}$$

式中：N_o 为有机相中^{95}Zr 的放射性活度浓度(Bq · mL^{-1})，V_o 为有机相总体积(mL)；N_a 为水相中^{95}Zr 的比活度(Bq · mL^{-1})，V_a 为水相总体积(mL)；N 为体系中加入^{95}Zr 的总活度(Bq)。

界面物生成率研究实验中选择锆为参照元素，其浓度应适中，使得 HDBP 和 H_2MBP 可在缺量和过量的较大范围内改变浓度，以便观察界面物的形成规律。式(11-1)除了忽略固相体积外，还把所有离开液相的锆(包括器壁吸附)都归入界面物中。这样处理所引进的偏差对于研究界面物还是可以接受的。我们用这个方法实验研究了 Zr-DBP 界面物生成率与 HDBP 浓度的定量关系，示于图 11-3，规律性很好。表 11-16 列出了温度对辐照 TBP 体系界面物生成率的影响，有机相 30% TBP-正十二烷吸收剂量 5×10^5 Gy，水相 $C_{Zr}=8.0\times10^{-3}$ mol · L^{-1}。表 11-16 中看出，温度从 40℃升到 80℃，界面物的生成率略有升高。

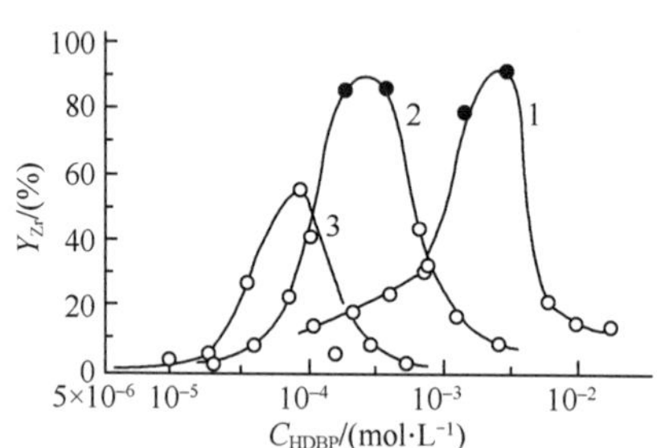

图 11-3 Zr-DBP 界面物生成率与 HDBP 浓度的关系

水相：C_{HNO_3} 3.0 mol · L^{-1}，

C_{Zr} (mol · L^{-1})：1—1.0×10^{-3}

2—1.0×10^{-4}

3—1.0×10^{-5}

表 11-16 温度对 Zr-辐照 TBP 体系界面物生成率的影响

水相 C_{HNO_3} (mol·L⁻¹)	界面生成率(%)		
	40℃	60℃	80℃
2.0	35	43	49
3.0	33	38	46
4.0	33	34	41

在选择 HDBP 和 H_2MBP 浓度时，应考虑到有机相和水相之间达到分配平衡后的有效浓度。Hardy[21]对 HDBP 和 H_2MBP 在水相与有机相间的分配进行了专门的研究，图 11-4 和图 11-5 可供参考。图 11-4 的水相硝酸浓度固定为 1 mol·L^{-1}，改变有机相 TBP 浓度对 HDBP 和 H_2MBP 分配比的影响。图 11-5 是有机相 TBP、HDBP 或 H_2MBP 浓度一定时，改变水相硝酸浓度对 D_{HDBP} 和 D_{H_2MBP} 的影响。

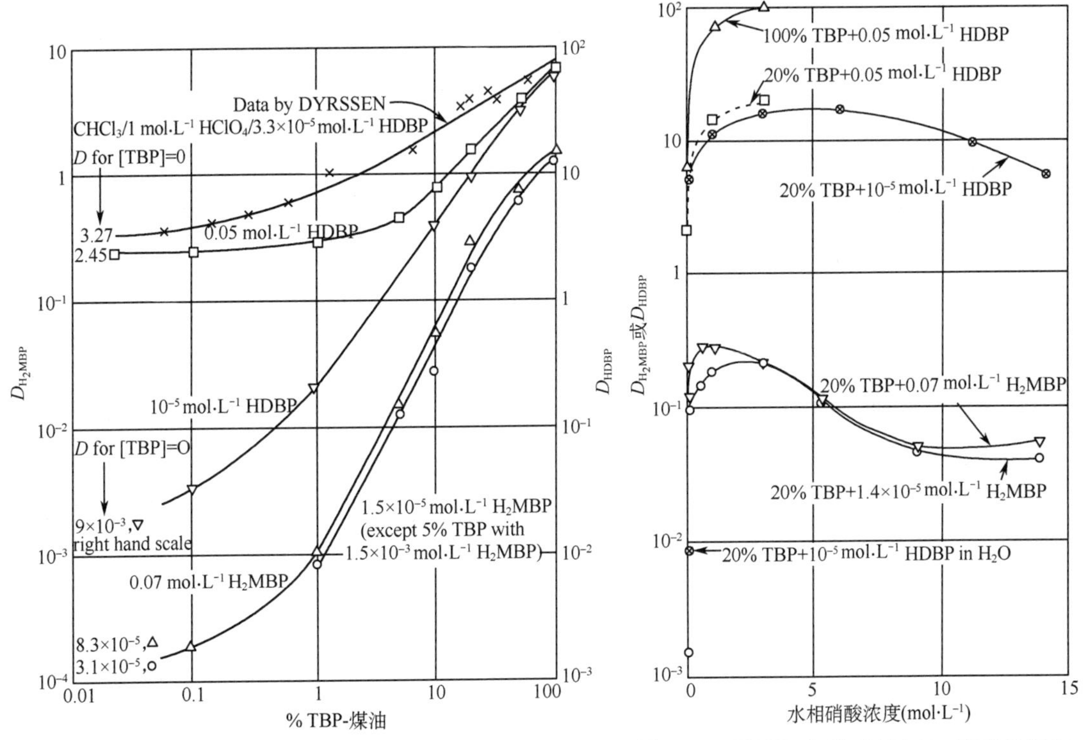

图 11-4 HDBP 和 H_2MBP 在不同浓度的 TBP 与 1 mol·L^{-1} HNO_3之间的分配

图 11-5 HDBP 和 H_2MBP 在一定有机相与不同浓度硝酸溶液之间的分配

11.4.3 体系中 HDBP 和 H_2MBP 与锆之摩尔比对界面物的相关性[2,13,14,23]

在界面物组分分析数据中，元素磷和锆摩尔比是关键数据，反映了界面物中 HDBP 和 H_2MBP 与锆的比例关系。从表 11-11 至表 11-14 的数据中，反应物的

P/Zr 比值从 0.5 增到 10，形成界面物的 P/Zr 值集中在 1～3 范围内，说明界面物沉淀的组成固定在一定范围内。这就涉及到体系中反应物的 P/Zr 与界面物沉淀形成量的相关性。Uetake[23]在研究 Purex 流程 Zr-DBP 配合物的沉淀形成时，观察到体系中 HDBP/Zr<2 时，不出现沉淀，随着这个比值增高，锆进入有机相的百分率增加。当 HDBP/Zr≥2 后，出现沉淀，而且萃取率出现“饱和”值约 96%（见图 11-6）。文献[13]报道了体系中 P/Zr 比值与 HDBP 和 H_2MBP 形成界面物沉淀的关系，示于图 11-7。对于 Zr-HDBP 体系，当磷锆摩尔比小于 2 时，沉淀形成量随 P/Zr 比值的增大而增加；当磷锆摩尔比大于 2 时，随着 P/Zr 比值的增大，沉淀形成量很快减少，而且在 P/Zr>4 后，就不再形成。对 Zr-H_2MBP 体系，随着 P/Zr 的增大，沉淀量增加，并且达到饱和，混合物不透明或呈冻胶状。

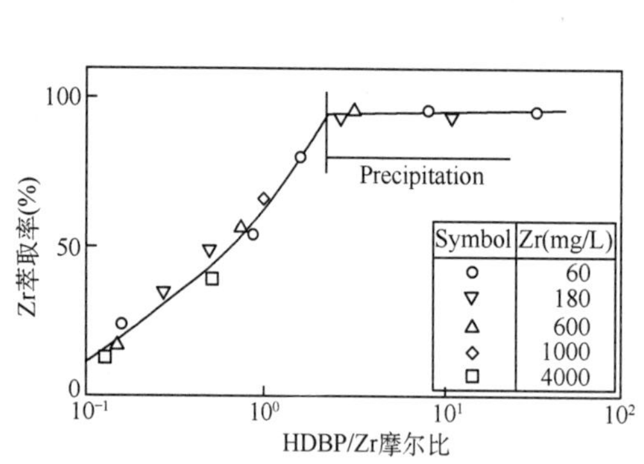

图 11-6 锆萃取和界面沉淀与 HDBP/Zr 摩尔比的关系

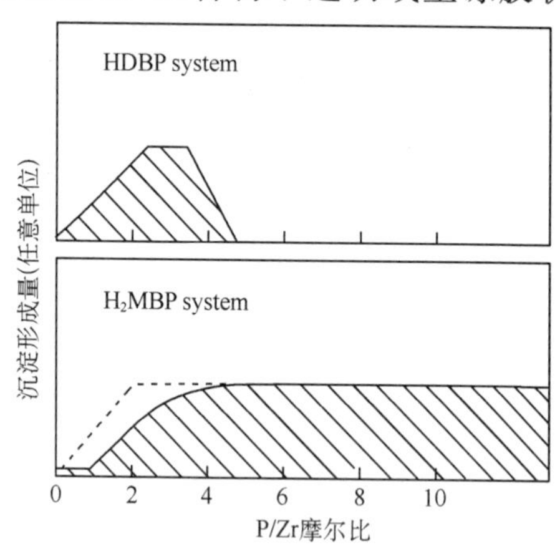

图 11-7 HDBP 和 H_2MBP 体系中沉淀形成量与 P/Zr 摩尔比的关系

图 11-3 表示 Zr-DBP 界面物沉淀生成率与 HDBP 浓度的关系，同时也反映了 P/Zr 摩尔比与界面物的相关性。曲线 1 和 2 的锆浓度分别为 1.0×10^{-3} 和 1.0×10^{-4} mol·L^{-1}，曲线高峰处的 P/Zr 摩尔比约为 3∶1，界面物生成率达 90%。而曲线 3 的锆浓度低（1.0×10^{-5} mol·L^{-1}），高峰处的 P/Zr 比值高（约 8∶1），但是界面物的最高生成率只有 50%。这些现象说明 Zr-DBP 形成界面物过程中，当锆浓度一定时，随着 HDBP 浓度的变化，界面物的生成率会出现一个高峰，峰值对应体系中的 P/Zr 比值是最容易形成界面物的条件之一。对于1.0×10^{-4}～1.0×10^{-3} mol·L^{-1} Zr 的浓度范围，HDBP/Zr 的摩尔比为 3∶1时最容易形成界面物。HDBP/Zr 比值很小时，不形成界面物，随着该比值增大，界面物由无到有，由少到多。达到峰值后，HDBP/Zr>3∶1，继续增大，则界面物随之减少，直到这个比值大于 10 以后，界面物消失。体系的条件改变，峰值对应体系的 P/Zr不完全相同。

Zr-MBP 体系形成界面物过程，也存在 H_2MBP/Zr(P/Zr)比的相关性。当

P/Zr＜2 时，该比值的增大，界面物形成量随着增加；当 P/Zr≥2 后，界面物形成量呈饱和现象，不存在界面物随之减少和消失的现象。

11.4.4 锆与 TBP 降解产物形成界面物的红外光谱和化学表达式[2,13,14,18,19,24-26]

根据界面物沉淀固体组分分析的主要数据（P/Zr）和相应的红外光谱数据，可对界面物沉淀的化学表达式作出判断。

我们测量了 Zr-DBP、Zr-MBP 以及 Zr-辐照 TBP 形成界面物沉淀的红外光谱，示于图 11-8、图 11-9 和图 11-10。其中图 11-8(a)是锆与 HDBP 形成界面物的红外光谱，实验条件为：水相 $C_{Zr}=5\times10^{-3}$ mol·L^{-1}，$C_{HNO_3}=2.0$ mol·L^{-1}；有机相，2×10^{-2} mol·L^{-1} HDBP-30% TBP-正十二烷。为了方便比较，同时示出纯HDBP的红外光谱(b)。(b)中的 1030～1065 cm^{-1}为 P—O—C$_{烷}$键的吸收峰；1240 cm^{-1}为 P═O 双键峰；1380 和 1470 cm^{-1}为烷基吸收峰；在 1500～2900 cm^{-1}区内有三个宽峰，系羟基吸收带；2900 cm^{-1}附近有烷基收收峰。形成界面物后(a)，P═O 与锆配位，降低了双键特性，向低频方向红移；烷基峰在 1390

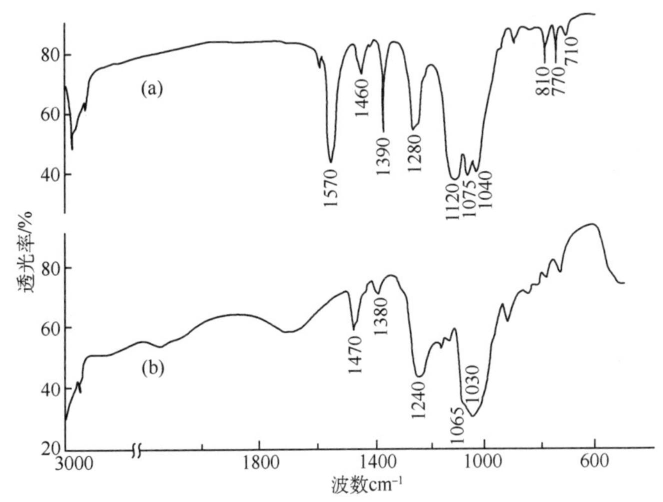

图 11-8　Zr-DBP 界面物和纯 HDBP 的红外光谱图

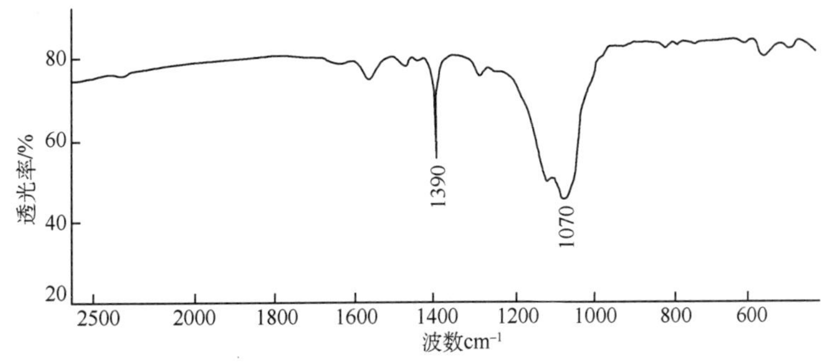

图 11-9　锆与 H_2MBP 形成界面物的红外光谱图

cm^{-1}处更清晰；吸收谱中三个宽峰表征的羟基吸收带消失，说明 HDBP 的—OH 离解 H^+后以酸根阴离子与锆结合成界面物；谱带中出现了硝酸根的吸收峰：1570(ν_4)、1280(ν_1)、1040(ν_2)、810(ν_6)和 770(ν_3)cm^{-1}，其中 1040(ν_2)cm^{-1}与 P—O—C 键吸收峰重叠。

H_2MBP 与 Zr 形成界面物的红外光谱显得简单、洁净，即没有硝酸根吸收峰，又没有羟基吸收峰，也说明 H_2MBP 的两个 H^+全离解后以 MBP^{2-}和锆结合成界面物。

图 11-10 中各谱线相应的实验条件列于表 11-17。锆与辐照 TBP 形成界面物的红外光谱特征与辐照剂量和水相硝酸浓度都有关系。在 0.5 mol・L^{-1} HNO_3溶液中，经辐照 1×10^5 Gy 的 30% TBP-正十二烷萃取锆生成界面物的红外光谱(图 11-10(a))，相当于 Zr-DBP 谱和 Zr-MBP 谱的叠加，说明辐照 TBP 中都生成一定浓度的 HDBP 和 H_2MBP，同时与锆形成萃取界面物；用辐照更高剂量 5×10^5 Gy 的 TBP-正十二烷萃取时，形成界面物的红外光谱主要表现为 Zr-MBP吸收谱的特征(图 11-10(b))，辐照剂量增加，HDBP 和 H_2MBP 的浓度都在增加，但形成的界面物主要是 Zr-MBP 类型，表明硝酸浓度较低(0.5 mol・L^{-1})时，H_2MBP比 HDBP 更容易形成界面物。水相硝酸浓度为 1.0 mol・L^{-1}时，辐照 1×10^5 Gy 的 TBP-正十二烷萃取锆生成界面物的红外光谱与 Zr-DBP 型类似(图 11-10(c))；但是辐照剂量增大到 5×10^5 Gy 时，界面物的红外光谱又以 Zr-MBP型的特征为主(图 11-10(d))。在5×10^5 Gy 吸收剂量的条件下，比较 0.5、1.0、3.0 和 5.0 mol・L^{-1} HNO_3中萃取生成界面物的红外光谱可以看出：低浓酸(0.5 和 1.0 mol・L^{-1} HNO_3)时，谱图以 Zr-MBP 特征为主(图 11-10(b)和(d))；高浓酸(3.0 mol・L^{-1}和 5.0 mol・L^{-1} HNO_3)时，谱图中出现 Zr-DBP 型的特征峰(图 11-10(e)和(f))。可见酸浓度高时，尤其当酸度≥3.0 mol・L^{-1}时，H_2MBP 较之HDBP不易形成界面物。

表 11-17　关于图 11-10 的实验条件

谱线号	a	b	c	d	e	f
水相硝酸浓度(mol・L^{-1})	0.5	0.5	1.0	1.0	3.0	5.0
吸收剂量(Gy)	1×10^5	5×10^5	1×10^5	5×10^5	5×10^5	5×10^5

表 11-18 收集了部分文献报道的关于锆与二烷基磷酸形成配合物固体的红外光谱数据。表中 A 是 Hardy[24] 制备的 $Zr(NO_3)_2(DBP)_2$ 的红外光谱数据，Zr-DBP 配合物中没有 HDBP 的 OH 特征峰，出现了典型的硝酸根特下峰，其光谱图示于图 11-11，与图 11-8 十分相像。

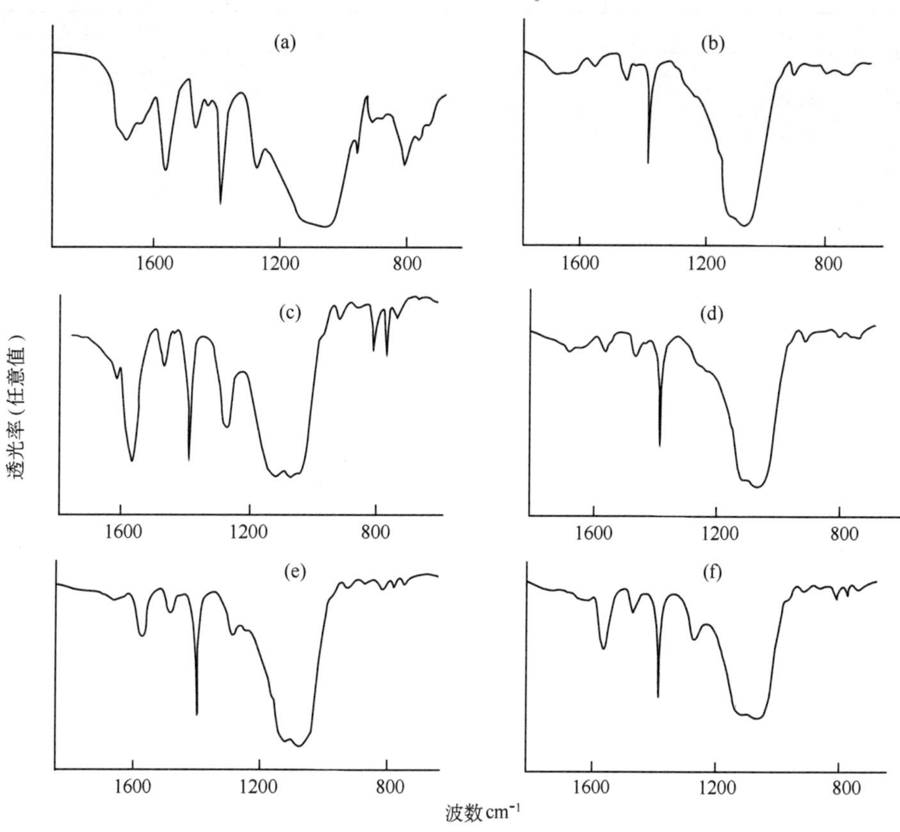

图 11-10　锆与辐照 TBP 形成界面物的红外光谱图

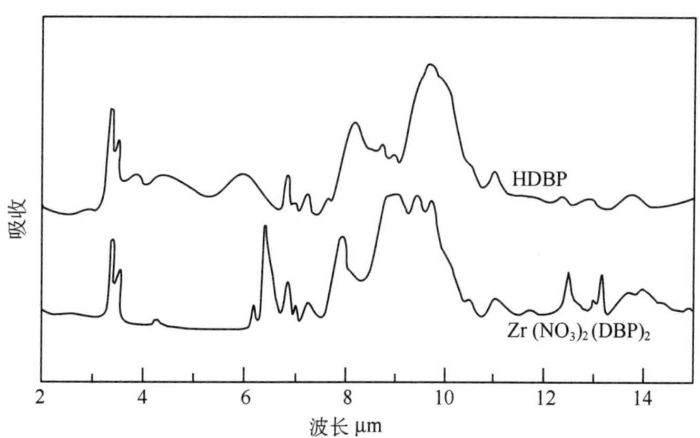

图 11-11　$Zr(NO_3)_2(DBP)_2$ 和 HDBP 的红外光谱图

表 11-18 锆与二烷烷磷酸配合物沉淀的红外光谱数据

纯 HDBP[2,24]	A[24]	B[25]	C[13]	D[2]	谱峰可能的表征[24]
2941 m	2932	2934 s			C—H
2905 sh	2905			2900	
2847 w	2847	2877 sh			
2587 w,b					
2271 m,b					γ O—H
1685 s,b					γ O—H
	1604 w				δ O—H
	1557s	1553 s	1570	1570 s	$-NO_2(\gamma_4)$不对称伸展
1470 s					
1463 w	1462 w	1462 s		1460	
1430 v. w	1429 vw				$-CH_3$简并变形
1377 w	1377 w	1386 s		1390 sp	CH_3对称变形
1299 v. w					
	1272 s	1270 s		1280 s	
	1254 s				$-NO_2(\gamma_4)$对称伸展
1228 s. b	1232 v. w	1230 s	1235	1240 v. w	P=O 伸展
1166 v. w					
1149 v. w					
1121 v. w	1120 s. b	1120 v. s	1140	1120 sh	P—O 伸展
	1104 s	1090 v. s	1105 b		
1059 s	1065 s	1060 v. s		1075 m	
1032 s	1032 s		1037	1040 m	P—O—C 伸展
1011 sh					
	1000 sh				
960 sh	955 w				N—O(γ_2)伸展
909 w	909 w	895 w			CH_3摆动
845 v. w	854 v. w				
809 w	802 w. sp	810 w		810 sp	$NO_3^-(\gamma_6)$非面振动
777 w	771 w	780 m		770 sp	
	763 ws. p				$-NO_2(\gamma_3)$对称弯曲
729 w. b	728 w. b				
	715 w	710 s		710 w	$-NO_2(\gamma_5)$不对称弯曲

注：s、m、w 表示强、中、弱峰，v=very，sp 尖峰，sh 平肩峰，b 宽峰。

B 是锆与 HDEHP 生成的配合物[$ZrO_{0.5}(NO_3)(DEHP)_2]_n$的红外光谱数据[25]，虽然烷基与 HDBP 不同，但是谱数据与 Zr-DBP 类似，没有 OH 峰，说明 HDEHP 的 OH 也是离解 H^+ 后的酸根阴离子与 Zr 结合的。

D 是文献[2]提供的图 11-8 的相应数据。表中看出，A、B、D 的数据都说明配合物沉淀中不含 OH，而含有 NO_3^-，并且 ν_2 与 P—O—C 吸收峰有交叠外，ν_1，ν_3，ν_4，ν_5 和 ν_6 都有独立的峰存在，说明 NO_3^- 以双齿和 Zr 配位。

C 是文献[13]报道的 $Zr(NO_3)_2(HDBP)_2(OH)_2$ 之红外光谱数据，与其他文献不同处之一是硝酸根谱峰中，仅有 ν_4（1570 cm^{-1}）和重叠于 P—O—C 中的 ν_2（1037 cm^{-1}）等表征单齿配位的峰，而没有 ν_3 等双齿配位的峰。此外，尽管 C 的数据从表观上也看不出 OH 存在，但是作者认为 1105 cm^{-1}这个峰较宽，包含着锆络合物中桥基 OH 的特征峰 1090～1095 cm^{-1}，而且^1H—NMR 谱指出，2 个质子中的 1 个属桥基 OH，另 1 个以酸存在，由于 HDBP 酸性比 HNO_3弱，在浓的 HNO_3中，HDBP 不离解，而处于质子化状态，所实验的 Zr-HDBP 沉淀的化学式是 $Zr(NO_3)_2(HDBP)_2(OH)_2$，其中 2 个 OH^-为 Zr^{4+}离子之间搭桥，NO_3^- 是以单齿和 Zr 结合的。

根据组分分析和红外光谱数据，锆与 HDBP 形成的界面物沉淀之化学表达式写成如下形式比较合理，即：

$$Zr(NO_3)_x(DBP)_y, \quad \begin{cases} x=1 & x=2 & x=3 \\ y=3 & y=2 & y=1 \end{cases}$$

Zr 与 H_2MBP 形成界面物的红外光谱比较简单，在文献[13]中也得到证实。表 11-13 中Zr-H_2MBP 有 3 种沉淀：1∶2，1∶2.5 和 1∶3，3 种沉淀的红外光谱彼此非常相像，都没有硝酸根的峰，表征 $Zr(MBP)_2$的峰也清楚。但是对于 1∶2.5 和 1∶3 两种沉淀的谱中观察到 2640 cm^{-1}可能归属于自由 H_2MBP 分子 POOH 上的 OH(更强的 OH 峰 2271 cm^{-1}和 1685 cm^{-1}都无)，认为这两种沉淀中存在已配位的和几乎自由的 H_2MBP，将 3 种沉淀的化学表达式写成：$Zr(MBP)_2$，$Zr(MBP)_2(H_2MBP)_{0.5}$和 $Zr(MBP)_2(H_2MBP)$。作者认为 H_2MBP 这样弱的酸在硝酸溶液中存在 MBP^{2-}是不合理的，可能存在类似于 Zr-HDBP 体系中的桥基 OH。所以对 3 种沉淀的化学表达式最终写成：

$$Zr(HMBP)_2(OH)_2, Zr(HMBP)_2(OH)_2 \cdot 0.5H_2MBP \text{ 和 }$$
$$Zr(HMBP)_2(OH)_2 \cdot H_2MBP$$

Maya[17]对 HNO_3-30% TBP-正十二烷-H_2MBP 体系中锆的行为进行了较详细的研究，结果表明，Zr-H_2MBP 形成沉淀主要是 $Zr(MBP)_2$。表 11-14 中 P/Zr＝1.13的情况，认为是在低浓酸中生成了 ZrX_2MBP($X=NO_3^-$ 或 OH^-)，酸度提高就转变成 2∶1，如下反应：

$$2ZrX_2MBP \rightarrow Zr(MBP)_2 + Zr^{4+} + 4X^- \qquad (11\text{-}2)$$

根据表 11-12 和图 11-9，锆与 H_2MBP 形成界面物的化学表达式可写成：

$$Zr(MBP)_2$$

表 11-12 中出现 P/Zr＝1.5 和 1.7，可能存在 $Zr(MBP)_2$和 ZrO(MBP)的混合物，因为这两者的红外光谱相似。

烷基磷酸是酸性萃取剂，若金属化合物含 OH^-，通常会发生中和反应：

$$M(OH)_x + HDBP \rightarrow M(DBP)_x + xH_2O \qquad (11\text{-}3)$$

若反应仍以 $Zr(NO_3)_2(HDBP)_2(OH)_2$ 和 $Zr(HMBP)_2(OH)_2$ 等形成存在，比较特殊。

11.5 其他裂变产物元素在形成界面物中的行为

11.5.1 不溶残渣形成界面物[2,3,5,16,27-32]

不溶残渣在第二章已叙述过(表 2-44),其中主要的裂变产物元素是 Ru、Mo 和 Pd,其次是 Zr、Tc 和 Rh。这些裂变产物以元素、氧化物或合金的固体微细颗粒存在于不溶残渣中,在溶解液过滤时,部分微细颗粒会穿透滤膜进入料液(1AF)中,到 1A 萃取器与有机相混合后,会被乳化层捕集于相界面形成界面物。这种乳化层的形成,主要是由于稀释剂辐解,产物中有表面活性剂。关于稀释剂的辐解,较早由 Huggard[27] 提出,图 11-12 描述了稀释剂辐解的几种可能的反应。初级产物:与 O_2 和 H_2O 反应的有过氧化物、羧酸、醇类和羰基化合物;与 HNO_3 和 H_2O 反应的有硝酸酯、亚硝酸酯、硝基烷和亚硝基烷;还有链烯类。次级辐解产物有:硝基醇、硝基链烯、二硝基化合物、酸式硝基盐、异羟肟酸、硝肟酸和肟类等。这些产物中大多具有表面活性剂性质,而且不易被从有机相中洗去,其中异羟肟酸有很高的 Z 值。

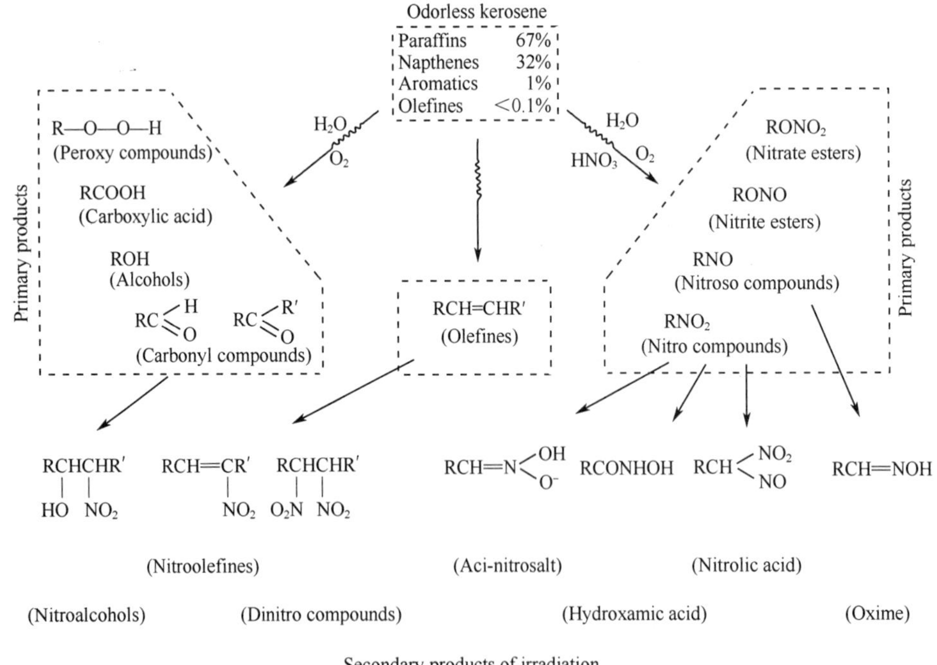

图 11-12 稀释剂辐解的几种可能反应

在以后的研究中证明羟肟酸很容易被 HNO_2 破坏,不再认为是 Purex 流程金属离子在有机相保留的原因,但是仍然把钌的保留归因于稀释剂的辐解产物

(详见第二章 2.5.4 节)。除此之外,认为稀释剂辐解产物是引起乳化的原因之一受到重视。根据文献报道,稀释剂的辐射降解和化学降解过程形成自由基的机制是类似的,硝酸诱导稀释剂降解包括下列主要反应,首先硝酸分解:

$$HNO_3 \rightarrow \cdot OH + \cdot NO_2 \tag{11-4}$$

自由基 $\cdot NO_2$ 和 $\cdot OH$ 与稀释剂烷烃反应形成烃类自由基:

$$RCH_3 + \cdot NO_2 \rightarrow \cdot RCH_2 + HNO_2 \tag{11-5}$$

$$RCH_3 + \cdot OH \rightarrow \cdot RCH_2 + H_2O \tag{11-6}$$

烃类自由基进一步和 $\cdot NO_2$ 反应形成硝基烷或亚硝酸(盐)化合物:

$$\cdot RCH_2 + \cdot NO_2 \rightarrow RCH_2NO_2 \tag{11-7}$$

$$\cdot RCH_2 + \cdot NO_2 \rightarrow RCH_2ONO \tag{11-8}$$

硝基烷和亚硝酸反应,形成亚硝基化合物:

$$RCH_2NO_2 + HNO_2 \rightarrow RCH(NO)NO_2 + H_2O \tag{11-9}$$

硝基烷水解会生成羧酸:

$$RCH_2NO_2 + H_2O \rightarrow RCOOH + H_2NOH \tag{11-10}$$

式(11-8)的亚硝酸化合物水解会生成醇:

$$RCH_2ONO + H_2O \rightleftharpoons RCH_2OH + HNO_2 \tag{11-11}$$

醇氧化后也生成羧酸:

$$RCH_2OH + 2(O) \rightarrow RCOOH + H_2O \tag{11-12}$$

基于这些反应,可以用化学降解来模拟辐射降解。

Smith[5]对稀释剂-硝酸体系的化学降解与形成界面物的关系进行了一系列的研究实验,研究的稀释剂包括无臭煤油(OK)和正十二烷(nDD),经过化学降解处理后与 0.25 mol · L^{-1} Na_2CO_3溶液混合,观察界面物。初步的实验结果列于表 11-19。

表 11-19　溶剂化学降解和形成界面物的初步实验观察

序号	有机相	实验现象
1	TBP	无界面沉积
2	OK	无界面沉积
3	nDD	无界面沉积
4	TBP*	无界面沉积
5	OK*	有界面沉积
6	nDD*	有界面沉积
7	30% TBP—OK	无界面沉积
8	30% TBP—nDD	无界面沉积
9	30% TBP—OK*	有界面沉积
10	30% TBP—nDD*	无界面沉积

续表

序号	有机相	实验现象
11	30% TBP* —OK*	有界面沉积
12	30% TBP* —*n*DD*	
13	30% TBP* —OK	无界面沉积
14	30% TBP* —*n*DD	
15	(30% TBP—DK)*	
16	(30% TBP—*n*DD)*	

表中带 * 号者表示经过化学降解处理：有机相与等体积的 6 mol · L^{-1} HNO_3溶液于(105±2)℃搅拌回流 5 小时。然后分出有机相与 0.25 mol · L^{-1} Na_2CO_3溶液混合，相比 1 ∶ 1。无 * 者表示未经化学降解处理。初步的实验结果看出，有机相未经化学降解和 TBP 经化学降解以及 TBP 和稀释剂配成溶液后一起经化学降解处理等均未观察到界面物。稀释剂 OK 和 *n*DD 经降解后与 Na_2CO_3溶液混合会形成界面物。实验中观察到三种表观不同的界面物：Ⅰ—微细颗粒(可能是钠盐)或稳定的乳浊物；Ⅱ—深棕色或黑色无定形界面沉积；Ⅲ—多层状界面膜。水相用 Li_2CO_3、Na_2CO_3、K_2CO_3、$NaHCO_3$和 NaOH 溶液都会形成界面物Ⅰ和Ⅱ；用蒸馏水、0.25 mol · L^{-1} NaCl 或 0.1 mol · L^{-1} HNO_3，都不形成界面物。有机相中含不同长链羧酸对形成界面物有影响(表 11-20)，回流降解时间较短，OK* 不形成界面物，加入羧酸后都形成界面物。未降解的 OK 加月桂酸、十一烷酸、辛酸都有界面物形成，但是加癸酸和萘二甲酸不形成界面物。实验中所用的羧酸浓度除了萘二甲酸外，都是 0.05 mol · L^{-1}，因为萘二甲酸在 OK 中几乎不溶解，用其饱和溶液，但是远小于 0.05 mol · L^{-1}。向体系中引进不同的固体微细粉末，对界面物也有影响(如表 11-21)，在 OK** —H_2O 和 OK** —0.25 mol · L^{-1} NaCl 体系中，无固体粉末时，两相清亮，无界面物，相际为充满的弯月面；当引进 SiO_2、碳粉或月桂酸钠后，形成相应的界面物。在 OK* —0.25 mol · L^{-1} Na_2CO_3体系中，引进不同的固体粉末，形成界面物也有所区别。表中 OK** 属 6 mol · L^{-1} HNO_3中回流降解 2h，OK* 为回流降解45 min。水相 NaCl 和 Na_2CO_3浓度均为 0.25 mol · L^{-1}。化学降解的无臭煤油和正十二烷的红外光谱示于图 11-13 和图 11-14。对红外光谱主要特征峰的解析，列于表 11-22，同时列入紫外吸收光谱的数据，相互佐证，紫外吸收光谱示于图 11-15。两种吸收光谱中都有硝基烷、硝酸酯和亚硝酸酯、以及羧基的特征峰。这些产物与体系中引进的固体微细粉末混合会形成界面物。不溶残渣中的裂变产物元素也可能会以这样的方式在 1A 萃取器中参与形成界面物。

表 11-20　长链羧酸对形成界面物的影响

序号	有机相	实验现象
1	OK*	无界面物
2	OK+月桂酸	稳定乳浊液
3	OK* +月桂酸	
4	OK+十一烷酸	
5	OK* +十一烷酸	无界面物
6	OK+癸酸	Ⅰ型界面物
7	OK* +癸酸	放置中形成沉淀
8	OK+辛酸	Ⅰ型界面物
9	OK* +辛酸	无界面物
10	OK+萘二甲酸	Ⅰ型界面物,放置中澄清
11	OK* +萘二甲酸	
12	30% TBP-OK+月桂酸	Ⅰ型界面物,放置中澄清,形成第三相
13	30% TBP-OK* +月桂酸	

表 11-21　固体微细粉末对形成界面物的影响

序号	有机相	水相	引进的微细粉末	实验现象
1	OK**	Na_2CO_3	无	Ⅰ型界面物,放置后形成Ⅱ型界面物
2	OK**	H_2O	无	两相清亮,无界面物,相际充满弯月面
3	OK**	NaCl	无	
4	OK**	H_2O	SiO_2	
5	OK**	NaCl	SiO_2	
6	OK**	H_2O	碳粉	乳化,随后细微粒沉积
7	OK**	NaCl	碳粉	
8	OK**	H_2O	月桂酸钠	细微粒悬浮于相界面
9	OK**	NaCl	月桂酸钠	初始细微粒悬浮在相界面,放置中澄清
				初始细微粒悬浮在相界面,随后形成Ⅲ型界面物
10	OK*	Na_2CO_3	无	Ⅰ型界面物
11	OK*	Na_2CO_3	SiO_2	Ⅰ型界面物,细微粒在水相沉积
12	OK*	Na_2CO_3	碳粉	Ⅰ型界面物,细微粒悬乳在相界面
13	OK*	Na_2CO_3	月桂酸钠	Ⅰ型界面物

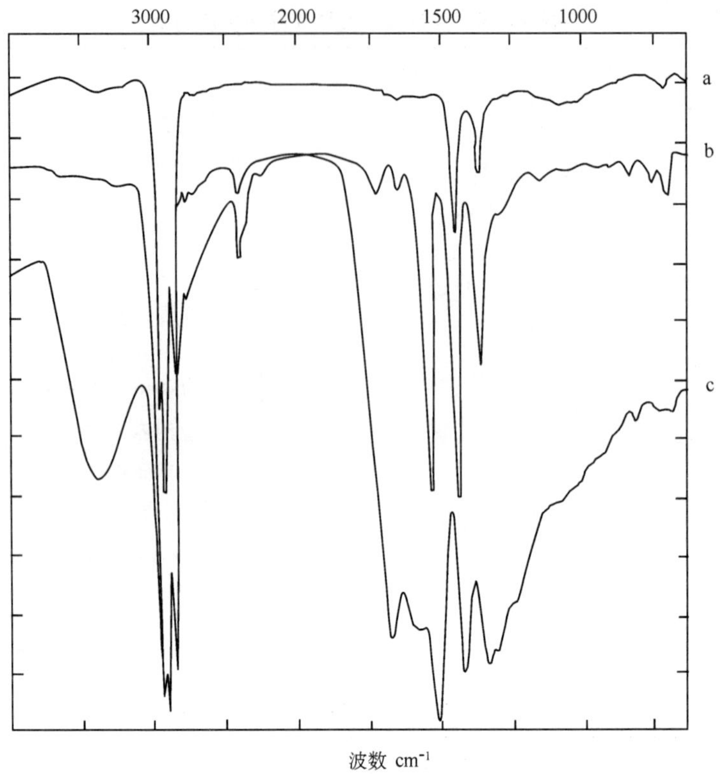

图 11-13　新鲜和降解 OK 及Ⅱ型界面物的红外光谱

a—新鲜 OK；b—6 mol·L^{-1} HNO_3中回流降解 6 h 的 OK；c—Ⅱ型界面物

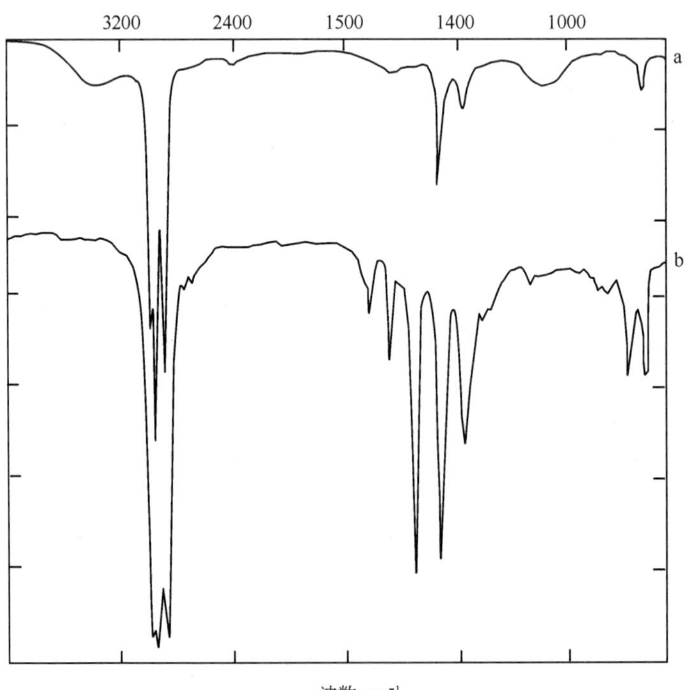

图 11-14　新鲜和降解 *n*DD 的红外光谱

a—新鲜 *n*DD；b—6 mol·L^{-1} HNO_3中回流降解 13 h 的 *n*DD

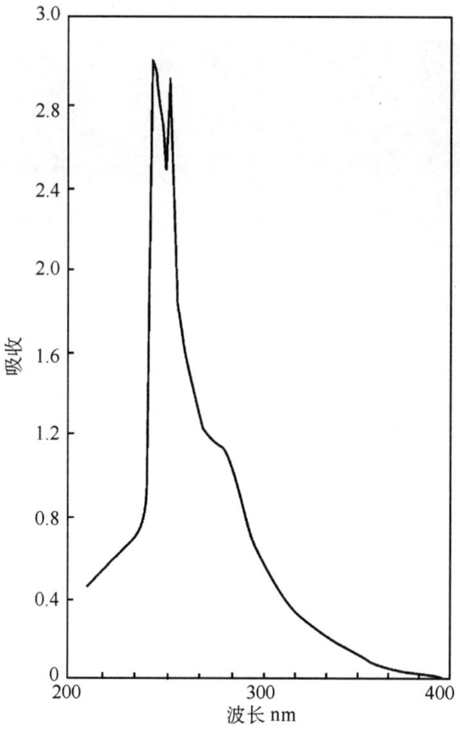

图 11-15　降解煤油的紫外吸收光谱

表 11-22　化学降解稀释剂的吸收光谱特征

光谱类型	吸收谱带	表征物质	分子式
紫外吸收	235～250 nm	硝基烷	RNO_2
	和 280 nm	硝酸烷基酯	$RONO_2$
		亚硝酸烷基酯	RONO
		羰基	RCOR'
	330～390 nm	脂族亚硝酸酯	RONO
红外吸收	1555 cm^{-1}	硝基烷	RNO_2
	1644 cm^{-1}	硝酸酯	$RONO_2$
		亚硝酸酯	RONO
	1715～1740 cm^{-1}	羧酸	RCOOH

11.5.2　裂变产物元素钯在形成界面物过程的行为研究[2,3,33,34,35]

关于不溶残渣形成界面物的研究，常用钯来模拟，因为一方面钯是不溶残渣的组成部分，另外很重要的是比较容易制备钯溶胶作为合适的微细颗粒，能获得可重复的实验结果。

实验用的钯微粒呈球形(图 11-16)，平均直径为 0.2 μm(Pd-02)和 0.8 μm(Pd-08)，实验前先用超声波将钯微粒分散到水相(蒸馏水或硝酸溶液)中，成钯溶液胶，实验中未观察到钯微粒溶解。有机相(30% TBP-正十二烷)和水相体积

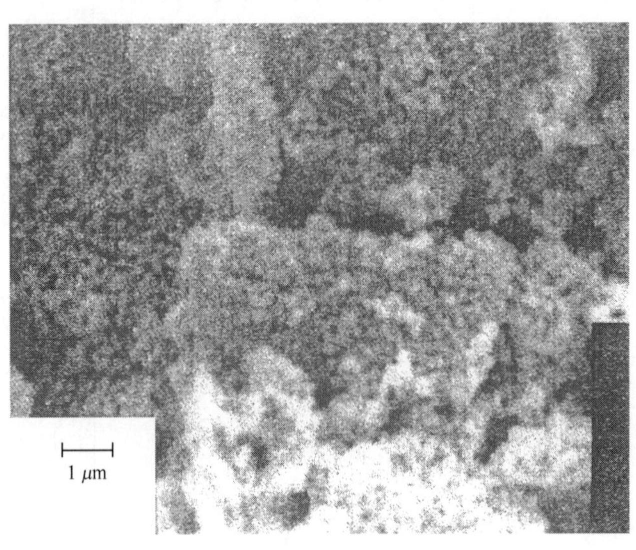

图 11-16　Pd-02 微粒照片

比 1∶1 混合，搅拌 10 min，已达到稳定时间(再延长搅拌时间对乳化物稳定性不影响)，将混合液倒入带刻度的量筒内，记录放置时间与乳化物层厚度的关系，图 11-17 是钯微粒形成稳定乳化层的照片。通过放置时间延长而乳化层变薄的程度表示乳化层的稳定性。钯的含量(浓度)、粒度、水相硝酸浓度等，对乳化层的稳定性都有影响。图 11-18 表示水相不含钯和含不同浓度的钯时，乳化层随时间的变化。水相不含钯，搅拌混合后静置 30 秒，界面乳化层迅速降低；水相含钯微粒者，界面乳化层降低较慢，其中钯浓度最高(30 g · L^{-1})者，乳化层降低最慢，亦即乳化层最稳定。钯粉的粒度对乳化层稳定性的影响，如图 11-19 所示。Pd-02粒度比 Pd-08 细，有利于乳化层的稳定，所以 Pd-02 乳化层降低慢。但是水相钯浓度达到 30 g · L^{-1}时，不同粒度的影响因素不明显(图 11-20)，说明由于钯浓度的升高，使乳化层足够稳定，以至于粒度不同对稳定性的影响不会明显地观察到。硝酸浓度对钯微粒乳化行为也有影响，示于图 11-21。硝酸浓度高不利于乳化层的稳定，随着硝酸浓度降低，乳化层越稳定，水相不含硝酸，乳化层最稳定。长时间的静置实验观察(图 11-22)，也表示水中不含硝酸，乳化层更稳定。在两相的混合和静置没有化学反应，而是物理过程。对乳化现象可能有影响的物理性质列于表 11-23，这些性质中水和 3 mol · L^{-1} HNO_3的差别很小，不是造成硝酸影响乳化层的原因。从对钯接触角的数据看，30% TBP-正十二烷的接触角小，热力学上考虑，易形成连续相，亦即钯微粒易与 30% TBP-正十二烷形成油包水型的乳化物。但是实验形成的乳化物经鉴定，是水包油型。所以硝酸使乳化层不稳定可归因于电动电势(ζ)。电动电势会影响乳化物的稳定性，在硝酸的情况下，由扩散双电层形成的排斥库仑力阻碍了微粒的聚集，这对溶胶的稳定性是有好处的，但对聚结成乳化物是不利的。因此硝酸溶液-钯微粒-30% TBP-正十二烷体系形成的乳化层稳定性较差，而水-钯微粒-30% TBP-正十二烷体系形成的乳化层比较稳定。

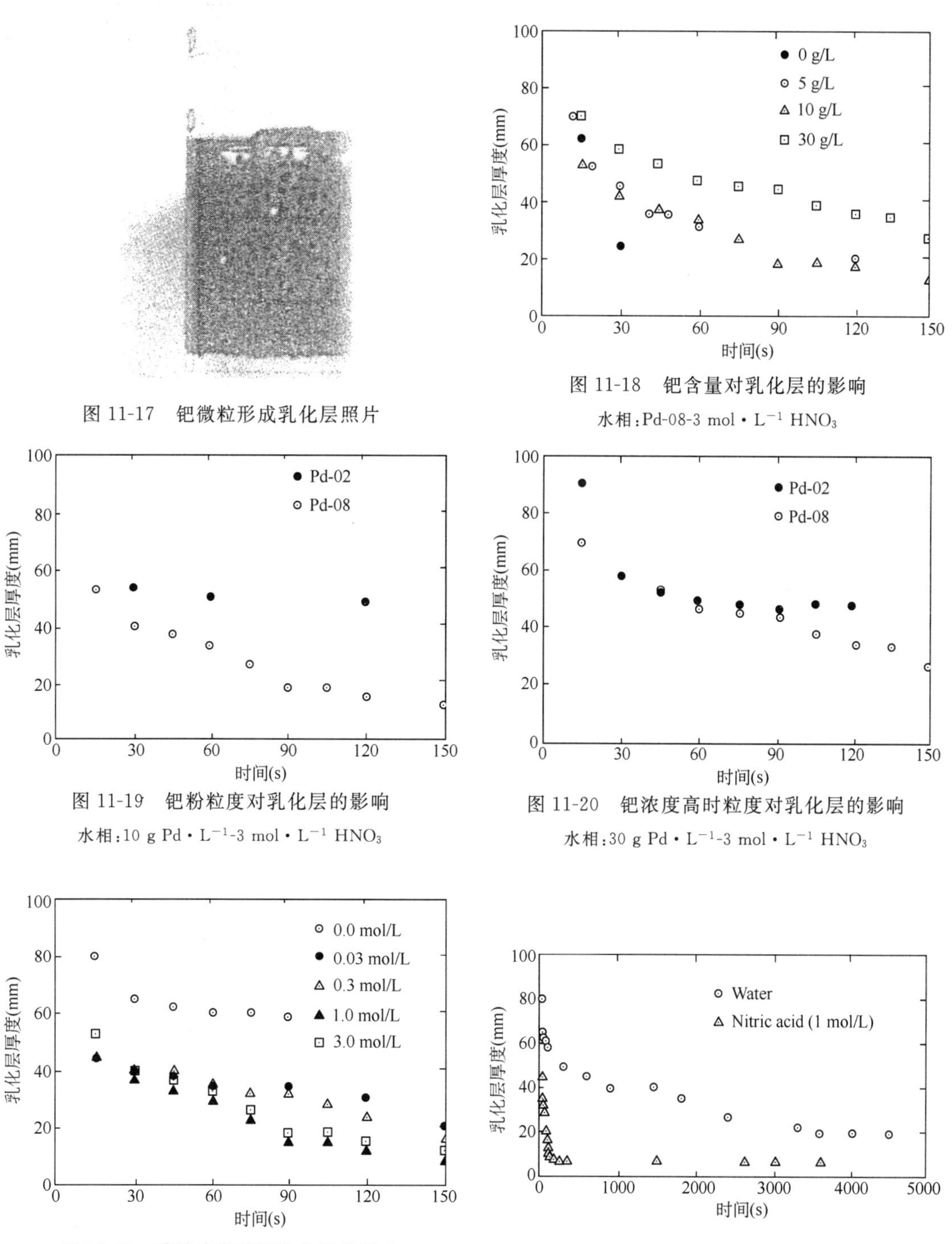

图 11-17 钯微粒形成乳化层照片

图 11-18 钯含量对乳化层的影响

水相：Pd-08-3 mol·L^{-1} HNO_3

图 11-19 钯粉粒度对乳化层的影响

水相：10 g Pd·L^{-1}-3 mol·L^{-1} HNO_3

图 11-20 钯浓度高时粒度对乳化层的影响

水相：30 g Pd·L^{-1}-3 mol·L^{-1} HNO_3

图 11-21 硝酸浓度对钯乳化层的影响

水相：Pd-08，10 g·L^{-1}

图 11-22 长时间静置乳化层比较

表 11-23 水和硝酸及 TBP 的某些物理性质比较

物理性质	密度(20℃) [g·(cm^3)$^{-1}$]	黏度(20℃) (cP)	表面张力 (20℃) (dyn·cm^{-1})	界面张力(25°) (30% TP-正十二烷, dyn·cm^{-1})	对钯接触角
蒸馏水	1.0	1.0	72.75	9.7	85.8°
硝酸 (3 mol·L^{-1})	1.05	1.15	71.65～72.15	9.5	87.6°
30% TBP-正十二烷					60.1°

11.5.3 裂变产物元素钼和铌形成界面物[2,16,22]

在研究锆与 HDBP 或 H_2MBP 形成界面物时，体系中若有钼存在也会进入界面物，但是硝酸浓度的影响很敏感。从表 11-24 看出，硝酸浓度为 0.4 mol·L^{-1}时，Zr-DBP 界面物中锆与钼的摩尔比为 2.7，Zr-MBP 中为 3～5；$C_{HNO_3}=2.0$ mol·L^{-1}时，Zr-DBP 界面物中几乎没有钼，Zr-MBP 界面物中钼仅占锆的 1/95。硝酸浓度低时，钼容易进入界面物；随着酸度增高，界面物中钼含量明显减少，但是 Zr-MBP 中减少缓慢些，硝酸浓度高于 2 mol·L^{-1}，钼一般不参加形成界面物。

表 11-24 硝酸浓度对钼形成界面物的影响

水相* 硝酸浓度 (mol·L^{-1})	Zr/Mo 摩尔比	
	Zr-DBP 界面物中	Zr-MBP 界面物中
0.4	2.7	3～5
1.0	28.4	8～10
2.0	308	95

* 水相中锆和钼的初始浓度为 1.2×10^{-2} mol·L^{-1}和 8.8×10^{-3} mol·L^{-1}。

裂变产物元素锆和钼与辐照的正十二烷形成界面物也明显地受硝酸浓度的影响，表11-25 的实验有机相是辐照 5.0×10^5 Gy 的正十二烷，水相锆和钼初始浓度分别为 1.2×10^{-2} mol·L^{-1}和 8.8×10^{-3} mol·L^{-1}，用^{95}Zr 和^{99}Mo 示踪，一起混合后形成界面物，测定^{95}Zr 和^{99}Mo 的活度，计算界面物生成率。从表 11-25 数据看出，Zr 和 Mo 与辐照的正十二烷形成界面物的生成率比较低，但也都随着硝酸浓度降低而升高。

表 11-25　辐照的正十二烷与 Zr、Mo 形成界面物

水相硝酸浓度 $(mol \cdot L^{-1})$	Zr-Mo-辐照正十二烷形成界面物生成率(%)	
	按 Zr 总量计	按 Mo 总量计
0.4	7.3	3.8
1.0	4.7	0.8
2.0	2.0	0.1
3.0	0.7	～0

裂变产物元素铌的浓度很低，一般是 $10^{-6}\ mol \cdot L^{-1}$，以 ^{95}Nb 为主。当体系中形成界面物时，^{95}Nb 会吸附于界面物上，由于半衰期短(35d)，γ 射线能量较高(765 keV)，造成体系局部辐照损伤较大。经辐照后吸收剂量为 $7.44\times10^{5}Gy$ 的 30% TBP-煤油，用新鲜煤油稀释成 15% TBP-煤油为有机相，水相 Zr 和 Mo 初始浓度均为 $5\times10^{-3}\ mol \cdot L^{-1}$，铀浓度 $100\ g \cdot L^{-1}$，硝酸浓度为 $1.0\ mol \cdot L^{-1}$。两相混合后形成界面物，分析结果列于表 11-26，没有测到铀。^{95}Zr 进入界面物中的百分数大，^{99}Mo 和 ^{95}Nb 相似，都比 ^{95}Zr 小。Zr/Mo 为 1.60，与表 11-24 中 $1.0\ mol \cdot L^{-1}$ HNO_3 体系中的数据不一致，说明简单体系和复杂体系差别较大。

表 11-26　辐照 TBP-煤油体系界面物中金属元素的分析数据

样品号	界面物中各核素占其总活度的百分数(%)			元素的摩尔比		
	^{95}Zr	^{95}Nb	^{99}Mo	Nb/Zr	Nb/Mo	Zr/Mo
1	24.7	18.0	16.0	1.5×10^{-4}	2.3×10^{-4}	1.55
2	30.6	20.1	19.1	1.3×10^{-4}	2.1×10^{-4}	1.60

11.5.4　锝在形成界面物过程的行为[2,36]

实验体系中以 30% TBP-正十二烷-HDBP 为有机相，水相是 $2.0\ mol \cdot L^{-1}$ HNO_3-Zr-Tc，两相混合形成界面物，观察锝在萃取过程的分布(表 11-27)。表 11-27 中第 1 行，水相未加入锆，无界面物；第 2 行，有机相无 HDBP，也不形成界面物；第 3 行，由于同时存在 HDBP 和适当浓度的锆，形成了界面物。在这三种情况中锝的分配比相近，锝全部都分布在水相和有机相溶液中，没有丢失到界面物中，可见在萃取过程中锝不参加形成萃取界面物，而且界面物的形成与否不影响锝的萃取分配比。

表 11-27　锝在界面物形成过程的分布

有机相中 HDBP 浓度 $(mol \cdot L^{-1})$	水相初始浓度		平衡有机相 $^{99}Tc(kBq)$	平衡水相 $^{99}Tc(kBq)$	有机相和水相 ^{99}Tc 之和占加入总量百分数(%)	锝分配比 (D_{Tc})
	$C_{Zr}(mol \cdot L^{-1})$	加入 ^{99}Tc (kBq)				
2.0×10^{-2}	—	10.675	3.860	6.569	97.7	0.588
—	1.0×10^{-2}	10.658	4.006	6.290	96.6	0.637
2.0×10^{-2}	1.0×10^{-2}	10.692	4.119	6.466	99.0	0.637

11.6 Purex 流程萃取界面物形成的机理研究

11.6.1 萃取界面物的成因[2,3,5,29,32,34,35,37-39]

溶剂萃取过程形成界面物的现象是常见的，其成因很复杂，已有研究工作得出的结论不完全一致，大致可归纳为三种观点，简述如下：

第一种观点，认为连续相中溶质必须形成三维网络结构，具有这种结构的溶质与分散相通过氢键连接形成“包围圈”，因而乳化，产生界面物。例如，乳胶硅在水相中以氧桥形成三维网络结构，当水相连续时，乳胶硅的羟基与作为分散相的萃取剂液滴周围的含氧基形成氢键使之被包围。这时由于水相是连续的，各包围圈又借网络相互连接在一起，形成乳化。同样在这种情况下，如果水相不连续，而是有机相连续，则连续相没有网络结构，也就不会造成乳化。将硅凝胶尽量捣碎，悬浮在水里，不论是有机相连续还是水相连续，萃取时均不乳化，因为没有形成网络结构[29,39]。

第二种观点，认为界面物是由于溶剂中存在表面活性剂而产生的，即表面活性剂使两相发生乳化、吸附等复杂过程，导致稳定的乳化物，生成界面物。一般认为稀释剂经过辐解会生成表面活性剂和其他有害物质，由其中的表面活性剂导致界面物。Neace[32]就是这种观点的支持者，但是他的实验进一步表明，不是所有的表面活性剂都有助于界面物生成，而只是非离子型表面活性剂才起促进作用。在研究 TBP-正十二烷溶剂中保留钌的实验里，向新鲜的溶剂中加入各类表面活性剂，都无界面物生成。当以辐照过的溶剂进行这样的实验时，发现加入非离子表面活性剂的体系有界面物形成，而其他类型仍然不形成。

第三种观点，认为体系中存在对乳化起稳定作用的微细固体颗粒形成界面物。在研究钯微粒形成界面物时，观察到水相钯微粒含量≥5 g·L^{-1}即可形成界面物，而有机相和水相都无网络结构，也没有表面活性剂。如果水相钯微粒含量<5 g·L^{-1}，则不形成界面物。Zimmer 等人[3]也赞成微粒形成界面物的观点，他用硅石粉末或膨润土加入体系中，结果有界面物生成，粒度越细，对乳化的稳定作用越强，越容易形成界面物。亲水性的颗粒（如 SiO_2）生成水包油型乳化物，疏水性颗粒（如 $Zr(MBP)_2$）生成油包水型乳化物。完全亲水性或完全憎水的微细颗粒对乳化没有稳定作用，它们会完全浸入相关的相内，而不与另一相的界面接触。强烈增水的聚四氟乙烯粉末对乳化无效，完全亲水的 $ZrO(H_2PO_4)_2$ 也是如此，但是后者经过陈化，改变性质后则会引起乳化。

以上三种观点都有一定的道理和依据，也存在矛盾之处，需要具体分析和相互关联。至于 Purex 流程 1A 萃取器单元出现萃取界面物的情况就更复杂，可以从两方面进行分析。一方面是料液(1AF)中裂变产物元素锆等与萃取剂 TBP 的辐解产物发生化学反应，生成低溶解度的配合物聚集于相际；另一方面是 1AF 中存在的固体微粒(包括新形成的次级沉淀)与稀释剂的辐解产物发生乳化。这两方面加在一起同时发生，对界面物的形成起到相互加剧的作用。其中固体微粒的作用，从钯微粒实验结果看，≥5 g · L^{-1}才形成界面物，这个含量是很高的，一般认为，1AF 经过严密的过滤，固体微粒的含量仅 0.1 g · L^{-1}。这个量单独与溶剂作用应该不会形成界面物，但是裂变产物元素锆的浓度比较高，TBP 辐解产物浓度也在 10^{-3} mol · L^{-1}量级，仅这两者作用就可能形成界面物，而后固体微粒附着于已形成的皂状物(Zr-DBP＋Zr-MBP)上，加剧了界面物的形成。用真实料液实验时，开始形成的界面物颜色浅，而后变深直到黑褐色。这深颜色的一部分来自溶剂辐解产物，另一部分来自附着固体微粒(不溶残渣、金属屑末、石墨粉等等)。

综上所述，Purex 流程中萃取界面物形成是多因素的复杂的物理化学过程，诸多因素中，可以认为裂变产物元素锆与 TBP 辐解产物间的化学反应占主导作用，裂变产物元素钼在＞1.0 mol · L^{-1} HNO_3的体系中通过化学反应形成界面物的量很少。因此研究锆与 TBP 辐解产物形成界面物的机理可进一步认识界面物的实质。

11.6.2　裂变产物元素锆与 TBP 辐解产物形成界面物的机理研究[2,17,40-43]

Purex 流程 1A 萃取器界面物的形成主要取决于水相锆的浓度和状态以及有机相溶剂辐解产物(主要是 TBP 的辐解产物)。裂变产物元素锆若全部都进入溶液，其浓度在 10^{-2} mol · L^{-1}的量级，其实有一部分留在不溶残渣中，但含量不高，另有部分进入次级沉淀，在溶液中锆浓度不会低于 10^{-3}mol · L^{-1}，已达到形成界面物的必要浓度之上。硝酸浓度在 1 mol · L^{-1}以上，锆不会水解聚合，应以$[Zr(OH)_x(NO_3)_y]^{4-x-y}$、$[ZrO(NO_3)_x]^{2-x}$和$[Zr(NO_3)_y]^{4-y}$等单核状态存在(参见第四章 4.3 节)。有机相中，TBP 的辐解产物主要有 HDBP、H_2MBP 及 H_3PO_4 和长链酸性磷酸酯。其中 HDBP 浓度最大，10^{-3}～10^{-2} mol · L^{-1}；H_2MBP约 10^{-4} mol · L^{-1}；二烷基长链酸性磷酸酯为 10^{-5}～10^{-4}mol · L^{-1}，单烷基长链酸性磷酸酯约 10^{-7}～10^{-6} mol · L^{-1}。表 11-28 列出 1.1 mol · L^{-1}TBP 辐照剂量为 10^5 Gy 后生成的HDBP、H_2MBP 和长链酸性磷酸酯(D^*-二烷基和 M^*-单烷基)的量。从表中数据看出，长链酸性磷酸酯(D^* 和 M^*)的浓度较低，如果在溶剂再生时未用纯水洗涤，只经酸、碱洗涤，则 D^* 和 M^* 留在有机相中循环累积，浓度会升高。至于 TBP 辐解生成的磷酸，一般比 H_2MBP 还低一个数量级，浓度很低，而且完全进入水相。锆与 TBP 辐解产物间的化学反应，D^* 近似于 HDBP，M^* 近似于 H_2 MBP；在溶剂再生时碱洗 1CW 后，Na DBP 和 Na_2 MBP 进入水相。紧接着用纯水洗，则 D^* 和 M^* 的钠盐也可能进入离子强度小的水相中。因此研究 HDBP 和 H_2MBP 与锆形成界面物的机理具有代表性。

表 11-28 TBP 辐解产物的生成量计算值

初始 TBP 浓度：1.1 mol · L^{-1}

吸收剂量 (Gy)	HDBP ($mol \cdot L^{-1}$)	H_2MBP ($mol \cdot L^{-1}$)	D^* ($mol \cdot L^{-1}$)	M^* $mol \cdot L^{-1}$
1×10^5	6×10^{-3}	3×10^{-4}	$2.9\times10^{-5}\sim4.3\times10^{-5}$	$7.2\times10^{-7}\sim2.2\times10^{-6}$
2×10^5	1.2×10^{-2}		$1.1\times10^{-4}\sim1.7\times10^{-4}$	

1. HDBP 与锆形成界面物的机理

在煤油或正十二烷这类惰性稀释剂中，HDBP 借氢键缔合以二聚体存在。

```
C4H9—O      O···H—O      O—C4H9
     \     //      \     /
       P             P
     /     \      //     \
C4H9—O      O···H—O      O—C4H9
```

在硝酸浓度大于 1 mol · L^{-1} 的水相中，HDBP 萃取不同形态的锆：Zr^{4+}、ZrO^{2+} 以及 $Zr(OH)^{4-y}{}_y$ 的萃取反应式可以写成：

$$\left.\begin{array}{l}[Zr(OH)_x(NO_3)_y]^{4-x-y}\\ [ZrO(NO_3)_x]^{2-x}\\ [Zr(NO_3)_y]^{4-y}\end{array}\right\}+(n+n')HDBP\rightarrow Zr(NO_3)_x(DBP)_n(HDBP)_{n'}+nH^+ \tag{11-13}$$

其中：$x+n=4, x\geqslant0$

$n=n'$ 时，如 $Zr(NO_3)_2(DBP\cdot HDBP)_2$，$Zr(NO_3)(DBP\cdot HDBP)_3$ 等；

$n<n'$ 时，$Zr(NO_3)_2(DBP)_2(HDBP)_4$ 等；

$n>n'$ 时，$Zr(DBP)_4(HDBP)$ 等；

$n'=0$ 时，$Zr(NO_3)_2(DBP)_2$，$Zr(DBP)_4$ 等。

式(11-13)实际上是第四章的式(4-117)、式(4-118)和式(4-119)三个反应式的综合结果，其实质是 HDBP 离解后的酸根阴离子 DBP^- 与 Zr^{4+} 配合能力很强，电离的 H^+ 会与 ZrO^{2+} 或 $Zr(OH)_x^{4-x}$ 反应生成 H_2O(详见第四章 4.4.2 节)。

前文界面物分析的数据，磷锆摩尔比在 1～3 之间，红外光谱中表明含有硝酸根，并且以双齿配位(V_3 770 cm^{-1}，V_4 1 570 cm^{-1}，V_6 810 cm^{-1})，而且 HDBP 的—OH 吸收峰消失，说明 HDBP 的 H^+ 电离后之酸根阴离子(DBP^-)与 Zr 形成配合物，亦即 $n'=0$。根据萃取化学原理，式(11-13)萃合物中，$n=n'$ 和 $n<n'$ 的萃合物最容易进入有机相，因为含 HDBP 分子亲有机相，而且配合物分子大，空腔作用能大，有利于萃取；$n'=0$，又含有 NO_3^-，是最不容易萃取到有机相中的，例如 $Zr(NO_3)_2(DBP)_2$，它与有机相的亲和力相对弱，分子又显得小，故在有机相中的溶解度相对低，容易在相际沉淀，形成界面物；$n'=0$ 时，若 $n=4$，完全亲有机相，分子也大，则也有利于萃取。一定体系中，萃合物或界面物的形成，是与锆浓度和 HDBP 浓度相关联的。图 11-23 表示界面物生成率、HDBP 浓度和锆萃取分配比相互关系的示意图。其中 D_{Zr}-C_{HDBP} 关系曲线出现一个拐点，这个点的初始 HDBP 和锆浓度比约为 3∶1，HDBP 浓度约为 3×10^{-3} mol·L^{-1}。在 $C_{HDBP}<3\times10^{-3}$ mol·L^{-1} 的区域，计算 $\log D_{Zr}$-$\log C_{HDBP}$ 关系线的斜率在 1.5～2.5 范围内，说明 HDBP 与 Zr 的浓度比≤3，生成的配合物 $n=1\sim3$，$n'=0$。在有机相中的溶解度低，D_{Zr} 小；当 HDBP 浓度小时，生成的配合物少，可溶解在有机相中(成萃合物)，无界面物；随着 HDBP 浓度增加，生成的配合物量增加，不能全溶解在有机相中，而在相际沉淀，出现界面物；HDBP 浓度继续增加，界面物也增加，到拐点处，界面物生成率最高。HDBP 和 Zr 浓度比 > 3∶1 后，D_{Zr} 剧增，计算 $\log D_{Zr}$-$\log C_{HDBP}$ 的斜率在 5～7 范围，说明 HDBP 与 Zr 的配合物中 $n'>0$，甚至 $n'>n$。例如：$Zr(NO_3)(DBP)_3(HDBP)_2$，$Zr(NO_3)(DBP)_3(HDBP)_3$ 和 $Zr(NO_3)(DBP)_3(HDBP)_4$ 以及 $Zr(DBP)_4(HDBP)_3$。这些配合物容易被萃取到有机相中，随着 HDBP 浓度的增加，界面物生成率下降，直到消失。可见 HDBP 与锆反应生成配合物中，因 HDBP 和锆浓度比不同，而生成在有机相高溶解度和低溶解度的两类配合物。HDBP 和锆浓度比大，生成高溶解度的配合物，$n'>0$，或 $n=4$，很容易被萃取到有机相中；HDBP 和锆浓度比小，生成低溶解度配合物，$n<4$，$n'=0$，萃取分配比小，易沉淀于相际形成界面物。相应于 HDBP 萃取锆的反应式，可以写出 HDBP 与锆形成界面物的反应式：

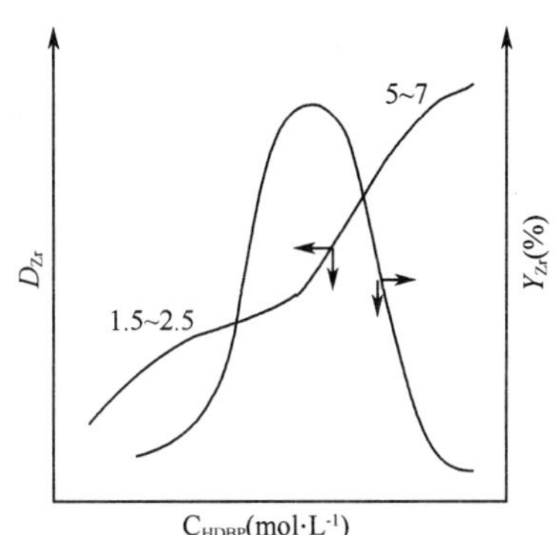

图 11-23　界面物生成率(Y_{Zr})与 D_{Zr} 和 C_{HDBP} 的关系示意图

有机相：HDBP-正十二烷

水相：$C_{HNO_3}=3.0$ mol·L^{-1}

$C_{Zr}=1.0\times10^{-3}$ mol·L^{-1}

$$Zr^{4+}+yNO_3^-+nHDBP = Zr(NO_3)_y(DBP)_n+nH^+ \tag{11-14}$$

$$[Zr(OH)_x]^{4-x}+yNO_3^-+nHDBP = Zr(NO_3)_y(DBP)_n+(n-x)H^++xH_2O \tag{11-15}$$

$$ZrO^{2+}+yNO_3^-+nHDBP = Zr(NO_3)_y(DBP)_n+(n-2)H^++H_2O \tag{11-16}$$

式中 $n+y=4$。三个反应式都表示反应过程不同程度地释放氢离子，提高体系的酸度不利于界面物的形成反应，而且体系的酸度高，锆以 $Zr(NO_3)_y^{4-y}$ 状态存在时，对 H^+ 浓度更敏感，这时界面物的形成以$[H^+]$的 n 次方成反比。当 $n=3$ 时，界面物分子式为 $Zr(NO_3)(DBP)_3$，其结构式可写成：

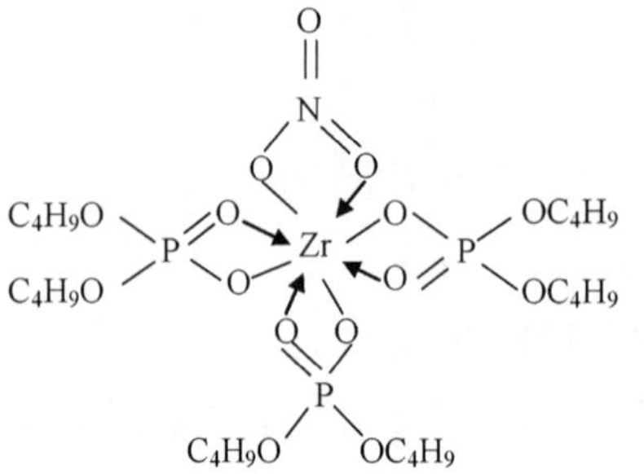

O
N
O　O
C_4H_9O　P　O　Zr　O　P　OC_4H_9
C_4H_9O　O　O　OC_4H_9
O　O
P
C_4H_9O　OC_4H_9

（A）

文献[42]研究 HDBP 与钚的配合物时，生成 $Pu(NO_3)_2(DBP)_2$，红外光谱数据也说明 NO_3^- 是以双齿配合，其结构式为：

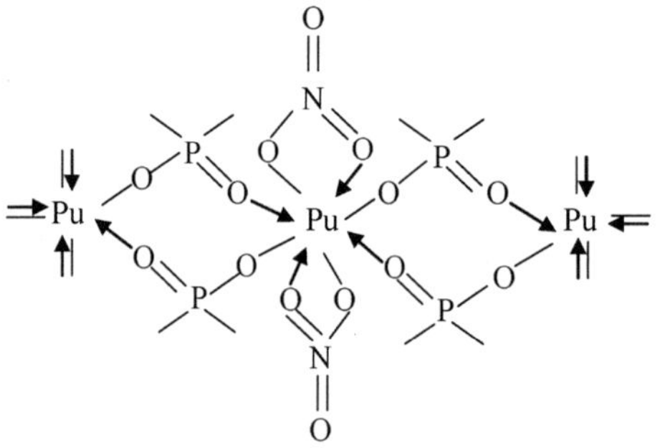

O
N
P　O　O　P
Pu　O　O　Pu　O　O　Pu
O　O　O　O
P　O　O　P
N
O

（B）

或

O
N
O　O
C_4H_9O　P　O　Pu　O　P　OC_4H_9
C_4H_9O　O　O　OC_4H_9
O　O
N
O

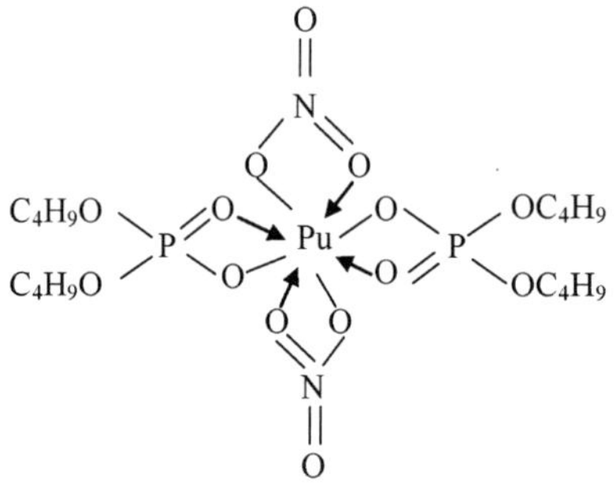

（C）

结构式(A)和(C)相似，所以在 HDBP 与锆形成界面物的过程中，若有钚存在(如 1AF)，则很可能会进入 Zr-DBP 界面物中，造成钚的丢失。用乏核燃料溶解液进行热实验，1A 萃取器有界面物时，钚衡算出现负偏差，应缘于此。

用式(11-14)、式(11-15)和式(11-16)可以解释一些特殊现象。HDBP 浓度对界面物形成的影响，由低浓度向高浓度变化，初始无界面物；然后开始出现，由少变多；而后由多变少；消失。已形成的界面物在一定浓度的 HDBP 中会被溶解。这是因为 HDBP 浓度高时，界面物中出现氢键缔合的二聚 HDBP，成为萃合物溶入有机相。例如 $n=n'$ 的萃合物：

$$Zr(NO_3)_y(DBP)_n + nHDBP \rightleftharpoons Zr(NO_3)_y(DBP \cdot HDBP)_n \quad (11\text{-}17)$$

对于 $n=n'=3$ 的萃合物分子结构式可写成：

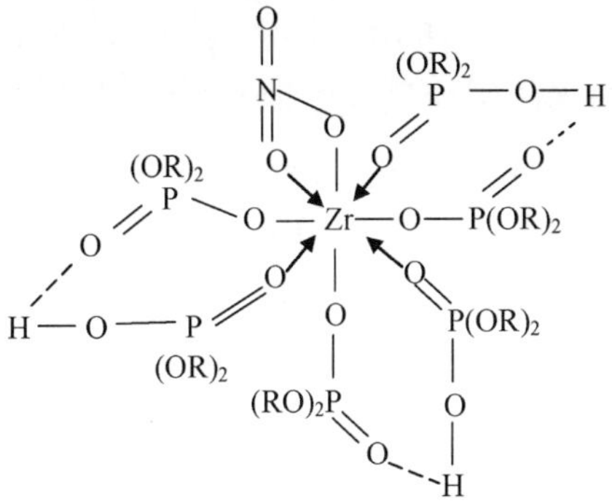

(D)

结构式(D)的外围有十二个丁基(R)，根据相似性原理，在煤油和正十二烷中的溶解性很好，羟基与 P=O 形成氢键，所以很容易被萃取到有机相中，因此界面物消失或被溶解。

在这种由 HDBP 浓度高将锆萃取入有机相而使界面物消失的条件下，若体系中铀含量较高也被萃取到有机相，则在相际相应出现大量的界面物。这种现象可从两方面解释，一方面是由于大量铀萃入有机相，使有效溶剂量减少。另一方面更为重要，由于有机相中 $UO_2(NO_3)_2$ 量大，$UO_2(NO_3)_2 \cdot 2TBP$ 分子外围的氧会与 Zr-(DBP)(HDBP) 上二聚 HDBP 的 —OH 形成氢键，使二聚体解离。$UO_2(NO_3)_2 \cdot 2TBP$ 结构式(E)，其分子结构紧凑，外围有富裕的孤对电子。对于结构式(D)，虽然电中性、配位数已饱和，有利于萃取，但是由于空间位阻效应，

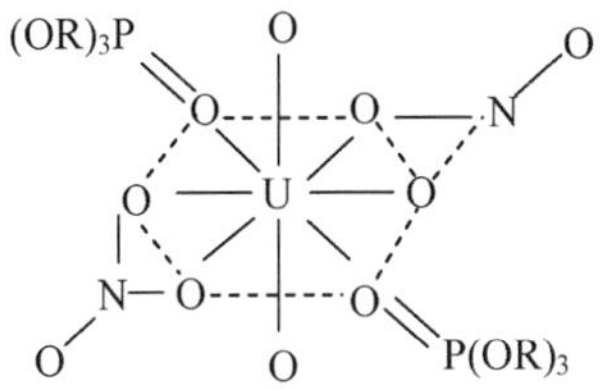

(E)

HDBP→Zr 配位键相对弱，维持二聚的氢键被解离并为其他氢键代替，则 HDBP 随之脱离，Zr-DBP 上的 P=O 与 Zr 配合成配键，这时结构(D)就变成了结构式(A)，即为界面物。有机相含铀量越大，越有利于这种转变，所以 1A 萃取器进料级附近界面物形成量也相对大。实验已证明这种情况下析出界面物的红外光谱中没有羟基峰，不是因有机相载荷大，萃合物 $Zr(NO_3)_y(DBP \cdot HDBP)_n$ 被析出。

2. H_2MBP 与锆形成界面物的机理

H_2MBP 萃取锆及形成界面物的机理类似于 HDBP，但有差别。TBP 的辐解产物生成量中 H_2MBP ∶ HDBP 的值随辐照剂量的增加而增大，一般认为在 1∶10到 1∶2 的范围内。H_2MBP 是二元酸，它与 Zr^{4+} 的配合能力很强，生成的配合物在有机相和水相中的溶解度都很低(参见第四章 4.4.2 节)，沉淀于相际

形成界面物，分析其组分为 $Zr(MBP)_2 \cdot H_2O$[17]。在 30% TBP-正十二烷-HNO_3 体系中，H_2MBP 与锆形成的界面物分析结果表明，磷锆摩尔比约为 2，其红外光谱中没有硝酸根和羟基吸收峰。在≥0.4 mol · L^{-1} HNO_3 的宽范围酸度里，都是这样的结果，生成的界面物分子为 $Zr(MBP)_2$，形成反应可写成：

$$Zr^{4+} + 2H_2MBP \longrightarrow Zr(MBP)_2 + 4H^+ \tag{11-18}$$

$$[Zr(OH)_x]^{4-x} + 2H_2MBP \longrightarrow Zr(MBP)_2 + (4-x)H^+ + xH_2O \tag{11-19}$$

$$ZrO^{2+} + 2H_2MBP \longrightarrow Zr(MBP)_2 + 2H^+ + H_2O \tag{11-20}$$

Zr^{4+} 一般是 8 配位，$Zr(MBP)_2$ 中还空 2 个配位，文献[17]报道的分子式中只有 1 分子配位水，应该有 2 分子配位水，使配位数饱和更合理，但是红外光谱中未观察到配位水的信息。关于红外光谱中配位水的吸收峰，在 1670 cm^{-1} 附近很弱，易受干扰，在 3100 cm^{-1} 附近有强吸收峰（参看第二章 2.3.2 节），可惜图 11-9 中未测量此波数附近的数据。从电中性和配位数饱和以及空间位阻不大（只有 2 个丁基）等因素考虑，H_2MBP 与锆的配合物分子式应是 $Zr(MBP)_2 \cdot 2H_2O$。其结构式可能为：

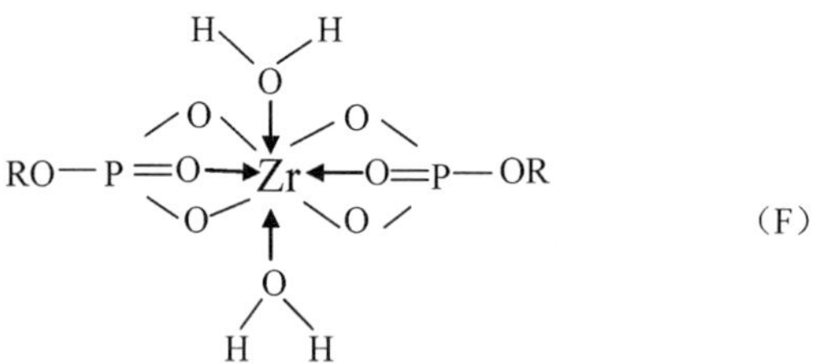

(F)

反应式(11-18)表明，H_2MBP 与锆形成界面物受酸度的影响，是 H^+ 浓度的 4 次方反比关系，比 HDBP 与锆形成界面物受酸度影响更敏感。

3. 辐照 30% TBP-正十二烷与锆形成界面物

辐照 30 % TBP-正十二烷的主要成分是 TBP、HDBP、H_2MBP、长链酸性磷酸酯和正十二烷及其辐射效应的产物等混合。它与锆形成的界面物，从红外光谱看，主要是 HDBP 和 H_2MBP 与锆形成的配合物，如图 11-10 所示。在较低的辐照剂量下，辐解产物 HDBP 比 H_2MBP 多得多，但在≤2 mol · L^{-1} HNO_3 中 H_2MBP 与 Zr 形成界面物的能力比 HDBP 强，所以红外光谱显示为二者的混合谱；辐照剂量提高，H_2MBP 量增多，界面物的红外吸收谱显示出以 $Zr(MBP)_2$ 为主。由于酸度对 H_2MBP 生成 Zr-MBP 界面物的影响比 HDBP 更敏感，提高酸度使 H_2MBP 生成的界面物明显减少，因而 $Zr(NO_3)(DBP)_3$ 的吸收峰也显示出来（如图 11-10(e)、(f)所示）。

在 2.0 mol · L^{-1} HNO_3 中，30℃时，辐照剂量 5×10^5 Gy 的 30% TBP-正十二烷与锆形成界面物的生成率为 39%。在同样浓度的硝酸溶液中，相同温度下，辐照剂量同样是 5×10^{-5} Gy 的正十二烷与锆形成界面物的生成率为 2.0%。可见在辐照 TBP-正十二烷与锆形成界面物，95％是 HDBP 和 H_2MBP 与锆形成的，正十二烷的辐解产物与锆形成的界面物仅占 5％。所以 Purex 流程 1A 萃取器中形成界面物反应的主要反应物是水相的锆和有机相的 HDBP 和 H_2MBP。

11.7　控制界面物的依据

根据界面物的成因和锆与 TBP 辐解产物形成界面物的机理，可从下述几方面对界面物进行有限的控制。

1. 降低主要反应物浓度

水相锆的量由乏核燃料燃耗决定，燃耗越深，裂变产物元素锆量越大。若能对溶解液进行预处理（如硅胶吸附）除去锆，将使界面物问题缓解，但是除锆程序的负面影响还认识不清，难下决心。

有机相的主要反应物 HDBP 和 H_2MBP 在工艺运行中不断辐解生成，无法避免。添加辐解保护剂可减少 HDBP 和 H_2MBP 生成，但是由于添加剂的使用，使体系复杂化，一般不采用。比较可行的方法是溶剂再生，强化洗涤，使 HDBP 和 H_2MBP 完全从溶剂中除去，避免在溶剂中循环积累；另一方面，碱洗后加纯水洗涤，使长链酸性磷酸酯（易乳化形成界面物）进入水相，减少在溶剂中积累。

主要反应物浓度降低，反应产物自然减少。但是核电发展的趋势是在保障安全性的前提下，尽可能加深乏核燃料的燃耗，以提高经济性。由于燃耗加深，一方面裂变产物元素（如锆）含量增加；另一方面，^{238}Pu、^{241}Am 和 ^{244}Cm 的量也明显增加，α 放射性活度高，造成有机相辐解严重。这两方面都使形成界面物的反应物浓度显著增高，将成为水法后处理工艺中的突出难题，应进一步研究。

2. 控制体系酸度

当主要反应物浓度一定时，影响界面物形成的最敏感因素是酸度。在 4×10^{-4} $mol\cdot L^{-1}$ HDBP 和 5.0×10^{-3} $mol\cdot L^{-1}$ Zr 的体系中，硝酸浓度为 1.0 $mol\cdot L^{-1}$ 时形成界面物，硝酸浓度为 2.0 $mol\cdot L^{-1}$时，不形成界面物。在 2×10^{-3} $mol\cdot L^{-1}$ HDBP 和 5.0×10^{-3} $mol\cdot L^{-1}$ Zr 的体系中，硝酸浓度为 1.0 $mol\cdot L^{-1}$和 2.0 $mol\cdot L^{-1}$时，都有界面物，而硝酸浓度提高到 3.0 $mol\cdot L^{-1}$时就不形成界面物。一般而言，$\leqslant$2 $mol\cdot L^{-1}$ HNO_3时，易形成界面物；$\geqslant$3 $mol\cdot L^{-1}$ HNO_3时，不容易形成界面物。

提高酸度不易形成界面物，还表现在 H^+ 影响 ζ 电位，使固体微粒参与形成的乳化物不稳定。

3. 控制固体微粒量

1AF 中含有固体微粒会促进界面物形成，改善对 1AF 的过滤效果，减少固体微粒的含量，对缓解界面物问题有利。另外，1AF 过滤后应立即用于工艺分离，以免在陈放过程因发生次级沉淀产生新的固体微粒。

4. 改进设备

1A 萃取器的萃取操作采用短接触方式(如离心萃取)，缩短溶剂被辐照的时间，减少 HDBP 和 H_2MBP 的生成量。采用可排除界面物的萃取柱，以避免界面物堵塞，削弱其危害性。

5. 界面物的溶解

在工厂生产过程形成的界面物收集存放后需要处理，在实验研究过程需要取样分析，都涉及界面物溶解问题。可以溶解界面物的方法并不多，在实践中有两种方法行之有效。一种是用 HDBP 溶液使界面物($n'=0$)转化为萃合物($n'>0$)进入有机相。另一种是用 Na_2CO_3 溶液与界面物反应，生成锆的碳酸根配合物 $Zr(CO_3)_4^{4-}$(或 $ZrO(CO_3)_3^{4-}$)和二丁基磷酸钠盐 NaDBP 都进入水相[37,44]。

参考文献

[1] 任凤仪．核科学与工程 [J]，13 (4)，346 (1993).

[2] 林灿生，张崇海，王效英，王孝荣，朱国辉．“Purex 流程中界面物的形成和机理研究” [R]，中国核科技报告，CNIC-01246，IAE-0181，原子能出版社(1998).

[3] Zimmer，E. et al.，Nucl. Technol. [J]，75(3)，332 (1986).

[4]《国外共去污槽操作中所遇到的问题及解决办法》，专题资料 74-16 (1974).

[5] Smith，D. N.，et al.，Sep. Sci. Technol. [J]，32 (17)，2821 (1997).

[6] Sugai，H.，J. Nucl. Sci. Technol. [J]，29 (5)，445 (1992).

[7] Nakamura，T. et al.，J. Nucl. Sci. Tchnol. [J]，28 (3)，255 (1991).

[8] 平佩贞，王方定．原子能科学技术 [J]，18 (2)，207 (1984).

[9] 陈佩贤，王效英．原子能科学技术 [J]，24 (2)，48 (1990).

[10] 哈鸿飞，陈连仲，王裕新，吴季兰．原子能科学技术 [J]，15 (3)，349 (1981).

[11] 魏根栓，吴季兰．核化学与放射化学 [J]，6 (3)，161 (1984).

[12] 耿永勤，尹淑瑶，等．核化学与放射化学 [J]，3 (2)，107 (1981).

[13] Miyake，C.，et al.，J. Nucl. Sci. Technol. [J]，27 (2)，157 (1990).

[14] 张崇海，林灿生，等．核化学与放射化学 [J]，17 (3)，153 (1995).

[15] 林灿生，黄美新．原子能科学技术 [J]，25 (6)，29 (1991).

[16] 林灿生．“乏燃料溶解液的不稳定性和萃取界面物的形成”，中国原子能科学研究院内部资料，(1990).

[17] Maya，L.，J. Inorg. Nucl. Chem. [J]，43 (2)，379 (1981).

[18] 张崇海，林灿生，王效英，杨恩波．核化学与放射化学 [J]，18(2)，84 (1996).

[19] 张崇海，林灿生，王效英，杨恩波．原子能科学技术 [J]，29 (3)，233 (1995).

[20] 张崇海，林灿生，郭景儒．“锆在形成萃取界面物中的行为研究”，中国原子能科学研究院学位论文，(1992).

[21] Hardy，C. J.，et al.，J. Inorg. Nucl. Chem. [J]，11 (2)，128 (1959).

[22] 林灿生，张崇海，王效英，等．“Purex 流程中钼锆形成萃取界面物的行为研究”，中国原子能科学研究院内部资料，(1997).

[23] Uetake，N.，J. Nucl. Sci. Technol. [J]，26 (3)，329 (1989).

[24] Hardy，C. J.，et al.，J. Inorg. Nucl. Chem. [J]，17，337 (1961).

[25] Peppard，D. F.，et al.，J. Inorg. Nucl. Chem. [J]，10，275 (1959).

[26] Smith，T. D.，J. Inorg. Nucl. Chem. [J]，9，150 (1959).

[27] Huggard，A. J.，et al.，Nucl. Sci. Engin. [J]，17 (4)，638 (1963).

[28] Tallent，O. K.，et al.，Nucl. Technol. [J]，71 (2)，417 (1985).

[29] 孙庆瑞，明志，等．核化学与放射化学 [J]，1(1)，80 (1979).

[30] Gonda，K.，et al.，Nucl. Technol. [J]，65(1)，102 (1984).

[31] 陈清．“后处理萃取操作中界面污物问题”[C]，全国核化学化工学术交流年会论文，B04，乌鲁木齐(2002).

[32] Neace，J. C.，Sep. Sci. Technol. [J]，18(14-15)，1581 (1983).

[33] Gonda，K.，et al.，Nucl. Technol. [J]，57(2)，192 (1982).

[34] Munakata，K.，et al.，Nucl. Technol. [J]，98 (14/15)，178 (1982).

[35] 张明龙，译．“由作为不溶残渣的钯微粒形成的界面污物”，乏燃料管理及后处理[J]，1993 年第 5 期，第 1 页．

[36] 王孝荣，朱国辉．“Purex 流程中锝在界面物形成过程的行为”，中国原子能科学研究院内部资料，(1997).

[37] Sugai，H.，Nucl. Technol. [J]，99 (2)，235 (1992).

[38] Sugai，H.，J. Nucl. Sci. Technol. [J]，29(1)，92 (1992).

[39] Allen，K. A.，et al.，“Emulsion Stabilization by Silicic Acid” [R]，ORNL-2771，(1959).

[40] 林灿生．“水法后处理中裂变产物元素过程化学述评”[C]，全国核化学化工学术交流年会论文，B10，乌鲁木齐(2002).

[41] 耿永勤，段凤玲．原子能科学技术[J]，18(6)，738 (1984).

[42] Сохина，Л. П.，et al.，Радиохимия [J]，20(1)，28 (1978).

[43] 徐光宪，王文清，等．《萃取化学原理》[M]，P79 (1984)，上海：上海科学技术出版社．

[44] 刘丽君，汤宝龙，等．核化学与放射化学[J]，27 (2)，100 (2005).

附录:几种常用放射性示踪剂的提取方法

1. 硅胶吸附法提取^{95}Zr和^{95}Nb[1]

基本原理

在硝酸溶液中,硅胶吸附锆和铌的选择性很强,当硝酸浓度≥1.0 mol·L^{-1}时,铀、镎、钚和其他裂变产物元素几乎不被硅胶吸附,但可吸附^{95}Zr-^{95}Nb。随着硝酸浓度增高,^{95}Zr的吸附率下降,^{95}Nb在高浓度的硝酸溶液中更有利于被硅胶吸附。控制一定的硝酸浓度,可从含铀、镎、钚和混合裂变产物元素的料液中提取出^{95}Zr-^{95}Nb,再用高浓的硝酸溶液解吸^{95}Zr,使^{95}Zr和^{95}Nb彼此分离。

操作程序

(1)硅胶的预处理与装柱

市售硅胶,筛选80～120目颗粒度,于浓盐酸溶液中浸泡三次,每次一昼夜,过滤浸泡液后重新加浓盐酸溶液,以除去硅胶中含的铁等杂质元素。然后用去离子水淘洗、过滤,直至中性,滤干后在烘箱内90℃烘干10小时,备用。

使用时将硅胶浸泡到去离子水中,用湿法装柱,硅胶床上下端均用玻璃棉固定。装好柱后,用相应料液介质溶液洗涤硅胶床(3～5个自由柱体积),即可使用。

(2)料液

将反应堆内辐照的小靶(低浓铀或天然铀)溶解于硝酸中,调节硝酸浓度为2.0～4.0 mol·L^{-1}。也可用Purex流程的1AW为原料,但必须冷却时间短,^{95}Zr未衰变完。

(3)提取^{95}Zr-^{95}Nb

将硝酸浓度为2.0～4.0 mol·L^{-1}的料液加到硅胶柱上,控制适当的流速,待料液加完,液面降到硅胶床上端玻璃棉时,用3 mol·L^{-1} HNO_3溶液洗涤硅胶柱,约8个自由柱体积,这时U、Pu、Np和其他裂变产物元素均已除,^{95}Zr-^{95}Nb留在柱上。

如果使用^{95}Zr-^{95}Nb混合物,可用0.3～0.5 mol·L^{-1} $H_2C_2O_4$溶液解吸^{95}Zr-^{95}Nb。

(4)^{95}Zr 和 ^{95}Nb 的分离

对吸附并净化的 ^{95}Zr-^{95}Nb 硅胶柱,先用 12～15 mol · L^{-1} HNO_3 溶液解吸 ^{95}Zr,这步操作,流速不宜快,收集 5 个自由柱体积的溶液作为 ^{95}Zr 产品。继续用 12～15 mol · L^{-1} HNO_3 淋洗 5 个自由柱体积,最后用 10% H_2O_2 溶液解吸 ^{95}Nb,收集约 5 个自由柱体积溶液,即 ^{95}Nb 产品。

2. 季铵盐萃取色层法提取 ^{106}Ru[2]

基本原理

在硝酸体系中钌主要以亚硝酰钌 $RuNO^{3+}$ 形态存在,NO_2^- 与 $RuNO^{3+}$ 形成配合物的能力比 NO_3^- 强,但需在酸度较低的条件下,因为硝酸浓度高时 NO_2^- 会分解。在低浓度酸溶液中季铵盐仍然能与阴离子配位化合物相缔合萃取到有机相中。所以在低浓酸溶液中,NO_2^- 与 $RuNO^{3+}$ 形成稳定的阴离子配位化合物 $RuNO(NO_2)_4^-$ 或 $RuNO(NO_2)_5^{2-}$ 与 R_4N^+ 缔合形成萃合物进入有机相。

操作程序

(1)季铵盐萃取色层柱

用 7402 季铵盐萃淋树脂装成萃取色层柱,用 0.1 mol · L^{-1} HNO_3 溶液洗涤柱子,使季铵盐转换为硝酸盐型,然后加 0.1 mol · L^{-1} NaAc+0.1 mol · L^{-1} $NaNO_2$ 混合液洗涤,备用。

(2)季铵盐柱吸附 ^{106}Ru

取 1 份 1AW 溶液,调节为 0.1 mol · L^{-1} $H_2C_2O_4$ +0.3 mol · L^{-1} H_2O_2 +0.7 mol · L^{-1} $NaNO_2$,pH≈2。调料顺序:先用碱和醋酸钠缓冲液调节酸度,而后加 $H_2C_2O_4$ 和 H_2O_2,最后加 $NaNO_2$,放置 5～10 分钟。将调好的料液加到萃取色层柱上,加完料液后,用 0.1 mol · L^{-1} NaAc + 0.1 mol · L^{-1} $H_2C_2O_4$ + 0.1 mol · L^{-1} $NaNO_2$ 混合溶液洗涤约 3 个自由柱体积,再用 0.1 mol · L^{-1} HNO_3 溶液洗涤约 3 个柱体积。

(3)^{106}Ru 的解吸

用 8～10 mol · L^{-1} HNO_3 溶解解吸 ^{106}Ru,收集约 5 个自由柱体积的解吸液,即为 ^{106}Ru 产品。

说明:

(1)该程序提取的 ^{106}Ru 产品中含 ^{99}Tc,但不影响使用,因为示踪剂 ^{106}Ru 的检测是通过半衰期为 29.80S 的子体 ^{106}Rh 实现的,^{106}Rh 的主要 β^- 和 γ 射线能量分别为 3.5 MeV 和511 keV。而 ^{99}Tc 的 β^- 能量为 293 keV,其 γ 射线可忽略,故不干扰 ^{106}Ru 的使用。

(2)所用的原料 1AW 冷却时间较长，^{95}Zr-^{95}Nb 已衰变完，则分离程序中可省去 $H_2C_2O_4$ 和 H_2O_2 的使用，对 ^{90}Sr、^{137}Cs、^{144}Cs-^{144}Pr 的去污系数足够高。若 1AW 冷却时间较短，则 ^{103}Ru 未衰变完，产品是 ^{106}Ru 和 ^{163}Ru 的混合物。

(3)在实验操作过程，由于 NO_2^- 会轻度分解产生气体，采用液体上行法，可将气体及时带出，避免树脂床松动或气堵。

3. 磷酸锆吸附法提取 ^{137}Cs[3]

基本原理

在硝酸溶液中，磷酸锆(ZrP)吸附铯离子有很强的选择性，除了锆、铌外，对锕系元素和其他裂变产物元素几乎不吸附，料液中可加入 $H_2C_2O_4$ 和 H_2O_2 掩蔽锆和铌。ZrP 吸附铯过程是放热反应，提高温度有利于铯的解吸。

操作程序

(1)ZrP 的预处理

筛选一定粒度的 ZrP 固体，用 6 mol · L^{-1} HCl 溶液浸泡一昼夜，滤去溶液，继续用6 mol · L^{-1} HCl 淘洗数次，至酸洗出液无色。然后用去离子水淘洗到 pH 2～4，滤干，于 110℃烘 4 小时，备用。

使用时，按硅胶吸附柱的装柱方法，将已处理过的 ZrP 装成柱子，用 0.5 mol · L^{-1} HNO_3 洗涤约 5 个自由柱体积。

(2)^{137}Cs 的吸附

取 1 份 1AW 溶液或反应堆辐照铀靶溶解液，调成 0.5～1.0 mol · L^{-1} HNO_3 溶液，含 3% H_2O_2 作为料液上柱吸附铯。而后用 0.5 mol · L^{-1} HNO_3 + 3% H_2O_2 混合液洗涤约 5 个自由柱体积，再用 0.5 mol · L^{-1} HNO_3 +0.3 mol · L^{-1} $H_2C_2O_4$ 混合液洗涤约 5 个自由柱体积，最后用 0.1 mol · L^{-1} HNO_3(或 HCl)洗涤 8 个自由柱体积。

(3)解吸 ^{137}Cs

根据 ^{137}Cs 用途对介质的要求，用 6 mol · L^{-1} HNO_3(或 HCl)溶液，于 50～60℃下解吸 ^{137}Cs，收集 8～10 个自由柱体积的解吸液，即为 ^{137}Cs 产品。

说明：

(1)草酸溶液用于洗涤锆，它对 ZrP 固体也有浸蚀作用，尽可能缩短接触时间，仅在第 2 次洗涤中使用。

(2)欲提取纯 ^{137}Cs(不含 ^{134}Cs)，应选择冷却时间足够长(^{134}Cs 已衰变完)的 1AW 或反应堆辐照燃耗很浅(裂变产物 ^{133}Cs 的中子活化产物 ^{134}Cs 尚未生成)的铀靶为原料，即可得到不含 ^{134}Cs 的 ^{137}Cs。若需要纯的 ^{134}Cs，可辐照天然铯(^{133}Cs)直接得到。

4. 二苯硫脲萃取法提取^{132}Te[4]

基本原理

二苯硫脲-氯仿从 HCl 介质中萃取四价碲具有高选择性,能从铀、钚和混合裂变产物元素的溶液中分离出碲。萃取到有机相中的碲可被含 H_2O_2 的酸溶液反萃取。

操作程序

(1)^{132}Te 的萃取

将反应堆辐照的铀靶溶解液调为 6 mol · L^{-1} HCl 溶液,加入少许固体盐酸羟胺,以破坏溶液中可能存在的氧化性杂质,保证^{132}Te 处于四价状态,用 0.1 mol · L^{-1}二苯硫脲-氯仿溶液,萃取 2 分钟,弃去水相,用 6 mol · L^{-1} HCl 溶液洗有机相一次,相比均为 1∶1。

(2)^{132}Te 的反萃取

用 0.25 mol · L^{-1} H_2O_2-0.75 mol · L^{-1} H_2SO_4溶液反萃取^{132}Te,弃去有机相。以等体积的氯仿洗水相一次,弃去氯仿相。

(3)第二次萃取^{132}Te

向第一次反萃取的水相加入 5%盐酸羟胺-浓盐酸溶液,使 HCl 浓度为 6 mol · L^{-1},搅拌驱除气泡。用 0.1 mol · L^{-1}二苯硫脲-氯仿溶液萃取^{132}Te,分相弃去水相,再用 6 mol · L^{-1} HCl 洗有机相一次。

(4)第二次反萃取^{132}Te

用 0.25 mol · L^{-1} H_2O_2-4 mol · L^{-1} HNO_3溶液反萃取碲,水相溶液即为^{132}Te 指示剂产品。

说明:

(1)二苯硫脲-氯仿萃取 Te(Ⅳ)较容易,反萃取较难,应保持适量的 H_2O_2。

(2)在硝酸介质中二苯硫脲不够稳定,第一次反萃取采用 H_2SO_4。第二次反萃取用 HNO_3,易于转换介质,是为了使用方便。

5. 溶剂萃取法提取^{144}Ce[5]

基本原理

在高浓 HNO_3中 HDEHP 对四价金属萃取能力很强,而对三价金属很少萃取。10 mol · L^{-1} HNO_3中,HDEHP 萃取 Ce^{4+}的分配比$>10^3$,而萃取 Ce^{3+} 的分配比$<10^3$,相差 10^6以上。当 HNO_3浓度$\geqslant$5 mol · L^{-1}时,用 $NaBrO_3$可氧化 $Ce^{3+} \rightarrow Ce^{4+}$ 被萃取。用含 H_2O_2的酸溶液将 Ce^{4+} 还原为 Ce^{3+} 被反萃,实现与其他元素的分离。

操作程序

(1)料液

以冷却一年以上的1AW(^{141}Ce已衰变完)为原料，调成5～10 mol·L^{-1} HNO_3，加入固体$NaBrO_3$得到0.5 mol·L^{-1} $NaBrO_3$溶液为料液。

(2)^{144}Ce的萃取

用0.75 mol·L^{-1} HDEHP-正庚烷有机相与等体积的料液混相萃取2分钟，静置5分钟，弃去水相。加入等体积的5 mol·L^{-1} HNO_3-0.5 mol·L^{-1} $NaBrO_3$溶液洗涤有机相一次。

(3)^{144}Ce的反萃取

用5 mol·L^{-1} HNO_3-3%H_2O溶液与有机相混合，萃取3分钟，水相即为^{144}Ce产品。

说明：

经一次萃取、萃洗和反萃，得到的^{144}Ce纯度若不够满意，可向反萃取水相中加入$NaBrO_3$破坏H_2O_2，并且使Ce^{3+}氧化到Ce^{4+}，重一次萃取，萃洗和反萃即可。

6. 萃取色层法提取^{91}Y[5]

基本原理

用TBP萃取使铀、钚与稀土分离；通过HDEHP萃取和氧化还原反应，使三价稀土和四价稀土分离。

操作程序

(1)料液预处理

将反应堆辐照的铀靶溶于3～4 mol·L^{-1} HNO_3中，溶解液通过TBP萃淋树脂柱，用3 mol·L^{-1} HNO_3溶液洗2个自由柱体积，合并流出液，用NaOH、NaAc调节酸度，加入盐酸羟胺，使溶液为0.1 mol·L^{-1} NaAc-0.14 mol·L^{-1} NH_2OH·HCl，pH=1.0，作为料液。

(2)^{91}Y等三价稀土的提取

用HDEHP萃淋树脂装成色层柱，经pH=1.0的0.1 mol·L^{-1} NaAc-0.14 mol·L^{-1} NH_2OH·HCl溶液洗涤平衡。将料液通过HDEHP萃取色层柱，用介质溶液洗涤3～5个自由柱体积，这时Sr、Cs进入流出液。用1.0 mol·L^{-1} HNO_3淋洗柱子，^{95}Zr-^{95}Nb留在柱上，流出液为三价稀土组分。

(3)三价稀土与四价稀土的分离

将三价稀土组分调成5 mol·L^{-1} HNO_3-0.5 mol·L^{-1} $NaBrO_3$溶液，通过另一个HDEHP萃淋树脂柱，Ce^{4+}留在柱子上，流出液为^{91}Y等三价稀土。

(4)^{91}Y 与其他三价稀土的分离

用阳离子交换树脂分离三价稀土,收集^{91}Y 组分即为产品。

说明:

分离去 Ce 后的三价稀土中主要放射性核素有:^{90}Y、^{91}Y、^{140}La、^{143}Pr、^{147}Nd、^{147}Pm 和^{155}Eu。其中^{90}Y、^{143}Pr 和^{147}Pm 的 γ 射线可忽略,^{140}La 的半衰期 1.678d,很快衰变完,^{155}Eu 裂变产额低,半衰期相对长,比活度相对低,对于^{91}Y 应用有干扰的主要是^{147}Nd。若使用 γ 能谱仪测定,则都可排除干扰,若没有特殊要求,对(3)的三价稀土可直接使用,不必经过(4)的分离步骤。

7. 萃取色层法提取^{234}Th[6]

基本原理

^{234}Th 是^{238}U 的衰变子体:$\underset{4.468\times10^{9}a}{^{238}U} \xrightarrow{\alpha} \underset{24.10\ d}{^{234}Th}$

在硝酸介质中 TBP 萃取铀的分配比大于钍的分配比,用天然铀为原料,TBP 为萃取剂可提取^{234}Th。

操作程序

(1)料液

用^{238}U- ^{234}Th已达平衡的硝酸铀酰溶于 4 mol · L^{-1} HNO_3溶液中,铀浓度不低于250 g · L^{-1}作为料液。

(2)TBP 萃淋树脂柱

将粒度为 45~60 目的 TBP 萃淋树脂浸泡于去离子水中,按湿法装柱,用 5% Na_2CO_3溶液洗涤约 5 个自由柱体积,用去离子水洗至中性,再用 4 mol · L^{-1} HNO_3洗涤柱子到流出液为酸性,备用。

(3)U 和^{234}Th 的吸附

将料液加到 TBP 萃淋树脂柱上,约 6mm/min 的流速通过,到铀谱带(黄色)占树脂床高度的 1/3 时,停止加料液,用 4 mol · L^{-1} HNO_3溶液洗涤 2~3 个自由柱体积。

(4)解吸^{234}Th

用 0.5~0.7 mol · L^{-1} HNO_3溶液淋洗,收集流出液,直到铀谱带下移至将要穿透为止,收集到的淋洗液即为^{234}Th。

8. 萃取色层法提取^{228}Th[7]

基本原理

根据^{232}Th 的衰变链:

$$\underset{1.405\times10^{10}a}{^{232}Th} \xrightarrow{\alpha} \underset{5.75a}{^{228}Ra} \xrightarrow{\beta-} \underset{6.15h}{^{228}Ac} \xrightarrow{\beta-} \underset{1.9116a}{^{228}Th} \xrightarrow{\alpha} \underset{3.66d}{^{224}Ra}$$

以天然钍($Th(NO_3)_4$)为原料,先提取^{228}Ra,将^{228}Ra放置适当时间后,衰变出新的^{228}Th,再进行镭-钍分离,即得到^{228}Th。

操作程序

(1)料液

将硝酸钍溶于6 mol·L^{-1} HNO_3中作为料液。

(2)第一次镭-钍分离

用50% TBP-煤油为萃取有机相对硝酸钍的6 mol·L^{-1} HNO_3溶液进行错流萃取,至近饱和的碘酸溶液检验萃余水相不出沉淀后,将水相通过TBP萃取色层柱,流出水相中已完全除去了料液中的^{232}Th和^{228}Th,得到^{228}Ra和其他子体。

(3)第二次镭-钍分离

得到的^{228}Ra和其他子体的硝酸溶液放置一定时间后,^{228}Ru衰变生成^{228}Th,将溶液通过新的TBP萃淋树脂柱,新生成的^{228}Th留在柱上,^{228}Ra和其他子体流出,以6 mol·L^{-1} HNO_3溶液洗涤3个自由柱体积和流出液合并,收集与存放再用。

用0.2 mol·L^{-1} HNO_3溶液洗脱,收集流出液即为^{228}Th产品。

9.挤奶法制备^{239}Np[8]

基本原理

根据^{243}Am的衰变反应:

$$\underset{7.370\times10^3a}{^{243}Am}\xrightarrow{\alpha}\underset{2.356d}{^{239}Np}$$

达到衰变平衡很快,从母牛^{243}Am中挤出牛奶^{239}Np使用,很方便。以TBP为萃取剂分离Am和Np很容易,加热硝酸溶液,镎被氧化到六价可被TBP,镅为三价不被萃取。

操作程序

(1)料液

溶解$^{243}Am(Am_2O_3)$于3～5 mol·L^{-1} HNO_3,蒸发至近干,用浓硝酸溶解,再蒸至近干,重复3次,使镎处于NpO_2^{2+}状态,然后用3 mol·L^{-1} HNO_3配成料液。

(2)镅-镎分离

将NpO_2^{2+}料液通过TBP萃淋树脂柱,^{239}Np留在柱上,用3 mol·L^{-1} HNO_3洗涤约3个自由柱体积,合并流出液和所有的含^{243}Am溶液,存放备用。

(3)^{239}Np的解吸

用0.1 mol·L^{-1} HNO_3溶液淋洗3～5个自由柱体积,收集流出液即^{239}Np产品。